U0324128

谨以此书纪念2008年汶川抗震救灾行动

《汶川特大地震水利抗震救灾志》编纂委员会　编著

汶川特大地震
水利抗震救灾志

唐家山除险吊装施工设备

气壮山河的历史篇章（代序）

2008 年 5 月 12 日汶川特大地震发生后，在党中央、国务院的坚强领导下，全党全军全国各族人民万众一心、众志成城，夺取了抗震救灾斗争的重大胜利，奏响了一曲感天动地的英雄凯歌。在国务院抗震救灾总指挥部的有力指挥下，在人民解放军和武警官兵、地方各级党委政府、各有关部门以及社会各界的大力支持下，水利系统举全行业之力，开展了艰苦卓绝的水利抗震救灾工作，有效防范了次生灾害。震损水库、水电站无一垮坝，震损堤防无一决口，堰塞湖排险避险无一人伤亡，成功地解决了灾区群众的饮水困难。在这场艰苦卓绝的斗争中，广大水利干部职工经受了前所未有的考验，谱写了水利抗灾史上的新篇章。

一、水利抗震救灾面临严峻挑战

汶川特大地震是新中国成立以来破坏性最强、波及范围最广、救灾难度最大的一次地震，给灾区人民生命财产和经济社会发展造成重大损失。在这次特大地震灾害中，水利工程遭受严重破坏，大量水库、水电站、堤防严重损毁，山体滑坡阻塞江河形成了大量堰塞湖，供水系统大面积瘫痪，涉及四川、甘肃、陕西、重庆、云南、贵州、湖北、湖南等 8 个省、直辖市，严重威胁着人民群众生命安全和饮水安全。

水库及水电站震损严重。地震共造成全国 2473 座水库出险，其中有溃坝险情的 69 座、高危险情的 331 座、次高危险情的 2073 座。全国有 822 座水电站因地震受损，总装机容量 691 万 kW，岷江干支流上的映秀湾等 9 座水电站一度出现高危险情。

地震形成大量堰塞湖。灾区重要江河的主要支流形成具有一定规模的堰塞湖 35 处，其中四川省 34 处，甘肃省 1 处。四川省堰塞湖分布在 5 个市（州）9 个县（市），其中极高危险级 1 处（唐家山堰塞湖）、高危险级 5 处、中危险级 13 处、低危险级 15 处，受威胁总人口超过 200 万人。

堤防不同程度破坏。全国共有 899 段、1057km 堤防因地震发生损毁，涉及保护区人口 512.27 万人。四川省震损堤段 500 段、长 722.6km，占全省堤防总长度的 14.5%，涉及保护区人口 421.6 万人。

城乡供水设施大量损毁。全国因地震损毁农村供水工程 7.24 万处，损毁供水管道 4 万 km，影响人口 955.6 万人，其中四川省乡村供水设施损毁 3.4 万处，管道损毁 2.93 万 km，影响人口 575.18 万人。

汶川特大地震灾害造成的水利工程震损数量之多、程度之重，堰塞湖分布之广、险情之大，抢险救灾时间之紧、难度之高，都是前所未有的。地震发生时，灾区已进入汛期，陆续出现较强降雨过程，震损水库、水电站和堰塞湖发生溃决的风险很大。同时，重灾区多为高山峡谷地带，地质环境复杂，气象条件恶劣，滑坡、崩塌、泥石流频发，加上交通、电力、通信一度完全中断，各种灾情、险情一时难以摸清，抢险队伍和物资装备无法进场，更增加了抢险救灾的难度。

二、举全行业之力抗震救灾

面对突如其来的特大地震灾难，党中央、国务院迅速做出决策部署。胡锦涛总书记在地震发生后立即做出重要指示，连夜主持召开中央政治局常委会议，紧急部署抗震救灾工作，在抗震救灾的关键时刻，亲赴四川省、陕西省、甘肃省等灾区现场指挥抗震救灾，高度重视防范次生灾害，多次做出重要指示。国务院迅速成立抗震救灾总指挥部，温家宝总理第一时间赶到灾区一线指挥抗震救灾工作，对防范地震次生灾害和水利抗震救灾工作提出了明确的指导方针、工作原则和目标要求，在关键时刻三上唐家山堰塞湖亲自指挥排险避险。李克强副总理多次听取水利抗震救灾工作汇报，亲自协调解决有关难题。回良玉副总理坐镇抗震救灾前线指挥部，指导水利抗震救灾工作。马凯国务委员对做好水利抗震救灾工作提出明确要求。水利部党组坚决贯彻党中央、国务院的决策部署，举全部之力、全行业之力投入水利抗震救灾斗争。

快速反应，紧急部署。地震发生后1小时，水利部立即召开会议部署水利抗震救灾工作，迅速启动应急响应，成立抗震救灾指挥部，在四川省成立前方领导小组，建立与四川省水利厅“联合办公、集体会商、共同决策、地方落实”的工作机制。向四川省派出6个工作组，分片负责成都、绵阳、阿坝、遂宁、广元、德阳等6个受灾较重的市（州）。同时，派出水文、供水、水电3个专业组和设计指导组。实行流域管理机构包片对口支援，打破流域界限，帮助灾区开展水利抗震救灾工作。部机关各司局、各直属单位坚决贯彻部党组的部署，迅速行动，集中力量，全力以赴投入水利抗震救灾工作。

加强领导，广泛动员。各级水利部门领导奔赴一线，靠前指挥。全国水利系统紧急抽调有关领域专家、勘测设计和工程抢险人员共计1780人，组成80个工作组、46支应急抢险抢修队、91个设计组；调集3881台（套）挖掘机、推土机、装载机、深孔钻、柴油发电机组等大型施工机械和应急设备；紧急调拨100艘冲锋舟、50只橡皮船、3万多件救生衣、1万多个钢丝兜等防汛物资。广大水利干部职工和离退休老同志慷慨解囊，踊跃捐款，全系统向灾区捐款1.3亿元，交纳特殊党费、团费7786.68万元，捐赠各类生活用品以及机械设备约合2568.44万元。

依靠科学，加强指导。坚持滚动会商制度，水利部抗震救灾指挥部先后召开50多次成员单位会议，发出70多份紧急通知，前方领导小组召开各种会商会90多次，及时收集研判信息，制定应急措施。充分发挥水工、水文、地质等领域的专家作用，就重大技术问题展开研究和咨询。综合运用各种先进技术开展险情核查、风险评估、监测预警和抢险排险，全球定位系统、地理信息系统、卫星遥感遥测、远程宽带视频等一大批高科技成果得到广泛应用。按照安全、科学、快速的原则，对堰塞湖、震损水库、震损水电站、震损堤防进行险情分类和危险程度分级，逐处、逐库、逐站、逐段制定排险避险方案，及时进行应急处置，会同地方政府落实排险避险和供水保障责任体系。

密切配合，通力协作。建立上下贯通、军地协调、部门联动、区域协作的工作机制，充分发挥各方面的重要作用。广大解放军和武警部队官兵全力参与水利工程抢险，承担了大量急难险重的攻坚任务，发挥了主力军和突击队作用。武警水电部队承担了 21 处堰塞湖的工程排险任务，在唐家山堰塞湖工程除险中发挥了至关重要的作用。成都军区空军开辟空中通道，进行超常规空中运输。济南军区某陆航团和成都军区某陆航团超强度飞行，为堰塞湖和水库、水电站排险提供了坚强保障。成都军区某集团军高炮旅和武警水电部队 1200 多名官兵，徒步夜行 7 小时，将 7t 炸药、270 支雷管安全背上唐家山堰塞湖坝顶。有关部委和单位紧急拨付资金支援水利抗震救灾、及时提供相关灾情等数据信息、积极协调物资装备，中央新闻媒体全方位开展宣传报道，为水利抗震救灾斗争提供了有力支撑和保障。

三、应急除险排险取得显著成效

2000 多座震损水库无一垮坝。从全国水利系统紧急抽调 140 余位专家，组成 10 多个工作组，会同地方水利部门，在最短时间内摸清了震损水库出险情况。针对不同险情及时采取相应的应急抢护措施，特别是对所有高危以上险情水库，全部降低水位或腾空库容。组织全行业甲级勘测设计单位 200 多名骨干力量，组成 18 个设计工作组和 1 个设计指导组，开展水库抢险设计工作。调集 1200 多名水利设计人员和工程技术人员，自带施工设备组成机动抢险队伍，实施水库应急抢险。协助地方政府逐库落实震损水库的行政责任人、技术责任人和监测责任人，制定下游群众转移避险预案，落实预测预报预警措施，做好安全度汛工作。经过艰苦奋战，全国 2473 座震损水库全部降低水位运行，应急除险工作进展顺利，四川省 1803 座水库应急处置工作全部完成。在特大地震中，距汶川震中仅 17km 的紫坪铺水库大坝局部受损，泄洪设施一度不能开启，4 台发电机组全部停机。紫坪铺水库蓄水 3 亿多 m^3，直接危及成都市 1100 万人民生命财产安全。水利部专家组认真查勘大坝受损情况，科学制定抢险保坝方案，组织人员迅速检修并开启 2 号泄洪闸和冲沙闸。经过全力抢修，5 月 18 日晚实现机组上网发电，5 月 20 日 1 号泄洪闸成功开闸放水，水库恢复正常运行。在紫坪铺大坝抢险的同时，调集防汛冲锋舟 45 艘，于 5 月 14 日清晨开辟了从库区到映秀镇的水上生命通道，累计运送抢险人员 2 万多人。

800 余座水电站成功排险。紧急派遣水电工作组，会同电监会等有关单位对岷江、嘉陵江、沱江上中游重灾区重要水电站险情进行实地排查，指导地方政府及时制定应急预案和高危区群众转移避险方案，安排专人进行巡查，督促地方政府公告出险水电站的行政责任人、技术责任人、监测责任人名单，落实预报预警措施。同时，要求流域机构分省包干，指导、协助地方排查、评估和处置水电站险情。及时对紫坪铺水库上游15座可能构成威胁的水电站逐一进行核查，对其中9座出险水电站进行分析研判，提出处置意见，指导督促排险。6月10日，822座震损水电站全部排除险情。

上千公里震损堤防无一决口。针对出险堤防量大面广的特点，迅速组织拉网式排查，每天滚动上报堤防险情。协助四川省对北川以外的495处震损堤防的行政责任人、技术责任人、监测责任人进行公告，对重大和较大险情堤段逐项落实应急处理措施。甘肃、陕西等省也对震损堤防及时进行了应急处理，制定了度汛和人员转移预案，落实了监测预警措施。

四、堰塞湖排险避险取得重大胜利

唐家山堰塞湖排险创造奇迹。唐家山堰塞湖是威胁最为严重、排险最为艰难、国内外最为关注的一处堰塞湖。滑坡体横河方向长612m，顺河方向长803m，坝高82～124m，体积2037万m^3，上游集雨面积3550km^2，最大可蓄水量3.16亿m^3，下游有四川省第二大城市绵阳，有运输大动脉宝成铁路，有能源大通道兰成渝成品油输油管道，130多万人民的生命财产安全受到严重威胁。

胡锦涛总书记、温家宝总理高度重视唐家山堰塞湖处置工作。胡锦涛总书记指示：唐家山堰塞湖除险避险工作一定要坚持以人为本，把确保人民群众生命安全放在首位；要认真组织，精心安排，加强巡视，做好应急预案，确保紧急情况下不出大的问题。在唐家山堰塞湖应急处置的关键时刻，温家宝总理3次亲临唐家山堰塞湖现场，对排险避险工作做出全面部署，明确提出“安全、科学、快速”的指导方针和“主动、及早，排险避险相结合”的处置原则，要求确保群众无一人伤亡。

水利部把确保人民群众生命安全作为首要目标，实行主动处理，及早处理，科学处理。组织水利专家在余震不断、滚石横飞、道路不通的情况下，对唐家山堰塞湖进行全面查勘。在多次会商、严密分析、充分论证的基础上，科学判定了堰塞体溯源冲刷的可行性，制定了利用堰塞体天然垭口开挖泄流渠的工程排险方案。指导协助地方政府制定了人员转移避险方案，实行黄、橙、红三级预警机制，绵阳和遂宁两市及时将受1/3溃坝风险威胁的27.76万人全部转移到安全地带。800多名武警水电部队官兵冒着强烈余震、山体滑坡、突降暴雨、堰体渗流、堰塞湖随时可能溃决的危险，经过7天6夜艰苦奋战，开挖了一条长475m、上游段深12m、下游段深13m的泄流渠，完成土石方13.55万m^3，提前超额完成了施工任务。济南军区某陆航团和成都军区某陆航团，高强度连续飞行741架次，运送炸药、给养、通信装备等各类物资179.9t，运送专家和工程技术人员3142人次；米–26飞机连续作业92架次，运送大型施工机械、设备、集装箱和油料92台套，为唐家山堰塞湖成功排险奠定了基础。

6月7日晨，唐家山堰塞湖泄流渠开始泄水。11日14时，堰塞湖坝前水位降至714.13m，水位下降28.97m；相应蓄水量从最高水位时的2.466亿m^3降至0.861亿m^3，减少1.6亿m^3。经过水流冲刷，泄流渠形成长800m、上宽145～235m、底宽80～100m、进口端底板高程710.00m、出口端底板高程约690.00m的峡谷型河道，具有通过200年一遇洪水的能力，消除了唐家山堰塞湖的特大威胁。泄流过程中，下游群众无一人伤亡，重要基础设施没有造成损失，临时转移的20多万群众安全返回家园。

唐家山堰塞湖成功处置后，胡锦涛总书记、温家宝总理、李克强和回良玉副总理分别做出重要批示，国务院抗震救灾总指挥部发来贺电，称赞创造了世界上处理大型堰塞湖的奇迹。

其他堰塞湖排险取得重大进展。按照安全、科学、快速的原则，统筹部署、同步推进其他堰塞湖的排险避险工作。从全国水利系统紧急抽调200多位专家组成9个工作组，深入四川省6个重灾市（州），会同地方水利部门，及时掌握堰塞湖的基本情况。迅速组织专家对堰塞湖逐处进行研判和风险评估，按危险程度分为四个等级，进行分类处置。对危险度高、危害性大的堰塞湖进行专家会诊，逐一研究制定应急抢险方案。派出10个水文监测专家组，配合地方和部队建立堰塞湖监测点，对高危以上风险堰塞湖实行24小时值守，配备卫星电话等可靠的通信工具，建立预警机制。在人工监测的同时，还利用中科院提供的远程宽带实时摄录像设备进行远程监测。充分发挥直属单位水利机动抢险队的作用，积极协调武警水电部队、二炮部队和成都军区，全面开展堰塞湖应急排险工作。协助地方政府在每处堰塞湖成立应急处置指挥部，建立了设计、施工、水文监测、气象预报、群众转移、后勤保障协调机制，落实了行政责任、工程排险责任、转移避险责任和监测预警责任，并在媒体上公布责任人名单。指导地方政府，根据水利专家提出的堰塞湖溃坝风险评估及洪水演算成果，确定洪水淹没范围，制定应急转移预案。为加快推动堰塞湖处置工作，水利部会同四川省人民政府召开四川省堰塞湖排险工作紧急会议，下达了堰塞湖排险任务，逐处明确了设计、施工单位进场时间，要求在6月10日前完成任务。经过各方共同努力，四川省和甘肃省共35处堰塞湖均已排除险情。

五、应急供水问题得到有效解决

面对灾区群众的饮水困难，水利部门迅速采取有力措施，以最快速度恢复灾区供水。抽调了35批共200多名专家和技术人员赶赴一线，会同地方组织了18个工作组，深入21个重灾市（县）开展实地调查、核查灾情。及时制定了《抗震救灾应急供水保障工作方案》，派出4个技术指导组以分片包干形式对重灾区进行指导，建立供水保障工作责任人制度。紧急组织上海、重庆、武汉、大连、北京等地水利部门对口支援重灾市（县），组建21个供水抢修队深入一线开展管网检漏、抢修安装工作，购置120台送水车为120个重灾乡镇送水，组织国内外企业捐赠了价值1700多万元的供水设备。在21个重灾县建了40多个供水示范点，在帐篷临时安置点和板房过渡安置区修建配套供水设施。

为保证灾区供水水质，紧急抽调流域机构34名技术人员和10辆监测车、40件快速检测设备支援灾区水质监测。与四川省有关部门建立了信息共享、统一汇总、沟通协商的工作机制，实行水质监测信息每日通报制度。积极协调建设、卫生、环保、农业等部门，划定了250个水质监测点和监测断面，基本实现了对城乡供水水源地、灾民安置供水点、重要江河控制断面水质监测的全覆盖，加密监测频次，监测城乡饮用水源地1799个点次，为保障水质安全提供了有力支撑。

经过努力，全国累计抢修恢复原有水厂和修建临时供水工程6726处，累计抢修恢复原有供水管道、铺设临时供水管道36712.3km，基本解决了地震灾区955.6万人的供水问题。

六、水利干部队伍经受了重大考验

艰苦卓绝的水利抗震救灾斗争，是对各级水利部门、广大水利干部职工的素质、能力和作风的全面检验，是对水利行业凝聚力、战斗力、创造力的全面检验。水利干部队伍经受住了这一重大考验，交上了一份满意的答卷。

在水利抗震救灾斗争中，各级水利部门快速反应、果断决策、科学指导，充分展示了强有力的处理能力。地震发生后，水利部迅速建立统筹协调、组织有序、高效运转的应急指挥体系，形成了上下、前后、内外、军地协同的工作机制，展开了一场救援速度最快、动员范围最广、投入力量最大的水利抗震救灾斗争。灾区各级水利部门不等不靠，迎难而上，奋起自救。全国各级水利部门想灾区之所想，急灾区之所急，解灾区之所难，主动请战、全力支援。各级水利部门表现出强烈的政治意识、大局意识、责任意识，展现了强有力的应急指挥能力、资源调配能力、科学调度能力和统筹协调能力。

在水利抗震救灾斗争中，水利系统各级领导干部挺身而出、身先士卒、靠前指挥，充分体现了模范带头作用。地震发生后，水利部迅速调整领导力量，精心组织，统筹安排，依靠科学，敢于负责，全力投入水利抗震救灾，有的奔赴一线现场指挥，有的坚守后方全力保障。部机关、直属单位和地方水利部门70多名司局级干部战斗在灾区一线。灾区水利部门领导干部迎难而上，坚守岗位，尽职尽责。各级领导干部在水利抗震救灾中做出了表率、树立了榜样。

在水利抗震救灾斗争中，广大共产党员和干部职工舍生忘死、顽强拼搏、无私奉献，充分展现了党组织的战斗堡垒作用和共产党员的先锋模范作用，彰显了“献身、负责、求实”的水利行业精神。广大水利干部职工与灾区人民心连心、同呼吸、共命运，广大共产党员与灾区人民并肩战斗、携手抗灾。奋战在一线的“临时党支部”、“党员突击队”、“党员抢险队”、“党员抢修队”，形成了一个个坚强的战斗堡垒。在他们身上，充分体现了为党分忧、为民解难的政治觉悟，克难奋进、坚忍不拔的顽强意志，恪尽职守、无私奉献的优良作风。广大水利干部职工以自己的实际行动深刻诠释了“献身、负责、求实”的水利行业精神。

水利抗震救灾中涌现出一大批先进集体和先进个人，受到党和人民的高度赞誉。水利抗震救灾斗争的实践充分证明，水利干部职工队伍是一支政治素质高、业务能力强、工作作风硬的队伍，是一支特别能吃苦、特别能战斗、特别能奉献的队伍，是一支敢于负责、能打硬仗、值得党和人民信赖的队伍。有了这支队伍，我们就能够战胜前进道路上的一切艰难险阻，从一个胜利走向另一个胜利！

水利抗震救灾斗争取得重大阶段性胜利，历尽艰辛，来之不易，我们有着深刻的体会和感受。水利抗震救灾工作之所以能够取得重大胜利：

得益于党中央、国务院的坚强领导。党中央、国务院把抗震救灾作为最重要最紧迫的任务，坚持以人为本、执政为民，把人的生命放在高于一切的位置，举全国之力抗震救灾。胡锦涛总书记、温家宝总理等中央领导同志高度重视水利抗震救灾工作，中央政治局常委会先后三次召开会议，研究部署抗震救灾工作，为我们指明了方向。

得益于国务院抗震救灾总指挥部的有力指挥。温家宝总理、李克强副总理先后主持召开23次国务院抗震救灾总指挥部会议，对水利抗震救灾做出重要安排，并及时成立国务院抗震救灾总指挥部水利组。回良玉副总理亲自坐镇四川前方指挥部深入一线进行现场指挥，多次召开会议研究部署水利抗震救灾工作，并审定了唐家山堰塞湖排险避险方案。国务院抗震救灾总指挥部果断决策和直接指挥，保证了水利抗震救灾斗争有力有序有效进行。

得益于我国社会主义制度的巨大优越性。我国社会主义制度能够集中力量办大事、团结各方渡难关。特别是改革开放30年来，我国国民经济持续快速发展，科技水平不断提高，综合国力显著提升，为夺取抗震救灾胜利奠定了坚实的物质基础。在水利抗震救灾斗争中，全国各地、各有关部门发扬“一方有难、八方支援”的优良传统，不讲条件、不求回报，从中央到地方，从沿海到内地，从领导到群众，从物质到精神，汇成了水利抗震救灾的滚滚洪流。

得益于各级水利部门和水利专家的科学指导。我们按照党中央、国务院确定的指导方针，坚持以人为本、生命至上，坚持尊重科学、依靠科学、运用科学，既充分发挥人的主观能动性，又充分发挥科技的重要作用，建立专家会商制度，实行全程跟踪督导，主动防治地震次生灾害，攻克了重重难关，化解了种种风险，确保了灾区群众的生命安全和饮水安全。

得益于解放军指战员、武警部队官兵的英勇奋战。人民解放军指战员、武警水电部队官兵坚决响应党和人民的召唤，发扬一不怕苦、二不怕死的革命精神和不怕疲劳、连续作战的顽强作风，出色完成了大量急难险重的攻坚任务。解放军及武警部队领导坐镇一线，靠前指挥，广大官兵关键时刻冲得上、顶得住、过得硬、干得好，用血汗和忠诚铸就了防范地震次生灾害和保障人民生命安全的钢铁长城。

得益于地方各级党委、政府的大力支持。四川省、甘肃省、陕西省、重庆市等受灾地区各级党委、政府坚决贯彻落实党中央的各项决策部署，在第一时间成立抗震救灾指挥部，在第一时间带领灾区干部群众奋力开展抗震救灾，及时组织力量开展水利工程和堰塞湖查险排险避险，提供应急供水保障，特别是在群众转移避险中做了大量深入细致和卓有成效的工作，实现了安全转移和妥善安置。

得益于各有关部门的精诚合作。在国务院抗震救灾总指挥部水利组的统筹协调下，各成员单位、各有关部门以灾区人民的需要为第一需要，打破部门界限，动员各自力量，积极支持水利抗震救灾斗争。总参作战部建立了快速便捷联络通道，随时根据水利抗震救灾的需要调集解放军和武警官兵参加抢险。有关部门分工负责，全力配合，建立了资源信息共享机制，形成了水利抗震救灾的强大合力。

得益于国际社会的无私援助。俄罗斯以最快的速度派出米 –26 直升机，无偿援助唐家山堰塞湖排险，机组人员被誉为“中俄友谊神鹰，空中救援英雄”，受到了温家宝总理的亲切接见。有关国家政府、企业和组织捐赠了大量净水设备和消毒药剂，国际组织纷纷表示慰问支持，充分体现了崇高的人道主义精神和对中国人民的友好情谊。

在几千年历史长河中，中华民族虽历经沧桑，饱受磨难，但每一次都能以我们民族特有的毅力和勇气，化险为夷，转危为安，愈挫愈勇，愈折愈强。汶川特大地震水利抗震救灾斗争，是人类和中华民族发展史上值得记载的一页，是值得我们永久保存的精神财富。

摘自 2008 年 7 月 17 日陈雷部长在水利部抗震救灾干部大会上的讲话

目　录

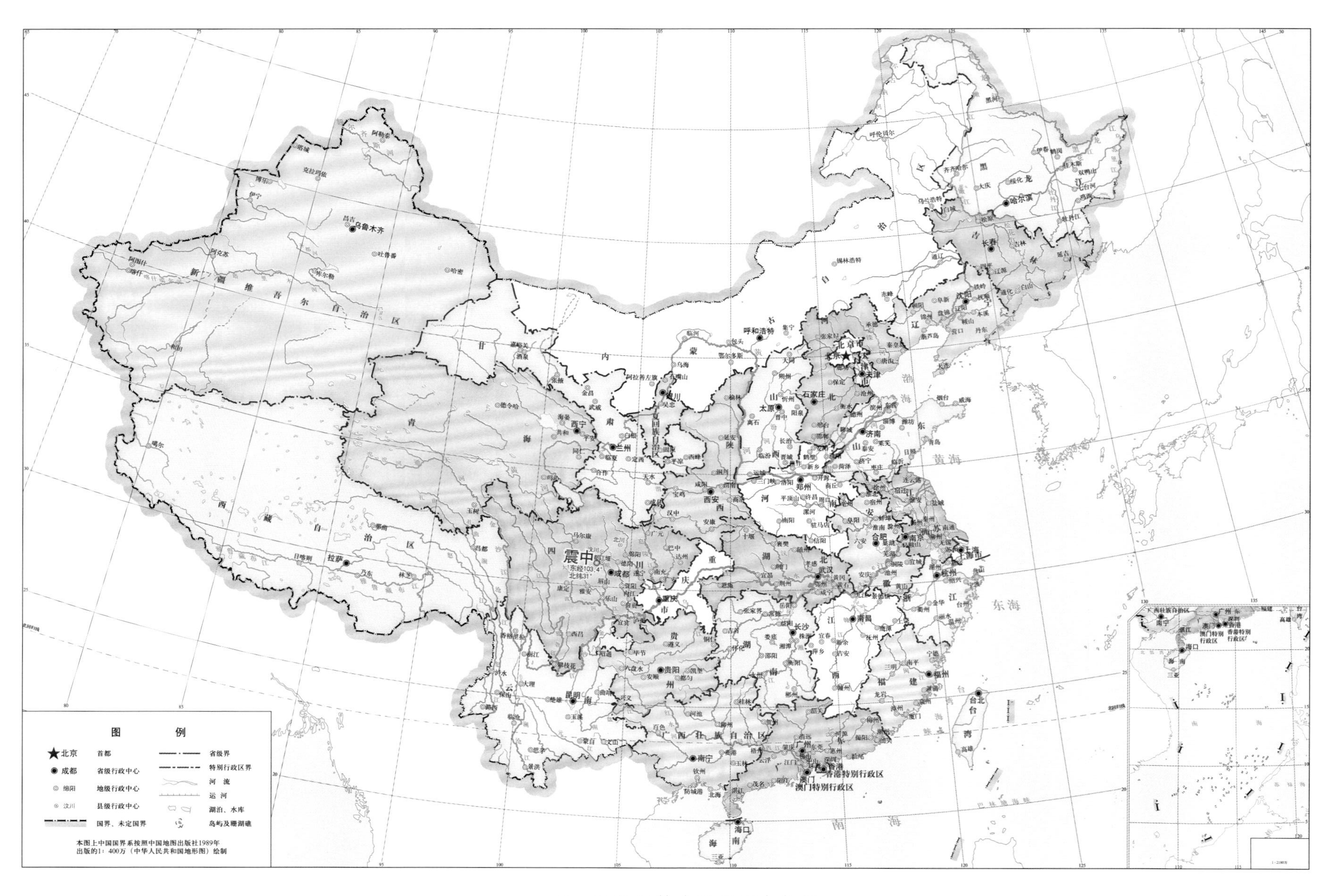

5·12汶川特大地震震中位置

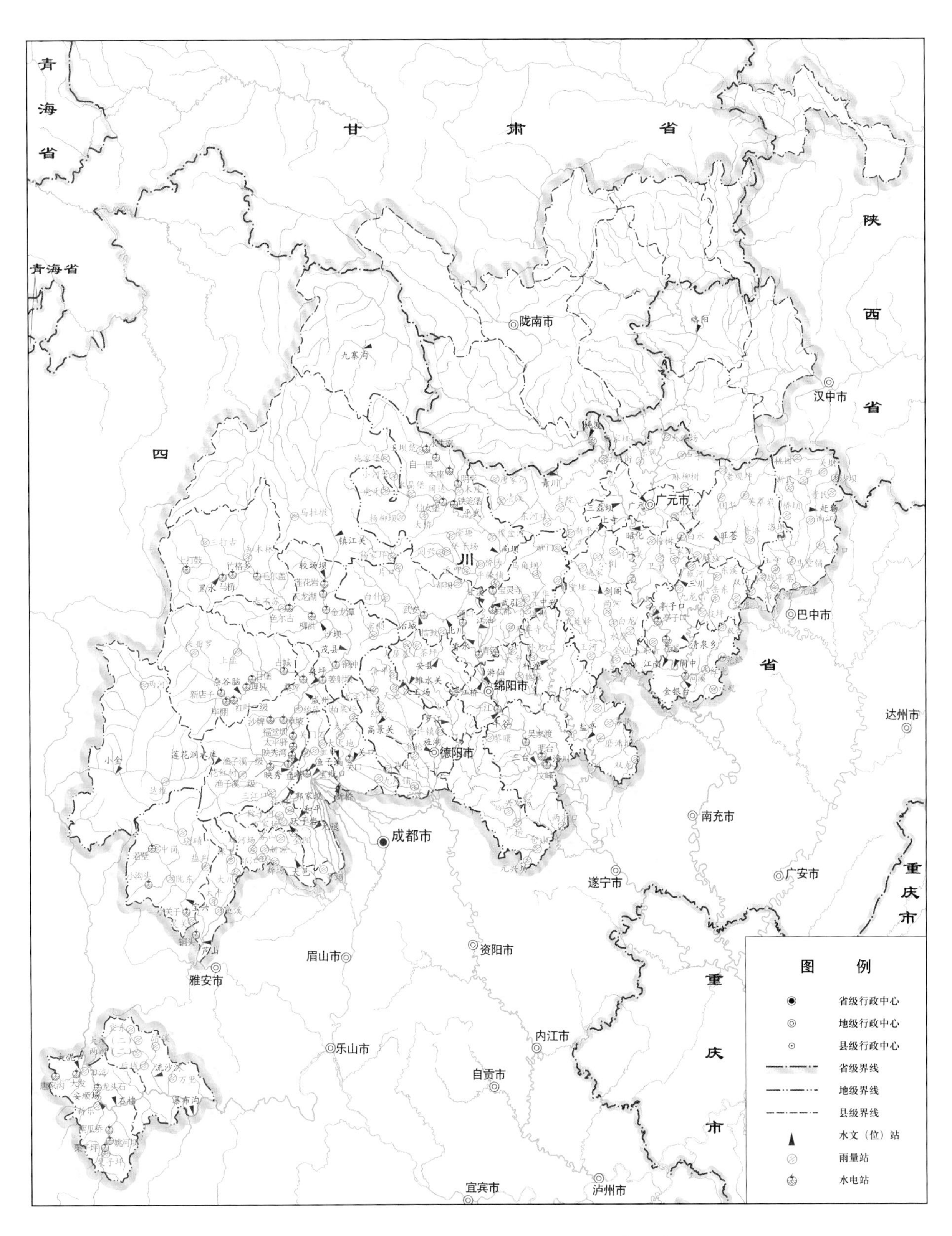

5·12汶川特大地震受灾地区水利设施分布

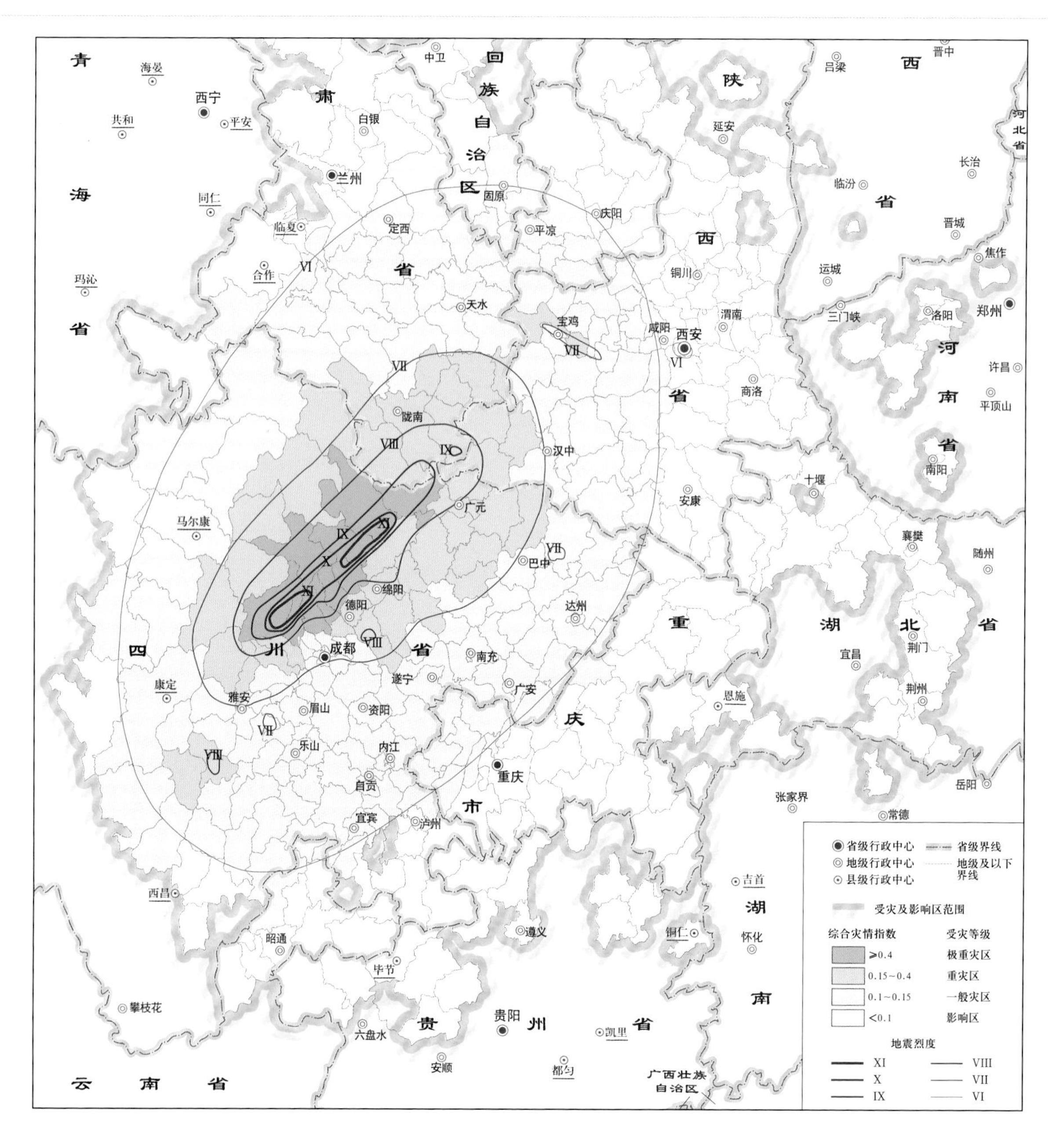

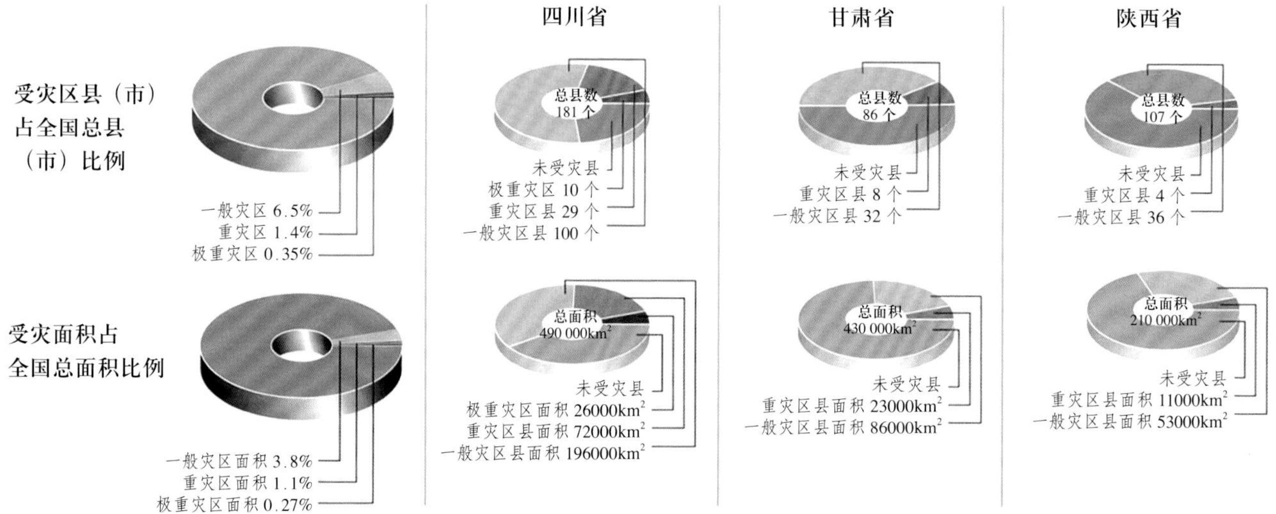

5·12汶川特大地震灾区范围及社会经济基本情况

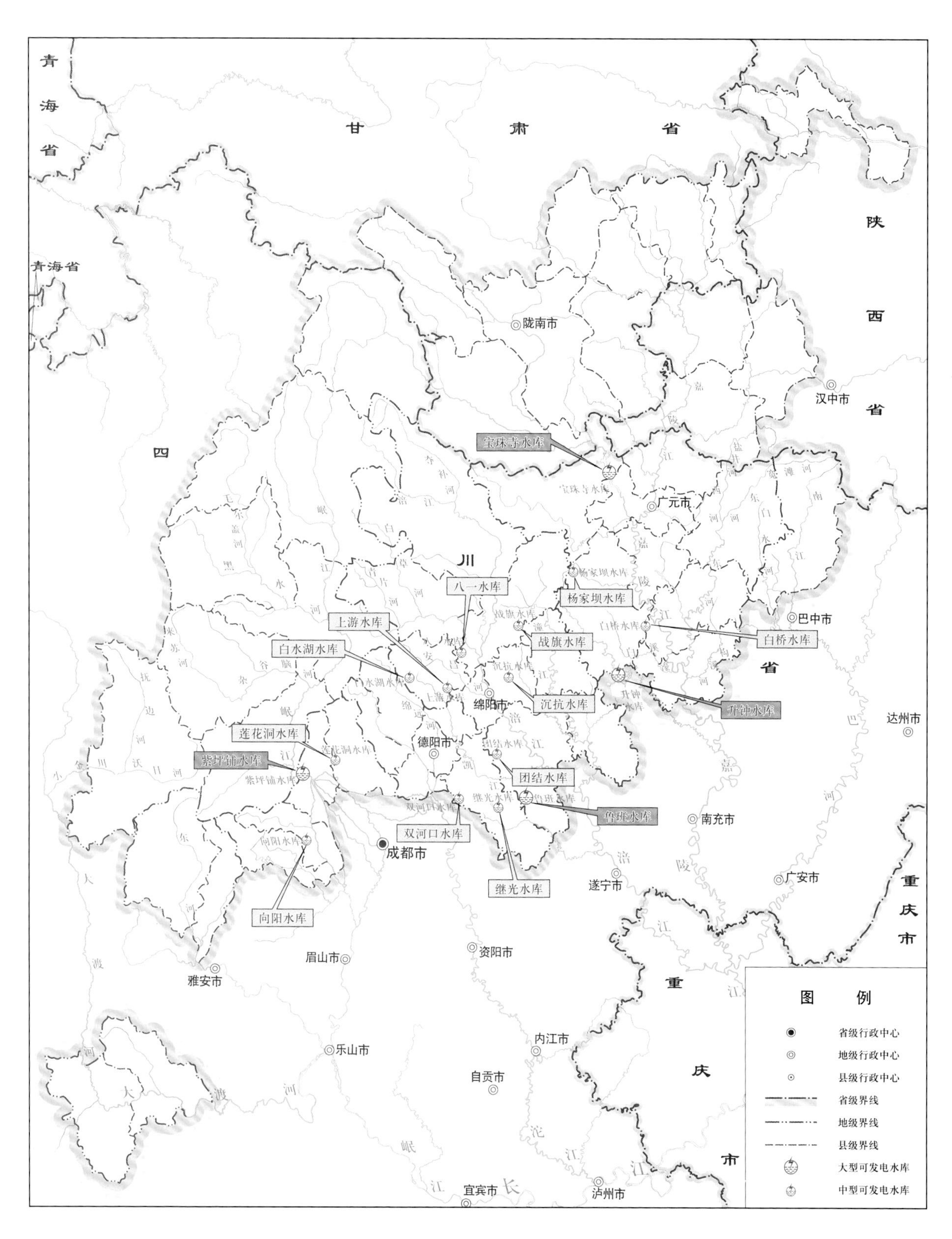

5·12汶川特大地震灾区主要大中型水库分布（震前紫坪铺水库大坝）

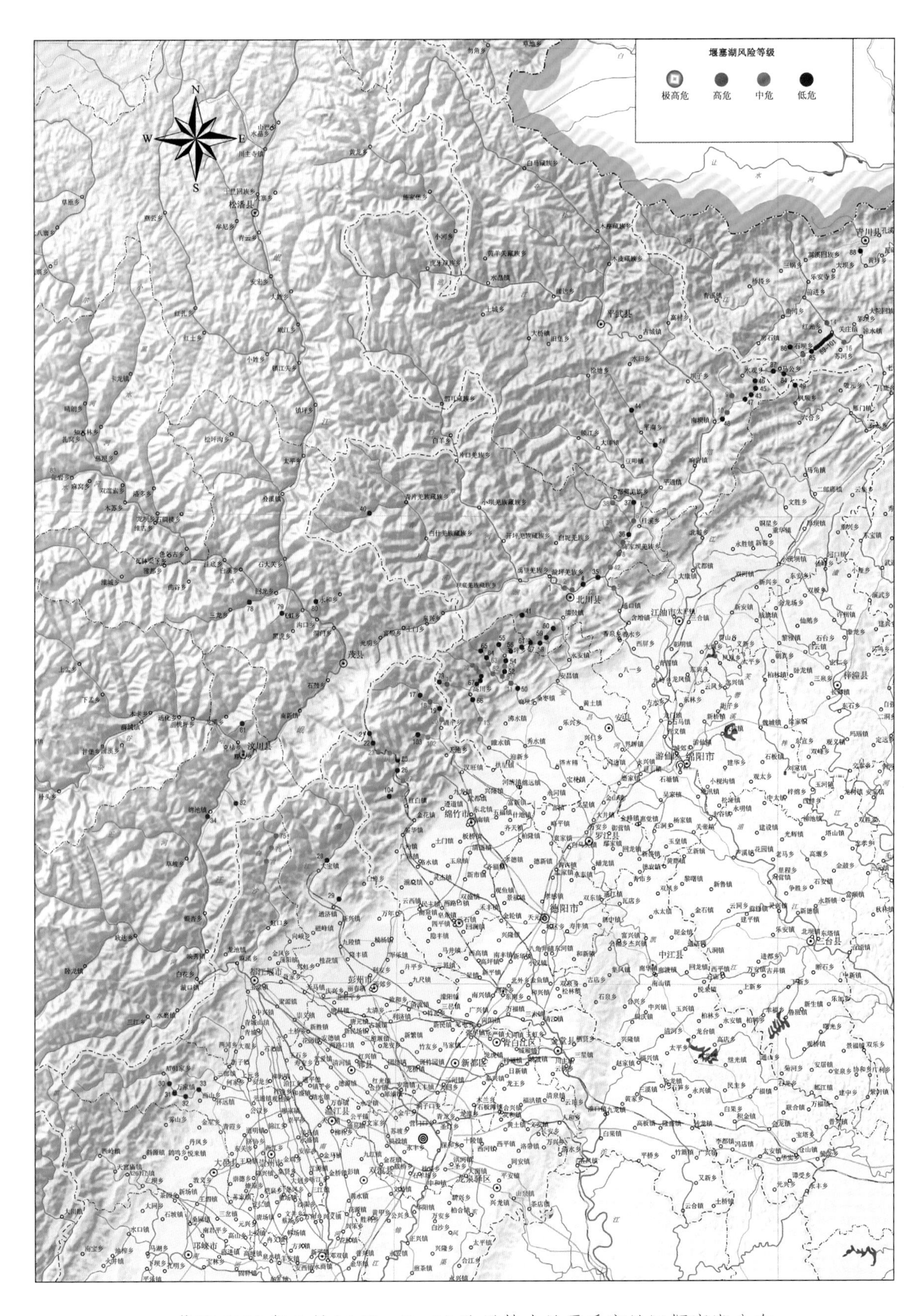

截至2008年5月25日，5·12汶川特大地震受灾地区堰塞湖分布

104 座堰塞湖基本情况一览表

序号	名称	危险等级	集雨面积 /km^2	堰塞体积 / 万 m^3	堰塞体高 /m	最大可能蓄水量 / 万 m^3
1	唐家山	极高危级	3550	2037	82.65~124.4	31500
2	苦竹坝下游	中危级	3557	200	50~60	300
3	新街村	中危级	3566	200	平均 20	190
4	白果村	低危级	3574	40	10~20	180
5	岩羊滩	中危级	3754.1	260	30~40	1200
6	唐家湾	中危级	287	400	平均 30	1000
7	孙家院子（红岩村）	中危级	291	110	平均 30	50
8	罐子铺	中危级	295	285	平均 60	585
9	马鞍石	高危级	75.1	1120	平均 67. 6	1150
10	南坝（文家坝）	高危级	156.2	600	25~50	1500
11	肖家桥	高危级	154.8	400	平均 61.5	2000
12	老鹰岩	高危级	27.6	400	平均 135	250
13	罐滩	中危级	215.2	100	平均 45	500
14	石板沟	高危	1100	356	27.3~31.3	1100
15	红石河	中危	65	240	55	100
16	东河口	中危	1180	136	12	300
17	黑洞崖	低危	258	18	50~60	待查
18	小岗剑水电站上	高危	258	90	62~72	850
19	小岗剑水电站下	低危	343.6	25	30	75
20	一把刀	中危	397.5	32.9	26.4	250
21	干河口	低危	350	32	10	50
22	木瓜坪	低危	361.2	11	15	4
23	马槽滩上	中危	361.3	200	40~50	60
24	马槽滩中	中危	361.3	60	40~50	25
25	马槽滩下	低危	361.3	14	30	10
26	燕子岩	低危	379.9	11	10	3
27	红松水电站厂房	中危	397.8	25	30	76
28	谢家店子	低危	217	18	10	100
29	凤鸣桥	低危	217	24	14	180
30	竹根桥	低危	167	300	90	450
31	六顶沟	低危	213	250	60	300
32	火石沟	低危	98	340	120	150
33	海子坪	低危	95	400	11	50
34	汶川映秀湾堰塞湖	低危	19840	12	11	35
35	邓家	低危	3620	12	10	80
36	陈家坝北	低危	253	50	20	50
37	白胡子桥	低危	190	20	10	8
38	虎跳崖	暂定中危	50	400	100	580
39	青林	暂定中危	42	1100	120~220	350
40	白什	低危	46	192	40	10
41	观音庙	低危	70	20	40	15
42	小毛坡	暂定中危	301	27	15	150
43	平溪	低危	65	52	13	50
44	李家院	低危	176	30	10	100
45	苏家院	低危	85	10	10.5	12
46	桩桩石	低危	71.6	10	10.1	10.4
47	水磨河	低危	57	11	15	10
48	何家坝	低危	126	11	10.5	10.2
49	窄狭子	低危	65	13	35	25
50	神仙磨	低危	154.8	10	10	27.2
51	芭蕉坪	暂定中危	199.8	187.2	45	675
52	下窑坪	低危	98.8	10	15	90
53	蹇家包	暂定中危	97.8	62.4	40	216
54	青水塘	低危	79.8	8.4	20	80
55	苏家大滩	低危	30	15	13	40
56	柏果滩	低危	28	11	12	13
57	三叉路口	低危	37.5	11	17	12
58	柏果林	低危	23	240	80	60
59	大茶园	低危	20	150	50	35
60	八字岩	低危	20.5	225	50	32
61	龙王庙	低危	25	10	20	40
62	枳竹坪	暂定中危	49	180	60	300
63	观音岩	暂定中危	48	14.4	20	100
64	宝藏	低危	29	10	10	50
65	宝藏 4 队	低危	25	13	15	75
66	截龙桥	低危	39	2.45	14	40
67	马落滩	低危	42	10	20	27
68	鹦哥嘴	低危	41	24	15	24
69	探沟口大河	低危	40	10.08	12	26
70	崖湾	暂定中危	35	60	75	150
71	鱼洞口	暂定中危	30	2880	70~80	500
72	道渣石厂	暂定中危	20	2310	110	375
73	罗家大坪	低危	22	5000	300	3750
74	平武黄连树	低危	20	11.52	12	10.1
75	枷担湾	暂定高危	164.5	82.4	60~80	610
76	窑子沟	暂定中危	135.3	80.8	60	700
77	关门山沟	暂定中危	56.3	92.3	80	720
78	东兴乡竹包沟	低危	22.26	12	10	26
79	凤仪镇宗渠沟	低危	34.34	11	10	20
80	渭门乡十里沟	低危	20.54	10	14	11
81	汶川切刀岩	低危	281	11	10	20
82	汶川塘房水电站	低危	224.7	25	12	50
83	黑水县哈木湖	暂定中危	36	330	30	360
84	关门岩	低危	46	30	21	24
85	礼拜寺	低危	63	48	30	86
86	漆子树	低危	33	6.8	20	12.6
87	园子山	低危	38	12	40	16
88	蒋家院子（大沟）	低危	32	30	19	15.4
89	扬家坪（深地湾）	低危	24	12	10	13.4
90	黄家湾（枫香坝）	低危	53	11	12	12.6
91	胶子村（薄家沟）	低危	32	23.2	34	10.7
92	锰粉厂	低危	30	14	22	20.6
93	梨儿坪（石泉岩）	低危	28	13	11	10.7
94	李家门前（马桑坡）	低危	25	12	12	11.1
95	董家河	低危	20	30	30	75
96	石拱坪（龙潭坡）	低危	21	1624	141	27
97	麻池盖	低危	24	99	39	14
98	孙家	低危	25	11	16	12.7
99	岩坑子（坝子溪）	低危	21	31.2	60	10.5
100	岩窝子（煤厂）	低危	35	28.8	30	11.7
101	两河口（坪上）	低危	33	18.6	20	10.9
102	小天池	暂定中危	43	63	23~50	200
103	两岔口	低危	23	18	23~50	22.5
104	西沟	低危	21	78	35	70

2008 年 5 月 19 日，唐家山堰塞湖全景图像

2008 年 6 月 7 日，陈雷在唐家山堰塞湖抢险现场

2008 年 6 月 7 日，唐家山堰塞湖除险施工最后阶段，前方指挥部主要成员在施工现场研究明渠施工方案

2008年5月26日，陈雷、蔡其华等在四川省绵阳市前方指挥部讨论抢险方案

2008年5月31日，四川省绵阳市唐家山堰塞湖抢险施工现场

2008年6月7日，陈雷与武警水电部队共同商讨唐家山堰塞湖抢险方案

2008年6月7日，水利部领导在唐家山堰塞湖泄流现场

2008 年 6 月 8 日，唐家山堰塞湖排险泄水槽开始过水

2008 年 5 月 17 日，鄂竟平主持抗震救灾紧急会商会

2008 年 5 月 14 日，矫勇、刘宁等研究紫坪铺水利枢纽大坝险情

2008 年 5 月 26 日，矫勇指挥唐家山堰塞湖施工

2008 年 5 月 25 日，四川省成都前方指挥部工作场景

2008 年 6 月 5 日，周英在甘肃省康县李家村灾民安置点检查供水情况

2008年5月30日，胡四一在四川省德阳市绵竹市广济镇指导应急供水工作

2008年5月26日，刘宁与抢险队在唐家山堰塞湖施工工地

2008 年 6 月 1 日，蔡其华率队查勘堰塞湖

2008 年 6 月 9 日，李国英在甘肃省陇南市姜家山灾损现场，研究应急供水方案

2008 年 7 月 27 日，冷刚在映秀老虎嘴指挥排除工作

震前的紫坪铺水库大坝

2008年5月14日，震后四川省紫坪铺水利枢纽全貌

2008年5月13日，紫坪铺水利枢纽泄洪洞进水塔闸房震损情况

2008 年 5 月 12 日，紫坪铺水利枢纽坝顶裂缝

2008 年 5 月 26 日，地震引发的唐家山山体滑坡，形成的堰塞体

2008 年 5 月 26 日，唐家山堰塞湖应急除险动工注：俄罗斯米 –26 直升机正在吊运施工设备

2008 年 5 月 25 日，武警水电部队指战员肩负炸药前往唐家山堰塞湖施工工地

2008 年 5 月 30 日，唐家山堰塞湖除险施工现场

2008 年 6 月 10 日，唐家山堰塞湖除险成功

2008 年 5 月 21 日，技术人员在四川省安县肖家桥堰塞湖查勘险情

2008 年 7 月 7 日，汶川县映秀镇老虎嘴堰塞湖抢险施工现场

2008年5月26日，四川省北川县苦竹坝堰塞湖

2008年5月19日，水质检测车正在四川省成都市彭州市小鱼洞镇进行水样采集作业

2008年5月23日，四川省彭州市水厂水源检测

2008年5月24日，供水组技术人员在四川省郫县饮用水水源取样

2008 年 5 月 26 日，四川省都江堰市玉堂镇灾民安置点的供水保障设施

2008 年 5 月 31 日，四川省安县黄土救助点应急供水处

2008 年 5 月 26 日，在四川省水利抗震救灾指挥部工作的水利专家

2008 年 5 月 29 日，水利专家查勘四川省绵竹市汉旺镇白溪水库

2008 年 5 月 26 日，水利部工作组现场部署抢险救灾方案

2008 年 5 月 17 日，水利部工作组在阿坝藏族羌族自治州营地工作

2008 年 5 月 20 日，中国水利水电科学研究院唐家山堰塞湖溃坝洪水风险分析现场

2008 年 5 月 22 日，水利专家商讨紫坪铺水库大坝震损除险方案

2008 年 6 月 13 日，河南省抗震抢险突击队正在四川省绵竹市汉旺镇进行震损闸门除拆作业

2008 年 5 月 31 日，上海市供水抢修队在四川省什邡市蓥华镇进行排管施工作业

2008 年 5 月 23 日，黄河水利委员会抢险队在四川省广元市渔儿沟水库除险加固施工现场

2008 年 5 月 26 日，湖北省武汉市水务局抗震救灾抢险队在四川省都江堰进行抢险施工

水利抗震救灾大事记

2008 年

5 月 12 日

● 14 时 28 分，四川省阿坝藏族羌族自治州汶川县（北纬 31.0°，东经 103.4°）发生里氏 8.0 级特大地震，震源深度约 15km。阿坝藏族羌族自治州，都江堰市，绵阳市北川县、青川县等地震灾区通信中断。正在出访的水利部部长陈雷电话指示：水利部立即投入抗震救灾和防灾工作，严防次生灾害，确保防洪安全和供水安全。

● 15 时 30 分，水利部召开紧急会议，决定立即派出工作组赶赴四川灾区。水利部总值班室、国家防汛抗旱总指挥部（以下简称国家防总）办公室值班室进入应急状态。

● 17 时，四川省水利厅厅长冷刚率专家至都江堰市岷江上游勘察紫坪铺大坝震损情况。

● 19 时 30 分，国务院召开抗震救灾总指挥部会议。

● 21 时，中共中央总书记胡锦涛主持召开中央政治局常委会议，部署抗震救灾工作，水利部副部长鄂竟平代表水利部与会。

● 22 时，水利部副部长矫勇、总工程师刘宁起程赴四川灾区，经重庆市、成都市，于次日 5 时抵达都江堰市。

● 23 时，水利部副部长周英出席国务院抗震救灾总指挥部基础设施组会议。随即水利部召开紧急会议，部署抗震救灾工作。

● 是日，国家防汛抗旱总指挥部办公室（以下简称国家防办）向地震发生地各省防汛抗旱指挥部办公室（以下简称省防办）下发《关于切实做好地震灾区防洪工程安全工作的紧急通知》，要求立即开展防洪工程震损调查，于 13 日 17 时前上报汇总情况。

● 是日 15 时以后，发生 5.0 级以上余震 12 次。

5 月 13 日

● 是日，水利部启动紧急应急响应，水利部抗震救灾指挥部成立。陈雷任总指挥，水利部副部长鄂竟平、矫勇、周英、胡四一、中纪委驻水利部纪检组组长张印忠任副总指挥，统一领导、指挥和协调水利抗震救灾工作。

● 5 时，矫勇代表水利部参加国务院总理温家宝在都江堰市召开的救灾会商会。

● 6 时，矫勇、刘宁抵达紫坪铺水库，会同四川省水利厅厅长冷刚等查勘大坝震损情况，研究除险措施。

● 14 时，矫勇主持专家会商会，分析紫坪铺水库大坝险情，制定紧急抢险方案，决定立即抢修 2 号泄洪洞及冲砂闸，以防止次生灾害发生。

● 15 时 7 分 10 秒，汶川县（北纬 30.9°，东经 103.4°）再次发生里氏 6.1 级余震。

● 17 时 28 分，紫坪铺水库冲砂闸成功开闸泄水。

● 20 时 30 分，岷江上游铜钟水电站（蓄水量 300 万 m^3）发生漫坝，下游 4 个梯级水电站及区间两岸群众的生命安全受到威胁。涪江绵竹市境内 2 座水库出现垮坝险情。国家防办下发《关于立即组织岷江铜钟水电站下游人员转移的紧急通知》，要求尽快组织群众转移疏散，加大紫坪铺水库的下泄流量，并要求评估震区水库安全问题。

● 是日晚，水利部门调集冲锋舟等防汛设备和物资，打通紫坪铺库区到灾区的水上救生通道。次日，35艘冲锋舟及操作手全部到位，第一条救灾通道开通。

● 是日，国家防总、水利部派出5个工作组，分赴四川省、甘肃省、陕西省、重庆市、云南省等省（直辖市）地震灾区指导抢险救灾工作。

● 是日，发生5.0级以上余震共6次。

5月14日

● 7时5分，陈雷提前结束出访回到北京，随即主持召开水利部抗震救灾指挥部全体会议。会议决定近期将抗震救灾工作作为水利部压倒一切的中心工作，重中之重是保证震损水利工程、堰塞湖安全度汛和防范次生灾害，以及抓紧摸排、修复震损供水设施，恢复生活供水。

● 下午，陈雷参加国务院抗震救灾指挥部及列席中央政治局常委会。晚上主持召开水利部抗震救灾指挥部会议。会议决定：一、成立水利部抗震救灾领导小组；二、各流域水利委员会分省包片，组织有关专家和技术力量迅速赶赴一线；三、尽快组织水利抢险队伍赶赴一线，帮助灾区抢修震损水利工程和水文设施；四、强化行政首长防汛责任制，督促地方加强水库（水电站）防汛保安工作。

● 水利部抗震救灾前方领导小组（以下简称前指）成立，矫勇任组长。领导小组下设成都、德阳、绵阳、广元、遂宁、阿坝6个工作组及水文、供水、水电站3个专业组，开展水库、水电站、堰塞湖险情排查、核实工作，制定应急方案。

● 是日，矫勇通过媒体向公众告知：经过专家现场查勘和科学评估，认定紫坪铺水库大坝结构稳定、总体安全。

● 是日，水利部前指根据遥感影像对地震灾害情况进行初步评估，提出存在堰塞湖及可能发生次生灾害的报告。

● 是日晚，确定紫坪铺以上岷江上游15座水电站为重点监测对象，重点水电站查险工作随即开展。

● 是日，发生5.0级以上余震2次。

5月15日

● 下午，国务院副总理、国务院抗震救灾指挥部副总指挥回良玉抵绵阳市沉抗水库，考察水利抗震救灾工作。

● 陈雷与四川省省长蒋巨峰通电话，通报堰塞湖及震损水电站可能发生次生灾害情况。

● 国家发展和改革委员会（以下简称国家发改委）主任张平、水利部矫勇、国家电力监管委员会（以下简称国家电监会）副主席史玉波、中国华能集团公司（以下简称华能集团公司）董事长李小鹏等乘直升机勘察岷江紫坪铺至茂县河段的交通及水电站险情及岷江堰塞湖堵江情况。

● 岷江渔子溪一级水电站、映秀湾水电站周边山体崩塌，大坝漫溢。国家防办要求：立即转移水电站下游受灾害威胁人员；落实责任人，制定应急预案，做好抢险准备，确保防洪安全。

● 上午，水利部及在京各直属单位设置捐款站，向地震灾区群众捐款。当天共募集捐款169

万元。5 · 12 汶川特大地震发生后，全国各地的水利系统员工、离退休职工、家属多次捐款捐物，表达与灾区人民同舟共济的意愿。

5月16日

● 国务院抗震救灾总指挥部决定由水利部牵头成立水利组，陈雷任组长。成员单位包括国家发改委、财政部、国土资源部（以下简称国土部）、环境保护部（以下简称环保部）、住房和城乡建设部（以下简称住建部）、农业部、卫生部、地震局、气象局、国家电监会、总参作战部、武警水电部队等13个部门和单位。水利组职责为：一、排查水库安全；二、排查河道次生灾害；三、解决灾区饮水问题，保障供水。

● 发现唐家山堰塞湖。通过对台湾福卫二号卫星5月14日图像资料初步解译，发现湔江在北川县城上游323m处唐家山段有巨型滑坡体堵塞河道，并已经形成堰塞湖，估计库容3000万～4000万m^3。陈雷要求立即实施唐家山堰塞湖监测，并通知地方政府开始应急准备，必要时组织下游群众疏散避险。

● 矫勇、蔡其华与四川省有关领导乘直升机查勘唐家山堰塞湖、青川的石板沟堰塞湖情况，部署堰塞湖水文监测。同日4个专家组前往其他堰塞湖勘查。

● 水利部供水组抵成都，负责供水设备调运，协调对口支援。四川省水利厅组织专家组赴灾区，排查各县灾区供水设施受损情况，全面实施灾民避难帐篷区的临时应急供水。

5月17日

● 21时16分，俄罗斯救援队在都江堰管理局第二生活区地震废墟中救出被埋127小时的退休职工徐荣星。这是汶川特大地震国外地震救援队救出的唯一生还者。

● 是日夜，国务院抗震救灾总指挥部在成都召开四川前方指挥部会议。国务院副总理兼副总指挥回良玉主持会议。会议部署预防震后次生灾害、抢修基础设施等工作，强调抓紧水库安全评估，堰塞湖除险施工，以及公路、电力、供水、通信等基础设施的修复。要求同步开展灾后重建规划，为恢复重建做准备。

● 陈雷赴四川灾区，现场指挥水利抗震救灾工作。

● 紫坪铺水利枢纽抢修取得重大突破，3台机组上网发电，次日4台机组全部并网发电，同时利用机组发电泄洪。

● 是日起，水利部前线指挥部与四川省水利厅合署办公，至此抗震救灾的集体会商、共同决策、地方落实的工作机制开始运行。

5月18日

● 水利部前指会同四川省水利抗震救灾指挥部及其成员单位在都江堰市联合召开现场会商会，陈雷要求全面贯彻落实胡锦涛、温家宝、李克强、回良玉关于抗震救灾工作的一系列重要指示精神，扎实工作，履行职责，把握重点，协调配合，有力有序有效地做好水利抗震救灾工作。

● 上午，由专家及武警战士组成的突击队抵达唐家山堰塞湖，开始察勘堰塞体。由空军直升机运送的专家组完成唐家山堰塞湖低空察勘。提出唐家山堰塞湖勘察结果：堰塞坝长约650m，高约80～90m，宽约220m；堰体由风化破碎的片岩、板岩夹砂岩组成，堆积体疏松。库内水面距堰顶不足20m，蓄水量约4000万m^3；堰塞体以上集雨面积3550km^2，日均来水量约500万m^3，估计此时堰塞湖容积约0.8亿～1亿m^3。根据区域地形地貌、气象、水文资料分析，专家认定在上游现有来水的情况下，堰塞湖水位将继续上升，随时存在溃坝风险。

● 凌晨1时8分23秒，江油市（北纬32.1°，东经105.0°）发生6.0级余震。

5月19日

● 回良玉视察紫坪铺大坝。

● 陈雷考察绵竹市汉旺镇金鱼嘴水电站、柏林水库，听取德阳工作组关于德阳市堰塞湖情况的汇报。要求千方百计采取措施对堰塞湖和震损水库实施24小时监测和巡查，防止次生灾害发生。

● 水利部抗震救灾指挥部举行唐家山堰塞湖风险及排险方案会商会。根据地震余震和气象预报信息，决定提请国务院抗震救灾前方指挥部，尽快部署下游受威胁群众转移安置事宜。同时通知救援人员采取安全措施。会议自20时45分开始，次日6时30分结束。

● 是日，由水利部紧急调运的2台移动式水质检测车、46台移动式制水设备、30万片净水消毒片、40套一体化净水设备、50台日处理能力12t的小型净水器和1万支“生命吸管”运抵灾区。灾民帐篷营地至此可以全部取得安全饮水。

● 12时，四川省绵阳市武都引水灌区总干渠抢修完工，红岩分干渠开闸供水。这是震后第一个恢复正常供水的灌区。

5月20日

● 凌晨，水利部前指上报《关于防范北川县唐家山堰塞湖溃决失事的报告》。回良玉召开会议，专题研究报告提出的处置方案，作出批示：“经前指研究，同意此意见。”

● 水利部前指向回良玉和国务院四川前方指挥部呈报《关于福堂、映秀湾和太平驿水电站险情处置情况的报告》。报告针对岷江上游水电站险情，提出了太平驿水电站、映秀湾水电站和耿达水电站阻水部位实施排险爆破。

● 由农村水利司紧急组织编制的《地震灾区应急供水技术要点》下发各地，指导应急供水和供水工程修复工作。

● 都江堰灌区全面恢复正常供水。沙黑总河、人民渠一期干渠等骨干工程临时通水，恢复灌溉面积240余万亩。

5月21日

● 陈雷主持召开国务院抗震救灾总指挥部水利组全体会议，强调要坚决贯彻落实党中央、国务院和国务院抗震救灾总指挥部对当前抗震救灾工作的决策部署，通力协作，密切配合，有力有序有效地做好水利组各项抗震救灾工作。

● 水利部向21个受灾重点县派工作组；制定各级供水专项资金、物资的使用和管理原则，动员省内和邻近省的力量，组织一批抢险突击队，自带抢修车辆、设备和管材，每县部署3～4个突击分队实施分片抢修乡村供水设施。

● 水利部发出《关于加强对水利抗震救灾资金物资管理的通知》，要求加强对抗震救灾资金物资的监管，确保救灾款物真正用于灾区、用于受灾群众。

● 是日，唐家山堰塞湖蓄水量为9800万m^3，湖上下游水位差为52m，日均来水量约500万

m^3，水位每天上涨 2.5 ~ 2.9m，堰塞体漫顶或溃决的风险增加。

● 经过数天十余次努力，直升机以单机轮悬停着陆方式，首次在唐家山堰塞湖堰顶着陆。长江水利委员会主任蔡其华率专家组乘机抵达，开展堰塞湖区域的实地勘察。

5 月 22 日

● 温家宝在四川省绵阳市主持国务院抗震救灾总指挥部第 12 次会议，研究唐家山堰塞湖应急处置问题。会议提出唐家山堰塞湖要积极、主动、及早处理。决定成立唐家山堰塞湖应急处置指挥部。蒋巨峰任指挥长，矫勇、郭永祥以及武警水电部队、成都军区有关领导任副指挥长。地方政府统一指挥、协调并提供后勤保障。武警水电部队负责组织施工；空军负责设备、物质、人员、给养运输。水利部前指组织编制处置堰塞湖的技术方案，以及堰塞湖的水文监测。

● 是日，唐家山堰塞湖堰前水位为 717.48m，比 21 日上涨了 2.6m，蓄水量过 1 亿 m^3。

● 水利部发出《关于支持四川震损水库应急除险方案编制工作的紧急通知》，要求长江水利委员会（以下简称长江委）、黄河水利委员会（以下简称黄委）、淮河水利委员会（以下简称淮委）、珠江水利委员会（以下简称珠委）、水利部天津勘测设计研究院（以下简称天津院）以及浙江省、广东省和广西壮族自治区水利厅紧急组建 18 支现场设计组，支援四川省高危以上险情震损水库的应急除险方案的编制工作。

● 国家防办紧急调拨抗震救灾指挥车辆 30 辆、卫星电话 21 部。向交通部借用海事、车载、手提卫星电话 40 部，分发至灾区各除险施工一线。

5 月 23 日

● 陈雷召开水利部前指及成员单位会议，贯彻落实温家宝对堰塞湖整治工作的三条原则，要求全力以赴，抓紧风险评估，制定并落实人员转移方案。要求前方在 10 天内完成唐家山堰塞湖排险任务。

● 水利部商河南省、山东省、重庆市等地紧急调运满足俄罗斯米 –26 直升机吊运条件的 15t 以下大型施工机械，全力保障唐家山堰塞湖抢险施工需要。

5 月 24 日

● 温家宝视察紫坪铺水库，要求抓紧修复大坝裂缝，进一步确保大坝安全。

● 水利部前指向国务院抗震救灾前线指挥部呈报《唐家山堰塞湖应急疏通工程设计施工方案》。

● 在国务院抗震救灾总指挥部的协调下，外交部、总参谋部、公安部和民航管理局的大力支持下，水利部紧急协调租用的一架俄罗斯米 –26 直升机，由我国黑龙江省黑河市入境，经停哈尔滨市和天津市，于 25 日到达四川省广汉市。

● 卫生部、环保部、住建部、水利部、农业部联合印发《关于切实做好地震灾区饮用水安全工作的紧急通知》，要求加强灾区水源保护及水质监测工作。

● 12 支援川应急抢险队全部到达指定地点展开工作。

5 月 25 日

● 回良玉在成都主持召开国务院抗震救灾前方指挥部全体成员紧急会议，调整唐家山堰塞湖除险方案。鉴于气象预报未来几天将持续降雨，原定空运计划无法实施，会议决定采取排洪道开挖以爆破措施为主，增加徒步运送物质的突击队员数量。同时，安排直升机空运人员快速进入抢险工地。

● 是日，德阳市红松电站厂房堰塞湖实施爆破消卡扩口成功。

● 是日，成都军区某集团军高炮旅和武警水电部队1100名官兵，徒步夜行军7小时，将10t炸药、270支雷管等爆破材料首次背上唐家山堰塞湖坝顶。

● 国务院新闻办公室举行新闻发布会，鄂竟平、刘宁出席。向公众通报汶川特大地震灾区防范次生灾害和水利抗震救灾情况，并回答记者提问。

● 16时21分46秒，广元市青川县（北纬32.6°，东经105.4°）发生6.4级余震。这是汶川特大地震后发生的震级最大的余震。

5月26日

● 11时13分，第一台挖掘机由俄罗斯米–26直升机空运至唐家山堰塞坝顶，除险施工作业正式开工。截至21时，坝上集结武警水电部队官兵及有关工程技术人员合计600余人，机械设备15台（套）。泄水渠开挖施工实行不间断作业。

● 12时，绵阳市抗震救灾指挥部发布《绵阳市北川县唐家山堰塞湖应急疏散预案》，召开唐家山堰塞湖疏散群众工作广播电视动员大会，安排部署受影响地区群众疏散工作，截至21时撤离3.58万人。

● 编制完成《堰塞湖排险工程总体方案》；完成高危级别的水电站核查工作，部分工程险情已经排除；完成《灾民安置点供水排水工程典型设计》，重灾区供水覆盖率达到80%以上。

● 中国水利水电科学研究院提出唐家山堰塞湖溃坝风险与影响初步评估报告。鄂竟平主持专题会议，组织有关专家讨论，要求在28日将最终结论提交水利部前指，供决策参考。

● 是日夜，胡锦涛给正在四川省指挥抗震救灾的回良玉打电话，询问唐家山堰塞湖抢险进展情况，要求坚持以人为本，认真组织，精心安排，加强巡视，做好应急预案，确保紧急情况下不出大的问题。

5月27日

● 回良玉、陈雷赴唐家山堰塞湖应急抢险施工现场指导工作，并慰问抢险施工作业的专家和武警官兵。

● 水利部向国务院前指提交《关于四川省堰塞湖工程排险的请示》，对岷江、嘉陵江、涪江上游17处中危险级以上的堰塞湖提出了除险处置方案。

● 水利部在四川水利抗震救灾前线人员相对集中的成都市、德阳市、绵阳市建立三个临时党支部。

● 太平驿水电站大坝险情于17时27分完全排除，5孔泄洪闸门及引渠道已全部开启。

● 城镇供水恢复，临时供水基本满足需求。除北川县外，城镇供水已基本得到保障。大邑等15个县（市）城区供水恢复达85%以上；都江堰市、彭州市、江油市供水恢复达80%以上；绵竹市供水恢复达60%以上。调配汶川县的一台净水设备开始供水。

● 阿坝藏族羌族自治州工作组完成岷江干流及支流险情排查任务。汶川、理县、茂县等一批小水电抢修后第一时间向灾区应急供电。

5月28日

● 水利部组织的120台送水车开始向四川省120个重灾乡镇送水。

● 鄂竟平主持召开防汛会商会，紧急启动国家防总防汛III级应急响应，部署汶川地震灾区暴雨洪水的防洪减灾工作。

● 胡四一率工作组赴四川灾区，检查指导供水保障工作。

● 是日，唐家山堰塞湖坝前水位728.66m，水面距坝顶21.54m，坝前水深61.11m，蓄水量1.536亿m^3。

● 唐家山堰塞湖泄水渠开辟四个施工作业面，坝顶有专家和施工人员611人，施工机械39台（套），截至是日晚累计开挖土石方3.8万m^3。泄洪槽进口端高程降为746.00m，出口端高程降为745.00m。

5月29日

● 陈雷在成都主持召开四川省堰塞湖排险工作紧急会议。会议决定，由地方政府对堰塞湖逐处建立排险避险指挥部，落实行政首长、工程排险、转移避险、监测预警责任制，并在《四川日报》等媒体上公布，接受社会监督。

● 至是日，379座高危以上险情水库全部按部、省抗震救灾指挥部要求降低库水位，制定应急预案，落实专人实行24小时监测巡查。

● 水利部抗震救灾资金物资监督管理领导小组成立。

5月30日

● 陈雷在唐家山堰塞湖施工现场，组织有关专家研究部署唐家山堰塞湖排险施工后期有关工作，矫勇、蔡其华、郭永祥等参加。

● 四川省召开全省灾后重建规划工作会，水利灾后重建规划工作随之启动。

5月31日

● 8时，唐家山堰塞湖水位为733.42m，水面距泄洪进口端7.58m，坝前水深66.05m，蓄水1.834亿m^3。

● 22时止，唐家山工程排险累计投入武警水电部队和水利专业技术人员1021人（前方621人，后方400人）；陆航部队飞行278架次，运送物资125t，人员731人；米–26直升机共飞行68架次；设备运行752台班。

● 上午，陈雷看望四川省绵阳市游仙区白云洞、银峰纺织厂和涪城区塘汛3个临时转移安置点的群众。下午，陈雷乘直升机抵唐家山堰塞湖应急排险施工现场，检查排险施工进展情况和人员撤离后期保障工作。

● 四川省抗震救灾指挥部在《四川日报》发布公告，公布堰塞湖排险责任人员和震损堤防安全度汛责任人员名单，要求汛期24小时监测。

● 截至是日，四川省地震灾区农村供水人口临时饮水问题基本解决。重灾区除北川县老县城、汶川县城外，城镇供水恢复到85%以上。

6月1日

● 经过武警水电部队官兵7天6夜连续施工作业，唐家山堰塞湖泄水渠提前完工。渠长475m，进口高程740.00m，上下游进出口高差1m，完成土石方13.55万m^3。12时，除留12名武警官兵监测外，其余400名武警官兵和施工技术人员全部撤离。

● 四川省抗震救灾指挥部在《四川日报》发布公告，公布震损水电站名单及主管部门、业主负责人、技术负责人、监测负责人，并对水电站防汛抢险提出了明确要求。

● 中国科学院完成唐家山堰塞湖远程宽带视频监视系统施工，开始无人实时监控堰塞湖区域情况。

6月2日

● 截至16时，唐家山堰塞湖水位735.86m，距泄流渠进口端高程还有4.14m；蓄水量2.01亿m^3。绵阳市人员撤离工作全部完成；遂宁市撤离19186人。

6月3日

● 截至18时，唐家山堰塞湖水位736.90m，距泄流渠进口端高程还有2.25m；蓄水量2.057亿m^3。

● 德阳市一把刀堰塞湖是日开始排险施工作业。

● 国家防办下发《关于做好次生灾害防范工作的紧急通知》。

6月4日

● 除唐家山堰塞湖外，已有15处堰塞湖正施工排险，其中平武南坝(文家坝)堰塞湖已完成施工。

● 岷江上游15座水电站险情全部解除，部分水电站已经恢复发电。

● 张印忠率水利部抗震救灾资金物资监督检查领导小组检查四川省水利抗震救灾资金物资使用情况。

● 中华全国总工会授予水利部赴灾区前线工作组18个组（队）“工人先锋号”称号。

6月5日

● 温家宝乘直升机抵唐家山堰塞湖，视察应急处置情况，陈雷陪同。随后在绵阳市火车站专车上召开专题会议，明确提出“安全、科学、快速”的指导方针。

● 截至18时，唐家山堰塞湖坝前水位为738.85m，较前日同上涨0.92m，蓄水量2.185亿m^3，水面距泄流渠底高程1.15m。

● 四川省防汛抗旱指挥部调拨3艘冲锋舟支援绵阳市唐家山堰塞湖溃坝应急抢险。

● 绵阳市抗震救灾指挥部开始进行唐家山堰塞湖全溃坝预警预报及通信保障体系演练。

● 本日发生5.0级余震1次，震中在青川县（北纬32.3°，东经105.0°），震源深度1.0km。

6月6日

● 温家宝看望绵阳市转移安置点群众、武警水电部队官兵以及唐家山堰塞湖应急处置指挥部的水利专家和工作人员，并在陈雷陪同下再次飞抵唐家山堰塞湖视察。

● 陈雷出席唐家山堰塞湖应急处置指挥部全体会议。会议传达了温家宝的重要指示，研究部署了下一步排险、避险、漂浮物清除和指挥部工作机制等事项。

● 葛振峰、矫勇、刘宁飞抵唐家山堰塞湖，现场指导，以采取进一步措施，加大泄流渠过水能力。

● 截至18时，唐家山堰塞湖坝前水位739.74m，上涨0.89m，距泄流渠底高程还有0.26m。

● 德阳市什邡市石亭江上的全部6处堰塞湖完成排险作业，基本消除了石亭江堰塞湖灾害风险。

6月7日

● 7时8分，唐家山堰塞湖泄流槽全线过水。19时下泄流量为$2.5m^3/s$，水位继续上涨。

● 截至18时，唐家山堰塞湖坝前水位741.02m，相应蓄水量为2.343亿m^3。20时，湖区治城水文站水位涨至741.55m，堰塞湖蓄水量达到2.351亿m^3，坝前水位涨至741.12m。增派专家实地实时监测唐家山堰塞湖坝体变形情况。

● 唐家山堰塞湖下游绵阳市群众已转移完毕，遂宁市转移36385人。唐家山堰塞湖下游避险实行黄、橙、红三级预警预报机制。

● 安县茶坪肖家桥堰塞湖除险施工作业完成。至11时泄流700万m^3，湖区剩余水量约320万m^3，险情排除。

6月8日

● 陈雷飞抵唐家山堰塞湖现场，查看泄流槽过水及施工情况，并与葛振峰、武警部队副司令员息中朝等研究部署相关工作。

● 截至18时，唐家山堰塞湖坝前水位742.03m，相应蓄水量为2.416亿m^3，泄流槽泄流量为$25m^3/s$。部队官兵对阻水漂浮物实施爆破清理。

● 18时50分，唐家山堰塞湖地区开始降雨，19时30分转为中雨。截至20时，坝前实测水位高程742.11m，蓄水量2.46亿m^3。泄流明渠进口冲刷效果逐渐明显。

6月9日

● 陈雷陪同国务院副秘书长汪永清到唐家山堰塞湖现场指导抢险工作。

● 6时，唐家山堰塞湖坝前水位742.49m，相应蓄水量为2.45 亿m^3。8时，泄流槽流量$48.4m^3/s$，但仍小于入库流量。19时，坝前实测水位742.94m，蓄水量2.52亿m^3，泄流量为$80.8m^3/s$。20时，唐家山堰塞湖水位742.96m。21时，下泄流量开始显著增大。

● 截至18时，绵阳市、遂宁市两市共转移撤离群众269249人，其中绵阳市215196人、遂宁市54053人。

6月10日

● 1时30分，唐家山堰塞湖出现最高水位743.10m。1时45分下泄流量为$200m^3/s$，9时为$1210m^3/s$，10时达到$2190m^3/s$。

● 10时35分，唐家山堰塞湖应急处置指挥部发布橙色预警信号，下游绵阳市和遂宁市启动橙色预警预案。

● 11时30分，唐家山堰塞湖泄流渠出现最大下泄流量6500m^3/s，北川羌族自治县水文站13时实测流量为6540 m^3/s，唐家山堰塞湖坝前水位开始下降。

● 下午，国务院抗震救灾总指挥部电贺成功处理唐家山堰塞湖，电报称“创造了世界上处理大型堰塞湖的奇迹”。

● 当晚，唐家山堰塞湖应急处置指挥部收到胡锦涛重要批示：唐家山堰塞湖排险工程取得重大进展，请陈雷同志向参与排险工作的全体同志转致亲切慰问和崇高敬意。

6月11日

● 上午，陈雷主持召开供水保障工作会议，听取水利部供水保障组工作汇报，要求尽早全部解决饮水问题。

● 10时，唐家山堰塞湖坝前水位降至714.51m，与泄流前最高水位相比，下降了28.59m，蓄水量比泄流前减少了1.63亿m^3，减少了65%。

● 16时，唐家山堰塞湖应急处置指挥部解除警报，转移群众返回家园。

6月12日

● 李克强、回良玉在水利部呈报《关于唐家山堰塞湖应急处置情况的报告》上分别作出批示，对唐家山堰塞湖除险工作予以充分肯定，对下一步工作提出新的要求。

● 四川省堰塞湖排险避险工作会议在绵阳市召开，陈雷就继续做好堰塞湖的排险工作进行部署。会议由矫勇主持，成都军区、武警水电部队、四川省负责同志出席会议并讲话。各有关市、县政府负责同志，各堰塞湖排险相关责任人参加会议。

● 晚上，陈雷看望俄罗斯米–26直升机11名机组人员，庆祝唐家山堰塞湖排险成功，并赠送锦旗。

6月13日

● 陈雷在绵阳市主持召开水利部前指会议，传达中央领导关于唐家山堰塞湖应急抢险后期工作的重要批示，研究部署有关工作，矫勇、刘宁、蔡其华等参加。

6月14日

● 下午，矫勇、刘宁率水利部前指全体人员撤离返京。

6月15日

● 下午，陈雷一行撤离四川，返京。至此，水利部派往四川灾区的1780名水利专家、工程技术人员完成应急抢险任务，返回原工作岗位。

6月16日

● 陈雷向国务院抗震救灾总指挥部全体会议作关于水利抗震救灾和防范次生灾害工作的汇报。

6月27日

● 矫勇率水利部灾后重建规划检查指导组赴四川省彭州市、什邡市、绵竹市等重灾区，检查灾后重建工作。

7月1日

● 陈雷主持召开会议，部署水利组总结水利抗震抢险救灾工作。

7月2日

● 国务院新闻办公室举行新闻发布会，矫勇、刘宁、张志彤出席，介绍堰塞湖处置及震区防汛抗洪工作情况，并回答记者提问。

7月15日

● 水利部报国务院办公厅《水利组抗震救灾工作阶段总结》。

● 汶川地震四川水利灾后重建规划通过水利部评审。

7月17日

● 水利部召开抗震救灾干部大会，总结汶川特大地震水利系统的抗震救灾工作，表彰水利抗震救灾先进集体和先进个人。

8月1日

● 16时32分44.6秒，平武县与北川羌族自治县交界地带（北纬32.1°，东经104.7°）发生里氏6.1级余震。地震造成2人死亡、345人受伤。

8月5日

● 17时49分18.7秒，青川县与文县交界处（北纬32.8°，东经105.5°）发生6.1级强余震。螺旋沟大桥在地震中坍塌，国道212线中断。

10月14日

● 国务院宣布撤销国务院抗震救灾总指挥部。

10月16日

● 水利部派驻四川前方的最后一个工作组完成任务，返回北京，水利系统的抗震抢险救灾应急阶段工作全面结束。

唐家山指挥部营地

1 概　　况

2008 年 5 月 12 日 14 时 28 分，四川省阿坝藏族羌族自治州（以下简称阿坝州）汶川县境内发生了里氏（Ms）8.0 级特大地震，震中最大烈度达到 11 度，断裂破裂长度达 300km，震源深度浅至 15km。5·12 汶川特大地震灾区包括四川、甘肃、陕西、云南、宁夏、重庆等 6 省（自治区、直辖市）共 237 个区（县），影响人口超过 5000 万人，受灾面积占全国总面积的 5.17%，灾区房屋大量倒塌损坏，基础设施大面积损毁，直接经济损失达 8451 亿元。

地震灾区位于四川盆地西北部、甘肃省陇南地区和陕西省南部，地处我国西南由高山、丘陵到平原的过渡区，地势自西北向东南倾斜，属高山、亚高山和丘陵地貌。高山和亚高山区区域内地质构造破碎，大地震诱发的次生地质灾害主要有滑坡、山崩、泥石流等。大量的地震堆积物极易堵塞山区峡谷河道，形成地震堰塞湖，或导致大坝、堤防、渠道、闸门的塌陷、沉降、开裂等工程灾害。丘陵区集中在四川盆地，主要为深丘—中丘陵区。丘陵区范围内城镇、人口集中，是西南地区重工业基地和重要粮食产区。

地震灾区的高山区、亚高山区是长江上游岷江、沱江、嘉陵江及众多江河的发源地，地形以山地为主。区域内高山峡谷纵横，水电资源丰富，是我国水电能源基地之一，有紫坪铺、宝珠寺、碧口、映秀湾、渔子溪等大型水利水电枢纽工程，以及众多的中小型水电站。

5·12 汶川特大地震灾害按照地震的综合影响程度，受灾区域分为极重灾区、重灾区、一般灾区和影响区四个等级。其中极重灾区和重灾区主要位于高山—深丘地区，一般灾区和影响区位于四川盆地东部、甘肃省陇南和陕西省南部。

1.1 自然地理环境

中国是地震频发国家之一，位于环太平洋地震带与地中海—喜马拉雅地震带之间。印度洋板块向亚欧板块俯冲造成青藏高原的隆起。同时，导致大量板块滑动与断裂。汶川地震的震中位于喜马拉雅—地中海地震带的龙门山断裂带上，属于我国的西南地震区，历来地震高发。地震灾区地势起伏较大、高山峡谷纵横交错，地层结构较为疏松；亚热带湿润季风气候和暖温带大陆性半干旱季风气候在此交汇，降雨较多且集中在汛期，并多有暴雨；震后易发滑坡、崩塌、泥石流等次生灾害。

1.1.1 地形地貌

地震重灾区地处青藏高原与四川盆地之间的过渡带，自西北向东南从极高山至四川盆地浅丘陵的延伸，地势起伏极大。西北地区以高山峡谷地形为主，东南盆地内地形较为平坦（见图 1-1、图 1-2）。震中区河谷深切，山体陡峻，极易形成崩塌、滑坡、泥石流和阻塞河道的堰塞体。地震堰塞湖对下游区域，通常构成溃坝洪水灾害的极大风险。

5·12 汶川特大地震震中所在的龙门山断裂带，东北起广元市，西南至泸定县，全长 500 多 km，宽 30 ~ 70km，长约 530km，西北连青藏高原，东南接盆地腹部区域，高山深谷纵横交错。龙门山断裂带山势连绵起伏，坡度多在 70° 以上，山峰与谷地的切割深度，可以达到

1500.00 ~ 2500.00m，山峰与谷地高差在 1500.00 ~ 2500.00m 之间。5·12 汶川特大地震后，在河流上游峡谷之间先后形成 105 处规模不一的堰塞湖。地震堰塞湖分布在中高山、高山区，地形高差一般在 600 ~ 2000m 左右。而震中区东南的成都市、德阳市、广元市及东北的汉中市部分地区属平原或低山丘陵，地势低平，海拔多在 300.00 ~ 700.00m。灾区总体上坡度较大，最高海拔 6251.00m，最低海拔 491.00m，坡度大于 25° 的地区面积占灾区总面积的 70% 以上，是滑坡、崩塌、泥石流、堰塞湖等地质灾害发生的主要区域；坡度小于 5° 的平地主要集中在东南部，是受堰塞湖溃坝洪水威胁的区域。

1.1.2 地质特征

中国的地质构造受印度洋板块、太平洋板块与西伯利亚板块的汇聚挤压控制，形成多条主要大断裂，构造活动在全国范围内形成约 20 多个地震带（见图 1–3、图 1–4），汶川地震发生的龙门山构造带是其中之一。龙门山构造带属华夏系构造带，灾区范围内分布有茂汶大断裂、映秀大断裂和二王庙大断裂（汶川—茂县断裂、北川—映秀断裂和安县—灌县断裂）三条主要大断裂（见图 1–5），呈东北—西南方向，影响深度 13 ~ 32km，地质构造复杂。因此，地震活动较为频繁。汶川地震震中位于龙门山主中央断裂带上，南自汶川县映秀镇，北至青川县甚至更远。龙门山主中央断裂带西南始于泸定县附近，向北东延伸经盐井乡、映秀镇、太平镇、北川羌族自治县（以下简称北川县）、南坝镇、茶坝插入陕西境内与勉县—阳平关断裂相交，斜贯整个龙门山，长达 500 余 km。断裂总体走向北 45° 东，倾向北西，倾角 60° 左右，于断裂两侧发育一系列与之平行的次级断层，在剖面上组成叠瓦状构造，显示明显的压性特征。区内新构造运动表现为区域性地壳急剧上升并伴随断裂活动，在上升中有短暂间歇。长期地壳运动使龙门山构造带积压了大量能量，终于在地质薄弱区域突然释放，诱发了此次特大地震。

汶川地震震区属下扬子地台地层分区，各时期地层均有不同程度出露，受龙门山断裂带切割影响，部分地层有缺失。龙门山断裂带地质结构大多是坚硬的玄武石、石灰石和风化石夹杂在一起，变质岩发育，地质特点是，一旦山体外表的植被被破坏，山体马上就会风化成为泥土夹杂坚硬巨石，是泥石流和山体滑坡频繁发生地区（见图 1–6）。

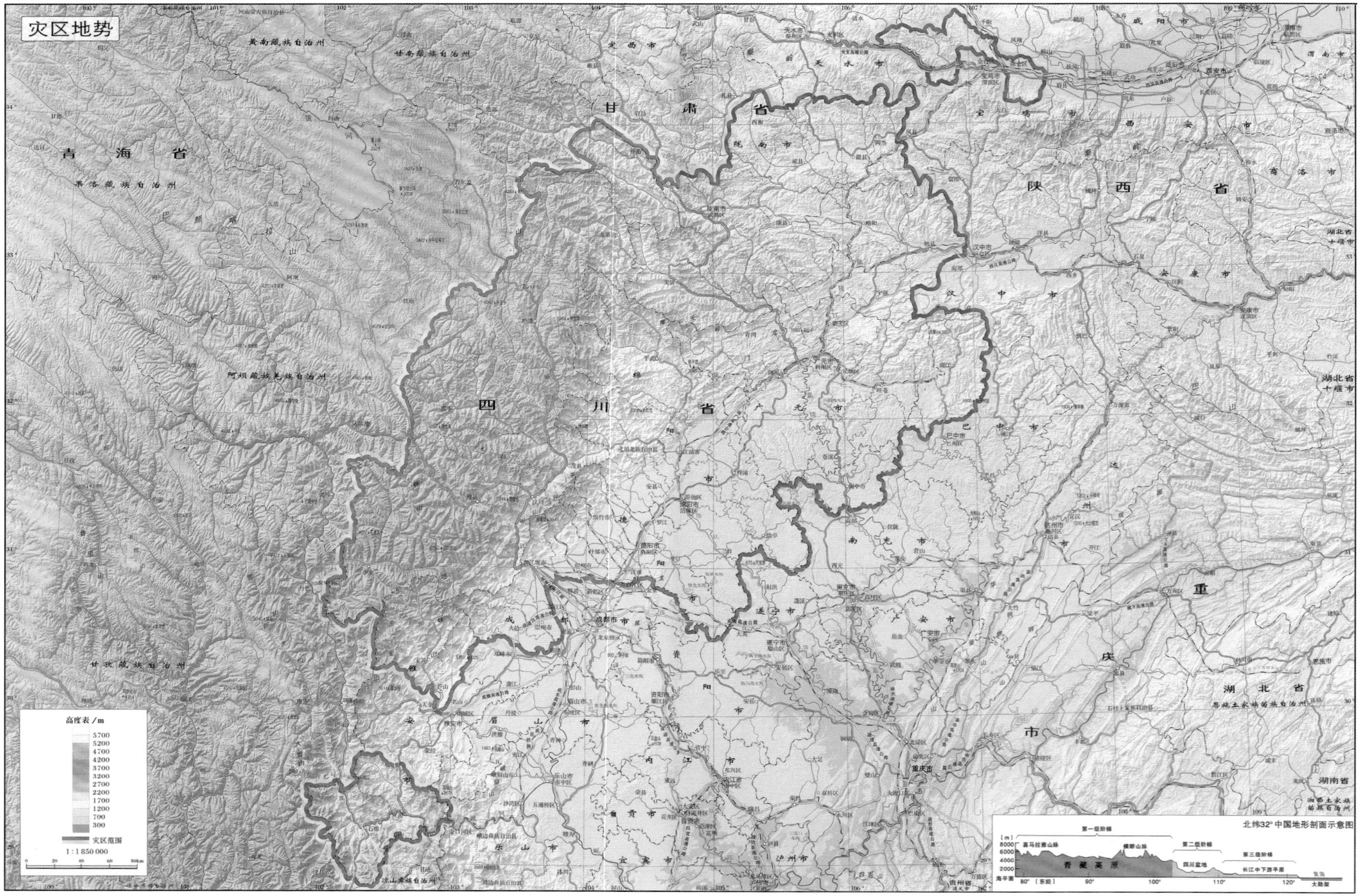

灾区地势

高度表/m

5700
5200
4700
4200
3700
3200
2700
2200
1700
1200
700
300

灾区范围

1:1 850 000

北纬32°中国地形剖面示意图

图1–1 5·12汶川特大地震灾区地形图

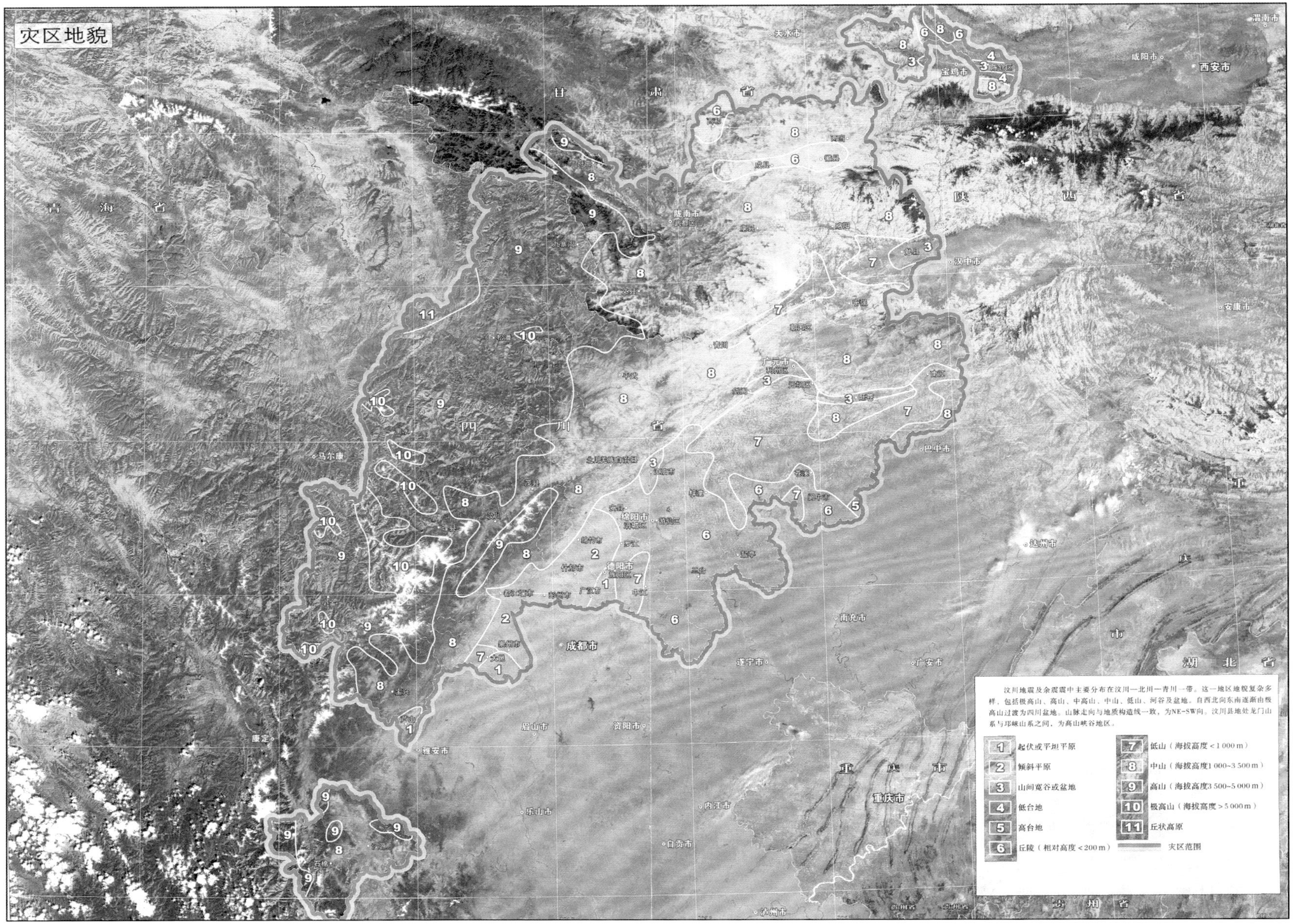

图 1–2　5 · 12 汶川特大地震灾区地貌类型分布图

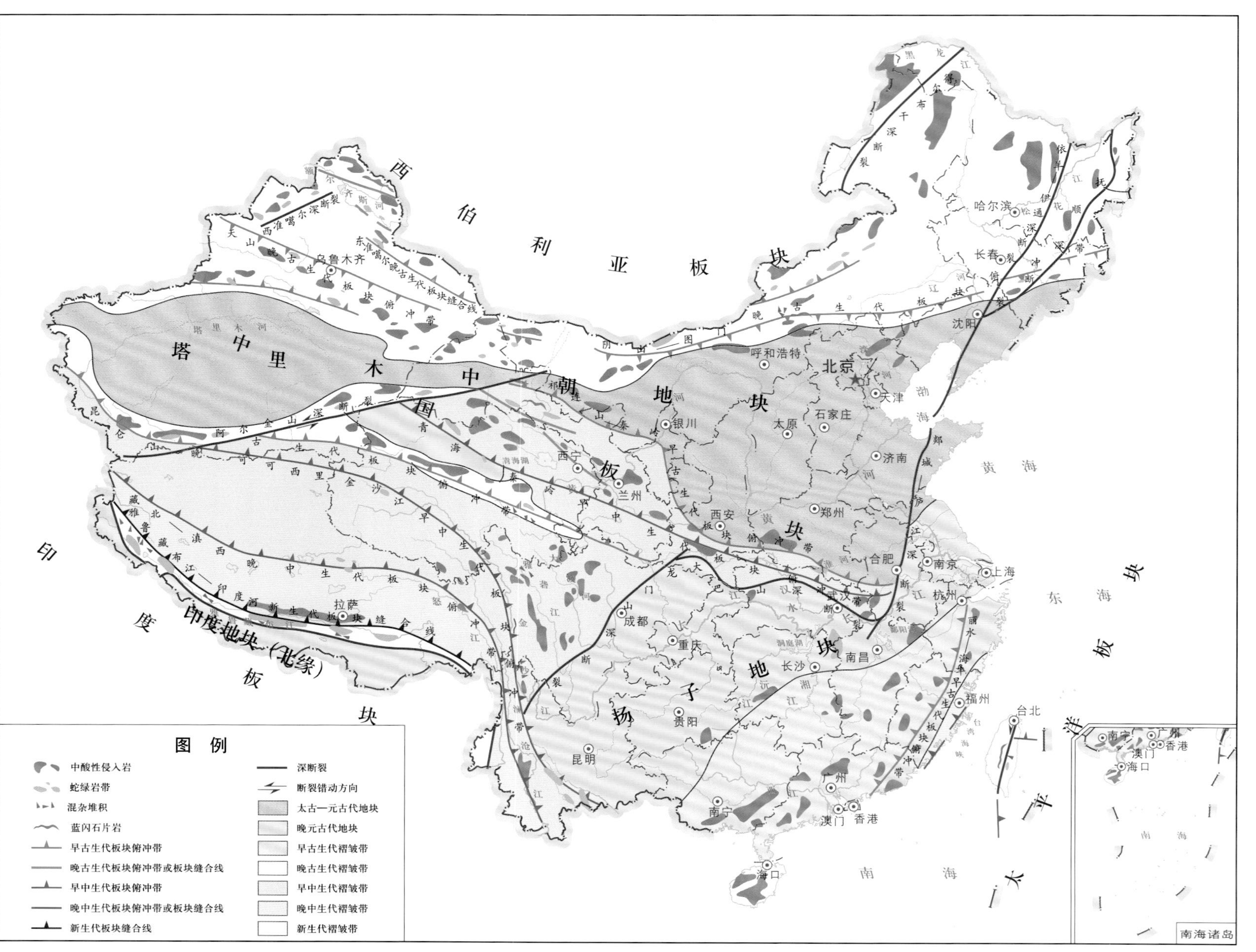

图 1–3　中国地质板块构造及主要断裂带分布图

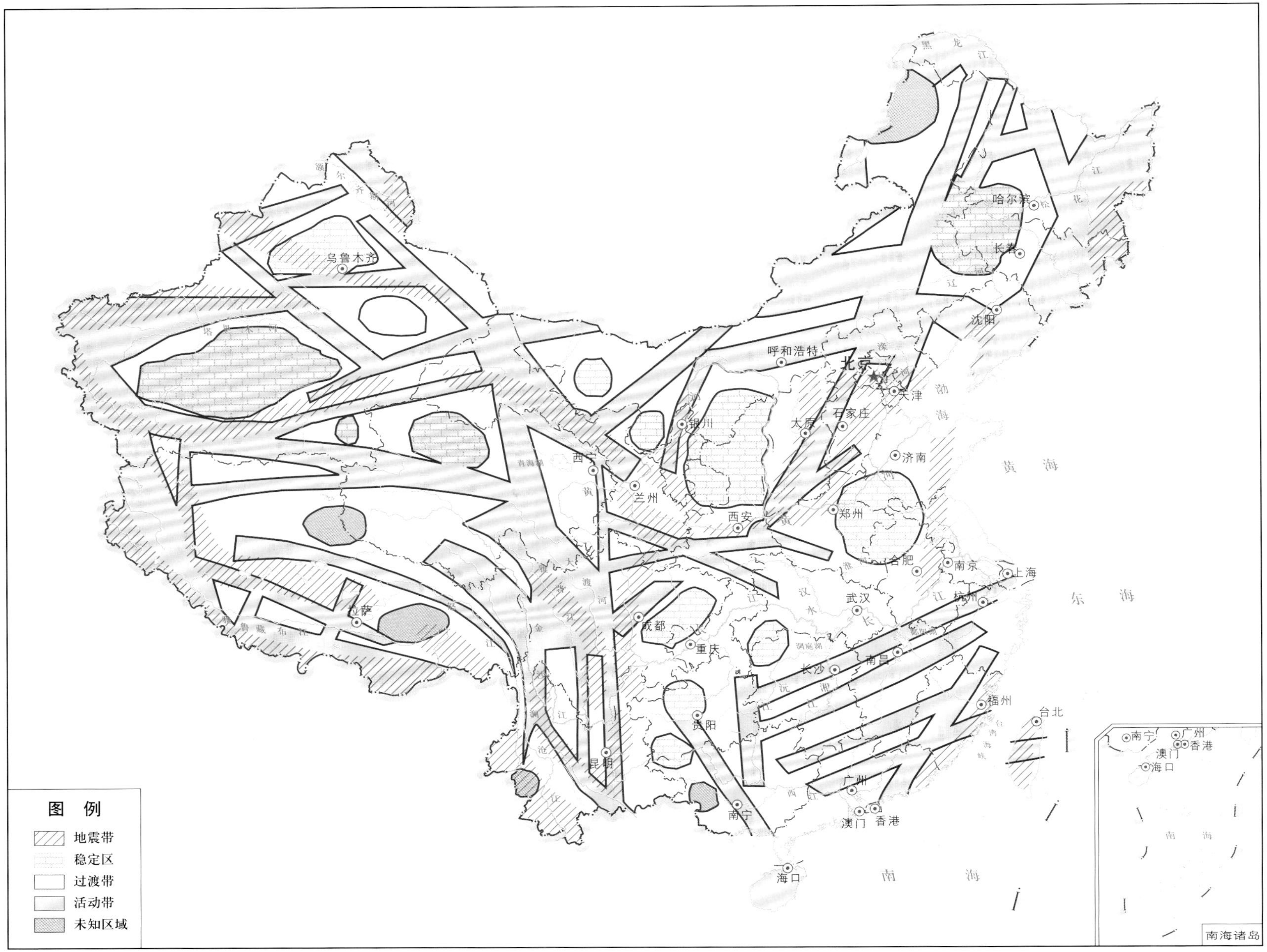

图例

- 地震带
- 稳定区
- 过渡带
- 活动带
- 未知区域

图 1-4　中国地震带分布图

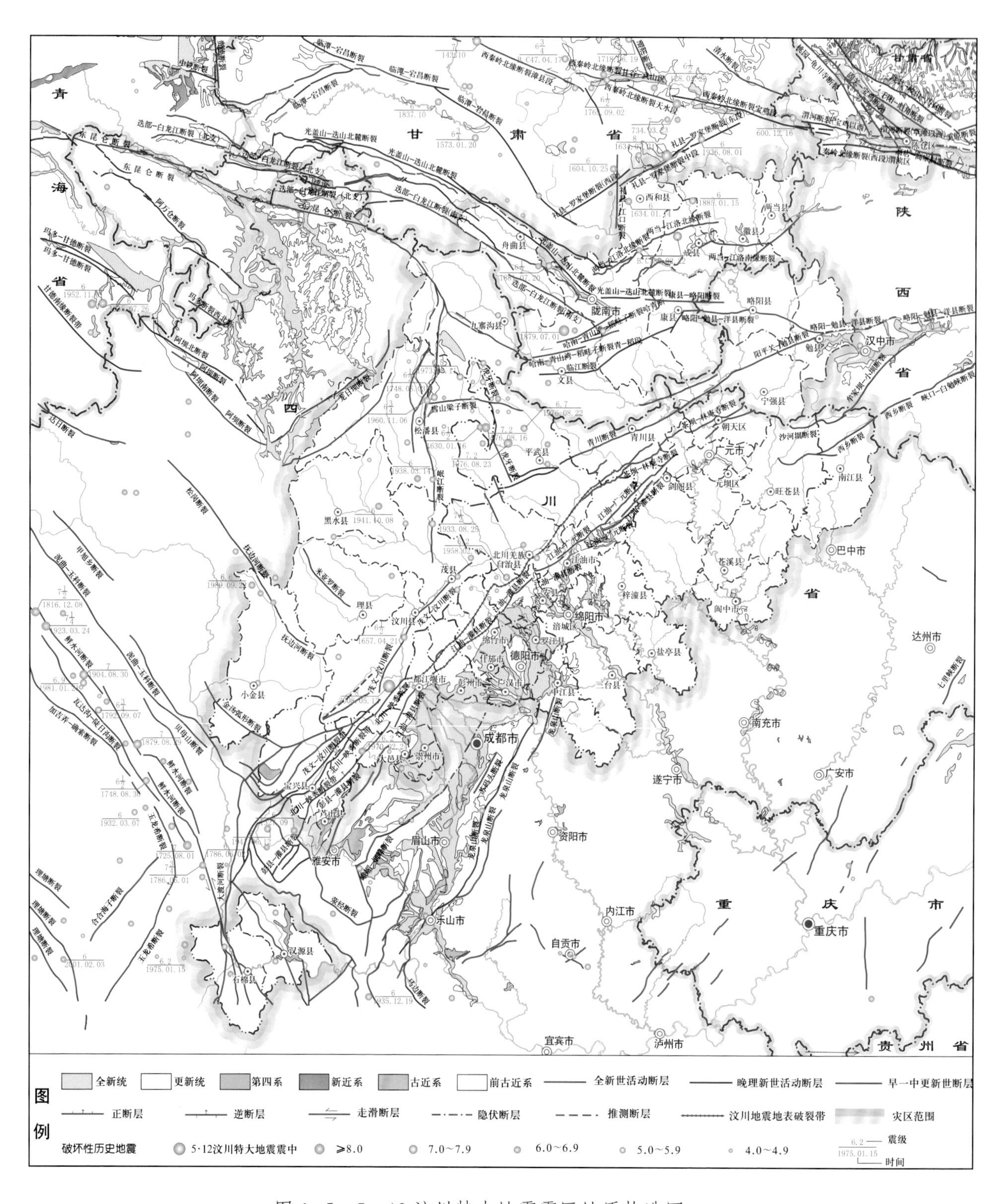

图 1-5　5 · 12 汶川特大地震震区地质构造图

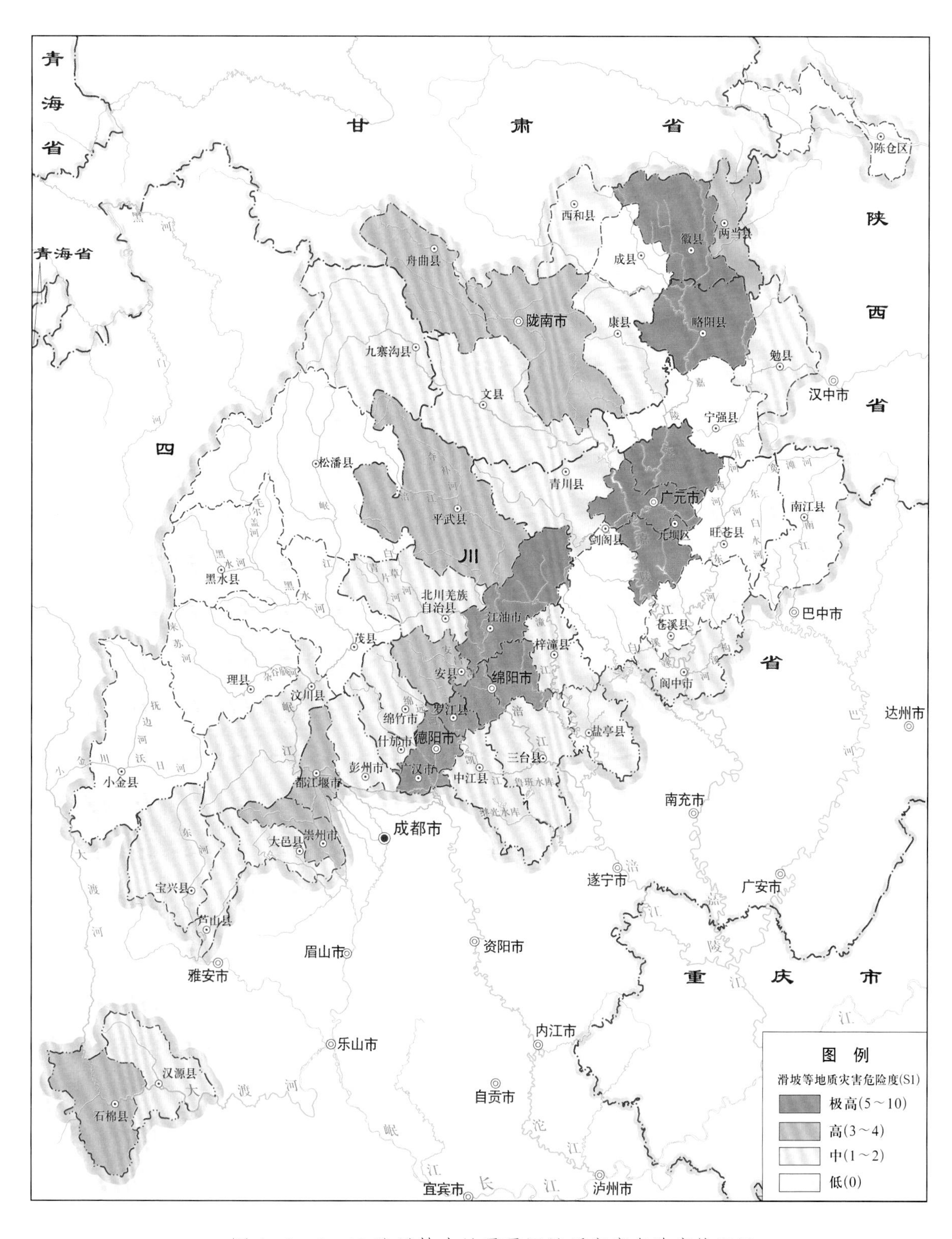

图 1–6　5 · 12 汶川特大地震震区地质灾害危险度状况图

1.1.3 河流水系

汶川地震灾区水系众多，有大小河流近300条，大部分属于长江流域的岷江、沱江、涪江、嘉陵江水系，少数河流属于大渡河、渠江、汉水的中上游水系，陕西的部分灾区还属于渭河水系的范围（见图1–7）。

（1）岷江、沱江水系。岷江水系上中游、沱江水系上游地处地震核心区域。岷江水系受龙门山断裂带抬升的影响，干流上游左岸有岷山主脉基本平行流向展延形成分水岭，水系多为羽状分布。干流中游进入成都平原区，经都江堰水利工程的调节，分支形成水网，由天然河道干支流汇纳关系变为人工河渠的授受关系，水系基本成纺锤状分布，先从都江堰向西南渐转东南辐射，在接近龙泉山脉处又逐渐收拢，汇聚于彭山江口。

沱江水系上游主要有绵远河、石亭江、湔江、青白江、毗河。绵远河为沱江河源，地势自西北向东南倾斜，河源分水岭九顶山高程4984.00m，自北向南，穿过中低山区、平原、丘陵三种地貌区。绵竹县汉旺场至彭州市关口一线以上为山区，山高坡陡，沟谷深狭，河谷多成V形；汉旺至关口一线以下的平原水网区，地势平坦，水系纵横，河床由卵石、砾石构成。

（2）涪江水系。涪江是嘉陵江支流，发源于松潘县黄龙乡岷山雪宝顶峰西北。上游段属龙门山断裂褶皱带，变质岩发育，地面起伏大，河道行于高山峡谷中，河谷狭窄，仅平武县南坝镇一带有沿河平坝，河谷宽达300～600m。发源于龙门山脉的主要支流有平通河、盘江、安昌河，其地形、地貌与涪江上游类似，地震发生在该区域，并形成许多堰塞湖。

（3）嘉陵江水系。嘉陵江上游有东、西两源，东支出自陕西省凤县背面秦岭代王山西，为正源，分水岭高程2596.00m，称大南沟，西流纳暗河、小峪河，流经甘肃省两当县、徽县，复入陕西省境内的略阳县称白水江，青泥河、西汉水依次汇入；西支发源于甘肃省天水秦岭山脉的齐寿山，称西汉水，自东向西流经甘肃省天水市、西和县、礼县、成县、康县，至陕西省略阳县汇入嘉陵江，全长212km。嘉陵江流域在本次地震中受灾面积最大。

白龙江是嘉陵江最大的支流水系，发源于甘、川交界的西倾山东段郭尔莽梁，自西向东流经四川省若尔盖县，甘肃省迭部县、舟曲县、宕昌县、武都市、文县等，复入四川省青川县，至昭化镇汇入嘉陵江，全长552.1km。河源高程4072.00m，河口高程465.00m，平均坡降6.47‰。两河口以上属高山峡谷段，坡降较大，水流湍急；两河口至临江段河谷开阔，水流较为平缓，两岸岩质破碎且植被较差，易发山体滑坡及泥石流灾害；临江至文县碧口又为高山峡谷区，碧口水电站水库库容5.4亿m^3。

（4）其他水系。大渡河流域的小金川中游及上游支流抚边河、沃日河水系，青衣江上游东河水系，以及大渡河干流的石棉、汉源段，干旱河谷的流沙河等水系，属地震灾区的西南区域。青衣江源头宝兴河，发源于宝兴县、小金县、汶川县三县交界处巴朗山蜀西向阳坪，河源蚂蝗沟，汇纳众山溪，自东北向西南流经宝兴县、芦山县。地震灾区还包含渠江上游的南江、白水河；勉县、略阳县、宁强县地区的汉水上游水系，宝鸡市陈仓区的渭河水系的部分支流及河段。

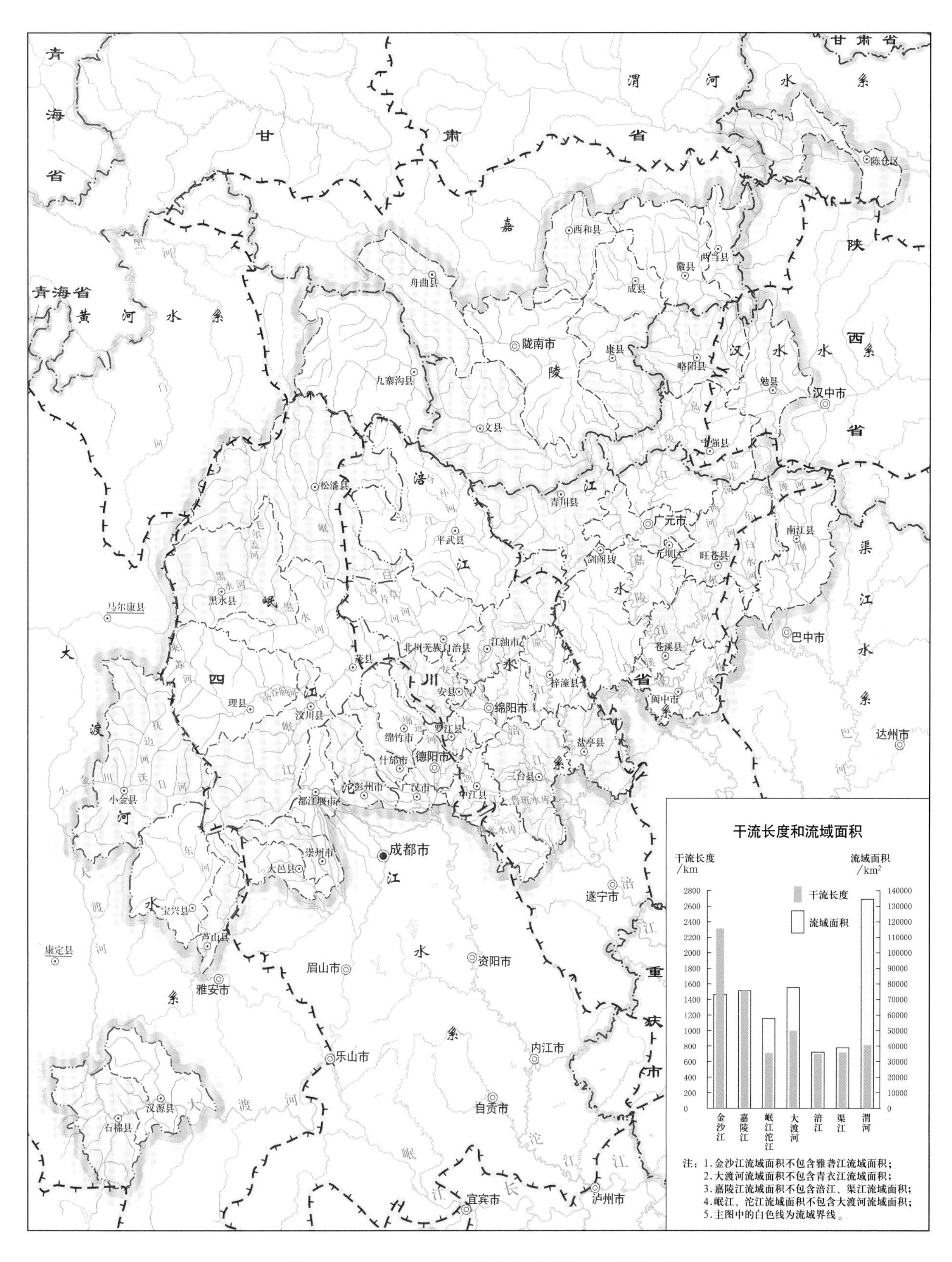

图 1–7　5 · 12 汶川特大地震震区河流水系图

1.1.4 气象及水文特征

灾区地形地貌复杂，致使各地的气候差异较大，气温、光照、降水分布极不均衡。重灾区大多为山区，山脚、山腰和山顶不同高程的气候特征极不相同，这对震后次生灾害的发展和抢险救灾产生了一定影响。灾区降雨多集中在汛期，5·12 地震后不久即入汛，大量降雨不仅诱发山洪、滑坡、泥石流、堰塞湖等次生灾害，而且为保证灾区安全度汛，对水利抗震救灾和震损水利工程尽快修复提出了更高的要求。

（1）气温、日照。灾区气温随着海拔的升高呈降低趋势，每升高 100m，温度约降低 0.6℃。年温最高的区域汉源县达 17.6℃，最低的区域茂县仅为 11.0℃（见图 1-8）。日照的地域分布也很不均衡。汶川县、茂县、汉源县年日照时数在 1400 ~ 1632 小时，盆地区的都江堰市、北川县、绵竹市等灾区仅为 900 多小时。

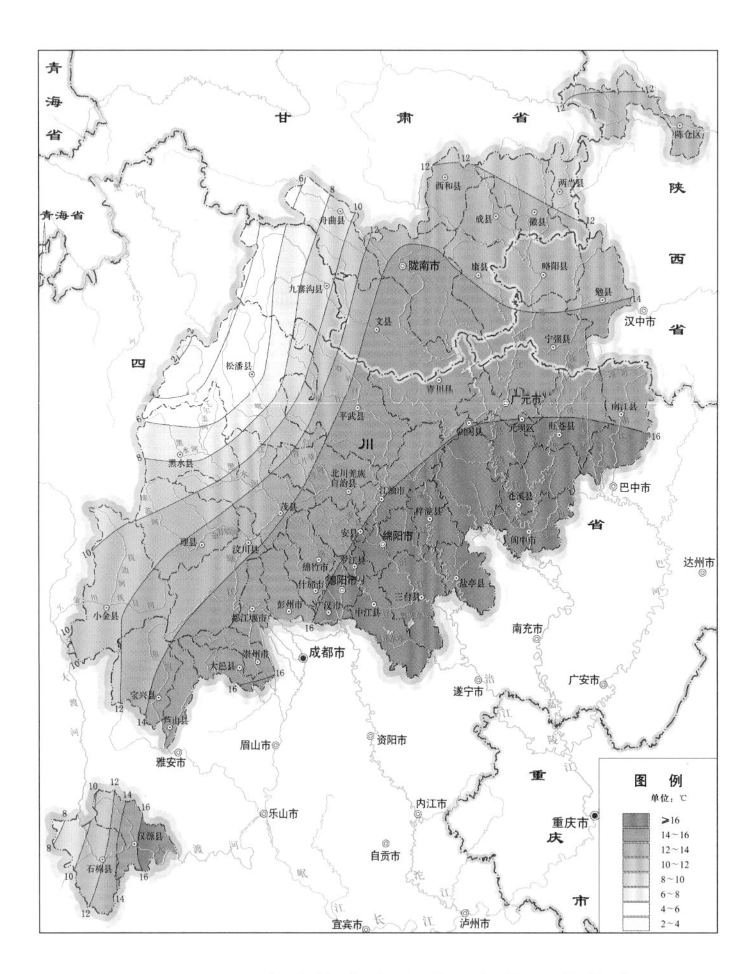

图 1-8　5·12 汶川特大地震震区年均温等值线图

（2）**降雨**。震区东南大部分区域受亚热带季风气候影响，雨量充沛，全年降雨大部分集中在夏季6–8三个月；震区西北的甘南、陇南及西南的阿坝部分地区则降雨较少。龙门山脉全长数百公里，呈弧形延伸，形成的盆地边缘大山体与来自东南方向水汽正交，水汽来源丰富，造成暖湿气流急剧抬升，绝热冷却，致使水汽大量凝结，因此，这个区域降雨特多；气流越过龙门山脉之后，受焚风效应影响降雨减少，形成西北和西南两个低值区。北川县年均降水量达1280mm以上，是四川省的暴雨中心之一，年最多暴雨日数可达10天，都江堰市、广元市及巴中年降雨量也均在1000mm以上；而茂县、汶川县、理县一带的年均降雨量不足高值区的一半；甘肃的甘南部分地区及陕西陇南部分地区年降雨量在500mm以下（见图1–9）。

灾区汛期降雨量占全年降雨量的50%以上。灾区东南的雅安—广元一线低山丘陵，夏季3个月年均降雨量普遍在500mm以上，雅安一带最大可高于600mm。西北高山区夏季降雨量200～500mm不等，向东南呈整体增加的趋势（见图1–10）。

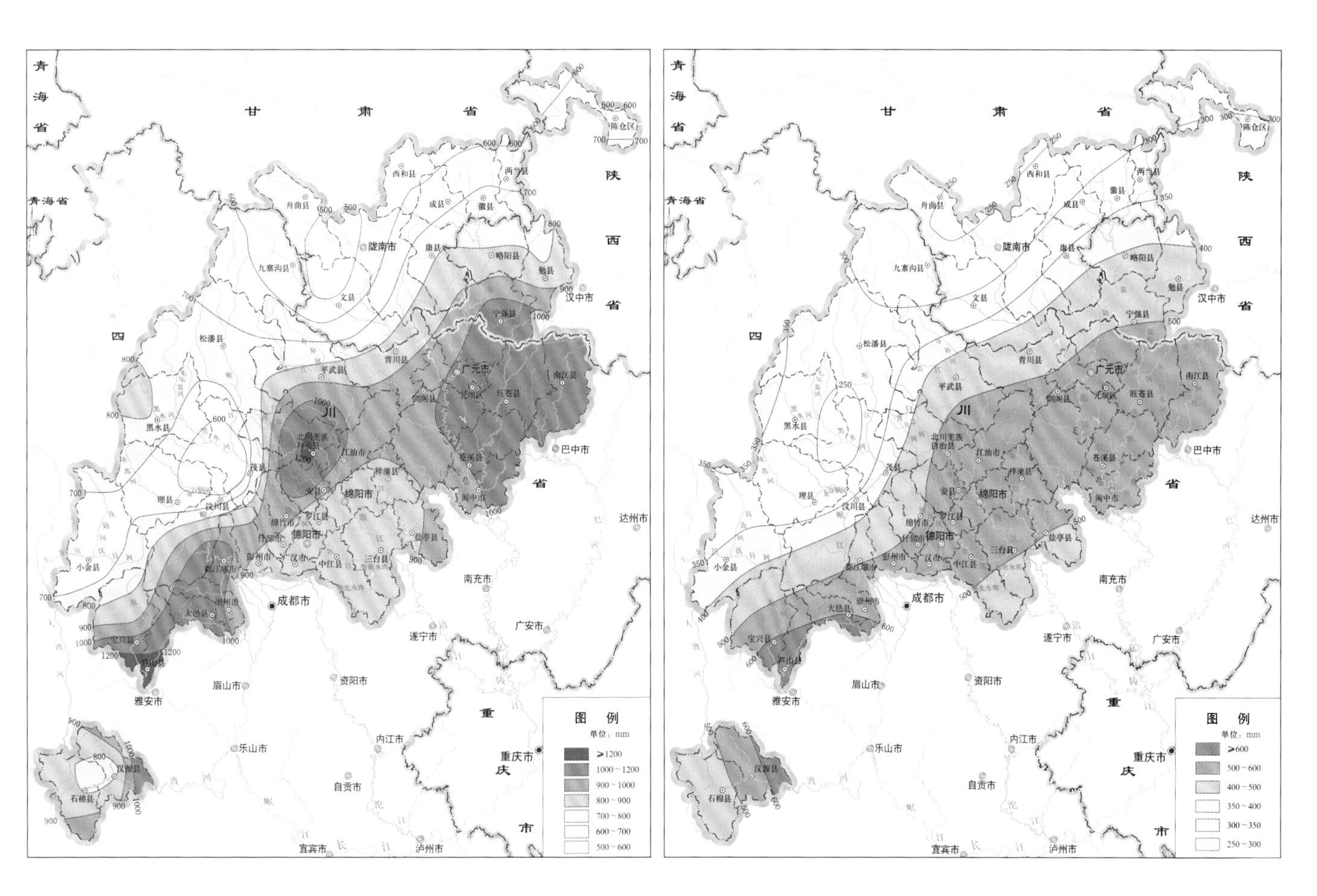

图1–9　5·12汶川特大地震震区年均降水量分布图

图1–10　5·12汶川特大地震震区夏季（6–8月）降雨量分布图

（3）**河川径流**。受地质地貌、下垫面等因素综合影响，震区河川径流与降雨的分布特征有所差异（见图 1–11、图 1–12）。西部山区的产流能力较强，最高可达 0.9%，而北部陇南地区和东南部四川盆地边缘丘陵区的广元市、德阳市则普遍较低，部分区域低至 0.3% 以下（见图 1–11）。从年径流深特征来看，地震核心区的青川县、北川县、汶川县、都江堰市、宝兴县一线为最高（见图 1–12），这一带恰恰是龙门山断裂破碎带，因此成为震后山洪、滑坡、泥石流及堰塞湖等次生地质灾害的集中区域。

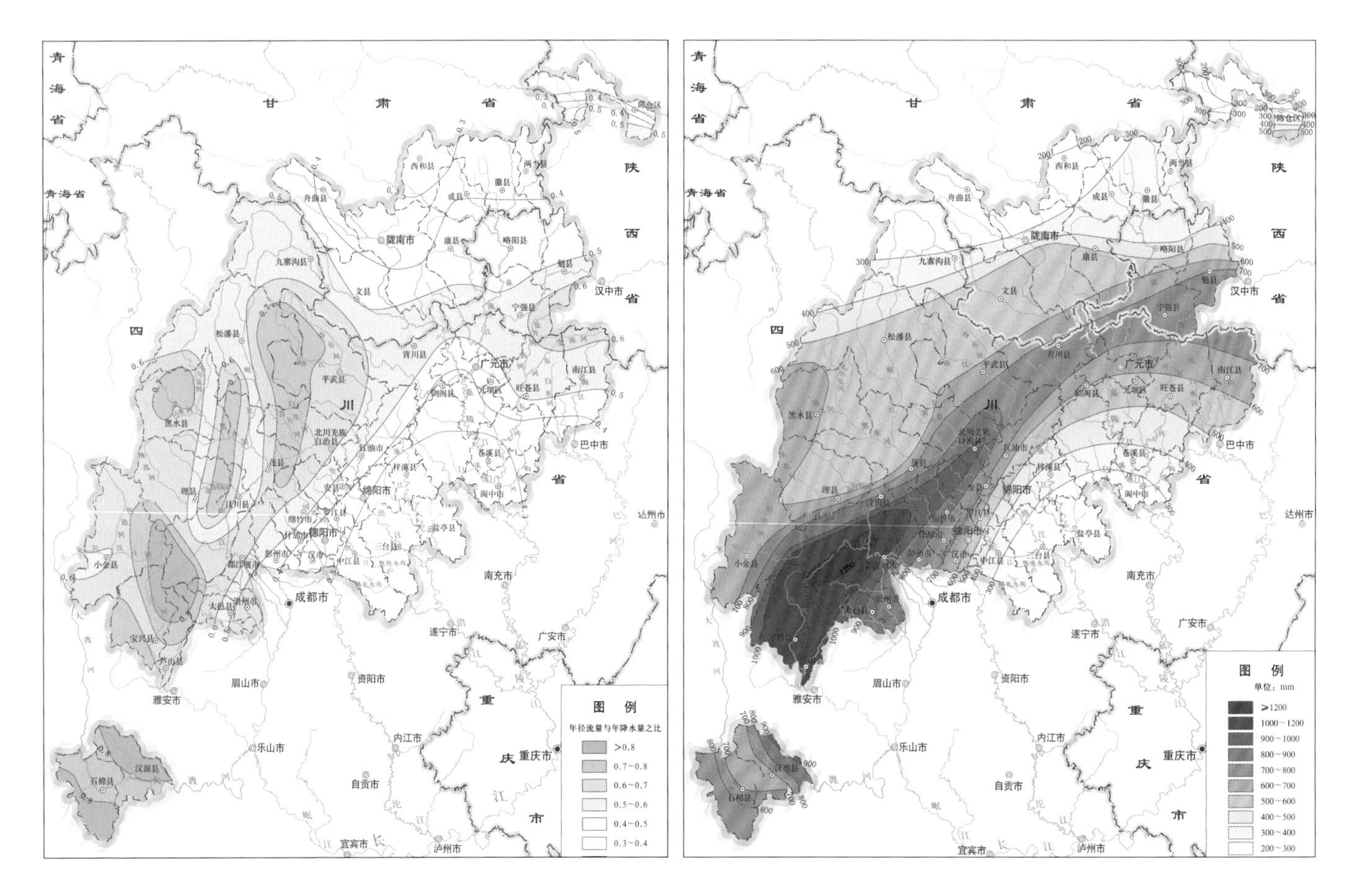

图 1–11　5 · 12 汶川特大地震灾区河川年径流系数分布特征图

图 1–12　5 · 12 汶川特大地震灾区河川年径流深分布特征图

1.2 灾区社会经济

汶川地震灾区自龙门山断裂带以西地形以山地为主，平均人口密度大都在 50 人 /km^2 以下（见图 1–13、图 1–14）。灾区东部为四川盆地丘陵区及成都平原区，城镇密集、人口稠密，其中成都平原是城镇和人口密度最大的区域，人口密度最大可达 600 人 /km^2 以上。5·12 汶川特大地震重灾区东部位于成都平原与龙门山系的过渡带。

地震灾区范围内除汉族外，分布羌族、藏族、彝族等少数民族，主要分布在汶川县、阿坝州、茂县、北川县等县境内。以都江堰市、彭州市、绵阳市为界，西北地震灾区的城镇和人口多集中分布在山区河流沿岸的狭长地带，是地震次生灾害的多发和易发区。除地震外，次生灾害引发的山崩、洪水、泥石流对人民群众的生命造成的威胁，以及对道路交通、通信、城市供水等基础设施的破坏极大。

5·12 汶川特大地震重灾区的土地资源以林地为主，灾区其余地区为草地和耕地，城镇用地及水域等所占比例较低（见图 1–15）。重灾区的耕地主要分布在四川盆地的成都市、德阳市、绵阳市，甘肃省陇南的西和县、成县、徽县，以及陕西省汉中市、安康市等市县。地震对生态环境造成了主要破坏，次生灾害引起了江河水文特征的改变、水环境蜕化，以及山地植被、耕地和水土保持工程等破坏。

汶川地震重灾区所在四川省、甘肃省、陕西省三省的国内生产总值（GDP）合计约 1.544 万亿元。以龙门山断裂带一线为界，东南部以四川盆地为中心，为经济比较发达地区，西北部多数地区为欠发达地区。受人口分布影响，各县人均 GDP 与总量分布规律不一致（见图 1–16）。灾区经济以第二产业为主，接近 GDP 总量的一半，其次为第三产业。

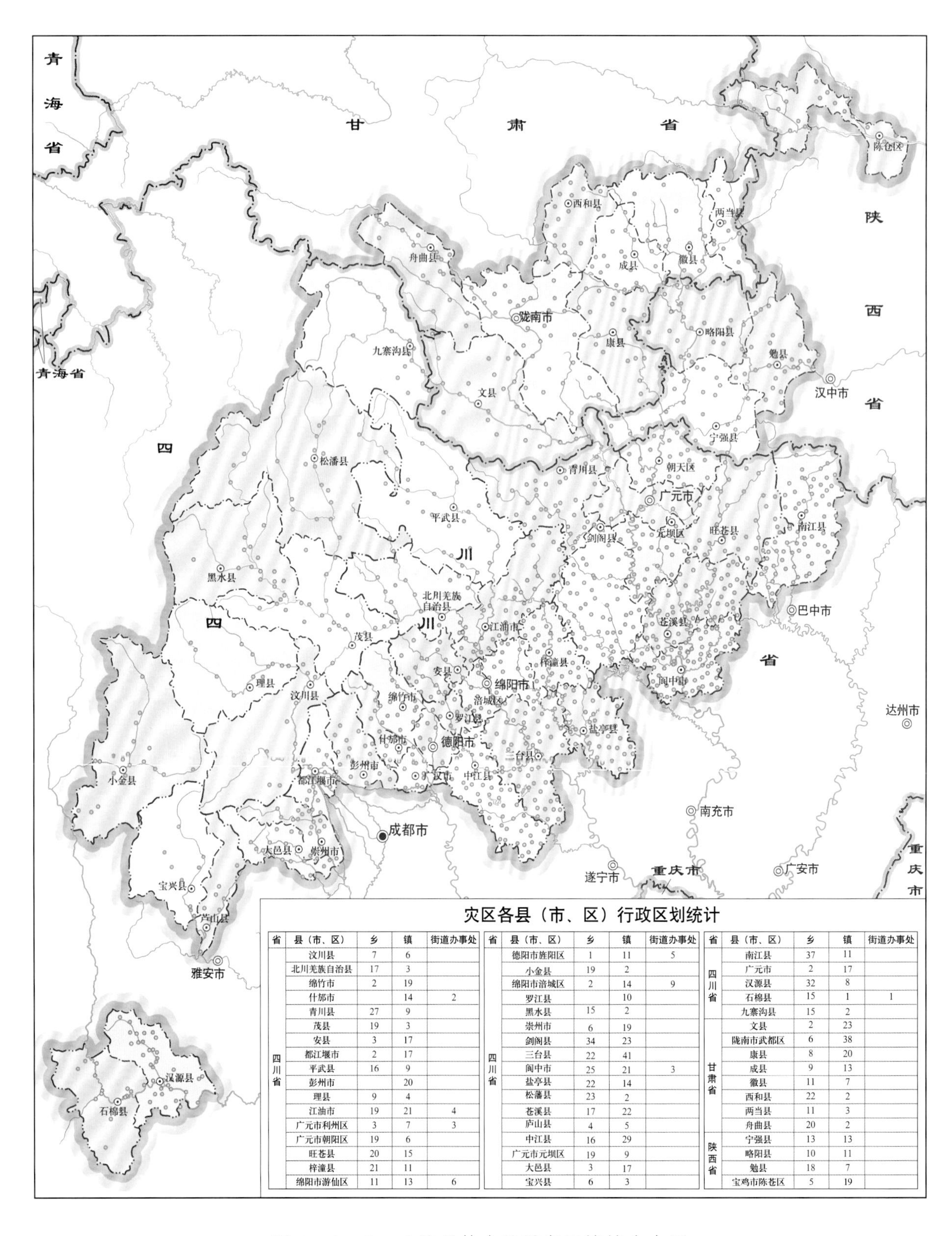

灾区各县（市、区）行政区划统计

省	县（市、区）	乡	镇	街道办事处
四川省	汶川县	7	6	
	北川羌族自治县	17	3	
	绵竹市	2	19	
	什邡市		14	2
	青川县	27	9	
	茂县	19	3	
	安县	3	17	
	都江堰市	2	17	
	平武县	16	9	
	彭州市		20	
	理县	9	4	
	江油市	19	21	4
	广元市利州区	3	7	3
	广元市朝阳区	19	6	
	旺苍县	20	15	
	梓潼县	21	11	
	绵阳市游仙区	11	13	6

省	县（市、区）	乡	镇	街道办事处
四川省	德阳市旌阳区	1	11	5
	小金县	19	2	
	绵阳市涪城区	2	14	9
	罗江县		10	
	黑水县	15	2	
	崇州市	6	19	
	剑阁县	34	23	
	三台县	22	41	
	阆中市	25	21	3
	盐亭县	22	14	
	松藩县	23	2	
	苍溪县	17	22	
	庐山县	4	5	
	中江县	16	29	
	广元市元坝区	19	9	
	大邑县	3	17	
	宝兴县	6	3	

省	县（市、区）	乡	镇	街道办事处
四川省	南江县	37	11	
	广元市	2	17	
	汉源县	32	8	
	石棉县	15	1	1
	九寨沟县	15	2	
甘肃省	文县	2	23	
	陇南市武都区	6	38	
	康县	8	20	
	成县	9	13	
	徽县	11	7	
	西和县	22	2	
	两当县	11	3	
	舟曲县	20	2	
陕西省	宁强县	13	13	
	略阳县	10	11	
	勉县	18	7	
	宝鸡市陈苍区	5	19	

图 1–13　5 · 12 汶川特大地震灾区城镇分布图

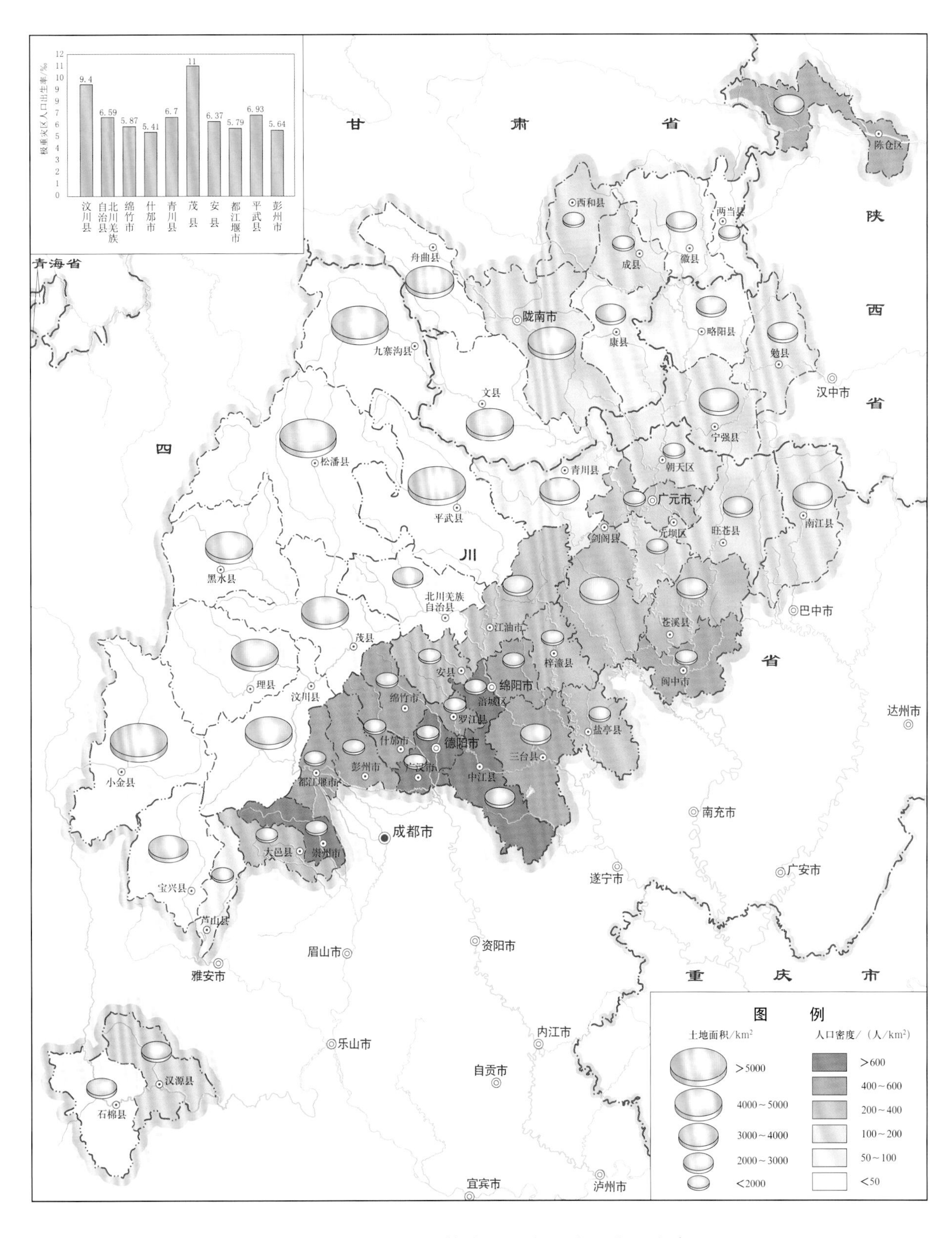

图 1-14　5·12 汶川特大地震灾区分县人口密度图

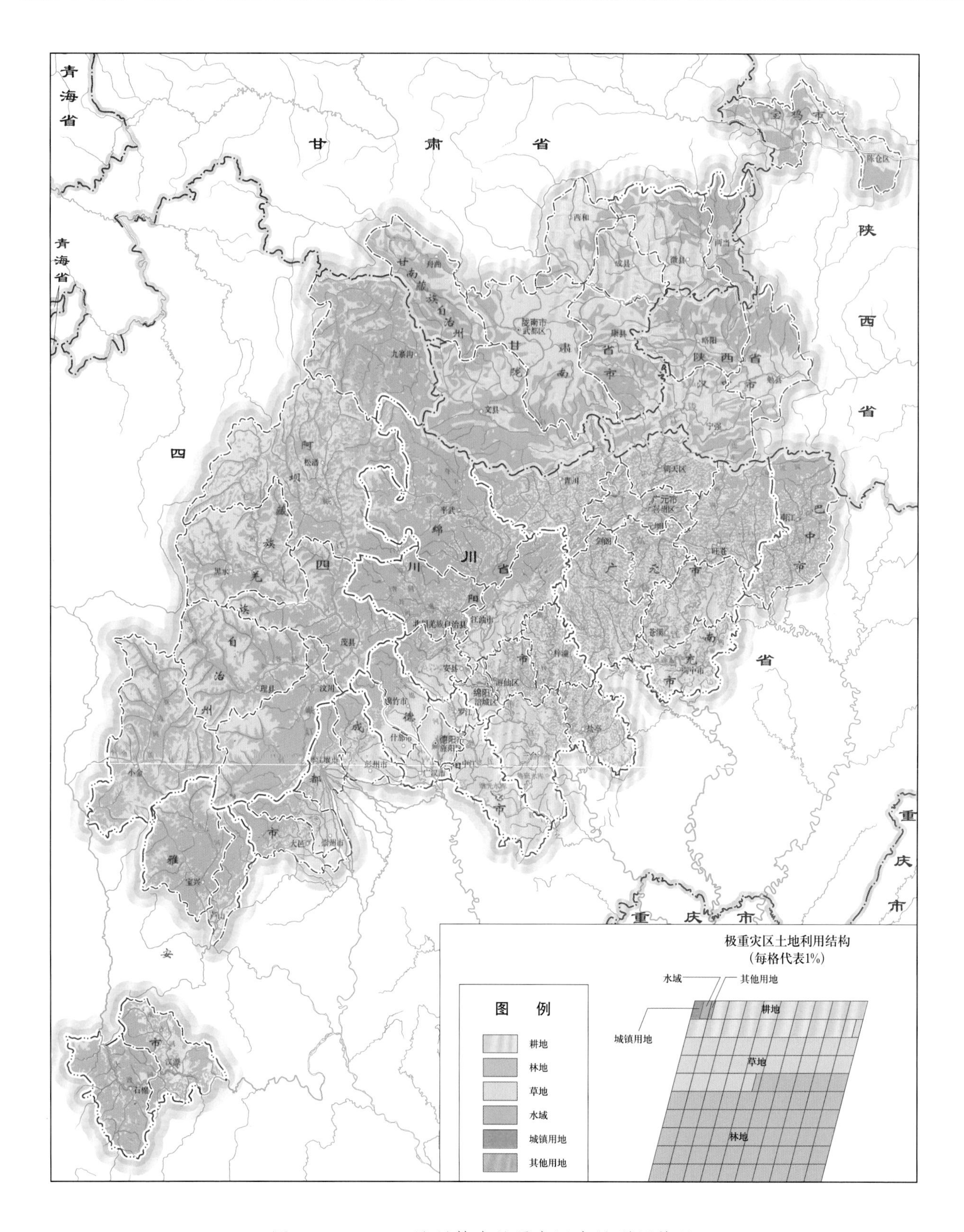

图 1-15　5·12 汶川特大地震灾区土地利用状况

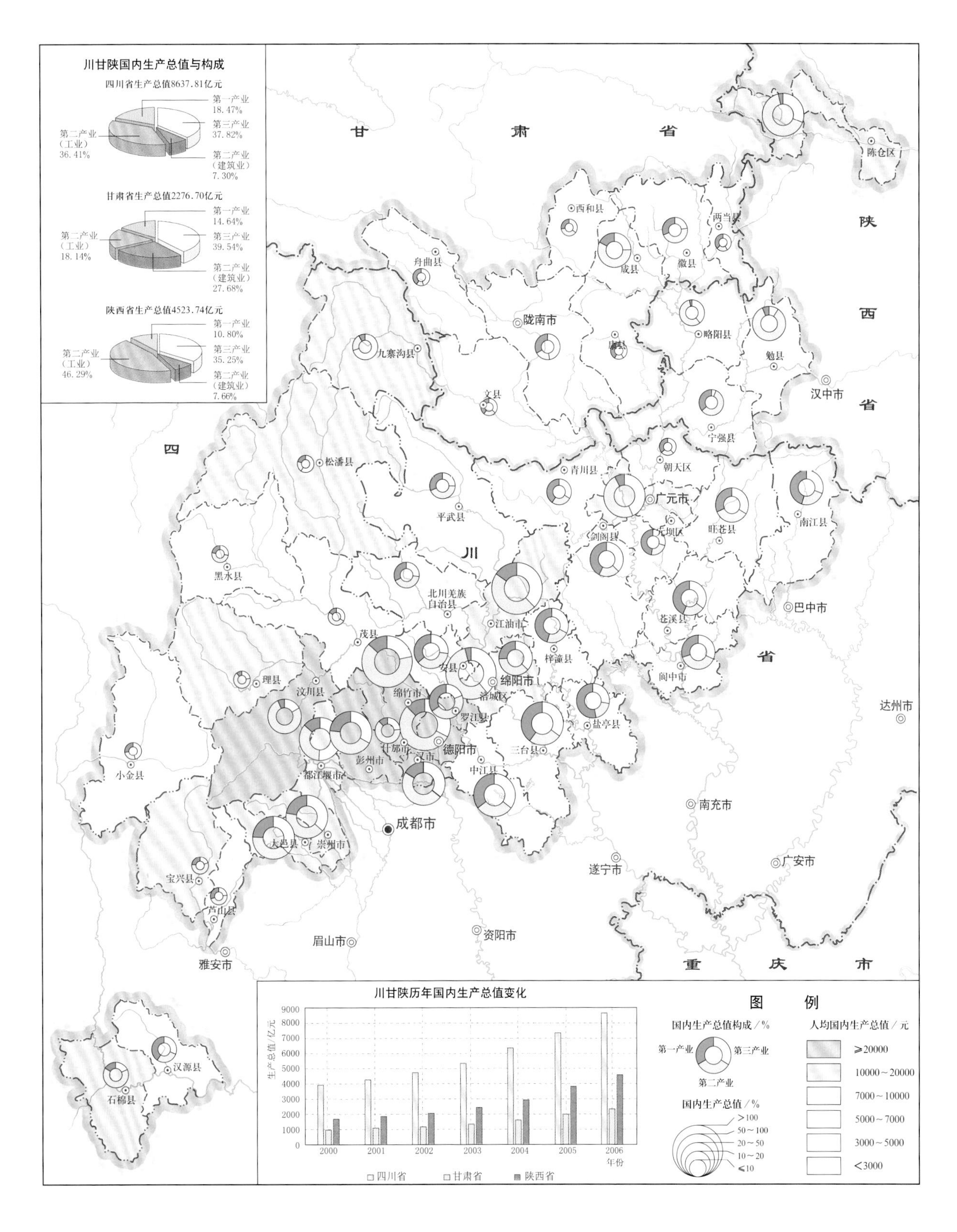

图 1–16　5 · 12 汶川特大地震灾区分县国内生产总值（GDP）

1.3 灾区水利工程分布

震区地处岷江、沱江、嘉陵江、涪江等江河的上游流域，河流水系密布，水能、水资源丰富，大中小型水电站、水库数量众多，主要集中在龙门山断裂带。灾区范围内各江河还分布各级堤防工程、农田水利设施、农村供水工程、水保工程，以及水文监测设施等。

四川省全省共有水库 6723 座，其中：大型 6 座、中型 104 座、小（1）型 1007 座、小（2）型 5561 座。位于 5・12 汶川特大地震重灾区、灾区的水库数量占全省的 30%。四川灾区共有水电站 4000 多座，总发电装机 916 万 kW，发电量 354 亿 kW・h，供电人口 7000 余万人。其中位于重灾区、灾区的大中小水电站超过 40%，分布在 20 个市（州）、140 个县，多数为引水式水电站。各江河上游还有嘉陵江上的碧口、宝珠寺，岷江渔子溪、映秀、福堂等大型水电站。

紫坪铺水利枢纽是距离震中位置最近的大型水利枢纽，位于岷江上游汶川县映秀镇至都江堰市紫坪铺镇河段。水库总库容 11.12 亿 m^3，以灌溉和供水为主，兼有发电、防洪等综合效益，水电站装机容量为 4×190MW。大坝为钢筋混凝土面板堆石坝，坝高 156m，设防烈度为 8 度，大坝距地震震中仅 17km。

紫坪铺水库大坝下游 6km 即大型水利枢纽都江堰的渠首，距震中仅 50 多 km，位于龙门山断裂带末端。都江堰渠首由鱼嘴、宝瓶口、飞沙堰、外江闸等组成。灌区地跨岷江、沱江、涪江三个流域，灌溉面积 1000 多万亩，主要枢纽工程集中在都江堰市、彭州市、郫县、德阳市、崇州市、大邑县、邛崃市、成都市等市县境内，有人民渠、东风渠、锦水河、走马河、江安河、黑石河等干支渠分水枢纽工程。

沱江、嘉陵江、涪江等江河的上中游为高山—深丘—浅丘过渡区，震区大部分为丘陵区，水利工程以中小水库、山塘为主，其中水库多数兴建于 20 世纪 50—70 年代，以土坝、土石坝为主，病险库较多，多数经过除险加固，但有相当部分尚未完成。

1.4 历史地震灾害

青藏高原位于印度洋板块与太平洋板块之间，由于板块互相挤压，历来是地震高发区。龙门山断裂带位于青藏高原向成都平原过渡带的末端。据统计，638—1982 年，该区域发生过 7 .0 级以上的地震 11 次，其中 8.0 级以上的地震 2 次；6.0 ~ 6.9 级地震 22 次；5.0 ~ 5.9 级地震 55 次（见图 1-17）。从历史上看，一般强烈地震大都发生在南北构造带的西部，如四川省甘孜藏族自治州（以下简称甘孜州）、阿坝州，甘肃甘南地区。根据历史资料的统计，发生在龙门山中央断裂带类似 5・12 汶川特大地震的强震比较罕见。

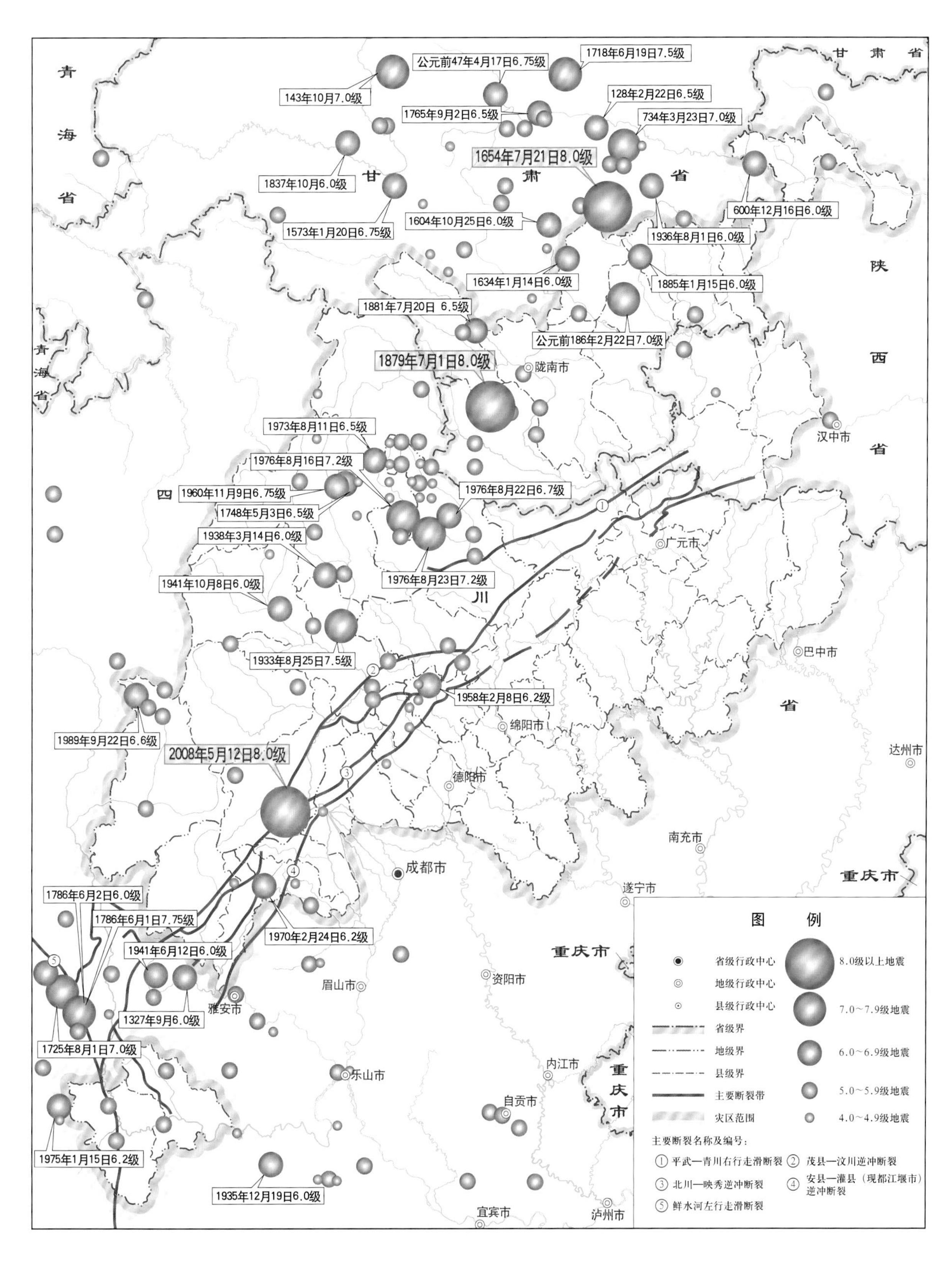

图 1-17 龙门山断裂带区域历史地震及分布图

震后映秀镇（岷江河道部分堵塞）

2 地震与灾害

2008 年 5 月 12 日北京时间 14 时 28 分 4 秒，四川省阿坝州汶川县发生里氏 8.0 级特大地震（以下简称 5 · 12 汶川特大地震）。震中位于东经 103.4°、北纬 31°，强度 11 度，震源深度 10 ~ 20km（见图 2–1）。大地震发生后，震区发生 4.0 级以上余震 293 次；5.0 ~ 5.9 级余震 35 次；6.0 级以上余震 8 次（见图 2–2）；最大余震为 2008 年 5 月 25 日发生在四川省青川县的 6.4 级地震。截至 2009 年 2 月 12 日 12 时，共记录到余震 46491 次。

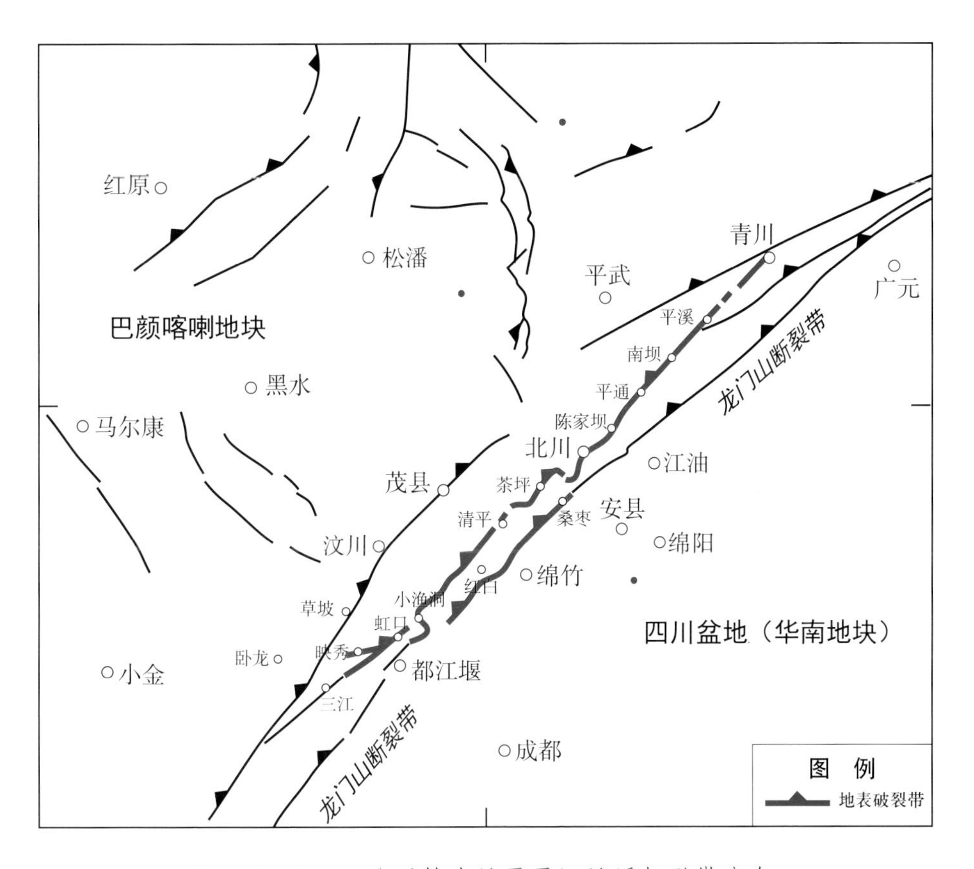

图 2–1　5 · 12 汶川特大地震震区地质断裂带分布

根据民政部、国家发展和改革委员会、财政部、国土资源部、中国地震局的确认，5 · 12 汶川特大地震灾区为四川省、甘肃省、陕西省、云南省、贵州省、重庆市等 6 省（直辖市），其中极重灾区、重灾区面积 13 万 km^2。5 · 12 汶川特大地震共计 10 个极重灾区县（市），41 个重灾区县（市、区），186 个一般灾区县（市、区）。其中四川省受灾最重，有 10 个极重灾区县（市）；重灾区县（市、区）29 个， 100 个一般灾区县（市、区）（灾区分布见表 2–1）。地震受灾人口为 4625 万人，其中 87150 人遇难或失踪、37 万多人受伤；灾害发生后紧急转移安置受灾 1510 万人；地震造成极重、重灾区房屋大量倒塌，基础设施严重损毁，直接经济损失 8451 亿元。

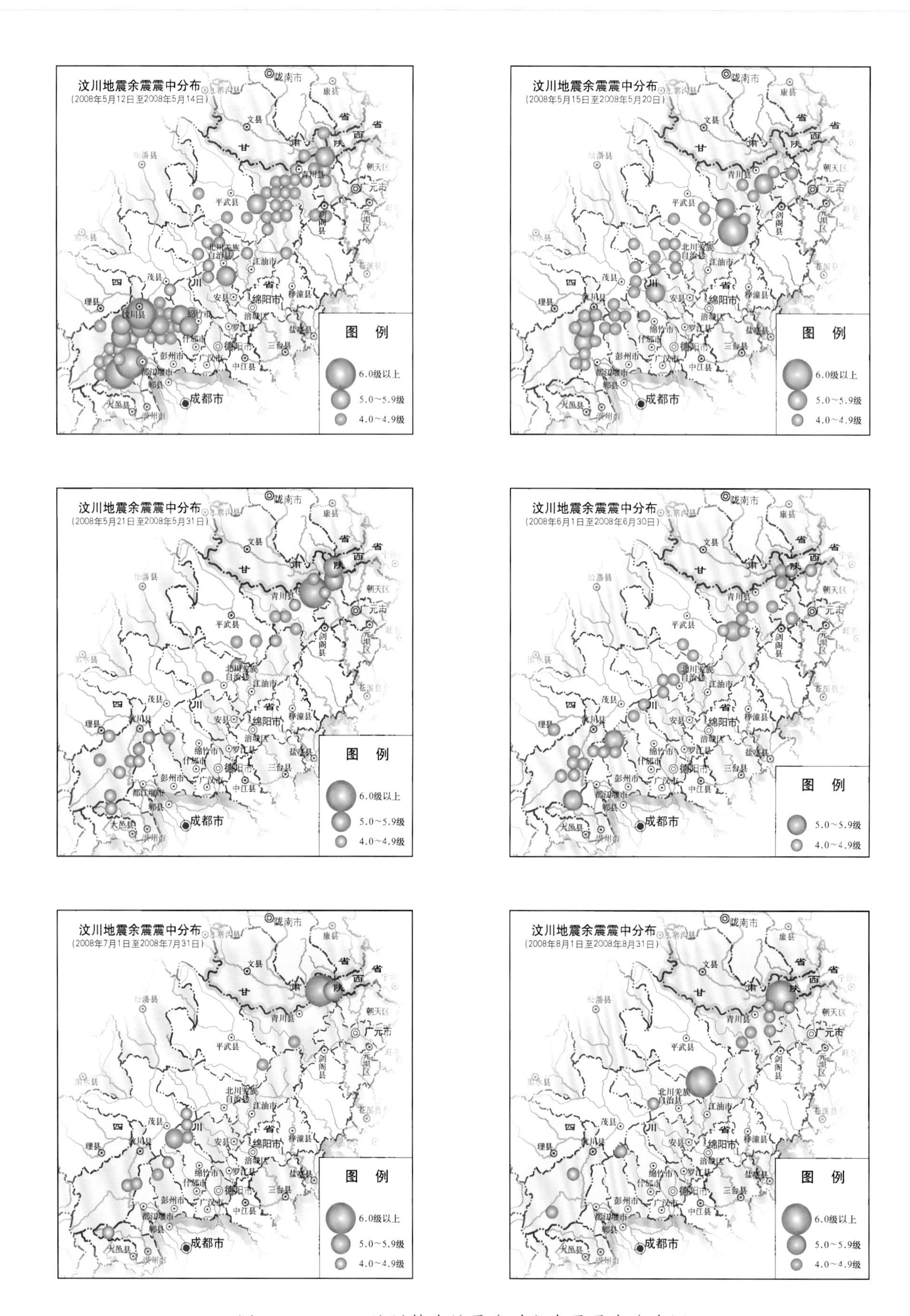

图 2–2　5 · 12 汶川特大地震分时段余震震中分布图

2.1 地震成因

5·12汶川特大地震发生后，中国国土资源航空物探遥感中心、中国地质环境监测院、中国地质科学院，中国地质科学院地质所、地质力学所等机构组织多名学科专家开展专项科学考察和研究。经过灾害调查、地震监测数据、遥感信息等资料综合分析和论证，5·12汶川特大地震成因及地震特性归纳如下：

（1）本次特大地震为印度板块向亚洲板块俯冲，造成青藏高原快速降升而引发的强烈地质运动所致。即青藏高原板块向东缓慢移动过程中，在高原东缘沿龙门地质结构带向东挤压，遇到四川盆地之下刚性地块的顽强阻挡，造成构造应力能量的长期积累，最终在龙门山北川县映秀镇、广元市青川地区突然释放。

（2）本次特大地震属逆冲右旋挤压型断层地震。发震构造带位于龙门山构造带中央断裂带（见图2–1），在挤压应力作用下，由南西向北东逆冲运动；这次地震属于单向破裂地震，由南西向北东迁移，致使余震向北东方向扩展；挤压型逆冲断层地震在主震之后，应力传播和释放过程比较缓慢，可能导致余震强度较大，持续时间较长。

（3）本次地震为破坏性极大的浅源地震。5·12汶川特大地震发生在地壳脆韧性转换带，且震源深度为10～20km，属于浅源地震，形成了极具破坏力的地震烈度。

表2–1　5·12汶川特大地震灾害灾区分布

灾区	数量	省（自治区、直辖市）	数量	县（市、区）
极重灾区	10	四川省	10	汶川县、北川县、绵竹市、什邡市、青川县、茂县、安县、都江堰市、平武县、彭州市
重灾区	41	四川省	29	理县、江油市、广元市利州区、广元市朝天区、旺苍县、梓潼县、绵阳市游仙区、德阳市旌阳区、小金县、绵阳市涪城区、罗江县、黑水县、崇州市、剑阁县、三台县、阆中市、盐亭县、松潘县、苍溪县、芦山县、中江县、广元市元坝区、大邑县、宝兴县、南江县、广汉市、汉源县、石棉县、九寨沟县
		甘肃省	8	文县、武都区、康县、成县、徽县、西和县、两当县、舟曲县
		陕西省	4	宁强县、略阳县、勉县、宝鸡市陈仓区

续表 2–1　5 · 12 汶川特大地震灾害灾区分布

灾区	数量	省（自治区、直辖市）	数量	县（市、区）
一般灾区	186	四川	100	郫县、成都市金牛区、成都市青白江区、成都市新都区、成都市成华区、成都市锦江区、成都市青羊区、成都市温江区、成都市武侯区、名山县、邛崃市、金堂县、南部县、蒲江县、成都市龙泉驿区、射洪县、乐山市金口河区、巴中市巴州区、新津县、丹巴县、南充市顺庆区、夹江县、天全县、丹棱县、金川县、通江县、雅安市雨城区、洪雅县、双流县、仁寿县、乐山市沙湾区、峨边彝族自治县、康定县、沐川县、仪陇县、马边彝族自治县、井研县、南充市高坪区、彭山县、犍为县、荥经县、荣县、西充县、泸定县、乐山市五通桥区、峨眉山市、简阳市、马尔康县、青神县、南充市嘉陵区、蓬安县、资阳市雁江区、眉山市东坡区、华蓥市、平昌县、乐山市市中区、营山县、安岳县、达州市通川区、乐至县、大英县、遂宁市船山区、万源市、甘洛县、威远县、遂宁市安居区、红原县、岳池县、达县、武胜县、广安市广安区、自贡市大安区、资中县、越西县、渠县、蓬溪县、自贡市自流井区、自贡市沿滩区、富顺县、内江市东兴区、自贡市贡井区、内江市市中区、隆昌县、屏山县、宜宾县、南溪县、大竹县、宜宾市翠屏区、若尔盖县、宣汉县、美姑县、雷波县、泸县、邻水县、开江县、阿坝县、道孚县、冕宁县、九龙县、高县
		甘肃	32	礼县、宕昌县、清水县、崇信县、天水市秦州区、临潭县、武山县、甘谷县、灵台县、平凉市崆峒区、天水市麦积区、秦安县、迭部县、张家川县、通渭县、岷县、漳县、庄浪县、渭源县、泾川县、华亭县、静宁县、陇西县、镇原县、卓尼县、定西市安定区、庆阳市西峰区、会宁县、宁县、临洮县、碌曲县、康乐县
		陕西	36	宝鸡市金台区、南郑县、留坝县、凤县、汉中市汉台区、陇县、麟游县、太白县、宝鸡市渭滨区、眉县、西乡县、岐山县、千阳县、城固县、扶风县、凤翔县、佛坪县、镇巴县、永寿县、洋县、石泉县、周至县、武功县、乾县、彬县、长武县、咸阳市杨陵区、兴平市、西安市碑林区、汉阴县、宁陕县、紫阳县、礼泉县、西安市雁塔区、户县、西安市莲湖区
		重庆	10	合川区、荣昌县、潼南县、大足县、双桥区、铜梁县、北碚区、璧山县、永川区、梁平县
		云南	3	绥江县、水富县、永善县
		宁夏	5	隆德县、泾源县、西吉县、彭阳县、固原市原州区

2.2 地震次生灾害及其环境影响

5·12汶川特大地震极重灾区和重灾区主要分布在龙门山断裂带两侧，即岷江、沱江、涪江、嘉陵江等河流的上游或源区，是长江上游生态屏障的重要组成部分，是成都平原和四川盆地的生态屏障，是区域重要的水源涵养区，与成都平原及四川盆地数千万人口的生产与生活用水和防洪安全关系极为密切。

汶川特大地震的震中区位于深山峡谷区，特有的自然环境和地质条件，导致震后灾区发生严重的山崩、垮塌、泥石流等次生灾害。次生灾害产生的巨量堆积物形成堰塞坝，堵塞了江河峡谷，产生了上百处地震堰塞湖。堰塞湖孕育了溃坝洪水的致灾环境，对北川县、青川县、汶川县、彭州市等直接构成洪水灾害威胁。历史上岷江上游发生大地震后，由堰塞坝溃决产生的溃坝洪水，对下游地区造成严重洪水灾害，引起的人口伤亡、财产损失甚至超过地震灾害。因此，5·12汶川特大地震发生后，对堰塞湖、水库大坝、水电站挡水建筑物的应急除险处置，必然成为水利抗震救灾的重点。

2.2.1 对生态环境的影响

龙门山山系地处岷山—横断山过渡带，是长江上游多条二级支流的发源地，也是我国西部自然资源的富集区之一，生物多样性丰富而独特。同时，生态环境非常敏感，部分地区震前水土流失严重，土壤贫瘠。5·12汶川特大地震严重破坏了区域生态环境，改变了江河水系原有自然环境，随即引起江河水文特性在一定范围内的改变，对灾区自然环境影响更为深远。

在地震极重灾区和重灾区范围内，农业生态环境发生了较大改变。由于大量耕地被滑坡、崩塌、泥石流冲毁或压没，梯田坡面倾斜、地埂损坏，无法耕种。经初步预测。此次，5·12汶川特大地震造成的水保设施损毁将使灾区粮食产量减产幅度至少在10%～15%。

地震引发的滑坡、崩塌、泥石流还造成山区大量蓄水池、水窖、沉沙凼、排灌渠、山平塘、作业道路等小型水利水保工程受损，淤地坝坝体裂缝，溢洪道破裂。5·12汶川特大地震以及此后长达数月的余震，造成地表物质松动、移位和异质化，引发山体崩塌、滑坡，使重灾区实行多年的退耕还林、生态保护、环境治理等所取得的成果化为乌有，区域自然环境较地震前整体蜕化（见图2–3，表2–2）。

2.2.2 对江河及其环境的影响

震级为8.0级的5·12汶川特大地震发生之时，瞬间造成震区强烈的山体变形破坏，出现大量深、长、宽、大的山体裂缝，诱发严重崩塌、泥石流和不稳定斜坡等次生地质灾害，因此而改变的地形地貌，直接影响到江河河道形态、边坡，进而对河流水文特性产生影响。水利工程的灾后重建面临更为复杂的水文与工程地质问题，在相当长的时间里，这一区域的防洪形势将更为严峻。

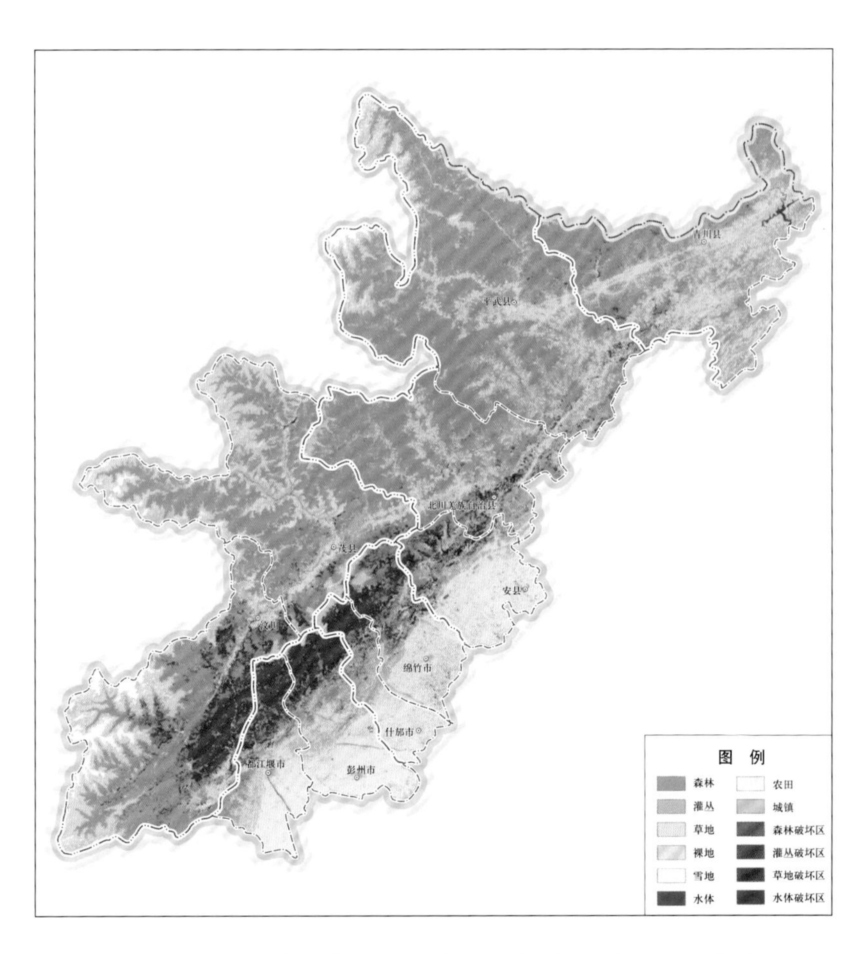

图 2–3 5·12 汶川特大地震极重灾区生态破坏情况分布图

表 2–2 5·12 汶川特大地震极重灾区生态破坏统计表 单位：hm^2

极重灾区	生态系统面积	各类生态系统丧失面积					
		森林	灌丛	草地	裸地	冰雪	水体
汶川县	385091	21953	1126	1037	224	181	194
北川县	228031	2831	1436	1	0	0	6
绵竹市	51507	6332	184	1191	137	504	77
什邡市	30264	3757	158	1073	118	110	11
青川县	181316	984	386	33	21	0	0
茂县	342226	1659	52	341	33	9	18
安县	41626	5039	473	3	39	169	66
都江堰市	54913	3054	93	266	40	52	0
平武县	508830	1221	428	10	19	0	0
彭州市	53196	4049	224	1401	227	147	3
合计	1877000	50879	4560	5356	858	1172	375

（1）对江河产汇流环境的影响。地震引发的山体崩塌、滑坡以及泥石流，极大地改变了区域地形地貌，使地震重灾区每条河流两岸的植被都有不同程度的破坏。由于山体垮塌，河流两岸山体裸露，部分山头削平，造成了暴雨或大雨时对裸露地表的直接冲刷，造成水土流失。而地表径流将裸露山体的泥沙带入河道，又造成河道堵塞。影响江河产汇流的地表植被、建筑物损毁后，致使坡面蓄滞洪水能力大为消减，河道的汇流历时缩短，使水流快速向河道汇集，以致震后洪水灾害威胁加重。

地震改变了河道的原有形态，受地震堆积物的影响，河段河道的断面特征发生改变，可能影响河道的走向及水流流速、流向等水文要素。而地震堰塞坝对上游来水的拦截以及坝前沙石淤积，使堰塞湖上游水流速度变慢，抬高了河道水位，一旦溃决，巨大的水力坡降加快河道水流速度，对下游河流造成进一步的影响。地震对江河造成的显著破坏为改变了震区原来河流水系的产汇流规律。

（2）对江河洪水的影响。地震极重灾区、重灾区分布在岷江和嘉陵江及其支流的上游流域，区域多年平均降雨在1000mm以上，其中沱江上游和涪江上游降雨量在1200～1400mm。地震造成地形地貌的改变，局部地方隆起或塌陷，可能影响局部区域的径流。

2008年震区河流降雨总量接近多年平均值，涪江流域的安县睢水关雨量站测得年降雨量1410mm，为全省当年第二大降雨量；岷江上游当年雨量偏小，与多年平均值相比局部偏小4成以上。震区各河以中低水位为主，只有涪江上游出现中水，沱江上游干流及少部分支流出现了超警戒水位的洪水。地震后在堰塞湖的河流下游，短时间内水位、流量明显的减小；堰塞湖除险后，瞬间泄洪，发生短时洪水，在堰塞湖疏通后河流恢复常态。与往年相比，径流量基本持平。

5·12汶川特大地震发生1个月后，各江河开始进入汛期。当年，震区并未出现较大范围的大洪水，只有涪江支流通口河、沱江支流绵远河出现近50年历史最大洪水。大洪水多为地震后较大体量的堰塞湖排险泄洪造成的。其中涪江干流上由于唐家山堰塞湖泄洪，下游北川水文站监测到的最大流量超过了6000m^3/s，超过了100年一遇的标准。

地震造成的山体崩塌、滑坡等，破坏河床与河岸带植被，加剧了水土流失，使河流含沙量大幅增加，在一定时期内影响了水量及流速。地震引发的山崩、泥石流以及堰塞湖除险，极大地增加了河流含沙量，并重塑了河道形态，或导致部分河段改道。汶川特大地震对区域江河的影响将持续50～100年。

2.2.3 对水环境的影响

5·12汶川特大地震后对江河流域的水文大循环来说影响较小，对河流区域的水文小循环有短期影响。地震发生后，区域内工矿企业设施尤其是化工管道、仓库等震损后，对区域水环境有较大影响。避免水环境次生灾害发生是本次水利救灾行动的主要任务之一。

（1）对水质的影响。地震造成山区和丘陵区的工厂被毁、矿山塌陷。震区内分布着较为密集的化工、化肥、农药企业，部分生产设施、库房、管道等震损后，生产原料和产品散落于地表，甚至有部分为重金属污染物、有毒有害有机污染物、氮磷和农药污染物。这些高污染物质随着降雨形成地表径流或进入河道，或渗入地下，都将造成对河流和地下水水质的污染。

镇区内部分自来水系统在地震中遭到严重破坏，供水中断；城乡水井井壁坍塌，井管断裂或错开、淤砂；地表水受粪便、污水严重污染；部分饮用水泥沙含量大、浑浊度高，并且受到污染，水体自净能力差。

救灾期间，防疫中使用大量的消毒剂、灭菌剂、杀虫剂等，以及生活垃圾、生活污水、腐烂尸体等，都会造成次生污染和细菌、病毒微生物的污染，这些污染物会在震区大量积累，也会通过降雨径流进入水体，威胁到河流水环境和群众饮用水的安全。

（2）对地下水的影响。地震是地壳的相对运动，这种运动会造成地下含水层在构造变动中受到强烈挤压，从而破坏了地表附近的含水层状态，使地下水重新分布，造成有些区域水位上升，有些区域水位下降。

地震在一定程度上改变了区域水文地质条件，地下水水质也随之会发生明显变化，且影响将长期存在。5·12 汶川特大地震后，对成都平原地下含水层的影响，还需要一段时间的观测。

2.2.4 地震堰塞湖及其影响

地震对河流的破坏主要体现在河道两侧形成的山体崩塌、滑坡对河道造成壅塞，从而使流水聚集，储水到一定程度便形成堰塞湖。唐家山堰塞湖淹没的石龙村仅存坡耕地，标志了原村庄的大致位置见图 2–4。水利抗震救灾期间，对坝高大于 10m、库容大于 10 万 m^3、上游集雨面积大于 20km^2 的堰塞湖进行了应急除险处置。规模较大且对下游区域具有潜在溃坝洪水威胁的堰塞湖分布在岷江、沱江、涪江、嘉陵江及其支流上游。

堰塞湖形成后，在短期内改变了其所在河段一定范围内的河流生态和河道水文情势，造成了河道变形或堵塞、坡降改变、河流曲度改变。但是，堰塞湖在水系上呈点状、线状分布，且动态变化。震后，随着河流下泄受阻、水位升高、水域扩大，堰塞坝或自然溃决溢流，或经过工程措施处置，水流下泄通道打开，堰塞湖缩小，其所在河段基本恢复到原来的河道形态，没有大规模的河流改道情况的发生。河流水系格局未因地震而发生改变。

图 2–4　唐家山堰塞湖淹没的石龙村

（1）地震堰塞湖风险及等级划分。5·12汶川特大地震在灾区江河干支流形成的多处堰塞湖，主要沿龙门山主中央断裂带呈北45°东走向分布。水利抗震救灾期间，水利部专家组根据查勘，针对堰塞湖发生溃坝洪水后对下游的威胁程度，将堰塞湖分为极高危险、高危险和危险3个级别。极高危和高危堰塞湖的集雨面积为80～3550km^2，堰塞体体积达10万～2037万m^3，其地质结构多为松散堆积土石体，坝高10～120m，最大可能蓄水容量50万～30200万m^3。

四川省绵阳市北川县唐家山堰塞湖是被划为极高危险级别的唯一1处。唐家山堰塞湖对下游工业城市绵阳市和遂宁市构成了严重次生洪水灾害威胁（唐家山堰塞湖形成前后的对比见图2-5）。划为高危险级的堰塞湖5处、危险级28处，这两个级别的堰塞湖威胁下游北川县、安县、什邡市、绵竹市、彭州市、剑阁县、德阳市等县（市）的城区，并危及一些水库、水电站等基础设施的安全，受威胁总人口超过200万人。

（2）地震堰塞湖分布。5·12汶川特大地震初期在灾区形成堰塞湖共104处，主要分布在沱江、涪江、岷江和嘉陵江4条江河干流及支流上。

(a) 唐家山堰塞湖形成前

(b) 唐家山堰塞湖形成后

图2-5 唐家山堰塞湖形成前后的漩坪镇

1）四川省堰塞湖分布于5个地市共9个县市，具体分布如下：

①绵阳市13处，其中：

北川县8处：唐家山、苦竹坝下游、新街村、白果村、岩羊滩、孙家院子、罐子铺、唐家湾；

安县3处：老鹰岩、罐滩，肖家桥；

平武县2处：马鞍石、文家坝。

②德阳市11处，其中：

绵竹市4处：黑洞崖、小岗剑上游、小岗剑下游、一把刀；

什邡市7处：干河口、马槽滩上游、马槽滩中游、马槽滩下游、木瓜坪、燕子岩、红松电站厂房。

③广元市3处，都位于青川县：石板沟、红石河、东河口。

④成都市6处，其中：

崇州市4处：竹根桥、六顶沟、火石沟、蕹子坪；

彭州市2处：谢家店子、凤鸣桥；

阿坝州1处：映秀湾。

2）甘肃省高危1处，位于徽县嘉陵镇境内。

3）其余较小规模的70处堰塞湖，均在四川省地震灾区范围内，其中绵阳市42处，广元市18处，成都市3处，阿坝州6处。

2.3 水利系统员工伤亡及财产损失

5·12汶川特大地震中，四川省水利系统死亡、失踪职工和家属139人，重伤34人。其中四川省水利厅直系统因灾死亡41人（职工17人，家属20人，学生4人）；厅直系统职工2名失踪，28名重伤（见表2-3、表2-4）。

表2-3　5·12汶川特大地震四川省水利系统生产生活用房及设备震损情况

灾区	单位管理用房／m^2						办公设备
	基本完好	轻微破坏	中等破坏	严重破坏	倒塌	小计	损毁台数／台(套)
四川省水利厅直属单位	32168	41385.94	139645.20	76039.57	47435.12	336673.83	36952
严重灾区	7299	63968.00	206822.30	207212.48	50055.40	535357.18	4864
一般灾区	6170	33439.70	28496.90	18790.00	2200.00	89096.60	133
其他		140.00	3055.00	600.00	67.00	3862.00	3
合计	45637	138933.64	378019.40	302642.05	99757.52	964989.61	41952

表 2–4　5·12 汶川特大地震四川省水利系统生活用房震损统计表　　单位：m^2

灾区	生活用房					
	基本完好	轻微破坏	中等破坏	严重破坏	倒塌	小计
四川省水利厅直属机关（22 个）	31965.86	78125.24	48456.54	159527.87	38101.61	356177.14
严重受灾	56414.00	74980.60	183337.30	123995.07	18015.80	456742.80
一般受灾	5400.00	22999.00	15660.00	6930.00		50989.00
其他		1408.00				1408.00
总计	93779.86	177512.84	247453.86	290452.94	56117.41	865316.91

受 5·12 汶川特大地震的影响，甘肃省灾区陇南市水利局机关办公房屋全部垮塌，共垮塌办公用房 1715m^2，损毁办公设备 232 台（套）；两幢公用家属楼严重受损，受损面积 3024.8m^2，经济损失达 880.84 万元。8 个县（区）水利部门办公楼及办公设备受损，共损毁办公用房 124 间，办公用房面积 18360m^2，其中倒塌 60 间，损坏 84 间，损毁办公设备 443 台，经济损失达 2041.90 万元，其中，文县水利局办公设施造成损失巨大，36 间办公室全部受损（见表 2–5）。

表 2–5　甘肃省重灾区水利系统震损和经济损失统计表

县／区	办公用房／间	办公用房面积／m^2	办公设备／台	经济损失／万元
文　县	36	2160	81	242.10
武都区	20	4140	54	458.00
康　县	12	1080	42	120.90
成　县	9	1260	36	140.20
徽　县	10	1080	40	120.80
西和县	11	1980	45	220.00
两当县	7	900	35	100.80
市　级	19	5760	110	639.10
合　计	124	18360	443	2041.90

5·12汶川特大地震造成陇南市8个县（区）水利干部职工生活住房受损，共损毁房屋120间15220m²，生活用具480套，经济损失达1652.10万元，其中文县水利干部职工生活设施损失最重，达281.9万元（见表2-6）。

表2-6　甘肃省重灾区水利系统震损生活设施及经济损失统计表

行政区	生活用房/间	面积/m²	生活用具/套	经济损失/万元
文　县	21	2602	86	281.90
武都区	28	3726	59	407.00
康　县	8	864	47	93.10
成　县	7	756	41	81.80
徽　县	7	756	45	81.20
西和县	11	1188	50	128.00
两当县	7	720	40	77.20
市　级	31	4608	112	501.90
合　计	120	15220	480	1652.10

陕西省水利厅直属单位生产生活用房及附属设施不同程度受损，损坏办公用房30264m²、生活用房14722m²，倒塌围墙6473m²，震损水塔4座，直接经济损失4362.2万元。

陕西省宝鸡峡灌区受损办公用房7134m²、生活用房465m²、围墙倒塌1690m²，损毁水塔2座。

陕西省石头河灌区受损办公用房3492m²、生活用房465m²，围墙倒塌171m²，损毁水塔1座。泾惠渠灌区受损办公用房1175m²、生活用房100m²。

陕西省地下水监测管理局损毁生活用房3036m²、围墙倒塌560m²，震损水塔1座。陕西省水产研究所损毁办公用房2576m²、生活用房1715m²。

陕西省水产供销公司损毁办公用房671m²、生活用房800m²。

陕西省水产养殖公司损毁办公用房269m²、生活用房141m²，围墙倒塌162m²。

陕西省水文系统受损生产办公用房14947m²、生活用房8000m²，围墙3890m²出现裂缝、坍塌。直接损失2146.5万元。

四川省广元市青川县东河口原貌

四川省广元市青川县东河口震后形成堰塞湖

2.4 水利工程震损情况

地震造成的水利工程损失，主要包括水库大坝、水电站建筑物、江河堤防的坍塌、裂缝、沉陷以及河道、水渠堵塞，供水设施破坏等。

（1）**岷江、嘉陵江、沱江上游水库水电站震损**。地震共造成灾区 2473 座水库出险，其中有溃坝险情的 69 座、高危险情的 331 座、次高危险情的 2073 座。四川省有 1803 座水库出险（见图 2–6），占全国出险水库的 73%，占全省水库总数的 27%。1144 座水电站因地震受损，其中四川省有 481 座水电站受损；岷江干支流上的映秀湾等 9 座水电站一度出现高危险情。

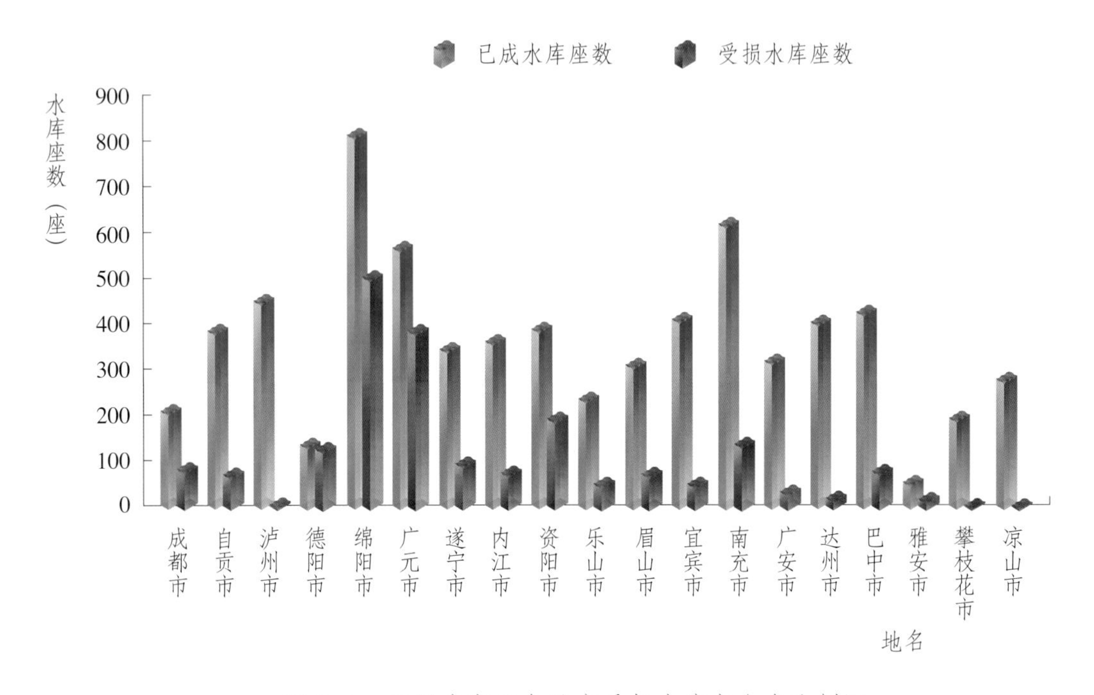

图 2–6 四川省灾区各地市受损水库占全省比例图

（2）江河堤防震损。地震造成 899 段、1057km 堤防损毁，涉及保护区人口 512.27 万人。其中四川省震损堤段 500 段、长 722.6km，占四川省堤防总长度的 14.5%，涉及保护区人口 421.6 万人。堤防的损毁直接危及沿岸防洪安全。

（3）城乡供水设施损毁。灾区因地震损毁农村供水工程 7.24 万处，损毁供水管道 3.65 万 km，影响人口 955.6 万人，其中四川省乡村供水设施损毁 3.4 万处，管道损毁 2.93 万 km，影响人口 575.18 万人。由于灾区城乡供水系统大面积瘫痪，造成灾民饮水困难。

（4）水土保持工程震损。地震造成四川省、甘肃省、陕西省 3 个省 29 个市（州）154 个县（市、区）水土保持设施遭到不同程度的损坏，设施受损面积达 30.33 万 hm^2，直接经济损失 12.61 亿元，新增水土流失面积 1.4812 万 km^2。

（5）水利工程管理设施损坏，部分管理系统瘫痪。5·12 汶川特大地震使四川省 8 个市（州）39 个县（市、区）水功能区、取水计量设施、水电站发电量和视频监控系统、水源地水质监测等水资源监测设施遭到严重损坏,重灾县占全省总县数的21.5%,致使四川省水资源监测设施损失惨重,造成3亿元经济损失，导致四川省水资源管理系统部分瘫痪。

2.4.1 水库

在地震中，四川省、陕西省、云南省、重庆市、贵州省、甘肃省共有2566座水库地震中遭受不同程度损坏，其中大型水库5座、中型水库76座、小型水库2485座［其中小（1）型水库470座，小（2）型水库2015座］。各省水库震损情况如下。

（1）四川省。全省共有1997座水库地震中遭受不同程度损坏，占全省水库总数的29.7%，其中大型水库4座、中型水库61座、小（1）型水库335座、小（2）型水库1597座。有溃坝险情小（1）型水库19座、小（2）型水库50座；高危险情中型水库15座、小（1）型水库67座、小（2）型水库228座；次高危险情大型水库4座、中型水库46座、小（1）型水库249座、小（2）型水库1319座。绝大多数水库大坝裂缝、滑坡、漏水，部分水库受到了较严重的结构性破坏。受损水库主要分布在成都市、德阳市、绵阳市等17个市96个县（市、区），影响60多个县级以上的城市、1630多个乡镇、636个学校、243个灾民安置点、913处重要交通干线等的安全,影响耕地500余万亩，影响蓄水80074万m^3。

（2）甘肃省。甘肃灾区共有28座农业灌溉水库受损，占灾区水库134座的21%，其中小（1）型水库14座、小（2）型水库14座。其中陇南市13座，临夏州5座，天水市4座，庆阳市2座，白银市2座，平凉市1座，兰州市1座。这28座水库除兰州市皋兰县黑石水库为新建水库外，其余27座水库地震前均为病险水库（三类坝）。

水库震损影响7个市（州）15个县（市、区），影响灌溉面积17.28万亩，同时威胁下游24个村镇43.46万人生命财产安全，震损农业灌溉水库直接经济损失3950.28万元。

（3）陕西省。全省共有126座水库地震中遭受不同程度损坏，其中大型水库1座、中型水库5座、小型水库120座［从坝型上分小（1）型水库35座，小（2）型水库85座］，占全省水库总数的12%，占受灾地区水库总数的17.6%。从地域上分汉中市81座，占汉中市水库总数的27.8%；宝鸡26座，占宝鸡市水库总数的20.3%；安康市7座，占安康市水库总数的6.5%；商洛市7座，占商洛市水库总数的14.3%；西安市5座，占西安市水库总数的5.4%。受损水库中，被确定为高危险情的水库有18座，占震损水库总数的14%；次高危险情的有106座，占震损水库总数的84%；一般险情的有2座，占震损水库总数的2%。

上述126座受损水库，有影响下游汉中市北郊、宝鸡市市区及高新区、商州市市区，以及陇县、千阳县、麟游县、扶风县、汉阴县5座县城的供水和防洪安全，其中6座工厂、2条铁路（阳安、陇海铁路）、3条公路（108国道、西安至汉中高速公路、宝鸡至平凉公路）、54万亩耕地、104万人等受到直接影响。

（4）云南省。全省共有51座水库地震中遭受不同程度损坏，其中：中型水库3座，小（1）型水库23座，小（2）型水库25座，直接经济损失近1亿元。震损水库范围涉及4个州（市）16个县（区），其中昭通市震损25座［中型水库1座、小（1）型水库8座、小（2）型水库16座］，分布于9个县（区）；楚雄州震损3座［中型水库2座、小（1）型水库1座］，分布于2个县；

丽江市震损22座[小(1)型水库13座、小(2)型水库9座],分布于4个县;红河州震损1座[小(1)型水库1座],分布于1个县。水利设施受灾影响人口达130万人(其中供水直接影响人口30万人),直接经济损失29037万元。

(5)重庆市。全市共有352座水库地震中遭受不同程度损坏,分布于32个区县,占全市水库总数的12.5%,其中中型水库7座,小(1)型水库51座,小(2)型水库294座;土石坝303座,拱坝40座,重力坝9座;高危险情33座[中型水库1座,小(1)型水库6座,小(2)型水库26座];总库容3.4417亿m^3。

(6)贵州省。全省共有12座水库地震中遭受不同程度损坏,均为小型水库,这12座水库主要分布在贵州省中部、北部、东南部和西北部。受损水库影响27.5万人供水与6000亩耕地的灌溉。

2.4.2 水电站

汶川地震灾区分布众多水电站,大多数为小水电。震损水电站主要集中在岷江上游、涪江中上游、白龙江下游以及汉江上游的四川省、甘肃省、陕西省、重庆市等省(直辖市),灾害共造成1144座水电站受损。

(1)四川省。震损水电站846座,装机容量470万kW,震损高低压及输变电线路2.6536万km,震损配电站设备5820台,变电容量35.1541万kVA;其中极重灾区的受损电站有673座,装机容量415万kW,高低压线路2.2143万km,配电台区4836台,变电容量30.5461万kVA。受损水电站分布在21个市(州)。紫坪铺上游岷江干支流上的映秀湾等9座水电站和其他流域的龙王潭、苦竹坝等4座水电站出现高危险情。

水电站及电力设施受到影响的地区包括:成都市、绵阳市、德阳市、广元市、阿坝州、雅安市、巴中市、乐山市等8个地区。涉及供电人口6000余万人。全省地方电力直接损失达73亿元。

(2)甘肃省。有97个水电站受损,分布于陇南市、甘南藏族自治州(以下简称甘南州)、天水市、庆阳市、临夏回族自治州(以下简称临夏州)等5个市(州)17个县(区),其中陇南市84座,甘南州6座,天水市4座,临夏州2座,庆阳市1座。受损线路76.1km,直接经济损失1.79亿元,同时威胁下游43.5万人生命财产安全。

受灾市(州)中陇南市最为严重,直接经济损失达1.75亿元,甘南州171万元,临夏州67.5万元,天水市66万元,庆阳市53.8万元。间接经济损失1232万元(不包括文县碧口水电站和汉坪嘴水电站)。

受灾损失最重的县(区)有宕昌县8442.13万元,武都区4186万元,文县3797万元;受灾次重县有康县、两当、西和、舟曲等4个县,损失在150万~420万元,康乐等5个县直接经济损失在100万元以下。

(3)陕西省。受损水电站32座,总装机容量8.6万kW。受损水电站分布在汉中市、宝鸡市、商洛市、西安市4市的12个县,主要集中在汉中市和宝鸡市两市。其中重灾区(宁强、略阳、勉县、陈仓区)13座,宝鸡市其他县(区)10座、汉中市其他县(区)8座,西安市1座。共造成直接经济损失2176万元,减少发电量2636万kW·h,总经济损失3403万元。其中宁强县、略阳县两县农村水电受损情况尤为严重,共10处电站受损,造成经济损失1217万元。

陕西省水电站部分电站枢纽受损，但没有影响正常运行，也不影响下游安全，并且基本不承担直接供电任务，以发电上网售电为主，因此基本不影响群众生产生活。

（4）重庆市。所辖23个区（县）共169座农村水电站（总装机容量64.7万kW）、183座变电站因此次地震出现损毁，倒断杆813根，线路损坏191.2km，影响人口16.295万人，直接经济损失8842万元。

2.4.3 江河防洪工程

5·12汶川特大地震造成堤防出现垮塌、裂缝、滑坡、沉陷、管涌等多种险情，对灾区当年江河度汛构成较大的威胁。在地震中，四川省、陕西省、云南省、重庆市、甘肃省共有堤防受损1412处，长度1337km。

（1）四川省。据统计，共计震损堤防706处，长度894.16km。重大险情106处，占震损堤防总数的15%，长度194.92km，占总长度的21.80%；较重险情276处，占震损堤防总数的39.1%，长度303.69km，占总长度的33.96%；一般险情324处，占震损堤防总数的45.9%，长度395.55km，占总长度的44.24%。

极重及重灾区7市（州）、都江堰灌区有重大险情106处，占重大险情总数的100%；较重险情235处，长度257.04km，分别占总数的85.1%和84.6%。各地具体情况如下：

1）成都市震损堤防89处，占震损堤防总数的12.6%，长度49.58km，占总长度的5.6%。其中重大险情1处，长度0.4km；较重险情34处，长度13.02km；一般险情54处，长度36.16km。

2）绵阳市震损堤防134处，占震损堤防总数的19.0%，长度173.14km，占总长度的19.4%。其中重大险情54处，长度95.09km；较重险情56处，长度64.41km；一般险情24处，长度13.64km。

3）德阳市震损堤防89处，占震损堤防总数的12.6%，长度133.71km，占总长度的15.0%。其中重大险情4处，长度9.50km；较重险情50处，长度54.24km；一般险情35处，长度69.97km。

4）广元市震损堤防87处，占震损堤防总数的12.3%，长度196.71km，占总长度的22.0%。其中重大险情4处，长度15.58km；较重险情9处，长度20.63km；一般险情74处，长度160.50km。

5）遂宁市震损堤防16处，占震损堤防总数的2.3%，长度8.35km，占总长度的0.9%。其中较重险情12处，长度6.14km；一般险情4处，长度2.21km。

6）雅安市震损堤防71处，占震损堤防总数的10.1%，长度73.55km，占总长度的8.2%。其中较重险情2处，长度9.3km；一般险情69处，长度64.25km。

7）阿坝州震损堤防100处，占震损堤防总数的14.2%，长度129.11km，占总长度的14.4%。其中重大险情35处，长度58.91km；较重险情59处，长度63.69km；一般险情6处，长度6.51km。

8）都江堰灌区堤防21处，占震损堤防总数的3.0%，长度41.05km，占总长度的4.6%。其中重大险情8处，长度15.44km；较重险情13处，长度25.607km。

9）其他市州震损堤防99处，占震损堤防总数的13.9%，长度88.96km，占总长度的9.9%。其中较重险情 41 处，长度 46.65km；一般险情 58 处，长度 42.30km。

按堤防等级划分，各级堤防震损情况如下：

1）一级堤防 5 处，占震损堤防总数的 0.7%；长度 1.19km，占总长度的 0.13%。其中重大险情 0.82km，较重险情 0.37km，全部集中在都江堰灌区范围内。

2）二级堤防 19 处，占震损堤防总数的 2.7%；长度 32.36km，占总长度的 3.6%。其中重大险情 12.50km，较重险情 3.05km，一般险情 16.81km，主要集中在绵阳市和自贡市。

3）三级堤防 78 处，占震损堤防总数的 11.0%；长度 104.73km，占总长度的 11.7%。其中重大险情 15.62km，较重险情 67.15km，一般险情 21.96km；主要分布在绵阳市、德阳市、广元市、遂宁市、眉山市、甘孜州、巴中市等。

4）四级堤防 360 处，占震损堤防总数的 51.0%；长度 447.67km，占总长度的 50.1%。其中重大险情 100.22km，较重险情 172.73km，一般险情 174.71km。

5）五级及其他堤防 244 处，占震损堤防总数的 34.60%；长度 308.21km，占总长度的 34.5%。其中重大险情 65.76km，较重险情 60.38km，一般险情 182.07km。

据初步统计，上述 706 处堤防出险共计直接经济损失 23.41 亿元。震损堤防共影响人口约 1010 万人，影响耕地约 56 万亩，造成直接经济损失约 20.7 亿元。

（2）甘肃省。5·12 汶川特大地震造成陇南市、甘南州、天水市、定西市、临夏州 5 个市（州）29 个县（区）的河道堤防工程受损。在这次大地震中，堤防工程有 444 处、336km 遭到震损，涉及河流 69 条。其中陇南市震损堤防工程 351 处，共计震损堤防长度 283.28km；甘南州震损堤防工程 45 处，共计震损堤防长度 20.22km；天水市震损堤防工程 40 处，共计震损堤防长度 19.038km；临夏州震损堤防工程 6 处，共计震损堤防长度 8.69km；定西市震损堤防工程 2 处，共计震损堤防长度 4.86km；地震造成的河道淤堵主要在陇南市，计 19 处，蓄水量 7.6825 万 m^3；出现堰塞湖险情 1 处，蓄水量 80 万 m^3。

震损堤防工程涉及 5 个市（州）29 个县（区），影响 72.9 万人防洪安全，影响耕地 8.5 万亩，造成直接经济损失达 2.44 亿元。其中陇南市经济损失 2.03 亿元，天水市经济损失 1932 万元，甘南州经济损失 1414 万元，受灾最重；临夏州经济损失 488 万元，定西市经济损失 261 万元，受灾次重。从县（区）分布看：两当县、武都县、宕昌县、文县、西和县等 5 个县受灾最重，直接经济损失在 2600 万～4150 万元之间；康县受灾次重，直接续经济损失 980 万元；徽县、礼县等县（区）为一般受灾区，直接经济损失在 50 万～420 万元之间。

（3）陕西省。5·12 汶川特大地震造成陕西省汉中市、宝鸡市、安康市境内汉江、嘉陵江干支流及渭河干流部分堤防工程出现裂缝、堤面脱落滑塌、沉陷，涵闸、护基坝沉陷裂缝、防浪墙裂缝等不同程度损毁。地震损毁堤防 99 处、长度 49.9km，其中堤防垮塌 50 处、长度 17.2km，堤基沉陷 22 处、长度 8km，堤防裂缝 27 处、长度 24.7km；护基坝毁坏 25 座，涵闸 16 座，护堤建筑物毁坏 14 座。各市堤防损毁情况如下：

1）汉中市堤防损毁 81 处、长度 36.4km，其中垮塌 40 处、长度 15.1km，堤基沉陷 15 处、长度 3.9km，堤防裂缝26处、长度18.4km；毁坏护基坝25座、涵闸16座、护堤建筑物14座。其中宁强县9处堤防垮塌、沉陷7.91km，裂缝14.86km；略阳县震损提防19处，垮塌1.18km，裂缝1.78km，沉陷0.15km；勉县6处震损，坝头下沉14座，垮塌0.95km，护岸垮塌0.52km，堤基沉陷0.38km，损毁涵闸9座；留坝县堤防垮塌30处、长度1.02km；汉台区4处堤防震损4.1km，25座护基坝基础下沉，坝头变形，1座涵闸闸门变形；城固县堤防5处出现了长度1.77km的裂缝滑塌，桥闸边墩基础出现了长17m的裂缝，脱坡面积为1050m^2；洋县堤防8处，长度共2.36km砌石脱落，基础垮塌，坡面沉陷，浆砌石折裂，涵闸裂缝，侧墙及底板损坏。

2）宝鸡市堤防损毁13处、长度11.5km，其中渭河干流5处，嘉陵江干流3处，支流5处。陈仓区5处，长度共计1.6km护坡塌陷，基础下沉，堤身裂缝；太白县2处，长度共计1.6km堤防裂缝、塌陷；凤县3处，长度共计4.01km堤身裂缝，基础下陷；千阳县2处、长度4.28km、麟游县1处、长度0.01km堤防裂缝、滑塌。其中损毁渭河干流堤防1.3km，损毁嘉陵江干流堤防4.3km。

3）安康市堤防损毁5处、长度2km，其中汉江干流2处、支流月河堤防3处，汉阴县1km堤防垮塌深度1m。

震损堤防影响人口36.26万人、耕地20.42万亩，4个集镇、1个县城、1个地级城市，省、县、乡级公路4条，其中汉中市损坏的河道堤防主要集中在略阳县、宁强县、勉县3个县，影响人口23.43万人，耕地15.34万亩；宝鸡市堤防损毁主要集中在陈仓区、太白县、凤县，影响人口12.83万人，耕地5.08万亩。

（4）云南省。5·12汶川特大地震造成云南省昭通市堤防受损76处6.2km。地震灾害造成堤防工程直接经济损失675万元。具体情况为：昭通市鲁甸县、彝良县、威信县3个县9条河堤防不同程度受损，其中裂缝46处，沉陷23处，脱坡、滑坡7处。

云南省小河流、山区性河流较多，河道堤防较零星分散，多数建在人口聚集的坝区、城边、集镇、村庄等地，震损情况较普遍，较突出的有76处6.2km，堤防损失675万元，昭通市鲁甸县、彝良县、威信县3县9条河堤防影响保护区人口28850人，耕地26600亩。

（5）重庆市。5·12汶川特大地震重庆市有20个区（县）87处堤防出险，总长度50.25km，直接经济损失8959万元。5个区（县）18处河道出现淤堵，总长度达5.81km，河道内淤堵方量11.67万m^3，直接经济损失675万元。

2.4.4 水闸

水闸受损主要集中在四川省。四川省大、中、小（1）型水闸共412座，其中大型31座，中型88座，小（1）型293座，多数建成于20世纪60～90年代。主要作用是灌溉、节制、防洪等。地震灾区水闸共303座，其中大型23座，中型63座，小（1）型217座（见表2-7）。

5·12汶川特大地震给上述地区的水闸造成了不同程度的损坏，大多数水闸主要是闸房遭到较大破坏，部分水闸闸室位移，闸门启闭困难。地震损坏最为严重的是绵竹市官宋硼堰取水枢纽水闸，已无法正常运行，整体报废重建。

表 2–7　5 · 12 汶川特大地震四川省水闸受损情况　　单位：座

所属单位	大型	中型	小（1）型
都江堰灌区管理局	6	49	145
成都市水务局	2	9	39
绵阳市水务局	7	2	18
德阳市水利局	6		
广元市水利局		1	
绵竹市水利局	1		3
广汉市水利局	1	2	12

2.4.5 灌区及供水设施

5 · 12 汶川特大地震给地震灾区灌区、农村饮水工程造成了极其严重的破坏，对农业生产、农村饮水造成了重大影响。

（1）灌区

1）四川省。5 · 12 汶川特大地震给四川省灌溉工程造成了极其严重的破坏，经初步统计损坏渠道占全省灌溉渠道总长度的 10%，渠系建筑物 4.09 万处，取水枢纽 4910 处，影响灌溉面积 1400 余万亩，占全省有效灌溉面积的 37%，直接经济损失达 75.44 亿元。

①大型灌区受灾情况。据都江堰、玉溪河、长葫、通济堰、升钟、武引、九龙滩、石盘滩、青衣江等 9 个大型灌区统计，地震共损坏输水渠道 8602km，取水枢纽、干支渠分水闸和重点建筑物（渡槽、隧洞、涵洞、倒吸虹管、桥梁等工程）1847 余处，管理闸（站）房受损破坏严重，受损面积 29.1 万 m^2。工程受损直接导致 788 万亩灌溉面积供水受到严重影响，工程灾后重建投资估算达 61.2276 亿元。

② 中小型灌区工程。全省 21 个市（州）管理的中小型灌区灌溉工程均遭到不同程度的破坏，德阳市、绵阳市、广元市、成都市、阿坝州、雅安市等重灾区损失最为惨重。据不完全统计，共损毁渠道 1.7616 万 km，损毁渡槽 630 处，倒虹吸管 157 处变形，隧洞垮塌 857 处，涵洞 6067 处、小型渠系建筑物 2.2476 万处损毁。山平塘 6.7001 万处、石河堰 7424 处，出现不同程度损毁的提灌站达 1179 处。共有 635.9 万亩灌溉面积受到影响不能正常灌溉，工程灾后重建投资估算 52.5266 亿元。

2）甘肃省。5 · 12 汶川特大地震发生后甘肃省受灾区内 143 个灌区 844.22km 渠道、2366 座水工建筑物、35 个灌溉泵站遭到不同程度的破坏，受损集雨水窖 3.9475 万眼、混凝土集雨场 9.1 万 m^2，塘坝 60 座，机电井 858 眼。影响灌溉面积 144 万亩。

3）陕西省。5·12 汶川特大地震发生后陕西省 12 个大型灌区中，除羊毛湾、石堡川和洛惠渠等 3 个灌区未受地震影响，东雷一黄、二黄灌区仅有少量的机电设备受损外（属灌区正常维修项目），震损灌区有石门、冯家山、宝鸡峡、石头河、泾惠渠、桃曲坡和交口抽渭等 7 个灌区，严重受灾的是石门、冯家山、宝鸡峡、石头河和泾惠渠等 5 个灌区，其中大型灌区水库枢纽受损 2 座、渠道 40.7km、建筑物 652 座、生产生活设施 1.9884 万 m^2。

灌区及农田水利设施毁坏主要是枢纽工程和建筑物出现裂缝、渗水；渠道出现衬砌板裂缝、坍落，填方体、边坡滑塌，涵洞塌陷；建筑物出现渡槽、倒虹吸和桥梁裂缝、移位、钢筋外露，机闸启闭不灵；机井出现井管断裂和错位；塘堰出现裂缝和渗水等，抽水站、管理设施出现站房墙体裂缝、倾斜、倒塌，威胁工作人员的安全生产生活。

4）云南省。5·12 汶川特大地震发生后云南省震损严重、影响灌溉供水的灌区工程设施主要有：元谋大型灌区元谋麻柳水库灌溉干渠甘塘 1 号、2 号隧洞，设计灌溉排涝面积 8.24 万亩，设计流量 $6.87m^3/s$，主要险情为 1 号隧洞受损情况：2008 年 5 月 16 日，经对隧洞进行检查发现，拱顶预制块断裂，裂痕最大 1.7cm，错位 10cm，横向最大 3cm。边墙起拱线接头错位严重，底板变形加剧，特别是 3+360.6 ～ 3+362.4 底板变形，高于原底板 15cm，长 1.8m。同时，有 734 块预制件分布筋露筋，锈蚀严重。2 号隧洞受损情况：2008 年 5 月 16 日，经对隧洞进行检查发现：拱顶预制块断裂，错位 10cm，横向最大 4.5cm。同时，有 113 块预制件分布筋露筋，锈蚀严重。昭阳区苏家院灌区骡马河水库低沟、守望灌区卡子支沟等均出现渠首建筑物的垮塌、开裂等。

受损严重的泵站为鲁甸县茨院乡白庙大站、茨院乡新石桥站、茨院乡沿闸村甘闸站、桃源乡铁家村羊耳圩站、文屏镇民富社区站。受损泵站均出现不同程度的水泵和管道受损。

受损干支渠为昭通市昭阳区跳墩河灌区跳墩河水库南北干渠、丽江市古城区东山河、曲靖市会泽县迤车镇迤车东、西干渠等分布于昭通市、丽江市、曲靖市共 254 条干支渠均不同程度开裂、沉陷、垮塌。

5）重庆市。5·12 汶川特大地震发生后重庆市有 26 个区（县）的 110 座灌区建筑物，207.82km 渠道不同程度受灾，影响灌溉面积 26.54 万亩，占全市有效灌溉面积的 3%，直接经济损失 1.2399 亿元。

（2）农村供水设施

1）四川省。5·12 汶川特大地震灾害发生后，四川省农村供水工程造成了极大的损失。2008 年 6 月 30 日的最后统计，共造成全省各类农村供水震损工程 42.2768 万处，其中分散工程 41.7765 万处，集中工程 5003 处。

震损工程程度：在全部震损的农村供水工程中，全省重度损坏的工程有 15.4180 万处，其中集中工程 1926 处，分散工程 15.2254 万处；中度损坏的工程有 15.7228 万处，其中集中工程 1353 处，分散工程 15.5875 万处；轻度损坏的工程有 11.1360 万处，其中集中工程 1724 处，分散工程 10.9636 万处。

震损工程分布：震损农村供水工程主要分布在全省的 19 个市（州），涉及 139 个县（区、市）。

震损农村供水工程造成灾区农村群众1121.73万人的饮用水困难，分布在全省的19个市（州）、139个县（区、市），其中39个国家级重灾县影响人口823.6万人，一般受灾县影响人口298.13万人。

2）甘肃省。汶川特大地震造成甘肃省农村供水工程及供水设施遭到不同程度的震损，震损工程主要分布在陇南市、甘南州、天水市、平凉市、庆阳市、定西市、临夏州、兰州市、白银市等9个市（州）56个县（区、市）732个乡镇4428个行政村（见表2–8）。

表2–8　甘肃省震损农村供水工程情况

市（州）	水源设施／处	供水管道／km	影响人口／万人	经济损失／万元
陇南市	1087	3828.89	133.50	31474.44
甘南州	206	603.82	25.50	6293.63
天水市	72	407.38	55.33	5983.92
平凉市	23	169.12	26.52	4792.60
庆阳市	212	81.59	18.15	3355.25
临夏州	24	111.34	21.88	1199.00
定西市	28	134.01	8.85	1084.62
白银市	12	216.20	3.70	573.50
兰州市	7	240.00	4.40	682.00
合　计	1671	5792.35	297.83	55438.96

5·12汶川特大地震震损人饮设施1951处，集中供水水源1671处，供水管道5792.35km；蓄水池震损1321座，其中塌陷737座，裂缝584座；水塔倒塌46座，塔身倾斜、裂缝166座；水窖破损、裂缝8.58万眼；水厂厂房地基下沉28处，净化和机电设备损坏1355台（套）；管理房倒塌、裂缝380间。

5·12汶川特大地震震损1951处人饮设施中，严重损毁的有396处，水塔塔身严重倾斜、倒塌、塌陷，水源干涸，无法使用；中度损坏的有812处，水塔塔身严重裂缝、管道断裂，危及工程安全，需除险加固；轻度损坏的有743处，水塔塔身裂缝、变形，通过应急维修可以继续使用。

农村供水工程震损直接影响到9市（州）56个县（区）732个乡镇4428个行政村用水问题，影响人口297.83万人，占受益人口1187万人的25%，其中98.6万人发生了暂时的饮水困难，影响范围比较大。重灾区陇南市、甘南州舟曲县影响人口133.5万人，占影响人口总数的46%。

农村供水工程设施震损造成直接经济损失达5.54亿元，其中陇南市3.15亿元、甘南州6293.63万元、天水市5983.92万元，受灾最重；平凉市4792.60万元、庆阳市3355.25万元，受灾次重；临夏州1199万元、定西市1084万元、兰州市682万元、白银市573.5万元，为一般受灾区。

3）**陕西省**。5·12汶川特大地震及此后连续发生的强余震震损农村供水工程1284处，其中汉中市527处、宝鸡市450处、西安市15处、咸阳市174处、安康市96处、杨凌示范区22处。受损供水设施中有55眼机井发生井管弯曲、井壁破裂，684座水塔发生倒塌、倾斜、裂缝和地基沉陷，284座蓄水池出现裂缝、坍塌，641km供水管网发生管道扭曲、断裂和渗漏，463处其他供水设施发生不同程度损坏。全省城乡供水设施因灾造成直接经济损失1.64亿元，其中汉中市供水设施直接经济损失0.56亿元，宝鸡市供水设施直接经济损失0.67亿元，分别占全省供水设施直接经济损失的34%和41%。

影响陕西省汉中市、宝鸡市、咸阳市、安康市、西安市5市和杨凌示范区的37个县（区、市），影响供水人口136.9万人。分别为汉中市的汉台区、宁强县、略阳县、勉县、城固县、洋县、西乡县、镇巴县、留坝县、佛坪县、南郑县等11个县（区），宝鸡市的金台区、渭滨区、陈仓区、凤翔县、岐山县、扶风县、眉县、千阳县、陇县、麟游县、凤县、太白县等12个县（区），西安市的周至县、户县2个县，咸阳市的长武县、武功县、兴平市、彬县、礼泉县、乾县、永寿县等7个县（市），安康市的汉阴县、石泉县、宁陕县、紫阳县等4个县，以及杨陵区。

4）**云南省**。受5·12汶川特大地震灾害影响，乡村供水设施受影响水源设施1632处，受影响供水管道2377km，输水管道受损严重，水池开裂漏水，水窖拉裂等灾情严重影响灾区的正常供水，受影响人口30万人，直接经济损失达3778万元。

影响范围涉及昭通市昭阳区、巧家县、镇雄县、威信县、绥江县、鲁甸县、彝良县、大关县、永善县、水富县，迪庆州德钦县，丽江市宁蒗县、永胜县，曲靖市会泽县等14个区（县），受影响人口30万人。

5）**重庆市**。全市33个区（县）343处水源设施和水厂制水设施因震损毁，损毁供水管道823.2km，直接经济损失达2.156亿元，受影响人口153.7万人。

武警水电部队
唐家山堰塞湖抢险
SD13

3 应急部署与组织

2008 年 5 月 12 日汶川特大地震发生后，水利部按照党中央、国务院的统一部署，将抗震救灾作为压倒一切的中心工作，迅速启动应急响应机制，组建指挥机构，以避免震后重大次生水灾害为目标，以震损水利工程除险、堰塞湖应急处置、应急供水、灾区安全度汛、水污染防治为重点，部署水利抗震救灾工作，组织全系统力量，开展及时高效的抗震救灾行动。在水利部的统一领导下，水利系统前方和后方各级抗震救灾组织机构相继组建并不断完善，形成了上下协调、反应迅速、职责明确、高效有序的应急响应组织体系，为水利抗震救灾工作提供了组织保障。先后向中央政治局常委会、全国人大、国务院、国务院抗震救灾总指挥部、国务院抗震救灾前方指挥部和在前方指挥抗震救灾的国家领导人提交正式工作汇报和部署报告 61 份，正式下发水利抗震救灾工作安排部署通知 117 份，正式发往有关部委局、相关省（自治区、直辖市）、空军的协调函件 27 份，保证了水利抗震救灾工作及时、有序、统筹、协调和高效开展。

3.1 组织指挥体系

2008 年 5 月 12 日汶川特大地震发生后，中共中央总书记、国家主席、中央军委主席胡锦涛立即作出指示，要求尽快抢救伤员，保证灾区人民生命安全。12 日下午，刚刚结束河南农业和粮食生产储备情况考察的国务院总理温家宝，在抵京赶往中南海的途中，得知四川省强震的消息，第一时间折返机场奔赴灾区，指挥抗震救灾。

地震发生后 1 小时，正在国外访问的水利部部长陈雷打电话给主持工作的鄂竟平副部长，紧急部署水利抗震救灾工作，并中断访问回国。

地震发生后 1 小时，水利部召开紧急会议，部署水利抗震救灾工作，启动应急响应，并于当晚连续进行两次紧急会商。同时，派矫勇副部长、刘宁总工程师率工作组连夜赶赴都江堰、紫坪铺灾区。

5 月 13 日水利部抗震救灾指挥部成立。水利部直属单位和灾区水利部门成立了相应的抗震救灾组织指挥机构（见图 3–1）。

5 月 15 日，针对大量震损水利工程、堰塞湖可能发生溃决危及下游群众生命财产安全，以及灾区供水短缺等严峻问题，国务院抗震救灾总指挥部决定在最初 8 个工作组的基础上增设水利组，全面组织部署次生水灾害防御工作。水利部随即调整机构，设置水利部抗震救灾前方领导小组，并由各流域委、规划设计院和科研院等抽调骨干专业技术人员组成的抢险队、工作组。自此，上下一致、军地协同、前后方联动的水利救灾指挥体系全面形成。

3.1.1 国务院抗震救灾总指挥部水利组

2008 年 5 月 12 日在汶川特大地震发生后 1 小时，国务院抗震救灾总指挥部成立。5 月 15 日，针对震后严重次生水灾害的态势，国务院抗震救灾总指挥部在原有 8 个工作组的基础上增设水利组，加强水利抗震救灾工作的组织与协调。水利组主要负责三项工作：保障水库安全、预防因地震可能引发的山洪、泥石流等次生灾害、解决灾民应急饮水并保证灾区供水。水利组组成如下：

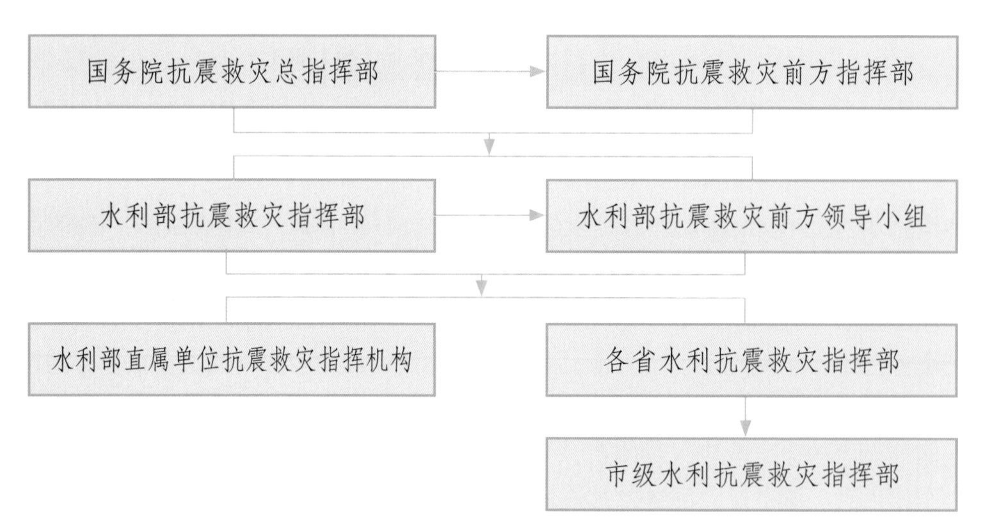

图 3–1　水利抗震救灾指挥体系图

组长：陈雷（水利部部长）

成员单位：国家发展和改革委员会（以下简称国家发改委）、财政部、国土资源部、环境保护部（以下简称环保部）、住房和城乡建设部（以下简称住建部）、卫生部、农业部、地震局、气象局、国家电力监管委员会（以下简称电监会）、中国人民解放军总参谋部作战部（以下简称总参作战部）

副组长：杜鹰（国家发改委副主任）、贠小苏（国土资源部副部长）、仇保兴（住建部副部长）、陈啸宏（卫生部副部长）、修济刚（中国地震局副局长）、宇如聪（中国气象局副局长）

成员：财政部、总参作战部、环保部、农业部、电监会、中国人民解放军武装警察总部（以下简称武警总部）等水利组其他各成员单位有关负责人

3.1.2 水利部抗震救灾指挥部

为落实党中央、国务院《关于做好抗震救灾工作的各项决策和部署》，统一指挥、协调各方面的力量开展水利抗震救灾和灾后重建工作，5 月 13 日水利部成立了水利部抗震救灾指挥部。指挥部下设综合协调组、工程抢护组、水情测报组、专家指导组、灾后重建组、宣传报道组、后勤保障组等 7 个工作组，指挥部办公室设在综合协调组（见图 3–2）。

水利部抗震救灾指挥部的主要任务是：

（1）贯彻落实党中央、国务院关于抗震救灾的决策和部署，统一领导、指挥和协调水利抗震救灾工作。

（2）核定各项工作预案，分析、研判水利工程及设备、设施受灾情况，提出紧急应对措施，组织、协调成员单位解决抗震救灾和灾后重建工作中遇到的实际问题，协助地方开展抗震救灾工作。

（3）对各地水利部门开展抗震救灾和灾后重建工作提供指导，进行检查和督促；研究和处理其他有关抗震救灾和灾后重建的重大事项。

指挥部组成如下：

总指挥：陈雷（水利部部长）

副总指挥：鄂竟平（水利部副部长）、张印忠（中央纪律检查委员会驻水利部纪检组组长）、矫勇（水利部副部长）、周英（水利部副部长）、胡四一（水利部副部长）

成员：刘宁（水利部总工程师）、庞进武（水利部副总工程师）、陈小江（水利部办公厅主任）、周学文（水利部规划计划司司长）、高而坤（水利部水资源管理司司长）、张红兵（水利部财务经济司司长）、孙继昌（水利部建设与管理司司长）、刘震（水利部水土保持司司长）、王晓东（水利部农村水利司司长）、张志彤（国家防汛抗旱总指挥部办公室常务副主任）、田中兴（水利部农村水电及电气化发展局局长）、邓坚（水利部水文局局长）、刘建明（水利部机关服务局局长）、董安建（水利部水利水电规划设计总院副院长）、匡尚富（中国水利水电科学研究院院长）、董自刚（中国水利报社总编辑）

各工作组主要任务与分工如下：

综合协调组（办公室）：由水利部办公厅牵头，国家防汛抗旱总指挥部办公室（以下简称国家防办）参加。具体工作由水利部总值班室和国家防办值班室承担。负责各类相关文件、信息的接收、汇总和报送。负责中央领导重要指示、水利部领导批示和指挥部有关决定的传达、落实和督办。

图 3-2　水利部抗震救灾指挥部办公现场

工程抢护组：由国家防办牵头，规划计划司（以下简称规计司）、建设与管理司（以下简称建管司）、水土保持司（以下简称水保司）、农村水利司（以下简称农水司）、农村水电及电气化发展局（以下简称水电局）参加。负责指导灾区水利工程安全工作，组织分析研判重大险情，提出对策建议。负责统计灾情。规计司负责与国务院抗震救灾指挥部基础设施组沟通联络并落实相关工作部署。

水情测报组：由水文局牵头，水资源管理司（以下简称水资源司）、国家防办参加。负责灾区雨情、水情和水质的预测预报工作。

专家指导组：由建管司牵头，国家防办、水电局、水利部水利水电规划设计总院（以下简称水规总院）、中国水利水电科学研究院（以下简称中国水科院）等单位参加。负责组织专家赴灾区，帮助、指导地方对受损水利工程的安全隐患进行排查研判，提出应对措施，并对受损水利工程抢修和由地震引发的次生水灾害防范提供技术支持。

灾后重建组：由规计司牵头，财务司、建管司、水保司、农水司、水电局、水文局参加。负责组织编制震损水利工程灾后重建规划，监督检查规划实施工作。负责协调国家发改委、财政部等有关部门，落实灾后重建资金，下达投资计划。

宣传报道组：由办公厅牵头，水文局（信息中心）、中国水利报社（以下简称水利报社）参加。负责水利部开展抗震救灾和灾后重建工作的宣传报道，对水利相关信息发布实施归口管理。

后勤保障组：由机关服务局负责。负责做好部机关抗震救灾的后勤保障工作，包括会议服务、公文印刷与交换、用车、用餐等。

3.1.3 水利部抗震救灾前方领导小组及工作组

为加强灾区抗震救灾行动的统一协调与指挥调度，防止和减少次生水灾害发生，及时有效地开展水库、水电站等震损水利工程和堰塞湖抢险行动，5 月 15 日，水利部抗震救灾前方领导小组（以下简称前方领导小组）和工作组在四川省成都市成立。

前方领导小组由水利部、长江水利委员会（以下简称长江委）、四川省水利厅主要领导组成（见图 3–3）。前方领导小组各成员深入灾区震损水利工程现场，指导地方核实工程险情，对水库、水电站、堤防等震损水利工程和堰塞湖进行排查分析，确定险情危害程度。针对工程险情，指导、协助地方组织专家制定应急抢险方案和措施并组织实施，落实群众转移预案和应急度汛方案，组织制定灾后重建规划。前方领导小组与四川省政府建立了“合署办公、集体会商、共同决策、地方落实”的工作机制。灾区第一线指挥和联动工作机制的建立，使地震灾区应急行动指挥更为及时有效。

前方领导小组领导机构如下：

组长：矫勇

副组长：蔡其华（长江委主任）、刘宁、冷刚（四川省水利厅党组书记、厅长）、孙继昌、张志彤

领导小组下按地区设 6 个工作组，每组 12 ~ 16 人，由水利部各司局、各流域委、部及省属规划设计院、科研院所人员组成，主要承担险情调查、次生灾害风险评估、除险方案编制等，以水库、水电站、堰塞湖为工作重点，兼顾堤防、涵闸，分赴四川省成都市、绵阳市、阿坝州、遂宁市、广元市、德阳市等 6 个市（州）（具体分组情况见表 3–1）。

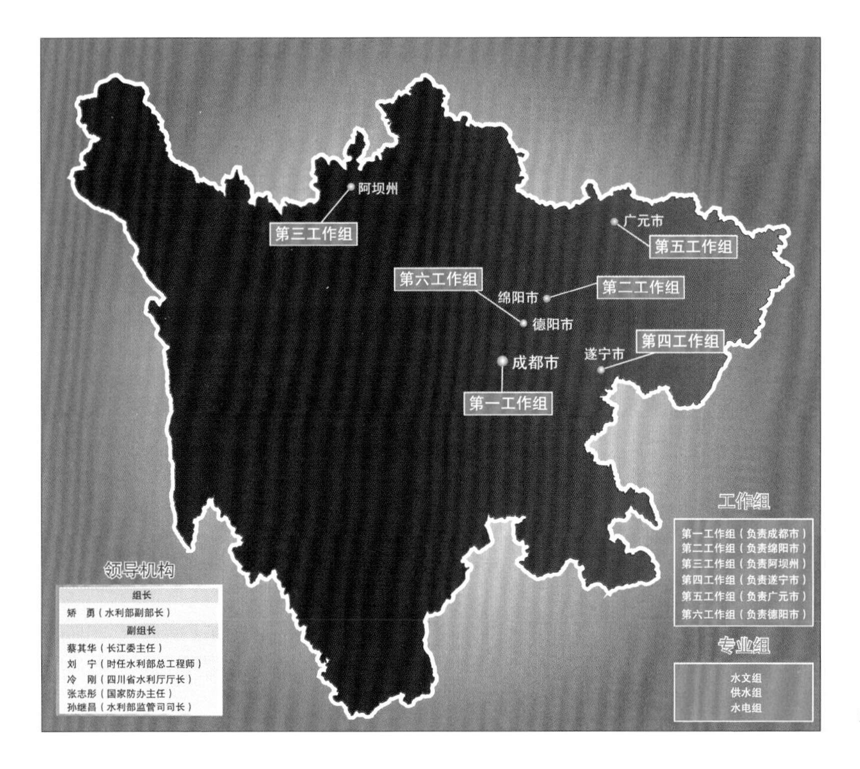

图 3–3　前方领导小组及工作组分布情况

表 3–1　前方工作组及组成

组别	负责区域	领导成员	职务
第一工作组	成都市	组长：孙继昌	建管司司长
		副组长：蔡跃波	大坝中心副主任
		副组长：徐永田	建管司调研员
第二工作组	绵阳市	组长：李坤刚	国家防办副主任
		副组长：孙京东	国家防办副处长
		副组长：王威	长江委江务局副局长
第三工作组	阿坝州	组长：邢援越	水电局副局长
		副组长：贾金生	中国水科院副院长
		副组长：樊新中	水电局处长
第四工作组	遂宁市	组长：杨淳	长江委副主任
		副组长：杨启贵	长江委设计院总工
		副组长：安中仁	水利部建管总站副主任
第五工作组	广元市	组长：史光前	长江委江务局局长
		副组长：刘学峰	国家防办处长
		副组长：翁永红	长江委设计院副总工
第六工作组	德阳市	组长：刘志明	水规总院副院长
		副组长：陈生水	南科院副院长
		副组长：匡少涛	建管司处长

注　此表为 2008 年 5 月 15 日名单，后因抗震救灾的需要，名单有所改变。

为使灾区江河水文测站尽快恢复工作，解决灾区供水及水电站除险等问题，前方领导小组随后增加了 3 个专业组，由主管司局、流域委分别负责各专业组的工作，水利部抗震救灾专业组的职责和成员构成情况见表 3–2。

表 3–2　专业组及组成情况

专业组	责任	领导成员	职务	备注
水文组	负责核查全省水文测报设施震毁情况，指导水情监测及应急测报和水文设施抢修工作	组长：王俊	长江委水文局局长	
		副组长：陈松生	长江委水文局副总工	
		副组长：张建新	水利部水文局副处长	
供水组	负责做好震毁供水设施核查和上报工作，配合全省做好应急供水及供水设施灾后恢复重建前期工作，做好水源保护和水质检测工作	组长：王晓东	农水司司长	5 月 18 日前姜开鹏任组长
		副组长：陈晓军	水资源司副巡视员	
		副组长：洪一平	长江委水资源局局长	
水电组	负责核查全省受灾地区有库容水电站的险情，指导地方提出水电站应急度汛及消除险情的意见	组长：陈大勇	水电局副局长	
		副组长：李如芳	水电局处长	
		副组长：汪庆元	长江勘测规划设计院副总工	

各工作组、专业组配备了 1 ~ 2 部卫星通信电话，并携带 GSM 和 CDMA 无线移动通信电话，采取各种措施确保信息畅通。为不增加地方负担，领导小组决定各组的后勤保障全部由长江委负责。

3.1.4 省级（直辖市）水利抗震救灾指挥机构

灾区各省（直辖市）按照党中央、国务院的统一部署，根据本地区水利抗震救灾工作需要成立了相应的水利抗震救灾指挥机构，组织协调部署水利抗震救灾工作。

（1）四川省。2008 年 5 月 12 日 15 时，四川省水利厅召开紧急会议，成立了四川省水利厅抗震救灾应急指挥部，冷刚任指挥长，厅党组成员、副厅长胡云、陈荣仲、朱兵、刘俊舫，机关党委书记李庆筠，总工程师张强言，纪检组长徐亚莎任副指挥长，统一领导、协调、组织四川省水利系统进行抗震救灾。同时，建立相应的工作机制，组成供水保障、工程监测、防洪安全、灾区供水、灾情通信、灾情统计、后勤保障、物资调运、宣传信息等小组。省水利厅实行 24 小时值守，负责灾情收集，保障信息上传下达。

12 日 16 时 30 分，冷刚率胡云、张强言赶到紫坪铺水库大坝，研究应急方案，组织指挥抢险。12 日 19 时，四川省人大副主任郭永祥赶到紫坪铺水库，当即成立紫坪铺大坝抢险现场指挥部。13 日凌晨，矫勇、刘宁率专家组赶到紫坪铺水库，指挥抗震救灾。

15 日，大坝现场指挥部下撤到都江堰市并重组为四川省抗震救灾指挥部水利监控组，四川省抗震救灾指挥部水利监控组又与水利部抗震救灾指挥部前方领导小组合署组建四川水利抗震救灾指挥部，建立了“合署办公、集体会商、共同决策、地方落实”的工作机制。

（2）甘肃省。5月12日晚，甘肃省省委书记、省人大常委会主任陆浩主持召开紧急会议，听取甘肃省部分地区地震灾情汇报，分析灾情及发展趋势，对抗震救灾工作进行了全面部署。会议决定，按照《甘肃省突发公共事件总体应急预案》的规定，紧急启动二级应急预案，全力开展抢险救灾工作，并成立领导小组，统一协调指挥抗震救灾工作。成立抗震救灾总指挥部，由甘肃省委副书记、省长徐守盛担任总指挥，下设8个工作组，由兰州军区、甘肃省军区、武警甘肃总队、省地震局、省水利厅等单位抽调人员组成，分别负责指导抗震救灾工作。5月13日凌晨，甘肃省水利厅成立抗震救灾应急指挥领导小组，厅长许文海任组长，副厅长康国玺任副组长。

（3）陕西省。5月15日，陕西省水利厅党组研究决定成立由省水利厅厅长谭策吾任总指挥的省水利抗震救灾指挥部。陕西省水利抗震救灾指挥部办公室设在省防汛抗旱总指挥部办公室。

指挥部主要职责：一是贯彻落实党中央、国务院、陕西省关于抗震救灾的决策部署，统一领导、指挥和协调全省水利抗震救灾工作；二是核定各项工作预案，分析、研判水利工作及设备、设施受灾情况，提出紧急应对措施，组织、协调成员单位解决水利抗震救灾和灾后重建工作中的实际问题，协助地方开展水利抗震救灾工作；三是对各地水利部门开展抗震救灾和灾后重建工作提供指导，进行检查和督促；四是研究、处理其他有关水利抗震救灾和灾后重建的重大事项。

地震发生后，汉中市、宝鸡市、咸阳市、西安市水利（务）局及受灾县（区）水利部门都成立了水利抗震救灾指挥机构，负责组织指挥水利抗震救灾工作。

（4）重庆市。为统筹协调指挥全市水利系统抗震救灾和支援灾区工作，根据市委、市政府、水利部的要求，重庆市水利局迅速成立了重庆市水利抗震救灾指挥领导小组。由局党组书记、局长朱宪生任领导小组组长，领导小组下设办公室，设在市防办。

3.1.5 水利部直属单位抗震救灾指挥机构

为配合水利部抗震救灾指挥部和水利部抗震救灾前方领导小组的工作，组织协调本单位的抗震救灾行动，水利部有关直属单位成立了相应的指挥机构。

（1）长江委。5月14日下午，长江委抗震救灾领导小组成立。长江委主任蔡其华任组长，副主任熊铁、魏山忠、钮新强任副组长，长江委办公室、人劳局、江务局、建管局、长江工会、水文局、长江科学院、长江勘测规划设计研究院（以下简称长江设计院）等部门和单位主要领导担任领导小组成员。5月19日，随着抗震救灾形势的发展，增加了陈飞、马建华、杨淳和郑守仁为领导小组副组长，成员由9人增加至30人，以加强对抗震救灾工作的组织领导和统筹协调。

（2）黄委会。5月18日，黄河防总办公室成立了四川抗震救灾抢险职能组，5月22日，改称黄委抗震救灾抢险指挥部，统一领导抗震救灾抢险工作，全面启动了应急机制。指挥部由党组书记、主任李国英任总指挥，副主任廖义伟任常务副总指挥，其他党组成员任副总指挥。总指挥下设办公室，办公室设在黄委防汛办公室，负责指挥部日常工作。指挥部办公室下设抢险调度、综合信息、宣传报道三个职能组。

（3）水利部水电局。5月14日，水电局成立抗震救灾指挥领导小组，局长田中兴任组长，副局长邢援越、陈大勇、刘仲民和总工刘晓田任副组长，下设综合组、工程抢护一组、工程抢护二组、灾情信息及灾后重建组4个小组。

（4）水利部水文局。5·12汶川特大地震发生后，灾区各江河水文测站受灾严重，水文局成立了水文测报应急工作组，局长邓坚为组长。在四川抗震救灾前线，成立了前方水文专业组，由长江委水文局局长王俊任组长（5月27日后，由水文局副局长蔡建元担任组长）。5月17日，为应对堰塞湖水文监测任务，从长江委及四川省、湖南省、湖北省、江西省等省抽调水文监测业务骨干紧急组建了预备队，向灾区派出三批16支水文应急监测突击队，开展堰塞湖水文现场勘测工作。

（5）水利部机关服务局。5月13日，机关服务局成立抗震救灾后勤保障工作组，下设综合组、会议组、餐饮组、文印组、交通组、医务组、设备组、安全组等8个工作组，为部机关抗震救灾工作提供有力的后勤服务保障。

（6）中国水科院。5月14日，中国水科院成立了抗震救灾领导小组。协调全院力量，为抗震救灾以及灾后重建等工作开展技术支撑，由水利部抗震救灾指挥部成员、院长匡尚富任组长，院党委专职副书记陈祥建，副院长贾金生、杨晓东、刘之平、胡春宏、汪小刚任副组长。领导小组下设专家组和办公室。专家组下设抗震、减灾、水工、土石坝与滑坡、供水、水环境、水力学、遥感、检测与监测、泥石流与水土保持等专业组。5月16日，针对抗震救灾工作重点，将专业组调整为遥感组、水利水电工程组、次生灾害组、饮水安全组、综合组等5个工作组，集中办公、24小时值守，与抗震救灾需求紧密配合，提供实时技术支持。

3.2 水利部的决策部署

自5月12日起，按照国务院防震救灾总指挥部的统一部署，根据抗震救灾不同时期工作重点的不同，水利抗震救灾工作分为以下三个阶段。

3.2.1 第一阶段：以水库、水电站排险为重点

本阶段自5月12—15日，主要以水库、水电站排险为重点。

5月12日下午，正在国外进行公务访问的陈雷得知特大地震发生消息后，当即与在国内主持工作的鄂竟平通电话，部署应急行动等相关工作。随即，矫勇、刘宁赶赴灾区，水利抗震救灾工作全面展开。

5·12汶川特大地震发生后，灾区通信一时中断。在灾区灾情不明的情况下，水利部根据震中地理位置、工程建设分布情况和自然环境状况，初步判断大地震可能引发的水库、水电站损毁，出现滑坡、山体崩塌等次生灾害情况，并据此做出相应部署。

5月13日上午，水利部专家组到达紫坪铺水利枢纽现场，在先期到达的矫勇、刘宁带领下，开始对震后大坝安全状况进行评估。5月13日，国家防办向地震灾区防汛抗旱指挥部下发《关于切实做好地震灾区防洪工程安全工作的紧急通知》，要求立即组织技术人员和工程管理单位，迅速对水库（尤其是病险或在建水库）、水电站、堤防、闸坝、堰塞湖等开展普查，全面掌握工程受损情况；加强预警预报工作，一旦发生险情或出现险情征兆，立即组织转移受威胁地区的群众，确保

人员安全。同日，国家防办又向地震灾区防汛抗旱指挥部下发《关于确保震区出险水库水电站大坝安全的紧急通知》，要求四川、甘肃、陕西等省防汛部门对于发生险情的水库立即加大泄量，在确保安全的前提下尽快降低库水位，遇较大险情时应腾空库容，确保水库安全；再次强调确保灾区人民群众生命安全，要求首先组织转移下游受威胁地区的群众，全力控制险情发展。

5月13日20时30分，岷江紫坪铺水库上游第5梯级铜钟水电站（蓄水量约300万m^3）发生漫坝，下游4个梯级水电站及区间两岸群众的生命安全面临严重威胁。国家防办向四川省防汛抗旱指挥部下发《关于立即组织岷江铜钟水电站下游人员转移的紧急通知》，要求四川省防汛抗旱指挥部立即组织做好铜钟水电站至紫坪铺水库之间受威胁人员的安全转移，尽力加大紫坪铺水库下泄流量，做好区间水电站的安全防范工作。

5月13日，国家防办向甘肃省抗旱防汛指挥部下发《关于及时通报徽县滑坡体情况的紧急通知》，要求甘肃省防办及时掌握因地震导致的徽县境内嘉陵江段滑坡体上游水情、蓄水、滑坡体堆积和渗漏溢流等情况，并将有关情况每天定时通报陕西省有关部门，以便下游地区及时掌握情况，采取必要的防范措施，确保人员安全。

5月14日，陈雷提前结束在国外的访问，于清晨7时5分回到北京，当即召开水利部抗震救灾指挥部全体会议。会议要求要把抗震救灾作为水利部压倒一切的中心工作，并指出水利抗震救灾工作的重中之重是保证震损水利工程、堰塞湖安全度汛和防范次生灾害，以及抓紧摸排、修复震损供水设施等。会议决定加强前方统一协调与指挥调度，成立水利部抗震救灾前方领导小组；各流域机构对灾区分省包片，组织有关专家和技术力量迅速赶赴一线，切实帮助灾区做好水利抗震救灾工作；组织水利抢险队伍赶赴一线，帮助灾区抢修震损水利工程和设施；在救灾最困难的地方，请求武警水电部队支援；加快修复通信、报汛和水文监测设施；强化行政首长防汛责任制，督促地方加强水库（水电站）防汛保安工作。

5月15日，陈雷与受灾较重的重庆市、甘肃省、陕西省、云南省、贵州省、湖北省、湖南省等省（直辖市）水利厅（局）主要负责人通电话，要求务必做好辖区内震损水库、水电站的险情排查工作，确保不发生溃坝等重大灾情。同时，要求长江委、黄委打破流域管理界限，分省包干，全力以赴帮助指导四川省、重庆市、甘肃省和陕西省做好水利抗震救灾工作。还向四川省省长蒋巨峰通报震损水利工程和堰塞湖可能引发次生灾害，提醒四川省在全力救人的同时要高度重视震损水利工程安全度汛和次生灾害防御工作，确保灾区群众和参加抗震救灾的广大军民生命财产安全。

根据陈雷关于建立指挥机制、工作机制、协调机制、责任机制、预警机制、保障机制、支撑机制、宣传机制的要求，5月15日在四川省都江堰市成立了水利部前方领导小组，建立了水利部和四川省水利部门“合署办公、集体会商、共同决策、地方落实”的工作机制，并在前方总指挥部建立了相应工作组，根据部机关各司（局）的职责进行分工，将责任落实到人。水利部前方领导小组成立后，迅速建立了沟通协调机制，与各级抢险指挥机构、一线各工作组、专业组和应急抢险队保持联系，及时了解险情灾情和前方工作动态，充分发挥承上启下、联系左右、协调各方的作用。

5月15日以后，通过卫星遥感和航拍获得了地震堰塞湖分布情况。但是，堰塞湖的实时蓄水情况、水位变化，以及堰塞体一旦溃决，下泄洪水的影响范围和影响程度尚不清楚。为此，前方指挥部一方面要求四川省防办和水文局想尽一切办法摸清情况；另一方面要求中国水科院、长江科学院等有关单位，组织专家根据前方反馈的信息研判堰塞湖风险。在前方，国家防办向部队请求直升机支援，向堰塞湖和岷江上游水电站陆续运送专家和技术人员，开展实地察勘。与此同时，国家防办向四川省抗震救灾指挥部和四川省防汛抗旱指挥部下达《关于立即采取强有力措施坚决防止北川县堰塞湖溃决造成重大人员伤亡的紧急通知》，指出震区堰塞湖一旦溃决，将给下游造成灭顶之灾，后果不堪设想。要求四川省、各市（县）认真部署，制定应急措施，及早策划堰塞湖下游地区群众疏散事宜。

3.2.2 第二阶段：以堰塞湖处置和灾区应急供水为重点

本阶段自5月16日至6月10日，主要以堰塞湖处置和灾区应急供水为重点。

5月16日，国务院抗震救灾指挥部在原有8个工作组的基础上，增设水利组。为充分发挥国务院抗震救灾总指挥部水利组的职能和作用，加强前后方的联系，加强各成员单位之间的沟通与协商，发挥各成员单位的优势，形成有效务实的联动机制，水利组联络员扩大到办公厅、国家防办、建管司、水资源司、农水司、水文局，使各方面工作进一步规范化、制度化。

随着堰塞湖察勘、诊断工作的深入，震后次生灾害预防工作的重要性日益突出。在水利部抗震救灾前方领导小组与四川省抗震救灾指挥部召开联席会议上，矫勇要求：坚持部、省、地方“三位一体”的工作机制，做好堰塞湖清查处置工作。要对堰塞体实地踏勘，摸清基本情况，提出和实施处置方案；对病险水库开展全面清查，摸清病险状况，分清风险等级，有针对性地开展除险工作，对溃坝危险的水库必须空库度汛；加紧修复供水工程，编制并实施好临时供水方案，抢修水文通信设施，确保防汛信息通畅。

国家防办随即向四川省防汛抗旱指挥部下发《关于切实做好高危堰塞湖安全防范工作的紧急通知》，要求四川省防汛抗旱指挥部高度重视高危堰塞湖防范工作，落实高危堰塞湖滑坡体、水情和险情动态监测和预警措施，制定群众转移预案，确保人民群众生命安全。

按照便利、高效的原则，由长江委、黄委和河南、辽宁等省水利厅及武警水电指挥部等组建应急抢险队伍。每支队伍原则上由50～80人组成，自5月19日起分批进入灾区。应急抢险队伍由水利部抗震救灾前方领导小组统一指挥调度，地方水利部门配合开展工作，提供水文、地质、工程等基础资料，并协调当地公安、交通、电力、通信、物资供应等部门给予支持。

自5月16日起，按照水利部的统一部署，灾区水行政主管部门深入灾区，开展农村和城市供水水源工程、供水管网和配套设施损毁情况调查，详细了解灾害损失情况、受灾人口，以及应急供水所需的物资、设备、技术和资金等情况。采取新设临时供水设施、组织车辆从附近自来水厂送水等措施，向灾区应急供水，确保群众饮水安全。对受损较轻的供水设施，组织抢修，恢复供水。同时，部署灾区水源水质监测工作，划定临时保护范围，对不适宜作为饮水水源的设立警示标志。灾区基层水利员配合卫生部门开展消毒和防疫工作，防止灾后发生水污染事故和介水性疾病的传播。

5月17日，水利部抗震救灾前方领导小组、四川省抗震救灾指挥部水利监控组召开联席会议，部署水利抗震救灾的工作：对堰塞体实地踏勘，摸清基本情况，编制和实施处置方案；对病险水库开展全面清查，摸清病险状况，分清风险等级，有针对性地开展除险工作，对溃坝危险的水库必须空库度汛；加紧修复供水工程，编制并实施临时供水方案。

水利部下发《关于印发支援四川震损水利工程应急抢险工作方案的紧急通知》。决定组织水利工程应急抢险队，支援、帮助四川省对水库、水电站、河道堤防等震损严重的水利工程进行应急抢险修复，妥善处置堰塞湖等险情，严防次生灾害发生，确保水利工程安全度汛。

国家防办向四川省防汛抗旱指挥部下发《关于落实堰塞湖监测及安全防范工作的紧急通知》和《关于切实做好高危堰塞湖安全防范工作的紧急通知》，要求四川省防汛抗旱指挥部切实加强对堰塞湖，特别是高危堰塞湖的监测做好转移预案、应急处置方案的编制工作。

水利部函请财政部尽快下达抗震救灾应急供水设施中央资金预算 8.68 亿元。

水利部函请国家发改委尽快下达抗震救灾应急供水设施中央投资计划。

5 月 18 日，陈雷在都江堰召开现场会商会，全面部署四川省水利抗震救灾工作。

国家防汛抗旱总指挥部向四川省防汛抗旱指挥部下达《关于做好地震灾区城乡饮水安全保障工作的紧急通知》。要求进一步核查地震灾区特别是重灾区市、县、乡三级供水水源、水厂、管网和配套设施的损毁情况，影响的范围和人口；提出地震灾区市、县、乡三级保障应急供水所需水质监测设备、净水剂、消毒剂、小型净水设备等的数量以及技术保障力量需求，提出需要支持的资金、物资、设备和技术力量清单。

5 月 19 日，陈雷主持召开水利部抗震救灾指挥部工作会议，重点对唐家山堰塞湖险情进行会商。会议决定：对堰塞湖实行 24 小时监控，对每一座堰塞湖险情进行分析研判，制定除险方案和人员转移方案，请专家制定堰塞湖溃决后的应急处置措施，请部队提供必要的支持，帮助排除险情，针对北川县唐家山堰塞湖的突出险情，要抓紧做好应急处置工作。

水利部向国务院抗震救灾指挥部提交《关于四川省“5·12”地震灾区堰塞湖险情应急处置和防范工作情况的报告》，汇报工作部署：对经分析确定认为近期存在溃决危险的高危堰塞湖，要求地方政府立即组织下游群众撤离转移，防止堰塞湖溃决造成重大人员伤亡，参加抗震救灾的部队和有关人员也需做好随时撤离的准备；对堰塞湖，特别是高危堰塞湖进行 24 小时不间断监测，落实可靠的信息传递手段，一旦发现漫溢或溃决等重大险情征兆，务必在第一时间向下游发布预警，确保群众、参加抗震救灾部队和人员安全转移；尽快组织专业技术人员，研究制定堰塞湖应急除险方案，尽快派出武警水电部队或专业施工队伍，尽快打开堰塞湖下泄通道，降低堰塞湖水位，尽早消除险情；请部队视堰塞湖应急除险的需要参加堰塞湖除险工作。

水利部向国务院前方指挥部提交报告，汇报工作部署：20 日派直升机对唐家山堰塞湖实地航拍，专家组将随机勘察，进一步校正有关资料，完善应急处置方案；派专人对溃坝险情水库和危害较大堰塞湖的责任人、监测预警、下游人员转移预案和应急处置措施落实情况进行抽查。

5 月 20 日，水利部向国务院抗震救灾总指挥部提交《关于四川省北川县唐家山堰塞湖可能发生溃决险情的紧急报告》，建议由武警水电部队负责、地方配合，通过空降措施，立即布设唐家山堰塞湖现场及其上、下游观测点，进行 24 小时实时监控，采取可靠措施，确保通信畅通和及时发出预警信息；按目前水位上涨情况、气象部门降雨预报和国家地震局余震预报分析，3 ～ 4 天后堰塞湖将可能漫顶并导致溃决，有可能对下游造成毁灭性灾害，为此，建议四川省尽快组织转移堰塞湖下游受威胁群众。同时，通知部队、武警官兵和公安干警及其他救援人员切实采取措施，确保安全。

5 月 20 日晚，陈雷主持召开水利部抗震救灾指挥部会议，会议决定对唐家山堰塞湖组织水工、岩土、水文、施工等领域专家，再次进行实地勘察，设立监测点，对险情分析研判，制定应急除险方案；在所有堰塞湖设立监测预警站点，落实监测责任人，人力难以抵达的地方请求部队直升机给予支援；督促四川省逐一落实应急转移预案，及时转移受威胁地区人口和抢险救灾人员；中国水科院、长江委要组织专家对堰塞湖溃决风险及危害程度进行分析评估，并在此基础上提出紧急应对方案；尽快对堰塞湖进行工程排险；完善四川省抗震救灾应急供水保障工作方案，加强饮用水水源地保护和水质监测，在集中安置点建设临时供水设施；组织其他省（市）对口支援灾区应急供水和震毁供水设施修复工作。

5 月 21 日 20 时，在国务院抗震救灾总指挥部水利组全体会议上，通过了对堰塞湖主动进行排险的方案。

5 月 22 日，水利部向中央政治局常委会提交《关于防范次生灾害和解决灾区供水困难的报告》。汇报工作部署：继续全力排查水库险情，全力解除紫坪铺水库险情；对堰塞湖情况进行全面核查，加强堰塞湖监测预警，制定应急转移预案，组织专家制定应急除险方案，实施工程除险，组织水利专家在对堰塞湖溃决风险及危害程度进行全面评估；紧急疏通唐家山堰塞坝右侧基本联通的低洼沟槽，形成人工泄流通道，达到降低堰塞坝坝前水位的目的；加强技术力量，进一步排查堰塞湖。

鉴于国内缺乏唐家山堰塞湖除险所需的大型直升机，国家防办致函国家民航总局，协调租用俄直升机有关事项。俄罗斯哈巴罗夫斯克边疆区紧急事务部同意提供米 –26 直升机（MI26TS）。为保障俄直升机到达四川省，在水利部的协调下，国家民航总局迅速为俄方飞机办理飞行许可，确定飞行路线、中转加油场站，并准备该机所需燃油。

水利部向国务院前方指挥部提交报告，汇报工作部署：进一步研究完善北川县唐家山堰塞湖处置方案，再增 200 名武警水电部队进场，抓紧组织实施下游人员安全转移。督促地方加紧全面落实堰塞湖、高危风险水库现场监测和下游预警的责任人，建立 24 小时工作机制，加强预警信息的发布。组织水利部、国土资源部、中科院的专家集中会商，对发现的堰塞湖逐个开展风险研判。

5 月 23 日，水利部向国务院前方指挥部提交报告，汇报工作部署：抓好北川县唐家山堰塞湖除险施工前各项准备，进一步落实大型直升机进场运送设备，抓紧组织实施下游人员安全转移；加强堰塞湖排查，24 日开始逐个提出评估报告；组织国土资源部专家 24 日分赴绵阳市、德阳市，对堰塞湖进一步会诊；抓紧开展溃坝险情和高危险情水库的核查和专家意见汇总；指导各地制定险情严重水库应急抢险方案，落实群众转移预案；抓紧编制城镇应急供水方案和灾后重建方案，积极组织供水施工队伍支援灾区建设。

5 月 24 日，水利部向国务院前方指挥部提交报告，汇报工作部署：继续加快北川县唐家山堰塞湖除险施工前各项准备，加强堰体渗水量及上游来水量监测，抓紧落实影响区域人员转移，落实抢险措施；根据风险评估报告，进一步加强堰塞坝险情排查；继续抓好震损水库应急除险；继续督促重大险情堤防巡堤查险及应急处理；根据高危水库最新排查情况，继续对高危水库研究应急除险加固方案。

5 月 25 日，陈雷、解放军总参谋长助理孙建国、四川省省长蒋巨峰，紧急研究商讨近期天气变化情况下，唐家山堰塞湖应急疏通工程的组织实施工作。

5 月 25 日，四川省青川县发生 6.4 级强余震，国家防办向四川省防汛抗旱指挥部下发《关于加强“5・25”强余震对堰塞湖及水利工程影响排查的紧急通知》，要求四川省防汛抗旱指挥部迅速对水库、堰塞湖、堤防的安全进行排查，加强对水库险情的研判和堰塞湖的风险评估。

水利部向国务院前方指挥部提交报告，汇报工作部署继续加快北川县唐家山堰塞湖除险施工前各项准备；采取空运与徒步急行军方式同步调运兵力、给养和必要的器材，协调部队增调直升机加强空运；尽快查明安县高川乡老鹰岩堰塞湖情况，进一步研判险情；重点研究唐家山堰塞湖下游的北川、江油、绵阳城区等堤防应急处理措施。

经水利部协调，在有关部委的支持下，俄罗斯米–26直升机于25日开始向唐家山堰塞湖运吊大型设备。

5月26日，水利部抗震救灾指挥部前方领导小组向国务院抗震救灾前方指挥部提交《关于四川省堰塞湖工程排险的请示》，对需要实施工程排险的高危堰塞湖，提出了通过工程措施加快排除堰塞湖险情的工作方案和技术方案。建议立即采取空运与徒步急行军的方式同步调运兵力、给养和必要的器材至高危堰塞湖现场，并请求部队增调直升机加强爆破施工所需物资的运输。

5月27日，国务院抗震救灾总指挥部同意水利部方案，并提出处理堰塞湖、水库除险的“三个原则”，指出在抓好唐家山堰塞湖应急除险的同时，抓好其他堰塞湖应急处置方案的制定和应急除险工作；加强紫坪铺水库水位监测，根据具体情况，加强对水库运行方式的调整；密切关注未来降雨情况，加强对各地防汛工作的指导。

5月28日，水利部向国务院常务会议汇报工作，汇报对堰塞湖处置安排：一是全力实施唐家山等堰塞湖应急疏通工程，尽快除险；二是加紧排查，尽快摸清所有堰塞湖情况，重点是新发现的堰塞湖；三是加强预警预报，凡对下游群众有威胁的堰塞湖，做到专人24小时监控；四是抓紧进行风险评估，并在此基础上完善和落实人员转移方案，落实责任人；五是根据预警情况及时疏散受威胁群众、救援人员和救援部队，避免人员伤亡。

5月28日下午，陈雷与四川省省长蒋巨峰，针对群众避险转移、建立和完善堰塞湖监测预警机制以及指挥部运作机制等事宜进行了商讨和安排。

5月29日，国务院抗震救灾总指挥部水利组向国务院抗震救灾前方指挥部提交《关于唐家山堰塞湖疏通工程进展情况的报告》，对唐家山堰塞湖处置工作提出建议：加快施工进度，力争5月31日将堰塞坝泄流渠渠底高程降至742.00m；如条件许可，应尽可能下挖，降低危害；加强水位和堰体等的监测，及时掌握上游来水和堰塞体的变化情况；地方政府明确负责堰塞湖下游人员转移的责任人，将转移方案落实到每个乡村、每家每户及每位救援人员；武警水电部队要细化并落实现场人员安全撤退方案，尽早修好撤退道路。

5月30日，陈雷、矫勇、蔡其华等再度抵达唐家山，指导堰塞湖应急处置工作。唐家山堰塞湖抢险指挥部向国务院抗震救灾前方指挥部提交《关于唐家山堰塞湖应急处置工程进展情况的报告》，汇报工作部署：突击施工36小时，力争6月1日零时前再降泄流渠高程2.00m，同时，统筹做好边坡加固、撤退道路修建、观测点建立、设备转移安置等工作；在6月1日18时前，武警水电部队、水利专家和技术人员全部安全撤离现场；在堰塞湖上游地区设立5个雨量站、3个水位站，实时掌握和预报上游降雨和来水情况；在下游设5个水文站，在人工监测的同时，运用远程摄录像设备进行24小时远程监测，实时监测溢流后水位和流量情况；在堰塞体或附近山坡上设立监测站，实时监测堰塞体冲刷和几何形状变化；进一步落实转移避险措施，确保涉及的群众都能在泄水前安全转移、安全避险；在四川省绵阳市游仙区白云洞、银峰纺织厂和涪城区塘汛设置的三个临时安置点，接待转移避险的群众。

图 3–4　四川省绵阳市唐家山抢险指挥部办公现场

5 月 31 日，水利部向国务院前方指挥部提交报告，汇报工作部署：6 月 1 日凌晨前完成唐家山堰塞湖除险工程专家验收，撤离除监测人员外的工程人员。进一步加强水文监测，及时发布、适时发布预警预报。督促相关单位落实其他中危以上风险等级堰塞湖处置方案，重点抓好安县老鹰岩堰塞湖处置。加快水库、堤防应急抢险和灾区应急供水工程建设，力争各项任务按期完成。

6 月 1 日凌晨，唐家山堰塞湖进水口及泄流槽施工完工，除监测人员外，参与施工的武警战士全部撤离。由于唐家山以上河流来水较少，6 月 1—8 日，堰塞湖水位缓慢上升。6 月 9 日 14 时，唐家山堰塞湖坝前水位涨至 742.80m；6 月 9 日 12 时 40 分，泄流槽出湖流量增大至 65.9m^3/s。6 月 10 日 11 时 30 分，唐家山堰塞湖泄流渠出现最大下泄流量 6500m^3/s，北川水文站 13 时实测流量为 6540m^3/s，唐家山堰塞湖坝前水位开始下降。至此，唐家山堰塞湖除险工作完工，创造了成功处置大型地震堰塞湖的奇迹。在水利部的统一部署下，其他 34 处堰塞湖的除险施工，在唐家山堰塞湖除险前后相继完成。

3.2.3 第三阶段：以全面恢复灾区供水、安全度汛为重点

本阶段自 6 月 11 日至 7 月 15 日，主要以全面恢复灾区供水、安全度汛为重点。

在唐家山等堰塞湖处置完成后，全面恢复灾区供水和特大地震后当年的安全度汛成为最后阶段的工作重点。

5·12 汶川特大地震，将地震核心区范围内农村供水工程几乎破坏殆尽。震后，水利部抗震救

灾总指挥部一直将供水作为重点工作之一，全力保障灾民饮水及饮水安全。震后，水利部立即组织人力和供水设施，向灾区派出供水保障组，技术人员在很短时间深入到重灾区，首先解决了帐篷区灾民的饮水问题。6 月 11 日，陈雷要求供水保障组进一步加大工作力度，尽早彻底解决灾区饮水安全问题，让灾区人民群众早日喝上安全、放心、清洁的饮用水。为此，要求灾区各地加快过渡时期临时供水工程建设。至 6 月中旬，全部完成了灾区各乡镇、自然村的供水设施修复。

灾区各江河汛期即将来临，江河过流断面发生巨大改变，灾区防汛压力陡增。6 月中旬，水利部将防汛工作提到重要位置，并特别部署堰塞湖安全度汛工作，要求进一步落实堰塞湖安全度汛各项工作责任制。督促抓好震损水利工程排险，确保安全度汛，对因余震和堰塞湖泄水遭受损毁的堤防进行清理。7 月 9 日以后，四川省水利厅开始实施对灾区河道行洪区内的灾民安置点的清查工作，落实防汛措施，采取措施加快安置点供水工程建设。

5·12 汶川特大地震发生后，形成了上百处堰塞湖，2000 多座水库大坝、近千座水电站、上千公里堤防震损，950 多万人饮水困难。在水利部抗震救灾指挥部的领导下，前方参与救灾的干部、技术人员、工人在余震不断的环境下，圆满地完成了抗震救灾的艰巨任务。后方指挥部组织协调有力，为前方提供了有力的科技支撑和坚强的后勤保障。正是富有效率的应急组织，科学部署与决策，使 35 个具有高度溃坝风险的堰塞湖一一除险，无一座水库、水电站垮坝，无一处堤防溃决，确保了下游人民群众生命安全，较好地解决了灾区群众饮水难问题。

3.3 各省（直辖市）救灾指挥

5·12 汶川特大地震发生后，按照国务院抗震救灾前方指挥部的统一部署，四川省、甘肃省、陕西省、重庆市等省（直辖市）水利抗震救灾指挥机构与水利部抗震救灾指挥部和水利部抗震救灾前方领导小组密切配合，联合行动，科学决策，快速响应，保证了本地区水利抗震救灾工作的有效开展。

3.3.1 四川省

5·12 汶川特大地震发生后 2 小时，四川省成立水利抗震救灾指挥部，全面指挥部署水利抗震救灾工作，始终确保与国务院抗震救灾前方领导小组和水利部抗震救灾指挥部的联系。除组织指挥全省水利抗震救灾外，还承担了信息收集传送、全国水利系统入川工作组及抢险队的后勤保障工作。

地震发生后 2 小时，四川省水利厅厅长冷刚率队抵达紫坪铺水库大坝，了解工程震损情况，部署水库应急抢险。

5 月 12 日，四川省水利厅下发通知，要求灾区水利行业迅速开展抗震救灾自救，以人为本，尽快抢救、安置伤员，组织人员转移，加强预警，避免次生伤亡；调查重大水库、水电站、堤防的震损情况并迅速上报，加强监管，加密观测；加强水源水质监测，注意饮水安全，加强卫生防疫工作，避免发生重大疾病和传染病；加强水文监测和预报；加强与各方联系，及时传递重大信息。当晚，四川省水利抗震救灾指挥部就将收集到的人员伤亡、紫坪铺水库及黑龙滩水库、鲁班水库、三岔水库、武都水库、都江堰大型闸门等重点工程的震损情况及时上报。

从 5 月 13—15 日，根据水利部抗震救灾指挥部、国家防办的通知要求，四川省水利厅先后发出《关于做好震后水利工程安全工作的紧急通知》（5 月 13 日）、《关于做好震后水库安全工作的紧急通知》（5 月 14 日）、《关于做好震灾后水库险情普查工作的紧急通知》（5 月 15 日）、《关于认真做好震后水质监测和水污染事件报告及处置工作的紧急通知》（5 月 15 日）和《关于进一步做好水利行业供水系统安全防范工作的紧急通知》（5 月 15 日）等 5 个重要文件，指挥部署水利抗震救灾工作。

地震初期，通往震中四川省汶川县映秀镇的陆路交通全线瘫痪，短时无法恢复，汶川县成为一座“孤岛”。四川省水利厅、四川省防汛抗旱指挥部办公室迅速在全省调集 45 艘冲锋舟和操作手，于 5 月 14 日清晨率先开通紫坪铺水库库区水上运输线。

5 月 17 日，四川省水利厅下发《关于指派有关市水利局和设计单位到地震区指导水库救灾工作的通知》。5 月 19 日 13 时 30 分，发出集结的紧急通知。21 时 40 分，20 个工作组全部组建完成，近百名职工连夜分赴紫坪铺水电站、鲁班水库等重点工程所在地，以及北川县、江油市、绵阳市、德阳市、省水利职业技术学院、都江堰管理局等地区（单位），指导抢险救灾工作。

全国水利系统专家和技术人员组成的 30 多个现场工作组、10 支应急抢险队、1000 多名专家和工程技术人员陆续抵达灾区后，四川省水利抗震救灾指挥部指定专人与各工作组保持联系，通报灾情，并掌握前方工作进展，协调当地有关单位，解决工作中的具体问题。

5 月 19 日，四川省水利厅完成 21 个重灾县供水现状摸底排查。当日，从全省各地选派 80 名技术骨干到地震重灾区支援饮水安全工作，修复震损饮水工程，加强水源地水质监管。同时，紧急安排部署灾民安置点供水保障工作，要求用半个月时间全面解决全部受灾地区的应急供水。

四川省水利系统与建设、环保、卫生、农业等部门协调配合，决定采取因地制宜、分类解决的办法供水，即对县城周边地区，由市政部门延伸供水管网供水；对乡镇和农村进行抢修恢复供水设施，提供饮水设备和应急饮水设施；对受灾严重又无水源的地区，采取应急临时送水措施，保障灾区饮用水。至 5 月 31 日，四川省因地震灾害导致的 575 万农村供水人口临时饮水问题基本得到解决。

5·12 汶川特大地震发生后，四川省抗震救灾前方指挥部，要求震区各水文站加强水文预测预报，及时准确传报雨情、水情、汛情等相关信息，做到震情灾情信息畅通；抓紧修复和恢复震损的水文设施，加强河道、水库、水电站、堰塞湖等重要工程的监测预报、落实可靠的通信预警设施和人员，密切监视险情变化，加强调度，及时启动应急预案。

四川省水利厅安排专项资金，用于四川省都江堰灌区和武都引水灌区等大型灌区震损工程的应急抢险。5 月 23 日、26 日，四川省水利厅先后下发《关于抓紧做好灾后水利工程修复确保农业生产用水的紧急通知》、《关于切实搞好灌溉工程管理确保工程安全运行的紧急通知》，安排部署震损灌溉工程的修复工作。

3.3.2 甘肃省

5·12汶川特大地震甘肃灾区水利工程震损险情发生后，甘肃省水利厅立即启动陇南市文县碧口、汉坪嘴水电站和西和县黄江水库抗震保安应急机制，要求水库管理单位立即开闸泄水，降低水位运行，并加强对水库受震影响情况的检查、监测、值班值守、信息报告等工作。

5 月 13 日凌晨 1 时，水利厅党组扩大会议决定成立抗震救灾应急指挥领导小组，领导灾区水利抢险救灾工作。随即安排厅机关各处室、厅属有关单位分工合作，密切掌握重点水库、水电站、农村供水、河道堤防等受损情况，分类采取工程紧急应对措施，确保工程安全和饮水安全。

甘肃省水利抗震救灾应急指挥领导小组根据各类工程特点和震损情况，成立了堰塞湖、水库大坝、水电站、饮水工程、河道堤防、淤地坝6个专业工作组和1个技术专家组，分工负责地震受损水利工程抗震应急指导和技术支持。

围绕保障水利工程运行安全、饮水安全、防洪安全“三个安全”的目标，截至6月16日，甘肃省水利厅先后召开了19次会议，研究和安排部署抗震救灾工作；向各级水利部门、水库管理单位发出应急处置、安全监测、损失核查、恢复重建和预防次生灾害等方面的通知44份，全面及时地对灾区各项水利抗震救灾工作做出部署；派出30个工作组、132人（次）赶赴陇南市、天水市、平凉市、庆阳市、定西市、临夏州等市（州）指导抗震救灾和水利工程抢险工作。

3.3.3 陕西省

5月12日晚，陕西省水利厅向各市（区）防汛抗旱指挥部、省江河水库管理局、省水利厅直属水库管理单位发出《关于切实做好地震灾区防洪工程安全工作的紧急通知》，安排部署水利抗震抢险工作。要求：立即组织技术人员和工程管理单位，迅速对辖区水库（尤其是病险或在建水库）、水电站、堤防、闸坝、水利枢纽等开展普查，全面掌握工程受损情况；及时组织力量，加强震区防洪工程的监测和巡查，确保工程险情及时发现、及时报告、及时抢护；加强应急值班，确保通信、网络畅通，加强预警预报工作，一旦发生险情或出现险情征兆，立即组织转移受威胁地区的群众，确保人员安全；各地将水利防洪工程的震毁普查情况于5月13日15时前上报省防汛抗旱办公室。

2008年5月13日，陕西省水利厅下发《关于进一步做好震区防洪工程查险抢险工作的紧急通知》，要求各市、县（区）水利、防汛部门对辖区水库、水电站、堤防、闸坝、水利枢纽等开展拉网式险情排查；针对发现的问题，研究提出应对措施，组织力量开展抢险排险；及时开通卫星电话、短波电台，保持与省防汛信息中心联络畅通；对防洪工程险情，立即报告省防汛抗旱办公室，并随后滚动报告险情处理情况。同时，要求各市防汛抗旱指挥部，省水利厅直属水库水电站管理单位采取三条措施确保水库、水电站大坝安全：对发生险情的水库，应迅速降低库水位，必要时泄空保坝；对险情严重的水库，首先组织转移下游受威胁地区群众；对发生险情的水库，要立即组织力量排查抢险，全力控制险情发展。

3.4 业务支持与科技支撑

按照水利部抗震救灾指挥部的统一部署，针对水利抗震救灾中面临的各种问题，水利部各司局和直属单位，充分发挥各自的专长，为水利部抗震救灾会商决策和应急抢险救灾行动提供及时的业务支持。

针对水利抗震救灾工作中面临的各种技术问题，规划设计和科研单位的科研人员成立临时工作团队，开展应急研究，为水利抗震救灾工作提供科技支撑。

3.4.1 水利部各司局

（1）办公厅

办公厅承担着国务院抗震救灾总指挥部水利组的日常工作和水利部抗震救灾指挥部综合协调

组、宣传组的牵头工作。

5·12汶川特大地震发生后，办公厅在第一时间把国内发生地震的消息向正在国外陪同中央领导出访的陈雷同志作了汇报。按照部领导指示，紧急协调专家组连夜赶赴紫坪铺指导抢险工作；拟定了水利部抗震救灾指挥部工作方案和抗震救灾前方领导小组工作方案，明确了指挥部和前方领导小组的工作职责；在震后不到48小时内，办公厅配合部领导筹备召开了6次紧急会议，编发了4期会议纪要，上报了6期水利值班信息。

5月18日，国务院抗震救灾总指挥部在已有8个工作组的基础上增设了水利组，办公厅承担水利组办公室的工作，及时制定了水利组工作方案，建立有效的工作机制，筹备召开了多次水利组成员全体会议、联络员会议及水利组办公室专题协调会议，充分发挥水利组的工作平台作用。

地震发生以来，办公厅配合部领导共筹备召开了48次抗震救灾会议，起草了43期会议纪要和20多篇向国务院的汇报材料、新闻发布会材料等重要稿件。

每天及时汇总各成员单位抗震救灾工作情况，编写水利组《专报信息》、《督办任务分解落实情况》、《抗震救灾重要信息统计》，向国务院报送水利组抗震救灾的最新进展，促进成员单位之间的信息沟通。充分利用前方、各司局等各种信息渠道，编写了49期综合要情专报，及时将水利抗震救灾一线的最新进展报告给部领导、部内各有关司局和单位，及时将指挥部会议精神和决策部署传达到抗震救灾第一线。建立了水利部抗震救灾信息共享库，将会议纪要、值班信息、综合要情、前方要情、政务信息、抗震救灾新闻、水利组信息等抗震救灾信息在内网办公网上共享，进一步方便了信息的沟通与交流。

组织召开了防范次生灾害和水利抗震救灾新闻发布会，中央电视台等38家媒体、67名记者出席发布会；有针对性地策划和组织了水利抗震救灾新闻通气会，发布新闻3次，提供新闻通稿6次，以及时、准确、权威的信息引导社会舆论。利用互联网这一新的信息沟通渠道，组织协调防办等有关领导在新华网、中国政府网等网站进行了2场在线访谈，针对网民关心的问题，与网民在线互动。

每天24小时密切关注各类媒体的报道，按照消息、资料、评论、专题4类进行汇总分析，编发舆情快报，及时掌握国内外新闻媒体和社会各界对水利抗震救灾工作的反应和评价，为部领导决策提供参考。

（2）规划计划司

5·12汶川特大地震发生后，规计司通过各种方式，每天多次与四川省、甘肃省、陕西省、重庆市等受灾省（直辖市）联系，了解水利设施震损和应急抢险、资金需求等情况。在加强与国家防办直接沟通协调的同时，还与水资源司、建管司、农水司、水保司、水电局、水文局等有关司局以及水规总院、中国水科院等单位多次反复研究分析灾情，每日按时向国务院抗震救灾总指挥部基础设施组报送水利设施受灾基本情况。

与国家发改委、财政部等有关部门，以及部内相关司局及时沟通协调，研究解决方案，争取资金支持。下发了《关于加强四川汶川大地震受损水利设施应急修复和灾后重建投资计划管理的紧急通知》。

根据水利部对水利灾后重建规划编制工作的布置和要求，组织对各受灾地区上报的水利设施灾情认真审核和反复讨论，基本摸清了水利设施震损情况，明确了规划编制的总体思路、目标和主要任务，确定了水利设施灾害损失评估方法、灾后重建主要内容以及投资估算方法。在此基础上编制完成《汶川地震水利灾后重建规划工作方案》和《汶川地震水利灾后重建规划编制大纲》。其后，水规总院专家赴四川省直接参与规划编制工作，对甘肃省、陕西省规划编制工作给予技术指导。完成了《汶川地震水利灾后重建规划报告》，报送国家发改委。

（3）政策法规司

5·12汶川特大地震发生后，国务院法制办根据国务院领导的批示，紧急起草了《汶川地震灾后恢复重建条例》，由部政策法规司组织各方面的骨干力量认真对条例进行研究，共提出了36条具体修改意见，其中大部分被采纳。

（4）水资源司

按照水利部抗震救灾指挥部的要求，水资源司迅速抽调人员赶赴灾区，参加供水专业组和供水保障组的工作，并具体负责城镇供水保障和水源地监测工作。供水保障小组深入都江堰市、彭州市、绵竹市、什邡市、江油市、青川县、崇州市、大邑县等重灾县（市）进行现场踏勘。后方工作组汇总前方情况，下发文件指导灾区城乡饮水安全保障工作，制定水源地水质监测方案和城镇应急供水工作建议，与水文局会商，统一指挥，分工合作，明确省和流域联合开展水源地固定监测和巡回监测的职责。水资源司紧急启动重灾区城镇应急供水对口支援行动，从上海市、武汉市、大连市、北京市等多家水务局调派168名技术人员、31台工程车辆，携带78台抢修设备以及帐篷、干粮等物资，组成19个抢修队开展供水抢修，恢复了36个地区供水，解决了26万人应急供水问题。

从5月14日开始，水资源司向指挥部报送工作进展情况和工作信息，5月19日，向国务院抗震救灾总指挥部水利组提交《四川省地震灾区县级以上城区应急供水方案》。向水利部抗震救灾指挥部上报城区供水与水源地监测方面信息86份，下发抗震救灾供水保障文件、函电16件；召开环保、卫生、水文等部门参加的协调会6次。

（5）财务经济司

5·12汶川特大地震发生后，为给应急状态下的抗震救灾筹措资金，财务司与前方领导小组建立了不间断的信息沟通渠道，及时了解和把握各工作组、专家组、抢险队对经费的需求及保障情况。在中央财政资金到位前，先行从水利部预算内调剂抗震救灾应急工作经费。同时，向财政部实时通报前方救灾面临的形势、任务及资金需求，积极争取中央财政支持。

抗震救灾期间，对于批量很小的救灾急需的设备，财务司急前方所急，特事特办，以最快效率完成必要的程序，在最短的时间内将设备送到需要的地方。长江科学院三轴岩土力学试验CT为可视化进口设备，财务经济司通过紧急协调武汉海关，不仅使急需设备尽快投入使用，还节约税金人民币100万元。财务经济司通过与财政部紧急协商，对“堤防管涌渗漏检测仪”设备采用单一来源方式通过采购申请，使设备在很短时间投入使用。

遵照陈雷在水利部抗震救灾指挥部工作会议上“要严明纪律，下达的各种抗震救灾资金、物资必须全部用于水利抗震救灾工作”的指示精神，财务经济司紧急出台了《关于加强抗震救灾水利应急资金管理的紧急通知》，对应急资金、物资的申报、分配、下拨、使用、管理、总结等各个环节进行了规范，并提出按照预算申请“谁决策、谁负责”，物资采购“谁采购、谁负责”，款物使用“谁领用、谁负责”的原则，落实责任人，确保应急修复和灾后重建工作的顺利实施。在抗震救灾期间，建立了水利抗震救灾有受损水利设施应急修复资金安排使用情况日报制度。按照抗震救灾水利资金监管有关规定，对部机关抗震救灾经费实行专账核算、专款专用，保证了救灾资金按照既定安排落实。

（6）人事劳动教育司

5·12汶川特大地震发生后，按照水利部抗震救灾指挥部的统一部署，配合有关部门，及时与各司局联络员及前方各工作组（队）保持联系，协调人员配备和人员调换，及时统计和更新前方人员情况，组织前方慰问工作。及时下发了《关于各级组织人事部门迅速投入抗震救灾工作的通知》，转发了中共中央组织部《关于在抗震救灾中进一步发挥各级党组织战斗堡垒作用、各级领导干部模范带头作用和广大共产党员先锋模范作用的通知》，每周向中组部报送水利部抗震救灾情况。

人事司在抗震救灾过程中，密切关注前方救灾行动，实时树立典型，做好相关表彰奖励工作。灾后与人力资源和社会保障部联合下发了《关于表彰水利系统抗震救灾英雄集体和抗震救灾英雄的决定》，落实《关于表彰全国水利抗震救灾先进集体和先进个人的决定》、《关于对水利抗震救灾工作中表现突出的公务员给予嘉奖的决定》等文件。

（7）国际合作与科技司

5·12汶川特大地震发生后，按照前方抗震救灾总指挥部的要求，紧急动员国际合作和科技两方面的力量，全力以赴支持抗震救灾工作。紧急从境外调用重型直升机，组织多批专家赴现场提供技术支撑，编写抗震技术手册和导则，整理分析相关技术资料、组织关键技术论证攻关，协调接收外国政府和国际组织捐赠、及时跟踪了解国外舆情报道。

在唐家山堰塞湖抢险的危急时刻，能否及时租用重型直升机，将大型施工设备运至堰塞体坝顶成为排险处置方案的关键，在接到前线指挥部的命令后，国科司高波司长亲自联系协调，一方面通过外交部和我驻哈巴罗夫斯克总领馆紧急联系俄远东救灾中心，请其支援俄罗斯米–26直升机；另一方面，会同国家防办连夜与民航、公安、空军和总参等单位沟通，请其为俄方飞机尽快办理飞行许可、安排入境航线和领航员、指定沿途经停场站和机组人员入境许可等手续。在有关兄弟部委的大力支持下，经过昼夜努力协调，4小时内完成了所有必要手续，经过30小时飞行，米–26直升机比前线指挥部要求的3天时间提前1天到达现场，并在唐家山堰塞湖除险过程中发挥了重要作用。

根据国务院领导的批示和国家有关精神，国科司协调开展了涉外抗震救灾物资与技术接收工作。一方面及时与水资源司、农水司、四川省水利厅等相关司局和单位进行沟通，了解震区需求；另一方面与外交部、驻外使领馆保持密切联系，明确援助渠道与工作程序。在设备方面，先后处理了20余个国家30余次援助捐赠事宜。有选择地接收了德国、加拿大、美国、乌拉圭等国援助的净水设备，迅速发放到震区并投入使用，得到了四川平武、安县、北川、绵竹、什邡、广元、宝兴、都江堰以及陕西汉中等地方政府和群众的一致好评。在技术资料方面，接收并翻译了瑞士、美国、日本、墨西哥、葡萄牙等国外政府和企业提供的关于大坝安全、堰塞湖处理等领域的技术资料和处理建议，供部领导和有关单位参考。并按照国家抗震救灾涉外工作规定，对日本、瑞士、荷兰、美国、德国、葡萄牙、墨西哥等国家，以及世界银行、亚洲开发银行等国际金融组织派遣专家来华开展技术援助和咨询工作意愿回复致谢，妥善处理外方专家要求来华工作事宜。密切关注境外媒体报道情况，认真组织有关单位坚持每天对美国、英国、俄罗斯、日本、印度、中国台湾、中国香港等13个国家和地区的40多家主流媒体的涉震涉水报道进行收集、翻译、归纳与汇总，共430余篇，供部领导和有关单位参考。

迅速建立了来自科研、高校、勘测设计单位80多人的水利专家库，推荐中国水科院陈厚群院士、陈祖煜院士进入国家汶川地震专家委员会，负责次生灾害组工作。推荐贾金生等5位专家进入科技部抗震救灾综合组，推荐陈生水等3位专家参加技术支撑组。组织有关单位和专家编写了《抗震救灾水利小常识》、《地震次生水灾害与水问题应对措施》、《抗震救灾与灾后重建水利实用技术手册》，选编了51项急需标准，及时上网，并由中国水利水电出版社紧急出版后运至前方，免费提供给灾区广大群众、工程技术人员及管理人员使用。组织专家对中国台湾同行提供的抗震抢险资料进行分析研究，形成《关于堰塞湖应急处理及长远处置的咨询建议——台湾921地震堰塞湖处理的启示》，供领导决策参考。及时组织有关单位的院士、专家研究论证，提出了本次地震与修建三峡、紫坪铺及其上游梯级水电站没有必然联系的明确结论，成果有效应对了国际社会负面舆论，并得到国务院领导和部领导的肯定。

加强相关技术资料的协调和管理，积极协调水利科研单位从中科院、国土资源部等单位获取相应的技术资料和卫星图片。落实温家宝总理批示精神，协助科技部做好汶川地震专家委员会提出的《关于迅速启动堰塞湖机载三维激光扫描和水位、雨量实时监测工作的建议》，协调航拍工作，并派遣中国水科院3位专家参与航拍和图片解译工作，获取相关资料。按照部领导指示，发文要求四川省水利厅按照部抗震救灾指挥部前方领导小组的要求，统一做好唐家山等堰塞湖相关技术资料的收集整理和归口管理工作，服务抗震救灾大局，为今后科研工作开展奠定基础。召开唐家山堰塞湖应急处置技术总结部署会议和汶川地震灾后重建技术研讨会，总结提炼抗震救灾中出现的有关大坝、水库受损情况探测、修复、维护管理，地震造成的堰塞湖、山洪、泥石流等次生灾害的防治和应急措施，突发地震灾害情况下保障水情信息畅通的有关技术和方法，地震多发地带水利设施建设管理、应急措施以及灾后恢复等关键技术难题，提出重大科研项目建议，得到国家科技支撑计划立项支持。加强标准的制修订工作。重点督办与抗震救灾应急措施、灾害检查评估与处理、饮水安全等工作相关的43项在编技术标准，大大加快了编制进度。紧急组织编制《堰塞湖风险等级划分标准》和《堰塞湖应急处置技术导则》，为今后堰塞湖处置提供技术依据。

（8）建设与管理司

5月12日，根据水利部抗震救灾总指挥部的部署，孙继昌司长主持司务会，决定组织3个工作组和大坝安全专家组赶赴灾区。次日凌晨，孙继昌率专家组乘机赴四川紫坪铺水库。随后，由张汝石、韦志立同志分别带队，肖向红、赵东晓及10余名水利专家参加的另外2个工作组相继飞抵重庆、云南灾区。汶川抗震救灾期间，建管司先后有12位同志赴灾区抢险一线，指导帮助地方抗震救灾。

为做好水库、水电站、河道堤防等震损水利工程和堰塞湖的抢险工作，防止次生灾害发生，按照水利部抗震救灾指挥部的统一部署，建管司及时了解前方需求，迅速制定工作方案，紧急从全国水利系统组织调配水利专家、抢险队伍和设计人员赶赴四川，支援、帮助地方进行抗震救灾工作。

5月15日，建管司会同有关司局制定了水利部抗震救灾前方领导小组工作方案，组织了包括水规总院、中国水科院、南京水科院、大坝中心和长江委等有关单位80多位专家在内的6个工作组，工作组赶赴四川受灾较重的绵阳市、阿坝州、遂宁市、广元市、德阳市、成都市等6市（州），深入灾区震损水利工程和堰塞湖现场，指导、协助地方核实工程险情，确定险情危害程度，制定应急抢险措施，落实群众转移预案和应急度汛方案，做好震损水利工程应急抢险修复和灾后重建工作。

5 月 17 日，制定并发出《关于印发支援四川震损水利工程应急抢险工作方案的紧急通知》，并负责应急抢险队的组织工作，连夜调派由长江委、黄委、武警水电部队、河南省、辽宁省组建的 9 支抢险队伍，750 余人、200 余台套施工设备赶赴四川，支援地方开展震损水利工程应急抢险修复和堰塞湖处置工作。

5 月 22 日，印发了《关于支援四川震损水库应急除险方案编制工作的紧急通知》，从水规总院、长江委、黄委、淮委、珠委和天津水利水电勘测设计院（以下简称天津院）、东北勘测设计研究院（以下简称东北院）、上海勘测设计研究院（以下简称上海院）等单位，以及江苏省、浙江省、安徽省、福建省、山东省、广东省、广西壮族自治区等省（自治区）抽调精干设计力量，组织 200 余名设计人员，分两批赶赴四川受灾严重地区，协助地方对所有高危以上险情的震损水库提出应急除险方案，及时开展抢险修复工作。

在唐家山堰塞湖抢险的关键时刻，根据前方领导小组的要求，连夜通过多种渠道紧急联系施工企业、生产厂家和销售商，协调落实了 28 台抢险急需的 15t 以下小型推土机，及时运至北川。

抗震救灾期间，建管司负责统计震损水库险情、震损水利工程和堰塞湖险情以及前方应急抢险方案及措施的实施情况，并及时向部抗震救灾指挥部报送信息。为进一步加强工作的规范化，建管司加强与前方的沟通和联系，详细了解和统计应急抢险队、除险方案设计组及各工作组的动态，每日填写表格，及时汇总上报；同时，配合有关司局做好震损水库与堤防险情统计、震损水利工程修复资金估算、堰塞湖应急抢险费用测算和灾后重建规划编制等工作，为领导会商提供了可靠的信息，为决策提供了科学依据。

（9）水土保持司

5 月 13 日，水保司发出《关于调查地震造成淤地坝损毁情况的紧急通知》，要求有关省以对下游群众生命财产威胁大、防洪任务重的大中型坝为重点，立即展开拦网式排查，对受损淤地坝采取应急处理措施，制定应急预案，及时组织抢修排除险情。

5 月 29 日，发出《关于做好震损淤地坝应急修复工作的通知》，要求甘肃省、陕西省于 6 月底前完成受损淤地坝的修复除险工作，逐坝落实责任人和管护员，确保工程安全度汛。

5 月 26 日，组成 6 个调查组，对四川省、甘肃省、陕西省、重庆市及云南省五省（直辖市）的水土保持设施震损进行调查，并运用遥感影像，分析地震对该地区的水土流失及生态状况的影响，摸清水土保持设施受损情况，支持灾后重建规划及重建工作。

（10）农村水利司

灾害发生后，农水司按照水利部党组的统一部署，全力以赴投入抗震救灾，协助地方做好应急供水保障工作。

农水司成立了抗震救灾农村水利组，下设综合组、专家组、设备组、材料组和宣传组，司长王晓东全面负责应急供水保障工作。从中国灌溉排水发展中心（水利部农村饮水安全中心）、中国水科院和有关流域机构选派大批干部和专家，由司长王晓东、巡视员姜开鹏、副司长顾斌杰带队赶赴灾区一线，指导和协助地方开展工作。

以水利部和国家防总名义紧急下发了《关于做好地震灾区城乡饮水安全工作的紧急通知》，要求灾区各地加大核灾力度，迅速摸清水源工程、水厂、管网和配套设施的损毁情况，影响范围和人口，以及应急供水所需的水质检测设备、净水剂、消毒剂、小型净水设备等数量，提交所需支持的资金、物资、设备和技术力量清单。

5 月 19 日，在与前方工作组沟通、听取四川省水利厅、建设厅、卫生厅、环境保护局和农业厅等部门意见的基础上，分析汇总灾情、研究技术路线，按照因地制宜和应急为主的原则，及时提出了四川省《抗震救灾应急供水保障工作方案》。

农水司会同中国灌溉排水发展中心（水利部农村饮水安全中心），组织有关部门和国内外生产企业捐赠应急供水设备，紧急安排几家信誉好、质量有保障的公司生产急需供水设备；并协调铁路、航空等交通运输部门，为应急供水物资和设备的调运开辟“绿色”通道。

农水司先后组织编写了《抗震救灾灾民安置点应急供水技术要点》和《灾民安置点供水排水工程典型设计》，以指导灾区开展应急供水工作；组织编印了知识卡片《抗震救灾饮水安全应急常识》，传播饮水安全知识，提高灾区群众的自我保护意识。

农水司与国家发改委、财政部等部门协调，紧急下达灾区群众应急供水资金，用于灾区乡村应急供水设施抢修和小型供水设施、小型水质处理设备、小型移动供水装备等的购置。

（11）直属机关党委

灾害发生后，向全国水利系统印发《动员水利系统各级党组织和党员干部积极投入到抗震救灾工作中的通知》，要求各级党组织按照党中央、国务院和水利部党组对抗震救灾工作的统一部署积极组织党员干部投入到抗震救灾工作中。

5 月 14 日，组织部机关和在京直属单位开展了向灾区人民“送温暖、献爱心”捐款活动。5 月 15 日，转发了中组部《关于做好部分党员交纳“特殊党费”用于支援抗震救灾工作的通知》，并于 5 月 23 日专门召开部机关各司局及在京直属各单位支部委员、党办主任会议，传达通知精神，部署水利部直属机关交纳抗震救灾“特殊党费”工作。

在前线建立水利部抗震救灾前方领导小组临时党支部、德阳工作组临时党支部、绵阳工作组临时党支部 3 个临时党支部。

在水利报刊网开设“抗震救灾英雄谱”等专栏，编发《党建通讯》，加大在新闻媒体上的宣传力度等措施，对水利部抗震救灾工作的部署和最新进展情况，以及在抗震救灾工作中涌现的先进典型和先进事迹进行集中宣传报道。

（12）驻部监察局

在水利部网站主页设置“水利抗震救灾资金物资监管”专栏，集中公布水利部制定或下发的关于加强水利抗震救灾资金物资监督的相关制度、措施和办法，宣传水利部抗震救灾政策。

5 月 21 日，驻部监察局牵头起草印发了水利部文件《关于加强对水利抗震救灾资金物资管理的通知》要求各级水利部门认真贯彻中央部署，切实履行职责，采取有效措施，加强对水利抗震救灾资金物资的使用和监管，严格执行水利抗震救灾资金物资管理的各项制度，提高救灾款物使用效益，强化对水利抗震救灾资金物资使用的全过程审计监督，严肃纪律，加强对水利抗震救灾资金物资使用情况的监督检查，确保水利抗震救灾资金物资全部用于受灾地区和受灾群众，充分发挥资金物资的使用效益。

5月30日，以部发文的形式印发《关于加强水利抗震救灾资金物资监督管理有关工作的通知》对加强水利抗震救灾资金物资监督管理的有关工作进行具体部署，进一步强调了抗震救灾工作中的有关纪律。

5月29日，成立了以张印忠为组长、有关司局主要领导参加的水利部抗震救灾资金物资监督检查领导小组，明确了有关司局的任务分工，要求切实履行职责，采取有效措施，认真落实中纪委关于加强抗震救灾资金物资监管工作会议精神，研究部署水利部抗震救灾资金物资监督管理工作，加强对水利抗震救灾资金物资的监管。

6月4—6日，张印忠率水利部抗震救灾资金物资监督检查小组，赶赴四川灾区检查水利抗震救灾资金和物资管理使用情况。先后赴都江堰市察看紫坪铺、都江堰鱼嘴等工程震损情况，了解都江堰工程管理局、四川水利职业技术学院的灾情；赴绵阳市察看武都引水工程震损和除险情况，到北川县、安县察看灾民临时集中安置点供水情况；赴德阳市绵竹市察看柏林水库、汉旺镇供水设施损毁、修复情况，察看什邡市红白镇堰塞湖抢险施工现场。检查过程中，重点听取并了解水利抗震救灾资金物资管理使用情况，明确要求各级水利部门尽快建立监督机构，加强领导，严格执行各项制度，提高使用效益，强化审计监督和监督检查。

7月28日，印发《关于对抗震救灾募捐资金物资情况开展监督检查的通知》，部署对部机关司局、部直属各单位和各类社团组织在抗震救灾中组织开展的募捐情况开展监督检查，全面了解和掌握募捐资金物资使用情况，确保募捐资金物资按照捐赠人的意愿通过正规渠道及时捐给灾区，用于救助灾民和灾后恢复重建，督促有关单位规范程序，完善手续，防止不规范的募捐行为。

8月初，印发《关于对抗震救灾资金物资管理使用情况进行监督检查的通知》，部署对水利抗震救灾资金物资、应急经费管理使用情况和水利应急修复及灾后恢复重建投资计划执行情况的监督检查工作，督促有关单位建章立制，加强管理。

（13）离退休干部局

灾害发生后，已经离开工作岗位的老部长们急前方所急，积极献言。提出水利抗震救灾需要注意的两点问题：一是水利部门要“两手抓”，一手抓抗震救灾，一手抓防汛工作；二是建议开辟“水路”，从“水路”进去，了解灾情。

原建管司教授级高工梁天佑，5月26日清晨得知疏通唐家山堰塞湖已投入大型机械设备和兵力时，当天提交《汶川特大地震，有关水工需注意、防止和应急的主要工程问题》的书面建议，文中就唐家山堰塞湖抢险和紫坪铺水利枢纽混凝土面板裂缝、施工缝处理、震后闸门检查、坝前左岸堆积体稳定等技术性问题提出了详细的建议。

原灌排公司教授级高工薛克宗，5月28日就《关于唐家山堰塞湖泄洪道爆破问题》紧急致信陈雷部长，提出了泄洪道开挖、爆破中需注意和避免的问题。

（14）国家防汛抗旱总指挥部办公室

5月12日，国家防办派遣正在武汉出差的李坤刚赶往四川灾区；5月13日，又派出两个工作组，由张幸福和张旭带队分赴甘肃和陕西灾区；5月14日上午，张志彤接到上级电话，陪同回良玉到达成都，参与国务院前线抗震救灾指挥部的有关工作。此后，又先后派出刘学峰、徐宪彪、孙京东等参与四川震区的抗灾工作。

国家防办打破原有处室设置，先后成立了综合、信息、水库、堰塞湖、堤防等小组，针对重点任务开展工作。从5月13日至6月底，各个小组每天收集、整理、更新震区的各种信息，起草处理大量的文电和汇报材料，负责完成对内、对外和前方、后方沟通协调、联络调度工作，先后召开60多次会商会议，发出70多次紧急通知，撰写综合性材料50多份，编印《防汛抗旱简报》、《汛情快报》50多期，其他各类正式文件50多份，阶段性材料、震损信息日报和各类统计报表不计其数。

会商财政部、国家发改委紧急拨付24.22亿元支援水利抗震救灾工作，协调工业与信息化部及时提供了40余部卫星电话，协调外交部、公安部、总参谋部、国家民航总局等部门以最快速度办理了俄罗斯米–26直升机支援唐家山堰塞湖抢险工作的各项手续。在总参谋部作战部等部门的支持下，多次调用直升机运送物资，紧急调拨越野车30辆，冲锋舟，橡皮舟100艘，救生衣2万件，钢丝网兜1万个，帐篷410顶，发电机53台，照明查险灯具1500多只等防汛物资增援灾区。

（15）农村水电及电气化发展局

5月13日，连夜起草了国家防办《关于水电站抗震保安全的紧急通知》，并于5月14日早晨下发。5月16日晚，配合国家防总向国家电力监管委员会发出了明传电报《关于协调做好地震后水电站防洪保安工作的紧急通知》，请国家电力监管委员会协调四川省有关单位，做好水电站防洪保安工作。

5月14日，成立水电局抗震救灾指挥领导小组，田中兴局长任组长，邢援越、陈大勇、刘仲民副局长和刘晓田总工任副组长，下设综合组、工程抢护一组、工程抢护二组和灾情信息及灾后重建4个小组，宣布全局进入紧急工作状态。

5月14日，派遣第一批4人，后又陆续派出4人到四川省灾区，负责两个工作组，对灾区重要水电站进行排查和紧急除险。

5月14日傍晚，水电局工作组到达成都后，立即会同四川省水利厅、省发改委、省经贸委、水电站业主和设计单位，召开了紫坪铺水库上游水电站险情分析会，初步排查了水电站险情。全力排查、摸清了水电站受损情况，最终锁定映秀湾、太平驿、福堂、姜射坝、铜钟、金龙潭、天龙湖、桑坪、薛城、理县、红叶二级、草坡、沙牌、渔子溪一级和耿达15座有较大库容的水电站可能会构成威胁。

5月16日，向四川省、重庆市、云南省、陕西省、甘肃省、湖北省、贵州省、湖南省、青海省等省（直辖市）发出了《关于排查震后农村水电工程险情及上报统计报表的紧急通知》，建立了信息报送制度。

5月20日凌晨，配合国家防办起草并向这几家电站业主单位国家电网公司和华能集团公司发出了紧急通知，要求立即采取措施排险。水电局负责跟踪了解，督促落实。

（16）水文局

5·12汶川特大地震发生后，水文局立即成立了以邓坚局长为组长的抗震救灾水文测报应急工作组。在地震灾区成立了由王俊担任组长、英爱文和张建新担任副组长的前方水文专业组。

根据水利部重大水事件应急处理预案，紧急启动灾后水质应急监测方案。共布设45个固定监测断面，采取加大监测频次、信息随时报送的应急监测方式对供水水源地、主要江河控制断面实施应急监测。

地震发生后，水文局立即检查机房和设备情况，重点关注从水利部至四川省和其他震区的防汛骨干网线路。启用备份线路，优先保证防汛骨干网的畅通。第一时间与四川省水文局取得联系，以堰塞湖水文勘察测验为重点，迅速恢复灾后水文监测。同时，从长江委及四川省、湖南省、湖北省、江西省、广东省等省抽调水文监测技术人员，组成16支水文应急监测突击队，支援四川水文局堰塞湖水文现场勘测工作。

在唐家山堰塞湖除险施工前后，水文局指导四川省水文局制定了应急方案《"5·12"汶川特大地震四川水文应急监测方案》，指挥前方7名水文人员组成突击队，携带仪器设备徒步赶赴唐家山等堰塞湖，安装测报设备，开展水文测量。

（17）机关服务局

5月13日，刘建明局长主持召开紧急会议，传达水利部抗震救灾工作会议精神，专题研究部署部机关抗震救灾后勤保障工作。成立机关服务局抗震救灾后勤保障工作领导小组，下设综合组、会议组、餐饮组、文印组、交通组、医务组、设备组、安全组等8个工作组，明确职责、落实到岗。在抗震救灾期间，为部机关提供后勤服务保障，为在抗震救灾一线的水利部干部职工送去了急需的生活用品、药品等物资。

3.4.2 水利部直属机构

（1）水利部水利水电规划设计总院

由水规总院专家组成的设计指导组于5月24日进驻绵阳进行技术指导。邀请了林昭设计大师、司志明、高广淳等行业内知名专家到现场，为震损水库应急除险加固方案进行会诊。

设计指导组对参加水利部支援四川震损水库应急除险方案编制工作的全部8个设计单位共18个设计组进行了巡回技术指导，共同研究除险方案，对防洪标准、除险方案等关键技术问题和报告编制进行了沟通和协调，及时研究解决出现的问题。

5月26—27日，水规总院组织专家在成都对《紫坪铺水利枢纽工程震后大坝面板修复设计报告》进行了审查。水规总院邀请曹克明、高安泽、汪易森、蒋国澄等权威水利专家考察了紫坪铺水利枢纽工程震后现场，指导大坝面板修复设计审查工作。

设计指导组针对部分震损小型水库震前实际防洪能力与现行规范规定相比严重不足的问题，提出了应急处理方案，上报前方领导小组。

（2）中国水利水电科学研究院

5月12日晚，匡尚富院长召集院领导、各所所长和专家，研判地震可能引发的次生水灾害，部署抗震救灾科技支撑工作，按照水利部的指示，选派抗震专家和岩土专家，前往灾区察勘灾情。随后，中国水科院陆续派往前线专家33人次，主要开展震区水工程安全隐患查勘与诊断、堰塞湖等次生灾害险情查勘、饮水安全和水土保持等工作。

阿坝工作组副组长贾金生，带领本组成员，实地查勘水电站受损情况、堰塞湖等次生灾害险情，提出应急除险方案。80 岁高龄的土石坝专家蒋国澄教授两次奔赴灾区，为紫坪铺工程安全诊断提供了重要的决策支撑。国家汶川地震专家委员会委员陈祖煜院士两次赴灾区查看灾情，提供技术支持，并在后方开展了大量的技术咨询工作。

5 月 14 日，中国水科院成立抗震救灾领导小组，组织部署全院抗震救灾科技支撑工作，决定建立 24 小时值守制度；重点针对震损水利工程、堰塞湖、滑坡泥石流开展监测、调查、国内外相关案例和资料整编，绘制分布图，开展次生灾害风险分析评估；同时，根据水利抗震救灾前后方指挥机构的指示和要求，实时提供技术支撑；将相关分析成果以抗震救灾科技简报和快报形式滚动报送水利部前后方指挥机构和国家防办；在中国水科院门户网站上开辟“汶川地震抗震救灾”专栏，及时播报国家和行业抗震救灾工作动态，转载国内外抗震救灾科学技术成果，宣传抗震救灾科普知识，报道抗震救灾工作最新进展、专家观点等；开发地震灾区“大坝空间数据库系统”，供抗震救灾指挥机构会商决策参考和查阅浏览。

5 月 15 日，按照国家防办的要求，中国水科院组织专家小组进驻国家防办，提供 24 小时全程技术支持。

5 月 16 日起，领导小组决定以堰塞湖，特别是唐家山堰塞湖应急处置为重点，开展上游来水情况、坝体稳定性、坝体可能的溃决方式、溃决风险、应急抢险技术与对策分析研究。23 日凌晨，《唐家山堰塞湖溃坝风险分析及影响评估报告》编制完成，送水利部抗震救灾指挥部和前线指挥部，并按照部指挥部的要求修改完善后，在 26 日向指挥部汇报。

图 3–5　中国水科院专家工作现场（2008 年 5 月 22 日）

根据水利部国科司的安排，中国水科院委派专家参与《抗震救灾水利小常识》、《地震次生水灾害与水问题应对措施》、《抗震救灾与灾后重建水利实用技术手册》的编写，翻译整编国外和台湾地区震损水库和堰塞湖处置的建议和实践。

（3）长江委

灾害发生后，正在苏州参加长江防总指挥长会议的蔡其华主任在第一时间打电话给长江委有关领导，布置震后安全生产工作。震后2小时，长江委副主任钮新强主持召开长江委安全生产领导小组紧急会议，部署震后预防次生灾害的应急措施。17时，长江委研究决定，派出江务局两位专家赶赴四川省开展险情排查和抗震救灾工作。23时，长江委又选派中国工程设计大师徐麟祥、长江设计院总工程师杨启贵等4位专家紧急启程奔赴四川灾区前线，参加抗震救灾技术指导工作。

5月15日，水利部成立抗震救灾前方领导小组，蔡其华任副组长。当日23时赶赴地震灾区绵阳市，此后31天里一直坚守在前方协调指挥，直到完成唐家山堰塞湖的除险任务。从5月16日至6月10日，蔡其华与水利专家一道9次乘直升机赴唐家山堰塞湖进行实地查勘，协调指导唐家山堰塞湖应急除险工作。

由钮新强带领的专家组在重庆灾区，承担了31个震损水利工程查勘和除险施工部署。长江委副主任、水利部抗震救灾第四组组长杨淳先后率队查勘了四川省遂宁、资阳、内江等市26座受损水库，针对不同险情提出了切实可行的除险意见。长江委总工程师办公室主任吴道喜、江务局局长史光前、水文局局长王俊、水资源保护局局长洪一平作为工作组组长，带领人员冒着余震风险，一直工作在灾区第一线。

抗震救灾期间，长江委副主任熊铁主持抗震救灾后方工作。根据救灾的需求，组织专家、技术人员就唐家山堰塞湖洪水风险评估和除险施工会商，编制震损水库应急除险方案。为前方应急处置施工方案提供了有力的技术支持。

从5月12日至6月10日，在唐家山堰塞湖应急除险中，长江委前后方上百位专家、技术人员参与制定除险方案。完成了《唐家山堰塞湖应急疏通工程设计施工方案》、《唐家山堰塞体泄流槽槽底爆破方案》、《唐家山堰塞湖堰上紧急避险预案》、《唐家山堰塞湖施工人员、设备、物质撤离方案》、《唐家山堰塞湖泄流槽工程支槽实施方案》，除《唐家山堰塞体泄流槽槽底爆破方案》作为备用方案外，其他方案均被采纳实施。

从5月中旬至6月上旬抗震救灾高峰时期，长江委共有10余名权威专家，261名专业技术人员组成了6个工作组和3个专业组、2个应急除险方案编制组、1支水利工程应急抢险队，奋战在抗震救灾一线。据统计：在这次水利抗震救灾中，长江委各工作组、专业组完成了四川省境内300多座震损水库、13座水电站、10余处堰塞湖，以及重庆、湖北两省（直辖市）震损水利工程的现场查勘和技术指导工作；对10余处堰塞湖实施了应急监测，有效防止了次生灾害的发生；完成了26座水库应急除险方案的编制工作；行程10000多km，在灾区城市与乡镇供水点采集或收集水样600多个，产生6000多个监测数据，保障了灾区供水安全。

（4）黄委

5·12汶川特大地震发生后，黄委按照水利部党组和水利部抗震救灾指挥部的统一部署，主要承担甘肃省、陕西省的抗震救灾任务。李国英主任要求各部门、各单位把抗震救灾抢险作为压倒一切的大事，迅速行动；抓紧做好所属单位受灾情况调查；切实做好黄河流域内病险水库和黄土高原淤地坝的安全检查。在抗震救灾期间，李国英主任及徐乘、廖义伟、苏茂林副主任、薛松贵总工程师等先后多次带队赴甘肃省、陕西省、四川省灾区。

5 月 14 日、17 日黄河上中游管理局先后派出两个工作组，首先对黄土高原淤地坝震损情况进行排查。其后，根据水利部水保司的部署，黄委水保局及黄河上中游管理局组成 7 个检查组，分别对流域内 7 省（直辖市）的 183 座骨干坝进行了现场查勘。其中，重点对受损严重的甘肃省、陕西省 20 座骨干坝和 1 座大型淤地坝震损情况、防汛情况和管护责任落实情况进行检查。根据检查情况，针对存在的度汛安全隐患，检查组向有关地方政府和责任单位提出明确要求，采取应急除险措施。

5 月 15 日，黄委专家组先后抵达甘肃省陇南市、甘南市和陕西省汉中市、宝鸡市等地区，对 100 余座水利工程进行度损摸排、分析研判，提出应急处理意见，落实应急除险措施。抗震救灾期间，甘肃工作组完成了《黄河水库震损应急除险方案报告》和《甘肃省水利工程震损应急除险加固工作指导意见》，为其后编制甘肃省 27 座震损水库除险加固方案提供了技术指导。完成了《陕西省震损水库应急除险方案设计要点》编制，以及蚂蝗滩水库、石马湾水库和寺沟水库 3 座典型高危震损水库的应急除险方案的设计范本。陕西省工作组还完成了陕西省略阳县凤凰山滑坡体勘测，提交了《陕西省略阳县凤凰山地质灾害应急除险方案报告》。

5 月 17 日，黄委水质应急监测队启程赴川，先后承担了四川省都江堰市、彭州市、安县、郫县、什邡市、崇州市、雅安市宝兴县、汉源县，阿坝州小金县、成都市大邑县等 10 个县（市）的水质应急监测任务。共完成 244 个水质点采样，产生监测数据 2517 个。

在抗震救灾期间，黄委派出的专家工作组、抢险队，先后参与了甘肃省、陕西省和四川省地震灾区的堰塞湖、重点水库、堤防、闸坝和供水工程震损查勘，以及部分震损重点工程的除险施工设计和抢险作业。

（5）中国灌溉排水发展中心

灾害发生后，灌排中心迅速成立以李仰斌主任为组长的中心抗震救灾领导小组，执行 24 小时应急值班制度；同时，选派技术骨干赶赴灾区 ，参加农水司、水资源司牵头的供水保障组，指导协助地方水利部门开展应急供水保障工作。倪文进副主任担任供水保障组联络员，负责向前方领导小组汇报工作进展情况、与前方指挥部协调，并协助王晓东组织指挥应急供水保障工作。

灾害发生后，灌排中心按照水利部农水司部署安排，与相关水处理设备生产企业联系，了解咨询应急水处理设备库存、生产及供货能力，为做好应急保障供水做准备；并于 5 月 16 日下发《关于开展向四川灾区捐助小型饮水设备活动的函》（饮水技函〔2008〕8 号），通过网站等方式发起向地震灾区捐赠小型饮水设备的活动。5 月 16 日晚，第一批由美国通用电气（GE）公司、深圳市诚德来实业有限公司、北京华奥科源科技有限公司、绍兴兰海环保有限公司、中水环球（北京）科技有限公司、北京天绿恒力科技有限公司等 6 家国内外厂商捐赠的设备和物品发往灾区，价值人民币 157.36 万元。5 月 19 日下午，灌排中心、北京国际公益互助协会和中国扶贫开发协会甘泉工程项目办公室共同启动 “让灾区人民尽快喝上‘放心水’——汶川地震紧急救援行动”，向四川地震灾区紧急提供一辆日产纯水 22t 的移动饮水车，李仰斌主任出席了启动仪式并向志愿小分队授旗。

配合农水司，组织专家编写出了《抗震救灾饮水安全应急常识》、《灾民安置点应急集中供水技术方案》和《灾区分散式供水技术要点》，指导灾区技术人员安全饮用水工作，向受灾群众普及饮水安全知识、预防疾病发生。

3.5 现场工作组抗震救灾行动

抗震救灾期间，根据前方领导小组工作需要，先后派出或就地成立工作组和专业组，由各司局、流域委、部直属单位领导担任组长，组员是各单位的技术骨干。工作组和专业组负责水库电站、堰塞湖、堤防、供水、方案设计和后勤等方面应急工作的组织、协调和指导。工作组在水利部抗震救灾指挥部的领导下，迅速与灾区水利部门建立沟通协调机制，加强现场会商，针对水利抗震救灾问题，合理调度各类资源，制定具体工作方案，指挥部署监测查勘、分析评估、方案编制、抢险处置、安全度汛、灾后恢复等各项具体工作。

3.5.1 前方工作组及行动

前方领导小组下设包括综合组在内的 6 个工作组和水文、水电、供水 3 个专业组，建立了部、省水利部门"合署办公、集体会商、共同决策、地方落实"的工作机制。

（1）综合组

综合组有三项职责：组织、协调和服务。每晚参加国务院前方领导小组的会商会议，汇报工作进展，提出工作意见和建议。每天向国家防汛抗旱总指挥办公室、四川省抗震救灾指挥部和四川省水利抗震救灾指挥部通报抗震救灾工作情况，有重要工作进展时一事一报，即时即报。收集水文、气象、地震信息，为专业组工作提供信息服务。向四川省各级抗震救灾指挥机构通报工作进展，衔接有关事项，整体推进工作。与前方领导小组下设各专业组沟通协调，收集各组工作推进情况，落实工作部署。

综合组指定专人随时与水利部所属 30 多个现场工作组、10 支应急抢险队的 1000 多名专家及工程技术人员保持联系，及时了解灾情，掌握前方工作进展，协调当地各有关单位，解决工作中的具体问题。

整理收集到的意见和建议，对其中可能有价值的及时送至专业组作为参考。组织协调新闻媒体在灾区采访报道水利抗震救灾工作，及时向社会各界发布灾区水利抗震救灾消息。截至 6 月 13 日，综合组累计编发《水利前方要情专报》160 期，形成《向国务院前指的报告》27 期。

在救灾期间综合组先后向吴邦国、温家宝、李克强、回良玉等党和国家领导人提交综合工作汇报材料 11 次，向水利部和四川省有关领导提供堰塞湖除险、供水保障等专题材料 23 篇，起草国务院、四川省抗震救灾新闻发布会新闻发言稿 5 份，办理国务院、水利部及四川省各级文件、传真 300 多份，归档机密文件 40 多份。

综合组承担了前方领导小组各种会议服务，督促落实会议的安排部署。制作前方领导小组联络表、工作证。加强值班值守，安排专人值守电话，坚持 24 小时值班，保证通信渠道畅通。

全程记录灾区水利抗震救灾工作，重点记载了国家领导人重要批示精神和领导重要活动，堰塞湖、水库堤防排险、人饮安全保障等重点工作进展等事关水利抗震救灾大局的大事要事，每日一记。重要事项一件不漏，形成文稿约 28 万字。

（2）供水保障组

5 月 16 日，水利部抗震救灾前方领导小组供水专业组成立，姜开鹏任组长，陈晓军、洪一平任副组长。5月18日，水利部抗震救灾前方领导小组从都江堰市迁回成都市，成立综合组、堰塞湖组、水库组、供水保障组和防汛组。供水保障组组长由王晓东司长、朱兵副厅长共同担任，陈晓军、姜开鹏、肖先进和洪一平任副组长。供水保障组内设农村供水组、水源地与城市供水组、水质监测组、设备组。主要工作人员来自水利部农水司、水资源司、中国灌溉排水发展中心、中国水科院和四川省水利厅、四川省农水局、四川省水文局、四川省水科院等单位，另有长江、黄河、海河和淮河四个流域机构支援的水质监测队伍和上海、重庆、武汉、大连水利抢修队伍。

5月19日，组织了18个工作组共90人，赴21个重灾县进行重点排查，初步确认四川地震灾区县城以上供水设施管道损毁7880km，蓄水池损毁839个，取水工程遭破坏1281处，影响人口404万人；乡村供水设施损毁3.4万余处，管道损毁2.93万km，影响人口近575万人，其中21个受灾重点县影响人口332.6万人。

指导制定了《四川省地震重灾区乡村供水应急保障工作实施方案》，明确了工作目标、技术路线和时间安排。工作组成员深入实地，组织、指导当地采取多种措施开展应急供水工作。根据四川省供水保障需要，协调各地水利系统开展对口支援，及时向有关部门反映灾区应急供水的迫切需要，协调灾区供水救灾资金安排。中央救灾资金下达后，供水保障组与四川省发展和改革委员会、财政厅等部门积极沟通联系，加快资金下拨速度，支持地方开展工程修复和建设。供水保障组开展了“现场办公”，就供水保障工作与地方行政主要领导以及水利、民政、农业和卫生等部门现场落实工程地点、供水形式、受益人口和时间要求。专门安排部分资金进行中小型净水设备、应急送水车、水泵、水质检测设备等省级集中采购，并分发各县。出台《关于加强抗震救灾应急供水设备及物资管理工作的通知》，要求各地加强领导、落实责任，切实做好物资收发管理、详细登记。5月24日，四川省下发《关于加强灾民安置供水保障工作的紧急通知》后，先后派出4个技术指导组负责成都、德阳、阿坝、绵阳与广元片区重灾县（市）应急供水保障的指导和督导工作。

推行供水保障工作责任人制度，将县、乡级行政责任人和技术责任人的相关信息在2008年6月5日《四川日报》上公告，接受全社会监督。

5月21日，召开了四川省水利厅、建设厅、卫生厅、环境保护局、农业厅等部门参加的抗震救灾供水保障联席会，建立了信息共享、统一汇总、沟通协商的工作机制。

针对发现的技术问题，展开讨论，对重大问题派出技术专家深入工程一线现场指导。研究制定了受灾重点县供水保障的技术路线：在做好应急供水与灾后重建衔接的基础上，县城周边的灾民安置点依托市政供水管网延伸供水；乡（镇）周边的灾民安置点，采用小型一体化设备供水。受灾较轻的乡镇集中供水设施抓紧抢修，恢复供水能力；受灾严重的乡（镇），采用小型一体净水设备解决应急供水。对村级分散供水，有水源条件的抓紧采取修复供水设施，采取过滤和消毒实现供水，必要时也可采用小型一体化净水设备应急供水；农户使用分散水源的，要教育农民投放水消毒药片，煮沸后饮用；对暂无水源条件的乡村，采取送水车送桶装水到乡，发动党员、民兵送水到村的做法，解决应急供水。

组织专家编辑《抗震救灾灾民安置点应急集中供水技术方案》，供基层技术人员实际工作中参考。编印了5万份《抗震救灾饮水安全应急常识》卡片，分发到灾区，普及饮水安全知识，提高群众自我保护意识，防止灾后水媒疫病的传播。编写了4篇技术报告，对灾区应急供水建设、设备选择、水源选择和保护等方面提出了意见和建议，并协助当地制定阿坝州抗震救灾指挥部迁移点供水设施建设技术方案。

组织国内外企业向四川灾区捐赠了价值1300多万元的300多套小型水处理设备、小型发电机，紧急组织企业生产、调运至灾区小型水处理设备370多台（套）。协调上海市、重庆市、武汉市、北京市、大连市水务（利）局组织供水工程抢修队支援灾区，解决了30多万群众的应急供水问题。

6月4日，与成都军区联勤部基建营房部就加强应急供水保障进行会商，交换了信息、沟通了在灾区应急供水保障方面的工作安排。随后，水利部门完成了5个原由部队移动车供水乡镇的供水工程建设，部队将置换出来的机动力量开赴绵阳等地，为部分因唐家山堰塞湖风险集中安置的群众提供供水服务。

（3）堤防组

通过国家防办下发了《关于报送“5·12”强烈地震堤防震险情况的紧急通知》，组织四川省防指及受灾各市（州），对堤防震损情况进行拉网式排查。根据上报的震损情况，下发了《关于进一步复核排查堤防震损情况的通知》，对排查工作提出明确要求。

根据国家防办下发的《关于填报堰塞湖险情及水库和堤防震损工程动态情况的紧急通知》，督促四川省防指组织各市（州）抓紧落实震损堤防应急处理的相关工作。

堤防组与四川省反复协商，于5月28日下发了《关于报送5·12震损堤防责任人落实情况的紧急通知》，要求各市（州）、县按照《中华人民共和国防洪法》的要求，落实填报相关责任人。5月31日，在《四川日报》上公告495处震损堤防的行政责任人、技术责任人和监测责任人。要求各级政府及其责任人要按照《防洪法》的要求，切实履行职责。要针对险情，组织力量，抓紧采取有效措施，尽快加以整治；加强巡测，特别是汛期要坚持24小时监测，一旦发生险情要及时报告；险情发生后，责任人必须在第一时间赶赴现场，靠前指挥，果断处置，最大限度地减少损失；对玩忽职守、处置不当、抢险不力、造成人员伤亡和经济损失的，视其情节严重，依法追究行政和法律责任。

6月2日，下发了《关于报送震损堤防工程应急抢险方案的紧急通知》，要求各市（州）防办和都江堰管理局对公告本辖区内震损堤防的应急抢险方案（包括应急抢险范围、抢险方案、所需工程量、材料和投资）于6月6日前审核完毕，扩权县震损堤防报所在市防办审核。其中，三级（含三级）以上重大险情堤防应急抢险方案报省防办备案。

5月25日至6月3日，在排查工作尚未完全结束时，一方面督促各市（州）县对出现险情的堤防进一步排查核实；另一方面要求各市（州）对重大险情堤防逐项落实相应措施，对巡堤查险、责任制、应急处理措施、施工工期等方面的落实情况进行督促和跟踪管理。

（4）堰塞湖组

防范堰塞湖次生灾害是水利抗震救灾工作的重点，堰塞湖工作组承担了堰塞湖现场踏勘、风险评估、除险措施部署等任务。

堰塞湖组下设9个工作组，由紧急抽调的141位专家组成。堰塞湖工作组于16日起陆续赶赴四川省阿坝州、绵阳市、成都市、德阳市、广元市、遂宁市等6个重灾市（州），赴现场进行实地踏勘，会同地方水利部门、部队和相关部门专家排查险情。总参作战部和成都军区多次派出直升机搭载水利专家前往堰塞湖现场进行航拍或空降实地踏勘。参加抗震救灾的部队抽调上百名战士，协助地方100多名水利职工与水利部、国土资源部专家一起对堰塞湖徒步进行实地查勘，掌握第一手资料。

在多次经陆路前往北川县唐家山、安县老鹰岩、青川县石板沟、绵竹市黑洞崖等堰塞湖均告失败的情况下，水利部紧急请求总参作战部、空军司令部、中国科学院、国土资源部等部门的支持，提出堰塞湖遥测和航拍需求。在他们的帮助下，水利部先后得到300多幅堰塞湖遥感和航拍图片，及时组织水利专家以及来自中国科学院、国土资源部等部门的专家进行分析研判，掌握灾区堰塞湖基本情况。

5月23—24日，水利部组织国土资源部、中国科学院成都山地灾害与环境研究所、中水顾问集团成都勘测设计研究院有限公司的10多位专家，对堰塞湖逐处进行了风险评估。两天后提出了《四川省堰塞湖初步风险评估报告》。在此基础上，水利部专家会同四川省到过堰塞湖现场的专家反复会商和论证，进一步完善了风险评估成果，提出了34处堰塞湖最终风险分级结果。在当时尚未解除危险的28处堰塞湖中，北川县唐家山堰塞湖列为极高危险级；安县老鹰岩、平武县南坝、绵竹市小岗剑上游、安县肖家桥、青川县石板沟等5处堰塞湖列为高危险级；有13处堰塞湖列为中危险级；另有9处堰塞湖列为低危险级。

5月27日，水利部向国务院抗震救灾前方指挥部提出了采取工程措施加快排除堰塞湖险情的工作方案。29日下午，水利部会同四川省，在成都召开了四川省堰塞湖排险工作紧急会议。会议传达了中央领导同志对堰塞湖除险、避险工作的重要指示，分析了当前工作所面临的严峻形势，对四川省堰塞湖工程排险和转移避险工作作出了全面部署和安排。会议针对除唐家山外的其他需要实施工程排险的15处堰塞湖，逐处明确了设计施工、水文监测、气象预报、群众转移、后勤保障等责任单位，以及设计、施工进场时间等。会后，水利部会同四川省印发了会议纪要，落实了堰塞湖排险、避险责任制体系。

5月31日，四川省5·12抗震救灾指挥部在《四川日报》上刊登了《关于堰塞湖排险责任人员的公告》。公告明确了16处需工程排险（含唐家山）堰塞湖的责任人员。其他不需采取工程排险措施的18处堰塞湖，扣除已溃决或溢流泄空解除危险的7处，还有11处堰塞湖需要采取非工程措施，对此也明确了责任人员。

根据党中央、国务院的指示，水利部协同中央有关部门、人民解放军和武警水电部队，会同四川省重点开展了唐家山和老鹰岩堰塞湖应急处置。

（5）水电组

5·12汶川特大地震重灾区位于岷江、嘉陵江、沱江上中游，这些地区水能资源丰富，已建大小水电站1000多座。

5月14日，水利部水电局派遣邢援越、陈大勇、李如芳、樊新中赴成都，对紫坪铺上游有较大库容的水电站进行重点核查。5月16日，根据水利部《关于印发水利部抗震救灾前方领导小组工作方案的紧急通知》的要求，原水电工作组与其他有关专家重新集结，组成水利部抗震救灾前方领导小组水电专业组和阿坝州工作组，分别由陈大勇和邢援越带队任组长。水电专业组重点负责排查灾区面上重要水电站，重点排查以发电为主且不属于水利系统管理的有较大库容水电站；阿坝州工作组除全面排查阿坝州水利水电工程出险情况外，继续核查紫坪铺上游水电站险情。

水电专业组与四川省地方电力局共同起草、以四川省防汛办公室名义发出通知，要求各水电站无条件服从防汛统一调度，及时报送水电站出险情况，水电组再根据统计上来的情况，有选择地现场排查。

5月14日晚，水电专业组在成都组织召开由四川省地方电力局、发展和改革委员会、经济贸易委员会及电站业主单位参加的座谈会。会议详细梳理了紫坪铺上游水电站情况，确定了15座重点关注的水电站。确定了各电站的联系人，要求随时沟通信息。此后，每到一个地方，水电专业组都组织召开由地方水务（利）局、地方发展和改革委员会、经济贸易委员会、水电站业主等有关单位参加的座谈会，争取各有关部门和单位的支持与配合。

从5月14日开始，水电专业组和阿坝州工作组先后到绵阳市、北川县、江油市，广元市、剑阁县、利州区，遂宁市、射洪县，德阳市、成都市、彭州市、都江堰市、金堂县、阿坝州等地进行实地排查。对那些暂时无法到达或情况基本清楚的电站，工作组多方收集资料，确保及时准确地向指挥部报送信息。累计对灾区87座重要水电站进行了全面排查，重点核查了34座有较大库容的水电站。实地察看了31座水电站。通过运行管理单位和工程设计单位收集并核实了56座水电站的相关技术资料，联系水电站业主、管理单位和其他有关单位了解水电站险情，对出险水电站进行及时跟踪。

（6）抢险协调组

抢险协调组由张严明任组长，谭小平任副组长。主要任务是：支援、帮助四川省对水库、水电站与河道等震损严重的水利工程进行应急抢险修复，妥善处置堰塞湖等险情，严防次生灾害发生，确保水利工程安全度汛；按照就近、便利、高效的原则，从水利系统抽调精干力量，以专业化抢险队和水利水电施工企业为主，组建应急抢险队伍。根据四川省的实际需要适时调派，支援灾情严重地（市、州）的抢险工作；根据水利工程出险情况，按照轻重缓急，统一调度指挥，协调地方开展抢险工作；对应急抢险工作予以技术指导；协调安排抢险工作任务，掌握各抢险队所在位置、工作进展和下一步抢险工作计划，并适时向水利部抗震救灾前方领导小组和有关部门上报相关应急抢险工作信息。

从5月20日开始，分两批次组织落实武警水电指挥部，长江防汛机动抢险队，黄河防总第一、第二、第三、第四、第五机动抢险队，辽宁水利水电工程局抢险队，河南水利第一工程局抢险队，武汉水务机动抢险队，上海市水务机动抢险队和解放军理工大学工程学院抢险队等12支抢险队伍。

申报了23架次直升机用于航拍堰塞湖和接送水利专业技术人员到堰塞湖现场勘察；草拟了调用俄罗斯米–26直升机吊运大型机械设备进入唐家山堰塞体施工的报告。

抗震救灾期间，收集各类应急抢险信息300多条，发出100多条汇总信息，28份每日情况汇总和报表；标绘抢险队部署图5幅；撰写专题报道31篇；草拟若干份调用直升机申请和下达堰塞湖处置的指令。

（7）设计组

5月23日，水利部抗震救灾前方领导小组中增设设计协调组，建管司巡视员汪安南任组长，具体负责高危以上险情震损水库应急除险方案编制工作的协调。

设计指导组由水规总院组建，副院长董安建任组长，负责对各设计小组的技术指导。

现场设计组由水利部工作组统一领导，负责承担由工作组安排的震损水库应急除险方案的编制工作。18个现场设计组由长江委、黄委、淮河水利委员会（以下简称淮委）、珠江水利委员会（以下简称珠委）、水利部天津勘测设计研究院（以下简称天津院）以及浙江省、广东省和广西壮族自治区水利厅具体组建。

根据任务分工和进度要求，各现场设计组制定了详细的工作计划，并于5月24日开始现场查勘工作。各现场设计组深入现场，通过现场观察、量测、询问水库管理人员等方式，对坝顶、坝坡、坝脚、坝肩、溢洪道、放水涵管、当地材料、库区地形地貌以及进场公路等进行仔细查勘，对一些重点水库还进行了反复查勘。

设计指导组随同设计组一起查勘，了解震损水库的基本情况，对发现的问题进行现场讨论和交流。

5 月 24 日，设计指导组向各设计组发出了《关于提交水利部支援四川震损水库应急除险方案编制工作情况的函》，明确了设计组的工作范围、任务和重点。

5 月 25 日，设计指导组向各设计组发出了《关于现场设计工作要求及设计标准意见的函》，就应急除险方案编制工作的设计标准、报告编写内容、工作要求、进度控制等方面提出了明确要求，统一了各现场设计组方案编制的技术标准和工作深度。

5 月 30 日，设计协调组、设计指导组和现场设计组有关人员在绵阳市召开技术协调会议，进行协调和统一。设计指导组邀请国内知名土石坝专家林昭设计大师、司志明教授和高广淳教授参加了会议。会后，设计指导组向各现场设计组印发了《水利部支援四川震损水库应急除险方案编制工作技术协调会会议纪要》，从水库设计标准、不同类型水库的度汛能力评价、工程地质、大坝和泄洪设施除险处理方案、报告编制进度以及非工程措施和灾后恢复重建设计建议等 8 个方面提出了明确的指导意见。

各现场设计组在现场查勘的基础上，结合震损水库的具体情况，着重分析影响度汛安全的突出问题，并根据技术协调会意见，对应急除险措施、安全复核分析、水文资料复核、水库调节分析、泄洪安全措施，以及 2008 年度汛方案等进行了全方位研究。在方案编制过程中，各现场设计组与地方水利部门密切沟通，充分听取意见，分析应急措施汛前实施的可行性，保证应急除险方案具有较强的可操作性。

设计指导组对溃坝险情和高危险情中的中型和小（1）型震损水库应急除险方案设计报告进行了逐项复查，并提出复查意见。高危以上险情的其他水库采用抽查的方式进行复查。复查人员主要从工程地质、震前及应急除险后水库防洪能力、震损险情、应急除险措施的合理性、施工条件和方案的可操作性等方面对设计报告进行了分析和评价，对有关问题提出了修改建议。

针对部分设计组反映部分小型水库震前就已经存在实际防洪能力与现行规范规定严重不符的问题，设计指导组和特邀专家经认真研究，于 6 月 1 日向各设计组印发了《关于小型震损水库应急除险方案洪水标准及有关问题的补充说明》，进一步明确了类似问题的处理原则及临时度汛标准。3 日，设计指导组就此专门向前方领导小组上报了《关于四川省高危以上险情小型震损水库防洪标准问题的报告》。

在方案编制的整个过程中，设计协调组、设计指导组和各设计组之间保持密切的联系，建立了定时通信、通报机制，及时协调和处理工作中发现的问题，共同研究除险方案。

应急除险方案的主要内容包括：水库基本情况、震前工程运行情况、工程地质、主要震损险情及应急除险的必要性、2008 年度汛能力评价、应急除险工程措施、非工程措施建议和灾后重建加固建议等。

截至 6 月 5 日，各现场设计组完成了水利部工作组安排的 231 座高危以上险情震损水库应急除险方案编制任务，分别向水利部工作组、设计指导组提交了应急除险方案报告。同时，各现场设计组向绵阳市水务局、德阳市水利局、广元市水利农机局提交了136座、63座、37座水库应急除险方案报告（含应德阳市水利局、广元市水利农机局要求承担的5座水库）。

设计指导组复查或参与有关水利部门审查的水库共计106座，其中现场设计组承担100座，四川省有关单位承担6座，复查水库数量占248座水库的43%。设计指导组分别向水利部工作组和德阳市水利局、绵阳市水务局、广元市水利农机局提交了《关于德阳市高危以上震损水库应急除险方案有关问题的建议》、《关于绵阳市高危以上震损水库应急除险方案有关问题的建议》和《关于广元市高危以上震损水库应急除险方案有关问题的建议》。

3.5.2 部派应急抢险队

为支援灾区震损水利工程应急抢险、应急供水和堰塞湖应急处置，水利部及其直属机构，以及灾区有关省市紧急组建应急抢险队、水文监测队、水质检测队、除险方案设计组、应急供水专家组赴灾区开展抢险、监测、设计及技术指导工作。

应急抢险队的主要任务是对水库、水电站、河道堤防等震损严重的水利工程进行应急抢险修复，妥善处置堰塞湖等险情，严防次生灾害发生，确保水利工程安全度汛。5月22日18时，12支援川应急抢险队全部到达指定抢险地点，并开展工作。各队组成及主要任务如下：

（1）长江队，61人，处理绵阳市平武县南坝镇石坎堰塞湖。

（2）武警水电指挥部队，83人，设备15台（套），处理绵阳市北川县湔江、德阳市绵竹市绵远河、广元市青川县青竹河、红石河等地区的16个堰塞湖。

（3）河南队，70人，设备28台（套），清理绵竹市西南镇兴泉村危塔和汉旺镇泄洪渠塌方河道。任务完成后，对受灾严重的水库实施应急抢险。

（4）辽宁队，90人，设备28台（套），排除中江县富兴镇建兴水库管涌险情。险情排除后，清理德阳市中江县河道。

（5）黄河一队，99人，设备46台（套），利用大型移动水泵抽排库水以降低广元市剑阁县灯煌水库水位，开挖溢洪道抢险。

（6）黄河二队，108人，设备24台（套），清理广元市利州区鱼儿沟水库坝基，开挖水库溢洪道岩土。

（7）黄河三队，88人，设备38台（套），处理安县睢水镇堰塞湖。

（8）黄河四队，87人，设备20台（套），疏通石亭江河道。

（9）黄河五队，82人，设备37台（套），参加安县桑枣镇堰塞湖抢险。

（10）上海队，68人，设备12台（套），监测水质和供水抢险。

（11）武汉队，45人，抢险都江堰第二水厂和监测彭州水质。

（12）解放军理工大学队，6人，勘察太平驿等水电站，制定爆破方案。

在派出抢险队的同时，还调派长江委、黄委、淮委、海河水利委员会（以下简称海委）和武汉市水务局五支水质监测队，将灾区内210多处集中式供水水源地（供水人口为约110万人）划分为四个片区，自25日起，分别由长江、黄河、淮河和海河四个流域水环境监测中心负责监测，每3天对所有集中式饮用水源地监测1次，并明确各个流域监测中心每天定点报送数据，由长江委水资

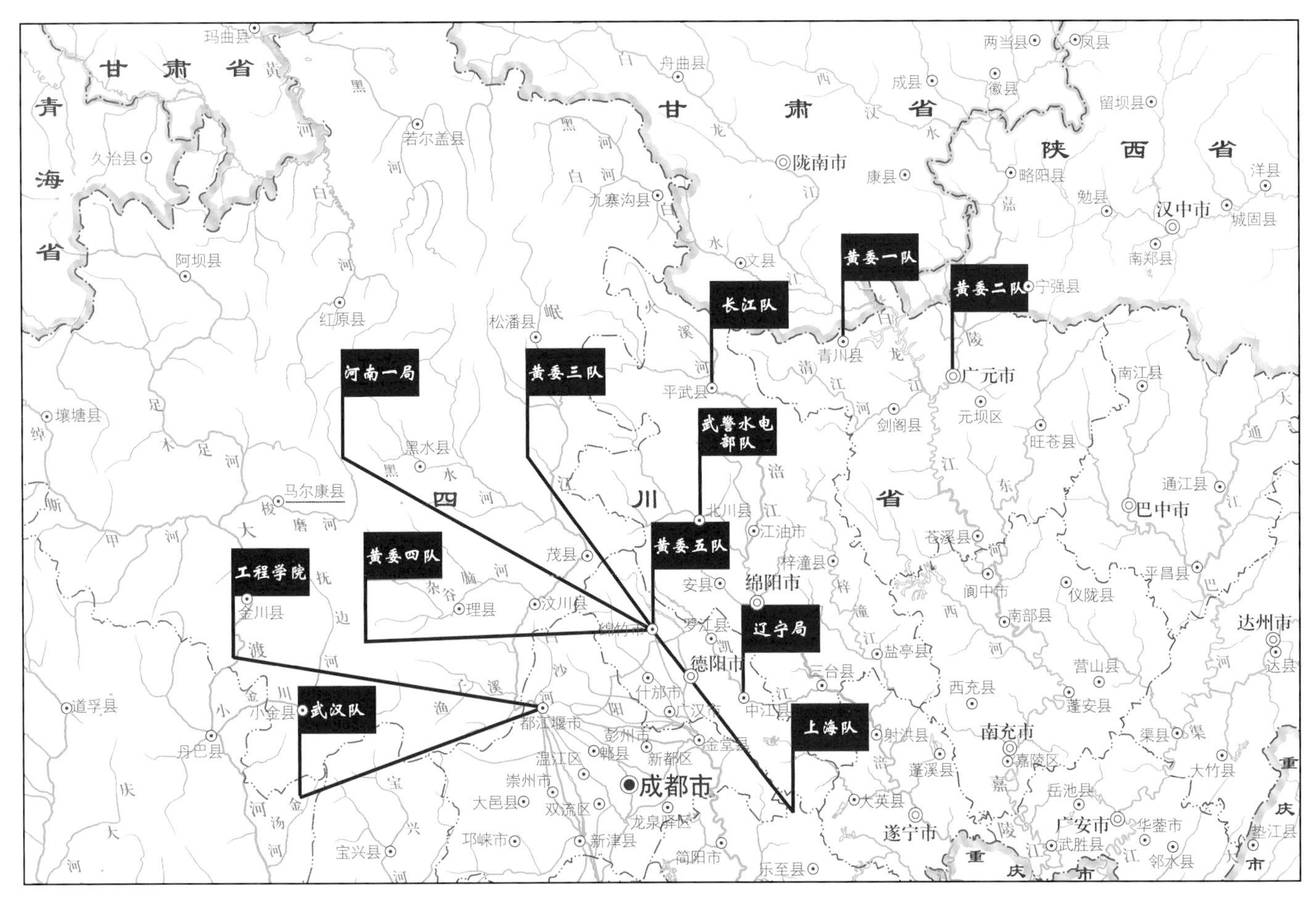

图 3–6 “5 · 12”地震援川机动抢险队部署图

源保护局汇总上报。

3.5.3 四川省及甘肃省应急抢险队

为协助灾区做好震损水利工程的抢险工作，提供技术支撑，四川省水利厅决定指派有关水利局、设计单位组成技术服务组到灾区提供技术服务，并下发了《关于指派有关市水利（水务）局和设计单位到地震灾区指导水库救灾工作的通知》，震损水库应急除险方案的编制工作逐步展开。抽调四川省水利设计院、四川省水利科学研究院、泸州市水利局（含水利设计院）、宜宾市水利局（含水利设计院）、乐山市水利局（含水利设计院）、自贡市水利局（含水利设计院）、内江市水利农机局（含水利设计院）、四川大学水电学院、达州市水利局（含水利设计院）、南充水利局（含水利设计院）成立 10 个技术服务组，每组 4 人（其中水工专业 2 人、地质 1 人、施工 1 人），分赴什邡市、绵竹市、中江县、罗江县、广汉市、旌阳区、江油市、绵阳市及所属区（县）、剑阁县、广元市及所属区（县）、彭州市、成都市及所属区（县）、雅安市等市、县开展水库救灾工作。

四川省水电投资集团组成 77 人抢险突击队，投入价值 200 多万元的电力物资 60 多 t，与平武电力公司通力合作，紧急抢修恢复了平武大坪、任家坝、星光、水晶等小水电站，抢通了高低压线路 1600 多 km。

2008 年 5 月 19 日，甘肃省水利厅抗震救灾应急指挥领导小组研究决定，成立抗震救灾专业工作组和技术专家组，分工负责地震受损水利工程抗震应急和技术支持工作。专业组和专家组包括：嘉陵江堰塞湖专业组、水库专业组、水电站专业组、河道堤防专业组、淤地坝专业组和技术专家组。专业组和专家组主要任务是深入核实工程受损情况，跟踪掌握出险工程险情及人饮困难动态，指导帮助各地采取有效措施，落实隐患排除方案和措施，切实做好工程排险和抗震救灾工作。

截至 6 月 13 日，甘肃省水利厅共派出 22 个工作组、67 人（次）赶赴陇南市、甘南州、天水市、平凉市、庆阳市、定西市、临夏州等 7 个市（州），指导抗震救灾和水利工程抢险。

在水利抗震救灾期间，甘肃省水利系统共成立应急抢险队 226 个，投入人力 4160 人。截至 6 月 16 日，抢修 107 座淤地坝，占受损淤地坝的 78%，累计完成土方 45.05 万 m^3；抢修恢复运行水电站 42 处；297.83 万人的饮水问题不同程度地得到解决。受灾最严重的陇南市抢修供水工程 593 处，修复供水管道 950km，修建临时供水设施 460 处，铺设临时供水管道 869km，使受地震影响的 133.5 万群众的饮水问题不同程度地得到解决。

地震发生后，各市（州）抗旱防汛指挥部及水利管理单位，根据当地灾情和险情迅即组建抢险队，保证险情发生地抢险队伍及时到位。

3.6 救灾物资调度

为保证水利抢险救灾工作顺利开展，国家防总和水利部紧急向灾区调拨急需的各类抢险救灾物资，下达水利抗震救灾资金，用于灾区抢险、灾民转移、安置与救助等。

3.6.1 部及流域委物资调拨

国家防总先后调拨了冲锋舟（含 40 马力船外机）50 艘，橡皮舟（含 9.9 马力船外机、船用底板）50 艘，机油 75 件，帐篷（$12m^2$、$23m^2$）410 顶，救生衣 19240 件，汽油发电机 53 台，照明灯 530 盏，电缆线 106 盘，查险灯 1000 只，钢丝兜 10000 个，总计价值 632.0875 万元；同时，调拨 30 辆越野车用于抗震救灾，价值 1115.5 万元。

5 月 19 日晚，紧急抽调淮委、海委和上海市水务局的移动水质监测车赶赴四川省。5 月 20 日和 5 月 21 日，分别将 6000 支和 4000 支“生命吸管”送抵灾区。

5 月 20 日随救灾专列起运。国家防总除调拨抗震救灾指挥车辆外，还支援卫星电话 21 部，向交通部借用海事、车载、手提卫星电话 30 部。

截至 5 月 26 日，四川省共收到水利部组织采购的净水器共 217 套，价值 150.92 万元。

为了支持甘肃省震损水利工程设施应急修复等抗震救灾工作，水利部会同有关部委先后下达地震灾区水利投资 9597 万元，用于震损大中型水库应急处理、乡村应急供水设施建设和设备购置、灾后病险水库除险加固。其中，地震重灾区特大防汛费 2800 万元，26 座重点小型病险水库抗震抢险应急专项补助资金 2997 万元，下达国家地震重灾区乡村应急供水设施资金 3800 万元。

6 月 13 日，长江上游水土保持委员会调拨电子经纬仪、遥测雨量计，更新了甘肃省陇南市武都北峪河 9 个滑坡泥石流监测点设备。

5 月 14 日下午，根据国家防办国汛办电〔2008〕69 号令，长江委中央防汛物资仓库紧急调运救生衣20000件、小型发电机20台、照明灯200盏、电缆40盘、便携式查险灯500只，空运支援四川省抗震救灾。

5月15日，根据水利部“后勤保障工作由长江水利委员会负责，尽量不增加地方负担”的要求，长江委成立抗震救灾后勤工作组，为前方领导小组提供有力的后勤保障。至5月19日晚，长江委共派出40辆越野车开往成都。车辆所载抗震救灾物资包括帐篷13顶，安全帽、雨靴、作训鞋、手电筒等130套，雨衣、蚊帐等140套，感冒片、清凉油、创可贴等常用药品50份，还有大量的绷带、胶布、纱布等，为抗震救灾人员提供保障。

5月20日，长江委下拨50万元资金保障抢险队工作。21日，水利部向长江委下拨500万元抗震救灾应急专项经费。21日7时，长江医院选派1名具有1998年抗洪经验的外科医生随长江委抗震救灾水利工程应急抢险队奔赴灾区。长江医院为做好此次抢险队的医疗保障工作，医院各科室积极行动、密切配合，在第一时间内采购了防治药品和器械。该院还积极调配人力物力，组建支援四川省汶川地震灾区抗震救灾医疗预备队，时刻准备奔赴一线。

5月22日，长江委抗震救灾领导小组办公室组织人员搜集震后水利工程抢险救灾堰塞湖等资料，提供给前方专家参考。同时，成立数十人的抗震救灾后方专家库，专家主要涉及水工、工程地质、岩土工程、水工建筑物缺陷修补、水资源分析计算、渗流、爆破等专业。

5月22日10时48分，长江委网信中心与国家图书馆、台湾“两岸三地”紧急联络，取得了台湾方面防治堰塞湖次生灾害的重要资料。27日，长江委与国家防办联系调用灾区卫星影像、航空影像等资料，提供给前方专家。

为加强水利抗震救灾应急资金的管理，保障抗震救灾工作顺利进行，充分发挥救灾资金使用效益，根据水利部《关于加强抗震救灾水利应急资金管理的紧急通知》及有关经费管理规定，结合抗震救灾工作实际，5月30日，长江委印发《长江委水利抗震救灾应急资金使用管理暂行办法》，强调了长江委水利抗震救灾应急资金使用原则，明确了抗震救灾应急资金财务报账核销程序。

为确保水利抗震救灾工作有效进行，长江委采取措施，强化保障，积极为抗灾一线提供支持，共向灾区派出车辆50多辆，投入各种大型设备10余台（套），扎实高效地为前方水利抗震救灾人员提供后勤保障。同时，长江委还在物资、资金等方面无私支援灾区，向灾区调运了大批救生衣、小型发电机、照明灯等防汛器材设备，累计捐款1000多万元。

为帮助甘肃、陕西两省水利部门更加有力、有序、有效地开展抗震救灾工作，黄委紧急支援两省急需抗震救灾物资。先后从黄委防汛仓库和委属单位备汛物资中，向两省水利部门紧急调运帐篷（100顶）、发电机（4台）、短波通信电台（4部）、激光测距仪（2台）、普通流速仪（10套）、土工布（4000m^2）、彩条布（2400 m^2）等抗震救灾物资，并以最快的速度分别运抵陕西省汉中市和甘肃省陇南市。

3.6.2 灾区各省的物资调拨及人力支援

四川省水利厅紧急组织采购调往灾区送水车30辆，及时缓解了灾区群众饮水问题，组织采购了大批救生衣、净水器等设备调往各重灾区，有效解决了灾区防汛救灾问题。各市（州）水利（水务）派遣工程技术人员900余人到地震灾区参与抗震救灾。

在技术人员和抢险物资不足的情况下，紧急争取全省和全国的支援。5月19日晚，紧急动员四川省 80 余名技术骨干分子分赴重灾区排查供水工程受损情况。

5 月 19—21 日，根据震后水利工程震损较大，以及震后出现较多堰塞湖的实际情况，四川省水利抗震救灾指挥部通过省抗震救灾指挥中心和四川省军区，请求紧急调用军队直升机共 13 架次。其中，用于堰塞湖险情勘察 10 架次，航拍 1 架次，接送灾民、物资 2 架次。

5 月 28 日，四川省防汛抗旱指挥部、省财政厅、省水利厅，下达特大防汛经费 1.68 亿元，分配给成都市、绵阳市、德阳市、广元市、眉山市、阿坝州等市（州），用于震损水库、堤防应急除险加固、震后堤防等防洪工程应急度汛、河道应急疏浚、购置应急抢险物资和堰塞湖处置和应急抢险。

甘肃省水利厅于 5 月 13 日 11 时及时向水利部汇报甘肃省水利设施震损情况和救灾存在的困难，申请救灾资金支持。国家救灾资金下达后，省水利厅会同省发改委、省财政厅及时拨转到个各市（州），用于震损水利工程设施应急修复。

5 月 16 日，甘肃省抗旱防汛指挥部会同省财政厅、省水利厅，下达防汛补助费 1200 万元。19 日，甘肃省水利厅筹措 150 万元应急资金，用于水文监测设施的维修，购置帐篷、救生衣和一批生活急需物品，送往陇南市水文局。22 日，甘肃省水利厅下拨地震重灾区乡村应急供水设施国家预算内投资 1000 万元。6 月 2 日，甘肃省抗旱防汛指挥部会同甘肃省财政厅、甘肃省水利厅下达特大防汛补助费 1100 万元，用于重点小型病险水库抗震抢险。10 日，甘肃省抗旱防汛指挥部会同甘肃省财政厅、甘肃省水利厅下达特大防汛补助费 500 万元。

6 月 11 日，甘肃省财政厅下达 2008 年抗震救灾应急供水设施国家财政专项补助资金 800 万元。13 日，甘肃省发改委下达抗震救灾应急供水资金 2000 万元。

6 月 23 日，甘肃省财政厅下达重点小型病险水库应急除险加固资金 2997 万元。

3.6.3 国际援助

5 月 21 日，美国 GE 公司捐赠的小型净水设备送抵灾区；25 日晚，德国技术应急机构（THW）派出的 23 名专家携带捐赠的 6 台先进净水设备和配套物资到达成都，物资、设备总重量约 150t，当日全部安排在都江堰市。同时，加拿大 DMGF 基金会捐赠的 10 套小型净水设备送至都江堰市青城山、蒲阳、向俄、中兴等乡镇，26 日，加拿大 50 名专家分成三组前往安装和调试设备。

5 月 23 日 15 时 40 分，唐家山堰塞湖应急疏通工程前线指挥部向国家抗震救灾总指挥部报告，急需寻求国际帮助，租用 1 架米 –26 直升机，用于运送堰塞湖大型除险设备，并提出飞机必须在 72 小时内携带全套调运工作所需配套装备到达四川省抢险现场等五项具体要求。水利部抗震救灾指挥部立即指示国际合作与科技司开展调查联络，判定俄罗斯远东地区有相关机型后，水利部致函我驻俄罗斯哈巴罗夫斯克总领馆，转告抗震救灾前线的具体要求，范先荣总领事立即与俄方有关部门联系，俄方表示经俄联邦紧急事务部同意后即可出发。水利部向国务院领导汇报有关情况后，相关部门立即办理完成飞行所需的飞行许可、飞行航线及沿途经停场站加油、食宿等一切适宜。24 日 3 时 35 分，米 –26 直升机起飞，昼夜兼程，25 日 15 时 57 分，距前方要求的时间提前 24 个小时，米 –26 直升机到达四川省广汉市，即刻展开运送。截至 31 日，米 –26 飞行机组共飞行 68 架次，运吊大型设备 46 台（套）、油罐 13 个、集装箱 9 个，有力推动了唐家山堰塞湖除险施工进展。

4 堰塞湖抢险

5·12汶川特大地震发生后，在龙门山断裂带及其影响带上引发了大规模山体崩裂和坍塌，造成大量滑坡体堵塞或截断河道，形成了多处堰塞湖。地震发生时值初夏，临近汛期，洪水随时可能发生，堰塞湖溃决风险极大。党中央、国务院高度重视堰塞湖应急排险工作，明确提出“主动、尽早，排险与避险相结合”的处置原则和“安全、科学、快速”的处置指导方针。水利部、四川省认真贯彻党中央、国务院的决策部署，对堰塞湖开展了实地勘察、风险评估、抢险决策、排险除险等一系列工作，对下游有极大洪水风险的唐家山等极高危、高危等级的35处堰塞湖一一排除了险情，有效地化解了特大地震后发生堰塞湖溃坝洪水的威胁。

4.1 堰塞湖及应急除险过程

面对数量众多的堰塞湖，以水利部门为主，中国科学院、国土资源部、空军武警部队等进行了现场勘察和遥感勘察，得到了堰塞湖的基本资料。在此基础上，前方、后方以及很多科研设计单位都对堰塞湖进行了风险评估，并进行了不同风险等级的划分和排序。基于以上工作，开展了堰塞湖的抢险决策与排险工作。

4.1.1 形成及分布

5·12汶川特大地震主要区域为龙门山主中央断裂带。龙门山主中央断裂带由北川—茶坪—林庵寺断裂、北川—映秀断裂、盐井—五龙断裂组成，在西南开始于泸定县附近，向东北延伸经盐井乡、映秀镇、太平镇、北川县、南坝镇、茶坝镇、青川县插入陕西境内与勉县—阳平关断裂相交，斜贯整个龙门山，长度超过500km。断裂总体走向北45°东，倾向北西，倾角60°左右，于断裂两侧发育一系列与之平行的次级断层，在剖面上组成叠瓦状构造，显示明显的压性特征。地震形成了大量堰塞湖，十分明显地沿该断裂带呈北45°东走向分布。根据历史资料，该地区一般强烈地震主要发生在南北构造带西部，南起四川省汶川、茂县，北至甘肃、宁夏等省（自治区）。

地震在断裂带及其影响带上引发了大规模山体崩裂和坍塌，造成大量滑坡体堵塞或截断河道，形成堰塞湖。堰塞湖形成地区多为河流峡谷地带，地貌构造单元一般为中低山—高山地区，高差一般在500～3500m左右。这些地区河谷深切，山体陡峻，客观上形成了地表地质灾害易发条件。一方面，由于极端气候对环境造成不利影响等原因，山体水分涵养缺失，水土流失严重，下垫面变得比较脆弱，极易形成崩塌、滑坡、泥石流、堰塞湖等地震次生灾害；另一方面，龙门山地区水电、矿产、林木、石料、土地等自然资源十分丰富，在地震发生的前些年，当地开发速度较快，开发程度也偏高。如中国科学院成都山地灾害与环境研究所（以下简称中科院成都山地所）对北川县通口河流域唐家山一带195.96km^{2}范围进行遥感调查，结果表明，土壤侵蚀面积为116.6 km^2，土壤平均侵蚀模数为2808t/（km^2·a），年均侵蚀总量达55.04万t。土壤侵蚀以水力侵蚀为主，强度以中度以下为主。这些情况，使得堰塞湖及其次生灾害的危险性进一步增强。

据统计，截至6月21日，5·12汶川特大地震形成的堰塞湖共有104处，主要分布在岷江、沱江、涪江、嘉陵江四大流域各干支河流上游的深山峡谷中，涉及的主要行政区包括四川省阿坝州、绵阳

湖抢

唐家山堰塞湖除险夜间施工

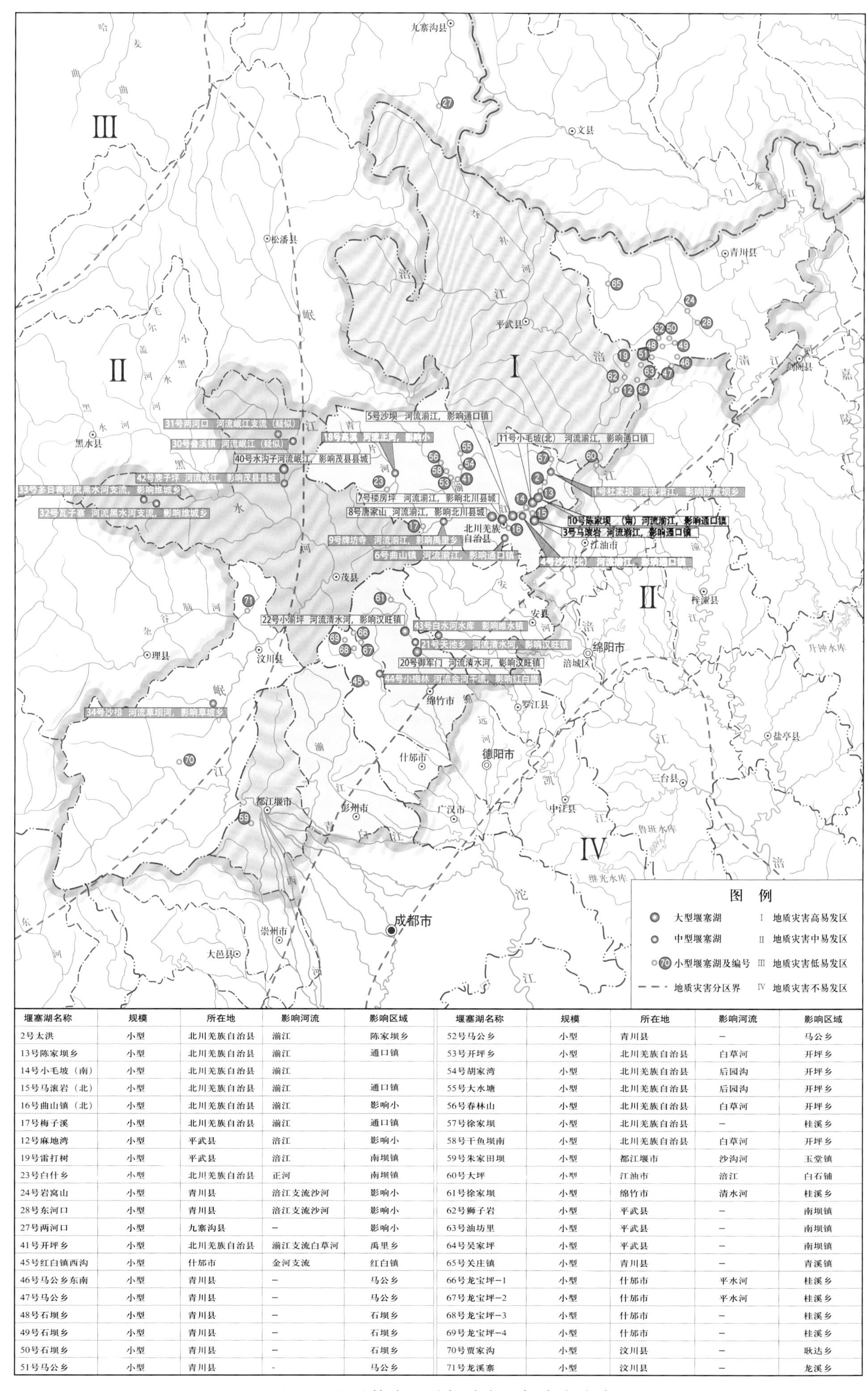

堰塞湖名称	规模	所在地	影响河流	影响区域	堰塞湖名称	规模	所在地	影响河流	影响区域
2号太洪	小型	北川羌族自治县	湔江	陈家坝乡	52号马公乡	小型	青川县	–	马公乡
13号陈家坝乡	小型	北川羌族自治县	湔江	通口镇	53号开坪乡	小型	北川羌族自治县	白草河	开坪乡
14号小毛坡（南）	小型	北川羌族自治县	湔江		54号胡家湾	小型	北川羌族自治县	后园沟	开坪乡
15号马滚岩（北）	小型	北川羌族自治县	湔江	通口镇	55号大水塘	小型	北川羌族自治县	后园沟	开坪乡
16号曲山镇（北）	小型	北川羌族自治县	湔江	影响小	56号春林山	小型	北川羌族自治县	白草河	开坪乡
17号梅子溪	小型	北川羌族自治县	湔江	通口镇	57号徐家坝	小型	北川羌族自治县	–	桂溪乡
12号麻地湾	小型	平武县	涪江	影响小	58号干鱼坝南	小型	北川羌族自治县	白草河	开坪乡
19号雷打树	小型	平武县	涪江	南坝镇	59号朱家田坝	小型	都江堰市	沙沟河	玉堂镇
23号白什乡	小型	北川羌族自治县	正河	南坝镇	60号大坪	小型	江油市	涪江	白石铺
24号岩窝山	小型	青川县	涪江支流沙河	影响小	61号徐家坝	小型	绵竹市	清水河	桂溪乡
28号东河口	小型	青川县	涪江支流沙河	影响小	62号狮子岩	小型	平武县	–	南坝镇
27号两河口	小型	九寨沟县	–	影响小	63号油坊里	小型	平武县	–	南坝镇
41号开坪乡	小型	北川羌族自治县	湔江支流白草河	禹里乡	64号吴家坪	小型	平武县	–	南坝镇
45号红白镇西沟	小型	什邡市	金河支流	红白镇	65号关庄镇	小型	青川县	–	青溪镇
46号马公乡东南	小型	青川县	–	马公乡	66号龙宝坪–1	小型	什邡市	平水河	桂溪乡
47号马公乡	小型	青川县	–	马公乡	67号龙宝坪–2	小型	什邡市	平水河	桂溪乡
48号石坝乡	小型	青川县	–	石坝乡	68号龙宝坪–3	小型	什邡市	–	桂溪乡
49号石坝乡	小型	青川县	–	石坝乡	69号龙宝坪–4	小型	什邡市	–	桂溪乡
50号石坝乡	小型	青川县	–	石坝乡	70号贾家沟	小型	汶川县	–	耿达乡
51号马公乡	小型	青川县	-	马公乡	71号龙溪寨	小型	汶川县	–	龙溪乡

图 4–1　5 · 12 汶川特大地震极重灾区堰塞湖分布图

市、成都市、德阳市、广元市、遂宁市等。汛期将至，暴雨、洪水可能引发形成新的堰塞湖，也可能抬高堰塞湖水位，出现溃坝，严重威胁着下游群众生命财产安全。这些堰塞湖对下游生命财产具有较大威胁的有 35 处（见图 4–1），其中，四川省 34 处，甘肃省 1 处。

四川省 34 处堰塞湖分布情况如下：①绵阳市 13 处（北川县 8 处，即唐家山、苦竹坝下游、新街村、白果村、岩羊滩、孙家院子、罐子铺、唐家湾；安县 3 处，即老鹰岩、罐滩、肖家桥；平武县 2 处，即马鞍石、南坝（文家坝）；②德阳市 11 处（绵竹市 4 处，即黑洞崖、小岗剑上游、小岗剑下游、一把刀；什邡市 7 处，即干河口、马槽滩上游、马槽滩中游、马槽滩下游、木瓜坪、燕子岩、红松水电站厂房）；③广元市青川县 3 处，即石板沟、红石河、东河口；④成都市 6 处（崇州市 4 处，即竹根桥、六顶沟、火石沟、蕹子坪；彭州市 2 处，即谢家店子、凤鸣桥）；⑤阿坝州 1 处，即映秀湾。

甘肃省堰塞湖 1 处，位于徽县嘉陵镇境内，离宝成铁路 150km+300m，在徽县火车站南约 800m 金钻沟隧道处。

据历史档案资料统计，堰塞湖形成后，1 天内溃决的约占 30%，1 周内溃决的约占 60%，1 月内溃决的约占 80%，1 年内溃决的约占 90%。由于地震发生时值初夏，临近汛期，洪水随时可能发生，更增加了堰塞湖溃决的风险。如何快速、有效、成功地处置堰塞湖，解除其对下游地区的威胁，成为抗震救灾期间国内以至国际社会高度关注的焦点。

4.1.2 堰塞湖勘察

地震发生当晚，国家防办向地震发生的各个省发出了《关于切实做好地震灾区防洪工程安全工作的紧急通知》，要求对水库、水电站、堤防、闸坝、堰塞湖等开展普查。5 月 13 日，水利部从全国各地紧急抽调技术专家，按查勘区域组成工作组，奔赴岷江、嘉陵江、涪江支流湔江上游实地勘察，逐渐形成了“陆空并进、水陆并进、分批发送”的紧张有序态势。

5 月 13 日，甘肃省防办报告徽县发现堰塞湖，这是最早的发现堰塞湖的报告。14 日，四川水利工作组与水利部绵阳工作组查勘安县肖家桥堰塞湖，主要查勘内容包括堰塞湖基本情况、形状及特征、进出流量及蓄水量、堆积物及体积等；其中，基本情况主要包括堰塞湖名称、所在河流名称、地理位置、地理坐标、山崩滑坡体入河的岸别、集水面积等，形状及特征主要包括回水长度、水面平均宽度、平均水深、库前水面到坝顶的高度等，进出流量及蓄水量主要包括进出堰塞湖的流量、总库容和测量时的水位、蓄水量，堆积物及体积主要包括堰体组成材料、高度、宽度、厚度以及体积。工作组将查勘结果向水利部作了报告。至此，四川灾区堰塞湖次生灾害引起关注。

5 月 15 日 15 时，成都军区空军直升机在勘察过程中拍摄到唐家山堰塞湖的第一张航空照片。

5 月 16 日下午，工作组在汉旺绵远河上发现至少有 4 处规模较大的堰塞体。堰塞体以块、碎石为主，或为土料含量较高的土石混合坝。

5 月 17 日，青川、安县和彭州 3 个工作组完成了青川队红光乡、凯江干河子灌滩、彭州白水镇堰塞湖的现场勘察任务。但是，从陆路前往北川唐家山堰塞湖的查勘，因道路破坏不能到达而被迫中止。

5 月 18 日，德阳工作组查明了石亭江干流红松一级电厂、燕子岩，马槽滩上、中、下，木瓜坪村等 6 个具有较大风险的堰塞湖，并对滑坡堆积体形态、方量、堰塞湖规模等进行了勘察和估算。

5 月 19 日，为进一步开展堰塞湖勘察工作，水文专业组会同四川省水文局，根据实际情况和先期现场勘察经验，紧急制定了《汶川地震堰塞湖勘测调查手册》，规范了此后堰塞湖勘测调查的内容、方法、库容计算方法和采用的技术标准等，这些工作对其后的堰塞湖勘察工作具有重要指导作用。

当日，来自水利部长江委水文局和湖南省水文局的 12 名水文突击队员在成都集结，并对堰塞湖现场勘察队员进行技术培训。

5 月 20 日，水文局组建 7 支堰塞湖水文勘察突击队，分别奔赴绵阳市（三支）、德阳市（两支）、广元市（两支），对重要堰塞湖进行现场水文勘察。

众多单位多方合作、水陆空并进，为堰塞湖勘察工作做出了重要贡献。成都电子科技大学采用无人机分别对岷江、绵远河、石亭江、凯江上游干河子等沿江两岸山体和堰塞湖进行了高分辨率遥感图像实测；中国水电顾问集团成都电力勘测设计院（以下简称成勘院）组成多批工作组，对高川坪老鹰岩、绵远河上游一把刀、小岗剑、小天池等条件恶劣的堰塞湖实地勘察；四川省水利水电勘测设计院（以下简称四川院）10 余次派出专家深入北川县、安县、平武县、映秀县等地勘察堰塞湖。参加考察勘察的单位还有四川大学、成都理工大学、成都市水利勘测设计院、绵阳市水利建筑勘测设计研究院等。由于北川县唐家山堰塞湖地处群山峻岭中，余震不断，巨大的地震堆积体中断了交通，陆路前往堰塞湖勘察受阻。在组织多批敢死队冒险前往北川县唐家山堰塞湖都失利的情况下，水利部紧急请求总参作战部、空军司令部，以及中国科学院、国土资源部等支援，进行堰塞湖遥感和航拍。在多方共同努力下，通过上百次空中、陆路和水路现场勘察，先后获得 300 多幅堰塞湖遥感图片和航拍图片，为全面掌握灾区堰塞湖基本情况创造了有利条件。

自 6 月中旬开始，四川省水利抗震指挥部要求各地核查堰塞湖情况。至 7 月 6 日，确认四川省堰塞湖总数共为 104 处（见表 4–1）。按照行政区划分，绵阳市 53 处，德阳市 14 处，广元市 21 处，成都市 9 处，阿坝州 7 处；按蓄水量划分，大于 100 万 m^3 的堰塞湖共 35 处，绵阳市 24 处，德阳市 4 处，广元市 3 处，成都市 3 处，阿坝州 1 处。5·12 汶川特大地震 104 处堰塞湖基本信息见表 4 — 1。

表 4–1　5·12 汶川特大地震 104 处堰塞湖基本信息

序号	名称	市（县）	河流	应急处理前堰塞湖情况			
				堰塞体积/万 m^3	堰塞体高/m	最大可能蓄水量/万 m^3	危险等级
1	唐家山	北川县	湔江	2037	82.6 ~ 124.4	31500	极高
2	苦竹坝下游	北川县	湔江	200	50 ~ 60	300	中
3	新街村	北川县	湔江	200	平均 20	190	中
4	白果村	北川县	湔江	40	10 ~ 20	180	低
5	岩羊滩	北川县	湔江	260	30 ~ 40	1200	中
6	唐家湾	北川县	都坝河	400	平均 30	1000	中
7	孙家院子（红岩村）	北川县	都坝河	110	平均 30	50	中
8	罐子铺	北川县	都坝河	285	平均 60	585	中
9	马鞍石	平武县	石坎河	1120	平均 67.6	1150	高

续表 4-1　5·12 汶川特大地震 104 处堰塞湖基本信息

序号	名称	市（县）	河流	应急处理前堰塞湖情况			
				堰塞体积 /万 m^3	堰塞体高 / m	最大可能蓄水量 /万 m^3	危险等级
10	南坝（文家坝）	平武县	石坎河	600	25 ~ 50	1500	高
11	肖家桥	安县	茶坪河	400	平均 61.5	2000	高
12	老鹰岩	安县	干河子	400	平均 135	250	高
13	罐滩	安县	干河子	100	平均 45	500	中
14	石板沟	青川县	清江河	356	27.3 ~ 31.3	1100	高
15	红石河	青川县	红石河	240	55	100	中
16	东河口	青川县	清江河	136	12	300	中
17	黑洞崖	绵竹市	绵远河	18	50 ~ 60	待查	低
18	小岗剑电站上	绵竹市	绵远河	90	62 ~ 72	850	高
19	小岗剑电站下	绵竹市	绵远河	25	30	75	低
20	一把刀	绵竹市	绵远河	32.9	26.4	250	中
21	干河口	什邡市	石亭江	—	10	50	低
22	木瓜坪	什邡市	石亭江	6	15	4	低
23	马槽滩上	什邡市	石亭江	200	40 ~ 50	60	中
24	马槽滩中	什邡市	石亭江	60	40 ~ 50	25	中
25	马槽滩下	什邡市	石亭江	14	30	10	低
26	燕子岩	什邡市	石亭江	0.6	10	3	低
27	红松电站厂房	什邡市	石亭江	25	30	76	中
28	谢家店子	彭州市	沙金河	18	10	100	低
29	凤鸣桥	彭州市	沙金河	24	14	180	低
30	竹根桥	崇州市	文井江	300	90	450	低
31	六顶沟	崇州市	文井江	250	60	300	低
32	火石沟	崇州市	文井江	340	120	150	低
33	薤子坪	崇州市	文井江	400	8	50	低
34	映秀湾	汶川县	岷江	12	11	35	低
35	邓家	北川县	湔江	12	10	80	低
36	陈家坝北	北川县	都坝河	50	20	50	低
37	白胡子桥	北川县	都坝河	20	10	8	低
38	虎跳崖	北川县	都坝河	400	100	580	中
39	青林	北川县	都坝河	1100	120 ~ 220	350	暂定中
40	白什	北川县	青片河	192	40	10	低
41	观音庙	北川县	苏保河	20	40	15	低

续表 4–1　5 · 12 汶川特大地震 104 处堰塞湖基本信息

序号	名称	市（县）	河流	应急处理前堰塞湖情况			
				堰塞体积/万 m^3	堰塞体高/m	最大可能蓄水量/万 m^3	危险等级
42	小毛坡	北川县	都坝河	27	15	150	中
43	平溪	平武县	石坎河	52	13	50	低
44	李家院	平武县	平通河	30	10	100	低
45	苏家院	平武县	石坎河	1.05	10.5	12	低
46	桩桩石	平武县	石坎河	0.606	10.1	10.4	低
47	水磨河	平武县	石坎河	1.8	15	10	低
48	何家坝	平武县	石坎河	1.8375	10.5	10.2	低
49	窄狭子	江油市	青江	6.125	35	25	低
50	神仙磨	安县	茶坪河	2.4	10	27.2	低
51	芭蕉坪	安县	茶坪河	187.2	45	675	中
52	下窑坪	安县	茶坪河	4.725	15	90	低
53	蹇家包	安县	茶坪河	62.4	40	216	中
54	青水塘	安县	茶坪河	8.4	20	80	低
55	苏家大滩	安县	茶坪河	2.4	8	40	低
56	柏果滩	安县	茶坪河	0.72	12	13	低
57	三叉路口	安县	茶坪河	1.02	17	12	低
58	柏果林	安县	茶坪河	240	80	60	低
59	大茶园	安县	茶坪河	150	50	35	低
60	八字岩	安县	茶坪河	225	50	32	低
61	龙王庙	安县	茶坪河	8	20	40	低
62	枳竹坪	安县	茶坪河	180	60	300	中
63	观音岩	安县	茶坪河	14.4	20	100	中
64	宝藏	安县	茶坪河	2.5	10	50	低
65	宝藏 4 队	安县	茶坪河	3	15	75	低
66	截龙桥	安县	干河子	2.45	14	40	低
67	马落滩	安县	干河子	10	20	27	低
68	鹦哥嘴	安县	干河子	24	15	24	低
69	探沟口大河	安县	干河子	10.08	12	26	低
70	崖湾	安县	干河子	60	75	150	中
71	鱼洞口	安县	干河子	2880	70 ~ 80	500	中
72	道渣石厂	安县	干河子	2310	110	375	中
73	罗家大坪	安县	干河子	5000	300	3750	低
74	平武黄连树	平武	平通河	11.52	12	10.1	低

续表 4–1　5 · 12 汶川特大地震 104 处堰塞湖基本信息

序号	名称	市（县）	河流	应急处理前堰塞湖情况			
				堰塞体积/万 m^3	堰塞体高/m	最大可能蓄水量/万 m^3	危险等级
75	枷担湾	都江堰市	白沙河	82.4	60 ~ 80	610	高
76	窑子沟	都江堰市	白沙河	80.8	60	700	中
77	关门山沟	都江堰市	白沙河	92.3	80	720	中
78	东兴乡竹包沟	茂县	土门河	5	10	26	低
79	凤仪镇宗渠沟	茂县	宗渠沟	4	10	20	低
80	渭门乡十里沟	茂县	十里沟	3	7	11	低
81	汶川切刀岩	汶川县	寿溪河	9.5	10	20	低
82	汶川塘房电站	汶川县	草坡河	25	12	50	低
83	黑水县哈木湖	黑水县	岷江	330	30	360	中
84	关门岩	青川房石镇	两叉河	30	21	24	低
85	礼拜寺	青川红光乡	红石河	48	30	86	低
86	漆子树	青川红光乡	铁炉沟	6.8	20	12.6	低
87	园子山	青川马公乡	雁门河	6	40	16	低
88	蒋家院子(大沟)	青川乔庄镇	乔庄河	30	19	15.4	低
89	杨家坪(深地湾)	青川石坝乡	两河口	8	10	13.4	低
90	黄家湾(枫香坝)	青川石坝乡	两河口	5.8	12	12.6	低
91	胶子村(薄家沟)	青川石坝乡	两河口	23.2	34	10.7	低
92	锰粉厂	青川石坝乡	两河口	6.8	22	20.6	低
93	梨儿坪(石泉岩)	青川石坝乡	两河口	5.9	11	10.7	低
94	李家门前（马桑坡）	青川石坝乡	两河口	1.4	12	11.1	低
95	董家河	青川石坝乡	两河口	30	30	75	低
96	石拱坪(龙潭坡)	青川石坝乡	两河口	1624	141	27	低
97	麻池盖	青川石坝乡	两河口	99	39	14	低
98	孙家	青川石坝乡	两河口	2.3	16	12.7	低
99	岩坑子(坝子溪)	青川石坝乡	两河口	31.2	60	10.5	低
100	岩窝子（煤厂）	青川石坝乡	两河口	28.8	30	11.7	低
101	两河口（坪上）	青川石坝乡	两河口	18.6	20	10.9	低
102	小天池	绵竹天池乡	花石沟	63	23 ~ 50	200	中
103	两岔口	绵竹天池乡	花石沟	18	23 ~ 50	22.5	低
104	西沟	什邡红白镇	通溪河	78	35	70	低

此外，在勘察工作中还发现，在北川县、平武县、青川县、绵竹市、茂县和理县等地，具有8片非常明显的堰塞湖群（见图4-2）。根据滑坡堵塞河道的程度以及子流域的集水范围大小，这8片堰塞湖群所处位置的下游河道两岸居民地分布较密集。地震发生时值雨季临近，堰塞湖如果发生溃决，洪水将对下游地区人民生命与财产安全构成严重威胁。

(a) 北川县东部桂溪乡杜家坝附近的堰塞湖群

(b) 平武县平通镇涪江支流石坎沟上的堰塞湖群

(c) 平武县南坝镇涪江支流洪溪沟马鞍石附近的堰塞湖群

(d) 青川县和江油市交界嘉陵江2级支流上的堰塞湖群

图4-2（一） 5·12汶川特大地震灾区主要堰塞湖群分布

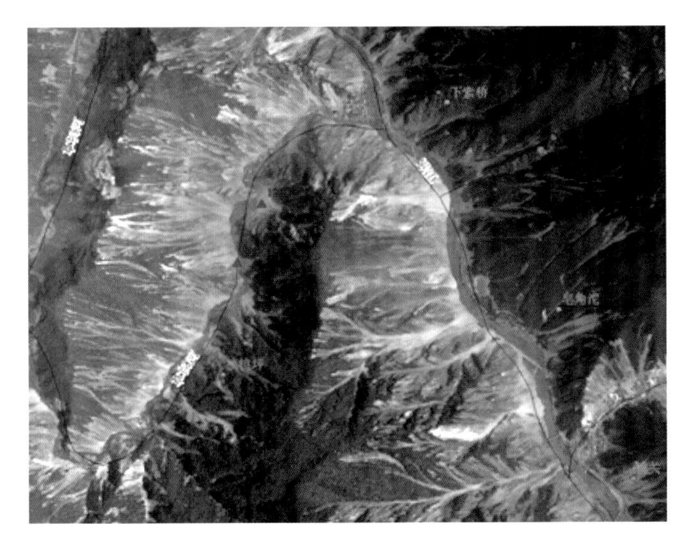

(e) 汶川县岷江支流草坝河上的堰塞湖群

(f) 绵竹市绵远河清平乡－小岗剑之间的堰塞湖群

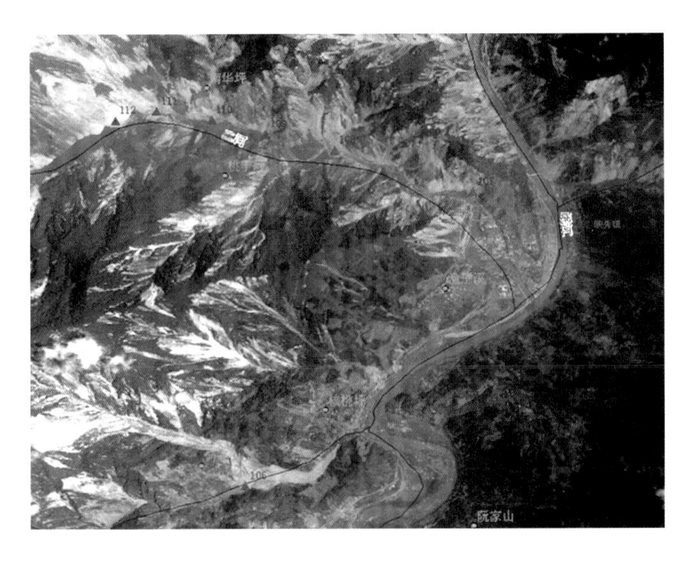

(g) 汶川县岷江支流二河头道桥－桃子坪一带的堰塞湖群

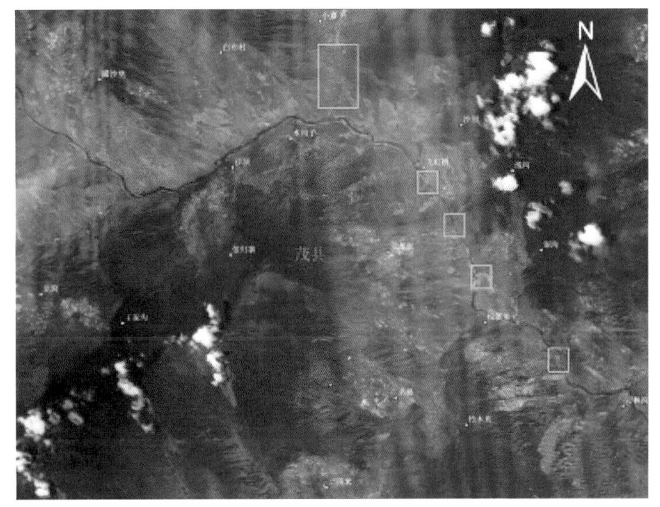

(h) 茂县中部地区堰塞湖群

图 4–2（二） 5 · 12 汶川特大地震灾区主要堰塞湖群分布

4.1.3 堰塞湖溃决洪水风险分析

在堰塞湖勘察的基础上，在前方和后方，中国水科院、长江院和成勘院等单位的专家和技术人员都对堰塞湖溃坝洪水分析进行了多方案分析，主要内容包括堰塞坝调洪计算和溃坝洪水计算两部分内容，为堰塞湖抢险决策与排险工作提供信息支撑。

5 月 16 日，对堰塞湖应急处置提出下列建议：针对滑坡堵江坝本身存在的主要工程地质问题，在对其进行治理时，采取临时应急治理措施为主、长期治理措施为辅的路线。应在及时做好堰塞湖安全检查的基础上，采取切实有效的工程治理措施，尽快降低和避免二次灾害发生，保证下游居民生命和财产安全。在进行堰塞湖的应急治理方面，应注意以下几个方面。

（1）基本原则

对于地震导致的堰塞湖，由于蓄水可能会引发堆积体上游淹没或溃决，产生二次灾害。因此，近期内应最大可能地降低堆积体前积水，保证堆积体不溃决，在保证堰塞湖不会产生次生灾害的情况下，再考虑综合治理措施。

（2）现场应急检查

①对造成堰塞湖的滑坡堆积体进行初步分析，包括堆积体材料类型、颗粒组成、堆积规模、透水特征以及可能的拦蓄水量等；②初步判断堆积体的安全稳定性，包括堆积体抗滑稳定性和渗透破坏可能性，并判断溃决风险及可能造成的损失；③结合短期降雨预报，判断近期可能的来水量，进行基本的洪水过程评估；④综合上述基本判断，确定堆积体短期内的整体稳定性，确定应急治理方案。如果能够保证堆积体近期稳定性，则近期可以进行以降低水位为主的临时保坝措施，否则应及时疏通堆积体，放空蓄水，避免二次灾害发生。

（3）应急处理技术

①修建临时溢洪道、抽排水或涵管排水，尽可能地降低库内蓄水，降低淹没或溃决可能性；②对于交通条件较便利处的堰塞湖，可通过调动机械设备进场、配合人工，采用爆破等手段，及时予以清障处理；③对于所处环境恶劣、地形条件差、交通极其不便、人迹罕至，不及时处理会产生较大影响的堰塞湖，由于不具备大型机械作业条件，难以调动必要的大型、重型机械设备进场以及实施大规模爆破处理，可考虑一些轻型、便携的小设备进行钻孔，进行小批量多次爆破，配合机械作业方式，实现可控性溃决，减轻湖水骤溃导致的洪灾。

5 月 18 日，科技人员运用三维电子江河系统平台，基于 1:50000 数字高程数据，对绵远河红白镇、青川县红光镇和北川县唐家山等威胁较大的堰塞湖进行风险评估，取得下列主要成果：

（1）绵远河红白镇堰塞湖库容和溃坝流量估算

根据 1:50000 数字高程数据，对绵远河红白镇河段滑坡体所处河道原始地形切割 6 个断面，各断面之间距离 2km。计算得到绵远河堰塞湖库容约 1600 万 m^3。

根据众多溃坝流量公式，对于绵远河堰塞湖溃决流量的估算结果，大多数溃坝流量公式的计算结果为 4000m^3/s，最大的约 7500 m^3/s。

（2）青川县红光镇堰塞湖溃决洪水影响初步评估

青川县红光镇发生山体滑坡，形成堰塞湖，滑坡体阻塞河段长 700 m，宽约数十米到 100m，平均坝高 30m。

基于堰塞湖所在区域 1:50000 数字高程数据进行估算，堰塞湖最大库容约 1400 万 m^3。按照堰塞湖坝体逐渐溃决的方式估算，预测堰塞湖一旦发生溃决后，溃口宽约 40m，最大溃坝流量约为 6100m^3/s；因溃决，堰塞湖下游 5km、10km、20km、30km、40km、50km 处最大流量分别为 4700m^3/s、3800 m^3/s、2800 m^3/s、2200 m^3/s、1800 m^3/s、1500 m^3/s，沿程水深增加量分别为 5.5m、4.9m、4.0m、3.4m、3.1m、2.8m。

（3）通口河堰塞湖溃决洪水影响初步评估

根据当时掌握的资料情况，所有堰塞湖中，通口河的 4 处堰塞湖库容大、堆积体高，发生溃决对下游可能造成的影响巨大。

当时，通口河有唐家山、新街村和白果村等堰塞湖。国土资源部初步分析结果表明，唐家山堰塞湖坝高约 40m，新街村堰塞湖坝高约 80m。

对堰塞坝相对位置和坝高的初步分析表明，起制约作用是新街村堰塞湖。如果溃决，洪水将对下游地区人民生命财产造成较大威胁。根据 1:50000 数字高程数据，该段河道比降约为 4‰。堆积体顺河长度约 200m，顶宽约 50m，堆积体平均高度 80m。堰塞湖蓄水约 5300 万 m^3。运用简易公式进行估算，逐渐溃时的最大溃口流量约为 1.4 万 m^3/s，到达北川县城流量约为 1.3 万 m^3/s，下游 10km 处流量约为 1.0 万 m^3/s，下游 30km 处最大流量约为 6800m^3/s。

唐家山堰塞湖溃决后，洪水将影响到北川县、茅坝村、沙坝村、马滚岩村、桃树坪村、李家坪村、通口镇、含增镇、将军石村、关帝庙村、青莲镇、大渡口村等。溃坝洪水演进到涪江时仍有约 4000m^3/s，可能会对下游绵阳市有较大影响，如图 4–3 所示。

5 月 19 日，对青川县清水河石板沟堰塞湖溃决风险趋势与溃决影像进行了初步评估，成果如下：

（1）石板沟堰塞湖溃决风险趋势判断

石板沟因地震形成顺河长 700m，横河宽 200 ～ 300m，高 30 ～ 50m 的滑坡堆积体。中国水科院进行风险评估时，该堰塞湖已溢流，尚未溃决，因滑坡体巨大，溢流流量较小，破坏力不大。该堰塞体上游流域面积近 2000km^2，估算结果表明，上游 100mm 的场次降雨，到该堰塞湖坝址处流量

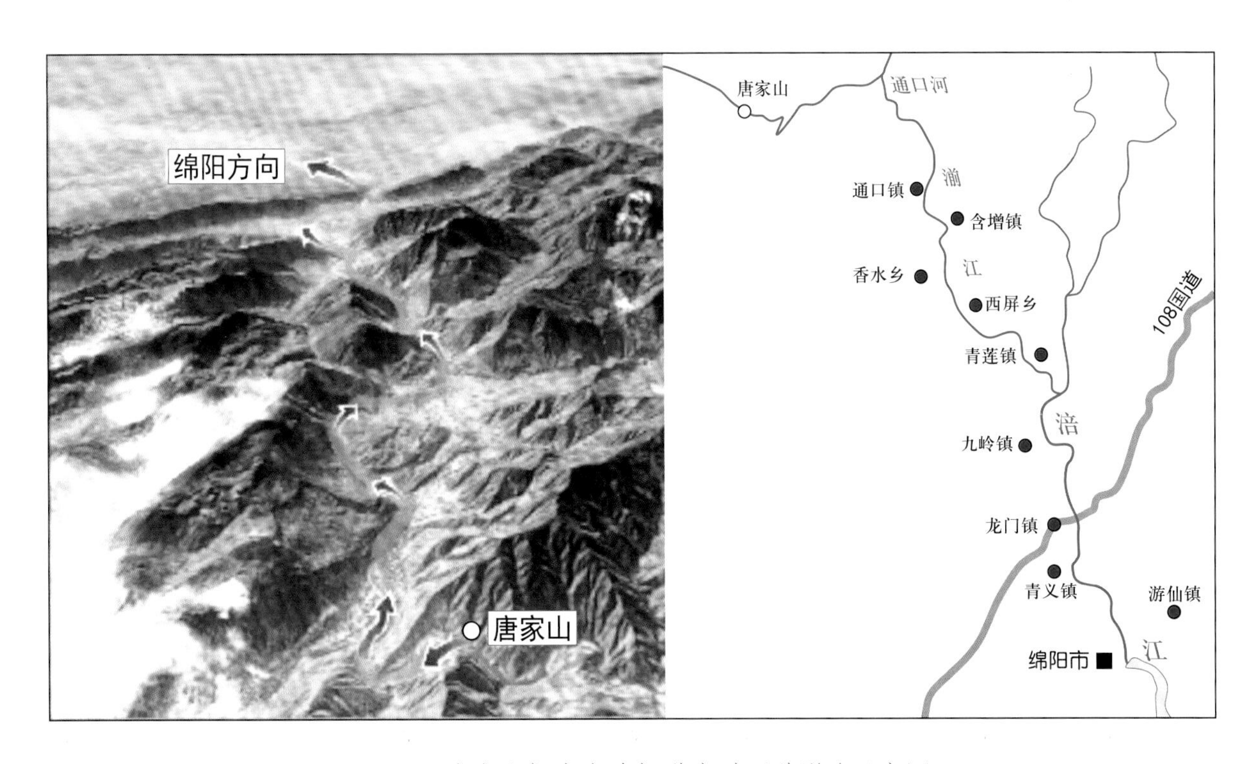

图 4–3　唐家山堰塞湖溃坝洪水对下游影响示意图

将达 1500m³/s，随着雨季到来，入湖流量增加，溃决的可能性会快速加大。

（2）石板沟堰塞湖溃决洪水影响初步评估

基于堰塞湖所在区域 1:50000 数字高程数据进行估算，堰塞湖最大库容约 1400 万 m³。按照堰塞湖坝体逐渐溃决方式估算，溃口宽 40m，最大溃坝流量约为 6100 m³/s。堰塞湖下游 5km、10km、20km、30km、40km、50km 处最大流量分别为 4700m³/s、3800 m³/s、2800m³/s、2200m³/s、1800m³/s、1500m³/s，水深分别增加 5.5m、4.9m、4.0m、3.4m、3.1m、2.8m。

堰塞湖溃决后，岩窝山、东河口、固井里、关庄镇、寺坝、池坝、茅坪、凉水镇、三园坝、七岔口、大佛滩、菜溪河、马鹿坝、康陈坝、龙池盖、黄沙坝、陈家坝、竹园镇等村镇将受到不同程度的影响。

（3）建议

气象部门和水利部门密切关注堰塞湖上游降雨情况，并做好堰塞坝险情监测。当地政府应根据雨情、水情和上述溃坝计算所得到的下游影响情况，及时开展应急响应行动。

对绵远河蔑棚子堰塞湖溃决洪水影响进行初步评估，成果如下：① 评估工作开展时，绵远河蔑棚子堰塞湖已经溢流，流量约 13 m³/s，因流量较小，立即溃决的可能性不大，但随着雨季到来，流量增加，溃决可能性会加大。② 基于 1:50000 数字高程数据进行分析，该段河道比降约为 15‰。当前河道堆积体顺河长度约 300m，坝轴线长度 120m，顶宽约 520m，堆积体平均高度 60m。估算表明，堰塞湖蓄水约 2000 万 m³，逐渐溃决情况下，溃口最大流量约为 5556 m³/s，下游 5km 处最大流量约为 4652m³/s，下游 11km 处最大流量约为 3892m³/s。③ 下游小岗剑上堰塞湖仅距蔑棚子堰 11km，容量为 2280 万 m³，蔑棚子一旦溃决，极有可能造成小岗剑堰溃决，两堰塞湖溃决洪水叠加，将造成下游更大的洪水灾害。④ 评估提出下列建议：气象部门和水利部门密切关注通口河、清水河各堰塞湖上游降雨情况，并做好堰塞坝险情监测。当地政府应根据雨情、水情和上述溃坝洪水对下游影响情况分析成果，及时开展应急响应行动。

5 月 19 日以来，科技人员将唐家山等堰塞湖遥感航空影像图，添加到三维电子江河系统中，为国家防总召开抗震救灾应急指挥会商提供三维会商平台。

截至 5 月 22 日，震灾区发现 33 处堰塞湖，其分布见图 4–4。

从图 4–4 可知，堰塞湖基本沿龙门山断裂带方向青川—北川—绵竹—彭州一线分布，位于岷江上游支流、沱江、涪江和清江河上，成条带分布，与条带状地震烈度等值线走向基本一致，都在地震烈度 8 度以上地区，并位于高山与平地的过渡带。

堰塞湖规模大小不等，影响范围不同，危险程度各异。在数量分布方面，自南向北分别为崇州市 4 处、汶川县 1 处、彭州县 2 处、什邡市 7 处、绵竹市 4 处、安县 2 处、北川县 9 处、平武县 1 处和青川县 3 处。在坝体最大堆积高度方面，100m 以上有 3 处，即唐家山、红石河和火石沟；50 ~ 100m 有 9 处；小于 50m 有 21 处。从坝体方量来看，1000 万 m³ 以上有 3 处，即唐家山、红石河和东河口；500 万 ~ 1000 万 m³ 有 2 处；小于 500 万 m³ 有 28 处。从最大可蓄水量来看，大于 1000 万 m³ 的有 4 处，500 万 ~ 1000 万 m³ 的有 3 处，小于 500 万 m³ 的有 26 处。从危险程度来看，当时具溃坝险情的堰塞湖 1 处（唐家山），高危险情堰塞湖 5 处，次高危险情堰塞湖 7 处，风险较小的有 18 处，已溃的有 2 处，已除险的 1 处。从影响人口来看，0 ~ 1 万人，5 处；1 万 ~ 5 万人，5 处；5 万 ~ 10 万人，5 处；10 万 ~ 20 万人，3 处；大于 20 万人，1 处；其他不详。

其中唐家山堰塞湖坝高达 82.5 ~ 124.4m，坝体体积约 2037 万 m^3，最大可蓄水量 3.12 亿 m^3，影响范围很广，引起了重点关注。

5 月 26 日，成都军区陆航团安全飞行 20 多架次，顺利将各种抢险物资与工程技术人员运抵现场，见图 4-5。

部省水利联合指挥部组织中科院成都山地所、国土资源部、成勘院、成都理工大学地质灾害防治国家重点实验室等单位，形成专家组对部分堰塞湖进行风险评估，于 5 月 25 日提交了 21 处堰塞湖风险初步评估报告。

图 4-4　5·12 汶川特大地震灾区堰塞湖分布图（截至 5 月 22 日）

1 ~ 33—堰塞湖分布序号（见表 4-2）

表 4–2　5·12 汶川特大地震灾区堰塞湖分布

序号	堰塞湖名称	堰塞湖基本情况描述（截至 2008 年 5 月 22 日）
1	唐家山	在涪江支流通口河上游湔江河河段上，位于北川县城上游 3.2km，苦竹坝上游 2km 唐家山；滑坡体长 803.4m，宽 611.8m，高 82.65 ~ 124.4m ，方量 2037 万 m^3；土石堆积体，右岸岩质边坡滑坡形堰体形成连续低洼槽。高程 750.20m 时，库容 2.2 亿 m^3，库水位超过坝顶高程时，相应容积约 3.02 亿 m^3；最大水深超过 60m；回水长度 20km，集水面积 3550km^2
2	苦竹坝	在涪江支流通口河上游湔江河河段上，位于北川县城上游 1km；滑坡体长 200m，宽 300m，高 60m，方量 80 万 m^3；土石堆积体，右岸滑坡。最大可能蓄水 200 万 m^3，回水长度 800m，集水面积 3235km^2
3	新街村	在涪江支流通口河上游湔江河河段上，位于北川县城索桥上游约 2.5km，滑坡体长约 200m，宽约 350m，高约 20m，方量 70 万 m^3。坝体主要由砂岩块石组成，左岸滑坡，上部坝体堆石多有架空，渗透性较大，最大可能蓄水 200 万 m^3
4	白果村	在涪江支流通口河上，位于北川县城上游 0.5km。滑坡体长 100m，宽 200m，高约 10 ~ 20m，方量约 40 万 m^3；坝体主要由砂岩块石组成，右岸滑坡
5	岩羊滩	在涪江支流通口河上游，位于北川县城东北 9km，下游 7.8km 为通口镇；滑坡体宽 150m，高 20m，方量 160 万 m^3，回水长度 3km
6	孙家院子	在涪江支流通口河上游支流复兴河上，位于北川县城以下西 15km，宽 180m，高 50m，估计可蓄水量 560 万 m^3
7	罐子铺	在涪江支流通口河上游支流复兴河上，位于北川县城东北 18.4km，宽 390m，高 60m，最大蓄水量 585 万 m^3
8	唐家湾	在涪江支流通口河上游支流复兴河上，位于北川县城东北 20km，宽 300m，高 30m，方量 200 万 m^3，最大蓄水量 200 万 m^3
9	肖家桥	在涪江一级支流茶坪河上，安县晓坝镇境内；滑坡体长 272m，宽 198m，高 61.5m；土方量 200 万 m^3。最大可能蓄水量 2000 万 m^3；回水长度 7km；集水面积 80.6km^2
10	南坝	在涪江一级支流石坎河上，位于平武县南坝镇；滑坡体长 625m，宽约 200m，高约 50m，方量 600 万 m^3；土石堆积体，右岸滑坡；估算最大可能蓄水量在 5000 万 m^3；回水长度约 6km；集水面积 177km^2
11	黑洞崖	在沱江上游绵远河上，位于清平乡上游约 3km 处，下距汉旺镇 19km；长约 700m，宽约 120m，高约 35m，体积约 200 万 m^3；最大可能蓄水量 200 万 m^3，回水长度约 400m；集水面积 258km^2

续表 4–2　5 · 12 汶川特大地震灾区堰塞湖分布

序号	堰塞湖名称	堰塞湖基本情况描述（截至 2008 年 5 月 22 日）
12	小岗剑水电站上游	在沱江上游绵远河上，位于小岗剑水电站上游约 300m；右岸山体湖泊形成；堆积体长约 120m，宽约 150m，高 62 ~ 72m，方量约 210 万 m^3；左岸有一个 V 形沟，宽 5m，深 6 ~ 7m；最大可能蓄量 780 万 m^3；回水长度约 3km
13	小岗剑水电站下游	在沱江上游绵远河上，位于小岗剑水电站下游约 300m 处；滑坡体长 150m，宽 150m，高约 30m，方量 350 万 m^3；最大可能蓄水量 200 万 m^3
14	一把刀	在沱江上游绵远河上，滑坡体长 80 ~ 100m，宽 40m，高 25m，方量 150 万 m^3；最大可能蓄水量 100 万 m^3，回水长度约 2000m
15	干河口	在沱江支流石亭江上，位于四川省德阳市什邡市红白镇瓜坪村，集水面积 350km^2
16	马槽滩下游	在沱江支流石亭江上，位于德阳市什邡市红白镇木瓜坪村，距燕子岩滑坡体约 1km，堆积体由右岸山体滑坡和形崩塌形成，长 60m，宽 80 ~ 100m，高约 30m，右岸缺口宽 10 ~ 20m，有水流渗出，堰前水深约 5m，蓄水量小于 10 万 m^3。回水长度约 200m
17	燕子岩	在沱江支流石亭江上，距红松一级水电站厂房滑坡体约 3.5km，堆积体长 30 ~ 40m，顶宽约 20m，高不足 10m，水深约 5m，蓄水量约 3 万 m^3，回水长度约 100 m
18	石板沟	在嘉陵江一级支流清江河上，位于东河口上游 3km，滑坡体长 450m，宽 800m，高 60m，方量 810 万 m^3；材质：松散土夹石堆积。滑坡来源：左、右岸。最大可能蓄水量 2000 万 m^3，回水长度 4km，集水面积 900m^2
19	红石河	在嘉陵江一级支流清江河支流红石河上，位于东河口上游 500m，滑坡体长 500m，宽 400m，高 100m，堰顶已局部溃决溢流，溢流口处高 70m，方量 1000 万 m^3，松散土夹石堆积。最大可能蓄水量 500 万 m^3，目前蓄水量也是 500 万 m^3
20	罐滩	在涪江支流睢水河上，位于安县睢水镇罐滩；滑坡体长 120m，宽 200m，高 60m，方量 144 万 m^3；土石堆积体，左岸滑坡；集水面积 235km^2
21	东河口	在嘉陵江支流清江河上，青川县位于关庄乡 3km，滑坡体长 700m，宽 500m，高 15 ~ 25m，方量 1000 万 m^3；松散土夹石块。滑坡来源：左、右岸
22	凤鸣桥	在沱江支流金沙河上，位于白水河镇，滑坡体长约 300m，宽 100m，高 10m，蓄水量约 150 万 m^3
23	治城	在涪江上，每天上升 2.83m。5 月 19 日水位距公路仅 5km，估计 1 ~ 2 天淹没范围到达禹里乡

续表 4–2　5 · 12 汶川特大地震灾区堰塞湖分布

序号	堰塞湖名称	堰塞湖基本情况描述 （截至 2008 年 5 月 22 日）
24	木瓜坪村	处在沱江支流石亭江上，位于马槽滩（上）上游 1km 处，左、右岸滑坡，长约 100m，宽 20 ~ 30m，高约 15m，上、下游水位差不足 5m，山体表层土为主
25	马槽滩上游	在沱江支流石亭江上，位于马槽滩（中）上游约 500m 处，长 300m，沿河宽 100m，高约 40 ~ 50m，大块石和碎石组成。右岸缺口宽 10 ~ 20m，有水流渗出，堰前水深约 8m，蓄水量约 60 万 m^3
26	马槽滩中游	在沱江支流石亭江上，位于马槽滩（下）上游约 200m，由左、右岸山体滑坡和石岸坍塌阻塞河道形成，以右岸山体滑塌为主。长约 80m，高约 40 ~ 50m，大块石和碎石组成。堰前水深约 5m，蓄水量约 25 万 m^3，回水长度 500m
27	红村水电站厂房	在沱江支流石亭江上，红白镇上游约 5km，燕子岩下游；左岸山体滑坡；滑坡体长 60m；宽约 100m，坝高 40 ~ 50m，蓄水量约 40 万 m^3。左岸山体尚有高约 100m 的滑至山腰的滑坡体堆积。河流流量 10m^3/s，堰体大部分为石块，透水性好，回水长约 2.2km，蓄水量约 100 万 ~ 150 万 m^3
28	谢家店子	在沱江支流金沙河上，临龙门山镇九峰村，滑坡体长约 250m，宽 70m，高 10m，蓄水量约 18 万 m^3。最大蓄水量 100 万 m^3，回水长约 1km
29	六顶沟	在岷江支流文井江上，位于崇州市鸡冠山乡，滑坡体长约 500m，宽 50m，高 60m，滑坡方量 150m^3，最大蓄水量约 300 万 m^3
30	竹根顶桥	在岷江支流文井江上，位于崇州市鸡冠山乡，滑坡体长约 500m，宽 68m，高 90m，滑坡方量 300 万 m^3，最大蓄水量约 450 万 m^3
31	火石沟	在岷江支流文井江上，滑坡体长约 500m，宽 40m，高 120m，滑坡方量 240 m^3，最大蓄水量约 150 万 m^3
32	海子坪	在岷江支流文井江上，滑坡体长约 500m，宽 50m，高 50m，滑坡方量 150 m^3，最大蓄水量约 300 万 m^3
33	汶川	在岷江上游河段，位于映秀湾与太平驿水电站之间，滑坡约 1 万 m^3，堵塞河道 1/2

此后，四川省抗震救灾指挥部水利组再次组织成都山地所、国土资源部、成都理工大学、成勘院等单位的专家对全省 34 处堰塞湖进行了分析评估，于 5 月 29 日提交了《四川省堰塞湖初步风险分析评估报告》。该评估报告根据堰塞体的坝高、堰塞湖最大可能蓄水量、上游集雨面积、堰塞体结构状况、对下游可能威胁程度 5 个方面进行综合分析，按极高危险、高危险、中危险和低危险四个等级进行了最初 34 处堰塞湖的危险等级评估，评估结果如下：极高危险 1 处，即唐家山；高危险 5 处；中危险 13 处；低危险 15 处，见表 4–3。

图 4-5　5 月 26 日，成都军区陆航团安全飞行 20 多架次，顺利将各种抢险物资与工程技术人员运抵现场

表 4-3　四川省堰塞湖风险分级表

危险分级	数量	堰塞湖名称	所在市（县）
极高危险	1	唐家山	绵阳市北川县
高危险	5	肖家桥、老鹰岩	绵阳市安县（2 处）
		南坝（文家坝）	绵阳市平武县
		小岗剑水电站上游	德阳市绵竹市
		石板沟	广元市青川县
中危险	13	罐滩	绵阳市安县
		苦竹坝下游、新街村、岩羊滩、孙家院子、罐子铺、唐家湾	绵阳市北川县（6 处）
		马鞍石	绵阳市平武县
		一把刀	德阳市绵竹市
		马槽滩上游、马槽滩中游、红松水电站厂房	德阳市什邡市（3 处）
		红石河	广元市青川县
低危险	15	白果村	绵阳市北川县
		黑洞崖、小岗剑水电站下游	德阳市绵竹市（2 处）
		干河口、马槽滩下游、木瓜坪、燕子岩	绵阳市什邡市（4 处）
		东河口	广元市青川县
		竹根桥、六顶沟、火石沟、海子坪	成都市崇州市（4 处）
		谢家店子、凤鸣桥（大奔流子）	成都市彭州市（2 处）
		映秀湾	阿坝州汶川县

4.1.4 抢险决策与排险

在堰塞湖风险评估基础上，水利部抗震救灾前方指挥部会同现场专家反复会商和论证，根据各科研单位提交的风险分析结论，提出了通过工程措施加快排除堰塞湖险情的工作方案。方案建议对17处中危级以上的堰塞湖采取工程措施排除险情。其中，唐家山堰塞湖已经采取工程措施，位于其下游的苦竹坝下游、新街村、孙家院子和罐子铺4处堰塞湖，因会受到唐家山堰塞湖泄流直接影响，与唐家山堰塞湖一并处置，不单独考虑。其他12处中危级以上的堰塞湖，即岩羊滩、唐家湾、肖家桥、老鹰岩、罐滩、平武南坝、青川石板沟、红石河、绵竹小岗剑上游、一把刀、马槽滩上游、红松水电站厂房，应尽快实施工程排险措施，降低溢流缺口高程，拓宽溢流通道，尽可能降低堰塞湖水位。11处低危级的堰塞湖由于坝体较低，蓄水较少，下游受威胁人员较少，考虑采取工程措施，加强预警预报，落实下游群众安全转移措施。

5月20日22时，矫勇主持召开水利部抗震救灾前方领导小组第九次会商会，紧急传达了中央领导对堰塞湖除险工作的重要指示和陈雷的要求，研究落实水利部《关于立即报告堰塞湖水库责任人的紧急通知》有关工作。会商决定：①逐一落实对震损水库和堰塞湖的险情排查工作，坚持一天一报；②落实溃坝、高危险情水库和堰塞湖的应急抢险预案和下游群众转移避险方案，确保一旦有事群众能够及时转移；③加强监测预报，高危工程实行24小时实时监控；④落实责任追究制，发现工作不到位、措施不得力的，立即严肃处理；⑤指派工作组对相关责任人、监测预警、下游人员转移预案和应急处理措施落实情况，及时抽查，确保责任落实到位。

根据胡锦涛总书记的重要批示，按照温家宝总理关于“主动、早动，排险和避险并重”的要求，水利部部署了四川省堰塞湖处置紧急行动，对19处中危级以上的堰塞湖采取工程除险措施，并要求根据堰塞湖可能发生的不同溃决型式及其相应的淹没影响范围，制定下游人员疏散的避险方案。

堰塞湖处置的主要工程措施是“疏导、引流、降低水位”。工程应急排险本着“每降低1米坝高就减少一分威胁”的精神，主要采取分层爆破和开挖措施，降低堰塞坝顶溢流高程，尽可能降低堰塞湖水位和库容。采取措施包括：采用机械开挖、爆破、人工开挖相结合；机械淘渣、水力冲渣、装载机运渣等“淘、冲、运”相结合的施工模式，在堰塞坝顶低矮处开挖出满足设计过流要求的泄流槽，达到降低堰塞湖水位，提前引流、泄流，降低堰塞坝整体溃决风险，在泄流槽过流时让水流自然拓宽泄流槽以至堰塞坝体逐步溃决，最终达到排除险情的目的。四川省部分堰塞湖应急排险工程施工见图4-6。

(a) 唐家山堰塞湖泄流槽施工现场

(b) 马鞍石堰塞湖坝体爆破排险

图4-6 四川省部分堰塞湖应急排险工程施工

4.2 极高危堰塞湖——唐家山除险

唐家山堰塞湖是104处堰塞湖中唯一一处极高危级堰塞湖，党中央、国务院高度重视该堰塞湖应急排险工作。中央政治局常委会专题研究，胡锦涛总书记多次过问，温家宝、回良玉等中央领导亲赴唐家山堰塞湖指导抢险工作，要求务必做好应急除险和防范工作，确保人员安全，明确提出了唐家山堰塞湖处置“主动、尽早，排险与避险相结合”的原则和“安全、科学、快速”的指导方针。

水利部成立了唐家山堰塞湖应急处置指挥部，专门负责唐家山堰塞湖应急处置工作。指挥部组织水利专家和工程技术人员，克服种种困难，对唐家山堰塞湖进行现场勘察，并根据水文、地质等情况，制定了应急疏通工程设计方案，经国务院抗震救灾前方指挥部批准后实施。水利部、四川省及各有关方面共同努力，解放军、武警水电部队、水利部门等专家和工程技术人员日夜奋战，于6月1日提前完成了泄流渠施工任务。7日晨，堰塞湖开始泄流；10日，堰塞坝过流达到峰值流量，下午水位降低了近30 m，湖内蓄水量大大减少；11日下午，彻底消除了唐家山堰塞湖险情，解除了警报，避险人员返回家园。

4.2.1 堰塞湖概况

唐家山堰塞湖位于北川县城曲山镇，涪江支流通口河上游湔江河河段上（北川县城北约4.6km），东经104°25′44″，北纬31°50′42″。当地属四川盆地西北边缘，是典型的中高山峡谷地貌，位于青藏高原内部巴颜喀拉地块和中国东部华南地块的边界断裂—龙门山逆冲推覆构造带上。

堰塞坝右岸为唐家山，山顶高程1580.00m，坡高约900m。下部坡陡，坡度约为40°，基岩裸露；上部较缓，坡度30°左右。上下游各分布一条小型浅冲沟（见图4–7）。

图4–7　唐家山堰塞坝右岸河谷原貌

堰塞坝左岸为元河坝，坡高约 180m。下部坡陡，坡度约 45°，基岩裸露；上部较缓，坡度约 22°，分布残坡积的碎石土层；坡顶为宽近 20 ～ 50m 的小山脊。

唐家山堰塞坝体由原山坡上部残坡积的碎石土和寒武系下统清平组上部基岩经下滑、挤压、破碎形成的碎裂岩组成。根据现场地质调查，堰塞坝体中碎石土约占 14%，碎裂岩约占 86%。堰塞坝原貌见图 4-8。

图 4-8　唐家山堰塞坝

唐家山堰塞坝横河方向长 612m，顺河方向长 803m，坝高 82 ～ 124 m，体积 2037 万 m^3，上游集雨面积 3550km^2，最大可蓄水量 3.16 亿 m^3。堰塞湖下游重要城镇有绵阳市（四川省第二大城市）、江油市、三台县、射洪县和遂宁市等地县城市，以及通口镇、含增镇、龙门镇、青义镇等重要乡镇，重要基础设施有运输大动脉宝成铁路、能源大通道兰成渝成品油输油管道等，人口达 130 多万人。唐家山堰塞湖作为“悬湖”之水，严重威胁下游地区人民生命财产和沿途重要基础设施的安全。

唐家山距北川县城 3.2km，地震前唐家山右岸有 302 省级公路通过，向下可达北川县、江油市、绵阳市，向上可达漩坪、治城、茂县等地，交通便利。地震后，302 省级公路全线损毁，北川县城桥梁断塌，位于苦竹坝下游的堰塞坝将公路埋压；唐家山上游因堰塞湖水位上涨，302 省级公路被淹入水下，短时间内不可能打通外界进入的陆路交通线（见图 4-9）。通口河为山区河流，地震后形成了堰塞湖，水很深，快艇冲锋舟等小型船只可行驶，但大型船舶不能通行，大型施工机械不能进入。因此，唐家山堰塞湖的处置任务异常艰巨。

图 4–9　唐家山堰塞湖陆路交通图

4.2.2 堰塞湖勘察

地震发生后，四川省水利厅预判将会产生堰塞湖，地震当晚连夜派出第一支湔江堰塞湖勘察组赶赴北川。5 月 14 日，发现唐家山堰塞湖；15—18 日，水利部抗震救灾前方指挥部组织四批水利专家拟经陆路前往唐家山，均因道路中断未能到达；在空军支援下，16 日，水利专家前往唐家山，因天气原因未能到达；18 日，水利专家第一次从空中近距离观察唐家山堰塞坝；18 日晚至 19 日，国务院抗震救灾总指挥部水利组主要领导和专家研究分析唐家山堰塞湖险情；20 日和 21 日，直升机悬降唐家山堰塞坝，水利专家实地察勘测量，判定唐家山堰塞湖险情属极高危险级；22 日下午，矫勇在绵阳主持研究唐家山堰塞湖处理方案，提出成立由地方牵头的唐家山堰塞湖处置指挥部；当晚，温家宝总理决定正式成立唐家山堰塞湖指挥部。

唐家山河段震后损毁严重，水陆路交通全部中断，勘察工作非常艰辛，采取了陆路、水路以及空运等交通方式进行。唐家山堰塞坝是强地震产生的次生灾害，堰塞湖区为高山峡谷地带，地质环境复杂，气象条件恶劣，滑坡、崩塌、泥石流频发，加上交通、电力、通信完全中断，抢险队伍和物资装备无法进场，进一步增加了勘察的难度。

5 月 15 日，中国科学院、中国水科院、中科院成都山地所等单位，对接收到的中国台湾福卫 2 号卫星多波段影像和全波段卫星数据进行解译后，发现强震在唐家山形成约 3000 万 m^3 的巨型滑坡，将湔江河道堵死（见图 4–10）。

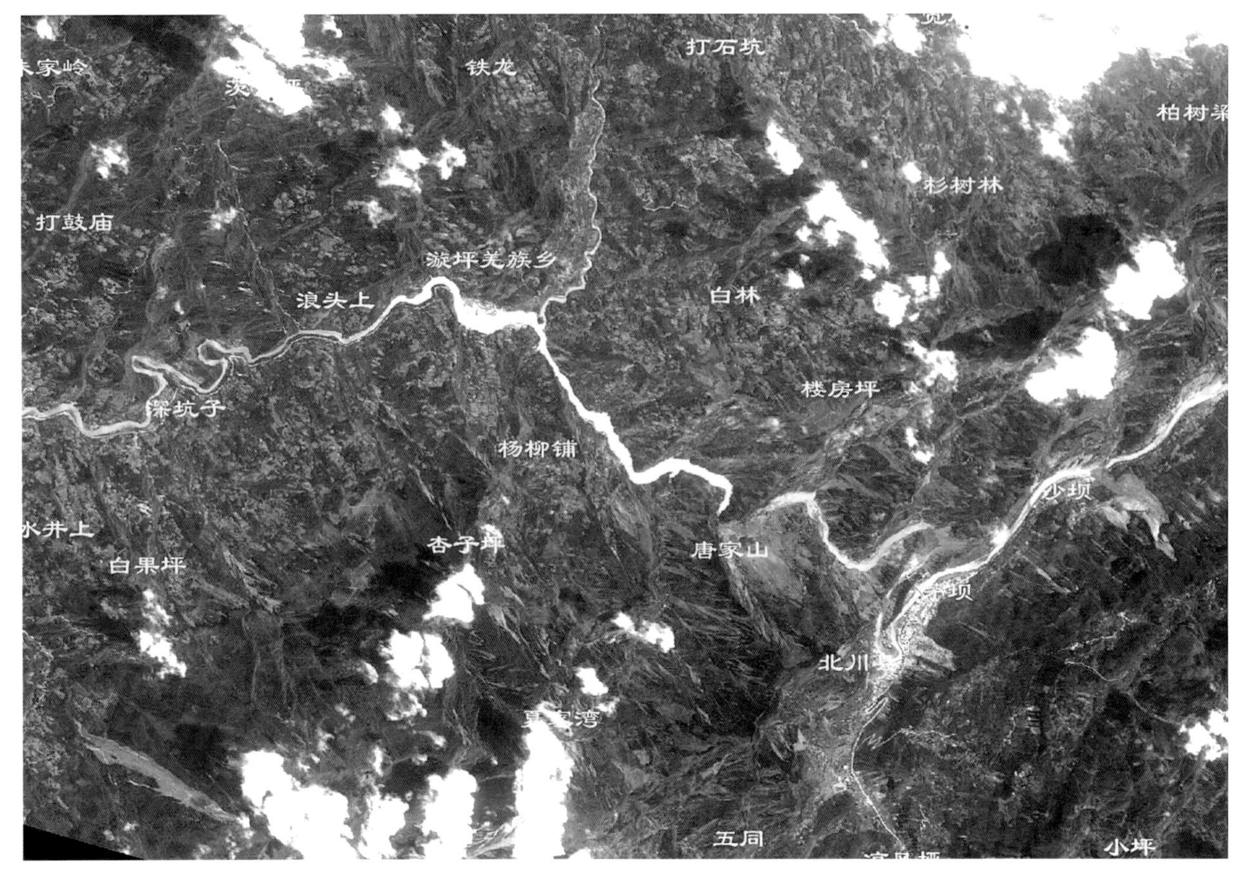

(a) 全景影像

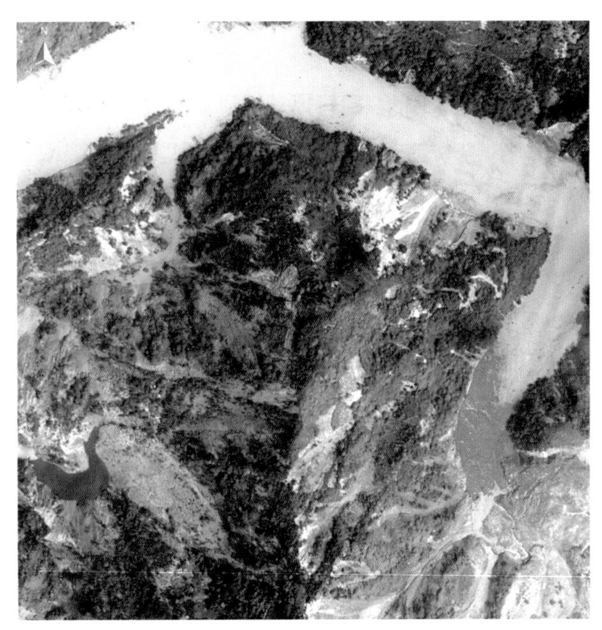

(b) 5 月 16 日唐家山堰塞湖情况

(c) 5 月 19 日唐家山堰塞湖情况

图 4-10（一） 唐家山堰塞湖遥感监测图

(d) 5 月 23 日唐家山堰塞湖情况

(e) 5 月 27 日唐家山堰塞湖情况

图 4-10（二） 唐家山堰塞湖遥感监测图

当天，水利部抗震救灾绵阳工作组成立，国家防办副主任李坤刚担任组长；当晚，长江委蔡其华主任到达绵阳，指导水利抗震救灾工作。

5 月 15 日、16 日两天，四川省国土资源厅专家组和水利部抗震救灾前方绵阳工作组分别试图徒步进入现场，均因无路可走，受阻返回。

5 月 17 日上午，绵阳市抗震救灾指挥部决定水路、空中并进，前往唐家山堰塞湖现场。由于地震后河道水势变化，皮筏艇行进困难，天黑前未能到达；直升机也因山中云雾较大，能见度低，未能抵达唐家山堰塞湖上空。

5 月 18 日上午，绵阳市水陆两支突击队强行到达北川唐家山堰塞坝顶部现场勘察，同时，空军两架直升机成功运送专家到达唐家山堰塞坝上空，实施低空察看。初步查明，堰塞坝沿河长约 650m，高约 80 ~ 90m，宽约 220m。堰体主要由风化破碎的片岩、板岩夹砂岩组成，表面较为疏松。库内水面距堰顶不足 20m，蓄水量约 4000 万 m^3。堰塞坝以上集雨面积 3550km^2，日均来水量约 500 万 m^3。目测判断，该堰塞湖容积约 1.0 亿 m^3。专家组综合分析气象、水文资料后认为，在上游现有来水的前提下，水位持续上升，堰塞湖有可能溃坝。

5 月 19 日，矫勇、刘宁、蔡其华等移师绵阳市，开始指挥唐家山堰塞湖应急处置。一批水利专家随即聚集绵阳市专门研究和指导唐家山堰塞湖除险。

5 月 20 日，由四川省水文局 4 名水文地质专家组成堰塞湖现场勘察突击队，乘坐军用直升机，于 10 时 50 分登陆北川县唐家山堰塞湖坝顶，首次抵达堰塞湖坝顶现场。突击队利用仪器设备对该堰塞湖进行实地测验，获得了唐家山堰塞湖坝体的基本情况及水位和堰塞坝高程情况的基本信息。此时，堰塞湖蓄水已达 9000 万 m^3。

5 月 21 日上午，水利部 20 余名技术人员机降唐家山堰塞坝顶部，进行实地勘察分析（见图 4-11）。

经过堰塞坝现场进行的测绘和地质调查，得到唐家山堰塞湖堰塞坝体基本信息如下：坝体顺河长约 803m，横河最大宽度约 611m，平面面积约 30 万 m^2，坝高 82 ~ 124m，体积约 2037 万 m^3。

(a) 徒步勘察

(b) 测量

图 4-11 技术人员在进行唐家山堰塞湖勘察测量

堰塞坝顶面地形起伏较大，横河方向左侧高右侧低，左侧最高点高程 793.90m，右侧最高点高程 775.00m。上游坝坡水上长约 200m，坡较缓，坡度约 20°（坡比约 1 ： 4）。下游坝坡长约 300m，坡脚高程 669.55m，上部陡坡长约 50m，坡度约 55°，中部缓坡长约 230m，坡度约 32°，下部陡坡长约 20m，坡度约 64°，平均坡比 1:2.4。

坝体顺河向分布 3 条沟槽。其中右侧沟槽为右弓形，贯通上下游，沟槽底宽 20 ~ 40m，中部最高点高程 752.20m。中部和左侧沟槽分布于下游坝坡，长约 400m，底宽 10 ~ 20m。

水文工作组在唐家山堰塞湖上游设立了 5 个雨量站、3 个水位站；在下游设立了 5 个简易水文站，在人工监测的同时，运用远程宽带实时录像设备进行 24 小时远程监测，实时监测溢流后水位和流量情况。在堰塞坝或附近山坡上设立监测站，实时监测堰塞坝冲刷情况下几何形态的变化（见图 4-12）。

(a) 监测设施布设

(b) 实时监控

图 4-12 唐家山堰塞湖水文设施和监测系统布设

按照水利部水文局的工作部署和《唐家山堰塞湖溃口洪水监测实施方案》，四川省水文局在唐家山、北川、通口、香水、涪江桥设立5个水文监测断面，对唐家山堰塞湖泄洪过程每15分钟监测一次，并通过手机短信实时将信息报送有关领导和工作人员。在唐家山堰塞湖安装的太阳能自动测报设备见图4–13。

图4–13　唐家山堰塞湖太阳能自动测报设备

6月10日，水利部网站推出唐家山抢险动态栏目，平均每15分钟发布一次唐家山、北川、通口、香水、涪江桥5个断面的水位、流量信息。唐家山堰塞坝泄流工程施工结束后，四川省水文局仍有3名职工坚守坝上，继续监视水位变化和观测设施运行情况。

各站点采集信息全部通过所选择的专用信道传输到绵阳市水情分中心，由该分中心经国家防汛指挥系统四川省水情中心广域网，传送至国家防总、流域机构水情中心及各级抗震救灾指挥决策机构。

气象预报是堰塞湖抢险决策和处置实施的重要基础信息。唐家山堰塞湖地区的降雨预报，主要采用了以数值天气预报为主和以预报员经验为主两种方法。其中，预见期48小时以内提供每12小时的面雨量预报信息，3～7天主要提供24小时面雨量范围及倾向值。

为了做好唐家山堰塞湖水文情报预报服务工作，水利部抗震救灾指挥部水文专业组建立并完善了三地（北京、武汉、绵阳）多方（水利部水文预报处、清华大学、长江委水文局预报处、水文专业组、四川省水文局）的信息共享机制。

4.2.3 排险技术支持

在汶川大地震堰塞湖抢险期间，多家科研单位收集整理了国内外堰塞湖的案例，对处理技术进行了分析，这些资料为灾区制定堰塞湖应急抢险方案提供了技术支持。

在唐家山堰塞湖排险除险期间，水利行业的科研单位从堰塞坝稳定性分析、泄流渠稳定性分析、堰塞坝溃决过程分析、溃坝洪水影响及风险分析等方面提供了大量技术支撑。

（1）堰塞坝稳定性分析方面

根据国内外堰塞坝实例资料、唐家山堰塞坝现场勘察资料，基于唐家山堰塞坝坝体形态特征和物质组成、坝前水位，中国水科院、长江委、成勘院和四川省水利院等单位的科技人员对结构、渗流稳定性进行了分析。

长江委科技人员结合实时的水位变化情况，对坝体稳定性进行了计算。分别计算了坝前水位为717.48m、745.00m以及752.00m三种情况下坝体的稳定性。另外，还对上游水位为752.00m时的渗流稳定性进行了计算分析。成勘院科技人员计算了坝前水位为750.00m时的坝体稳定情况，并且考虑了余震对堰塞坝稳定的影响，对坝体的渗流量进行了分析。中国水科院科技人员主要针对堰塞坝的渗流情况进行了计算分析。同时，参考了类似的工程经验，校正计算成果。在坝体稳定性计算方面，考虑了满库和同时遭遇余震时的不利状况。

（2）泄流渠稳定性分析

开渠引流工程方案设计时，对渠底高程分别为747.00m、745.00m和742.00m三个泄流渠方案边坡均进行了稳定分析，分析结果表明，采用渠底高程742.00m方案进行渠道开挖后，渠坡是处于稳定状态的，能及时有效地过流，并降低堰塞坝前水位。

（3）堰塞坝溃决过程分析

国家水利组专家在现场对唐家山堰塞坝突溃与渐溃可能性进行了多次会商，初步推断，最可能的破坏形式是在大流量水流冲刷作用下，堰塞坝滑塌破坏。

坝体结构特征表明，碎裂岩体抗冲刷能力较强，而碎块石土层抗冲刷能力较弱，坝体右侧低洼地带人工泄流渠两侧的碎块石土层会首先受到冲刷；初期冲刷破坏下限位于上部碎块石土层与下部碎裂岩体的接触带，其高程约为710.00～730.00m，从左岸向右岸逐步降低。

该堰塞坝规模巨大，上游坝坡较缓，且由高速基岩滑坡形成，下部结构较密实，不大可能发生流土破坏，管涌破坏可能性小，整体稳定性较好，不存在整体溃决的危险。在洪水冲刷作用下，堰体会产生溯源冲刷，这一过程可能发展较快，但不会瞬时溃决。

（4）溃坝洪水影响及风险分析

多家单位采用多种方法进行了溃坝洪水计算和对比分析，相互比较印证，进行溃坝洪水影响和风险分析。

1）溃坝洪水计算模型。长江委、成勘院、中国水科院、中国科学院、南京水利水电科学研究院（以下简称南京水科院）、清华大学等多家单位参与了唐家山堰塞湖溃坝风险分析。采用的方法和手段有经验公式法、一维溃坝及洪水演进数学模型、二维溃坝及一维洪水演进数学模型、二维溃坝及洪水演进数学模型等多种手段进行了平行计算和对比分析。

2）计算方案。在应急处置方案制定时，根据堰塞坝地质特性，经会商，确定了三个典型溃决方案，即1/3溃坝渐溃历时1小时方案、半溃渐溃历时2小时方案、全溃渐溃历时2小时方案，起溃水位为 752.00m；泄流渠过流冲刷后，渠底高程可能降至 720.00m 左右。若上游出现较大来水过程，可能形成二次溃决。

3）主要成果。各家计算成果得到的认识基本一致：① 涪江干流洪峰越大，溃坝洪水下泄传播得越快，洪峰流量增量也相对越大；② 在涪江干流发生洪水时，若唐家山堰塞湖溃坝同时发生，在 1/3 溃坝、半溃坝、全溃坝方案下，将在一定程度上增加下游的防洪压力。

各家模型计算成果表明，唐家山应急疏通工程泄流渠挖掘实施后，可将起溃水位由工程实施前的 752m 降低至 742 m，减少下泄洪量约 8000 万 m^3，有效降低洪峰流量和水位，大大减轻溃坝洪水对下游的威胁。

（5）其他技术支持

在 5 月 15 日获得灾区堰塞湖福卫 2 号卫星多波段影像和全波段卫星影像数据后，中国水科院判断认为，唐家山堰塞湖、石板沟堰塞湖威胁最大，立即组织专家，充分运用可能获得的资料，持续开展堰塞湖湖区淹没和溃坝洪水分析与风险评估，每天以“抗震救灾科技快报”形式报送水利部、国家防办和水利部前线指挥部。

5 月 18 日，根据现场观测最新资料，中国水科院运用自建的三维电子江河系统，推算得出唐家山堰塞湖在坝顶高程 752.00m 的库容为 3.12 亿 m^3。19 日下午，水利部抗震救灾前方指挥和长江委要求长江委水文局推算唐家山堰塞湖的蓄水量。长江委水文局依据初步绘制的库容曲线，推算出唐家山堰塞湖在高程 750.00 m 时，库容超过 3 亿 m^3。

5 月 25 日，在堰塞坝结构基本明晰的情况下，中国水科院分析认为，如果建议的导流工程措施成功实施，唐家山堰塞湖最大下泄流量约为 1.6 万 m^3/s，溃坝洪水演进到绵阳市时，不会超过城市设防标准。26 日，在水利部抗震救灾指挥部专题会议上，汇报了以上分析结论。29 日，根据最新的资料，经估算，得到如下成果：在逐渐溃决情况下，最大溃口流量约为 1.4 万 m^3/s，到达北川县城的流量约为 1.3 万 m^3/s，下游 10km 处流量约为 1.0 万 m^3/s，下游 30km 处最大流量约为 6800m^3/s；洪水将影响到北川县、茅坝村、沙坝村、马滚岩村、桃树坪村、李家坪村、通口镇、含增镇、将军石村，关帝庙村、青莲镇、大渡口村等村镇；溃坝洪水演进到涪江时仍有约 4000m^3/s，可能会对下游的绵阳城区有较大影响。

5 月 26 日，唐家山堰塞湖抢险指挥部提出，唐家山堰塞湖实施机械施工与人工爆破“双管齐下、人工爆破为主”的方案。长江院抗震救灾领导小组要求岩土重点实验室对爆破过程中堰基是否液化进行分析和评估。该实验室结合上覆非液化土层厚度、地下水位深度条件以及按采用的爆破方案进行分析估算，排除了爆破会使唐家山堰塞坝基础粉细砂产生液化的可能性。所有这些工作，也为前方抢险工作提供了可靠的技术支撑。

4.2.4 应急处置方案

应急处置方案由应急除险工程方案、人员避险方案和应急处置保障措施方案 3 部分组成。

（1）应急除险工程方案

推荐方案：通过机械开挖深 5 ～ 10m 的泄流渠。备用方案：用爆破方式形成深约 5 m 的泄流渠，一方面，逐渐降低堰塞湖水位和减少堰塞湖的水量；另一方面，通过下泄湖水的冲刷，形成有一定行洪能力的稳定新河道，消除堰塞坝对上、下游的威胁。

1）设计思路和原则。① 采取人工干预措施控制水流范围。既要避免水力强烈冲刷导致快速溃决，又要充分利用水力搬运能力拓宽冲深渠道。② 因势利导。充分利用天然条件，选择堰塞坝上最适合快速施工的地质薄弱部位布置工程措施，以达到快速除险的目的。③ 在施工强度能争取达到的范围内，泄流渠初始断面尽可能满足汛期一定标准下的过流能力要求。④ 断面设计与施工设备相匹配，结构简单，便于快速施工。⑤ 设计断面在施工过程中和初期投入使用时的临时稳定应得到保证。⑥ 受空中运输能力所限，只能采用单台重量小于 15t 的施工机械。

2）选线布置。① 泄流渠尽量布置在原地形较低、颗粒组成较细的地方，以减少开挖工程量、降低开挖难度、加快开挖进度，同时便于充分发挥水力挟沙能力。② 渠线应尽量顺直，转弯段转角不宜过大，以保证出流顺畅。③ 泄流渠出口应设置在易于冲刷的地方，以加快形成冲刷临空面，达到溯源冲刷的目的。

根据堰塞坝现场地形、地质条件，经综合比较，在 3 处可利用的天然沟谷中，选择在堰塞坝偏右侧、天然垭口高程最低、三条沟谷中间一条沟谷，依势布置泄流渠。泄流渠在平面上呈凸向右岸的弧形，见图 4–14 和图 4–15。

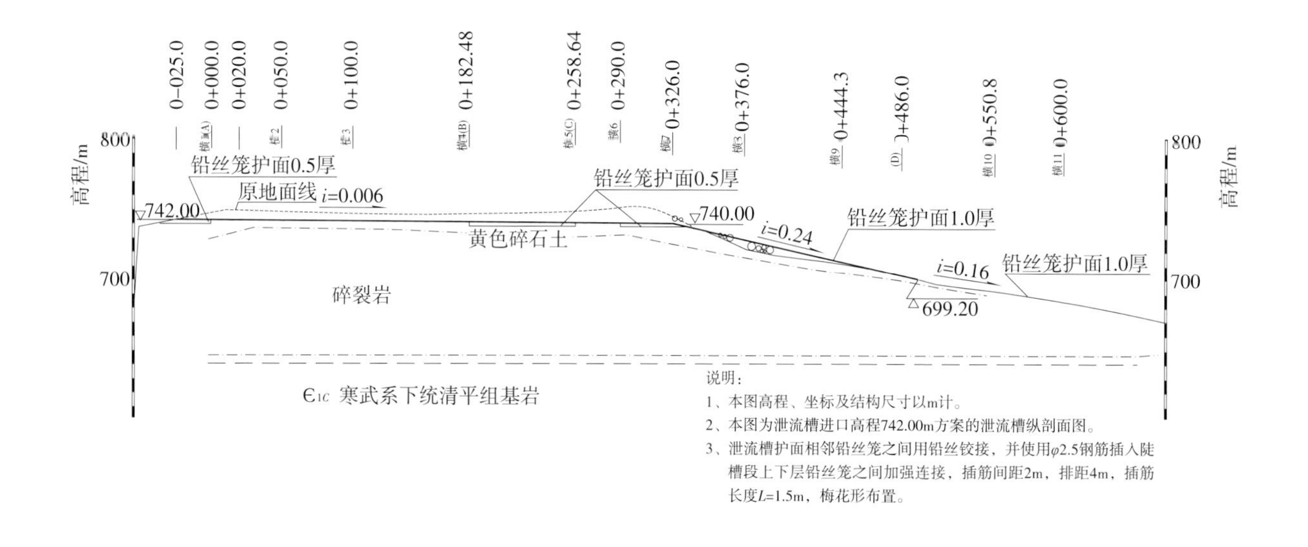

图 4–14　四川省北川县唐家山堰塞坝泄流槽（进口高程 742.00m）纵剖面示意图

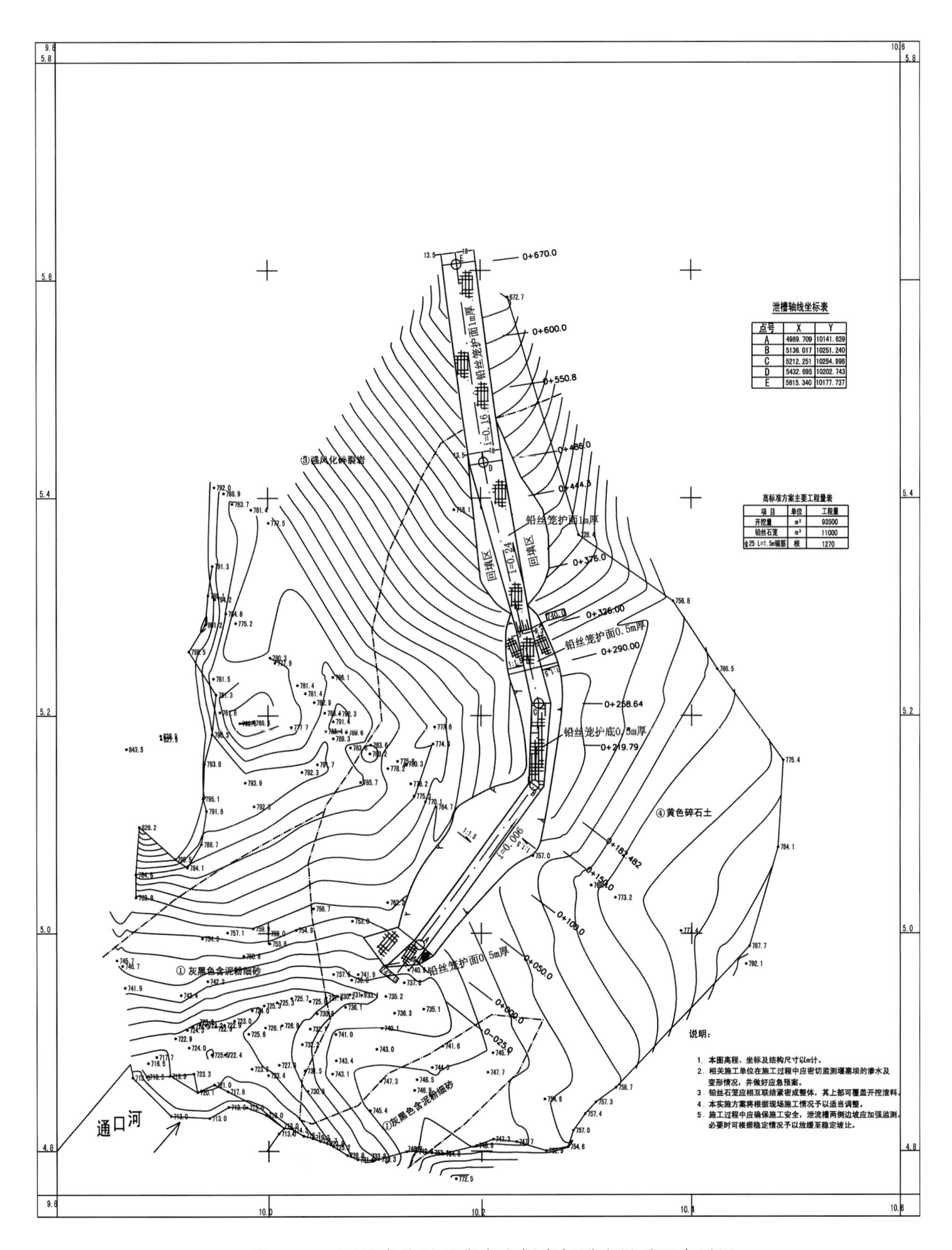

图 4–15　四川省北川县唐家山堰塞坝泄流渠平面布置图

3）泄流渠结构设计。泄流渠结构的结构受到施工条件、施工时间、施工设备等诸多因素的限制。由于本工程施工时段内余震不断，右岸滑坡面上不断有飞石滚落，施工现场无陆路运输条件，完全依赖空运；同时受吊运能力限制，只能使用单机重量小于15t的机械设备，导致施工手段受限。油料、设备、后勤保障物资均需空运，随时可能因云、雨、雾、风等天气原因而中断。水情也决定了实际施工工期存在不确定性，这些都制约着施工能力的发挥。

根据唐家山堰塞坝应急抢险施工条件和能力，结合水文气象预报估计的有限施工工期，基于堰塞坝右侧物质组成在表层以残坡积物为主，中、下部以碎裂似基岩滑坡堆积物为主的物质结构特征，以及泄流渠过水后水流的挟带冲刷将冲深拓宽过流断面加大过水能力的基本判断，以应急工程将得到空降部队和地方政府超常规的空中运输和物质保障为基本条件，在方案设计时拟定了同一开口线、相同坡比，不同渠底高程和宽度的三个开挖方案。三个方案的总土石方开挖工程量分别为5万m^3、7万m^3和9万m^3，对应于实施过程中根据气象和运输保障情况及时调整的低标准（高渠底高程）、中标准（中渠底高程）、高标准（低渠底高程）三个目标。实施时根据实际施工能力、水情及其他险情，适时动态调整。

总体方案设计时，为简化施工，只设计了钢丝石笼进行边坡防护。陡坡段及其两侧边坡，采用双层钢丝石笼防护，每层厚度为0.5m，双层钢丝石笼采用插筋连接，插筋进入堰体的深度不小于1m；下游变坡处顺流向前后共50m范围、泄流渠凹岸边坡，采用单层钢丝石笼防护，厚度为0.5m。

（2）人员避险方案

唐家山堰塞湖下游有江油市、绵阳市、三台县、射洪县、遂宁市等市（县），均是川中经济和人口重镇。溃坝洪水分析成果表明，若出现1小时内全溃情况，下游受溃坝洪水影响的人口达130万人。唐家山堰塞湖在工程排险方案实施前及实施过程中均存在着诸多不确定因素，故下泄洪水的时间、流量均不确定。

为避免下游人员伤亡，按照“安全、科学、快速”和“工程措施向最佳方向努力，避险措施从最不利因素考虑”的基本原则，专家拟定溃坝模式时按风险概率提出了1/3溃坝、1/2溃坝和全溃坝三种可能的概化模式方案，其中，出现1/3溃坝概化模式的可能性相对较大，并在《唐家山堰塞湖应急疏通工程设计施工方案》中指出“虽然溃坝洪水推演还不成熟，模型及参数的取用均存在一定的不确定性，但从现场实际的地质条件和堰塞坝物质组成分析，认为1/3溃坝的方案出现的可能性较大。但当发生大洪水时，出现半溃坝或全溃坝的可能性仍然存在，对此应引起高度重视。当地政府应按全溃坝、半溃坝和1/3溃坝三种工况，及早制定对应的高、中、低三个级别的下游群众安全转移预案，根据实际情况适时启动”。

经唐家山堰塞湖应急抢险工程指挥部决定，1/3溃坝方案淹没范围内的人口提前转移，1/2溃坝和全溃坝方案淹没范围内的人员做好转移预案。地方政府经分析认为，1/2溃坝和全溃坝方案淹没范围内的人员数量相差不大，故转移预案按全溃坝方案制定。

国务院抗震救灾总指挥部水利组在《唐家山堰塞湖应急疏通工程设计施工方案》中提出施工队伍撤离标准为：当水位与经批准的施工方案泄流渠进口高程高差为2m时，施工队伍应及时撤离以保证施工人员安全；若出现坝体异常的变形和渗漏等现象，应及时分析，若属危及施工队伍安全的重大险情时，经唐家山堰塞湖应急处置指挥部批准后及时撤离。此一标准也是启动下游人员转移预案的标准。实际情况是，由于预报5月25—27日将有50～70mm的降雨，堰塞湖水位可能快速上涨，并可能因天气原因，工程除险措施无法开始实施，为此，地方政府在5月24日开始实施了1/3溃坝方案人员转移预案。但实际降雨远小于预报的雨量，导致绵阳市转移群众意见较大。

经分析计算，1/3溃坝洪水影响范围包括绵阳、遂宁两市的277590人。这部分人员在泄流渠过流以前，已分批全部安全转移，其中集中安置129866人，投亲靠友147724人。

在进行人员转移的同时，地方政府做好了全溃洪水影响范围130万人的转移预案。建立了完善的监测、预警、指挥撤离系统，分别制定了人员转移预案和黄色、橙色、红色预警预报机制。对受到影响的市、县、区、乡、村、组的所有人员制定及时避险转移的预案，明确转移的人员、路径、地点、预警措施、转移责任人等，同时进行了必要的演练。地方政府在唐家山堰塞湖周边及沿岸安全地带均设立了险情观察站，实行24小时实时观察并报告，相关县（市、区）也都派员靠前连续观察险情，并设置了双备份的24小时值班专用热线电话，以备在发生全溃坝时，除已转移的人员外，第一时间通知到每一位需要疏散转移的人员。一旦发生溃坝险情，上游观察站将每间隔20秒钟连续发射30发信号弹作为警报。警报发出后，绵阳市指挥部还将同时使用热线电话、手机短信、广播电台、电视台、高音喇叭、广播等辅助方式向社会公告相关信息。所以，即使发生全溃坝，洪水威胁区的群众也会有足够的时间在组织人员的带领下，按标示的撤离路线从容、有序、安全撤离。

发生全溃坝，洪水的下泄速度很快，下游部分区域人员没有充分的撤离时间，为确保上述区域群众生命安全，按照四川省唐家山堰塞湖抢险指挥部和水利部专家组的要求，江油市青莲以上地区从5月24日、绵阳市主城区和主城区涪江流域以下地区从5月30日开始组织人员撤离和财产转移。各级党委、政府发动各方面不懈努力，为撤离群众提供最基本的生活条件。

（3）应急处置保障措施

为保证工程除险措施和人员避险措施顺利实施，必须建立可靠的保障体系。经分析，需要建立的应急保障体系有：快速决策与响应机制，涵盖唐家山堰塞湖可能影响区域的水雨情预测预报体系，便于实时直观了解堰塞坝现状的远程实时视频监控系统，堰塞坝区安全监测系统，堰塞坝上及其与外界联络的通信保障系统，以及防溃坝专家会商决策机制等。

1）快速决策与响应机制。唐家山堰塞湖的处置时间极其紧迫，越拖延风险越大。同时，堰塞坝存在着坝体规模巨大、气象水文条件无法准确掌控、基础资料缺乏、施工条件恶劣等不利条件，还有其他震后次生灾害的潜在影响等，情况极其复杂，处置极其困难，按常规运作不可能消除灾害威胁。

A. 领导重视、靠前指挥。对于唐家山堰塞湖的处置工作，党中央、国务院高度重视。胡锦涛要求唐家山堰塞湖除险避险工作一定要坚持以人为本，把确保人民群众生命安全放在首位；要认真组织，精心安排，加强巡视，做好应急预案，确保紧急情况下不出大的问题。温家宝两次到绵阳市，三次登上唐家山，决定堰塞湖处置方案，组建了由四川省人民政府、水利部、武警水电部队、成都军区空军等组成的唐家山应急疏通工程指挥部。

水利部作为国务院抗震救灾总指挥部水利组的核心成员单位，在负责灾区全部水利抗震救灾工作的同时，将唐家山堰塞湖应急处置作为重中之重，举全部之力，提供技术支撑和指导。陈雷从5月23日开始一直坐镇绵阳市指挥，矫勇、刘宁、蔡其华自5月19日开始一直坚守绵阳指挥部直接负责决策。

四川省人民政府和人民也为之作出了最大努力。四川省蒋巨峰省长亲自担任唐家山堰塞湖应急抢险指挥部指挥长，保障了绵阳市抢险救灾所需的物质供应。

B. 快速决策、及时响应。国家总指挥部组建了唐家山应急处置指挥部，并组建了绵阳、遂宁两市避险指挥部，在唐家山现场成立了前线指挥部。水利部陈雷、矫勇、刘宁、蔡其华等领导在绵阳或唐家山现场指挥，并举全部之力，形成绵阳前线指挥中心、北京指挥中心和武汉、北京、成都三个技术支持中心，建立了前后方日夜连续工作机制，在极短的时间内围绕水文水情、坝体稳定、溃坝洪水分析、应急处置方案进行了大量的分析论证工作。中国人民解放军副总参谋长、武警总部副司令员、武警水电部队主任、副主任领导亲自参与现场指挥。以长江委专家为主，成勘院、武警水电部队、解放军理工大学专家参加的前线专家组，快速提出了科学的技术方案，并根据实际情况在现场进行了四次较大的动态调整，为泄流渠工程措施成功实施提供了技术支撑；武警水电部队和解放军官兵连续作战，共投入 1142 名官兵，筹集大型设备 108 台（套），完成土石方开挖 13.6 万 m^3。两架米 –26 直升机和空军陆航部队 10 架直升机运送抢险人员和物资，为唐家山堰塞湖抢险工程提供了有力保障；绵阳市成立应急抢险总指挥部、唐家山现场成立前线指挥部，实现快速调动和协调各方力量进行多部门协同作战，组建核心专家组提供技术支持和动态优化，这种快速反应和决策机制，保证了在最短的时间内及时作出决策并实施。

C. 上下贯通、军地协调、部门联动、区域协作。各部门组织由大量专业工程技术人员组成的专家组，分工负责，紧密配合，研判险情，提出科学的方案，为现场决策提供强有力的技术支撑；武警水电部队在唐家山堰塞湖除险施工中发挥了至关重要的作用；成都军区空军开辟空中通道，进行超常规空中运输；济南军区某陆航团和成都军区某陆航团超强度飞行，为堰塞湖排险提供了坚强保障；水利部国科司、外交部、公安部、解放军、中国民航总局等部门以最快速度办理俄罗斯米 –26 大型直升机入境手续，中科院及时在唐家山堰体上安装远程宽带视频监视系统。国家防汛抗旱总指挥部办公室、水利部水文局、中国水科院、中国科学院、四川省水利厅、四川省水文局、四川省气象局、绵阳市水文局等多家单位也直接参与了唐家山堰塞湖应急处理工作。

2）水雨情预测预报体系。为加强唐家山堰塞湖沿程水文要素的监测，在充分利用现有站点的基础上，为满足监测要求，适当增加观测站点。在堰塞湖以上流域现有白什、片口雨量站的基础上增设唐家山、富顺、治城和油房雨量站，共计 6 个雨量站监测流域雨情。同时为保障上游水位观测的可靠性，再增设一处水位自动监测站。北川县水文站现有自动测报设备，能正常监测雨量、水位。在通口水电站下游约 1.5km 处增设通口临时观测站。在通口观测站下游增设香水临时观测站。

根据各监测站点的通信条件分析，通信方案为：对唐家山上游各水文监测点采用自动采集后由北斗卫星自动传输到绵阳分中心；北川县水文站采取北斗卫星自动传输到绵阳分中心；通口、香水观测点采用对讲机通信，观测信息通过卫星电话和语音方式传输到绵阳分中心。通过现行的水情网络，上述信息送达水利部水文信息中心和长江委水文局。

3）堰塞坝远程实时视频监控系统。为了保障人员安全，在工程除险措施形成的泄流渠临近泄流时，人员必须撤离；而且泄流后，人员也将很难接近进行监测。因此，在人员撤离后，为实时监控堰塞坝泄流后的动态情况，设置了堰塞坝远程实时视频监控系统。

远程实时视频监控系统由从唐家山堰塞坝前到绵阳市涪江桥沿线设置的 14 个监测点组成，其中堰塞坝上 5 个，另外 9 个分布在下游的北川县、通口水电站、涪江桥、香水乡、青莲镇等地。监测点采用无人值守视频摄像探头采集数据，其中有 5 个红外线视频摄像探头，2 个布置于堰塞坝上，在夜间也可进行监视。通过控制，摄像头可以进行左右 360° 旋转，上下 90° 旋转，36 倍变焦，采集的数据通过卫星进行即时传送，到达北京、上海、绵阳、成都等各个抗震救灾指挥部，通过远程实时视频监控系统提供的清晰监控图像，可为决策提供重要支持。相比当时的无线网络，该技术能提供更大的传输带宽，传输大数据量的高清画面。这也是该系统在全国范围内首次应用于应急通信领域。

4）坝区安全监测系统。在施工期间，由武警水电部队组建了坝区安全监测巡视检查组，定时对坝体裂缝、渗漏、异常声响和两岸边坡垮塌进行了监测。

在第一阶段施工完成后，为实时准确掌握堰塞坝坝体稳定和变形情况，在坝区设置了安全监测系统。该系统集地质灾害监测数据采集、网络化信息传输、信息分析处理、信息发布和应急指挥于一体，可对堰塞坝坝体稳定和变形情况监测预警，实时掌握坝体变形情况发生、发展和变化过程。

经过现场勘察，选取了坝体下游低台阶处的 5 个测点，安装了 6 套地表位移无线监测设备。无线监测设备可在无人值守情况下，对坝体的整体运动情况、裂隙渗流对坝体的影响、坝体发生变形坍塌前兆等实施动态实时监测。

5）通信保障系统。唐家山坝区因地震造成电力供应瘫痪，对外通信中断。中国移动通信集团公司克服困难，在堰塞坝上安装了通信基站，利用汽油发电机为基站提供电源，保证了坝上、坝下的通信畅通。施工区内部采用手持式对讲机进行通信。为保证特殊情况的通信，武警水电部队还在堰塞坝配置了无线电台。

6）专家会商机制。唐家山堰塞湖应急处置工程指挥部在绵阳市建立了专家会商组。专家组由多专业且经验丰富的高级专家组成。根据气象、雨情、水情、现场施工进展、后勤物质保障等全方位实时情况，专家组每天 9 时、15 时和 21 时定时召开会商会议进行研究，实时动态分析，及时提出预案供领导决策。施工现场也设立了专家组，会同承担施工任务的武警水电指挥部一起研究解决施工中的问题，并每天定时召开现场协调会，总结当天施工进展情况，落实抗震救灾前方指挥部的决策，研究部署第二天的施工任务。

4.2.5 抢险决策及实施过程

唐家山堰塞湖应急处置的总体目标是：坚持以人为本，把确保人民群众生命安全放在首位，同步实施工程措施除险和人员转移避险，积极主动采取工程除险措施，在工程措施可控的前提下，尽快最大限度地降低堰塞湖水位和减小堰塞湖蓄水量，争取在主汛期前解除堰塞湖带来的威胁。在唐家山堰塞湖应急处置工作中，指挥部按照“安全、科学、快速”的原则，始终把确保人民群众生命安全作为首要目标，立足主动处理、及早处理、排险与避险相结合，制定开挖泄流渠的应急排险处置方案，取得了成功。

5 月 15 日，水利部抗震救灾绵阳工作组成立，国家防办李坤刚担任组长；当晚，长江委蔡其华到达绵阳市指导水利抗震救灾工作。

5月17日，国务院抗震救灾总指挥部成立国家水利组；18日，水利专家近距离考察唐家山堰塞坝，获得了一线信息，当晚深夜，矫勇、刘宁、蔡其华、张志彤等在成都市召开堰塞湖应急处置专题会议，重点讨论唐家山堰塞湖；19日，国家水利组移师绵阳市，此后一直在绵阳市指挥唐家山堰塞湖应急处置。一批水利专家随即聚集绵阳市专门研究和指导唐家山堰塞湖除险。

5月21日，国家水利组判定唐家山堰塞湖险情属极高危险级，决策利用有限时间，同步实施工程措施抢险和上、下游影响区人员转移避险。下午，指定长江院，会同成勘院、武警水电部队等单位共同制定除险方案。

工作由长江院牵头，会同成勘院一起制定应急处置方案，武警水电部队负责应急工程施工。长江院和成勘院两院在绵阳市组成了方案制定设计组，长江委调集长江委水文局、建设局、科学院的专家赶赴绵阳市、武警水电部队派出专家前往绵阳市一起参加方案制定。长江委和成勘院在后方组织了全天候的技术支持保障，随时对前方提出的技术问题进行会商论证和分析计算。

5月22日，水利部陈雷部长抵达绵阳市，并自此亲自主持唐家山应急除险工作；当天下午，国家水利组提出《唐家山堰塞湖疏通工程技术方案》。当日傍晚，温家宝乘直升机现场察看唐家山堰塞坝。当日晚，温家宝在绵阳主持研究震后堰塞湖应急处置专题会议，重点讨论唐家山堰塞湖应急处置，指示唐家山堰塞湖应急处置“主动、及早、除险与避险相结合”，成立唐家山堰塞湖应急抢险指挥部，由四川省省长蒋巨峰任指挥长，水利部副部长矫勇为常务副指挥长。

当日，由于地震后通往唐家山的陆路交通全面中断，且近期不具备恢复条件，空中通道成为物质设备运输和人员进出场唯一可能的渠道，国家水利组在绵阳市商议提出由空军派直升机承担运输任务、开辟绵阳至唐家山空中专用运输通道，征用国内公司已有一架米–26、再向俄罗斯政府请求支援一架米–26重型直升机用于吊运重型设备。当晚，温家宝批准同意。参与唐家山抗震救灾的主力直升机型为米–17、S–70C（黑鹰）以及米–26（飞龙公司租用和俄罗斯政府支援救灾各一架，见图4–16）。工程实施过程表明，空中运输通道的建立，有效地保证了除险处置施工，成为唐家山堰塞湖成功处置的关键环节。

5月23日深夜24时，国家水利组向国务院抗震救灾前方指挥部上报《唐家山堰塞湖应急疏通工程设计施工方案》。报告中，根据唐家山堰塞湖应急除险的施工条件和能力，结合水文气象预报研判的施工工期，基于堰塞坝的物质结构特征，以及应急工程将得到空军和地方政府超常规空中运输和物质保障为基本条件，推荐机械开挖泄流渠、借水力拓宽冲深泄流渠、逐渐扩大泄水能力、避免发生突然溃坝的工程除险方案。在不考虑暴雨、滑坡影响的前提下，拟定施工工期为10天，即24日完成人员和设备进场，25日开始全面施工，6月3日工程完工。报告中同时分析了全溃、半溃和1/3溃三种溃坝方案，认为堰塞坝体将以逐渐溃决形式溃决，预计溃决时间约1～6小时；认为1/3溃方案出现可能性较大，但应按全溃、半溃和1/3溃三种工况，制定对应的高、中、低三个级别的下游群众安全转移预案，根据实际情况适时启动。在其后的实施过程中，专家又在现场对方案进行了优化。

5月24日8时，唐家山堰塞湖水位721.65m，蓄水量1.15亿m^3，平均水深37.74m，每天入库水量约720万m^3，当地开始转移群众。

图 4–16　俄罗斯米 –26 直升机作业场景

5 月 25 日上午，唐家山总指挥部讨论《唐家山堰塞体爆破开渠引流方案设计》；下午，经解放军理工大学爆破专家评估认为，爆破方案成立；傍晚，唐家山总指挥部决定启用爆破方案。按照温家宝关于唐家山堰塞坝除险工程务必在 3 天内开工的要求，水利部与空军建立了绵阳—唐家山堰塞坝专用空中通道；针对四川 15 t 以下施工设备短缺的情况，紧急从全国调用 51 套大型施工设备。由于连续数天天气象条件恶劣，空中运输难以实施，陈雷、蒋巨峰、孙建国在唐家山堰塞湖抢险指挥部召开紧急会议，提出了由解放军和武警水电部队向唐家山堰塞坝徒步运输炸药、爆破器材的方案。

当晚由解放军和武警水电部队官兵 1200 余人连夜向唐家山堰塞坝人工搬运炸药 10 t 及爆破器材陆续强行挺进唐家山着手堰塞湖排险作业（见图 4–17），运输设备、食品的直升机 7 架次。

(a) 人工作业

(b) 机械施工

图 4-17 唐家山堰塞湖除险施工现场

5 月 26 日，唐家山堰塞湖应急抢险前线指挥部在现场成立，武警水电部队岳曦副主任任指挥长，水利部刘宁总工程师任副指挥长兼总工。上午，天气放晴，直升机运输通道畅通，机械设备吊运上坝后，应急处置工程恢复机械开挖方案。为确保唐家山堰塞湖除险工作顺利进行，水文部门根据唐家山堰塞湖应急处置指挥部和水利部抗震救灾前方领导小组要求，于 26 日连夜紧急修订排险方案，并着手组织人员进行现场勘察，确定新增监测点位置。26—31 日，水利专家在现场编制完成了《唐家山堰塞体泄流槽槽底爆破方案》、《唐家山堰塞湖堰上紧急避险预案》、《唐家山堰塞湖抢险施工人员、设备、物资撤离方案》。其中，根据后来事态发展情况，《唐家山堰塞体泄流槽槽底爆破方案》未付诸实施。

5 月 27 日，回良玉、陈雷、矫勇、蔡其华赴唐家山堰塞坝施工现场指导工作，并慰问奋战在抢险一线的水利专家和武警官兵。随后，在绵阳市召开唐家山应急除险工作会议，回良玉对抢险和人员避险工作进行了安排部署。下午，陈雷在唐家山抢险前线主持召开唐家山堰塞湖抢险指挥部全体会议，传达胡锦涛、温家宝关于唐家山堰塞湖抢险避险措施的重要指示，以及回良玉上午察看唐家山堰塞湖抢险现场后主持召开的抗震救灾紧急会议精神。会议就中央领导的重要指示和各项要求逐一进行部署和落实。

5 月 28 日下午，在绵阳市抗震救灾指挥部，陈雷与蒋巨峰就唐家山堰塞湖抢险避险问题进行紧急会商，针对如何组织群众避险转移，如何建立和完善堰塞湖监测预警机制以及指挥部运作机制等进行了商讨。

5月29日上午，马建华、魏山忠召集长江委总工办、江务局、水文局、长江院、设计院等20余名技术人员，就多种方案下唐家山堰塞坝溃坝计算成果，再一次进行了会商。魏山忠要求各技术部门将堰塞湖溃坝对绵阳市以下地段可能产生的影响进行分析计算，更好地为本年度防汛抗洪工作做好准备。

5月30日，陈雷、矫勇、蔡其华等上午和下午两次到达唐家山堰塞湖应急处置工程现场指导工作，陈雷要求在有限的时间内尽可能再降低一些高程，以加大泄洪槽行洪流量。矫勇在唐家山堰塞湖抢险施工现场，检查工程进展情况，部署落实准备撤离等工作，强调在突击开挖的同时，务必周密做好撤离方案和现场观测方案，确保撤离、留守人员安全，确保及时发送水位、水量及溢流槽和堰体变化情况。

6月1日凌晨，经过武警水电部队官兵连续拼搏，提前并超额完成泄流渠施工任务。一条长475m、渠底宽7～10m、进口段渠底高程740.00m、出口段渠底高程739.00m的泄流渠形成，开挖工程量13.55万m^3。

6月3日，刘宁就唐家山堰塞湖除险进展情况接受了新华社记者采访。刘宁表示，已采取的工程除险措施正在发生较好的效果。唐家山堰塞湖除险减灾总体方案是系统周全的方案，体现了人民群众生命至上的思想。

6月5日，温家宝总理再上唐家山堰塞坝现场视察。当日晚，温家宝总理主持唐家山堰塞湖应急除险专题会议，提出“安全、科学、快速”三原则。

6月6日中午，温家宝总理第二次到唐家山堰塞坝。下午，中国人民解放军副总参谋长葛振峰上将带领武警水电部队和解放军官兵，对泄流渠实施消阻、扩容等工程措施。当日开始，直至10日，矫勇、刘宁一直在现场指导工作。

6月7日7时8分，唐家山堰塞湖导流槽开始全断面过流。陈雷在唐家山堰塞湖抢险指挥部会商会上，通过宽带无线视频系统，查勘泄流槽过水情况；下午，再度深入唐家山堰塞湖现场研究指导工作。随着泄流流量稳步增加，现场施工仍在继续。

6月8日，开始采取机械开挖和小规模爆破结合方式，对泄水槽水平段末端和陡槽进口段进行扩口消阻，取得明显成效，下泄速度明显加大，下泄流量由8日20时的25m^3/s，增加到9日17时42分的80.8m^3/s。泄流渠自下而上冲刷100余米，下切深度3～10m不等，过流断面被冲宽。6月9日19时，坝前实测水位高程已达742.94m，水面高于泄洪槽进水口底部高（740m）2.94m，蓄水量2.5177亿m^3，堰塞湖开始全面泄洪。至10日11时30分，最大泄量达到6500m^3/s。

6月11日14时，堰塞湖水位已从最高743.23m降至714.13m，相应蓄水量从2.48亿m^3降至0.86亿m^3。经过水流冲刷，泄流渠已形成长800m、上宽145～235m、底宽80～100m、进口端底部高程710.00m、出口端底部高程700.00m的峡谷形河道，新形成的河道已具有通过200年一遇洪水的能力。16时解除黄色警报。下游临时转移的27.76万人民群众返回家园。

至此唐家山堰塞湖除险处置获得成功。

9月24日，一场特大暴雨突袭北川县、平武县，连续3天降雨量达429mm，暴雨挟总量约54万m^3的泥石固体物质，使堰塞体泄流明渠再次淤堵，堰塞湖水位涨至718.50m，致使堰塞湖泄流一度中断，威胁堰塞体与下游安全。经迅速处置，消除险情。

4.2.6 除险处置实施效果

过流后，堰塞坝所在地已形成较宽敞的新河道（见图4-18），平面上呈向右岸凸出的弧形，中心线长度约890m，在断面形态上，呈上宽下窄的“倒梯形”，其开口宽145～235m，底宽80～100m，左侧坡度35°～50°，右侧坡度45°～60°，坡高10～60m。常年水位下新河道水面宽约18～33m。

图4-18 唐家山堰塞坝过流后河道平面形态

根据现场地质调查，新河道左、右侧坡呈上、下游较低、中部较高的特征，最大冲刷深度约60m。其物质组成在左、右岸相对对称，上部厚20～40m为黄色碎石土，中部厚10～20m为碎裂岩体，坡脚和河道出露灰黑色碎裂硅质岩，局部保留原岩层状结构，新河道右岸为冲刷岸，受水流冲刷岸坡塌滑明显，已冲刷绝大部分物质，左岸碎石土体也出现塌滑现象，但较右岸弱。堰塞坝下游坡脚地带也受到强烈冲刷，但尚未出现较大规模塌滑，堰塞坝主要分布在左岸，堰塞坝平面分布呈拱形，顺河长度约600m，最大横河宽度约300m，坝体高80～120m，剩余方量初估约1500万m^3，地形起伏差较大，约30～130m，其中横河方向为两岸高中央低，左岸最高点高程793.90m；顺河方向为中部高上下游低。冲刷后新河道共带走堰塞坝堆积物质约500万m^3，约占堰塞坝总体积的25%。

唐家山堰塞坝应急处置工程泄流渠6月1日完工时，形成一条长约700m，进口高程约736.00m，渠道过流高程740.00m，底宽5～7m，纵向为进出口低中部高并略为弯曲的梯形渠道。7日7时8分，唐家山堰塞坝开始泄流，泄流渠过流后，经水流的不断冲刷和淘刷，新河道从堰塞坝形成前的左岸移至右岸。

根据实测降雨资料分析，6 月 7 日 8 时至 11 日 0 时 8 分，唐家山堰塞坝以上流域共计入湖水量约 4700 万 m^3，堰塞坝下泄总水量约 1.86 亿 m^3。堰塞坝坝前水位从 6 月 10 日 1 时 30 分的 743.23m（最高水位）降低至 11 日 0 时 8 分的 714.62m。

由于实施应急处置工程，堰塞坝过流水位从 752.20m（相应库容 3.18 亿 m^3）降低至 740m（相应库容 2.24 亿 m^3）。6 月 10 日 1 时 30 分，堰塞湖内最高水位为 743.23m（相应库容 2.48 亿 m^3）。可见，应急处置工程使堰塞湖水头降低 9.0m，减少蓄水量 0.7 亿 m^3。

如不实施唐家山应急处置工程，按历年同期平均来水考虑，6 月 11 日 0 时 8 分，坝前水位将达 746.62m（相应库容 2.74 亿 m^3），至 17 日 10 时左右，坝前水位将达 752.20m，堰塞坝将发生漫流。由于应急处置工程已按预期发挥效益，至 11 日 0 时 8 分，坝前水位已降至 714.62m，降低水位约 32.00m。可见，应急处置工程泄流渠的开挖，降低了堰塞坝水头，减小了湖内蓄水量，大大降低了堰塞坝洪水对下游人民生命财产安全的威胁。

若没有人工实施的泄流渠工程，堰塞坝内水位将上升至 752.00m 左右，若在此水位发生溃决，下游洪峰流量及水位将远高于实际发生的情况。

4.3 高危堰塞湖

地震所形成堰塞湖中，根据风险评估结果，有 5 处堰塞湖属于高危等级，即肖家桥堰塞湖、老鹰岩堰塞湖、南坝（文家坝）堰塞湖、小岗剑水电站上游堰塞湖以及石板沟堰塞湖。此类堰塞湖危险级别高，处置时间也非常紧迫，处置任务主要由四川省有关部门承担。

4.3.1 肖家桥堰塞湖

位于四川省绵阳市安县茶坪乡双电村境内，涪江一级支流茶坪河上，东经 104°16′12″，北纬 31°39′29″（见图 4–19）。

图 4–19　肖家桥堰塞湖航拍图

5月14日，水利部、四川省联合工作组30人徒步进入现场勘察。中国科学院20日航拍发现上游15km处还有7个小型堰塞湖。集雨面积154.81km^2，堆积体228万m^3，堰高65m，最大可能蓄水2000万m^3，影响人口11.4万人，包括安县晓坝（包括总装备部5所）、桑枣、安昌、黄土、花荄、界碑等6个乡（镇），45个村，7个社区，以及沿岸6个重点企业。

根据中国科学院现场测量，堰塞坝坝顶高程760.00～770.00m，下游河床高程695.00m左右，堰塞体高度57～67m，坝顶顺水流方向长度390m，垂直水流向长度260m，估算结果表明，堰体体积242万m^{3}左右；同时堰塞坝阻断了原河道右岸的公路。

该堰塞坝所处河段为W形河道，右侧山体垮塌，较大体积岩块在重力作用下下滑至河床并与左岸山体强烈对撞，形成左低右高的堆积体，覆盖层及大部分土夹石物质主要堆积于堰体右侧及表层，整个堰体在平面上呈S形，在尾部触抵在一横向山体（当地俗称“马颈项山”）。

虽然肖家桥堰塞坝体积较大，但其内部填充物质极不均一，特别是下游堰体部分普遍粒径较小，一旦水流漫顶，在下游区流速加大，极有可能造成下游坡的首先失稳，进而向上游发展，最后导致整个堰体的溃决。

（1）方案拟订原则

在应急处理设计中，原则是尽量利用堰顶的地形地貌布置泄流明渠。同时，结合施工进度，尽量降低泄流渠道底部高程、拓宽泄流明渠宽度、减少泄流明渠纵坡的原则。根据堰顶左低右高、左部块石为主、右部覆盖层为多的特点，采用泄流明渠设在左侧相对较低的位置。

对于泄流明渠的断面设计，设计标准采用20年一遇洪水，同时分析来水及湖内水位上升速度，确定合理的开挖高程。

（2）泄流明渠位置选择

泄流明渠布置在堰顶左侧位置较低处，进口采用无底坎宽顶堰型式，根据水文计算，设计洪水流量采用1050m^3/s，应急设计考虑两个方案进行比较：

方案一：明渠底宽40m，进口底高程745.00m，左侧边坡利用天然岩质边坡，右侧开挖成1:1.5的堰塞体土石边坡，渠线沿左侧山体呈S形布设。

方案二：明渠底宽45m，进口底高程747.00m，左侧边坡利用保存完好的天然岩坡，右侧开挖成1:1.5的土石边坡，渠线沿左侧山体呈S形布设。

两个方案泄流能力计算结果表明，都能满足通过20年一遇的洪水要求。方案一（底宽40m）设计泄流量1066 m^3/s；方案二（底宽45m）设计泄流量1068m^3/s。不过，由于堰顶地形从左到右为递增的形态，通过横剖面计算，方案二的右边坡高度较方案一增加3～5m，相应增加开挖量2.5万m^3，增加钢筋笼块石衬护量600m^3，工期延长10天左右。同时，与右侧公路施工干扰较大。因此，经分析比较，最终推荐采用方案一（底宽40m）的应急处理措施。

泄流明渠采用梯形断面型式，进口底坎高程745.00m，顺水流向长155 m，底坡为1/100，之后变坡为1:7.5，下游转弯后变坡为1∶3。沿渠线底宽均为40m，左侧为原状岩质边坡，右侧为开挖成1:1.5的土石边坡。对于土石边坡，为提高其抗冲刷能力和固坡的需要，采用钢筋笼块石护坡，底部钢筋笼块石嵌入渠底面以下1.5m。下游坝脚天然河道设置一道钢筋笼块石，宽度4.5m，高6m。下游坡采用坡度 1:3 ～ 1:5 衔接上游明渠和下游坡脚的钢筋笼。

（3）泄流明渠过流措施

从 5 月 23 日至 6 月 5 日，库水位上涨缓慢，坝体下游底部有一股较为稳定的渗流出水点，水质清澈，考虑到堰体结构极不均一，下游区块体粒径较小，含泥量重，抗冲能力极差。经多方研究讨论，决定在泄流明渠的左侧靠山体再下挖一条次明渠，进口高程 743.00m，底宽 3m，高度 3.5m，上口宽 8m，底坡与主明渠一致。次明渠不考虑专门衬护措施，在主明渠充分过流前允许水流自行扩大次渠的泄流断面。

应急排险施工由水利部、四川省负责，由四川省水利水电勘测设计研究院负责设计，四川省水利水电工程局负责施工。5 月 27 日下午开始挖泄水渠。6 月 6 日，共出动机械设备 19 台（套），人力 100 人，开挖石渣方量约 1.8 万 m^3，累计开挖土石 19.8 万 m^3，完成施工；13 时 30 分开始溢流，之后坝体局部溃决，最大下泄流量 587 m^3/s。至 7 日 11 时已泄流 700 万 m^3，尚余 320 万 m^3 水。下游曾形成洪水，人员安全避险，无伤亡。

6 月 8 日，四川省水利水电工程局出动 65 人及机械设备进行整修，坝前形成上口宽 120m，下口宽 40m，深 30m 的溃决口，水位已下降 16.54m，尚余 37.36m 水深，泄流槽长约 200m，流量下降为 20 m^3/s。9 日流量观测出入库基本平衡，为 3 m^3/s。13 日坝前水位 38.34m，库容 300 万 m^3/s，下泄流量 $3m^3/s$。14 日坝前水位 38.34m，入库流量 7 m^3/s，下泄流量 7 m^3/s。库容 300 万 m^3。17 日调动机械 23 台，人力 60 人，开展降坝除险、河道疏浚工作。至 19 日，完成工程量 2 万 m^3。21 日出动机械 31 台套，人力 60 人，完成工程量 3 万 m^3，累积开挖土石方 31 万 m^3。24 日调动机械设备 33 台，人员 60 人，完成土石开挖 4 万 m^3，累积开挖达 35 万 m^3。截至 24 日，泄流沟长 900m，宽 70m，深 30m，坝体堰口无变化。

6 月 18 日出入湖 8 m^3/s，水面高程 34.64m；19 日出入湖 10 m^3/s，水面高程 34.64 m；20 日，出入湖 10 m^3/s，蓄水 267 万 m^3。21 日、22 日出入湖流量为 8 m^3/s，蓄水量 267 万 m^3；24 日下泄流量 7 m^3/s。

此后，经几次整修，泄流沟基本稳定，水流下泄平稳，经风险再评估已降级为低危级堰塞湖。

4.3.2 老鹰岩堰塞湖

老鹰岩堰塞湖位于四川省绵阳市安县高川乡，涪江一级支流凯江支流雎水河黄洞子沟中段老鹰岩水电站附近，东经 104°05′25″，北纬 31°22′36″（见图 4-20）。

5 月 20 日起，水利部组织国土资源部、成都军区、成勘院和地方水利部门的专家多次现场勘察老鹰岩堰塞坝。22 日，老鹰岩堰塞湖蓄水量达到 80 万 m^3。29 日，水利部召开了堰塞湖工程排险工作紧急会议，明确了老鹰岩堰塞湖排险工程由成勘院负责设计，成都军区负责施工，四川省抗震救灾指挥部于 31 日将有关情况在《四川日报》上公告。至 6 月 2 日勘察结果表明，老鹰岩堰塞体由两个堰塞体组成，相距约 700m（湖面长度），上下两个堰塞体间分布一小型堰塞体。上游堰塞体规模巨大，仅从空中观察，估计顺沟长约 1 ～ 2km，堵塞了整个沟床。下游堰塞体横河向呈上宽下窄梯形，顶宽约 240m，底宽 25 ～ 60m；堰塞体顺河向底部长约 500m，顶部长约 130m；堰塞体高 106 ～ 140m，上游坡坡度约为 26°，坡比约为 1:2；下游坡坡度约为 32°，坡比约为

图 4–20　老鹰岩堰塞湖

1:1.6，坝体体积约 470 万 m^3，主要由孤石和块碎石组成，成分为白云岩，大于 20cm 粒径石块约占 80%，大于 1m 粒径石块占 50%；最大可能容量约 530 万 m^3；下游有重要设施和 8000 多名村民受到威胁，连同下游安县罐滩堰塞湖，共影响人口达 51660 多人。限于堰塞体上游有滑坡体阻塞河道，现场勘察无法估算河道流量，但该河道 5 月平均流量为 1 m^3/s。

经现场踏勘，成勘院专家认为，老鹰岩堰塞湖坝体基本稳定，库容较小，上游集雨面积仅 29.8km^2，入湖流量不大，不可能整体溃决，但可能局部垮塌；经溃坝洪水分析，认为各种溃决方式对下游重要保护对象没有影响；如实施紧急排险工程，因工期紧、路上交通不通、场地狭小，施工难度极大；加之上游还有一处体积更大的堰塞体将河谷填满，对老鹰岩堰塞体形成保护。因此，成勘院建议不对老鹰岩堰塞湖进行工程排险处理，仅对下游河道进行疏浚，扩大行洪能力。成都军区司令部兵种部认为，老鹰岩堰塞坝施工条件差，需爆破和开挖并举，完成工程排险任务要 1 个月以上。

鉴于老鹰岩堰塞湖坝体高达 100m 以上，下游有国家重要设施，影响人口较多，所在流域多年平均降雨量达 1200mm，多年平均径流量 2780 万 m^3 等情况，20 年一遇洪水洪峰流量 384m^3/s。从确保下游人民生命安全和国家重要设施安全的角度出发，指挥部认为，对老鹰岩堰塞湖进行应急排险处置是十分必要的。

5 月 31 日，召开老鹰岩堰塞湖抢险方案专题会议，张志彤主持，四川省水利厅、成都军区、成勘院等单位参加。经与会人员研究讨论，确定了老鹰岩堰塞湖工程排险方案。应急排险施工由水利部、四川省负责，由成勘院负责设计，成都军区负责施工。成勘院通过分析施工条件和了解施工部队能力，结合施工时间限制，提出尽可能降低堰体顶部天然形成的凹槽，人工开挖形成底宽 5m、顶宽 15m、深 2 ~ 4m 的泄流明渠，在堰前水位距离溢流最低处高差 2m 时，应坚决撤离施工人员。考虑到施工人员安全，如遇降雨，为保证施工人员安全，应停止在堰体顶部作业，人员撤离到安全场所。另外，在黄洞子沟与雎水河汇合口约 100m 处河道狭窄，右岸发育一个滑坡堰塞体，对河道行洪影响大，应采取清除滑坡物质、局部扩挖的措施予以疏浚，以利行洪。同时，对下游河道进行相应的疏浚。

6 月 1 日，针对老鹰岩堰塞湖工程排险存在的问题，水利部专题报告国务院抗震救灾指挥部。同日，四川省水利厅、二炮部队、成都军区、成勘院等单位组成的前期除险人员带着施工设备徒步前往老鹰岩堰塞湖，冒着余震、崩塌、滚石的威胁，翻越过 8 处大滑坡赶往老鹰岩堰塞湖。根据温家宝对该报告的批示，2 日晚，矫勇紧急约见承担老鹰岩堰塞湖工程排险的二炮部队工程兵负责人，敦促尽早进场施工。3 日，二炮部队进入老鹰岩堰塞体现场，在水利部前方领导小组协调和地方政府支持下，迅速组织开展施工作业准备工作。4 日晚向国务院抗震救灾指挥部提交了老鹰岩具体处理方案。同时，向施工部队通报。

6 月 1—4 日期间，组织 30 多当地群众，平整停机坪、修筑上堰便道、测量堰体体积、制定除险方案，并组织力量对上游的堰塞体进行察看和周边滑坡进行调查，做好了安全保障措施，确保施工人员安全；同时，施工部队完成了人员物资调配，现场施工道路维修和前期施工人行便道修建。310 人上坝开挖作业，紧急用直升机飞了 100 多架次，调来了 30 多台内燃凿岩机和一些小型设备。二炮部队进场后，每天出动 417 人，用内燃凿岩机和炸药破碎堰体，人工搬运。

从 6 月 5—10 日，施工部队每天投入 400 余人，小型机具 900 余台（件），考虑到堰顶无避炮场所，施工程序采用在每日早上人工搬运石渣。同时，进行钻孔作业；当日中午，堰顶装药，在人员从堰塞体后坡唯一通道下撤后，进行爆破作业；施工人员上堰开始清理爆破石渣，随后再次进行钻孔作业；由于夜间施工风险较大，天黑前在堰顶再进行一次爆破作业，第二天再进行石渣清理。如此重复，每天工作时间都在 12 ~ 14 小时，期间没有下大雨，保证了施工时间。最终，经过 7 次爆破，在堰塞体天然形成的凹槽处，开挖形成底宽 12m、顶宽 20m、深 5m、长 160 m、坡降 6% 的泄流明渠，明渠上游进口高程高于堰塞湖水位 1.52m，下游出门高程低于堰塞湖水位 1.80m。

6 月 10 日，由于左岸山体稳定性差，施工队伍完成施工任务后及时撤离，第 2 天进行下游河道疏浚工作。该堰塞湖停止施工时并未溢流，渗水量为 1m^3/s。

6 月 11 日，施工单位又开展了黄洞子沟下段汇合口处的滑坡堰塞体疏浚工作。至此，按照指挥部要求按时完成了老鹰岩应急排险处理工作。

4.3.3 南坝（文家坝）堰塞湖

南坝（文家坝）堰塞湖位于四川省绵阳市平武县南坝镇，涪江一级支流石坎河上，东经 104°51′47″，北纬 32°13′26″。由河谷左岸滑坡堵塞河道形成，距离下游河口约 3.7km。文家坝堰塞湖地处南坝镇石坎河上游约 5km 处，堰体顺河长约 700m，宽 300m，高约 50m，滑坡体积 600 万 m^3（见图 4–21）。

图 4–21　南坝（文家坝）堰塞湖

5 月 16 日 8 时，联合工作组进入现场勘察。勘察表明，横河向顶宽约 600m，顺河向底部长约 500m，顶部长约 200m；堰塞体高 25 ~ 50m，堰塞体体积为 600 万 m^3。堰塞湖最大蓄水能力为 1500 万 m^3，截至 6 月 10 日，蓄水量为 533 万 m^3，水面距坝顶 20.55m。随着水位不断上涨，随时都有溃坝的危险，此堰塞湖离南坝镇只有 5km，一旦溃坝，将威胁到影响南坝镇、灵宝寺水电站、响岩镇等地区，受威胁人口 5000 余人，以及当时正在当地执行抗震救灾任务的解放军官兵的安全。

平武县水务局实施监测，长江委抢救队 5 月 21 日进场测量。22 日通过了长江委抢险队建议的抢险方案，即在堰顶右岸挖掘泄流渠导流，降低水位。绵阳市制定下游受威胁人员转移方案。撤离高度以下已经转移群众 4726 人。应急排险施工由部省负责，由绵阳市设计院负责设计，长江委抢险队负责施工。

5 月 23 日，抢险队就地征用当地 3 台小型挖掘机开始导流渠开挖作业。

5 月 24 日，绵阳市抗震救灾指挥部同意按抢险队提出的抢险方案组织施工。15 时，文家坝堰塞湖除险施工全面展开。长江委抢险队 24 日出动 15 人、2 台机械，实施降堰口开挖施工。经过 3 天 3 夜共 72 小时连续不间断施工作业，抢险队利用征调的几台小型挖掘机，在文家坝堰塞体上挖出一条顶宽 11m、底宽 6m、平均深 2.5m、长 400 余 m 的过水通道。27 日 10 时 30 分导流渠泄流；到 31 日 16 时，水位流量正常。

5 月 30 日，4 台重型挖掘机、3 台重型推土机、1 台装载机分批运至现场，施工速度加快。采取分层开挖、复式断面过流、挖冲结合、充分利用水头冲击和水流挟带能力、有效扩大过流断面等抢险施工技术，将原泄流渠底宽增至 10m，渠深增至 4m。堰塞湖水位进一步下降，泄流平稳，文家坝堰塞湖险情基本消除。

6 月 3 日，应急排险施工完毕，继续监测。

6 月 4 日，继续拓宽溢流渠开挖 $1000m^3$，累计土石方开挖 6 万 m^3，施工完成。将现有引流槽向右岸扩挖成导流明渠，开挖边坡比为 1:1.75，溢洪道进口顶宽 20m，长 5m，堰顶高程 726.5m，后为 15m 的渐变段，泄槽段底宽 10m，从渐变段开始纵坡比为 1%，开挖长约 278m。出入库水量平衡，流量约 $4m^3/s$。

人工溢流后完工，险情排除。

4.3.4 小岗剑水电站上游堰塞湖

小岗剑水电站上游堰塞湖位于四川省德阳市绵竹市天池乡梅子林村，处于沱江绵远河上，小岗剑水电站上游 300m 处，距离上游清平乡约 6km，东经 104°07′48″，北纬 31°29′24″。堰塞湖因清平乡下游约 6km 的绵远河小岗剑水电站右岸岩质岸坡发生大规模滑坡，滑坡体堵塞河道而形成（见图 4–22）。

图 4–22　小岗剑水电站上游堰塞湖

5 月 15 日上午，绵竹市水利局派出 6 名同志徒步考察。16 日，水利部工作组勘察了下游 3 处堰塞湖，并与德阳市委、市政府共同制定了排险方案。18 日 14 时，由绵竹市派人带队有士兵 8 人、专家 7 人乘 2 架直升机实地勘察；21 日水利部工作组徒步进行现场勘察；29 日和 30 日，水利部、四川省工作组和德阳市水利局再次勘察。勘察表明，小岗剑水电站上游堰塞湖上游集水面积 $258km^2$。堰塞体顺河长度 300m，横河长度 150m，堰高 62 ~ 72m，堰体体积约为 90 万 m^3。堰塞湖水面接近堰顶，蓄水量 780 万 m^3。如果溃块，将影响下游汉旺、拱星、绵远、兴隆、富新、什地、罗江略坪等乡镇和人口约 43388 人。

应急排险施工由水利部、四川省负责，成勘院负责设计，武警水电部队负责施工。5 月 21 日空降至清平乡，然后乘船到达堰塞体，实施爆破一次，炸开宽约 25m、深约 13m 缺口，入库流量 $19m^3/s$，泄流量估计为 $20.5m^3/s$。因上下游进出水量基本平衡，交通困难，当时未做进一步处理；后进一步安排直升机和船只，将爆破器材和人员带到现场，至 11 日 18 时，共运送 20t 炸药，雷管

2200 发、武警水电部队施工人员共 100 余人到施工现场。10 日晚，使用炸药 7 t，实施了第 2 次爆破；12 日 12 时，完成第 3 次爆破，下泄流量增大。据绵远河汉旺水文站观测，12 时 17 分出现洪峰，流量为 3000m³/s 左右，水位降低了 25m，下游汉旺水文站观测流量为 124m³/s。洪峰于 14 时 35 分通过绵竹全境，险情完全排除。

4.3.5 石板沟堰塞湖

石板沟堰塞湖位于四川省广元市青川县红光乡境内，处在嘉陵江一级支流清江河上，东经 105°04′12″，北纬 32°15′32″，集水面积 1223km²（见图 4–23）。

图 4–23　四川省广元市石板沟堰塞湖

5 月 16 日，水利部、长江委、国家防办、四川省水利厅、成勘院、水规总院赶赴现场实地踏勘，研究方案。18—19 日，部、委工作组到达现场踏勘。经勘察，堰塞体顺河长度 800m，横河长度 300 ~ 400m，堰高 70 ~ 80m，堰塞体体积 1680 万 ~ 2240 万 m³。堰塞湖水面至堰顶 15 ~ 20m，堰塞体最大蓄水量 1000 万 ~ 1100 万 m³；截至 6 月 10 日，蓄水量 400 万 ~ 500 万 m³。石板沟堰塞湖与红石河堰塞湖和东河口堰塞湖地理位置上十分接近，三个堰塞湖影响 1 个县城、5 个镇、3 个乡，影响人口约 16 万人。

应急排险施工由成都市水利院负责设计，武警水电部队负责施工。已修通施工便道。6 月 4 日 1 台挖掘机在抢修通往堰塞湖的抢险公路。4 日 18 时 20 分，首次对堰塞湖溢流槽实行爆破，打开了宽 15m 的口子，下泄流量增加到 22m³/s。6 日出动机械 1 台，基本抢通到堰塞湖的施工道路。7 日施工道路打通，清挖爆破土石 2000m³，扩大溢流槽，加大下泄流量。8 日 18 时，使用 8.4t 炸药进行爆破，以尽快排险。9 日，机械开进，清挖爆破后的泄流槽内的石块。10 日，开挖泄流槽长 150m、宽 15m、深 4m。入湖流量 18 ~ 20m³/s，出湖流量约 18 ~ 20m³/s。至此实现堰塞湖完全溢流，险情排除。

4.4 中危堰塞湖

地震所形成堰塞湖中，根据风险评估结果，有 13 处堰塞湖属于中危等级，即罐滩堰塞湖、苦竹坝下游堰塞湖、新街村堰塞湖、岩羊滩堰塞湖、孙家院子堰塞湖、罐子铺堰塞湖、唐家湾堰塞湖、马鞍石堰塞湖、一把刀堰塞湖、马槽滩上游堰塞湖、马槽滩中游堰塞湖、红松水电站厂房堰塞湖以及红石河堰塞湖。此类堰塞湖危险级别中等，但处置时间也很紧迫；处置任务主要由四川省有关部门承担。

4.4.1 罐滩堰塞湖

罐滩堰塞湖位于绵阳市安县涪江支流睢水河睢水镇罐滩村境内，老鹰岩堰塞湖下游 35km 处，东经 104°14′19″，北纬 31°30′16″，集水面积 226km^2（见图 4–24）。

图 4–24　正在应急排险的罐滩堰塞湖

5 月 14 日，国家防总、长江委、四川省水利厅、绵阳市水务局等 30 人现场勘察。5 月 22 日上午，由省领导、厅领导及专家组成的联合考察组一行 5 人乘直升机前往安县睢水镇，沿河察看该乡上游震后出现堰塞湖的分布位置、潜在危险性等情况。堆积体 160 万 m^3，堰高 70m，最大可能蓄水 1000 万 m^3，影响睢水镇、银河集团、秀水镇、河清镇，总人口 4.4 万人。

工程施工前，已制定下游受威胁人员转移方案，已转移受威胁群众 8000 人。

应急排险施工由水利部、四川省负责，由四川省水利院负责设计，四川省工程局负责施工。5 月 27 日出动了机械设备 4 台套进场，实施降低坝高开挖施工。6 月 4 日出动机械设备 17 台（套），开挖石渣方量约 1 万 m^3。6 日 17 台（套）机械继续施工，开挖石渣方量约 1.1 万 m^3。8 日出动机械 13 台（套），人力 40 人，开挖石渣方量 1 万 m^3。至 9 日，累计开挖土石方量 16.3 万 m^3。泄流槽长约 250m，底宽不小于 8.5m，顶宽约 20m，挖深 15m。累计降水 11m，尚余水头 17.87m，泄流量约 7.5m^3/s。截至 24 日，泄流沟扩宽至长 250m、宽 20m、深 15m，堰口过流断面尺寸 10m × 0.7m，下泄流量 4m^3/s。

4.4.2 苦竹坝下游堰塞湖

苦竹坝下游堰塞湖位于四川省绵阳市北川县境内，处在通口河上游湔江河河段上，东经104°27′25″，北纬31°50′54″，集水面积3551km^2。

5月15日5时，工作组现场勘察，30日实测上游水面高程619.00m，距低洼槽最高点还有9m，下游水位594.00m。堰塞体顺河长度300m，横河长度200m，堰高60m，堰塞体体积165万m^3，最大蓄水量200万m^3。与唐家山堰塞湖等共同作用，影响下游北川县、江油市、涪城区、科学城、游仙区、农科区、三台县等，影响人口达130万人。

后堰塞坝自行溃决。

4.4.3 新街村堰塞湖

新街村堰塞湖位于四川省绵阳市北川县境内，处在通口河上游湔江河河段上，东经104°27′12″，北纬31°50′08″，集水面积3558km^2（见图4–25）。

图4–25 新街村堰塞湖

5月16日，专家组徒步勘察了堰塞坝的情况。堰塞体顺河长度200m，横河长度350m，堰高20m，堰塞体体积200万m^3，最大蓄水量200万m^3。与唐家山堰塞湖等共同作用，影响下游北川县、江油市、涪城区、科学城、游仙区、农科区、三台县等，影响人口达130万人。

后作除险施工，解除洪水风险。

4.4.4 岩羊滩堰塞湖

岩羊滩堰塞湖位于四川省绵阳市北川县境内，处在通口河上游，东经104°29′08″，北纬31°51′11″（见图4–26）。

5月21日，四川省水利厅、长江设计院、绵阳市水务局、绵阳市水文局、武警水电部队、四川院等单位，组成10人的踏勘组，对北川县岩羊滩堰塞坝进行了现场踏勘。堰塞体顺河长度250m，横河长度 120m，堰高 20 ～ 30m，堰塞体体积 160 万 m^3，最大蓄水量 400 万 m^3。截至 6 月 10 日，水面距坝顶 0.56m，水面累计上升 5.6m。岩羊滩堰塞湖影响下游 3 个场镇、2 个水电站，影响人口 200 人。

后作除险施工，解除洪水风险。

4.4.5 孙家院子堰塞湖

孙家院子堰塞湖位于四川省绵阳市北川县境内，处在通口河上游支流复兴河上，东经 104°30′49″，北纬 31°52′02″，集水面积 136km^2。

成勘院及市（县）人员组成联合工作组，赴通口河支流都坝河现场踏勘唐家湾、罐子铺和孙家院子堰塞坝。几个堰塞坝高度相对较低，且以风化碎石为主，较容易施工。堰塞体顺河长度 150m，横河长度 180m，堰高 20 ～ 30m，堰塞体体积 160 万 m^3，最大蓄水量 560 万 m^3。与唐家山堰塞湖等共同作用，影响下游北川县、江油市、涪城区、科学城、游仙区、农科区、三台县等，影响人口达 130 万人。

应急排险施工由水利部、四川省负责，成勘院负责设计，武警水电部队负责施工。6 月 6 日出动机械设备 9 台，累计开挖土石 4.12 万 m^3，完成施工。7 日 8 时开始溢流，泄流槽长约 123m，底宽不小于 6.5m，顶宽约 10m，挖深 3 ～ 4.5m。时泄流量约 3 ～ 5.5 m^3/s，险情排除。

4.4.6 罐子铺堰塞湖

罐子铺堰塞湖位于四川省绵阳市北川县境内，处在通口河上游支流复兴河上，东经 104°33′01″，北纬 31°51′10″，集水面积 295 m^2（见图 4-27）。

图 4-26　岩羊滩堰塞湖

图 4-27　四川省绵阳市罐子铺堰塞湖

勘察情况同 4.4.5 孙家院子堰塞湖。勘察表明，堰塞体顺河长度 250m，横河长度 150m，堰高 7 ~ 25m，堰塞体体积 95 万 m^3，最大蓄水量 20 万 m^3。与唐家山堰塞湖等共同作用影响下游北川县、江油市、涪城区、科学城、游仙区、农科区、三台县等，影响人口达 130 万人。

应急排险施工由水利部、四川省负责，成勘院负责设计，武警水电部队负责施工。左岸有 40 ~ 70m 宽且高于当时水面 1 ~ 3m 的滩地在溢流。施工队伍当时已经进场，正在开挖泄水沟。设计泄洪道长 350m，底坡 11‰，底宽 30m，开挖总量约 1.2 万 m^3。6 月 4 日，武警水电部队出动 10 台（套）机械设备，人员 55 人，截至 15 时，开挖土石方 5000m^3，累计开挖 1.95 万 m^3。6 日，出动机械 7 台，累计开挖土石 4.42 万 m^3，已完成施工。6 日 17 时，开始溢流，部队准备撤离。泄流槽长约 90m，底宽不小于 5.5m，顶宽约 11m，深 4 ~ 5m。时泄流量约 3 ~ 5.5m^3/s，完全险情排除。

4.4.7 唐家湾堰塞湖

唐家湾堰塞湖位于四川省绵阳市北川县境内，处在通口河上游支流复兴河上，东经 104°34′09″，北纬 31°54′15″，集水面积 287km^2。

勘察情况同 4.4.5 孙家院子堰塞湖。勘察表明，堰塞体顺河长度 150m，横河长度 100m，堰高 25m，堰塞体体积 400 万 m^3，最大蓄水量 150 万 m^3。

应急排险施工由水利部、四川省负责，成勘院负责设计，武警水电部队负责施工。施工单位于 6 月 2 日进场开挖泄水槽，预计 7 天挖通。设计泄洪道长 205m，底坡 7‰，底宽 20m，开挖总量 4.5 万 m^3。4 日武警水电部队出动 10 台（套）机械设备，人员 65 人，截至 15 时开挖土石方 5000m^3，累计开挖 2 万 m^3。6 日出动机械 14 台，累计开挖土石 5.4 万 m^3。泄流槽长约 120m，底宽不小于 5m，顶宽不小于 9m，挖深 3 ~ 5m。6 日 17 时开始溢流，泄量约 3 ~ 5.5m^3/s，解除风险。

4.4.8 马鞍石堰塞湖

马鞍石堰塞湖位于绵阳市平武县南坝镇涪江支流石坎河上，东经 104°55′22″，北纬 32°12′51″，集水面积 75.1km^2（见图 4–28）。

5 月 25 日，平武县水务局组织技术人员勘察。5 月 30—31 日由绵阳市水利规划设计研究院会同平武县水务局、武警水电部队徒步进入现场实地勘察。经勘察，堆积体 1120 万 m^3，堰高 67m，最大可能蓄水量 990 万 m^3，影响上下游人口共 6000 人。

应急排险施工由水利部、四川省负责，由成勘院负责设计，武警水电部队负责施工。6 月 2—3 日人员与挖掘机和油罐等设备进驻南坝镇，协调空中交通运输设备至施工现场实施开挖。4 日出动人员 3 人，对坝体、水文情况密切监测。6 日 2 台挖掘机和油罐等设备已进场，准备施工。8 日，1 台推土机和 4 台挖掘机在南坝集结，等待直升机调运进场。

6 月 11—14 日，武警水电部队三总队对马鞍石堰塞湖采用定向爆破拉槽、150 余名武警官兵人工开挖泄流槽的方式进行排险施工，形成了长约 200m，上顶宽约 15m，下底宽约 1m，平均深度约 6m 的 U 形导流槽。堰塞湖水面距离导流槽底部约 6m 左右时，武警水电部队撤离。在平武县堰塞湖排险指挥部的指挥下，从 17 日开始，平武县继续组织水利工程技术人员采用“水切割”法，人工对堰塞湖进行排险施工。同时，平武县发布了《关于马鞍石、文家坝堰塞湖避险工作有关事项的通告》，按照 1/2 溃坝方案启动了橙色预警，将堰塞湖影响区域内 15000 名群众全部安全转移，

图 4–28　四川省绵阳市马鞍石堰塞湖

全力推进堰塞湖排险工作进程。

因米 –26 直升机故障检修，修复时间待定。每天有 10 ~ 20 人观测水情和修建避险便道。开始仅有武警水电部队官兵 120 人到现场进行人工开挖，进展较慢。6 月 21 日开始，使用 4 台抽水泵抽湖水冲刷泄流槽，湖面与泄流槽垂直距离为 2.51m，22 日湖面与泄流槽垂直距离为 1.94m。当天，实施爆破一次，出动 5 台机械，人员 30 人。截至 24 日 8 时，泄流槽长 600m，下段出水口底宽 75m、上口宽 108m，上段进水口底宽 20m，上口宽 50m，沿途平均深 40m，最深处 50m。

最右岸自然泄流槽已自然溢流，流量 0.6m^3/s；6 月 23 日 14 时开始泄流，泄流量 2m^3/s，17 时 20 分测报下泄流量 20 ~ 25m^3/s；其后急剧上升至最大流量，18 时 30 分，测报下泄流量 600 m^3/s，此后流量逐渐下降，20 时测报下泄流量 300m^3/s，至 24 日 8 时，入出库流量稳定在 2.16 m^3/s，蓄水量约 80 万 m^3，大坝上下游落差极小，几乎持平，基本排除了险情。

4.4.9 一把刀堰塞湖

一把刀堰塞湖位于四川省德阳市绵竹市天池乡境内，处在沱江绵远河上，东经 104°08′59″，北纬 32°29′22″，集水面积 397.5km^2（见图 4–29）。

5 月 15 日上午，绵竹市水利局派出 6 名技术人员徒步考察。16 日，水利部工作组勘察了下游三处堰塞湖，并与德阳市委、市政府共同制定了排险方案。18 日 14 时，由绵竹市派人带队士兵 8 人、专家 7 人乘 2 架直升机实地勘察，21 日水利部工作组徒步进行现场勘察。29 日和 30 日，水利部、四川省水利工作组和德阳市水利局再次勘察。

经勘察，堰塞体顺河长度 248 m，横河长度 57.6m，堰高 26.4m，堰塞体体积 32.9 万 m^3。截至 6 月 10 日，堰塞湖水面低于坝顶 0.5m，堰塞湖蓄水量 100 万 m^3，入湖流量 21.6 m^3 /s，出湖流量 47.1 m^3 /s。堰塞湖影响下游汉旺、拱星、绵远、兴隆、富新、什地、罗江略坪等乡镇，共计影响人口约 43388 人。

应急排险施工由水利部、四川省负责，成勘院负责设计，武警水电部队负责施工。6 月 4 日，武警水电部队官兵成功解体堰体口巨石 600m^3，清除废渣 2000m^3，疏浚河床 60m，回填路基 2000m^3。机械已经能到达堰塞湖坝体中部，并在坝体实施人工作业，开凿了部分小缺口；截至 5 日 15 时 30 分，共动用机械 20 余台，参战官兵 120 余人，进入坝体除险和道路清理。爆破岩石 2000m^3，清理河床 150m，清理道路 100m。6 日爆破岩石 800m^3，回填路基 300m^3，清理河床 1200m^3，清理道路 45m。7 日，放置炸药 1t，爆破岩石 6300m^3。8 日回填路基 1500m^3，清理塌方 2000m^3，累计爆破岩石 7800m^3。9 日，爆破岩石 1200m^3，清理河床 2000m^3，处理塌方。10 日爆破岩石 5000m^3，处理塌方 4000m^3，清理河床 6000m^3。坝内水位下降约 3m。泄水槽宽 30m，长 90m，深 4m，泄流量 50 ~ 100m^3/s。溢流后，险情排除。

图 4–29　四川省绵竹市一把刀堰塞湖航拍图（2008 年 5 月 18 日）

4.4.10 马槽滩上游堰塞湖

马槽滩上游堰塞湖位于四川省德阳市什邡市红白镇木瓜坪村，处在沱江石亭江上东经104°00′00″，北纬31°25′48″，集水面积350km^2。

5月18日8时，由水利部、武警水电部队、什邡市水利局组成工作组，徒步进入堰塞湖进行实地勘察。5月29日和30日，水利部、四川省水利工作组和德阳市水利局再次勘察。经勘察，堰塞体顺河长度300m，横河长度100m，堰高40～50m，堰塞体体积200万m^3。堰塞湖水面到达坝顶高度，入湖流量13.1m^3/s，出湖流量15.6m^3/s。截至6月10日，堰塞湖蓄水量60万m^3，影响面积下游7km^2，人口约5000人。

应急排险施工由部省负责，四川省水利院负责设计，武警水电部队负责施工。6月4日，武警水电部队三总队官兵实施爆破。6日，武警水电部队已进入现场，道路不通，设备不能进场。7日实施爆破成功，形成宽50m、深10m、长160m的缺口。经武警水电部队三总队官兵连续10昼夜的抢险，马槽滩上堰塞湖堆积体上被爆破、开挖出了一条平均宽度17.6m、深6m、长度260m的泄洪槽。槽身呈梯形断面的泄流通道，其水面以上约10.0m^3/s，上口面宽达70.0m左右。应急处理完成的石方工程量为2.74万m^3。

泄流槽两岸岸坡经处理，分别以1:3（左岸）、1:4（右岸）倾向槽身呈稳定边坡，构成梯形状泄流通道，有利于宣泄洪水。右坝体部分相对左坝体平缓，最大坝高约20m。坝体多为巨型磷矿石堆积而成，总体稳定。库区蓄水最大水深约3～4m，蓄水量约5.3万m^3，已不具备溃坝威胁。经应急处理后泄洪槽槽身的泄洪能力为401m^3/s，流量1580m^3/s时，相应堰前水深约7.5m。

经治理后，坝体沿水流方向长约300m，上下游边坡约1:2左右。治理后泄流槽部分形成底宽约15m，槽身以上约10m，口宽50～70m，纵向坡度大于50‰的泄槽，湍急水流下泄后下游与天然河道基本衔接。

溢流后险情排除。

4.4.11 马槽滩中游堰塞湖

马槽滩中游堰塞湖位于四川省德阳市什邡市红白镇木瓜坪村，处在沱江石亭江上，东经103°59′38″，北纬31°26′52″，集水面积354km^2（见图4-30）。

5月18日8时，由水利部、武警水电部队、德阳市水利局组成工作组，徒步进入堰塞湖实地勘察。29日和30日，水利部、四川省水利工作组和德阳市水利局再次勘察。经勘察，堰塞体顺河长度80m，横河长度90m，堰高40～50m，堰塞体体积60万m^3。堰塞湖水面到达坝顶高度，入湖流量15.6m^3/s，出湖流量15.6m^3/s。截至6月10日，堰塞湖蓄水量25万m^3，影响面积下游5km^2，人口约4500人。

应急排险施工由部省负责，由四川省水利院负责设计，武警水电部队负责施工。6月4日，武警水电部队三总队官兵实施爆破扩口。5日18时实施第二次爆破，形成宽35m、深8m、沿河流长200m的缺口，达到了预期效果。6日爆破成功，形成宽40m，深8～10m，长200m的缺口。7日清理工作完成，应急处理实际石方方量为61800m^3。经武警水电部队三总队官兵连续抢险，堆积体偏左岸多次爆破，后期多台机械挖掘、人工作业，坝体左端坝高降低为水面以上仅15～20m，右

图 4—30 马槽滩中游堰塞湖（2008 年 6 月 10 日）

端约 20m。在上游段开凿出底部宽约 15m、口面宽约 50m 的喇叭口状进水口。挖出的泄流槽平均宽度 27.6m、深 8m、长度 280m，比降约 50‰，下游河段与原河槽基本一致，湍急的水流不停冲刷左岸原有岸边堆积物，至基岩岸后可稳定下来。

经应急处理后，泄洪槽部分泄洪能力达 968m^3/s。当宣泄 20 年一遇洪水时，堰前水深为 10.5m，全部在应急处理范围，可宣泄洪水能力达 1580m^3/s。

马槽滩中堰塞湖左、右岸堆积体顶部沿河流方向长 80m 左右，堆积体最大高度约 25m（水下约 5 ~ 6m），下游边坡 1∶1.5 ~ 1∶2，上游边坡 1∶2 左右。其堆积体主要由大块鳞矿石堆积而成，坝体稳定，库区内蓄水量约 4.5 万 m^3。

溢流后险情排除。

4.4.12 红松水电站厂房堰塞湖

红松水电站厂房堰塞湖位于四川省德阳市什邡市红白镇，处在沱江石亭江上，东经 104°00′36″，北纬 31°14′24″，集水面积 372.5km^2。

5 月 18 日 8 时由水利部、武警水电部队、德阳市水利局组成工作组，徒步进入堰塞湖实地勘察。29 日和 30 日，水利部、四川省水利工作组和德阳市水利局再次勘察。经勘察，红松水电站厂房堰塞湖堰塞体顺河长度 105m，横河长度 113m，堰高 30m，堰塞体体积 25 万 m^3。堰塞湖水面到达坝顶高度，入湖流量 17.9 m^3 /s，出湖流量 19.1 m^3 /s。截至 6 月 10 日，堰塞湖蓄水量 76 万 m^3，影响面积下游 10km^2，人口约 5000 人。

应急排险施工由部省负责，四川省水利院设计，武警水电部队负责施工。5 月 22—25 日，德阳市水利局、什邡市水利局和武警水电部队三总队已对红松一级水电站堰塞湖进行了初步处理，在其左岸开出了一条深约 3m，宽约 15m 的泄洪道。本次应急排险采用大型机械开挖和爆破巨石相结合的方案，加深和拓宽现有泄洪道：现有缺口宽大于 10m，过流水深约 1m，拟在现有缺口基础上往下再挖深 3m，使堰顶过流水深达到 4m；泄洪道底拓宽至 32m，开挖边坡为稳定边坡，约 1∶1.5；泄洪道开挖长度顺河流方向约 100m，纵坡 1∶300 ~ 1∶400。

5 月 25 日实施爆破，炸开宽 25m、深 13m 缺口。从 6 月 2 日开始，武警水电部队三总队官兵携带机械深入堰塞湖开挖明渠，为进一步做好排险工作做准备。6月4日，武警水电部队三总队官兵实施爆破；5日实施机械处理；6日实施第三次爆破，仅留少许尾工，稍做处理即可以完成；7日清理工作完成，实际石方工程量为15400m^3。

从5月25—28日、6月1—10日，经武警水电部队三总队官兵连续十多个昼夜的抢险，把红松一级水电站堰塞湖原有泄洪槽拓宽至平均宽度为22m，加深至平均深度为7m，泄槽长度为100m，左岸坝体河床部分降至距水面仅3～5m，已形成最小底宽约10 m，口面宽25～40 m，槽深5～7 m水流畅通近似矩形的基本河槽，槽身以上则为开阔的梯形河槽，可以宣泄常年洪水以上的洪峰流量。

经应急排险处理后，现泄流槽泄流能力约631 m^3 /s，河床断面泄洪按20年一遇频率复核，下泄能力达到1680 m^3 /s，坝前相应堰前水深9.86m，低于现左岸复建铁路路基以下约3.0m。

红松一级水电站堰塞湖右岸堆积体，受原水电站前池混凝土挡土墙保护，顺河流方向长约60m堆积体相对稳定，形成下游边坡约1:3～1:4，上游边坡约1:2，堆积体长（沿河宽方向）约100m，堆积体最大高度37m。左岸在原铁路线路高程进行铁路复建施工，其下清除后残留坝体距水面约3～10m不等、长约40m，为稳定左岸高达近百余米的堆石坡积物，原则上应保留现状以维持其稳定，其堆积体主要由巨型至大块磷矿石为主堆积而成，坝体总体稳定，已不存在溃坝风险。堰塞湖槽口和堆积体经过爆破、机械及人工清除等应急处理，库内最大水深约3m，库区蓄水量不足5.0万m^3。

溢流后险情排除。

4.4.13 红石河堰塞湖

红石河堰塞湖位于四川省广元市清川县关庄镇境内，处在嘉陵江一级支流清江河支流红石河上，东经105°00′00″，北纬32°14′46″，集水面积62.1km^2。

5月16日，水利部专家组、四川省水利厅、中国科学院成都山地灾害与环境研究所、成都勘测设计研究院院勘察专家组赶赴现场实地踏勘，研究方案。18—19日，工作组到达现场，分析后认为，堰体不太可能瞬时和整体溃决。经勘察，红石河堰塞湖堰塞体顺河长度400m，横河长度200～300m，堰高50m，堰塞体体积400万～600万m^3。入湖流量10～15m^3/s，出湖流量15～20m^3/s。截至6月10日，堰塞湖蓄水量120万m^3。与石板沟堰塞湖等地理位置接近，共同影响下游1个县城、5个镇、3个乡，影响人口约16万人。

应急排险施工由部省负责，成都市水利院负责设计，武警水电部队负责施工。已修通施工便道，5月29日施工机械进场施工；31日上午，已开泄流槽长60m，暂未泄流；6月6日，利用炸药1.5t，爆破拓宽泄流槽；7日，对泄流槽上的孤石实施爆破，拓宽溢流槽；8日，开挖拓宽泄流槽，开挖土石2000m^3；9日，进行开挖和爆破，开挖土石5000m^3，水位下降了2.5m，施工接近尾声。泄流槽长约200m、宽25m、挖深5m。

溢流后险情排除。

4.5 低危堰塞湖

地震所形成堰塞湖中，根据风险评估结果，有16处堰塞湖属于低危等级。其中，四川省15处，分别为白果村堰塞湖、黑洞崖堰塞湖、小岗剑水电站下游堰塞湖、干河口堰塞湖、马槽滩下游堰塞湖、木瓜坪堰塞湖、燕子岩堰塞湖、东河口堰塞湖、竹根桥堰塞湖、六顶沟堰塞湖、火石沟堰塞湖、海子坪堰塞湖、谢家店子堰塞湖、凤鸣桥（大奔流子）堰塞湖以及映秀湾堰塞湖；甘肃省 1 处，即徽县嘉陵江堰塞湖。此类堰塞湖危险级别较低，后期进行处置施工。

4.5.1 白果村堰塞湖

白果村堰塞湖位于四川省绵阳市北川县，处在通口河上，东经 104°27′11″，北纬 31°49′44″，集水面积 3560km^2。

5 月 16 日，李坤刚率专家组徒步勘察了堰塞坝的情况。经勘察，白果村堰塞湖堰塞体顺河长度 100m，横河长度 200m，堰高 10 ~ 20m，堰塞体体积 40 万 m^3。与唐家山堰塞湖等共同作用影响下游北川县、江油市、涪城区、科学城、游仙区、农科区、三台县等，影响人口达 130 万人。

白果村堰塞湖位于唐家山下游 10.2km^2，与唐家山堰塞湖一并处理。应急排险施工由地方市、县负责，6 月 3 日北川县出动机械 10 台（套），完成土石方开挖 1.2 万 m^3，降低堰高。3 日开始溢流。7 日，由北川县水务局组织 10 台（套）机械设备，开挖土石 1.2 万 m^3。8 日，出动 4 台机械，开挖土石 1.4 万 m^3。9 日开挖土石 1.8 万 m^3。

溢流后险情排除。

4.5.2 黑洞崖堰塞湖

黑洞崖堰塞湖位于四川省德阳市绵竹市清平乡岩井村，处在沱江绵远河上，东经 104°06′52″，北纬 31°35′03″，集水面积 258km^2。

5 月 15 日上午，绵竹市水利局派出 6 名同志徒步考察。16 日，部工作组勘察了下游三处堰塞湖，并与德阳市委、市政府共同制定了排险方案。18 日 14 时，由绵竹市派人带队士兵 8 人、专家 7 人乘 2 架直升机实地勘察。21 日，水利部工作组徒步进行现场勘察。29 日和 30 日，部省水利工作组和德阳市水利局再次勘察。经勘察，黑洞崖堰塞湖堰塞体顺河长度 30 ~ 50m，横河长度 120m，堰高 50 ~ 80m，堰塞体体积 40 万 m^3。堰塞湖水面到达坝顶，出库流量 22m^3/s，堰塞湖蓄水量 180 万 m^3。

应急排险施工由地方市（县）负责。5 月 19 日泄流混浊，流量最大 35m^3/s，22 日以后，水流变清，流量降为 10 ~ 13m^3/s。拟采取工程措施，但因交通阻断，徒步抵达困难，暂不具备施工条件。当地群众多人反映，湖水位明显下降；飞行观察发现，湖面大幅缩小。23 日溃决，当天流量由 20m^3/s 增至约 70m^3/s，后流量稳定在 22m^3/s。原定暂不处理，后武警水电部队 17 人克服艰险，徒步背负 1t 炸药上坝，2 次爆破成功，溢流后险情排除。

4.5.3 小岗剑水电站下游堰塞湖

小岗剑水电站下游堰塞湖位于四川省德阳市辖下的绵竹市天池乡，处于沱江绵远河上，东经 104°08′49″，北纬 31°29′36″，集水面积 343.6km^2。

5 月 15 日上午，绵竹市水利局派出 6 名同志徒步考察。16 日，水利部工作组勘察了堰塞湖，并与德阳市委、市政府共同制定了排险方案。18 日 14 时，由绵竹市派人带队，有专家 7 人、士兵

8 人乘 2 架直升机实地勘察，21 日，水利部工作组徒步进行现场勘察。29 日和 30 日，水利部、四川省水利工作组和德阳市水利局再次勘察。勘察表明，堰塞体顺河长度 150m，横河长度 150m，堰高 30m。堰塞湖水面接近堰顶，蓄水量 80 万 m^3。与上游堰塞湖共同影响下游汉旺、拱星、绵远、兴隆、富新、什地、罗江略坪等乡（镇），影响人口约 4.3 万人。

应急排险施工由地方市（县）负责，成勘院负责设计，武警水电部队负责施工。推测已溢流或孔隙出流，量基本达到进出平衡。6 月 3 日下午，向导带海军陆战队进山排险，遇小岗剑水电站拦河闸高而未入。后尽快解决交通问题，安排人员现场勘察，了解情况，为排险设计方案提供必要的资料。10 日，运送炸药及雷管等物资，18 时，爆破。泄流量估计为 20.5m^3/s。溢流后险情排除。

4.5.4 干河口堰塞湖

干河口堰塞湖位于四川省德阳市什邡市红白镇瓜坪村，处在沱江支流石亭江上，东经 103°29′38″，北纬 31°26′53″，集水面积 350km^2。

5 月 18 日 8 时，水利部、武警水电部队、德阳市水利局组成工作组，徒步进入堰塞湖进行实地勘察。29 日和 30 日，水利部、四川省水利工作组和德阳市水利局再次勘察。经勘察，黑洞崖堰塞湖堰塞体堰高 10m，堰塞体体积 1 万 m^3，堰塞湖蓄水量 10 万 m^3。

应急排险施工由地方市、县负责，四川省水利院负责设计，武警水电部队负责施工。因其库内基本无水，未作除险施工，后期加固处理。

4.5.5 马槽滩下游堰塞湖

马槽滩下游堰塞湖位于德阳市什邡市红白镇木瓜坪村沱江支流石亭江上，东经 104°08′06″，北纬 31°15′14″，集水面积 358km^2。

5 月 18 日 8 时，水利部、武警水电部队、德阳市水利局组成工作组，徒步进入堰塞湖进行实地勘察。29 日和 30 日，水利部、四川省水利工作组和德阳市水利局再次勘察。经勘察，堆积体体积 14 万 m^3，堰高 30m，当前蓄水 10 万 m^3，影响人口约 4000 人。

应急排险施工由地方市、县负责，由四川省水利院设计，由武警水电部队负责施工。6 月 4 日，武警水电部队三总队官兵实施爆破扩口；5 日，实施机械处理；6 日，动用机械清理，仅留少许尾工，稍做处理即可以完成；7 日，清理工作结束，完成排险，应急处理的实际石方方量为 9300m^3。

经连续 10 昼夜的抢险处理，马槽滩下堰塞湖偏左岸堆积体上被爆破，挖出了一条平均宽度 50m、深 10 ~ 12m、长度 160m 的泄洪槽，同时清理两岸堰塞湖坝身。随着后期大型机械进场作业，不同程度降低坝身高度，槽口以上形成的宽浅梯形大断面，十分有利泄洪，泄流槽口面宽约 50m，现库区蓄水量不足 1.0 万 m^3，最大水深为 2.0m。

经应急处理后，泄洪槽的泄洪能力为 289 m^3 /s。槽身以上，泄流 20 年一遇洪水条件下，泄流水深仅 8.40m，相应洪峰流量 1580m^3/s。

堰塞湖左岸堆积体沿河流方向长约 60m，上下游边坡均约 1:2，堆积体右岸边缘最高约 30m，沿河宽方向长 80 ~ 100m。其堆积体主要由大块磷矿石堆积而成，库区蓄水量不足 1.0 万 m^3，坝体稳定，溃坝风险排除。

4.5.6 木瓜坪堰塞湖

木瓜坪堰塞湖位于四川省德阳市什邡市红白镇木瓜坪村，处在沱江石亭江上，东经104°08′24″，北纬31°15′11″，集水面积350km^2。

5月18日8时，水利部、武警水电部队、德阳市水利局组成工作组，徒步进入堰塞湖进行实地勘察。29日和30日，部省水利工作组和德阳市水利局再次勘察。经勘察，木瓜坪堰塞湖堰塞体顺河长度20～30m，横河长度100m，堰高15m，堰塞体体积6万m^3。堰塞湖水面到达坝顶高度，入湖流量12.8m^3/s，出湖流量13m^3/s。截至6月10日，堰塞湖蓄水量10万m^3，影响面积下游4km^2，人口约2000人。

应急排险施工由地方市(县)负责，武警水电部队负责施工。6月4日，武警水电三总队官兵实施爆破；5日，实施爆破扩口作业后，形成宽20m，深6m，沿河流长120m的缺口，左岸坝体河床部分降至距水面仅2～5m；6日，爆破成功，形成宽30m，深10～12m，长160m的缺口，施工完成。实施爆破挖土石方2200m^3，应急处理的实际工程量石方量为1.54万m^3。

经应急处理后，泄洪槽的泄洪能力为487m^3/s，当宣泄20年一遇的洪水（1580m^3/s）时，相应上游的堰前水深约9.45m，基本恢复了天然状况下的下泄能力。

经应急处理和河水的冲刷，堰塞湖堆积体其高度降低至6m左右，对堆积体作清除处理。

4.5.7 燕子岩堰塞湖

燕子岩堰塞湖位于四川省德阳市什邡市红白镇木瓜坪村，处在沱江支流石亭江上，东经104°04′10″，北纬31°31′29″，集水面积350m^2。

5月18日8时，水利部、武警水电部队、德阳市水利局组成工作组，徒步进入堰塞湖进行实地勘察。29日和30日，水利部、四川省水利工作组和德阳市水利局再次勘察。经勘察，堰塞体顺河长度20m，横河长度30m，堰高10m，堰塞体体积3万m^3。堰塞湖水面到达坝顶高度，入湖流量19m^3/s，出湖流量19m^3/s。截至6月10日，堰塞湖蓄水量3万m^3，影响面积下游5km^2，人口约2000人。

应急排险施工由地方市(县)负责，武警水电部队负责施工。燕子岩堰塞湖堰顶右岸低，左岸底高，处理前缺口水深约0.5m，水流从右岸下泄。因道路堵塞，大型机械无法进入施工现场，只能采取爆破巨石，人工清理、搬运。考虑泄洪道开挖条件，人工水下作业水深不超过1m。对燕子岩堰塞湖堰的处理是采取爆破拓宽、加深左岸现有水道过流断面。处理后的泄槽槽顶水深1m，槽底宽35m，顺水流方向开挖长度29m，槽底纵坡1∶300～1∶400，槽身两侧开挖边坡为1:1.5。

6月3日18时30分，成功爆破；4日实施爆破扩口；6日，成功爆破排险，开挖土石1400m^3，施工完成。泄流槽长80～110m，宽40m，挖深7m。

武警水电部队三总队官兵连续10昼夜的抢险，采用爆破方式基本清除河道中的堆积物，清理深达5～10m，长度为60m。应急处理实际石方方量为6100m^3。

经应急处理后，泄洪通道的泄洪能力基本恢复震前状况，泄流20年一遇洪水（洪峰流量1680m^3/s），堰前水深为8.84m，远低于现已恢复交通的公路路面高程，处理效果超过了预期目标。

当时，堰塞湖堆积体经应急处理和河水的冲刷，仅左岸岩石裂缝位置及上游端尚有少许堆积物外，险情排除。

4.5.8 东河口堰塞湖

东河口堰塞湖位于广元市青川县嘉陵江支流清江河红光乡东河口村境内，东经105°04′12″，北纬32°14′53″，集水面积1290km^2。经勘察，堰塞体体积约420万～640万m^3，堰高15m，最大可能蓄水量300万m^3，与石板沟、红石河堰塞湖共同影响1个县城、5个镇、3个乡，影响人口约16万人。

险情发生后，迅速转移了堰塞湖以下青川县关庄、凉水、七佛、马鹿、竹元等乡镇沿河两岸低洼地带2万名群众。

5月16日，水利部专家组、四川省水利厅、中国科学院成都山地灾害与环境研究所、成勘院勘察专家组赶赴现场进行实地勘察，研究排险施工方案。18日上午，工作组发现堰塞体已经开始溢流，目测流量约为10～20m^3/s。19日，工作组再次勘察时，发现下泄流量加大，约为20～30m^3/s，泄流槽断面基本稳定，没有继续下切，堰体可以维持短期稳定，不太可能整体溃决。

应急排险施工由地方市（县）负责，成都市水利院负责设计，武警水电部队负责施工。5月29日，施工机械进场施工。31日，扩宽泄流槽长100m，宽25m，深约50cm。6月4日，出动机械设备5台（套），当日挖掘出长100m、深4m、宽5m的溢流槽。当时坝体稳定，无异常，截至20时，水位累计下降1.7m。6日，出动机械5台，开挖土石4000m^3。截至17时，流量变化不明显。7日，对泄流槽上的孤石进行爆破，拓宽溢流槽。8日，开挖拓宽溢流槽至宽30m、深6m、长100m。9日，进行开挖和爆破，水位下降了1.5m，施工接近尾声。10日，拓宽泄流槽长至130m，宽至40m。当时，进湖流量55～60m^3/s，出湖流量60m^3/s，水位累计下降2.1m。应急排险施工完成，险情基本消除。

4.5.9 竹根桥堰塞湖

竹根桥堰塞湖位于四川省崇州市鸡冠山乡，处在岷江支流文井江上。

经勘察，堰塞体顺河长度500m，横河长度68m，堰高90m，堰塞体体积300万m^3，影响下游鸡冠山、文井江等地约2200人。

5月22日，堰塞湖经人工爆破溢流，库容泄空，已排险。崇州市制定下游受威胁人员转移方案，撤离1800人。

4.5.10 六顶沟堰塞湖

六顶沟堰塞湖位于四川省崇州市鸡冠山乡，处在岷江支流文井江上。

经勘察，堰塞体顺河长度500m，横河长度50m，堰高60m，堰塞体体积150万m^3，影响下游鸡冠山、文井江等地约800人。

崇州市制定下游受威胁人员转移方案，撤离800人。

5月22日，堰塞湖经人工爆破溢流，库容泄空，排险成功。

4.5.11 火石沟堰塞湖

火石沟堰塞湖位于四川省崇州市鸡冠山乡，处在岷江支流文井江上。

经勘察，堰塞体顺河长度500m，横河长度40m，堰高120m，堰塞体体积240万m^3，影响下游鸡冠山、文井江等地约150人。

崇州市制定下游受威胁人员转移方案，撤离150人。

5月21日，堰塞湖经人工爆破溢流，库容泄空，排险成功。

4.5.12 海子坪堰塞湖

海子坪堰塞湖位于四川省崇州市鸡冠山乡，处在岷江支流文井江上。

经勘察，堰塞体顺河长度1200m，横河长度70m，堰高8m，堰塞体体积67万m^3，影响下游鸡冠山、文井江等地约500人。

崇州市制定下游受威胁人员转移方案，撤离500人。

5月19日，堰塞湖溃决，库容泄空，排险成功。

4.5.13 谢家店子堰塞湖

谢家店子堰塞湖位于四川省成都市龙门山镇九峰村，处在沱江支流金沙河上。

5月18日，彭州防汛办现场勘察。经勘察，堰塞体顺河长度250m，横河长度70m，堰高8m，堰塞体体积18万m^3。截至6月10日，堰塞湖水面距坝顶6m，入湖流量$4m^3/s$，出湖流量$4m^3/s$，堰塞湖蓄水量8万m^3，影响下游龙山镇、小鱼洞镇，约8000人。

崇州市水务局、当地群众和基干民兵密切关注。6月10日前，堰前水深已降至5m以下。溃决洪水利用凤鸣湖水库的滞洪削峰能力下泄，险情基本消除。

4.5.14 凤鸣桥（大奔流子）堰塞湖

凤鸣桥堰塞湖位于四川省成都市龙门山镇山沟村，处在沱江支流金沙河上。

5月15日，邢援越率专家组赶赴现场勘察。经勘察，堰塞体顺河长度300m，横河长度80m，堰高6m，堰塞体体积24万m^3，影响下游龙山镇、小鱼洞镇，约8000人。

当地政府按照工作组要求，将堰塞湖上下游人员基本撤离，并采取紧急措施。5月16日下午，自然溃决。该事件处置顺利，未造成人员伤亡。

4.5.15 映秀湾堰塞湖

映秀湾堰塞湖位于阿坝州汶川县岷江干流映秀湾电站与太平驿电站之间，东经103°29′24″，北纬31°08′38″（见图4-31）。

经勘察，壅塞体壅高后河床高程902.00～924.00m，抬高河水位约23～26m，回水长度约3km，库容约150万m^3，壅塞体顺河向长400m，横河宽280m，堆积体约130万m^3，影响人口约1.5万人。

图 4–31　四川省汶川县映秀湾老虎嘴堰塞体下游图（2008 年 7 月 5 日）

老虎嘴壅塞体为地震时岷江左岸老虎嘴山体崩塌并向右岸滑移所致。阻断岷江 9 小时后，冲开右岸原生滑坡堆积体形成泄流通道。6 月 11 日，四川省水利厅委派水利专家踏勘现场收集壅塞体一手资料；17 日，组织四川省水利水电勘测设计院专家研究讨论确定处置方案。

为了抢通通往阿坝州的生命通道 213 国道，四川省于 7 月 2 日成立国道 213 抢通指挥部，李崇禧任指挥长，指挥部下设交通组、水利组、国土组、后勤组等，各司其职，各负其责。水利组的任务是应急处置映秀镇上游 2km 的老虎嘴壅塞体，冷刚亲任组长，全面负责水利组工作，陈荣仲任副组长并常驻现场。在饮食奇缺、尸臭逼人、余震不断、滑坡飞石等极其艰苦的条件和恶劣的环境下，水利组所属的水利厅机关、成都军区驻渝某集团军工兵团、四川省水利水电勘测设计院、四川省水电工程局、四川省路桥集团、四川省水文局等单位齐心协力，奋战 60 余天，按照指挥部批准的“左疏右堵龙口炸”的三体一翼技术方案，共投入 260 余人，机械设备 80 台（套），使用炸药 39t，累计爆破 30 余次，完成土石方开挖 26 万余 m^3，龙口最宽处已扩展到 70 多 m，完成了老虎嘴处置任务，213 国道生命线按时抢通。

4.5.16 徽县嘉陵江堰塞湖

徽县嘉陵江堰塞湖位于甘肃省徽县嘉陵镇境内，在宝成铁路 150km+300m 处，在徽县火车站南约 800m 金钻沟隧道处（见图 4–32）。

滑坡体主要为岩石约 5 万 m^3，将嘉陵江拦腰截断，形成堆石坝一处，高约 6m、长约 100m、宽约 30m，湖面回水约 4km，湖水最深处约 10m，平均深度约 4m，湖面宽约 80m，库容约 80 万 m^3。

图 4–32 四川省徽县嘉陵江堰塞湖导流明渠

地震造成徽县嘉陵江右岸山体大面积滑坡，当时正由此经过的宝鸡开往成都方向的 21043 次货车出轨，火车头起火，13 节汽油罐被埋，宝成铁路中断。同时徽（甘肃省徽县）白（陕西省白水江镇）公路中断，威胁徽县嘉陵镇、虞关乡两乡镇 2.1 万群众生命财产安全，严重威胁下游陕西省略阳县等部分县（市）群众生命财产安全。

5 月 12 日灾情发生后，徽县转移安置了嘉陵镇受影响的干部群众 1400 多名，抢救出了 2 名列车司机。同时，将险情逐级上报陇南市委、市政府，甘肃省委、省政府。

5 月 12 日 21 时，徽县水利局对嘉陵江堰塞湖进行了详细勘察，将勘察结果于当日 23 时逐级向徽县县委、县政府，陇南市水利局、市防汛办，甘肃省水利厅、省抗旱防汛办作了汇报 。

5 月 13 日凌晨 3 时 ，许文海、魏宝君，带领徐崇锋及甘肃省水利水电勘测设计研究院 6 位专家从兰州出发，9 时多赶到徽县县城，会同县上领导及县水利局工作人员，紧急赶往嘉陵江堰塞湖现场，部署抢险工作。

5月14日10时，徽县嘉陵江山体滑坡形成堰塞湖被堵塞的河道清开约3m宽、1m深的泄流通道，水流下泄，水位开始缓慢下降。

5月18日20时，徽县堰塞湖开始实施爆破清运。经过4次爆破，堵在江中最大的、每块约200m^{3}的两块巨石成功爆破并被清运出河道，运到下游的弃渣厂。截至20日14时30分，清运碎石200m^3，上游来水4.66m^3/s，水位744.28m。因爆破裂解巨石，碎石滑落堵塞局部泄水通道，下泄水势略有减小，19日、20日堰内水位比18日上涨了0.28m。

5月24日10时，经解放军某部工兵连280多名官兵及中国铁道部第一工程局100多人连续作业，动用22台机械设备，宝成铁路109隧道恢复通车。

5月30日，徽县嘉陵江堰塞湖经爆破清运，打开宽20m、深2.6m的下泄水槽。据陇南市水文局实测，水位累计下降了2.08m，减少蓄水量约45万m^3，危险解除。

此后，经多次爆破和不断地开挖疏通，以及兰州军区住天水61师300多名官兵和中铁一局100多名工人25天的奋战，截至6月7日16时，嘉陵江堰塞湖下泄水槽已挖宽到35m，挖深到4.5m，共清理出碎石24600m^3，占河道塌方体堆积物的25%左右，蓄水量由大约80万m^{3}下降到约7.0万m^3，蓄水面积由大约32万m^{2}下降到约6.5万m^2；嘉陵江堰塞湖疏通抢险任务提前结束，61师官兵奉命撤离施工现场，提前实现了中央领导提出的"双通"目标。经疏通，堰塞湖坝体所在地形成了1条长80m、宽30～40m、深4.5m的导流明渠，最大泄水流量2000m^3/s（相当于5年一遇洪水标准）；此时河道内仍然堆积着8万m^{3}左右的石块，虽对上下游防汛不构成较大威胁，但是，进入主汛期后随着水量增加，将对徽白公路造成直接威胁。

6月8日，累计清运堰塞湖坝体碎石约2.4万m^3，泄水槽宽度达到35m、深4.3m，上游来水11.7m^3/s，下泄11.7m^3/s，蓄水量降为7.6万m^3。至18时，完成抢险任务，徽县嘉陵江堰塞湖应急抢险结束。

唐家山堰塞湖除险

5 水利工程抢险

5·12汶川特大地震造成了四川省、甘肃省、陕西省、云南省、贵州省和重庆市等6省（直辖市）灾区范围内水库大坝、水电站、江河堤防、水闸、灌区水利设施等不同程度损毁。5月12日下午，水利部抗震救灾工作首先从预防因地震引发滑坡、泥石流，造成震损水库、水电站溃决等重大次生灾害开始。国家防办向灾区防汛指挥部门下发《关于切实做好地震灾区防洪工程安全工作的紧急通知》，要求迅速开展震区水库（尤其是病险或在建水库）、水电站、堤防、闸坝、堰塞湖等普查，全面掌握工程受损情况。5月12日晚，水利部矫勇、刘宁赴成都市指导、部署与协调抢险工作。水利工程抢险从岷江紫坪铺水库大坝开始，然后迅速推进到岷江、沱江、嘉陵江三条江河上中游及各支流。

地震灾区6省（直辖市）共有2473座水库出现程度不一的险情。对重灾区四川省，水利部于5月12—22日先后派出工作组、现场设计组，与四川省水利水电勘测设计研究院、四川大学工程设计研究院以及有关市（县）水利设计单位开展现场查勘、灾情核查，共同编制震损水库应急除险方案。对四川省绵阳市、德阳市、广元市等地水库坝体裂缝、坝坡滑塌、坝后管涌、泄水建筑物和启闭设施损坏等险情，实施应急加固除险。在震损水库应急处置过程中，采取工程措施与非工程措施相结合的方法，并与汛后除险加固措施相衔接。对遭受震损的大坝、堤防采取了裂缝开挖、回填、封堵、覆盖，滑坡坡脚压重及上部削坡减载，贴坡反滤排水结合导渗沟等措施。针对灾区即将来临的汛情，提前制定应急方案，部署汛期雨情和水情监测及预报、应急抢险物资储备、人员疏散预案等，以使溃坝、漫坝等次生灾害处于可控范围。

地震共造成1144座水电站受损，其中四川省846座、甘肃省97座、陕西省32座、重庆市169座。岷江干支流上的映秀湾等9座水电站一度出现高危险情。地震发生后，由于通信中断，情况不明，使抢险救援困难重重。为此，国家防办于5月13日夜发出《关于水电站抗震保安全的紧急通知》。14日，水利部紧急派遣水电工作组赶赴灾区，协调紫坪铺上游水电站应急排险。17日，阿坝组、水电组分赴岷江、嘉陵江、沱江上中游重灾区，对87座重要水电站进行全面排查。指导地方政府及时制定应急预案，落实应急措施。流域机构分省包干，指导、协助地方排查、评估和处置水电站险情。对岷江上游9座高危险情水电站进行分析研判，提出处置意见，指导督促排险。对映秀湾、太平驿等水电站出现漫坝或漫闸的严峻险情，水利部会同电监会、武警水电部队以及国家电网公司、华能集团等业主单位，通过空运柴油发电机成功开启了太平驿水电站泄洪闸，手动提起映秀湾泄洪闸，9座出险水电站先后排除险情。至6月10日，地震中受损的1144座水电站全部排除了险情。

地震造成了灾区899段，总长1057km堤防程度不一的损毁，涉及保护区人口512.27万人。针对出险堤防量大面广的特点，灾区各省迅速组织拉网式排查，每天滚动上报堤防险情。四川省政府还向媒体公告了除北川县外的495处震损堤防的行政责任人、技术责任人、监测责任人，对重大和较大险情堤段逐项落实应急处理措施。甘肃省、陕西省等省也对震损堤防及时进行了应急处理，制定了度汛和人员转移预案，落实了监测预警措施。

地震还造成四川省灌溉工程严重损坏。全省共有9个大型灌区、133个中型灌区和2065个小型灌区在地震中受损，影响灌溉面积1400余万亩，占全省有效灌溉面积的35%。其中，取水枢纽4900余处、渠系建筑物4.08万处、输水工程2.75万km（含渠道和渡槽、隧洞、倒虹管、涵洞受损的长度）、管理房36万m^2受损，山平塘、石河堰、机电泵站等小型水利设施受损8.09万处。灌区及时组织工程技术人员，加大巡查力度，按照“先应急、后完善”的原则，迅速制定应急修复方案，及时组织紧急修复。

在水利部统一组织协调下，水利工程抢险和应急处置历时两个多月。灾区2473座震损水库无一垮坝，上千公里堤防无一溃堤，并在当年基本做到了安全度汛。5月底，都江堰灌区和武都引水灌区具备应急通水条件，其余灌区于2008年7月上旬完成应急修复任务。

5.1 四川重灾区

四川省是本次地震灾害重灾区，分布在岷江、嘉陵江、沱江上中游的水利工程损毁严重。经部、省、市各级排查，四川省17个市96县共有1997座水库发生震损，占全省水库总数的29.7%，其中大型4座、中型61座、小（1）型335座、小（2）型1597座。

汶川特大地震重灾区位于长江上游二级、三级支流，水电站密集分布。地震造成全省20个市（州）140个县水电站受损，重灾区有8个市（州）39个县（市、区）。震损水电站846座，装机容量470万kW。其中极重灾区的受损电站有673座，装机容量415万kW。

堤防震损706处，长度894.16km，重大险情106处，长度194.92km；较重险情276处，长度303.69km，一般险情324处，长度395.55km。

四川省地震灾区水闸共303座，其中大型23座，中型63座，小（1）型217座，均遭受不同程度的损坏，闸室发生位移，闸门启闭困难。都江堰渠首外江闸启闭梁移位，绵竹市官宋硼堰取水枢纽水闸已无法正常运行，震损最为严重，整体报废重建。

地震共造成了四川省9个大型灌区、133个中型灌区和2065个小型灌区及工程设施程度不一的损坏。

5.1.1 震损水库及除险

5·12汶川特大地震发生后，水利部在当日下午将抗震救灾工作重点锁定在了解大型水库震损情况上。12日晚水利部矫勇、刘宁赴成都市指导、部署与协调紫坪铺水库抢险，成立了紫坪铺水库大坝排险专家组，驻守紫坪铺水库开展险情排查、分析和修复方案研究工作（见图5-1）。随即以紫坪铺水库大坝为重点，对重灾区关系重大的水库开展应急抢险，尽一切可能避免因震损水库溃决造成重大次生灾害。

5月13日，水利部抗震救灾指挥部成立后，成立了工程抢护组，负责指导灾区水利工程抢险工作，组织分析研判重大水库险情，提出对策建议。14日，水利部派出6个工作组和1个专业组，前往四川灾区指导、协助地方水利部门排查、分析、评估和处置水库、水电站险情，督促落实责任人、应急抢险预案、监测人员和手段、预报预警、转移避险方案和措施等。

图 5-1　水利部部长陈雷等勘察紫坪铺大坝震损情况（2008 年 5 月 18 日）

5 月 15 日，根据抗灾形势，水利部抗震救灾前方领导小组（以下简称水利部前方领导小组）成立，负责指导、协助四川省水利部门开展抗震救灾工作。17 日，组织直属单位和武警水电部队等 9 支抢险队，帮助四川灾区开展水库应急抢险。党中央、国务院、四川省委、省政府各级领导高度重视震损水库可能引发的次生灾害，亲临一线指挥。水利部和四川省水利厅联合成立了四川省水利抗震救灾指挥部，收集、整理、分析、汇总了大量震损水库资料和抢险动态，根据工作情况，下发了 20 余份文件，指导各地震损水库应急抢险。

四川省水利抗震救灾指挥部根据震损水库的基本情况，制定了“四川省 5 · 12 地震震损工作进度安排表”，收集整理并更新了震损水库的资料，汇编了专家核查意见，绘制了 69 座溃坝险情震损水库及 310 座高危震损水库的电子地图等。

为了落实震损水库责任人，5 月 28 日，在《四川日报》上对全省 1803 座（当时统计数）震损水库的名单和行政责任人、技术责任人、监测责任人进行了公示，要求各级政府及其责任人要切实履行职责，针对险情，组织队伍，采取有效措施，尽快加以整治。险情发生后，相关责任人必须在第一时间赶赴现场，靠前指挥，果断处置，最大程度减少损失。

为了指导、督促震损水利工程特别是水库的应急处置和防汛工作，6 月中旬，四川省水利厅发出《关于对“5 · 12”特大地震震损水利工程应急处置等工作进行分片督导的通知》，成立了 10 个由党组成员带队的分片督导组，全省震损水库排危除险全面展开，四川省灾区投入震损水库应急抢险经费 4.2 亿元。

经过应急处置，四川灾区上千座震损水库无一溃决，确保了震损水库下游人民的生命财产安全。

（1）水库险情调查

5 月 14 日，水利部派出工作组开始对地方上报的有溃坝和高危险情的水库进行实地核查。工作组专家白天深入现场，对水库逐一进行核查，指导地方核实判断工程险情，制定应急处置方案；晚上集中讨论，形成书面意见，将当天核查情况上报水利部抗震救灾前方领导小组，并制定第二天工作方案。工作组的查勘为其后的分析、评估和处置险情，制定监测、应急抢险预案以及最后编制转移避险方案和措施，提供了决策依据。

1）德阳市震损水库情况。地震后，德阳市水利局随即组织下属各区（市、县）水利局对全市水库进行初步检查，发现存在溃坝、高危险情的水库48座，并将检查结果上报四川省防汛抗旱指挥部和水利厅。

德阳工作组于5月14日开始对德阳市部分水库震损情况进行排查。17日，工作组与四川省水利厅赴德阳抗震救灾成员组成水利部、四川省水利厅赴德阳水利抗震救灾联合工作组（简称工作组），对上报的震损水库进行全面核查。组长由水利部建设与管理司司长孙继昌担任。

对四川省水利厅上报水利部的德阳市105座水库，工作组全部进行了核查，包括德阳市水利局上报的48座震损严重水库。工作组还并抽查了19座未上报的小型水库，累计核查水库124座，占全部水库的92%。其中5座中型水库、27座小（1）型水库和92座小（2）型水库。工作组核查认定存在溃坝险情水库21座，高危险情水库38座，次高危险情水库29座，基本安全水库36座（见表5–1）。在德阳市水利局上报的48座存在溃坝险情和高危险情的水库中，核查认定存在溃坝险情的水库20座，高危险情水库28座。

表5–1　德阳工作组核查的德阳市124座水库大坝震损情况调查表　　单位：座

区（市、县）	受损等级分类				小计
	溃坝险情	高危险情	次高危险情	基本安全	
旌阳区	1	3	5	4	13
广汉市		2	1	2	5
什邡市	1				1
绵竹市	16	4	1		21
中江县	1	14	17	16	48
罗江县	2	15	5	14	36
合　计	21	38	29	36	124

2）绵阳市震损水库情况。5月13日绵阳工作组出发赶往灾区协助抗震救灾。工作组制定了震损水库调查办法，绘制了调查表格，拟定了水库核查报告编制格式、要求和照片粘贴方式，白天进行现场核查，当晚将结果报送水利部前方领导小组和国家防办。

绵阳工作组按业务性质划分为“震损水库核查”和“堰塞坝调查与处理”两个小组，水库震损情况核查由副组长孙京东牵头负责，堰塞坝情况调查与处理由副组长杨启贵牵头负责，李坤刚组长视各个小组工作进展和有关事务的紧急程度参与相关小组工作。

核查过程中，工作组重点查看以下6个方面的内容：一是震损水库的大坝、库容、集雨面积等基本情况；二是水库预测预报、监测预警、通信设施、报警方式等情况；三是应急预案制定情况，特别是人员转移方案等情况；四是水库防汛抢险责任制落实情况；五是水库大坝及泄水设施震损险情及已采取的应急处理措施等；六是防汛抢险队伍准备和物料的落实情况。

据四川省水利厅灾后统计，全省 379 座水库存在溃坝险情和高危险情，其中绵阳市 216 座水库，占全省的 57%。

工作组对申报的存在溃坝险情和高危险情的 216 座水库逐一进行核查，对存在次高危险情的 26 座水库进行抽查，总共核查水库 242 座。

核查后，工作组认定存在溃坝险情的水库 34 座，占 14.1%，较地方申报数量减少水库 22 座；认定存在高危险情的水库有 102 座，占 42.1%，较地方申报存在高危险情的水库数少 58 座；其余认定为次高危险情水库（见表 5–2）。

表 5–2　绵阳工作组核查的绵阳市 242 座震损水库险情分布表　　单位：座

区（市、县）		受损等级分类			小计
		溃坝险情	高危险情	次高危险情	
绵阳市上报	安县	5	9		14
	涪城区	6	5		11
	江油	19	40		59
	三台县	5	17		22
	盐亭县	5	12		17
	游仙区	10	32		42
	梓潼县	6	45		51
	合计	56	160		216
工作组核查后确定	安县	6	2	6	14
	涪城区	0	7	4	11
	江油	15	17	32	64
	三台县	3	11	14	28
	盐亭县	1	13	7	21
	游仙区	4	26	21	51
	梓潼县	5	26	22	53
	合计	34	102	106	242

注　表中绵阳市上报内容不包括次高危险情水库数量。

据现场查看，当地水库大坝绝大部分为均质土坝、心墙坝，混凝土坝很少。水库出现的主要险情包括坝体裂缝、滑坡、渗漏、坝顶沉陷及坝体变形、放水设施损坏、防浪墙断裂倒塌等。从震损部位看，破坏多集中在坝体上部，坝顶最多，坝体中段相对严重。

3）广元市震损水库情况。据广元市水利农机局统计，全市559座水库中有343座水库（中型水库5座，小型水库338座）受损，其中286座水库无法正常蓄水。

工作组实地核查61座震损水库，认定存在溃坝险情和高危险情水库34座，占55.7%。其中：溃坝险情水库3座，占核查水库的4.9%；高危险情水库31座，占核查水库的50.8%；次高危险情水库26座，占42.6%；一般险情水库1座，占核查水库的1.7%。组长由长江委江务局局长史光前担任（见图5–2）。

4）成都市及眉山市、雅安市和宜宾市震损水库情况。成都工作组震损水库的调查历时共11天，除成都所属县区外，还包括眉山市、雅安市和宜宾市等地市及绵阳市梓潼县震区水库的排查。组长由水利部建管司司长孙继昌担任。

图5–2　水利部广元工作组在广元幸福水库查勘震损情况（2008年5月17日）

成都工作组完成各地市76座水库（含两座电站）的调查。按照前方指挥部制定的水库震害险情分类标准，工作组核查的76座水库（含2座水电站）中认定具有溃坝险情水库3座，高危险情水库20座，次高危险情水库53座（见表5–3）。

5）遂宁市震损水库情况。遂宁震损水库调查历时12天，工作组穿越3个地级市的10个区（县），行程近3000km。水利部长江委副主任杨淳任工作组组长（见图5–3）。

遂宁工作组共查勘水库26座（中型水库8座，小型水库18座），堤防1处，渡槽1座。现场查看未发现溃坝险情水库，工作组核查认定大英县人民村水库、射洪县红旗水库和牛王庙水库、安岳县报花厅水库、乐至县胡家沟水库、资中县烂眼（埝）沟水库、东兴区七三水库等7个水库属高危险情水库，其他19座水库属次高危险情水库。

表 5-3　成都市、眉山市仁寿县、眉山市丹棱县、雅安市、宜宾市筠连县及绵阳市梓潼县水库震害险情调查

单位：座

所在市（县）	溃坝险情	高危险情	次高危险情
成都市	2	5	11
眉山市仁寿县	0	3	20
眉山市丹棱县	0	1	1
雅安市	0	0	2
宜宾市筠连县	0	1	0
绵阳市梓潼县	1	10	19
合计	3	20	53

图 5-3　水利部遂宁工作组在与水库管理人员座谈（2008 年 5 月 19 日）

6）震损水库调查汇总。

A. 震损水库基本情况。经部、省、市各级排查，四川全省共有 1997 座水库发生震损，占全省水库总数的 29.7%，分布在 17 个市 96 个县，其中大型水库 4 座、中型水库 61 座、小（1）型水库 335 座、小（2）型水库 1597 座（表 5-4、表 5-5）。按震损级别分，溃坝险情水库 69 座，占出险水库的 3.5%；高危险情水库 310 座，占出险水库的 15.5%；次危险情及一般险情水库 1618 座，占出险水库的 81.0%。溃坝险情水库 69 座全部位于重灾区，占重灾区出险水库的 5.6%；重灾区高危险情水库 290 座，占重灾区出险水库的 23.7%，占全省高危险情水库的 93.5%（见第 2 章）。

表 5–4　5·12 汶川特大地震四川省出险水库分布情况　　单位：座

地　区		出险水库				
		大型	中型	小（1）型	小（2）型	合计
合计		4	61	335	1597	1997
39 个重灾县（市、区）	小计	3	26	167	1026	1222
	绵阳 [全部县（市、区）]	2	10	76	531	619
	德阳 [全部县（市、区）]	0	5	23	87	115
	广元 [全部县（市、区）]	0	7	60	371	438
	成都（都江堰、彭州、大邑、崇州）	1	2	6	8	17
	南充（阆中）	0	1	0	18	19
	巴中（南江）		1	2	11	14
12 个省定重灾县（市、区）	小计	1	2	30	143	176
	雅安（雨城、名山）		1	5	1	7
	南充（南部、仪陇）	1	1	4	47	53
	巴中（巴州）			1	9	10
	乐山（夹江）				11	11
	眉山（仁寿）			7	19	26
	遂宁（射洪）			6	25	31
	资阳（简阳）			7	31	38
非重灾区			33	138	428	599

表 5–5　5·12 汶川特大地震四川省灾区受损水库统计表

分　类			灾区合计	极重灾区	重灾区	省定灾区	一般灾区
按震损级别	合计	数量 / 座	1997	71	1151	175	600
		库容 / m^3	602448	119128	201363	147055	134902
	溃坝	数量 / 座	69	25	44		
		库容 / m^3	6520	1523	4997		
	高危	数量 / 座	310	20	270	7	13
		库容 / m^3	52680	3246	46947	648	1839
	次高危	数量 / 座	1618	26	837	168	587
		库容 / m^3	543588	114699	149419	146407	133063

续表 5–5　5·12 汶川特大地震四川省灾区受损水库统计表

分类			灾区合计	极重灾区	重灾区	省定灾区	一般灾区
大型	小计	数量／座	4	1	2	1	
		库容／m^3	331800	112000	85900	133900	
	次高危	数量／座	4	1	2	1	
		库容／m^3	331800	112000	85900	133900	
中型	小计	数量／座	61	2	24	2	33
		库容／m^3	151717	3255	60294	3750	84418
	高危	数量／座	15	1	13		1
		库容／m^3	32997	1583	30094		1320
	次高危	数量／座	46	1	11	2	32
		库容／m^3	118720	1672	30200	3750	83098
小（1）型	小计	数量／座	335	18	149	30	138
		库容／m^3	77294	3026	30210	6081	37977
	溃坝	数量／座	19	7	12		
		库容／m^3	5104	1116	3988		
	高危	数量／座	67	6	57	3	1
		库容／m^3	12741	1332	10684	509	216
	次高危	数量／座	249	5	80	27	137
		库容／m^3	59449	578	15538	5572	37761
小（2）型	小计	数量／座	1597	50	979	142	430
		库容／m^3	41977	1187	24959	3324	12507
	溃坝	数量／座	50	18	32		
		库容／m^3	1416	407	1009		
	高危	数量／座	228	13	200	4	11
		库容／m^3	6942	331	6169	139	303
	次高危	数量／座	1319	19	744	138	418
		库容／m^3	33619	449	17781	3185	12204

B. 具有高危以上风险水库大坝险情分析。5·12 汶川特大地震四川省受损溃坝险情水库 69 座，占水库出险率的 3.5%；高危险情水库 310 座，占出险水库的 15.5%；次危险情及一般险情 1618 座，占出险水库的 81.0%。其中重灾区溃坝险情水库 69 座，占重灾区出险水库的 5.6%，占全省溃坝险情水库的 100%；高危险情水库 290 座，占重灾区出险水库的 23.7%，占全省高危险情水库的 93.5%（见表 5–6）。

表 5–6　高危以上险情水库分析表

地区	出险水库数／座	险情等级						高危以上险情水库／座
		溃坝			高危			
		数量／座	占出险水库比例／%	占全省比例／%	数量／座	占出险水库比例／%	占全省比例／%	
重灾区	1222	69	5.6	100	290	23.7	93.5	359
非重灾区	775	0	0	0	20	2.6	6.5	20
合计	1997	69	3.5	100	310	15.5	100	379

5·12 汶川特大地震共有 379 座高危以上险情的水库，全部为中小型水库。其中中型水库 15 座，小（1）型水库 86 座，小（2）型水库 278 座，分别占 4%、22.7%、73.3%。

69 座溃坝险情水库全部为小型水库，其中小（1）型水库 19 座，小（2）型水库 50 座，分别占 27.5%、72.5%。4 座大型出险水库均为次高危险情；61 座中型出险水库中，有高危险情水库 15 座、次危险情水库 46 座；335 座小（1）型出险水库中，有溃坝险情水库 19 座，高危险情水库 67 座，次危险情水库 249 座；1597 座小（2）型出险水库中，有溃坝险情水库 50 座，高危险情 228 座，次危险情水库 1319 座（见表 5–7、表 5–8）。

水库险情主要为裂缝、渗漏、坝坡滑塌、启闭设备损坏等，其中裂缝占 66.3%，渗漏占 34.4%，坝坡滑塌占 12.4%，启闭设备损坏占 8.1%，其他占 16.1%。50% 以上水库同时出现多种险情。

表 5–7　5·12 汶川特大地震溃坝险情水库名单

序号	水库名称	市／州	所在县／（市、区）	所在乡／镇	坝型	最大坝高／m	总库容／m^3	水库规模				集雨面积／km^2	所在流域
								大型	中型	小(1)型	小(2)型		
	合　计						6465.27	0	0	19	50		
1	东河	成都市	彭州市	丹景山镇	土石混合坝	21.20	219.00			1		3.2	沱江

续表 5-7　5·12 汶川特大地震溃坝险情水库名单

序号	水库名称	市/州	所在县/(市、区)	所在乡/镇	坝型	最大坝高/m	总库容/m^3	水库规模				集雨面积/km^2	所在流域
								大型	中型	小(1)型	小(2)型		
2	青山	德阳市	旌阳区	双东镇	均质土坝	6.90	12.10				1	1.2	沱江
3	八一	德阳市	罗江县	鄢家镇	均质土坝	10.50	14.00				1	0.11	涪江
4	庙儿嘴	德阳市	罗江县	鄢家镇	均质土坝	11.00	26.00				1	0.08	涪江
5	彭家坝	德阳市	罗江县	金山镇	均质土坝	14.00	250.00			1		5	涪江
6	卧龙	德阳市	绵竹市	东北镇	均质土坝	10.30	15.00				1	0.23	沱江
7	双龙	德阳市	绵竹市	东北镇	均质土坝	11.50	7.91				1	0.23	沱江
8	上风波塘	德阳市	绵竹市	东北镇	均质土坝	5.44	11.60				1	0.685	
9	下风波塘	德阳市	绵竹市	东北镇	均质土坝	6.10	11.40				1	0.685	
10	白溪	德阳市	绵竹市	汉旺镇	均质土坝	14.96	102.00			1		2.1	沱江
11	柏林	德阳市	绵竹市	汉旺镇	均质土坝	18.00	245.00			1		3.17	沱江
12	九岭院	德阳市	绵竹市	汉旺镇	均质土坝	14.00	21.00				1	0.37	
13	红刺藤	德阳市	绵竹市	汉旺镇	均质土坝	10.00	17.00				1	0.13	
14	八角	德阳市	绵竹市	汉旺镇	均质土坝	10.00	17.00				1	0.13	
15	新油房	德阳市	绵竹市	汉旺镇	均质土坝	20.20	57.00				1	0.24	
16	小柏林	德阳市	绵竹市	汉旺镇	均质土坝	15.00	14.20				1	0.111	
17	马尾河	德阳市	绵竹市	汉旺镇	均质土坝	13.00	45.00				1	10.4	
18	团结	德阳市	绵竹市	九龙镇	均质土坝	12.00	39.60				1	0.1	

续表 5–7　5·12 汶川特大地震溃坝险情水库名单

序号	水库名称	市／州	所在县／（市、区）	所在乡／镇	坝型	最大坝高／m	总库容／m^3	水库规模				集雨面积／km^2	所在流域
								大型	中型	小（1）型	小（2）型		
19	丰产	德阳市	绵竹市	九龙镇	均质土坝	9.00	16.80				1	2.13	
20	联合	德阳市	绵竹市	遵道镇	均质土坝	7.50	12.40				1	0.615	
21	陈家湾	德阳市	绵竹市	遵道镇	均质土坝	19.00	49.40				1	0.12	
22	民乐	德阳市	绵竹市	土门镇	均质土坝	7.30	106.50			1		3.7	沱江
23	太平	德阳市	绵竹市	遵道镇	均质土坝	23.20	147.00			1		0.57	沱江
24	公墓志	德阳市	什邡市	洛水镇	均质土坝	21.00	14.00				1	4.17	
25	建兴	德阳市	中江县	富兴镇	均质土坝	18.40	155.00			1		18.09	涪江
26	文林	广元市	苍溪县	岳东镇	混合型土坝	41.80	361.00			1		4.6	嘉陵江
27	大洋沟	广元市	苍溪县	陵江镇	心墙石渣坝	46.00	978.00			1		25.34	嘉陵江
28	长河	广元市	剑阁县	圈龙镇	均质土坝	8.00	86.00				1	6.7	嘉陵江
29	渔儿沟	广元市	利州区	三堆	均质土坝	14.00	17.60				1	1.03	白龙江
30	石道角	广元市	元坝区	白果乡	均质土坝	17.00	12.00				1	1.1	黄金寺
31	红花	广元市	元坝区	射箭乡	均质土坝	20.00	15.00				1	0.9	射箭河
32	双石桥	绵阳市	安县	花荄镇	土坝		27.00				1		
33	韦家沟	绵阳市	安县	花荄镇	土坝		10.00				1		
34	大松树	绵阳市	安县	花荄镇	土坝		22.50				1		
35	蒋家祠	绵阳市	安县	花荄镇	土坝		10.00				1		
36	五一	绵阳市	安县	睢水镇	土坝		100.00			1			

续表 5–7　5·12 汶川特大地震溃坝险情水库名单

序号	水库名称	市/州	所在县/(市、区)	所在乡/镇	坝型	最大坝高/m	总库容/m^3	水库规模				集雨面积/km^2	所在流域
								大型	中型	小(1)型	小(2)型		
37	丰收	绵阳市	安县	秀水镇	土坝		196.00			1			
38	绵江	绵阳市	涪城区	龙门镇	均质土坝	18.70	67.00				1	1	涪江
39	观音堂	绵阳市	江油市	八一乡	均质土坝	8.00	18.00				1	0.4	涪江
40	吴家大堰	绵阳市	江油市	大康镇	均质土坝	8.00	10.92				1	0.11	涪江
41	狮儿河	绵阳市	江油市	大埝乡	均质土坝	17.40	360.00			1		4.3	涪江
42	园门	绵阳市	江油市	方水乡	均质土坝	18.00	115.00			1		3	涪江
43	马凤庵	绵阳市	江油市	贯山乡	均质土坝	14.50	21.00				1	0.8	涪江
44	合作	绵阳市	江油市	九岭镇	均质土坝	6.00	14.80				1	0.19	涪江
45	六角堰	绵阳市	江油市	九岭镇	均质土坝	6.40	14.80				1	0.5	涪江
46	岐山	绵阳市	江油市	龙凤镇	均质土坝	21.00	126.00			1		2.8	涪江
47	幸福	绵阳市	江油市	双河镇	均质土坝	14.00	20.00				1	0.5	涪江
48	许家桥	绵阳市	江油市	新安镇	均质土坝	12.00	47.80				1	1.1	涪江
49	老土地	绵阳市	江油市	新春乡	均质土坝	18.50	21.00				1	1	涪江
50	新埝河	绵阳市	江油市	义新乡	均质土坝	14.80	95.00				1	2.5	涪江
51	向家沟	绵阳市	江油市	永胜镇	黏土斜墙堆石坝	45.70	297.00			1		8.8	涪江
52	洞子沟	绵阳市	江油市	战旗镇	均质土坝	18.00	40.00				1	1	涪江
53	胜利	绵阳市	江油市	重华镇	均质土坝	40.20	580.00			1		9.8	涪江

续表 5–7　5·12 汶川特大地震溃坝险情水库名单

序号	水库名称	市／州	所在县／（市、区）	所在乡／镇	坝型	最大坝高／m	总库容／m^3	水库规模				集雨面积／km^2	所在流域
								大型	中型	小(1)型	小(2)型		
54	印盒山	绵阳市	三台县	立新镇			266.00			1			
55	高毡帽	绵阳市	三台县	立新镇			64.00				1		
56	高兴	绵阳市	三台县	新鲁镇			10.00				1		
57	大田	绵阳市	三台县	忠孝乡			12.00				1		
58	杨湾寺	绵阳市	盐亭县	金孔镇	土坝	9.80	27.75				1	1.29	梓江支流
59	崇林	绵阳市	游仙区	朝真乡	均质土坝	7.40	28.99				1	0.9	涪江
60	长道沟	绵阳市	游仙区	东宣乡	均质土坝	10.20	31.30				1	0.35	涪江
61	团结	绵阳市	游仙区	仙海区	均质土坝	7.70	20.00				1	1.12	涪江
62	三要	绵阳市	游仙区	仙海区	均质土坝	6.50	14.10				1	0.39	涪江
63	金花	绵阳市	游仙区	街子乡	均质土坝	18.60	393.00			1		1.38	涪江
64	新桥	绵阳市	梓潼县	建兴乡	均质土坝	17.00	13.80				1	4.1	
65	水井湾	绵阳市	梓潼县	石台乡	均质土坝	12.00	46.20				1	1.1	
66	三清观	绵阳市	梓潼县	文昌镇	均质土坝	12.90	107.00			1		3.7	涪江
67	玉华	绵阳市	梓潼县	仙鹅乡	均质土坝	13.50	36.70				1	0.9	
68	栏杆	绵阳市	梓潼县	许州镇	均质土坝	9.40	26.00				1	1.4	
69	金华	绵阳市	梓潼县	马迎乡	均质土坝	12.60	59.10				1	2.4	

表 5-8　5·12 汶川特大地震高危险情水库名单

序号	水库名称	市/州	县/（市、区）	乡/镇	坝型	最大坝高/m	总库容/m^3	集雨面积/km^2	水库规模/座			
									大型	中型	小(1)型	小(2)型
	合计						28459	380	0	15	67	228
1	板板桥	巴中市	巴州区	渔溪镇	均质土坝	16.00	11.50	2.42				1
2	杨家沟	巴中市	南江县	石滩乡	混合型土坝	34.00	161.00	9.30			1	
3	龙池	成都市	都江堰市	龙池镇	混凝土心墙堆石坝	9.40	132.00	15.40			1	
4	团结	成都市	都江堰市	蒲阳镇	混凝土面层均质坝	17.40	12.00	2.50				1
5	月城湖	成都市	都江堰市	青城山	均质土坝	11.00	16.00	1.20				1
6	牌坊沟	成都市	彭州市	丹景山镇	均质土坝	29.50	380.00	1.80			1	
7	西河	成都市	彭州市	隆丰镇	均质土坝	20.00	280.00	1.12			1	
8	金洞子	成都市	大邑县	王泗镇	混凝土支墩坝	17.40	246.00	53.15			1	
9	跃进	成都市	金堂县	五凤镇	土坝	18.00	28.00	1.33				1
10	莲花洞	成都市	彭州市	磁峰镇	土石混合坝	23.50	1538.00	92.60		1		
11	五四	成都市	蒲江县	鹤山镇	均质土坝	25.00	19.10	0.35				1
12	龙泉	德阳市	广汉市	连山镇	心墙土石混合坝	33.60	274.00	7.30			1	
13	景顶	德阳市	广汉市	松林镇	均质土坝	18.20	64.50	1.60				1
14	东湖	德阳市	旌阳区	东湖乡	均质土坝	22.00	225.40	1.10			1	
15	齐家堰	德阳市	旌阳区	八角井镇	闸坝	7.00	55.00	0.01				1
16	大同	德阳市	旌阳区	东湖乡	均质土坝	6.50	30.00	0.25				1
17	石庙子	德阳市	罗江县	金山镇	均质土坝	10.00	50.00	0.64				1
18	罗家湾	德阳市	罗江县	金山镇	均质土坝	12.60	101.00	0.33			1	
19	战备	德阳市	罗江县	新盛镇	均质土坝	14.00	49.00	0.15				1
20	玉溪湖	德阳市	罗江县	白马关镇	均质土坝	9.00	40.00	0.25				1
21	万安	德阳市	罗江县	鄢家镇	均质土坝	10.00	26.00	0.12				1
22	新庵堂（新安）	德阳市	罗江县	鄢家镇	均质土坝	9.00	23.40	0.09				1

续表 5-8　5·12 汶川特大地震高危险情水库名单

序号	水库名称	市/州	县/(市、区)	乡/镇	坝型	最大坝高/m	总库容/m^3	集雨面积/km^2	水库规模/座			
									大型	中型	小(1)型	小(2)型
23	张家湾	德阳市	罗江县	金山镇	均质土坝	10.00	22.00	0.34				1
24	团结(白善)	德阳市	罗江县	新盛镇	均质土坝	12.40	21.00	0.27				1
25	旱场湾	德阳市	罗江县	鄢家镇	均质土坝	7.00	15.00	0.07				1
26	泉水	德阳市	罗江县	万安镇	均质土坝	15.00	13.30	0.29				1
27	团结(苏桥)	德阳市	罗江县	新盛镇	均质土坝	9.00	12.40	0.06				1
28	联合	德阳市	罗江县	万安镇	均质土坝	12.00	12.00	0.06				1
29	一根松	德阳市	罗江县	新盛镇	均质土坝	10.00		0.10				1
30	尖梁子	德阳市	罗江县	新盛镇	均质土坝	10.00		0.08				1
31	砚台石	德阳市	罗江县	调元镇	均质土坝	12.00	50.00	0.33				1
32	万佛寺	德阳市	罗江县	白马关镇	均质土坝	10.60	10.00	1.30				1
33	困牛山	德阳市	绵竹市	土门镇	均质土坝	33.00	221.50	0.79			1	
34	众力	德阳市	绵竹市	孝德镇	均质土坝	9.30	36.03	0.07				1
35	围山	德阳市	绵竹市	广济镇	均质土坝	10.07	17.80	0.10				1
36	付家河	德阳市	绵竹市	西南镇	均质土坝	7.25	10.00	9.55				1
37	继光	德阳市	中江县	龙台镇	钢筋混凝土斜墙干砌条石坝	43.50	9820.00	64.84		1		
38	双河口	德阳市	中江县	兴隆镇	黏土斜墙石砌坝	42.00	2016.00	11.63		1		
39	响滩子	德阳市	中江县	白果乡	黏土心墙堆石坝	42.00	1879.00	85.7		1		
40	兴隆	德阳市	中江县	兴隆镇	均质土坝	26.00	265.00	7.01			1	
41	玉兴	德阳市	中江县	玉兴镇	均质土坝	14.50	243.00	12.91			1	
42	煤炭河	德阳市	中江县	永安镇	均质土坝	25.90	150.00	4.77			1	
43	庆丰	德阳市	中江县	黄鹿镇	均质土坝	15.10	141.00	2.16			1	
44	新坪	德阳市	中江县	南华镇	均质土坝	17.30	106.00	4.00			1	
45	跃进	德阳市	中江县	永太镇双凤村	土坝	11.30	51.00	0.50				1

续表 5–8　5·12 汶川特大地震高危险情水库名单

序号	水库名称	市／州	县／（市、区）	乡／镇	坝型	最大坝高／m	总库容／m^3	集雨面积／km^2	水库规模／座			
									大型	中型	小（1）型	小（2）型
46	拦沟堰	德阳市	中江县	龙台镇柏林村	土坝	5.00	46.00	2.50				1
47	幸福（龙台）	德阳市	中江县	龙台镇柏林村	土坝	5.00	27.00	1.00				1
48	红旗	德阳市	中江县	永太镇双凤村	土坝	7.30	21.00	0.50				1
49	幸福（仓山）	德阳市	中江县	仓山镇	土坝	8.70	13.00	0.30				1
50	太平	德阳市	中江县	太平乡	均质土坝	10.20	115.00	15.86			1	
51	黄鹿	德阳市	中江县	黄鹿镇	泥岩土心墙石渣坝	34.00	2350.00	2.32		1		
52	元兴	德阳市	中江县	元兴乡	黏土心墙坝	23.77	1353.00	19.8		1		
53	通济	德阳市	中江县	通济镇	均质土坝	24.00	688.00	0.88			1	
54	龙王塘	德阳市	中江县	龙台镇	均质土坝	14.00	174.00	29.64			1	
55	黎明	广元市	苍溪县	东溪镇	均质土坝	18.80	38.90	4.50				1
56	文家角	广元市	苍溪县	石门乡	黏土心墙坝	46.20	1040.00	15.16		1		
57	阎家沟	广元市	苍溪县	陵江镇	黏土心墙坝	42.46	1013.00	7.14		1		
58	四槽沟	广元市	苍溪县	河地乡	均质土坝	28.50	321.20	3.60			1	
59	团结	广元市	苍溪县	浙水乡	均质土坝	29.30	231.50	3.70			1	
60	铧厂沟	广元市	苍溪县	岳东镇	黏土心墙坝	24.80	122.00	1.03			1	
61	三岔沟	广元市	苍溪县	中土乡	黏土心墙坝	40.30	121.60	1.40			1	
62	红旗	广元市	苍溪县	石门乡	均质土坝	28.00	106.30	3.25			1	
63	红卫	广元市	苍溪县	东青镇	均质土坝	20.00	103.90	3.20			1	
64	富强	广元市	苍溪县	桥溪乡	均质土坝	28.32	101.50	1.75			1	
65	东风	广元市	苍溪县	石马镇	均质土坝	22.80	57.50	1.08				1
66	太阳湾	广元市	苍溪县	云丰镇	黏土心墙坝	24.00	54.50	0.33				1
67	五台	广元市	苍溪县	龙王镇	均质土坝	30.00	26.80	0.98				1

续表 5-8　5·12 汶川特大地震高危险情水库名单

序号	水库名称	市/州	县/（市、区）	乡/镇	坝型	最大坝高/m	总库容/m^3	集雨面积/km^2	水库规模/座			
									大型	中型	小(1)型	小(2)型
68	文家角	广元市	苍溪县	运山镇	黏土心墙坝	22.40	23.60	0.04				1
69	碾子沟	广元市	苍溪县	五龙镇	均质土坝	21.00	21.50	1.38				1
70	碧山	广元市	苍溪县	永宁镇	均质土坝	8.50	19.10	1.70				1
71	战备	广元市	苍溪县	东青镇	均质土坝	23.60	14.96	0.58				1
72	上游	广元市	苍溪县	白桥镇	均质土坝	11.80	12.50	0.42				1
73	红旗	广元市	苍溪县	中土乡	黏土心墙坝	20.00	10.00	0.18				1
74	东山庙	广元市	朝天区	羊木镇	土石坝	40.00	105.00	4.20			1	
75	上坝	广元市	朝天区	西北乡	土石坝	28.00	68.00	1.30				1
76	英雄	广元市	剑阁县	下寺	均质土坝	22.00	177.00	2.30			1	
77	高台	广元市	剑阁县	城北	均质土坝	22.00	134.00	1.70			1	
78	合作	广元市	剑阁县	白龙	均质土坝	13.00	118.00	4.70			1	
79	团结	广元市	剑阁县	城北	均质土坝	24.00	113.00	5.90			1	
80	大埝河	广元市	剑阁县	垂泉	均质土坝	21.00	51.00	3.80				1
81	木林	广元市	剑阁县	樵店	均质土坝	12.00	36.00	1.40				1
82	寿山	广元市	剑阁县	垂泉	均质土坝	16.00	33.00	0.90				1
83	九五	广元市	剑阁县	香沉	均质土坝	16.00	20.00	0.80				1
84	泉水	广元市	剑阁县	碗泉	均质土坝	20.00	17.00	4.20				1
85	灯煌	广元市	剑阁县	汉阳	均质土坝	18.00	17.00	0.80				1
86	石柱	广元市	剑阁县	盐店镇	均质土坝	16.00	16.00	0.40				1
87	灯塔	广元市	剑阁县	白龙镇	均质土坝	10.00	11.00	0.50				1
88	开天观	广元市	剑阁县	吼狮乡	均质土坝	21.00	171.00	2.30			1	
89	高台	广元市	剑阁县	城北镇	均质土坝	22.00	134.00	1.70			1	
90	魏子坪	广元市	剑阁县	汉阳镇	均质土坝	16.00	36.00	0.70				1
91	青丰	广元市	剑阁县	白龙镇	均质土坝	11.00	33.00	1.30				1
92	西山	广元市	剑阁县	江石乡	均质土坝	13.00	24.00					1
93	平乐	广元市	剑阁县	公店乡	均质土坝	10.00	23.00	1.10				1
94	石靴	广元市	剑阁县	碗泉乡	均质土坝	13.00	21.00	0.60				1
95	健民	广元市	剑阁县	高观乡	均质土坝	14.00	20.00	3.60				1

续表 5-8　5·12 汶川特大地震高危险情水库名单

序号	水库名称	市/州	县/(市、区)	乡/镇	坝型	最大坝高/m	总库容/m³	集雨面积/km²	水库规模/座			
									大型	中型	小(1)型	小(2)型
96	凤凰	广元市	剑阁县	公兴镇	均质土坝	11.00	19.00	0.60				1
97	石板河	广元市	剑阁县	迎水乡	均质土坝	8.00	15.00	5.30				1
98	五一	广元市	剑阁县	王河镇	均质土坝	11.00	11.00	0.30				1
99	龙泉	广元市	利州区	宝轮镇	均质土坝	18.90	50.00	12.10				1
100	青岭	广元市	利州区	大石镇	均质土坝	25.10	34.30	1.70				1
101	和平	广元市	利州区	白朝乡	均质土坝	15.80	19.80	1.70				1
102	五一	广元市	利州区	大石镇	均质土坝	15.00	18.00	0.75				1
103	黄垭	广元市	利州区	盘龙镇	均质土坝	16.70	17.40	1.70				1
104	蛮洞沟	广元市	利州区	赤化镇	混合型土坝	20.00	10.40	1.33				1
105	杨家湾	广元市	利州区	河西街道	均质土坝	12.40	14.40	0.10				1
106	砂石	广元市	青川县	马鹿乡	斜墙坝	40.00	12.00	1.40				1
107	阳山	广元市	青川县	姚渡镇	均质坝	16.00	14.00	2.10				1
108	金家湾	广元市	旺苍县	普济镇	均质土坝	25.00	34.60	0.92				1
109	中间沟	广元市	旺苍县	白水镇	均质土坝	20.00	37.60	0.65				1
110	工农	广元市	元坝区	磨滩镇	均质土坝	30.10	1230.00	16.50		1		
111	团结	广元市	元坝区	石井铺乡	均质土坝	35.30	258.00	2.60			1	
112	柏林	广元市	元坝区	张家乡	均质土坝	18.00	34.50	1.30				1
113	胜利	广元市	元坝区	元坝镇	均质土坝	9.40	15.00	0.80				1
114	小高峰	广元市	元坝区	虎跳镇	均质土坝	13.50	14.50	1.13				1
115	张田沟	广元市	元坝区									1
116	何家坝	广元市	元坝区	朝阳乡	均质土坝	27.00	268.00	4.10			1	
117	八一	广元市	元坝区	太公镇	均质土坝	27.00	132.00	6.20			1	
118	金牛	广元市	元坝区	白果乡	均质土坝	13.00	23.00	0.60				1
119	五龙	广元市	元坝区	陈江乡	均质土坝	14.00	10.00	1.20				1
120	黄金沱	眉山市	丹棱县	丹棱镇	均质土坝	13.80	23.90	6.38				1
121	天生堰	眉山市	彭山县	锦江乡	土石混合坝	26.90	216.00	1.65			1	
122	邓沟	眉山市	青神县	西龙镇	均质土坝	11.60	56.37	0.22				1

续表 5-8　5·12汶川特大地震高危险情水库名单

序号	水库名称	市/州	县/（市、区）	乡/镇	坝型	最大坝高/m	总库容/m^3	集雨面积/km^2	水库规模/座			
									大型	中型	小(1)型	小(2)型
123	刀板	眉山市	仁寿县	龙正镇	均质土坝	14.20	80.50	1.47				1
124	双堰	眉山市	仁寿县	天峨乡	均质土坝	13.01	25.61	0.43				1
125	清泉	眉山市	仁寿县	涂加乡	均质土坝	13.20	21.65	0.76				1
126	朱家桥	绵阳市	安县	睢水镇	土坝		37.00					1
127	高峰	绵阳市	安县	桑枣镇	土坝		32.00					1
128	伍家碑	绵阳市	安县	黄土镇	土坝		168.40				1	
129	立志	绵阳市	安县	秀水镇	土坝		150.00				1	
130	余家沟	绵阳市	安县	乐兴镇	土坝		80.00					1
131	吊足楼	绵阳市	安县	乐兴镇	土坝		30.00					1
132	红星	绵阳市	安县	沸水镇	土坝		20.00					1
133	上游	绵阳市	涪城区	河边镇	均质土坝	22.67	1176.00	25.40		1		
134	团结	绵阳市	涪城区	玉皇镇	均质土坝	14.80	109.10	0.20			1	
135	红旗	绵阳市	涪城区	城郊乡	均质土坝	18.00	46.00	0.40				1
136	朝阳	绵阳市	涪城区	城郊乡	均质土坝	18.00	46.00	0.50				1
137	跃进	绵阳市	涪城区	磨家镇	均质土坝	14.40	38.80	0.35				1
138	新建	绵阳市	涪城区	丰谷镇	均质土坝	8.75	19.00	0.20				1
139	民主	绵阳市	涪城区	关帝镇	均质土坝	10.00	36.44	0.35				1
140	七一	绵阳市	涪城区	关帝镇	均质土坝	15.00	31.00	0.59				1
141	拦河	绵阳市	涪城区	河边镇	均质土坝	13.00	24.60	0.60				1
142	杨柳	绵阳市	涪城区	杨家镇	均质土坝	5.30	12.10	0.11				1
143	锁口堰	绵阳市	江油									1
144	上游	绵阳市	江油市	铜星乡	均质土坝	46.70	109.00	11.50			1	
145	三角石	绵阳市	江油市	重华镇	均质土坝	15.50	91.00	2.40				1
146	树家湾	绵阳市	江油市	义新乡	均质土坝	14.00	67.00	3.43				1
147	白盖河	绵阳市	江油市	河口镇	均质土坝	13.70	53.50	0.90				1
148	中院	绵阳市	江油市	新兴乡	均质土坝	12.00	50.00	0.86				1
149	火花	绵阳市	江油市	重兴乡	均质土坝	24.50	44.50	1.10				1
150	东林寺	绵阳市	江油市	战旗镇	均质土坝	12.80	42.00	4.50				1
151	猫儿沟	绵阳市	江油市	新春乡	均质土坝	21.00	40.00	1.50				1

续表 5-8　5·12汶川特大地震高危险情水库名单

序号	水库名称	市／州	县／（市、区）	乡／镇	坝型	最大坝高／m	总库容／m^3	集雨面积／km^2	水库规模／座			
									大型	中型	小(1)型	小(2)型
152	火烧坡	绵阳市	江油市	二郎庙镇	均质土坝	9.00	30.00	1.80				1
153	牛角堰	绵阳市	江油市	永胜镇	均质土坝	7.00	24.00	0.90				1
154	丰收	绵阳市	江油市	东兴乡	均质土坝	12.00	23.00	0.50				1
155	白鸽林	绵阳市	江油市	永胜镇	均质土坝	12.00	20.00	0.65				1
156	水井埝	绵阳市	江油市	新安镇	均质土坝	7.20	16.00	1.00				1
157	漆树沟	绵阳市	江油市	新兴乡	均质土坝	12.00	14.50	0.80				1
158	联合	绵阳市	江油市	东安乡	均质土坝	15.50	12.00	0.30				1
159	战旗	绵阳市	江油市	战旗镇	均质土坝	38.50	1288.00	21.00		1		
160	搽耳岩	绵阳市	江油市	东安乡	均质土坝	22.50	168.20	1.47			1	
161	团山	绵阳市	江油市	武都镇	均质土坝	23.00	151.00	1.50			1	
162	杜家沟	绵阳市	江油市	永胜镇	均质土坝	20.00	62.60	3.40				1
163	大岩壳	绵阳市	江油市	新安镇	均质土坝	18.10	61.40	4.00				1
164	郭家沟	绵阳市	江油市	重华镇	均质土坝	12.00	47.60	0.78				1
165	柏林	绵阳市	江油市	东安乡	均质土坝	9.00	42.50	0.25				1
166	太平桥	绵阳市	江油市	西屏乡	均质土坝	10.00	41.60	0.88				1
167	佛祖院	绵阳市	江油市	含增镇	均质土坝	21.20	22.40	0.50				1
168	高岭	绵阳市	江油市	武都镇	均质土坝	12.50	18.40	0.70				1
169	战斗	绵阳市	江油市	新兴乡	均质土坝	24.98	389.00	4.50			1	
170	龙泉	绵阳市	江油市	方水乡	均质土坝	21.20	130.00	1.80			1	
171	汪家湾	绵阳市	江油市	大康镇	均质土坝	18.00	40.00	1.00				1
172	石板河	绵阳市	江油市	新春乡	均质土坝	15.00	52.00	1.50				1
173	新华	绵阳市	江油市	二郎庙镇	均质土坝	12.50	45.00	1.00				1
174	金家沟	绵阳市	江油市	马角镇	均质土坝	16.00	84.70	1.38				1
175	备战	绵阳市	江油市	新安镇	均质土坝	16.00	66.00	0.70				1
176	高桥河	绵阳市	江油市	云集乡	均质土坝	22.00	35.50	2.00				1
177	康家湾	绵阳市	江油市	太平镇	均质土坝	14.30	47.80	0.58				1
178	茶果湾	绵阳市	江油市	双河镇	均质土坝	13.50	19.00	1.00				1
179	桅杆坪	绵阳市	江油市	新春乡	均质土坝	20.00	26.00	1.00				1

续表 5-8　5·12 汶川特大地震高危险情水库名单

序号	水库名称	市/州	县/（市、区）	乡/镇	坝型	最大坝高/m	总库容/m^3	集雨面积/km^2	水库规模/座			
									大型	中型	小(1)型	小(2)型
180	柏林	绵阳市	江油市	新兴乡	均质土坝	19.00	26.00	0.45				1
181	敬家湾	绵阳市	江油市	永胜镇	均质土坝	5.00	23.50	0.50				1
182	斩龙垭	绵阳市	江油市	八一乡	均质土坝	8.20	29.00	1.50				1
183	左家庙	绵阳市	江油市	三合镇	均质土坝	11.50	28.40	1.60				1
184	八一	绵阳市	江油市	八一乡	均质土坝	22.50	1169.00	11.00		1		
185	天尊寺	绵阳市	江油市	新安镇	均质土坝	15.60	347.00	2.60			1	
186	双土地	绵阳市	江油市	二郎庙镇	均质土坝	15.00	80.00					1
187	团结	绵阳市	三台县	金石镇			2210.00			1		
188	向阳	绵阳市	三台县	云同乡			202.80				1	
189	五星	绵阳市	三台县	立新镇			28.80					1
190	互助	绵阳市	三台县	金石镇			25.00					1
191	粉壁垭	绵阳市	三台县	塔山镇			22.80					1
192	水观音	绵阳市	三台县	新鲁镇			19.30					1
193	常乐	绵阳市	三台县	高埝乡			13.60					1
194	大青杠树	绵阳市	三台县	光辉镇			12.36					1
195	龙谭沟	绵阳市	三台县	北坝镇			11.40					1
196	蒋家湾	绵阳市	三台县	中太镇			10.00					1
197	磐石垭	绵阳市	三台县	秋林镇			10.00					1
198	石桥	绵阳市	三台县	新鲁镇			82.25					1
199	连山湾	绵阳市	三台县	西平镇			63.40					1
200	两岔滩	绵阳市	盐亭县	黑坪镇	混凝土拱坝	46.60	3550.00	162.60		1		
201	陶家沟	绵阳市	盐亭县	永太乡	土坝	10.30	24.20	1.13				1
202	任家坪	绵阳市	盐亭县	八角镇	土坝	12.30	18.50	0.55				1
203	袁板桥	绵阳市	盐亭县	来龙乡	土坝	11.30	18.20	2.37				1
204	华龙	绵阳市	盐亭县	金安乡	土坝	11.40	12.50	1.08				1
205	开源	绵阳市	盐亭县	双碑乡	土坝	11.20	12.00	0.65				1
206	何家沟	绵阳市	盐亭县	黄溪乡	土坝	10.50	11.20	0.45				1
207	罗大沟	绵阳市	盐亭县	黄甸镇	土坝	12.00	11.00	0.45				1

续表 5-8　5·12汶川特大地震高危险情水库名单

序号	水库名称	市／州	县／（市、区）	乡／镇	坝型	最大坝高／m	总库容／m³	集雨面积／km²	水库规模／座			
									大型	中型	小(1)型	小(2)型
208	庙岩头	绵阳市	盐亭县	黑坪镇	土坝	8.80	10.85	0.25				1
209	东一	绵阳市	盐亭县	云溪镇	土坝	9.64	10.45	0.91				1
210	菜园坝	绵阳市	盐亭县	黑坪镇	土坝	9.00	11.00	0.52				1
211	老鸦山	绵阳市	盐亭县	三元乡	土坝	8.60	28.62	0.30				1
212	星星	绵阳市	盐亭县									1
213	玉田河	绵阳市	盐亭县	富驿镇	土坝	17.60	48.00	0.65				1
214	柏垭子	绵阳市	盐亭县	黑坪镇	土坝	16.00	26.70	0.52				1
215	龙门山	绵阳市	盐亭县	八角镇	土坝	7.90	15.50	0.92				1
216	蒙家桥	绵阳市	盐亭县	黑坪镇	土坝	12.50	13.82	0.55				1
217	四湾头	绵阳市	盐亭县	黄甸镇	土坝	10.40	10.10	0.39				1
218	白塔沟	绵阳市	盐亭县	云溪镇	土坝	10.27	10.03	0.44				1
219	马鸣寺	绵阳市	游仙区									1
220	龙珠	绵阳市	游仙区	忠兴镇	均质土坝	18.48	250.00	1.40			1	
221	和平	绵阳市	游仙区	新桥镇	均质土坝	24.40	218.00	3.80			1	
222	胜利	绵阳市	游仙区	游仙镇	均质土坝	26.00	202.70	1.00			1	
223	龙江	绵阳市	游仙区	朝真乡	均质土坝	10.00	143.70	12.00			1	
224	清洁沟	绵阳市	游仙区	忠兴镇	均质土坝	16.50	138.00	0.45			1	
225	前进	绵阳市	游仙区	魏城镇	均质土坝	10.10	112.00	1.55			1	
226	极乐	绵阳市	游仙区	建华乡	均质土坝	13.00	97.00	0.54				1
227	七O	绵阳市	游仙区	徐家镇	均质土坝	10.00	87.50	1.10				1
228	群力	绵阳市	游仙区	建华乡	均质土坝	8.00	62.30	0.68				1
229	森柏	绵阳市	游仙区	石板镇	均质土坝	10.80	52.30	0.30				1
230	红光	绵阳市	游仙区	石板镇	均质土坝	12.80	48.20	1.52				1
231	先锋	绵阳市	游仙区	朝真乡	均质土坝	9.70	44.80	0.40				1
232	五一	绵阳市	游仙区	东林乡	均质土坝	10.60	42.60	0.12				1
233	玉珠	绵阳市	游仙区	魏城镇	均质土坝	14.50	38.90	0.23				1
234	胜利	绵阳市	游仙区	忠兴镇	均质土坝	17.60	38.70	4.40				1
235	天池	绵阳市	游仙区	建华乡	均质土坝	10.70	31.60	0.30				1
236	劳武	绵阳市	游仙区	太平乡	均质土坝	12.20	29.13	1.19				1
237	红旗	绵阳市	游仙区	徐家镇	均质土坝	7.00	27.50	0.58				1

续表 5–8　5·12 汶川特大地震高危险情水库名单

序号	水库名称	市／州	县／（市、区）	乡／镇	坝型	最大坝高／m	总库容／m^3	集雨面积／km^2	水库规模／座			
									大型	中型	小（1）型	小（2）型
238	丰收	绵阳市	仙海区		均质土坝	7.40	23.10	0.96				1
239	红星	绵阳市	游仙区	建华乡	均质土坝	7.20	22.10	0.88				1
240	马鞍	绵阳市	游仙区	凤凰乡	均质土坝	9.40	16.40	1.42				1
241	毛腊	绵阳市	游仙区	柏林镇	均质土坝	10.00	15.00	0.65				1
242	吕家湾	绵阳市	游仙区	建华乡	均质土坝	13.00	14.00	0.14				1
243	马鞍	绵阳市	游仙区	朝真乡	均质土坝	9.40	13.38	0.49				1
244	三八	绵阳市	游仙区	柏林镇	均质土坝	13.60	275.10	1.00			1	
245	段家桥	绵阳市	游仙区	观太乡	均质土坝	20.95	160.70	0.95			1	
246	五七	绵阳市	仙海区		均质土坝	10.00	63.60	2.25				1
247	前进	绵阳市	游仙区	游仙镇	均质土坝	15.00	50.70	1.23				1
248	七一	绵阳市	游仙区	柏林镇	均质土坝	10.80	50.00	2.80				1
249	胜涪	绵阳市	游仙区	小枧镇	均质土坝	19.30	42.40	6.45				1
250	宝塔	绵阳市	游仙区	松垭镇	均质土坝	9.00	34.00	1.10				1
251	七一	绵阳市	游仙区	东宣乡	均质土坝	12.20	30.50	0.45				1
252	工农	绵阳市	游仙区	建华乡	均质土坝	10.50	24.10	11.85				1
253	南河	绵阳市	游仙区	凤凰乡	均质土坝	8.20	19.00	0.62				1
254	七五	绵阳市	游仙区	云凤乡	均质土坝	8.80	17.45	0.23				1
255	跃进	绵阳市	游仙区	石板镇	均质土坝	7.20	14.53	0.50				1
256	胜利	绵阳市	游仙区	东宣乡	均质土坝	6.90	13.70	2.14				1
257	猫儿湾	绵阳市	游仙区	魏城镇	均质土坝	6.45	12.84	0.88				1
258	天生堰	绵阳市	梓潼县	宝石乡	拱坝	10.00	320.00	98.00			1	
259	任家沟	绵阳市	梓潼县	宏仁乡	均质土坝	14.00	202.50	12.10			1	
260	安家嘴	绵阳市	梓潼县	仙鹅乡	均质土坝	18.50	165.00	16.60			1	
261	三埝	绵阳市	梓潼县	许州镇	均质土坝	16.00	136.00	5.40			1	
262	跳墩河	绵阳市	梓潼县	金龙场	重力坝	11.40	102.50	23.40			1	
263	四新	绵阳市	梓潼县	演武乡	均质土坝	8.10	90.00	13.15				1
264	双龙	绵阳市	梓潼县	马迎乡	均质土坝	11.60	58.00	2.66				1
265	长岭	绵阳市	梓潼县	文昌镇	均质土坝	10.60	57.20	0.75				1
266	回龙寺	绵阳市	梓潼县	自强镇	均质土坝	12.00	53.40	0.81				1
267	五七	绵阳市	梓潼县	双板乡	均质土坝	21.60	51.00	1.00				1

续表 5-8　5·12 汶川特大地震高危险情水库名单

序号	水库名称	市／州	县／（市、区）	乡／镇	坝型	最大坝高／m	总库容／m^3	集雨面积／km^2	水库规模／座			
									大型	中型	小(1)型	小(2)型
268	灵珠	绵阳市	梓潼县	建兴乡	均质土坝	12.00	48.00	1.47				1
269	联盟	绵阳市	梓潼县	建兴乡	均质土坝	11.80	45.40	3.21				1
270	胜天	绵阳市	梓潼县	仙鹅乡	均质土坝	9.00	36.00	3.62				1
271	安源	绵阳市	梓潼县	双板乡	均质土坝	11.70	33.00	0.96				1
272	化莲寺	绵阳市	梓潼县	石牛镇	均质土坝	10.60	32.00	0.80				1
273	杨戏湾	绵阳市	梓潼县	双峰乡	均质土坝	11.40	30.20	0.61				1
274	天星	绵阳市	梓潼县	三泉乡	均质土坝	11.20	29.50	1.20				1
275	秋树	绵阳市	梓潼县	大新乡	均质土坝	17.40	29.40	1.84				1
276	水磨咀	绵阳市	梓潼县	双板乡	均质土坝	8.50	28.00	0.80				1
277	凤凰	绵阳市	梓潼县	文昌镇	均质土坝	10.40	27.30	1.36				1
278	黄家沟	绵阳市	梓潼县	小垭乡	均质土坝	21.20	23.20	1.20				1
279	飞龙	绵阳市	梓潼县	文兴乡	均质土坝	9.00	22.00	1.00				1
280	七曲	绵阳市	梓潼县	文昌镇	均质土坝	13.00	18.50	0.50				1
281	莲花	绵阳市	梓潼县	文昌镇	均质土坝	8.00	16.00	1.62				1
282	雪托湾	绵阳市	梓潼县	大新乡	均质土坝	8.50	13.60	0.79				1
283	宏仁堰	绵阳市	梓潼县	文昌镇	重力低坝	5.20	260.00	1130.00			1	
284	关田坝	绵阳市	梓潼县	文昌镇	均质土坝	8.40	203.00	8.30			1	
285	石鸡堰	绵阳市	梓潼县	宏仁乡	重力坝	7.00	190.00	120.00			1	
286	灯塔	绵阳市	梓潼县	文兴乡	均质土坝	12.60	172.00	7.80			1	
287	团结	绵阳市	梓潼县	黎雅镇	均质土坝	18.40	120.00	4.00			1	
288	大安	绵阳市	梓潼县	自强镇	均质土坝	18.00	112.00	1.78			1	
289	洪峰	绵阳市	梓潼县	定远乡	均质土坝	13.00	63.60	2.00				1
290	毛家沟	绵阳市	梓潼县	马鸣乡	均质土坝	14.00	42.00	6.90				1
291	幸福	绵阳市	梓潼县	交泰乡	均质土坝	11.20	41.60	2.74				1
292	飞跃	绵阳市	梓潼县	石台乡	均质土坝	10.50	33.00	4.93				1
293	高安	绵阳市	梓潼县	仙鹅乡	均质土坝	10.00	30.40	0.88				1
294	白岩	绵阳市	梓潼县	定远乡	均质土坝	11.70	28.60	7.10				1
295	红卫	绵阳市	梓潼县	宝石乡	均质土坝	10.50	28.50	0.49				1
296	三合	绵阳市	梓潼县	自强镇	均质土坝	12.50	27.00	0.53				1
297	棱角塘	绵阳市	梓潼县	双板乡	均质土坝	17.50	24.50	1.49				1

续表 5–8　5·12 汶川特大地震高危险情水库名单

序号	水库名称	市／州	县／（市、区）	乡／镇	坝型	最大坝高／m	总库容／m^3	集雨面积／km^2	水库规模／座			
									大型	中型	小(1)型	小(2)型
298	小湾子	绵阳市	梓潼县	演武乡	均质土坝	12.00	21.70	0.67				1
299	群联	绵阳市	梓潼县	演武乡	均质土坝	17.80	15.50	1.52				1
300	七三	内江市	东兴区	高粱镇	土坝	9.80	17.90	0.44				1
301	烂埝沟	内江市	资中县	陈家镇	土坝	15.00	41.20	0.82				1
302	人民村	遂宁市	大英县	河边镇	均质土坝	17.00	14.90	0.54				1
303	红旗	遂宁市	射洪县	凤来镇	均质土坝	22.40	276.00	45.05			1	
304	牛王庙	遂宁市	射洪县	仁和镇	土石混合坝	22.10	122.11	3.00			1	
305	小海子	雅安市	名山县	马岭镇	土石混合坝	27.00	110.80	5.70			1	
306	秧田	宜宾市	筠连县	筠连镇	均质土坝	15.00	10.40	0.60				1
307	报花厅	资阳市	安岳县	九龙乡	均质土坝	30.00	1320.00	20.49		1		
308	滴水岩	资阳市	安岳县	努力镇	均质土坝	19.20	21.45	1.12				1
309	胡家沟	资阳市	乐至县	金顺镇	均质土坝	11.20	13.30	0.45				1
310	滴水岩	资阳市	乐至县	石佛镇	均质土坝	17.23	38.00	1.12				1

（2）震损水库应急除险方案编制

在水利部抗震救灾前方领导小组的统一部署下，四川省水利抗震救灾指挥部主持了灾区各地震损水库应急抢险方案的编制。震损水库所在地水利部门（或管理单位）委托设计部门承担编制任务，方案完成后报省、部水利抗震救灾指挥部审查或审定。

1）应急除险方案编制程序。5 月 13 日，四川水利厅发出《关于做好震后水利工程安全工作的通知》（川水函〔2008〕435 号）。15 日，水利部抗震救灾指挥部决定成立由水利部矫勇任组长的抗震救灾前方领导小组，要求领导小组针对工程险情，部署震损水库应急除险方案编制工作，指导协助地方组织专家制定应急除险方案和措施并组织实施。17 日，四川省水利厅发出了《关于指派有关市水利（水务）局和设计单位到地震灾区指导水库救灾工作的通知》，派出 10 个技术服务组指导、协助灾区制定应急除险方案和措施。22 日，水利部发出《关于支持四川震损水库应急除险方案编制工作的紧急通知》（水明发〔2008〕27 号），组建了 30 个（实际派出 18 个）现场设计组，支援四川震损水库应急除险方案的编制工作。同时，设立设计指导组，负责对现场设计组的技术指导。至此，震损水库应急除险方案的编制工作全面展开。

5 月 25 日，四川省水利抗震救灾指挥部发出《四川省水利厅关于开展震损水库应急除险有关工作的紧急通知》，要求在 6 月 5 日前，对部、省、市、县核查认定的震损水库逐库提出应急除险方案；水利部门要按照分级管理、分级负责原则，对设计单位提交的应急除险加固方案审查并批复。

5月29日，四川省水利抗震救灾指挥部发出《关于进一步加强高危以上险情震损水库应急处置的通知》（川水指传〔2008〕8号），要求抓紧落实震损水库特别是高危以上险情水库的应急处置设计方案，大中型及高危以上小（1）型水库的应急处置方案由乙级资质以上的设计单位承担，其余水库的应急设计方案由有资质的设计单位或由经验丰富的技术人员组建的现场设计组承担；应急除险方案按分级管理的原则，由各级水行政主管部门核准，其中，大中型水库报省水利厅审核，小（1）型水库报省厅备案。

5月31日，水利部发出《关于加强震损水库应急除险有关工作的再次紧急通知》（水建管〔2008〕171号），针对四川省震损水库防汛的严峻形势，再次要求6月5日前全部完成震损水库应急除险方案编制和必要的审查工作；各应急除险方案编制单位要主动与当地水利部门加强联系，集中力量，保证设计进度和质量；地方水利部门要全力配合方案编制单位，对编制单位提出的应急除险加固方案及时进行审查。

截至6月9日，水利部派出的18个设计组共完成了绵阳市涪城区上游、三台县团结、盐亭县莲花湖（两岔滩），中江县继光、双河口、响滩子，广元市元坝区工农等7座高危中型水库应急除险方案的编制任务，四川省水利水电勘测设计研究院、绵阳市水利规划设计研究院、南充水利电力建筑勘察设计研究院等省内设计单位也同时完成了其余8座高危中型水库的应急除险方案的编制工作。

四川省水利抗震救灾指挥部于6~7月多次组织专家组对急需进行应急除险的15座高危中型水库、3座次高危大型水库（紫坪铺水利枢纽工程应急除险方案由水利部审定）、12座次高危中型水库的应急除险方案进行了审定，明确了整治措施。

为确保水库安全度汛，防止发生次生灾害，必须采取有效措施，落实责任，明确任务，加快除险方案编制进度。在充分发挥四川省设计力量的基础上，水利部派出的18个现场设计组承担了绵阳市、德阳市和广元市3市，由水利部工作组会同四川省水利厅核查认定的231座高危以上险情震损水库的应急除险方案的编制任务，其中中型水库7座、小（1）型水库44座、小（2）型水库180座；溃坝险情水库59座、高危险情水库172座。

其他148座高危以上险情水库应急除险方案的编制工作由四川省水利水电勘测设计研究院、四川大学工程设计研究院以及有关市县水利设计单位承担。根据有关单位的请求，水利部派出的淮委设计组、天津院设计组和浙江设计组承担了其中5座水库的方案编制。

至6月5日，水利部派出的18个设计组完成了236座水库应急除险方案的编制任务，提交有关部门审查；其他承担单位共完成109座水库的方案编制。其余34座水库也于9日全部完成。

2）方案编制的技术管理。为把好水库应急除险方案编制工作的质量关，四川省抗震救灾指挥部设置了方案编制的设计协调组、设计指导组、现场设计组和四川省技术服务组等。

5月24日，设计指导组向各设计组发出了《关于提交水利部支援四川震损水库应急除险加固方案编制工作情况的函》（水总设计指导〔2008〕1号），明确了设计组的工作范围、任务和重点。25日，设计指导组向设计组发出了《关于现场设计工作要求及设计标准意见的函》（水总设计指导〔2008〕2号），就应急除险方案编制工作的设计标准、报告编写内容、工作要求、进度控制等方面提出了明确要求，进一步统一了各现场设计组方案编制的技术标准和工作深度。

5月30日，设计协调组、设计指导组和现场设计组有关人员在绵阳市召开技术协调会议，进行协调和统一。设计指导组还专门邀请国内知名土石坝专家林昭设计大师、司志明教授级高级工程师和高广淳教授级高级工程师参加了会议。会后，设计指导组向各现场设计组印发了《水利部支援四川震损水库应急除险方案编制工作技术协调会会议纪要》（水总设计指导〔2008〕4号），从水库设计标准、不同类型水库的度汛能力评价、工程地质、大坝和泄洪设施除险处理方案、报告编制进度，以及非工程措施和灾后恢复重建设计建议等几个方面提出了明确的指导意见。

5月23日，水利部抗震救灾前方领导小组中增设设计协调组，具体负责协调高危以上险情震损水库应急除险方案编制工作。设计协调组共4人，组长由水利部建管司副巡视员汪安南担任，其他人员从水利部水利建设与管理总站和四川省水利厅抽调。

设计指导组由水利部水规总院组建，负责对各设计小组的技术指导。副院长董安建任组长，副总工程师温续余任副组长。

现场设计组由水利部工作组统一领导，负责承担由工作组安排的震损水库应急除险方案的编制工作。18个现场设计组由长江委、黄委、淮委、珠委、天津院以及浙江省、广东省和广西壮族自治区水利厅具体组建，从长江委设计院、黄河勘测规划设计有限公司、中水淮河工程有限责任公司、淮委治淮工程建设管理局、珠委建设管理处、中水珠江规划勘测设计有限公司、珠江委西江局设计院、珠江水利科学研究院、中水北方勘测设计研究有限公司、浙江省水利水电勘测设计院、浙江省水利河口研究院、广东省水利水电勘测设计院、广东省水利水电科学研究院、广西水电勘测设计研究院、广西南宁水电设计院、广西右江水利开发有限公司和广西水电职业技术学院等18个单位抽调，共计168人。

四川省水利厅指派了四川省水利水电勘测设计院、四川省水利科学研究院、泸州市水利局（含水利设计院）、宜宾市水利局（含水利设计院）、乐山市水利局（含水利设计院）、自贡市水利局（含水利设计院）、内江市水利农机局（含水利设计院）、四川大学工程设计院、达州市水利局（含水利设计院）、南充市水利局（含水利设计院）等单位组成的10个技术服务组分赴德阳、绵阳、广元、成都、雅安等重灾县市区。技术服务组由四川水利抗震救灾指挥部水库水电站组统一指挥，主要负责指导灾区核实工程险情，确定水库坝体危害程度；在对水库险情分析研判的基础上，指导、协助制定应急抢险方案和措施，落实群众转移预案和应急度汛方案；协助做好水库等水利工程应急修复和灾后重建工作，尽快组织制定相关规划和方案。

应急除险方案编制人员深入现场查勘、随时协调、及时处理重要技术问题的工作方法，有效地推进了应急除险方案编制工作进度，并保证了编制质量。

各现场设计组根据工作计划，于5月24日开始现场查勘工作。通过现场观察、量测、询问水库管理人员等形式，对坝顶、坝坡、坝脚、坝肩、溢洪道、放水涵管、当地材料、库区地形地貌以及进场公路等进行仔细查勘，对一些重点水库还进行了反复查勘。设计协调组参加了部分重点水库的现场查勘。

3）方案编制完成后的技术审查。根据设计协调组的安排，设计指导组对溃坝险情和高危险情中的中型和小（1）型震损水库应急除险方案设计报告逐项复查，并提出意见。高危以上险情的其他水库采用抽查的方式进行复查。复查人员主要从工程地质、震前及应急除险后水库防洪能力、震损险情、应急除险措施的合理性、施工条件和方案的可操作性等方面对设计报告进行了分析和评价，对有关问题提出了修改建议。

针对部分设计组反映部分小型水库震前就已存在实际防洪能力与现行规范规定严重不符的问题，设计指导组和特邀专家经研究，于6月1日向各设计组印发了《关于小型震损水库应急除险方案洪水标准及有关问题的补充说明》（水总设计指导〔2008〕6号），进一步明确了类似问题的处理原则及临时度汛标准。3日，设计指导组就此专门向前方领导小组上报了《关于四川高危以上险情小型震损水库防洪标准问题的报告》（水总设计指导〔2008〕7号）。

在方案编制的整个过程中，设计协调组、设计指导组和各设计组之间保持密切的联系，建立了定时通信和通报机制，及时协调、处理工作中发现的问题，共同研究除险方案，保证了应急除险方案编制工作的顺利完成。

应急除险方案提交后，根据需要，各现场设计组留1~2名技术人员配合工程实施。

4）应急除险方案主要内容。应急除险方案主要内容包括水库基本情况、震前工程运行情况、工程地质、主要震损险情及应急除险的必要性、2008年度汛能力评价、应急除险工程措施、非工程措施建议和灾后重建加固建议等。

A.度汛能力评价。按照《水利部支持四川震损水库应急除险方案编制工作技术协调会会议纪要》（水总设计指导〔2008〕4号）和《关于小型震损水库应急除险方案洪水标准及有关问题的补充说明》（水总设计指导〔2008〕6号）的要求，明确水库洪水标准；在复核各水库现状防洪能力的基础上，进行应急除险后2008年防洪度汛安全的定量评价。

B.主要工程措施。对坝体纵向裂缝多采取开挖、回填、夯实、封堵、土工膜覆盖等措施；对横向裂缝在做好开挖、回填、封堵、覆盖等防渗处理的同时，对下游坡进行了反滤、透水压盖处理；对于少数水库出现的坝体滑坡及有滑移迹象的裂缝，在对裂缝进行处理的同时，根据具体情况采取坡脚压重、上部削坡减载、补坡等综合防护措施；对个别水库下游坝坡、坝脚、输水管涵口等部位出现的渗漏问题，制定贴坡反滤排水、反滤压盖结合导渗沟等临时措施。

对泄洪能力不足的水库，则根据项目具体情况制定临时扩挖溢洪道、降低堰顶高程、泄水渠及下游河道清障等措施；少量震损严重、不具备正常挡水能力的大坝则要求开挖临时泄洪缺口，进行口门和下泄通道临时防护，确保2008年安全度汛。

C.非工程措施。除有针对性地制定工程处理措施外，应急除险方案还针对震损水库的具体情况，从做好汛期水情预报、应急抢险、物料储备、人员疏散预案等方面，提出水库度汛非工程措施，建议地方政府和水行政主管部门高度重视，确保度汛安全，避免给灾区人民造成新的损失。

D.对水库重建加固的建议。应急除险方案还对灾后重建加固，提出了如何做好安全鉴定、坝坡防渗、裂缝处理等方面的建议和意见。

水利部阿坝工作组工作现场见图5-4，广元市渔儿沟水库抢险现场见图5-5。

图 5–4　水利部阿坝工作组工作现场（2008 年 5 月 19 日）

图 5–5　广元市渔儿沟水库抢险现场（2008 年 5 月 22 日）

（3）紫坪铺水库除险。

紫坪铺水利枢纽工程是一座以灌溉和供水为主，兼有发电、防洪、环境保护等综合效益的大型水利工程，是都江堰灌区和成都市的水源调节工程。工程位于岷江上游汶川县映秀镇至都江堰市河段，枢纽位于都江堰市紫坪铺镇，距都江堰市 9km、成都市 60km，上游 26.5km 与映秀湾水电站尾水相衔接。

枢纽主要建筑物包括钢筋混凝土面板堆石坝、溢洪道、引水发电系统、冲砂放空洞、1 号泄洪排砂洞、2 号泄洪排砂洞。大坝最大坝高 156.00m，水库正常蓄水位 877.00m，总库容 11.12 亿 m^3，调节库容 7.74 亿 m^3，水电站装机 4×19 万 kW，多年平均发电量 34.17 亿 kW·h。1989 年经国家地震局鉴定，工程区地震基本烈度为 7 度。2000 年工程初步设计报告审查意见，同意工程挡水建筑物地震设计烈度为 8 度，其余永久建筑物地震设计烈度为 7 度。工程于 2001 年 2 月经国家计委批准开工，2005 年 9 月下闸蓄水，11 月首批两台机组投产发电，2006 年 5 月最后 1 台机组提前半年投产发电。

5·12 汶川特大地震距震中 17km 的紫坪铺大坝感受到强烈振动，水电站机组瞬间全部停运，下游岷江断流。虽然紫坪铺大坝经受住了强地震的考验，但枢纽工程各建筑设施均遭受到不同程度的损害（见图 5–6）。

地震发生后，有关紫坪铺水库的安全立刻引起社会极大关注，甚至出现了大坝要垮的传言。水利部专家在震后次日凌晨抵达大坝，当日开展了水库灾情勘察和大坝安全分析，并做出了大坝安全的结论。5 月 14 日，同时在《四川日报》、四川电视台、四川人民广播电台等媒体向公众通告，澄清了各种猜疑，为其后的抗震救灾行动创造了良好的社会环境。

紫坪铺水利枢纽的震后修复得到了水利部高度重视，震后 5 天水电站开始发电，震后 8 天泄流底孔全部打开，成为汶川特大地震后，最先恢复运行的大型水利工程。在震后的救援行动中，紫坪铺水库成为疏散伤员、受灾群众的生命线。从 5 月 13—17 日下午库区 213 国道抢通前，在不到 5 天时间里通过紫坪铺水库水上通道累计向汶川方向运送抢险、医务人员 2 万余人，抢运药品物资 50 余 t、大型机械设备 70 余台（套），运出伤员和受灾群众 2 万余人（见图 5–7）。

1）震损情况。5·12汶川特大地震造成紫坪铺水库区岷江左岸岸坡出现了较多塌方，密度较大，塌方大多在陡缓变坡处或山顶附近发生。坝前左岸堆积体仅前沿出现了小规模的塌方或局部变形，堆积体处于整体稳定状态，但其稳定性有明显降低。紫坪铺水利枢纽工程主要建筑物、设施设备震损程度分级见表5–9。

表5–9　紫坪铺水利枢纽工程主要建筑物、设施设备震损程度分级表

范围	检查项目	震损状况描述	震损等级
拦水建筑物	坝基	坝基未见异常，无翻砂冒水现象	未震损
	两岸坝肩区	左坝肩上部自然边坡局部块石垮塌，右坝肩未见异常	震损轻微
	下游坝脚	未见异常	未震损
	坝体与岸坡交接处	右岸坝顶与溢洪道挡墙连接处下沉20cm	震损轻微
	灌浆及基础排水廊道	无	
	坝顶	坝顶上游侧防浪墙中部接缝挤压变形，表层混凝土脱落或凸起，路面与防浪墙之间的接缝拉宽，下游侧栏杆大部分破坏，散落在坝顶或下游坝上。坝顶沉降最大81cm	震损轻微
	上游面	面板5号与6号间垂直缝错台达35cm，23号与24号间垂直缝错台15cm，并出现表层混凝土隆起，至高程791.00m处未见破坏，5~24号和33~38号在高程845.00m施工缝出现错台，最高达到17cm，大部分面板在高程845.00m以上有脱空	震损轻微
	下游面	在高程840.00m马道以上，右岸有局部干砌块石隆起，坝顶路缘石下浆砌石向下则滑移，宽度达50cm左右。高程840.00m马道以下坝坡有零星掉块和隆起	震损轻微
	廊道	无廊道	
	排水系统	两岸边坡排水沟未损坏	未震损
	观测设备	观测设备震后恢复了功能，读数正常，少数设备震损	震损轻微
	其他异常现象		
泄洪建筑物	溢洪道	闸室控制房震损破坏，其未见明显异常，部分监测仪器震损	震损轻微–震损较重
	冲沙放空洞	除洞内无条件检查外，控制闸室段在结构缝处有表层混凝土隆起，其未见明显异常	震损轻微
	1号和2号泄洪冲沙洞	闸室控制房震损破坏，其未见明显异常	震损轻微

续表 5-9　紫坪铺水利枢纽工程主要建筑物、设施设备震损程度分级表

范围	检查项目	震损状况描述	震损等级
发电厂房	厂房基础	厂房安装间段回填地面有沉陷；未见其他异常	震损轻微
	混凝土	未见明显异常	未震损
	其他异常现象	厂房墙壁出现裂纹、门窗局部受损、天花板局部掉落	震损轻微
引水发电系统	进水口	进水口启闭机控制房受损，塔未见明显异常	震损轻微
	引水隧洞	未进行放空检查，情况不详	
	调压井	无	
	压力钢管	未进行放空检查，情况不详	
	其他异常现象	无	
边坡	进水口边坡	未见明显异常	未震损
	1号和2号泄洪冲沙洞进口边坡	工程边坡以外山体表层局部垮塌	震损轻微
	坝左岸边坡	工程边坡以外山体表层局部垮塌	震损轻微
	厂房及右岸条形山下游边坡	工程边坡以外山体表层局部垮塌	震损轻微

初步调查表明，水库枢纽区及附近断层未产生活动，地震造成的破坏以边坡垮塌为主，库区仅在支库龙溪河河口附近产生一小规模的堰塞体，处于紫坪铺龙溪河支库内，堰塞体内水位与紫坪铺水库水位一致，已不构成威胁。地震时紫坪铺水库水面地震涌浪高达 2 ～ 3m，造成了库岸水边垂钓人员的重大伤亡。

地震造成 26.5km 长的紫坪铺库区沿岸山体大面积滑坡、塌岸，地形地貌、植被巨大改变，地质灾害风险增大；库区周边及上游地区大量泥沙淤积在水库。岷江上游因地震毁坏的建筑物、林木植物、油污及动物尸体等随水漂流到紫坪铺水库，堆积在坝前。坝前水面一度出现了 6 万多 m^2 的漂浮物带，严重影响水库水质和下游用水安全。

紫坪铺水库水情自动测预报系统 28 个遥测站点布设于坝前和岷江上游地区，其中 8 个站点震毁，20 个站点遭受程度不同的破坏。

地震造成 1 ～ 4 号主变本体不同程度移位，其中以 2 号主变本体移位最大，达 80mm 左右。因主变位移，造成部分封母主变侧瓷盆外围密封全部拉开。坝顶启闭机房结构受损。泄洪洞进口及出口高边坡共 8 处垮塌，总面积约 3 万 m^2，严重威胁泄洪洞运行安全。发电引水隧洞进水塔局部产生裂缝，塔上集控室受损；进水口 2000kN 双向门机出现较大位移，门架变形，大车行走电机摔坏，

回转机构齿轮损坏；下游河道混凝土护岸部分边坡及护岸道路开裂、破损。

主厂房主体结构基本无损，但框架柱出现水平贯通裂缝，连系梁出现裂缝，填充墙局部开裂，与副厂房之间连廊沉陷50cm左右。副厂房主体结构无损，但室外地面沉陷造成室外台阶及坡道破坏，以及散水和散水处填充挡墙破坏；中央控制室吊顶出现严重垮塌；与电缆廊道交接处止水局部有渗水现象。厂房工业电视、火灾报警和通信系统控制屏均震塌，多处摄像头、报警器和电话损坏，线路拉断。

地震造成电站送出线路开关跳闸，运行中的 1 号和 2 号机组事故停机，1 号机组过速事故落门，四台机组停运，厂用电源中断。500kV 送出线路避雷器倒塌，瓷瓶摔碎；两相 GIS 出线套管与阻波器连接线在导线设备线夹处被拉断；一相电容式电压互感器底座槽钢、螺栓被拉变形；一断路器上方固定主母线支撑拉杆有 12 颗被剪断。

此外，场内公路因地震受损总长度约 4km，公路边坡塌方 4 处。

据四川省政府和水利部审查通过的震后工程重建规划报告估算，5・12 汶川特大地震导致紫坪铺工程直接经济损失 3.5 亿元，间接经济损失 4.55 亿元，灾后恢复重建投资需 5.36 亿元。受库区 213 国道百花大桥段改道制约，相当长一段时间内水库只能低水位运行，还将造成一定经济损失见图 5-6）。

(a) 大坝坝顶震损情况

(b) 大坝面板横向缝错台

(c) 大坝面板垂直缝挤压破坏

(d) 大坝坝顶公路与下游堆石护坡间裂缝

图 5-6（一）　紫坪铺水利枢纽工程震损情况（2008 年 5 月 12 日）

（e）大坝防浪墙接缝拉裂、压碎

（f）紫坪铺工程左岸 5 号和 6 号面板间的竖缝压碎

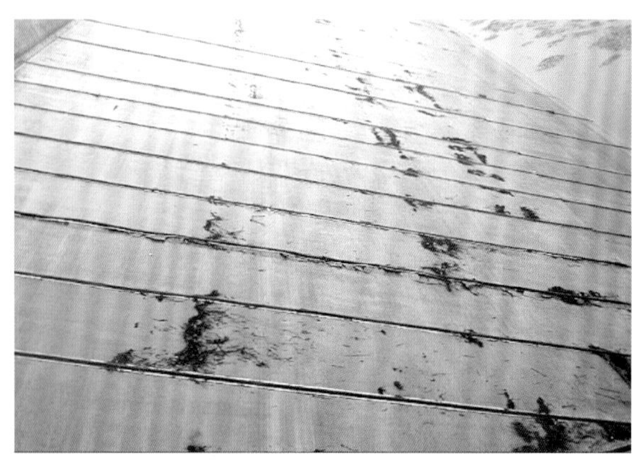

（g）大坝二期和三期面板交接处附近的止水压条拱起

图 5–6（二） 紫坪铺水利枢纽工程震损情况（2008 年 5 月 12 日）

图 5–7 5 · 12 汶川特大地震震后都江堰紫坪铺水库，成为水上生命线（2008 年 5 月 15 日）

2）应急抢险。5 月 12 日汶川地震发生后，顷刻之间，紫坪铺水电站机组全部停机，下游岷江断流，坝区电力、通信中断，大坝、泄洪设施震损情况不明。紫坪铺枢组局白沙营地招待所轻度震损；8594m^2 的办公大楼、12598m^2 员工宿舍遭到中度破坏；员工食堂和俱乐部全部震毁。

紫坪铺水利枢组管理局在第一时间首先是紧急转移员工，应急恢复供水。地震造成机组停机、岷江断流，如果岷江不能及时过流，2 小时后成都市将无法用水。因此紧急启动机组空载泄水。14 时 37 分，首台机组成功启动空载过流，随后，两台机组又相继开启，下泄流量达到 100m^3/s。

5 月 12 日下午，四川省委书记刘奇葆在都江堰紫坪铺大坝召开会议，要求紫坪铺公司加强监测，确保大坝安全，确保下游人民生命财产安全。17 时，四川省水利厅厅长冷刚等赶到紫坪铺大坝。19 时许，受四川省委书记刘奇葆、省长蒋巨峰委托，郭永祥赶到紫坪铺大坝，迅速组织有关单位成立紫坪铺大坝指挥部，指挥抗震抢险工作。

5 月 12 日晚到 13 日，紫坪铺库区及上游来水区普降大雨，水库水位不断上涨。泄洪闸门无法开启，情况十分危急。13 日凌晨，矫勇、刘宁率国家防总、水利部工作组赶到紫坪铺大坝，即刻与郭永祥一起听取了紫坪铺公司简要灾情汇报，立即部署对工程震损情况进行全面排查。水利部领导及技术人员分别深入到坝顶以下 130m 处的 1 号、2 号泄洪洞内进行检查，脚踩、用手摸，一点一点地感知洞体震损情况。10 时，矫勇、刘宁等领导决定打通下泄通道，限制水库水位，将水位从 830.00m 降到 820.00m；加密对大坝各个部位的监测；严密监测上游来水情况；抢修因地震受损的输电设备，尽快恢复机组发电，确保大坝万无一失。

抢险过程中，1 号泄洪洞因启闭设备严重损坏，检修门无法开启；2 号泄洪洞因控制系统盘柜震倒在地，工作门无法打开。

前往冲沙洞工作闸室的道路因山体滑坡阻断，抢险队员沿着溢洪道外侧陡峭的山壁攀爬前行。一到冲沙洞闸室，立即开始对闸门设备进行紧急抢修，于 5 月 13 日 14 时 18 分成功打开冲沙洞，下泄流量 280m^3/s。

震后 24 小时，水库上游来水由 270m^3/s 增加到 520m^3/s，库水位由 828.66m 上涨到 830.00m，大坝险情不断加剧。经研究决定，组织实施解除远控，取消保护，直接启动油泵电机开启闸门的方案，突击抢修 2 号泄洪闸控制系统。5 月 13 日 17 时 28 分，2 号泄洪洞闸门成功开启。水库总泄量达到 850m^3/s，大于入库流量。水库水位开始回落，大坝危险程度得到初步缓解。

冲沙洞、2 号泄洪洞开启后，紫坪铺水库泄流能力暂时大于岷江上游的来水量。但此时紫坪铺电站机组仍在空载过流，加之主汛期即将来临，紫坪铺水库上游 9 座水电站震毁或遭严重破坏，岷江河道堰塞情况不明，必须加大紫坪铺水库泄流能力，尽快打开 1 号泄洪闸，并恢复机组发电过流。

矫勇通过国家发改委主任张平协调，请国家电网予以支持。四川省电力公司紧急调运水电站急需更换的震损设备，并及时派出抢险队进行送出线路的抢修；西安高压开关公司、保定天威变压器公司和成勘院等省内外相关单位紧急派出专家，迅速赶赴紫坪铺电厂对设备进行诊断。经紧张抢修，5 月 17 日 19 时 52 分，紫坪铺水电站恢复发电，有效地提高了泄流能力。

由于 1 号泄洪洞启闭设施毁坏严重，至 5 月 17 日仍然无法开启。陈雷、矫勇要求 5 天内必须提开闸门。李洪、由丽华率领紫坪铺开发有限责任公司和夹江水厂的抢修人员在震损的泄洪洞进水塔闸室里，利用千斤顶顶起了卷扬机卷筒，更换了卷扬机承轴及支座，校正了启闭设施扭曲变形的部位。5 月 20 日 12 时，终于成功开启 1 号泄洪洞。至此，紫坪铺工程所有泄洪设施全部开启，水电站恢复正常发电。5 月 30 日以后，开始对大坝的水下破损情况进行详细调查，进行大坝面板的裂缝处理（见图 5–8）。

图 5–8　修复中的紫坪铺水库 1 号泄洪洞引水塔启闭机闸室（2008 年 10 月）

根据水电工程在主坝面板局部修复工程施工处理经验，相同的破损情况，处理方法是将破损部位松动的混凝土清除，然后浇筑 PBM 混凝土进行修复。

在施工过程中，自高程 819.00m 往下，完成平面长度 16m 裂缝处理后，高程 810.00m 至高程 796.00m 间（平面长 24m）凿除破损混凝土后没有发现钢筋，主要是已超出伸缩缝处加强钢筋范围，为保证浇筑后的 PBM 混凝土与原坝面混凝土黏结牢固，根据施工经验并征得业主同意后，对没有钢筋的范围进行植筋，绑扎钢筋网片，采用液压钻钻出锚筋孔，然后埋入 Φ20mm 螺纹钢筋作为锚筋，锚筋底部开锲口，塞入塞铁，锤击紧密使之固定（原理与膨胀螺栓同），完成后，在锚筋上绑扎钢筋形成网片，再浇筑 PBM 混凝土。

大坝在原伸缩缝鼓包。大坝抢修时对在高程 819.00m 以下 20m 斜坡范围内拆除后重新施工，在完成该部分裂缝处理后，对鼓包部位进行整修。

紫坪铺水库是都江堰灌区和成都市的水源工程，震后岷江上游因地震毁坏的建筑物、林木植物、油污及动物尸体等随水漂流到紫坪铺水库，堆积在坝前，严重影响到水库水质和下游用水安全。按照四川省 5·12 抗震救灾指挥部打捞紫坪铺水库漂浮物及浮油的紧急通知要求，5 月 21 日至 6 月 6 日，紫坪铺公司和成都市水务局、临时驻坝前某工兵团协作开展了水库漂浮物及浮油打捞工作，累计打捞漂浮物 5400m^3，使用吸油毡、吸油绳 900kg，并按环保、卫生要求进行了处理，使紫坪铺库区还原了清洁，油类指标稳定达标，确保了成都市及其下游广大人民群众饮用水安全。修复后的紫坪铺大坝面板见图 5–9。

（4）灾区重危水库除险

1）武都水库工程。武都引水工程（以下简称武引工程）具有防洪、灌溉、发电以及工业和生活供水等综合效益，控灌绵阳市的江油市、梓潼县、游仙区、三台县、盐亭县，遂宁市的射洪县，广元市的剑阁县，南充市的南部，共 4 个市 10 个区（市、县）200 多万亩农田，受益人口 1000 余

图 5-9 修复完工后的紫坪铺大坝面板（2008 年 9 月 30 日）

万人。

①震损情况。5·12 汶川特大地震造成武引工程一期渠系工程 1900 余处出现变形、裂缝、沉陷、滑坡、垮塌，管理站点房屋大面积损毁，供水能力严重削弱，水库大坝受损，闸门破坏，危及下游。武都水库工程 40 多个已建和在建项目均有不同程度的损坏，上下游围堰严重破坏，被纵向拉裂多处，受到严重损害。已浇筑的大坝河床坝段共计出现 13 条裂缝，廊道出现裂缝，岩溶系统部分尚未回填混凝土的溶洞出现岩石垮塌。水电站系统护岸工程的纵向围堰表面出现多处裂缝。受损大型施工设备约 600 台（套），受损施工材料 500 余件，整个武引工程遭受的直接经济损失近 10 亿元。

②应急抢险。对大坝裂缝进行封堵，对上下游围堰进行了除险加固，对垮塌溶洞进行了清理，对施工道路、大坝护岸、边坡进行了处理，对施工设备、供电线路进行了修复。同时，积极开展工程震损评估、地震荷载稳定复核计算、物探检测、安全评估等工作。经抢修，工程于 10 月 29 日全面恢复施工。

2）鲁班水库。鲁班水库是都江堰灌区人民渠七期工程建设最大的一座囤蓄水库，位于主干渠末端，三台县新生镇绿豆河上游。属大（2）型水库，钢筋混凝土面板砌石坝，坝高 68.00m。水库设计灌溉涪江西岸、凯江南岸、郪江北岸，属三台县、射洪县、大英县、中江县 4 个县部分丘陵地带农田 62.69 万亩。

①震损情况。主坝斜墙面板变形、错位、伸缩缝止水材料老化，混凝土表面脱落。主坝坝顶纵向裂缝加宽，裂缝在地震前为 1 ~ 2cm，地震后普遍加宽至 3 ~ 5cm，最大裂缝段为 7cm。4 座土石坝副坝迎水面坡面沉陷、变形。经过开孔观察，裂缝已向坝内延伸。主坝、副坝坝体、坝基存在集中渗漏问题。观测设施部分失效，无法准确反映主坝及副坝变形和位移情况。主坝廊道排水洞堵塞。主坝部分观测设施锈蚀，放空底孔进口、出口及 3 处放水洞锥形阀启闭时故障频繁。水库防洪、泄洪能力不足，未建设非常溢洪道，利用放空底孔和 3 条输水渠道排洪。由于放水锥阀达不到设计标准，将检修闸作为工作闸配合放水锥阀使用，锥阀出现故障不能正常使用，使防洪泄水能力不足。加之渠道输水能力只有 $20m^3/s$，为设计的 60%。绿豆河排洪能力最大 8 ~ $10m^3/s$，为设计的 15%，从而使鲁班水库的防汛安全受到严重影响。

②应急抢险。5 月 22 日，鲁班水库大坝渗漏量突然加大，由震前的渗漏量 5L/s 增至震后 21L/s，

险情较重。水利部工作组和地方有关部门紧急赶赴现场排查险情，并要求管理单位立即降低库水位，加强观测，更换放水阀，配备备用电源，制定应急预案，组织除险加固。

3）继光水库。继光水库是都江堰人民渠七期工程，以灌溉为主的继光水库位于中江县继光镇兴中村观音桥附近，距县城 37km，坝址位于郪江支流龙台河中上游。水库总库容 9936 万 m^3，设计灌溉面积 35.84 万亩、有效灌溉面积 14.3 万亩。

①震损情况。大坝下游坝坡浆砌条石局部拱起、外移，坝顶路面与其下部的条石脱空，产生纵、横向裂缝，共发现 15 条裂缝，缝宽约 2 ~ 3mm，最大缝宽达 50mm；大坝垂直位移增加 43mm，水平位移增加 32mm；坝体及坝基的渗漏量加剧，由地震前 29.53L/s 增加到 37.9L/s，增加了 8.37L/s；放空洞闸门和启闭机损坏，不具备运行条件；左右岸放水隧洞局部有垮塌、损坏，渗漏严重。

②应急抢险。继光水库受损后，影响灌溉面积 23.1 万亩，对下游 9 个场镇、31 所学校共计 16 万人造成了威胁，影响城南高速公路和成达铁路的安全运行。

根据栏杆受损程度不同，应急抢险工程采用水泥修补磨平和拆除破损严重栏杆再重新安装两种方式修复大坝坝顶栏杆；根据裂缝宽度不同，采用钻孔水泥砂浆灌缝和填塞两种方式处理坝顶及下游坝坡裂缝；上游混凝土面板检查，分水上和水下，水下部分由潜水员检查；放空洞闸门检修、更换电气设备、配备备用电源；隧洞垮塌部分钢筋混凝土拆除和重新衬砌、溢洪道内部和出水口河道清理；管理房屋维修；防洪公路破损路面采用片石铺设，路基采用浆砌条石加固。

4）上游水库。上游水库是一座以灌溉为主，兼有防洪、养殖等综合效益的中型水库。水库设计灌溉面积 3.89 万亩，有效灌溉面积 1.7 万亩，还承担着河边镇、磨家镇、新皂镇、高新区及绵阳城区等 300 余家机关、企业 15 万人，200 亿元固定资产的汛期安全和成广高速公路、宝成复线铁路的度汛安全。

①震损情况。大坝坝顶沉降 3cm，向下游水平位移 10cm，大坝上游坝坡局部塌陷；大坝上、下游坝坡出现多条裂缝，其中上游坝坡 3 条纵向裂缝，裂缝均位于大坝中部，裂缝最大宽度约 1cm，下游坝坡有多条纵向裂缝，其中 4 条裂缝较大，分别位于大坝中部，裂缝最大宽度约 1cm；大坝廊道渗漏，二级马道出现集中渗漏点；大坝坝顶上游护栏全部震倒、震断，下游一级马道排水沟上游侧出现错台，错台距离在 5cm 左右；左灌溉涵管沿坡的进水管卧管及水平放水涵管裂缝，漏水严重，漏水量每小时约 $0.9m^3$，右灌溉涵管进水塔井壁混凝土剥落，并有不规则的裂缝，井壁出现裂缝。上游水库属战备重点防洪水库，地理位置特殊，水库震损出险严重影响着下游涪城区河边镇、磨家镇、新皂镇、高新区永兴镇、绵阳城区 100 多万人口的生命和财产安全及绵广高速公路和宝城铁路的安全。同时，还影响下游 2 万多亩农田的用水，直接经济损失 1900 多万元。

②应急抢险。上游水库管理所根据水库应急预案，组织撤离避险和疏散下游群众，同时采取紧急泄水措施。地震后，每天安排 6 名工程技术人员对水库大坝及其附属设施进行 5 次观测，主要进行大坝坝顶位移，大坝沉降和浸润线以及裂缝、渗水观测，并用油漆编明桩号、编号，实测了各观测点的相应高程。

上游水库被评定为高危险情水库，按照四川省水利厅的文件精神，放水至空库运行。涪城区水务农机局根据专家组的评估，于 2008 年 5 月 24 日制定了上游水库灾后重建实施方案，经四川省水利厅和绵阳市水务局等领导专家组评定通过。于 2008 年 6 月 8 日正式开工，至 2008 年 8 月 10 日全部竣工，完成了大坝内外坡坡面工程，左、右放水设施工程，溢洪道工程，进水渠工程，裂缝及排水沟工程，坝顶护栏及路面工程等，工程总投资 320 万元。

5）工农水库。工农水库是一座以灌溉为主，兼有防洪、水产养殖等综合效益的中型水利工程。大坝距广元市 72km，距元坝区城镇 49km。工程设计灌溉面积 3.33 万亩，已实现灌溉面积 2.2 万亩。

①震损情况。大坝、溢洪道、放水、放空设施及管理房等出现严重震损，坝顶中部 80m 范围内发生沉降，最大值约 10cm；坝顶约 10m 范围内发现纵向裂缝，缝宽 3 ~ 5cm，深 1.56 ~ 2.73m；坝左端出现贯穿性横缝（未见渗水），缝宽 3 ~ 5cm；上游坝坡发生沉陷，沉陷量 6 ~ 10cm。大坝上游护坡浆砌三角形预制块搭接部位出现隆起、挤压破坏，隆起高度 1 ~ 3cm。坝顶上下游护栏多处出现错位、裂缝、压碎掉块等现象。溢洪道两侧陡岩多处掉块、垮塌，边墙多处出现裂缝、错位、砂浆脱落，边墙出现鼓出、倾斜，墙顶最大倾斜 20cm。放水涵洞闸门漏水量增大；启闭机横梁出现裂缝；竖井井壁砂浆剥落，并出现水平裂缝，未见明显错位；涵洞顶部多处变形、开裂；底板多处开裂、隆起；边墙多处出现裂缝。放空洞闸门失灵，无法启闭，漏水量增大。放空隧洞多处变形、开裂，局部垮塌。水库管理房（包括灌区管理房）震损严重，有 2000m^2 房屋成为危房，无法居住。灌区渠系工程及防洪抢险公路都有不同程度的损毁。

②应急抢险。更换放水洞、放空洞的工作闸门、检修闸门以及启闭设施，采用手电两用的螺杆式启闭机；更换闸门止水橡胶、压板等止水设施并重新涂刷防腐，对坝顶震损裂缝，采取沿裂缝方向开挖槽宽 0.6m，深 1.7m，用黏性土分层回填夯实，分层厚度不大于 0.2m；对横向贯穿裂缝除上述措施外，在坝体迎水侧将槽身加深到 1.0m，并确保迎水侧横缝封闭，与无缝坝体至少保证有 1m 的搭接；裂缝回填夯实后，在顶部覆盖土工膜，防止雨水渗入裂缝，对细小裂缝在坝面清理干净后，直接采取洒水拍实措施，对上游损毁护坡，经清理平整后，采用 M7.5 浆砌 C15 预制块更换修复，对坝顶栏杆采用 M7.5 砂浆修复，断裂的采用条石更换；在渗漏处理时，对坝面渗水点，清理后先铺一层反滤土工布覆盖整个渗漏区域，并将土工布延伸埋入非渗漏区，搭接宽度不小于 0.5m，其上盖压两层装土编织袋，同时汛期加强观测。对溢洪道内的浮渣、垮塌物、灌木、杂草等进行全面清理，确保行洪畅通；对两岸边坡松动、不稳定体进行清除，以防垮塌影响泄洪；全线检查边墙、底板，对裂缝、错位、垮塌、砂浆脱落部位，采用 M7.5 浆砌条石修复、勾缝，对边墙隆起严重部位予以拆除并修复。

6）白水湖水库。白水湖水库位于安县睢水镇和沸水镇境内，设计灌溉面积 3.5 万亩，有效灌溉面积 2.75 万亩，是一座以灌溉为主，兼有发电、防洪、水产养殖、旅游观光等综合效益的中型水库。

①震损情况。白水湖水库大坝坝顶、内坡和右坝肩出现了纵向裂缝 7 条，横向裂缝 8 条，裂缝长度 310m，缝宽 1 ~ 6.7cm，最长一条裂缝长 69m，大坝内坡干砌预制混凝土块护坡局部整体下滑距离 1.5 ~ 6.7cm，大量细砂从干砌预制混凝土缝中溢出，反滤料遭到破坏；护坡及下游排水设施破坏；大坝及坝肩地震后经观察渗漏量有所增加；大坝上游左右岸坡坡度较陡，局部已震损坍塌；溢洪道闸室段和泄水明渠段均出现局部渗漏现象；放水洞和放空洞出口尾渠出现裂缝及坍塌，渗流量加大，影响正常运行；地震还使 1200m^2 管理房屋垮塌，另有 798m^2 需加固后方可使用。白水湖水库灌区渠系多处垮塌，出现多处裂缝，已不能正常向灌区供水和排洪。

二大渠引水枢纽工程在 5·12 汶川特大地震中遭到严重破坏，二大渠取水枢纽拦河坝、冲砂闸、进水闸被地震引起的山体滑坡损毁、掩埋，拦河坝多处裂缝，进水闸、冲砂闸闸墩断裂，闸门严重变形，启闭设施破坏，闸房垮塌。渠首500m渠道被左岸滑坡体损毁，大量滑坡体堆积在进水口前和渠道上，1100m沿山、沿河渠道护坡垮塌。1280m渠道出现了纵横向裂缝或滑坡，620m^{2}管理房垮塌。二大渠引水完全中断。

②应急抢险。5月19日，绵阳市水利局给白水湖水库下拨40万元应急处理资金用于大坝抢险。7月5日，安县对该项目追加投资60万元。主要完成坝体充填灌浆及左坝肩帷幕灌浆、坝面裂缝处理、大坝内坡预制混凝土板及反滤垫层以及部分机电设备更换、维修。

5.1.2 水电站

在岷江、嘉陵江、沱江等河流及其支流上分布有1000多座水力发电工程，地震给水电站造成了严重的破坏。5·12汶川特大地震灾害造成全省地方电力20个市（州）140个县（含开发了中小水电的县）受损，重灾区有8个市（州）39个县（市、区），涉及供电人口6000余万人。震损水电站846座，装机容量470万kW，震损高低压及输变电线路26536km，震损配电区5820台，变电容量351541kVA；其中极重灾区的受损水电站有673座，装机容量415万kW，高低压线路22143km，配电区4836台，变电容量305461kVA；死亡108人，受伤340人，失踪38人，全省地方电力直接损失达73亿元。

四川省受损水电站分布在岷江、嘉陵江、沱江及其支流的上游，涉及21个市（州），重灾区包括成都市、绵阳市、德阳市、广元市、阿坝州、雅安市、巴中市、乐山市等8个地区。紫坪铺水库上游岷江干支流上的映秀湾等9座水电站和其他流域的龙王潭、苦竹坝等4座水电站出现高危险情。水电站的震损情况调查，以及震损风险评估，为抢险救灾提供了科学依据，部分水电站在灾后立即抢修，恢复发电供电，有力地支持了重灾区的救援行动；部分水电站经过评估，确认放弃，对阻水建筑果断采取爆破，减轻了下游防洪压力。

（1）震损水电站险情

在交通不便、通信不畅等诸多困难的情况下，水利部在5月14日派出6个工作组和1个专业组，前往灾区，指导协助地方水利部门排查、分析、评估和处置水电站等地震灾害和工程险情。四川省地方电力局、水电投资经营集团公司、水电产业集团公司从5月13日起先后派出25个灾区前线工作组约260余人次赶赴灾区了解灾情，协调指挥灾区水库、水电站等震损水电工程抢险，督促指导灾区地电企业开展抗震自救、恢复供电等工作。

水利部派出的专业组和阿坝组共同负责核查四川全省受灾地区有库容的水电站险情，对水电站应急度汛及消除险情提出结论性意见。水电专业组分工负责排查灾区面上重要水电站，阿坝组除全面排查阿坝州水利水电工程出险情况外，继续核查紫坪铺上游水电站险情。2008年5月16日，组建的水电专业组8名专家在成都市集结，水利部水电局副局长陈大勇担任组长，水电局处长李如芳和长江设计院副总工程师汪庆元担任副组长。

5·12汶川特大地震发生后，5月13日水利部水电局连夜起草了《关于水电站抗震保安全的紧急通知》，14日，由国家防办下发四川省防汛抗旱指挥部。16日晚，国家防总向国家电力监管委员会发出了明传电报《关于协调做好地震后水电站防洪保安工作的紧急通知》，请电监会协调四川省有关单位，做好水电站防洪保安工作。

为了摸清情况、研判灾情、提出措施，防止震毁水电站次生灾害发生，16 日，水利部向四川省、重庆市、云南省、陕西省、甘肃省、湖北省、贵州省、湖南省、青海省等省（直辖市）发出了《关于排查震后农村水电工程险情及上报统计报表的紧急通知》，建立了信息报送制度，保证了及时准确地掌握各省信息。

1）岷江上游干支流水电站震损调查。5 月 16 日，负责岷江上游水电站震损和堰塞湖调查的阿坝组在成都市集结。水利部水电局局长邢援越任组长，中国水科院副院长贾金生、水电局樊新中任副组长，成员由水电局、综合事业局、水规总院、中国水科院、南科院、长江委、四川省地电局等有关单位 16 名专家组成。17 日，阿坝组到达阿坝州马尔康县，18 日，分 3 个小组分别奔赴地震重灾区汶川县、理县、黑水县和茂县。工作组向当地水利和有关部门了解岷江上游水电站的基本情况后，在交通可能到达的区域，连续 7 天分别沿岷江干流，岷江一级支流杂谷脑河、黑水河，涪江流域土门河等流域，实地核查水库水电站、堰塞湖和水利工程险情及受损情况，对有重大险情的水库电站、堰塞湖等及时提出应急除险方案并跟踪督查。

本次地震紫坪铺水库以上岷江干支流受影响的主要水库电站集中分布在汶川县、理县、茂县及黑水县的岷江干流及其主要支流上，本次现场核查重点关注水利部前期列为重点的 15 座水电站和其他一些重要的水库电站。

工作组对重点关注的 15 座水电站现场核查了 8 座，包括岷江干流的天龙湖、金龙潭、铜钟、姜射坝水电站，杂谷脑河的红叶二级、理县、薛城、桑坪水电站，还现场核查了吉鱼、下庄、甘堡和黑水河的昌德、竹格多、色尔古、柳坪、白溪，涪江流域土门河的桃坪、黄公坪等 10 座水电站，对存在严重险情的铜钟水电站、黄公坪水电站提出意见并督促当地进行了紧急处置，其余水电站均无较大险情。

地震后大量滑坡造成汶川通往映秀的交通中断，福堂、草坡、沙牌、渔子溪一级、耿达、太平驿、映秀湾等 7 座水电站工作组无法现场核查，其受灾情况通过各种渠道了解。

据阿坝水利局和有关县报告，大地震导致阿坝州汶川县、理县、茂县、黑水县 4 个县 77 座小水电站受损（见表 5–10）。

表 5–10　四川省阿坝州 4 个县小水电 5 · 12 汶川特大地震受灾损失情况统计表

电站名称	座数	装机容量／万 kW	直接经济损失／万元	死亡人数／人	受伤人数／人	失踪人数／人
总计	77	70	54640	16	42	13
汶川县	48	20	35235	15		
理县	16	43	8630			
茂县	6	6	10580	1	42	13
黑水县	7	2	195			

注　数据由阿坝州水利局提供。

2）嘉陵江、湔江等水电站震损情况。5月14日，水利部水电局一行4人对灾区87座重要水电站进行了全面排查，重点核查了34座有较大水库的水电站。水电站组实地察看了绵阳市、德阳市境内嘉陵江、湔江凤鸣桥、通口、香水、三江、龙王潭、宝珠寺、紫兰坝、金华、螺丝池、过军渡、三星、白果岗和九龙滩等13座水电站。在水电站运行管理单位、工程设计单位协助下收集并核实了马蹄滩、东河、水牛家、苦竹坝、岩峰、鞍子河等56座水电站的相关技术资料，联系水电站业主、管理单位和其他有关单位了解电站险情，对高危水电站进行及时跟踪，基本摸清了灾区重要水电站的基本情况和险情。

在工作组排查的87座重要水电站中，从危险程度看，高危水电站2座，分别为龙王潭水电站和苦竹坝水电站，险情较小或险情已排除的水电站85座；从水电站库容大小看，有较大库容的水电站34座，其他水电站53座。

根据工作组的勘察，地震灾区震后受损水电站比例较高。全省装机容量5万kW以下4248座水电站，震损水电站832座，装机容量282.49万kW，占总数的19.6%。其中极重灾区660座，装机234万kW，占受损电站总数的79.3%。阿坝州受损水电站192座，占农村水电832座受损电站中的23%；德阳市受损74座，占9%；广元市33座，占4%。水电站报废多，核查的87座水电站中，有20座因埋埋等原因报废。

（2）震损水电站除险方案制定。

地震发生后，四川省地方电力局迅速成立抗震救灾领导小组，开展抗震救灾工作，检查震损水电站，制定除险方案。

5月19日在国务院抗震救灾总指挥部《抗震救灾专报》166期上的重要批示精神，矫勇于5月20日与国家电监会副主席史玉波紧急会商，分析岷江紫坪铺水库上游3座水电站险情，研究排险措施。会商认为，福堂水电站险情已经解除，映秀湾、太平驿水电站虽已漫坝，考虑其均为混凝土重力闸坝，大坝较低、库容较小，在目前来水情况下发生溃决的可能性不大。但即将进入主汛期，河道流量将加大，甚至出现大洪水，需要及早采取措施消除险情，确保安全。

5月21日，矫勇与电监会领导再次紧急会商岷江紫坪铺水库上游3座水电站险情及排险措施。考虑到太平驿、映秀湾闸门严重受损，道路、供电中断，无法正常开启泄流，大坝业主正在会同设计单位制定爆破除险方案。初步考虑爆破映秀湾左岸非常溢洪道和右岸非溢流坝段，爆破太平驿5号支洞检修门和5号泄洪洞闸门等。水利部和电监会要求业主尽快细化处置方案，按照先易后难、逐步实施的原则，选择合适的爆破时机，以减少处置作业本身的风险，控制瞬间洪峰量值，降低对下游的影响。

会商确定，排险方案由电监会组织映秀湾、太平驿水电站业主单位于5月23日前制定并报电监会审查，由电监会报国家防总审批并下达指令，由电监会、水利部组织监督，国家电网公司、华能集团具体实施，由部队执行爆破任务，请地方政府做好人员避险工作。

截至6月5日，已有820座受损水电站采取了降低水位、放空库容等措施，排除了险情。四川剑阁县的龙王潭水电站，正在放水排险；位于唐家山堰塞湖下游2km处的苦竹坝水电站，不再采取措施，为唐家山堰塞湖发挥滞洪功能。

水电组根据对灾区水电站情况的了解和现场查看，总体上认为：

1）地震重灾区多数电站不同程度的受损，从受损的情况看，大坝或拦河闸多数受损较轻，而建筑物等级较低的水电站厂房及附属设施受损较严重；根据国家防总的指令，多数水电站的水库已放空或降低水位运行，这些水库本身不会造成次生灾害威胁下游。尤其是唐家山堰塞湖以下，涪江上从通口到三星的所有水电站泄水闸门启闭自如，自身安全无问题。

2）受损较严重的水电站仍然存在着对下游较大的威胁，如白龙江上的龙王潭水电站，其浆砌条石双曲拱坝左坝肩在地震后较震前严重渗漏，其渗漏量达到约 $0.3m^3/s$，右坝肩和坝身在震后也出现轻微渗漏，而且大坝本身的放空设施泄量有限，一旦遇到大洪水，库水位急剧上升，将直接威胁大坝安全，对下游约2.6万人口的生命财产造成威胁。沱江支流上的凤鸣桥水电站，泄洪表孔1号、3号弧形闸门支座横梁断裂，致使1号弧形闸门无法开启，3号弧形闸门只能开启到80%，2号泄洪表孔虽能全开，但闸墩已向右产生明显变形。

3）部分水电站仍然受到上游堰塞湖的威胁，如涪江上的苦竹坝水电站、通口水电站等，沱江上的凤鸣桥水电站和岷江上的白果岗水电站等。

4）多数水电站是在2000年以前建设的，由于建设体制和资金来源不同，对于闸、坝的安全监测设施不很重视，其观测设施不全甚至没有。因此，造成地震后无法获取观测资料，无法判断其位移和水库渗漏情况，从而无法确认其受损情况。

（3）地方电力及水电站应急抢险经过

地震发生后，水利部将水电站安全作为防灾减灾的重点工作之一。水利部水电局按照中央和水利部抗震救灾的精神，5月13日连夜起草了《关于水电站抗震保安全的紧急通知》，并于14日早上出发，同时，派出了由邢援越副局长等组成的第一批工作组赶赴四川省灾区，协助开展抗灾救灾工作。14日中午，田中兴局长主持召开水电局干部职工大会，传达中央和水利部关于抗震救灾工作的精神，自上而下地部署了地震灾区以水电站震损调查为切入点的抗震救灾工作。在水利部水电局和四川省水利厅的领导下，全省水电抢险救援围绕着减灾、防灾中心任务开展。

1）电力抢险救援行动。灾情发生后，四川省地电局迅速会同四川省水电投资集团全力排险保电。四川省水电投资集团组成抗震救灾前线指挥部深入抗灾第一线，及时组织一批批食物和饮用水送往广元市青川县，同时号召未受灾地区的地方电力企业组织救灾物资，组建抢修队伍，企业员工捐款捐物支援青川灾区。在4天时间内，宜宾长源电力公司、自贡富顺富益电力公司、达州电力公司、内江资中龙源电力公司等4个市的共9个企业，组织了抢险人员120余人，价值300万元的电力物资进入青川县。截至5月24日，青川县地方电力供电的乡镇全部通电。

至5月22日，四川省地电局、省水电投资集团共组织了13个突击队、179名突击队员奔赴一线参加灾区的电力抢险和恢复供电工作；另有由270余人组成的12个突击队，待命奔赴灾区进行电力抢险和恢复工作。

四川省地电局积极向省级有关部门汇报地电企业受灾情况，在四川省水利厅、省经贸委、省发改委、成都电监办以及南方电网公司等各方面的大力支持下，妥善安置了直属水电站45户（120人）受灾职工的基本生活，为青川县电力有限责任公司、平武县电力有限责任公司、彭州市官仓电力公司、都江堰市龙池水电站、郫县花园水电站以及四川省水电职业学院、四川省都江堰管理局等重灾单位提供了部分生活急需物资。

四川省地电局通过与有关部门和单位积极联系协调，获得了一批电力救灾物资援助，其中有：成都电监办等部门支援的小型柴、汽油发电机30台；南方电网公司支援的电力变压器、电力导线、电表、电力线路金具等价值2000万元的电力救灾物资；浙江正泰电器股份公司支援的价值700万元的电表、开关等，及时解决了部分重灾县的应急抢险和供电问题。

5月26日，四川省地电局又通过向四川省水利厅请示和主动联系协调，争取到20台微型发电机，及时分送到绵阳市平武县，成都市彭州市、都江堰市、郫县、德阳市绵竹等重灾县（市），解决其燃眉之急。

5月29日，四川省地电局组织了30台微型发电机，由地电局领导亲自带队，历经两天两夜日夜兼程，在阿坝州水利局、泸定县水利局、丹巴县水利局、金川县水利局、电力公司及当地政府和群众的帮助下，分送到了汶川县、理县、茂县、小金县、松潘县、青川县、宝兴县、芦山县等30个乡（镇）应急供电，及时解决了当地的应急供电问题。

2）水电站抢修及恢复供电。震后小水电抢修成为抗震救灾最早、最重要的行动之一。经过短短几天的小水电应急抢险，灾区恢复供电。灾区通电极大地安抚了灾民群众的悲伤情绪，更向抗震救灾行动提供了有力的支援。灾区小水电恢复过程如下：

南江县小水电集团临时恢复水电站运行7座，小水电供区内临时恢复供电面就达到了60%；至5月15日18时，临时恢复水电站运行11座，供区内90%用户恢复供电；至17日18时，临时恢复水电站运行17座，供区内所有用户临时恢复供电；至31日受损的19座水电站全部恢复运行。

绵竹市为迅速恢复地方电力企业的拱星、东门两供区灾民生活及企业生产自救用电，绵竹市电力公司及时对麻柳、拱星和东门三个变电站及输配电线路进行了抢修。在较短时间内完成了110kV麻柳变电站、35kV拱星变电站及35kV东门变电站全面投运，以及供区内35kV和10kV输电线路的全部恢复，从而全面恢复了该区域的供电。

理县电力公司5月12日震后立即组织供电所技术人员对城区重要电力线路展开抢修。并对损毁较轻的小水电站和输电线路设备进行临时发电的抢修，当晚21时就恢复了抗震救灾指挥部、医院、路灯的临时供电，又历经两天的连续奋战，于13日和14日逐步恢复了县委县政府、政府招待所、县地震办、县广播局、金融系统的用电。

阆中市5月12日地震发生后全市电网全网解列，阆中市电力总公司迅速启动电网应急抢险预案，组织100多名党员、团员技术骨干组成了11支党员、青年突击队，与晨光和剑桥共产党员抢险服务队奔赴全市49个乡（镇）和基层供电所、发电站抗震救灾，检查高压线路140条，10kV及以下线路159条，低压变压器178台，线路分接箱178处，排查隐患276起。对其所有配电设施以及3000多用户都进行了拉网式检查、排险。16时39分开始陆续送电，17时城区大面积恢复供电，20时30分全市城区基本恢复供电。经过近20天奋战，全市农村全部恢复供电，确保了全市正常的生产及生活秩序得到恢复。

汶川县全县农村水电有59座（10.68万kW）遭受不同程度破坏，地方电网输配电设施损毁严重，线路倒杆断线受损率达60%以上，10kV及以上线路损毁880km；低压线路损毁1890km；损毁输配电总容量13.62万kVA；全县供电陷入瘫痪状态。在与外界连接的110kV线路，县网35kV网络破坏严重的情况下，各电力企业采取先把已成孤网的电网损坏段切断，尽量利用没有损坏段，再与经抢修后的电站、变电站就近连接的办法，对重要场所和部分农村进行供电，5月15日龙溪乡等恢复供电，县城中的抗震救灾指挥部，医院、公安、通信、临时安置点等重要负荷在16日恢复临时供电。到11月，在南部地区经抢修发电的农村水电站有6座，总装机容量17500kW，主要负责对南部的三江、水磨、漩口、映秀、草坡五个镇、乡的供电；在北部地区经抢修发电的农村水电站有4座，总装机容量8100kW，主要负责对北部的县城、龙溪、克枯、雁门、绵池五个镇、乡的供电。至此，全县的乡、镇全部恢复了供电。

茂县全县的水电站停运，输配电网络全部瘫痪，第一时间抢修小水电，尽可能分片临时恢复供电成为当时唯一办法。茂县成立以县长任组长的抢修保电协调组，强力保障电力抢修工作。5月14日，装机容量800kW的青沙沟水电站经干部职工、武警官兵与基干民兵的日夜奋战，临时恢复发电，孤站供应县抗震救灾指挥部、县自来水厂、城区移动基站、县医院、城区临时安置点等重要负荷用电；19日，装机容量320kW的静州水电站恢复发电，进一步确保了城区供电的稳定；22日，装机容量125kW的松坪沟水电站恢复了松坪沟乡政府和灾民临时安置点的供电；28日，三龙乡的龙坪水电站恢复了三龙乡、回龙乡、白溪乡三乡的供电。至6月底，现共有33座小水电临时恢复了发电，县电网也在湖南省电力公司的援助下，于7月26日基本恢复，全县149个村寨全部通电。

彭州市为了保证龙门山灾区前线指挥中心、医院、通信及临时安置点的用电需要，通过挖土沟和搭简易帐篷的方法，全力恢复装机为100kW的龙槽二级电站。5月18日下午抢修成功，宝山村迎来了震后第一个黑夜里的光明。龙槽二级水电站也成为全国首座“帐篷电站”，为龙门山地区的政府、医院、学校及灾民提供了用电。

三台县5月12–13日，三台永安电力公司共出动抢险、巡视车辆50余台次，职工1800余人次，对全县3座水电站、116条线路和全部设备、设施进行了检查巡视，抢修受损线路60余条，设施设备300余台（套）。震后60分钟内就恢复了对10kV北门、永耀线路供电，保证了县委、县政府、医院、学校、自来水厂、广电、公安等重要单位、重点部位电力畅通；71分钟内恢复了县城主要区域供电；12日19时恢复了全县城区、重点场镇、重点工程供电；26个小时内恢复全县98%高低压线路供电，为县委、政府的抗震指挥赢得了第一时间，在最短的时间内为千家万户送去了光明。

截至6月11日，地方电力需恢复供电的96个乡镇已全部恢复供电。到20日，共有218座水电站恢复或部分恢复发电，涉及装机容量127万kW。

（4）重点水电站险情与除险

1）天龙湖水电站位于岷江上游，阿坝州茂县境内，主要建筑物、设施设备震损程度分级见表5–11。

5月12日发生地震后，电厂在震后第一时间进行了关阀，停机处理，并组织人员对大坝、导流洞、水工建筑物、高边坡进行了巡视检查，同时，制定了地震后设备恢复启动运行前施工方案，明确了人员分工，并迅速投入生产自救。

5月12日晚，天龙湖水电站3台机组全部恢复空载运行。13日，电厂派人员对天龙湖水电站工程进行了仔细的检查后开机试运行。地震对水电站主体工程基本上没有造成破坏，但送出线路在地震中损失较大。

5月14日，电厂一位员工步行至有手机信号的松潘境内，与公司领导取得联系，与此同时，解放军某救援部队进入茂县境内经过天龙湖水电站，电厂员工书写一份平安纸条，委托解放军转交

表 5-11　四川省天龙湖工程主要建筑物、设施设备震损程度分级表

建筑物	检查项目	震损状况描述	震损分级
首部枢纽	坝基	未见明显震损	未震损
	堰塞坝	未见明显震损	震损轻微
	进水口结构	未见明显震损	未震损
	边坡	未见明显震损	未震损
引水系统	引水隧洞	一处冲坑出现，部分素混凝土底板变形，多处渗漏滴（冒）水现象	震损轻微
	调压室	未见明显震损	未震损
	压力管道	未见明显震损	未震损
	边坡	未见明显震损	未震损
厂区枢纽	基础	未见明显震损	未震损
	地下厂房	整体完好，局部墙面抹灰层出现开裂现象	震损轻微
	地面开关站	未见明显震损	震损轻微
	综合楼结构	主体结构完好，墙体出现大面积开裂和掉块现象	震损轻微
	边坡	服务楼房后边坡局部浅表崩塌，其余未见明显震损	未震损

给茂县县城天龙湖公司办公室负责人，负责人与当日 16 时，借用海事卫星电话，将平安消息传至成都市。

5 月 16 日，对所有设备进行了检查和部分试验，处理受损的 220kV 避雷器，恢复了厂用电。

5 月 18 日，在水电站通信中断情况下，现场指挥部派出两名同志到阿坝州九龙电网公司进行联系，协商天川线复电事宜。

5 月 20 日，大唐广西分公司安排大化电厂维修员到达水电站，协助进行机电设备维修，并组织人员对取水口、堰塞坝及引水隧洞山体进行了初步巡视，发现取水口后边坡、堰塞坝两岸岸坡有少量掉块的情况，引水隧洞山体外侧部分崩塌。

为保障水电站生产生活及抗震救灾的用电需要，5 月 22 日水电站恢复了 3 号机组带电运行。

5 月 24 日 16 时 16 分，天龙湖水电站通过 110kV 天川线向松潘、黄龙机场、若尔盖送电，水电站正式并网发电。

5 月 26 日，抢通天龙湖至金龙潭输电线路。5·12 汶川特大地震后的天龙湖水电站办公楼见图 5-10。

图 5-10　5·12 汶川特大地震后的天龙湖水电站办公楼

2）金龙潭水电站位于岷江上游，阿坝州茂县境内，主要建筑物、设施设备震损程度分级见表 5-12。

表 5-12　金龙潭水电站主要建筑物、设施设备震损程度分级表

建筑物	检查项目	震损状况描述	震损分级
引水系统	引水隧洞	有个别掉块和数处漏水点	震损轻微
	调压室	未见明显震损	未震损
	压力管道	未见明显震损	未震损
	边坡	未见明显震损	未震损
厂区枢纽	基础	未见明显震损	未震损
	厂房结构	结构完好，内部填充墙局部出现裂缝	震损轻微
	边坡	厂房后坡完好；服务楼房后坡局部发生浅表崩塌，崩积物堆积于缓坡及坡脚	震损轻微

主震过后，电厂人员进入厂房检查设备情况，金龙潭水电站 2 号、3 号机组已保护解列停机，1 号机组处于空载运行状态。电厂领导迅速组织 1 号机组停机工作，并下令所有人员撤离厂房。

5 月 13 日，电厂派人员对金龙潭水电站工程进行了仔细的检查后即开机试运行。地震对水电站主体工程基本上没有造成破坏，但送出线路在地震中损失较大。

5 月 22 日，经过检修后，水电站所有机组基本具备发电条件。

5 月 24 日，金龙潭水电站安装了卫星电话，可以与外界联系。

5 月 26 日，抢通天龙湖至金龙潭输电线路。

震后金龙潭水电站见图 5-11、图 5-12。

图 5–11　金龙潭水电站生活服务楼

图 5–12　金龙潭水电站副厂房内部

3）铜钟水电站位于岷江上游，阿坝州茂县境内，主要建筑物、设施设备震损程度分级见表5–13。

表 5–13　铜钟水电站主要建筑物、设施设备震损程度分级表

建筑物	检查项目	震损状况描述	震损分级
首部枢纽	坝基	未见明显震损	未震损
	挡水坝结构	未见明显震损	未震损
	泄洪闸结构	5 个闸墩出现裂缝，裂缝位于启闭机房下游侧约 1m，裂缝宽 1 ~ 2mm，其余结构完好；闸顶房屋装饰层掉块	震损轻微
	冲沙闸结构	右侧闸墩出现条裂缝，裂缝位于启闭机房下游侧约 1m，裂缝宽 1mm，其余结构完好；闸顶房屋装饰层掉块	震损轻微
	下游消能设施	未见明显震损	震损轻微
	南新二级电站	遭漫顶水流浸泡，结构完好，厂内泥沙淤积，尾水渠冲积物堆积	震损轻微
	进水口结构	未见明显震损	未震损
	控制室	基础遭漫顶水流淘刷，控制室倒塌	损毁
	边坡	未见明显震损	未震损
引水系统	引水隧洞	未见明显震损	未震损
	管桥	管桥因两岸边坡局部掉块，对钢管及支承环造成一定损毁，波纹补偿器附近支座也在地震中发生剪切破坏	震损轻微
	调压室	未见明显震损	未震损
	压力管道	未见明显震损	未震损
	边坡	边坡局部掉块，其余未见明显震损	未震损
厂区枢纽	基础	1 号机外围及开关站地坪局部沉降	震损轻微
	厂房结构	主体结构基本保持完好，主厂房上游侧彩钢板损坏	震损轻微
	升压站	未见明显震损	未震损
	尾水渠	未见明显震损	未震损
	厂房后坡	未见明显震损	未震损

5 月 15 日，震后水电站职工未按照紧急预案提闸放水，运行人员提前撤离。此后，暴雨导致大坝水位迅速上涨，水从闸顶溢下，直接冲刷左右岸坝肩，面临溃坝危险。

5 月 16 日，一支由四川武警总队官兵、水利部门和岷江电力技术人员组成的抢险小分队赶赴现场，并将 1 台 157kW 柴油发电机运抵大坝。21 时 50 分，开启泄洪闸工作闸门，经过 4 小时的努力，铜钟水电站蓄水全部泄空，水库水位下降，恢复正常泄流。

铜钟水电站震损情况见图 5-13 ～图 5-15。

4）姜射坝水电站位于阿坝州茂县和汶川县境内岷江上，主要建筑物、设施设备震损程度分级见表 5-14。姜射坝水电站震损情况见图 5-16 ～图 5-18。

5）福堂水电站位于阿坝州汶川县境内岷江干流上，主要建筑物、设施设备震损程度分级见表 5-15。福堂水电站震损情况见图 5-19。

图 5-13　铜钟水电站首部枢纽控制室倒塌

图 5-14　铜钟水电站管桥波纹补偿器附近支座档反发生剪切破坏

图 5-15　铜钟水电站漫坝致左岸坝肩淘刷毁坏

图 5-16　姜射坝水电站右坝头土石堆积

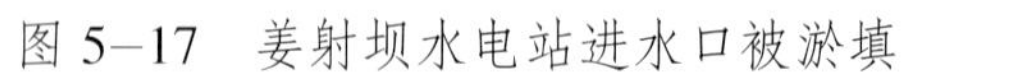

图 5–17　姜射坝水电站进水口被淤填

图 5–18　姜射坝水电站右岸山体支护范围以外有大量危石及松动岩体分布

表 5–14　姜射坝水电站主要建筑物、设施设备震损程度分级表

范围	检查项目	震损状况描述	震损等级
首部枢纽	坝基	坝基未见异常，无翻砂冒水现象	未震损
	两岸坝肩区	右坝肩上部自然边坡垮塌严重，右坝肩进水口被崩落体掩埋。左坝肩未见异常	震损轻微
	下游坝脚	未见明显破坏，有局部飞石，未见明显堵塞	震损轻微
	坝体与岸坡交接处	右岸及上下游工程边坡以上山体垮塌明显	震损轻微
	灌浆及基础排水廊道	无	
	坝顶	右岸有飞石；地震后闸顶铺装层出现裂缝；局部被飞石砸损；闸顶梁与闸墩接缝及闸墩分缝未见相对变形，闸顶排架分缝未见相对变形；进水口启闭机排架局部受损；闸坝房屋建筑有一定损伤。进水口飞石严重，拦污栅排架梁被砸断一根，附属设施砸毁；取水口堵塞	震损轻微
	上游面	无大的破坏迹象；闸前束水墙、拦沙坎结构完好，未发现有破损。闸墩上游侧表面未见裂缝、膨胀等迹象；墩与墩之间的伸缩缝开合状况未见异常；混凝土表面未发现损坏区；闸墩上游表面整体结构完整。上游护坡基本完好	震损轻微
	下游面	无大的破坏迹象；闸墩下游侧表面未见裂缝、膨胀等迹象；墩与墩之间的伸缩缝开合状况未见异常；混凝土表面未发现损坏区；闸墩下游表面整体结构完整。下游护坡基本完好	震损轻微
	廊道	无廊道	
	排水系统	护坦排水无法观测，需日后进行检测	
	观测设备	情况不详	

续表 5–14　姜射坝水电站主要建筑物、设施设备震损程度分级表

范围	检查项目	震损状况描述	震损等级
首部枢纽	其他异常现象	无	
	泄洪设施（土建、金属结构、启闭设施等）	闸门局部受损，部分附属建筑物被破坏，其他闸门未见明显异常，可正常开启	未震损
发电厂房	厂房基础	厂房四周地面有沉陷；未见其他异常	震损轻微
	混凝土	未见明显异常	未震损
	其他异常现象	220kV 开关站受损、发电机层部分屏柜损坏、蝶阀层及水轮机层被淹，大量辅助设备损坏；厂房墙壁出现裂纹、门窗严重受损、天花板掉落	震损轻微
引水发电系统	进水口	进水口堵塞严重；进水口启闭机排架局部受损	震损轻微
	引水隧洞	未进行放空检查，情况不详；沿线山体未见渗水等情况	
	调压井	未进行放空检查，情况不详	
	压力钢管	未进行放空检查，情况不详	
	其他异常现象	无	
边坡	进水口边坡	工程边坡以外山体垮塌严重；上部冲沟表层垮塌严重	震损轻微
	开关站边坡	工程边坡以外山体表层及上部冲沟表层垮塌严重	震损轻微

表 5–15　福堂水电站主要建筑物、设施设备震损程度分级表

范围	检查项目	震损状况描述	震损等级
首部枢纽	坝基	坝基未见异常	
	两岸坝肩区	左、右坝肩边坡垮塌严重。左坝肩大部被崩落体掩埋，右岸主要掩埋重力坝段。两岸均有大量飞石，最大直径约 10m	震损轻微
	下游坝脚	下游护坡被崩落体掩埋，出露部分未见明显破坏。有崩落体进入河道，但主限于河岸侧	震损轻微
	坝体与岸坡交接处	两岸边坡山体垮塌严重，均被掩埋	震损轻微
	灌浆及基础排水廊道	无	
	坝顶	闸顶有飞石，最大直径 3m 左右；地震后闸顶表面局部砸损，附属设施破坏；闸顶梁与闸墩接缝及闸墩分缝未见相对变形。左坝段房屋建筑损坏严重；闸顶启闭机房受损轻微，基本完好。拦污栅段闸顶梁砸断两根，表面局部砸损，有大量飞石，附属结构破坏；排架分缝未见变形进水口启闭机排架受损严重；拦污栅段排架局部飞石砸损，规模不大取水口下部墙体未见明显破坏；取水口堵塞严重，边坡垮塌严重	震损轻微

续表 5–15　福堂水电站主要建筑物、设施设备震损程度分级表

范围	检查项目	震损状况描述	震损等级
首部枢纽	上游面	无大的破坏迹象；闸前束水墙、拦沙坎结构未发现有破损。闸墩游侧表面未见裂缝、膨胀等迹象；墩与墩之间的伸缩缝开合状况未见异常；混凝土表面局部砸损；闸墩上游表面整体结构完整。上游护坡基本完好。上游左、右岸有滑坡体侵入河道	震损轻微
	下游面	无大的破坏迹象；闸墩下游侧表面未见裂缝、膨胀等迹象；墩与墩之间的伸缩缝开合状况未见异常；混凝土表面局部砸偏听则暗；闸墩下游表面整体结构完整。下游护坡基本完好。下游右岸尾水墩被飞石砸断。右岸有滑坡体侵入，并有大量巨大飞石堆积于堆石坝段	震损轻微
	廊道	无廊道	
	排水系统	护坦排水无法观测，需日后进行检测	
	观测设备	观测设施破坏	震损轻微
	其他异常现象	无	
	泄洪设施（土建、金属结构、启闭设施等）	启闭机房墙体受损较轻，基本完好	震损轻微
发电厂房	边坡	后坡局部震损，需进行修复处理；两侧边坡（支护范围外）垮塌严重	震损较重
	厂房结构	外观基本完好，局部需进行维修	震损轻微
	设备设施及控制系统	电缆夹层以下被淹，部分设备需重新购置、安装；其他设备基本正常	未震损
	出线场、开关站	基本正常，需部分维修维护	震损轻微
	进厂公路	边坡严重垮塌，完全中断	震损较重
	其他异常现象	无	
输水系统	进口边坡	基本正常，经清理可以使用	震损轻微
	进口结构与基础	进水口排架连系梁有破坏	震损轻微
	闸门及启闭设施	进水闸门被飞石击中，局部破坏	震损轻微
	引水隧洞	未放空，沿线山体未见渗水等异常现象	
	调压井	主体外观检查正常，附属设备需修复	震损轻微
	压力管道	未放空，未渗水等异常现象	
	尾水道	外观检查正常	未震损
	尾水闸室结构	外观检查正常	未震损
	出口边坡	外观检查正常	未震损
	其他异常现象	无	
工程安全监测设施		部分需进行修复后使用	震损轻微
场内交通		经修复可以使用	震损较重

续表 5–15　福堂水电站主要建筑物、设施设备震损程度分级表

范围	检查项目	震损状况描述	震损等级
对外交通		经修复可以恢复使用	震损较重
专用送出工程（土建及设备）		经维修可恢复使用	震损轻微
通信		站内设备完好，外部条件具备可恢复	未震损
备用电源		站内柴油发电机可正常使用	未震损
枢纽及近坝库岸滑坡		经处理可以恢复	震损轻微
管理及生活设施		部分受到震损需修复	震损较重

(a)　调压井启闭机排架柱受损

(b)　被飞石砸倒的石闸首排架

(c)　进水口山体崩塌，工作闸门变形

(d)　厂房后坡两侧垮塌严重

图 5–19　福堂水电站震损情况

6）太平驿水电站位于阿坝州汶川县境内岷江干流上，主要建筑物、设施设备震损程度分级见表 5-16。太平驿水电站震损情况见图 5-20。

表 5-16　太平驿水电站主要建筑物、设施设备震损程度分级表

范围	检查项目	震损状况描述	震损等级
首部枢纽	两岸坝肩区	左岸坝肩由于漫顶洪水将上坝路冲毁，导致左坝肩长时间被洪水淘刷，左坝肩轻微受损。右岸坝肩被崩塌体掩埋	震损轻微
	下游坝脚	左岸上坝公路被漫顶洪水淘刷，形成一宽度约 20m，深度约 5 ～ 7m 的冲坑	震损轻微
	坝体与岸坡交接处	左岸边坡从山顶位置开始垮塌，垮塌方量大。左岸工程边坡完好，工程边坡以上及工程边坡上下游山体垮塌严重	震损轻微
	灌浆及基础排水廊道	基础廊道被水注满（水面高程约 1065.00m），无法详细检查渗水原因	
	坝顶	喇叭口下游边墙与 3 号坝段分缝张开 0.8mm；3 号坝段→引渠闸→漂木闸→1 号冲沙闸→2 号泄洪闸→3 号泄洪闸→4 号泄洪闸→5 号泄洪闸→右岸 4 号坝段，坝顶未发现裂缝，各分缝未发现张开和错动现象，坝顶未发现位移迹象。隧洞进水口启闭机排架受损；闸坝顶各类房屋建筑受损较重	震损轻微
	上游面	无大的破坏迹象；闸前束水墙、拦沙坎结构完好，未发现有破损。闸墩上游侧表面未见裂缝、膨胀等迹象，墩与墩之间的伸缩缝开合状况未见异常；混凝土表面未发现损坏区；闸墩上游表面整体结构完整	震损轻微
	下游面	除 4 号、5 号坝段下游面张土表面被飞石损伤，整个下游面无大的破坏迹象。2 号泄洪闸后左导流墙至 5 号泄洪闸后右导墙（栏 0+085）之间的伸缩缝有下错动，错动约 5cm；错动处混凝土表面有破损现象。冲沙闸后左导致引渠闸后右导墙（栏 0+085）之间的伸缩缝有上下错动迹象，错动约 1cm；错动处混凝土表面有破损现象	震损轻微
	廊道	排水廊道沉降缝部位多处漏水，部分止水外露	震损轻微
	排水系统	无法详细检查	
	观测设备	地下水位长期观测孔被埋；外观变形人工观测 2 个基点及 3 个测点被埋，自动监测引张线及静力水准部分被损毁；扬压力观测孔基本完好	震损轻微
	其他异常现象	4 号坝段、5 号坝段、6 号坝段坝面不同程度被山体塌方掩埋，坝顶栏杆被飞石打垮；上、下游库岸不同程度被崩塌体掩埋。上游由彻底关大桥进入大坝的进坝道路全部被山体塌方掩埋；下游从 317 国道与老 213 国道进入大坝道路被山体塌方掩埋	震损轻微
	泄洪设施（土建、金属结构、启闭设施等）	5 号泄洪闸左右活塞杆变形严重，支铰牛腿损坏，5 号泄洪闸门被洪水冲走；各闸墩、闸室结构完好；启闭房墙体有不同程度损伤	震损较重

续表 5–16　太平驿水电站主要建筑物、设施设备震损程度分级表

范围	检查项目	震损状况描述	震损等级
发电厂房	边坡	边坡完整，但厂房门口下游侧因上方山体垮塌，需清理堆石体	震损轻微
	厂房结构	地下厂房结构完好	未震损
	设备设施及控制系统	因尾水出口被山体垮塌封堵，造成厂房被淹，体计带绝缘的电气设备及控制系统损毁，可分期恢复	震损较重
	出线场、开关站	地基沿河岸局部有沉陷、裂缝，但 220kV 站 GIS 设备及 110kV 站 SF6 开关基本完好	震损轻微
	进厂交通洞	地下厂房交通洞完好	未震损
	其他	清洁水池、排风机室被飞石砸损；主排风机、厂房柴油发电机、厂房外的消防水管路被飞石砸损；出线平台基本完好，可分期恢复	震损轻微
输水系统	进口边坡	边坡完整，顶部山体有局部垮塌，需清理堆石体	震损轻微
	进口结构与基础	进口排架顶层靠山侧大梁破坏，启闭机房被飞石局部砸损	震损轻微
	闸门及启闭设施	取水口固定卷扬启闭机被飞石局部损伤，平板闸门结构完好	震损轻微
	引水隧洞	对 5 号支洞以下进行检查，未发现明显破坏	震损轻微
	调压井	调压井交通洞口被滑坡体掩埋，上调压井公路局部震损	震损轻微
	压力管道	无异常	未震损
	尾水道	出口被山体垮塌封堵，构筑物基本完好，需清理堆石体	震损轻微
	尾水闸室结构	启闭机房被飞石砸损，排架局部有损伤，闸室结构基本完好	震损轻微
	出口边坡	因顶部山体垮塌被石块覆盖，需清理堆石体	震损轻微
	其他	无	
	工程安全监测设施	大坝自动监测设施和人工监测设施都有不同程度损毁，可分期恢复	震损轻微
	场内交通	上坝公路局部损伤；上调压井公路损毁；开关站场内厂区公路完整，厂房交通桥局部损伤，可分期恢复	震损轻微
	对外交通	上坝箩筐湾大桥垮塌（可绕行），皂角湾吊桥局部损毁，不影响生产恢复	震损较重
	专用送出工程（土建及设备）	220kV 平山线 N2 塔被飞石击倒；三回 10kV 线路约 35km 及坝区外接 35km 线路约 3km 因飞石砸损，可分期恢复	震损轻微
	通信	两回光纤线路约 25km 损毁，厂房蜂窝系统及电话和网络通信设备损毁，可分期恢复并增设卫星通道	震损较重
	备用电源	三台柴油发电机全部损毁，可分期恢复	震损较重
	枢纽及近坝库岸滑坡	整体较好，需清理堆石体，上游护岸局部需修复	震损轻微

续表 5–16　太平驿水电站主要建筑物、设施设备震损程度分级表

范围	检查项目	震损状况描述	震损等级
输水系统	管理及生活设施	信息管理系统损毁；开关站控制楼、食堂及休息楼损毁，库房损毁，可分期恢复；闸首食堂及休息楼损毁	震损较重
	项目核准审批文号	国家计委计工〔1990〕319 号文	

(a)　地震后的大坝右坝肩堆积物

(b)　地震后左坝肩基岩堆积物

(c)　地震后尾水出水口封堵

图 5–20　太平驿水电站震损情况

7）映秀湾水电站位于阿坝州汶川县境内岷江干流上，主要建筑物、设施设备震损程度分级见表 5–17。

地震后，7 月 22 日对映秀湾工程监测设备进行检查，大部分监测设施已经损坏，统计损坏的设施见表 5–18。映秀湾水电站震损情况见图 5–21。

表 5-17　映秀湾水电站主要建筑物、设施设备震损程度分级表

枢纽建筑物	具体部位	震损状况描述	震损等级
拦河坝	坝体结构	泄洪闸与挡水坝出现垂直位移，轨道扭曲。观测墩原基墩位置变位，出现水平位移。坝体存在不同程度裂缝。上游导墙出现水平位移垂直位移	震损严重
	坝基（坝肩）	两岸坝肩均有山体崩塌，尚未发现土石坝防渗设施的不良迹象，下游面也没有发现渗水坑、下陷区、管涌等明显异常现象	未确定
	泄洪设施（土建、金属结构、启闭设施等）	2 号泄洪闸闸门损坏严重，其他闸门也有同程度损坏，2 号泄洪闸电机与变速器连接损坏。闸墩存在不同程度裂缝	震损较重
	边坡	5 号闸下游右边墙处倒塌，5 号上游右边墙倾斜	震损较重
	其他	上游漂木道弧形挡墙贯通裂缝从顶部到底。上游弧形导墙分缝错开多处。5 号闸下游右边墙 2 处倒塌，5 号上游右边墙倾斜	震损较重
发电厂房	边坡	山体大面积崩塌，导致下部桥梁损毁，厂区各出口被滑坡掩埋	震损严重
	地下厂房结构	洞室衬砌混凝土出现较多非贯穿性裂缝，在洞室交叉口出现贯穿性裂缝；钢筋混凝土结构受损较轻	震损较重
	设备设施及控制系统	厂房内被水淹没至发电机层以上 2.0m，电缆及部分控制设备受损严重	震损较重
	出线场、开关站	机电设备及土建设施损坏	震损较重
	进厂交通洞	后边坡垮塌，洞口损坏	震损较重
	尾水洞	水位较高，无法检查	未确定
	尾水闸室结构	启闭机排架被毁，边墙及底板部分受损	震损较重
输水系统	进口边坡	无压洞进口山体部分崩塌，造成进水闸门受损	震损严重
	进口结构与基础	无明显损坏	震损轻微
	闸门及启闭设施	无明显损坏	震损轻微
	引水隧洞	底板出线冒水现象，边墙、顶拱出现较多裂缝，且有渗水现象	震损较重
	调压井	支撑横梁部分损坏	震损轻微
	压力管道	部分焊缝出现损坏	震损轻微

续表 5-17　映秀湾水电站主要建筑物、设施设备震损程度分级表

枢纽建筑物	具体部位	震损状况描述	震损等级
工程安全监测设施		闸坝引张线系统全部损坏，倒垂系统基本损坏。 静力水准系统全部损坏。闸坝水准线路测点基本完好，渗压管基本损坏。在地震后厂房裂缝观测点没有损坏，但没有进行人工观测	震损严重
场内交通		交通中断	震损较重
对外交通		两岸大面积崩塌交通中断	震损严重
专用送出工程（土建及设备）		损坏严重	震损严重
枢纽及近坝库岸滑坡		厂房至大坝公路滑坡发育	震损严重
管理及生活设施		水电站厂房管理生活设施损坏较轻，闸首值班和生活设施损坏较重	震损较重

表 5-18　映秀湾水电站震后内观监测设备损坏统计表

仪器名称	单位	损坏工程量	设备编号
引张线	套	1	Ex
引张线测墩	个	11	
引张线固定端	台	1	Ex
引张线活动端	台	1	Ex
遥测引张仪	台	11	Ex1 ~ Ex11
倒垂系统	套	1	IP
双向垂线坐标仪	台	1	IP1
静力水准	套	1	SP
静力水准管路	条	1	SP
遥测静力水准仪	台	12	SP0 ~ SP11
视准线工作基点	个	4	TN1 ~ TN4
测压管	个	12	
绕渗孔	个	6	
监测自动采集系统	套	1	
厂房测缝计	支	7	J1 ~ J7

(a) 震后的闸坝值班房

(b) 震后闸首漂木道支墩挡墙

(c) 闸首主副坝连接处震后情况

(d) 震后的电站尾水渠出口边坡

图 5–21 映秀湾水电站震损情况

8）竹格多水电站位于四川省阿坝州黑水县境内黑水河上，主要建筑物、设施设备震损程度分级见表 5-19。竹格多水电站震损情况见图 5–22。

表 5–19 竹格多水电站主要建筑物、设施设备震损程度分级表

建筑物	检查项目	震损状况描述	震损分级
首部枢纽	坝基	未见明显震损	未震损
	挡水坝结构	未见明显震损	未震损
	泄洪闸结构	未见明显震损	震损轻微
	冲沙闸结构	未见明显震损	未震损
	下游消能设施	未见明显震损	未震损
	进水口结构	未见明显震损	未震损
	边坡	未见明显震损	未震损

续表 5–19 竹格多水电站主要建筑物、设施设备震损程度分级表

建筑物	检查项目	震损状况描述	震损分级
引水系统	引水隧洞	仅施工支洞局部出现掉块、淤积	震损轻微
	调压室	未见明显震损	未震损
	压力管道	未见明显震损	未震损
	边坡	未见明显震损	未震损
厂区枢纽	基础	未见明显震损	未震损
	厂房结构	未见明显震损	未震损
	厂房后坡	开关站后坡仅有个别块石崩塌坠落	震损轻微

（a） 厂房后坡滚石损毁开关站电缆沟

（b） 施工支洞内局部崩塌堆积

图 5–22 竹格多水电站震损情况

9）红叶二级水电站位于阿坝州杂谷脑河上，主要建筑物、设施设备震损程度分级见表 5–20。

地震发生后，水电站运行人员果断停机并检查确认设备安全停运后撤离现场。经过抢修，5 月 14 日 13 时，电厂恢复厂用电。1 号机组于 5 月 27 日开机正常，厂用电得到可靠保障。红叶二级水电站震损情况见图 5–23。

表 5–20 红叶二级水电站主要建筑物、设施设备震损程度分级表

范围	检查项目	震损状况描述	震损程度
拦河坝	坝体结构	未见明显震损	未震损
	坝基（坝肩）	未见明显震损	未震损
	泄洪设施（土建、金属结构、启闭设施等）	未见明显震损	震损轻微
	边坡	有局部坍塌，值班房等建筑局部被砸坏	震损轻微
	其他		

续表 5–20　红叶二级水电站主要建筑物、设施设备震损程度分级表

范围	检查项目	震损状况描述	震损程度
发电厂房	边坡	有小规模坍塌	震损轻微
	厂房结构	主体结构见明显震损，但部分砖砌填充墙体破坏、玻璃窗震坏、外墙砖脱落	震损轻微
	设备设施及控制系统	1号主变高、中压套管漏油，水轮机进水蝶阀油压装置、调速器漏油装置、机组检修进水泵和水轮机自动化元件被渗漏水浸泡，升压站35kV、110kV、220 kV避雷器、电流互感器、电压互感器和隔离开关损坏	震损轻微
	出线场、开关站	开关站地面沉陷严重，部分设备基础沉陷严重	震损较重
	进厂交通洞	进厂公路、桥梁无震损	未震损
	其他	厂房到闸首的35 kV供电线路有8基杆塔倒塌或严重变形	震损较重
输水系统	进口边坡	有零星掉石	震损轻微
	进口结构与基础	墙体有裂纹	震损轻微
	闸门及启闭设施	未见明显震损	未震损
	引水隧洞	未作放空检查。但震后为恢复用电，引水隧洞已恢复流量水，未见异常	震损不详
	调压井	未作放空检查。但震后为恢复用电，引水隧洞已恢复流量水，未见异常	震损不详
	压力管道	未作放空检查。但震后为恢复用电，引水隧洞已恢复流量水，未见异常	震损不详
	尾水道	未见明显震损	未震损
	尾水闸室结构	未见明显震损	未震损
	出口边坡	见“厂房边坡”栏	
	其他		
工程安全监测设施		正在进行检查评估	震损不详
场内交通		厂房到闸首的公路边坡多处发生小规模坍塌，经突击清理，已恢复通行	震损轻微
对外交通		都汶路震损严重，可由雅安、马尔康到红叶二级电站	
通信		移动通信、固定电话已恢复	
备用电源		备用电源（地方电网）已断，应急电源（柴油发电机）工作正常	
枢纽及近坝库岸滑坡		厂区、库坝区无滑坡发育，小规模坍塌	
管理及生活设施		办公楼、宿舍楼、食堂、库房等见明显震损，供水、供电已恢复	

(a) 水电站左岸进水口排架及边坡滑坡堆积物

(b) 震后水电站地面整体沉陷

图 5–23 红叶二级水电站震损情况

10）薛城水电站位于阿坝州理县杂谷脑河上，主要建筑物、设施设备震损程度分级见表 5–21。经过抢修，于 5 月 25 日水电站恢复厂用电。薛城水电站震损情况见图 5–24。

表 5–21 薛城水电站主要建筑物、设施设备震损程度分级表

范围	检查项目	震损状况描述	震损程度
拦河坝	坝体结构	未见明显震损	未震损
	坝基（坝肩）	未见明显震损	未震损
	泄洪设施（土建、金属结构、启闭设施等）	未见明显震损	未震损
	边坡	左坝肩边坡有局部坍塌	震损轻微
	其他	启闭机排架框架柱破坏。启闭机房填充墙破坏	
发电厂房	边坡	有小规模坍塌，边坡后缘已出现较大裂缝，继续坍塌将危及主副厂房和 GIS 楼安全	震损轻微
	厂房结构	主体结构未见明显震损，主副厂房之间、安装间与主机间之间的沉陷缝发生较大相对变形，止水破裂，渗漏严重，桥机轨道变形严重。副厂房主体结构未见明显震损，部分填充墙破坏	震损较重
	设备设施及控制系统	2 号主变 A 相高压侧套管破裂，水轮机进水蝶阀油压装置、调速器漏油装置、机组检修排水泵和水轮机自动化元件被渗漏水浸泡	震损轻微
	出线场、开关站	GIS 楼主体结构未见明显震损，部分填充墙破坏	未震损
	进厂交通洞	进厂公路无震损	未震损
	其他		

续表 5–21　薛城水电站主要建筑物、设施设备震损程度分级表

范围	检查项目	震损状况描述	震损程度
输水系统	进口边坡	未见明显震损	未震损
	进口结构与基础	进口结构未见明显震损；拦污栅启闭机房基础有沉陷，一根柱子出现裂缝	震损轻微
	闸门及启闭设施	未见明显震损	未震损
	引水隧洞	未作放空检查。但震后为恢复厂用电，引水隧洞已恢复小流量过水，未见异常	震损不详
	调压井	未作放空检查。但震后为恢复厂用电，引水隧洞已恢复小流量过水，未见异常	震损不详
	压力管道	未作放空检查。但震后为恢复厂用电，引水隧洞已恢复小流量过水，未见异常	震损不详
	尾水道	主体结构未见明显震损，但沉陷缝发生较大相对变形，止水破裂	震损轻微
	尾水闸室结构	未作放空检查。但震后为恢复厂用电，引水隧洞已恢复小流量过水，未见异常	未震损
	出口边坡	见“发电厂房边坡”栏	
	其他		
工程安全监测设施		正在进行检查评估	震损不详
场内交通		厂房到闸首的公路边坡多处发生小规模坍塌，经突击清理，已恢复通行	震损轻微
对外交通		都汶路震损严重，可由雅安、马尔康到薛城电站	
专用送出工程（土建及设备）		属公司产权范围内的 GIS 设备、铁塔、导线均无明显震损，但线路附近的边坡坍塌可危及铁塔基础稳定，需进行加固处理	震损轻微
通信		移动通信可用但不稳定，固定电话未通	
备用电源		备用电源（地方电网）已断，应急电源（柴油发电机）工作正常	
枢纽及近坝库岸滑坡		厂区对岸的列寨古滑坡总体稳定。库坝区无大型滑坡发育，左岸边坡有小规模坍塌；右岸洪水沟为泥石流沟，本年度未发作	
管理及生活设施		永久营地未建，租用的生活用房震坏，现暂住在帐篷内	

(a) 水电站拦河坝右岸副坝沉陷、护坡变形

(b) 溢流坝与右岸副坝震后错台

图 5–24 薛城水电站震损情况

11）桑坪水电站位于阿坝州汶川县境内杂谷脑河上，主要建筑物、设施设备震损程度分级见表5–22。桑坪水电站震损情况见图 5–25。

表 5–22 桑坪水电站主要建筑物、设施设备震损程度分级表

范围	检查项目	震损状况描述	震损程度
首部枢纽	两岸坝肩区	右坝肩边坡垮塌严重，部分滑坡体影响右坝肩；左坝肩基本完好	震损轻微
	下游坝脚	下游右岸局部护坡被崩落体掩埋。右岸少量崩落体进入河道，无大飞石	震损轻微
	坝体与岸坡交接处	左岸基本完好，右岸少量崩落体掩埋	震损轻微
	灌浆及基础排水廊道	无	
	坝顶	右坝肩有滑坡体及飞石，主要限于取水口段和坝肩部位。右坝肩值班室砸毁，设备破坏；右坝肩闸顶表面局部砸损，附属设施破坏；闸顶梁与闸墩接缝及闸墩分缝未见相对变形；闸顶排架分缝未见相对变形，基本完好。拦污栅段排架接缝未见相对变形，柱头和梁交接部位局部损坏。进水口排架一个柱头下部被飞石砸损，钢筋外露。进水口下部本未见明显破坏，进水口基本无堵塞	震损轻微
	上游面	无明显破坏迹象；闸前束水墙、拦沙坎结构未发现破损。闸墩上游侧表面未见裂缝、膨胀等迹象；墩与墩之间的伸缩缝开合状况未见异常；混凝土表面基本完好；闸墩上游表面整体结构完整。上游护坡基本完好。河道无堵塞现象	震损轻微
	下游面	无大的破坏迹象；闸墩下游侧面未见裂缝、膨胀等迹象；墩与墩之间的伸缩缝开合状况未见异常；混凝土表面基本完好；闸墩下游表面整体结构完整。下游护坡基本完好。河道无堵塞现象	震损轻微

续表 5-22　桑坪水电站主要建筑物、设施设备震损程度分级表

范围	检查项目	震损状况描述	震损程度
首部枢纽	廊道	无廊道	
	排水系统	护坦排水无法观测，需日后进行检测	
	观测设备		无震损
	其他异常现象		
	泄洪设施	基本完好	震损轻微
发电厂房	边坡	上部基岩与覆盖层交界部位发生错台、开裂	震损较重
	厂房结构（混凝土）	未见明显异常	未震损
	设备设施及控制系统	蝶阀层及水轮机层被淹，大量辅助设备损坏；厂房墙壁出现裂纹、门窗严重受损、天花板掉落	震损轻微
	出线场、开关站	220kV 开关站部分设备受损	震损轻微
输水系统	进口边坡		未震损
	进口结构与基础	进水闸排架局部受损，有细微裂缝	震损轻微
	闸门及启闭设施	局部受损，需修复	震损轻微
	引水隧洞	未出现明显破坏	震损轻微
	调压井	主体结构未见异常；边坡裂缝开展	震损轻微

(a)　进水口闸门崩塌堆积

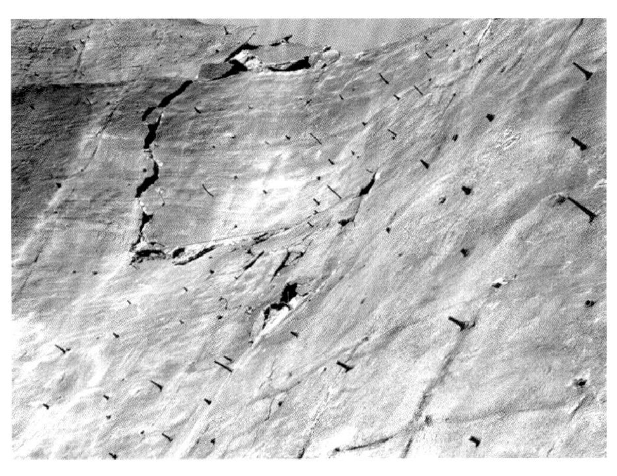

(b)　调压井后坡裂缝张开

图 5-25　桑坪水电站震损情况

12）沙牌水电站位于阿坝州汶川县境内岷江支流草坡河上，主要建筑物、设施设备震损程度分级见表 5-23。沙牌水电站震损情况见图 5-26、图 5-27。

表 5–23　沙牌水电站主要建筑物、设施设备震损程度分级表

范围	检查项目	震损状况描述	震损程度
挡水建筑物	大坝主体建筑物	主体建筑物完好，右岸横缝上部有张开迹象	震损轻微
	坝体廊道及深井泵房	由于缺电，深井泵无法排除坝内积水，另外，由于下游河道因山体塌落掉石堵塞，形成局部的堰塞。高程 1750.00m、1810.00m 两层灌浆和排水廊道及深井泵房均受淹	震损轻微
	拱坝电梯井控制房	控制楼墙面有竖向和横向裂缝，屋、雨棚女儿墙部分坍塌	震损轻微
	大坝的监测仪器	高程 1810.00m 廊道以下的监测仪器被水淹没，估计部分受损	震损不详
	左、右岸坝肩抗力体	左坝顶高程以上约 20m 高度范围内，右岸抗力体外侧坡坝顶以上约 20m 高度范围内发生了坡面表层破碎岩体及覆盖层局部滑塌	震损轻微
	左岸上游侧观礼台	左岸上游侧观礼台内侧公路哑口部位局部塌方	震损轻微
	上坝隧洞出口段	左岸坝肩通往上坝隧洞出口段的内侧山体局部塌方	震损轻微
泄水建筑物	1 ~ 2 号泄洪洞主体建筑物	1 ~ 2 号泄洪洞主体建筑物正常，机电设备正常，震后已经开启并运行	震损轻微
	泄洪洞边坡	出口边坡浅表有少量垮塌	震损轻微
引水发电建筑物	引水隧洞取水口排架	排架立柱子底部以上 80 ~ 120cm 出现裂缝，裂缝宽度 0.03 ~ 0.05mm	震损轻微
	引水隧洞取水口闸门槽	闸门不能完全放下密封，还需精确检查	震损轻微
	引水隧洞衬砌结构	局部掉块，总体稳定	震损轻微
	调压室	情况不明	震损轻微
	压力管道埋管出口边坡	边坡有小范围的垮塌，无明显的滑坡现象	震损轻微
	压力管道管桥基础	局部混凝土破坏，程度较轻	震损轻微
	压力管道管桥波纹管	完全破坏	损毁
	厂房基础	厂房四周地面被淹，受洪水冲刷；未见其他异常	震损轻微

续表 5–23　沙牌水电站主要建筑物、设施设备震损程度分级表

范围	检查项目	震损状况描述	震损程度
引水发电建筑物	厂房混凝土	左侧端部墙体及构造柱被垮塌山体击中，墙体破坏严重；构造柱子有一定程度的损坏，其他未见明显异常	震损轻微
	厂房屋面	屋面钢网架大部分被飞石砸坏，需进行重新安装	震损较重
	厂房边坡	左、右岸边坡垮塌、飞石严重；边坡治理难度较大	震损较重
	开关站	开关站被水淹没，设备毁坏严重	震损较重
	厂房其他异常现象	厂房内桥机被飞石击中、掉落，毁坏严重；厂房发电机层被水淹没，大量辅助设备损坏；厂房墙壁出现裂纹、门窗严重受损；尾水管出口被块石堵住，造成尾闸门不能关闭	震损较重
	副厂房	墙体破坏，屋面板、梁被滚石严重破坏	震损较重
	厂区建筑	电厂办公及生活区建筑物震损严重	震损较重
工程边坡	大坝左岸环境边坡	开口线以外的部分覆盖层及局部基岩边坡发生垮塌和掉块，主要集中于坝顶以上及抗力体下游侧	震损较重
	大坝左岸工程边坡	未发现异常情况	震损轻微
	大坝右岸环境边坡	开口线以外边坡有局部掉块	震损轻微
	大坝右岸工程边坡	未发现异常情况	震损轻微
	大坝主体工程及附属建筑地基	主体工程未见异常	震损轻微
	厂房边坡	掉块滚石严重，危及厂房安全	震损较重
	厂房主体工程及附属建筑地基	总体稳定性	震损轻微
	引水隧洞及调压井边坡	情况不明	情况不明
	水库左右岸坡	局部产生垮塌和掉块	震损轻微
	水库火烧坡堆积体	堆积体未发现异常情况，但堆积体上游侧环境边局部有垮塌和掉块	震损轻微

(a) 厂房上游侧的堰塞湖及管桥左侧波纹管损坏，产生的水雾压力

(b) 震后水电站厂房全景（从上游向下游）

图 5–26 沙牌水电站震损情况

图 5–27 沙牌水电站厂房发电机层上游墙

13）草坡水电站位于阿坝州汶川县境内岷江支流草坡河上，在地震时遭到了较为严重的损坏，主要建筑物、设施设备震损程度分级见表 5–24。草坡水电站震损情况见图 5–28。

表 5–24 草坡水电站主要建筑物、设施设备震损程度分级表

范围	检查项目	震损状况描述	震损程度
拦河坝	坝体结构	坝体未发现裂缝及错位	震损轻微
	坝基（坝肩）	左右坝肩及其以上岩体在本次地震中有少量岩体崩塌，岸坡岩体整体稳定	震损轻微
	泄洪设施（土建、金属结构、启闭设施等）	冲沙、泄洪闸闸门以及相应的启闭设备均能正常运行	震损轻微
	边坡	左右坝肩及其以上岩体在本次地震中未发现裂缝、崩塌等变形破坏现象，岸坡岩体基本稳定	震损轻微
	其他		

续表 5–24 草坡水电站主要建筑物、设施设备震损程度分级表

范围	检查项目	震损状况描述	震损程度
发电厂房	边坡	厂区后边坡出现大面积滑坡	震损严重
	厂房结构	球阀廊道毁坏，两端墙外倾，厂房主体基本完好	震损较重
	设备设施及控制系统	部分设备毁坏	震损严重
	出线场、开关站	升压站排架完好，部分设备毁坏	震损较重
	进厂交通洞		
	其他		
输水系统	进口边坡	局部有滑坡崩塌现象，岸坡岩体基本稳定	震损轻微
	进口结构与基础	取水口及沉沙池基本完好	震损轻微
	闸门及启闭设施	取水口拦污栅和工作门以及相应的启闭设备均能正常使用	震损轻微
	引水隧洞	引水隧洞基本完好，部分暗渠遭到破坏	震损严重
	调压井		
	压力管道	管道发生位移和变形	震损严重
	尾水道	结构基本完好	震损轻微
	尾水闸室结构	结构基本完好	震损轻微
	出口边坡	结构基本完好	震损轻微
	其他		
工程安全监测设施		基本毁坏	震损严重
场内交通		厂区至坝区公路已抢通	震损较重
场外交通		厂区至都江堰公路已抢通	震损较重
专用送出工程（土建及设备）			
通信		线路受损	震损严重
备用电源		线路受损	震损严重
枢纽及近坝库岸滑坡		局部有滑坡及崩塌现象	震损轻微
管理及生活设施		毁坏	震毁

（a） 首部枢纽震后全貌

（b） 厂区山体滑坡堆积物

（c） 泄水道拉裂后

图 5–28 草坡水电站震损情况

14）耿达水电站位于阿坝州汶川县境内岷江支流渔子溪河上，主要建筑物、设施设备震损程度分级见表 5–25。耿达水电站震损情况见图 5–29 ～图 5–31。

表 5–25 耿达水电站主要建筑物、设施设备震损程度分级表

范围	检查项目	震损状况描述	震损程度
拦河坝	坝体结构	挡水坝未发现明显的裂缝或位移现象	震损轻微
	坝基（坝肩）	两岸坝肩均有岩体崩塌，基础防渗墙损坏情况不详	未确定
	泄洪设施(土建、金属结构、启闭设施等)	闸门无大的损坏；闸坝值班室、启闭室等建筑均不同程度损坏；坝体混凝土未见明显损坏，闸墩未发现明显开裂情况，启闭设施无大的损坏	震损较重
	边坡	两岸均有岩体崩落，左岸更为严重	震损严重
	其他	前引渠及沉沙池全部被崩塌的山体掩埋，沉沙池左边墙全部倒塌	震损严重

续表 5–25　耿达水电站主要建筑物、设施设备震损程度分级表

范围	检查项目	震损状况描述	震损程度
发电厂房	边坡	岩体大面积崩塌，厂房进口和副厂房被崩塌堆积体掩埋	震损严重
	厂房结构	副厂房被掩埋，估计主厂房内部结构未发现明显的震损	震损较重
	设备设施及控制系统	估计设备部分被水淹没，控制系统损坏	震损较重
	出线场、开关站	损坏严重	震损严重
	进厂交通洞	无交通洞，进厂大门被掩埋	震损严重
	其他		
输水系统	进口边坡	进口边坡有岩体崩塌，启闭室等建筑均不同程度损坏	震损较重
	进口结构与基础	枯期进水口细栅启闭房部分损坏	震损较重
	闸门及启闭设施	无明显损坏	震损轻微
	引水隧洞	沉沙池被山体崩塌全埋，大阴沟无明显震损现象	震损较重
	调压井	未检查	未确定
	压力管道	未检查	未确定
	尾水道	尾水洞无明显垮塌，出口排架和桥面损坏	震损较重
	尾水闸室结构	无明显损坏	震损轻微
	出口边坡	有塌方，启闭室等建筑均不同程度损坏	震损较重
工程安全监测设施		大坝安全监测系统被损毁。两岸观测房严重损坏	震损较重
场内交通		道路边坡大量垮塌，造成道路全部中断	震损严重
场外交通		道路边坡大量垮塌，造成对外交通全部中断	震损严重
专用送出工程（土建及设备）		损坏严重	震损严重
通信		中断	震损较重
备用电源		大坝备用柴油发电机轻微损坏，已修复。厂房备用电源损坏	震损较重
枢纽及近坝库岸滑坡		库区崩塌堆积体较多，上坝公路滑坡发育	震损严重
管理及生活设施		电站厂房管理及生活设施损坏严重，闸首值班和生活设施损坏严重	震损严重
其他		围墙、防洪墙及护坡损坏	震损严重

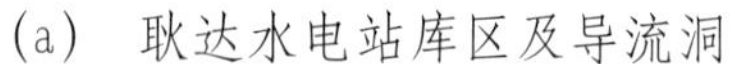

（a） 耿达水电站库区及导流洞

（b） 下游河道及两岸崩塌堆积物

图 5–29 耿达水电站震损情况

图 5–30 耿达水电站取水口情况

图 5–31 耿达水电站引渠及沉沙池被埋情况

15）渔子溪水电站位于阿坝州汶川县境内岷江支流渔子溪上，主要建筑物、设施设备震损程度分级见表 5-26。渔子溪水电站震损情况见图 5-32。

表 5–26 渔子溪水电站主要建筑物、设施设备震损程度分级表

范围	检查项目	震损状况描述	震损程度
拦河坝	坝体结构	挡水坝未发现明显的震损现象，沉陷缝有位移现象	震损轻微
	坝基（坝肩）	基础防渗墙损坏情况不详，震损情况不明	不确定
	泄洪设施（土建、金属结构、启闭设施等）	3 孔泄洪闸闸门被毁冲走，所有启闭机室损坏，事故闸门、汛进口启闭机及控制系统毁坏，闸门启闭机及控制系统部分损坏。冲沙闸泄洪闸等闸墩和底板未发现明显的震损现象	震损严重
	边坡	两岸坝肩边坡普遍震损强烈，有崩塌堆积体分布，坝肩边坡稳定性存在重大隐患。库区崩塌堆积体很多	震损较重
	其他	导流洞被山体崩塌堙埋，设备损坏	震损严重

续表 5–26　渔子溪水电站主要建筑物、设施设备震损程度分级表

范围	检查项目	震损状况描述	震损程度
发电厂房	边坡	厂房交通洞进口至尾水洞出河段岸坡地起伏，基岩裸露，岩体强烈松动，崩塌严重，形成连续大型崩塌堆积体	震损较重
	厂房结构	发电机层以上的建筑物未发现明显的震损现象，开关楼垮塌并被泥石掩埋	震损轻微
	设备设施及控制系统	厂房机电设备被水淹没，设备损失严重	震损严重
	出线场、开关站	开关楼被掩埋，设备损坏严重	震损严重
	进厂交通洞	泥石流淹没交通洞长 40m	震损轻微
	其他	排风洞口垮塌	震损轻微
输水系统	进口边坡	基岩裸露，岩体强烈松动，崩塌严重	震损较重
	进口结构与基础	取水口基础出现不均匀沉降，混凝土边墙出现裂缝；进水闸内侧混凝土边墙破裂。基础防渗墙震损情况不明	震损较重
	闸门及启闭设施	边坡崩塌严重，造成启闭设施损坏严重	震损严重
	引水隧洞	引水隧洞目前还在过流，未进行全面检查，震后发现厂房尾水洞出口有流量均匀出流，估计引水系统未出现大规模的垮塌	震损较重
	调压井	未检查，震后尾水洞出口有流量均匀出流，估计未出现大规模的垮塌	震损较重
	压力管道	未检查，震后尾水洞出口有流量均匀出流，估计未出现大规模的垮塌	震损较重
	尾水道	未检查，震后尾水洞出口有流量均匀出流，估计未出现大规模的垮塌	震损轻微
	尾水闸室结构	基本完好	震损轻微
	出口边坡	基岩裸露，岩体强烈松动，崩塌严重	震损严重
	其他	沉沙池前引渠被山体崩塌淹没，沉沙池左边墙倾倒	震损较重
工程安全监测设施		自动化监测系统损坏	震损较重
场内交通		公路中断	震损较重
场外交通		映秀镇至渔子溪工程首部枢纽和引水系统对外公路边坡大量垮塌，道路还未恢复，厂区枢纽基本恢复交通	震损严重
专用送出工程（土建及设备）		损坏严重	震损严重
通信		仅厂区枢纽基本恢复通信	震损较重
备用电源		部分损坏	震损较重
枢纽及近坝库岸滑坡		库区和闸下游崩塌堆积体很多，厂房洞口泥石流发育，上坝公路滑坡发育	震损严重
管理及生活设施		水电站厂房管理生活设施损坏，闸首值班和生活设施损坏较重	震损严重
其他		围墙及护坡损坏	震损轻微

(a) 首部枢纽震后全貌

(b) 大坝坝面

(c) 左岸进水口边坡垮塌

图 5-32 渔子溪水电站震损情况

16）水牛家水电站位于绵阳市平武县境内涪江支流火溪河上，主要建筑物、设施设备震损程度分级见表 5-27。水牛家水电站震损情况见图 5-33。地震发生后，四川华能涪江公司在地震当天即组织水工、运行管理人员对大坝、泄洪建筑物、引水建筑物及枢纽边坡等部位外观进行了初步检查，并进行了闸门启闭试验。

表 5-27 水牛家水电站主要建筑物、设施设备震损程度分级表

范围	检查项目	震损状况描述	震损程度
拦河坝	坝体结构	防浪墙部分开裂	震损轻微
	坝基（坝肩）	未见明显破坏现象	未震损
	泄洪设施（土建、金属结构、启闭设施等）	泄洪放空洞渗水量较震前有所增加	震损轻微
	边坡	未见明显滑坡现象	未震损
	其他	未见明显破坏现象	未震损

续表 5–27　水牛家水电站主要建筑物、设施设备震损程度分级表

范围	检查项目	震损状况描述	震损程度
发电厂房	边坡	未见明显滑坡现象	未震损
	厂房结构	未见明显破坏现象	未震损
	设备设施及控制系统	厂房内除湿机、检修泵、油泵等烧坏	震损轻微
	出线场、开关站	220kV 电容式电压互感器、SF6 电流互感器、柱上真空开关等损坏	震损轻微
	进厂交通洞	落石将交通洞洞口建筑物砸坏	震损轻微
	其他	6 号支洞渗漏水量较震前有所增加	震损轻微
输水系统	进口边坡	未见明显滑坡现象	未震损
	进口结构与基础未震损	未见明显破坏现象	未震损
	闸门及启闭设施	未见明显破坏现象	未震损
	引水隧洞	隧洞未放空无法检查	
	调压井	隧洞未放空无法检查	
	压力管道	管道未放空无法检查	
	尾水道	尾水道未放空无法检查	
	尾水闸室结构	未见明显破坏现象	未震损
	出口边坡	未见明显破坏现象	未震损
	其他	未见明显破坏现象	未震损
工程安全监测设施		大坝监测设施部分损坏	震损轻微
场内交通		部分路段滑塌	震损轻微
场外交通		1 号、2 号、3 号变形体滑坡影响王—王公路交通	震损严重
通信		工业电视系统性摄像头不同程度损伤，管理中心至水牛家大坝 12km12 芯普通光缆多处震损	震损较重
枢纽及近坝库岸滑坡		大坝左岸下游堆渣边坡变形开裂；近坝库岸上 1 号、2 号、3 号变形体滑坡严重	震损较重
管理及生活设施		梯级高度管理中心 UPS 损坏，主楼顶棚立柱子变形错位，圈梁出现裂缝，楼体外墙多处剥落，附属建筑物不同程度损坏；后勤大院房屋墙体开裂	震损较重

(a) 大坝左坝肩裂缝

(b) 滑坡体及岸坡裂缝

图 5–33 水牛家水电站震损情况

17）自一里水电站位于绵阳市平武县境内涪江支流火溪河上，主要建筑物、设施设备震损程度见表 5–28。

表 5–28 自一里水电站主要建筑物、设施设备震损程度

序号	部 位	震损程度
1	首部枢纽（大坝及其附属建筑物）	震损轻微
2	厂区枢纽（地厂房及其附属建筑物）	震损轻微
3	水电站设备（机电、监控、通信等）	震损轻微
4	边坡工程及厂内交通道路	震损较重
5	GIS 楼	震损轻微
6	送出线路	震损较重

18）木座水电站位于绵阳市平武县境内涪江支流火溪河上，主要建筑物、设施设备震损程度见表 5–29。

表 5–29 木座水电站主要建筑物、设施设备震损程度

序号	部 位	震损程度
1	首部枢纽（大坝及其附属建筑物）	震损轻微
2	引水隧洞	未震损
3	厂区枢纽（地下厂房及其附属建筑物）	震损轻微
4	水电站设备（机电、监控、通信等）	震损轻微
5	边坡工程及厂内交通道路	震损较重
6	GIS 楼	震损轻微
7	送出线路	震损较重

19）通口水电站位于北川县境内通口河上，坝下游左岸有少量坍塌；上游距坝较远的一冲沟内滑坡严重，增加了库内淤积，但滑坡体未出沟；库尾右岸一处滑坡严重，形成岩羊滩堰塞体，目前堰塞体已经冲开，造成库区内淤积物增加。此外两岸有零星落石和局部垮塌。4号泄洪门水封损坏，闸门向右偏移5cm轻微震损。开关站主体结构未见明显震损，有部分电缆断裂。110kV升压站SF6开关损坏1台。电站至北川县输电线路损坏。

震后即开闸放空水库，腾出3000多万m^3库容，为唐家山泄流滞洪1个多小时为绵阳及下游防洪争取了时间。泄洪后经检查，除排水廊道水量有所增加外，一切设备正常。为确保安全，5月12日下午震后曾短时停止发电，第二天恢复发电，边发电边安检。

6月14日，唐家山堰塞湖泄洪后电站蓄水发电，水库在正常蓄水位598.00m运行，2台机组满负荷向四川主电网供电。

5.1.3 堤防

地震造成大量堤防、水闸损坏。抢险难度大，随着主汛期的临近，防汛形势十分严峻。已经完成应急除险的工程难以达到原有的防洪标准，相当多的震损水库、堤防尚未处理，防洪能力大幅降低，成为灾后度汛的重大隐患。在国家防总和水利部的指导下，水利部前方有关责任组、各地水利与防汛部门，对堤防工程震损情况进行全面排查，制定并实施应急除险方案，全力保证堤防工程安全度汛。

（1）险情查勘

为及时掌握防洪工程震损情况，5月12日，国家防办下发了《关于切实做好地震灾区防洪工程安全工作的紧急通知》，要求地震灾区防汛抗旱指挥部立即组织技术人员和工程管理单位，迅速对堤防、闸坝开展普查，确保险情及时发现、及时抢护。16日，水利部前方领导小组派出6个工作组，以水库、水电站、堰塞湖为重点，兼顾堤防、涵闸，分赴四川各灾区逐项进行险情排查。17日，国汛办电83号下发《关于报送“5·12”强烈地震堤防震损情况的紧急通知》，汇总震损堤防出险状况及采取的应急处理措施，做出下一步工作部署。为保证堤防工程安全度汛，防止地震次生灾害的发生，保证救灾工作的顺利进行，确保责任落实、措施落实。21日，国汛办电98号下发《关于填报堰塞湖险情及水库和堤防震损工程动态情况的紧急通知》，要求加强对震损堤防的排查、修复。

各受灾地区相继成立应急处理指挥机构，精心组织，周密安排，明确职责，落实各具体的项目查勘，并结合实际情况制定应急抢险预案，做到了领导到位、组织到位、措施到位、责任到位、落实到位。

各地方按照水利部抗震救灾前方领导小组的要求，对重灾市县、重要堤防、重大险情进行了排查核实。经对险情查勘，确定河道堤防工程出现垮塌、裂缝、滑坡、沉陷、管涌等多种险情。

四川省水利抗震救灾指挥部按照国家防办紧急通知的要求，于5月21日下发关于进一步复核排查堤防震损情况的通知，要求各市（州）抓紧核查重大和较大险情情况，落实震损堤防应急处理的相关工作，全面真实统计震损堤防的情况，为灾后重建规划提供可靠的一手资料。6月4日，省防指要求相关市（州）再次排查，将5月24日以后余震和堰塞湖排险泄流影响新产生的震损堤防进行统计，于6月17日上报水利部堤防组，堤防组于6月20日将整理后的堤防震损资料交灾后重建组作为规划的基础资料。截至6月20日堤防震损情况排查工作结束，总体统计如下：震损堤防706处，长度894.16km，重大险情106处，长度194.92km；较重险情276处，长度303.69km，一般险情324处，长度395.55km。

地震造成堤防出现垮塌、裂缝、滑坡、沉陷、管涌等多种险情。据统计，共计震损堤防706处，长度894.16km。其中：裂缝403处，脱、滑坡286处，沉陷（塌坑）264处，管涌5处，其他84处。

重大险情106处，占震损堤防总数的15%，长度194.92km，占总长度的21.80%；较重险情276处，占震损堤防总数的39.1%，长度303.69km，占总长度的33.96%；一般险情324处，占震损堤防总数的45.9%，长度395.55km，占总长度的44.24%。

重点7市（州）及都江堰灌区共有重大险情106处，占重大险情总数的100%；较重险情235处，长度257.04km，分别占总数的85.1%和84.6%。

各级堤防震损情况及分布如下：

1）一级堤防5处，占震损堤防总数的0.7%；长度1.19km，占总长度的0.13%。其中重大险情0.82km，较重险情0.37km，全部集中在都江堰灌区范围内。

2）二级堤防19处，占震损堤防总数的2.7%；长度32.36km，占总长度的3.6%。其中重大险情12.50km，较重险情3.05km，一般险情16.81km，主要集中在绵阳市和自贡市。

3）三级堤防78处，占震损堤防总数的11.0%；长度104.73km，占总长度的11.7%。其中重大险情15.62km，较重险情67.15km，一般险情21.96km；主要分布在绵阳市、德阳市、广元市、遂宁市、眉山市、甘孜州、巴中市等。

4）四级堤防360处，占震损堤防总数的51.0%；长度447.67km，占总长度的50.1%。其中重大险情100.22km，较重险情172.73km，一般险情174.71km。

5）五级及其他堤防244处，占震损堤防总数的34.60%；长度308.21km，占总长度的34.5%。其中重大险情65.76km，较重险情60.38km，一般险情182.07km。

出险堤防共计直接经济损失23.41亿元。震损堤防影响人口约1010万人，影响耕地约56万亩，造成直接经济损失约20.7亿元。

5·12汶川特大地震后堤防震损情况见图5-34～图5-38。

图5-34　汉旺镇绵远河堤防隐患探测（2008年5月21日）

图5-35　震后的映秀镇堤防

图 5-36　湔江草坝灰场处堤防滑坡

图 5-37　震后的石亭江防洪堤

图 5-38　绵阳震后的一段堤防

（2）除险方案制定

为切实落实震损堤防防汛责任制，加快震损堤防应急处理，确保震损堤防工程安全度汛，5月28日，四川省防指下发了关于报送震损堤防责任人落实情况的紧急通知，要求各市（州）县，落实填报相关责任人，并在媒体上公告，接受社会监督。各地根据震损堤防险情种类，采取多种措施，及时消除隐患。对汛期不能修复的震损堤防采取临时安全措施，落实专人巡查，并制定切实可行的应急抢险方案、度汛方案和人员转移路线。

地震主要造成堤防基础和坝体沉陷、裂缝、滑塌、断裂，部分河段由于滑坡造成堤防整体受损或移位等险情。为了确保严重毁坏的堤防能安全度汛，各地针对震损堤防不同险情及重要程度，都制定了震损堤防应急除险方案，倒排工期，确保在汛期到来之前完成所有震损堤防应急抢险任务。对重大险情和重要堤段的堤防主要采用回填加固，砂砾石垒堤，浆砌大卵石抹面或板面修复，四面体护基础等措施整治加固堤防，对短期无力修复的堤防采用装编织袋、打装竹笼或铅丝笼、备足抢险物资等临时措施加固堤防。

（3）堤防除险过程

四川省各地震后对堤防工程震损情况进行了全面排查。5月23日，四川省防汛抗旱指挥部办公室下发紧急通知，要求全省各地尤其是7个重灾区（成都市、德阳市、绵阳市、广元市、遂宁市、雅安市、阿坝州）要在前一阶段排查工作的基础上，按照堤防等级、保护范围的重要程度和险情大小进行合理分类排查，严重影响本年度安全度汛的重大险情堤防要抓紧制定和完善应急预案，尽快组织技术力量开展巡查和监测工作，落实监测责任和责任人，尽快研究制定应急除险加固方案和保护区范围内的人员安全转移预案。全省各地要立即组织力量抓紧实施，确保工程建设质量和进度，全力保证堤防工程安全度汛。截至9月底，通过采取砂砾石碾压回填堤脚、编织袋或铅丝笼装卵石护脚、抛石护脚等临时应急措施保护堤防，震损堤防完成应急除险680处、795.76km，其中重大险情震损堤防完成应急除险83处、116.93km（见图5–39）。

图5–39　5·12汶川特大地震震后正在修复的堤防

（4）重点堤段除险

1）都江堰渠首沙黑总河。都江堰外江灌区沙黑总河进口位于都江堰分水鱼嘴右侧。地震中沙黑总河首段右岸部分河堤发生严重沉陷变形，河堤坡脚与基础之间产生近20cm的裂缝，导致下游农田无法灌溉。自5月13日采用封闭、灌浆等应急临时工程措施进行应急修复，17日恢复了沙黑总河通水，确保当年下游农田灌溉用水。是年岁修断流期间，再对右岸河堤进行了整治，消除了这一河段安全隐患。

2）绵竹市重点堤段。5月20日，黄河防总第四机动抢险队奔赴绵竹市重灾区，对石亭江广济河险段进行现场勘测，制定抢险方案和应急预案。经过17天的抢修，完成引河开挖，修筑顶宽截流围堰两道，修复了左岸堤防。23日，第五机动抢险队在到绵竹市汉旺镇绵远河牛鼻子河段抢险除障施工，开挖河道、填筑堵口导流坝、加固左岸防洪堤，经过12天的紧张施工，完成抢险任务。

5.1.4 水闸

地震造成四川省灾区内303座水闸遭受不同程度的损坏，其中大型23座，中型63座，小（1）型217座，均闸室发生位移，闸门启闭困难。其中绵竹市官宋硼堰取水枢纽水闸损坏最为严重，整体报废重建。大多数水闸经过抢修，当年投入运用。

（1）水闸震损情况

灾区受损水闸主要集中在四川省。四川省大、中、小（1）型水闸共412座，其中大型31座，中型88座，小（1）型293座，多数建成于20世纪60—90年代。主要作用是灌溉、节制、防洪等。地震灾区水闸共303座，其中大型23座，中型63座，小（1）型217座，具体分布见表5-30。

表5-30　　四川省水闸受损情况

所属单位	合计	大型	中型	小（1）型
都江堰管理局	200	6	49	145
成都市水务局	50	2	9	39
绵阳市水务局	27	7	2	18
德阳市水利局	6	6		
广元市水利局	1		1	
绵竹市水利局	4	1		3
广汉市水利局	15	1	2	12

（2）都江堰渠首外江闸除险

外江闸位于都江堰外江，是灌区渠首的大型闸门，建成于1974年。地震使都江堰鱼嘴及外江闸闸室整体下陷，鱼嘴出现贯通屋顶的纵向裂缝。为了探明破坏形成的原因，四川省水利电力工程局进行了钻探勘察，探明原因。根据外江闸的破损情况，结合工程的具体情况，四川省都江堰勘测设计院承担了外江闸地下室及鱼嘴的修复方案，修复工程于当年汛期前完工。

5.1.5 灌区及农田水利设施

地震造成四川省9个大型灌区、133个中型灌区和2065个小型灌区的取水枢纽、渠系建筑物、输水工程、管理房以及山平塘、石河堰、机电泵站等小型水利设施损毁。地震后，各灌区组织工程技术人员，加大巡查力度，按照"先应急、后完善"的原则，迅速制定应急修复方案，组织紧急修复。至5月底，都江堰灌区和武都引水灌区具备应急通水条件，其余灌区于2008年7月上旬完成应急修复任务。

（1）灌区震损情况

5·12汶川特大地震造成四川省9个大型灌区、133个中型灌区和2065个小型灌区在地震中受损，影响灌溉面积1400余万亩，占全省有效灌溉面积的35%。其中取水枢纽4900余处、渠系建筑物4.08万处、输水工程2.75万km（含渠道和渡槽、隧洞、倒虹管、涵洞受损的长度）、管理房36万m^2受损，山平塘、石河堰、机电泵站等小型水利设施受损8.09万处。

受损的2.75万km输水工程中，有2.62万km渠道因地震出现渠堤、渠底、内外边坡开裂、滑坡、垮塌，1万余处渡槽、隧洞、涵洞、倒虹管等重点渠系建筑物槽身、拱顶、边墙、底板、镇墩出现开裂、位移甚至倒塌等破坏，受损长度达1200km。

四川灾区9个大型灌区中，以都江堰灌区、武都引水工程灌区、玉溪河灌区损失最为严重。大型灌区损毁渠道395.46km，重点建筑物2462处，使859万亩农田灌溉受到较严重影响，占全省有效灌溉面积的23%，占大型灌区有效灌溉面积的57%，占全省受本次地震影响的1195万亩灌溉面积的72%。

据都江堰、玉溪河、长葫、通济堰、升钟、武引、九龙滩、石盘滩、青衣江等9个大型灌区统计，地震共损坏骨干输水渠道126.28km，取水枢纽、干支渠分水闸和重点建筑物（渡槽、隧洞、涵洞、倒虹管、桥梁等工程）230余处，管理闸（站）房受损破坏严重，受损面积12.37万m^2（见表5-31）。工程受损直接导致858.4万亩灌溉面积受到很大影响，工程灾后重建投资估算达97249万元。

表5-31　四川省大型灌区地震受灾损失情况汇总表

灌区名	渠首枢纽/处	渠道/km	重点建筑物							管理房/m^2	影响灌面/万亩	经济损失/万元
			合计/处	渡槽		隧洞		倒虹吸管				
				处	km	处	km	处	km			
合计	93	395.46	2462	127	16.8	256	72.6	40	5.326	167590		111189
都江堰	87	157.61	816	77	9.09	45	7.07	24	0.223	119315	102	62411
玉溪河	1	21	43	11		5				8616	47.8	1200
长　葫	1	30.246	10	4	0.4			1	0.203	1727		1502
通济堰	3	1.3	1							5000		1325
升　钟		31.54	192							19430		3475
武　引	1	147.7	1330	35	7.3	206	65.5	15	4.9	13502	112	39960
九龙滩		0.26	54									458
青衣江		5.8	16								8.8	858

1）都江堰灌区。地震对都江堰渠首枢纽造成了局部损害（见图5-40）。三大主体工程中，除飞沙堰和宝瓶口外，两岸边坡出现数条纵向压碎裂缝，二马台以上边坡从裂缝处向渠道中推移7～8cm。同时，河道扭曲变形，无法正常通水。

都江堰干渠分水枢纽闸门90处受到程度不同的破坏，占总数的5%；受损灌溉渠道长158.9km，占总长度的4.5%；建筑物850处，占总数的5%。直接导致成都市生活和工业供水、全灌区 1026 万亩农田灌溉受到严重威胁，其中 500 余万亩因渠道输水中断暂时无法灌溉，占全灌区的 50%。灌区内重大险情有：人民渠干渠发生垮塌，致使 300 万亩不能灌溉；东风渠聚源站进水口严重受损，影响 41 万亩不能灌溉；外江管理处多处枢纽受损、渠道边坡垮塌，造成 50 余万亩无法正常灌溉。其中较为严重的有：

蒲阳河河堤长有约 100m 的坍塌，节制闸受地震影响排架柱断裂、启闭梁变形无法正常启闭闸门。

东风渠灌区有 200 多处水利工程及管理设施受到损坏。

人民渠灌区干渠、分干渠、河堤、大小水工建筑物多处损坏，致使直灌区 300 万亩有效灌面不能灌溉。

外江灌区渠道、部分枢纽和节制闸受损，造成 50 余万亩无法正常灌溉。

黑龙滩、龙泉山、绵阳武都等主要灌区渠道、水工建筑物多处受损。

(a) 震后都江鱼嘴

(b) 地震损毁的水闸

图 5–40 四川省都江堰震损情况（2008 年 5 月 30 日）

2）农田水利设施损失情况。据四川省农水局 6 月 24 日不完全统计，德阳市、绵阳市、广元市、成都市、阿坝州、雅安市等重灾区农田设施损失最为惨重，共损毁渠道 21116km，损毁渡槽 630 处，222 处倒虹管变形，853 处隧洞垮塌，涵洞 6067 处，小型渠系建筑物 20275 处损毁，取水枢纽 3000 处。山平塘 57049 处、石河堰 7424 处，出现不同程度损毁的提灌站达 1179 处。共有 571.3 万亩灌溉面积受到影响而不能正常灌溉，工程灾后重建投资估算 52.4 亿元。

A. 成都市。共震损渠道 3062 处、832km、渠系建筑物 2233 处，影响灌面 80 万亩，直接经济损失 3.56 亿元。从灌溉工程受损情况看，震损灌溉工程严重地区为都江堰市、邛崃市、彭州市、崇州市、大邑县等县（市）；工程分类上，以山丘区渠道震损为主，其次是拦河坝、渠系上的闸门、渡槽等建筑物，山丘区的塘堰、蓄水池也遭受一定的损失。

B. 德阳市。德阳市共有水库 135 座，有 124 座水库遭到不同程度的损毁，其中具有溃坝险情 24 座，高危险情 43 座，次高危险情 48 座；渠道共损坏 57625 处，总长 6462.76km，渠系建筑物受损共 22018 处；山坪塘、蓄水池、水窖等小型水利设施受损 5725 处，其中山坪塘 1795 处，占全市

13507 处山坪塘的 13.3%。

C. 绵阳市。绵阳市各类灌排工程均受到了不同程度的损坏。灌溉渠系有 9416km 干支斗渠受到损坏，主要是：引水工程严重破坏，不能正常引水；渠首严重破坏变形，不能正常供水；边坡垮塌，造成渠道堵塞或渠道整体下滑，通水阻断；渠系重要建筑物损坏，严重影响供水安全；渠道拉裂、渗漏严重，输水损失严重。小微型蓄引提水工程，有 90 处提灌站、33654 口山平塘和多数石河埝、蓄水池等水利工程毁损，主要是提灌站机房、设备损坏，塘堰裂口、滑坡，蓄水池垮塌、拉裂等，已不能正常达到蓄引提水能力。渠道、提灌站、山塘蓄水池等水利工程毁损，直接经济损失 36.7794 亿元，输水损失增大，供水矛盾加剧，减少了灌面，估算间接经接损失 6.03 亿元。其中渠系直接经济损失 30.72 亿元，间接损失 6.03 亿元；小微型蓄引提水设施直接经济损失 6.055 亿元。

D. 雅安市。汶川大地震造成雅安市 906km 渠堰受损，其中渠道 902.81km、渡槽 99 处长 1.39km、倒虹管 4 处长 0.15km、隧洞 31 处长 1.05km、其他小型渠系建筑物 104 处，致使 39.46 万亩耕地和 43.71 万人的生产生活用水受到影响，直接经济损失 15700 万元。

3）小微型水利工程设施损失情况。地震导致四川省小微型水利工程严重受损 4.026 万处，中等受损 5.1561 万处，轻微受损 5.4816 万处，分别占损毁工程总数的 27.4%、35.2%、37.4%。

小微型水利设施受损涉及农户达 119 万户，影响灌溉面积 273 万亩。其中绵阳市、德阳市、广元市、成都市等四个重灾区，受损的小微型水利工程占其原有工程总数的 40%。全省受损的小微型水利工程，按工程类型划分，蓄水池 74230 处，山平塘 65356 处，其他工程 7051 处，分别占损毁工程总数的 50.6%、44.6%、4.8%。

（2）农田水利设施抢修

5 月 23 日，水利部部长陈雷、国家防办常务副主任张志彤以及四川省水利厅的有关负责人赶赴四川省都江堰市，调研都江堰水利工程的震损情况。陈雷要求四川省水利厅和四川省都江堰管理局要按照“先应急、后完善”的原则，抓紧修复都江堰鱼嘴等震损水利工程。

5 月 23 日，四川省水利厅印发了《关于抓紧做好灾后水利工程修复确保农业生产用水的紧急通知》（川水发〔2008〕15 号），要求切实加强领导，把灌区工程修复作为抗灾自救、重建家园的重要措施之一，限期完成修复任务，确保大春生产用水。5 月 26 日，四川省水利厅又印发了《关于切实搞好灌溉工程管理确保工程安全运行的紧急通知》（川水函〔2008〕456 号），要求各管理单位加强管理，确保农村大春生产。此外，四川省水利厅安排专项资金，大力支援四川省都江堰灌区和武都引水灌区的水利管理单位进行应急抢险。

震后都江堰渠首 6 大干渠在震后几乎断流，成都的供水渠走马河流量只有 30 m^3/s，根本无法满足成都市的基本生活和工业用水要求。5 月 12 日下午，指挥部果断下令将其余 5 条干渠的水量全部关闭，将所有流量集中到走马河，确保了向成都市的供水，维护了成都市的稳定和社会稳定。

都江堰、武引等灌区及时组织工程技术人员，加大对渠道工程的巡查以及对枢纽和重点建筑物的检查力度，迅速制定应急修复方案，及时组织施工队伍开展地震受损灌溉工程的紧急修复，5 月 17 日，都江堰渠首 6 大干渠恢复通水，鱼嘴等工程完成应急抢险加固。22 日，人民渠四期干渠、人民渠红岩分干渠工程抢险完成，恢复供水。31 日，水情自动化系统恢复正常。18 日 6 时 20 分，四川省都江堰人民渠第二管理处鲁班水库灌区在紧急抢修后，鲁联干渠开闸供水。恢复灌面 40.66

万亩。19 日 12 时，四川省绵阳市武都引水灌区总干渠提前一天向红岩分干渠开闸，恢复正常供水。20 日，四川省都江堰灌区沙黑总河、人民渠一期干渠等骨干工程临时通水，恢复灌溉面积 240 余万亩（见图 5–41）。

图 5–41　修复后的都江鱼嘴（2009 年 10 月）

到 5 月底，整个都江堰灌区和武都引水灌区具备应急通水条件，大春用水有序开展，确保了灌区正常的农业生产。

灌区所在市、县积极组织劳动力投入农田水利设施的抢险应急修复。至 2008 年 7 月上旬，全省共完成主要工程量 254 万 m^3，完成应急修复总投资 1.19 亿元。

5.2 甘肃省

甘肃省为 5·12 汶川特大地震的主要受灾区之一。地震造成了省内陇南市、甘南市、天水市、平凉市、庆阳市、定西市、临夏州等 7 个市（州）的水库、水电站、堤防和灌区及农田水利设施等遭到破坏。

甘肃省有 28 座水库出险，占震区水库总数的 21%，高危险情和一般险情水库各 14 座；97 座水电站损坏，大中型各 1 座，其他为小型水电站；堤防损毁 236km，涉及中东部地区的 69 条河流；143 个灌区被破坏，影响灌溉面积 144 万亩，占全省有效灌溉面积的 19%。

地震发生后，5 月 13 日凌晨 1 时，甘肃省水利厅召开党组扩大会议，对甘肃省水利系统抗震救灾工作做出全面部署，成立抗震救灾应急指挥领导小组，并根据各类工程特点和抗震救灾工作需要，成立堰塞湖、水库大坝、水电站、饮水工程、河道堤防、淤地坝 6 个专业工作组和 1 个技术专家组，分工负责地震受损水利工程抗震应急指导和技术支持。在 1 个月内甘肃省水利厅共派出 22 个工作组、67 人（次）赶赴陇南市、甘南市、天水市、平凉市、庆阳市、定西市、临夏州等 7 个市（州），指导抗震救灾和水利工程抢险。在这期间，水利部、国家电力监管委员会等的直属单位也参加了查勘和抢险工作。13 日，国家防办、黄委分别派出工作组和专家组对重点水库和水电站进行现场查勘，提出指导意见和要求，黄委专家组会同水利厅专家组参加了重点震损水库的抢险方案制定工作；18 日，国家电力监管委员会大坝安全监察中心派出专家组赴碧口和汉坪嘴水电站进行现场查勘。除工作组和专家组外，甘肃省水利系统成立 226 个应急抢险队，投入人力 4160 人参加水利工程抢险工作。

截至 6 月 16 日，甘肃省针对震损水利工程抢修了 107 座淤地坝，占受损淤地坝的 78%，累计完成土方 45.05 万 m^3；抢修恢复运行水电站 42 座；不同程度地解决了 297.83 万人的饮水问题。针对受灾最严重的陇南市，抢修供水工程 593 处，修复供水管道 950km，修建临时供水设施 460 处，铺设临时供水管道 869km，不同程度地解决了 133.5 万人的饮水问题。

5.2.1 震损水库及除险

（1）震损水库险情

甘肃省受灾区 7 个市（州）有 28 座水库出现不同程度险情，占震区水库总数的 21%（见图 5-42）。按危险程度统计，高危险情和一般险情水库各 14 座。按险情类型统计，有 3 座大坝渗漏，10 座大坝坝体出现裂缝，4 座出现山体滑塌危及大坝安全，18 座出现大坝输（泄）水建筑物结构损坏，2 座出现防汛道路堵塞。

黄江水库为重点震损水库，位于陇南市西和县黄江峡口，下游距西和县城 10km，总库容 436 万 m^3，水库大坝为土石混合坝。水库有效灌溉面积 0.28 万亩，1960 年 7 月建成投入运行，工程管理单位为西和县水利局。地震造成大坝下游坝趾处渗流量加大，达到 30L/s，渗水点增多，较大的渗水点有 7 个，较震前增加了 6 个，水质变黑，并携带有大量的粉质泥沙，经专家鉴定为高危险情，影响下游 12 个村、3.2 万人生命财产安全。

（2）震损水库除险方案编制

针对甘肃省的震损水库和水电站出险情况，甘肃省水利厅、抗旱防汛指挥部办公室分别下发通知，对抢险、抗震和防洪工作进行部署。

5 月 17 日，甘肃省抗旱防汛指挥部办公室下发《关于进一步做好地震出险水库（水电站）安全工作的紧急通知》（甘旱汛指办发电〔2008〕8 号）。

5 月 23 日，甘肃省抗旱防汛指挥部办公室下发《关于进一步做好碧口水电站、汉坪嘴、黄江水库抗震防洪保安的紧急通知》（甘旱汛指发电〔2008〕10 号）通知，敦促和指导相关单位开展 3 个水库和水电站的防洪安全工作。

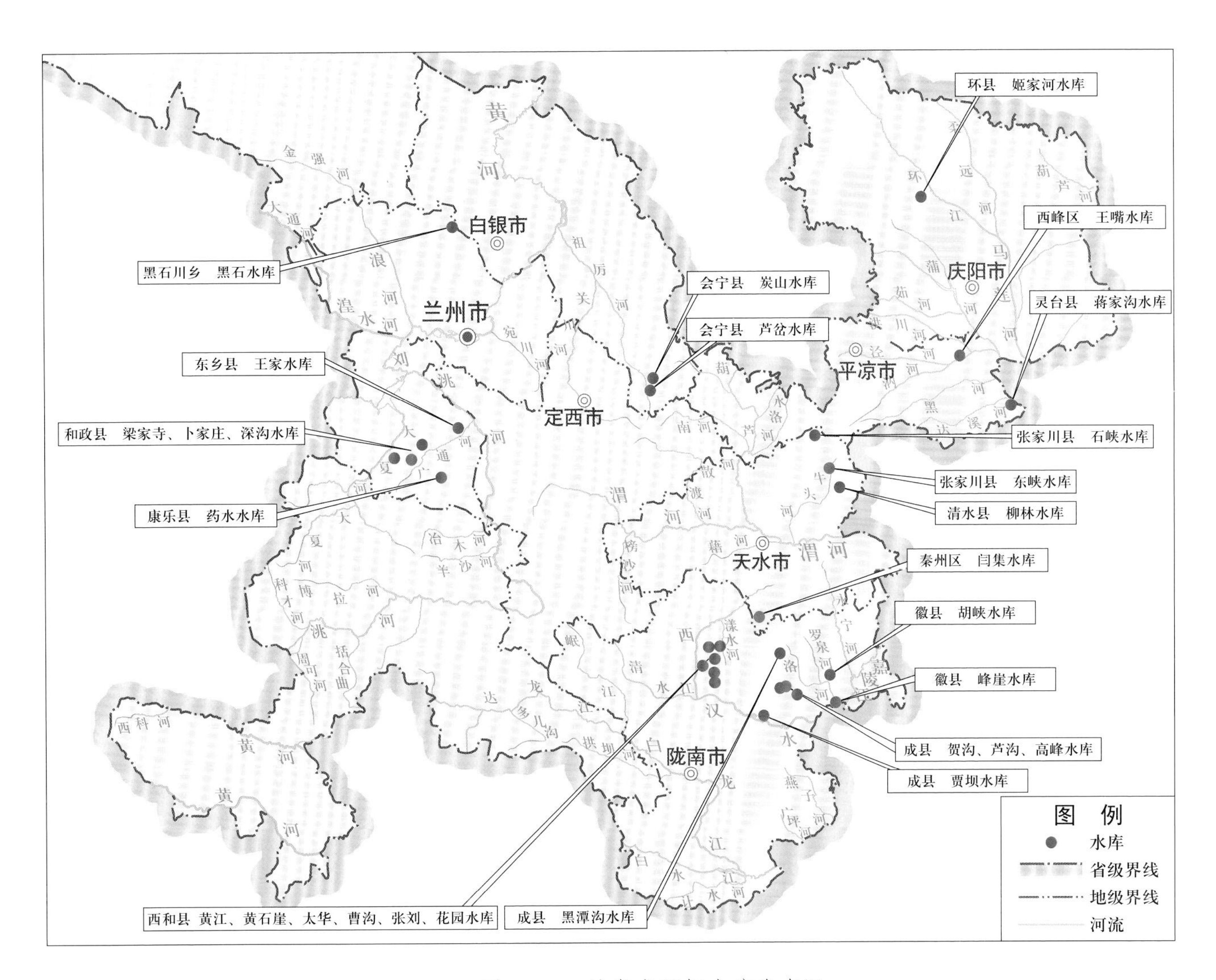

图 5-42　甘肃省震损水库分布图

5 月 27 日，甘肃省水利厅向受灾区水利管理部门下发了《“5·12”特大地震甘肃省受损水库应急修复和除险加固有关工作的紧急通知》（甘水发〔2008〕201 号）。在通知中要求各震损水库所在的市（州）水利、水务、水电部门及时开展震损水库应急修复和震损除险加固前期工作，分析水库震损情况，排查险情，针对工程受损实际情况和出现的问题，研究制定水库应急修复和震损除险加固方案，编制投资概算。受损水库所在市、县水利部门抓紧委托有资质的设计单位分析水库险情，论证技术方案，提出大坝安全评价报告和切实可行的应急加固方案。

6 月 5 日，黄委派出抗震救灾水库除险设计工作组会同甘肃省水利厅人员，赴黄江水库现场查勘，分析评估水库震损情况，提出甘肃省水利工程震损应急除险加固工作指导意见，并制定《甘肃省陇南市黄江水库震损应急除险方案》，18 日，甘肃省水利厅办公室下发该方案并执行。水利厅对其他震损水库组织省内专家和设计单位工程技术人员现场鉴定，提出了安全度汛应急处理方案。

6 月 8 日，甘肃省水利厅办公室向各地水库管理部门下发《关于印发甘肃省水利工程震损应急除险加固工作指导意见的通知》（甘水办发〔2008〕64 号）。通知要求震损水库应急除险加固方案由各市、州水行政主管部门负责，重点解决影响安全度汛的突出问题，在大汛到来之前完成震损水库应急除险任务。对于大坝存在渗流、裂缝等险情，危及大坝安全的震损水库，立即采取工程和非工程措施，确保水库安全度汛；已列入《全国病险水库除险加固专项规划》的震损水库，应急处理与除险加固相结合，统筹安排做好除险加固工作。震损水库应急除险加固工作进展情况实行日报制。

6月10日，甘肃省水利厅下发了《关于落实地震受损水库大坝安全管理和应急除险加固工作的通知》（甘水发〔2008〕216号），通知要求加强领导落实责任，抓紧做好震损水库应急除险加固工作，加强管理保证安全等。

6月13日，甘肃省水利厅以甘水函发〔2008〕57号文向省财政厅提出5·12汶川特大地震受损水库工程应急除险加固投资安排意见。经甘肃省水利厅核查、甘肃省财政厅评审，甘肃省财政厅以甘财建〔2008〕90号文下达26座水库应急除险加固资金2997万元。

（3）水库应急抢险

黄江水库为重点震损水库，对其采取的应急处理措施是将库水位降至死水位以下，全面不间断地巡查和检测，分析研究险情发展趋势，然后进行加固处理。其他27座水库中，对高危险情的水库，采取空库运行，同时制定抢险方案、保坝预案，落实抢险队伍和抢险物资；对一般险情的水库，采取空库运行，加强巡视检查，做好度汛应急预案。

针对水库出现的险情，除应急处理外，还采取了相应的加固措施。以下为陇南市西和县水库的除险加固情况：

1）黄江水库。① 将溢洪道向右扩宽1m，使其宽度增加到4.5m，在此基础上将右侧3.5m处向下挖深2m；② 采用高压旋灌浆防渗墙加复合土工布的防渗方式，对上游坝体、坝基进行防渗加固处理；③ 在下游坝脚处设置反滤排水体；④ 对裂缝进行开挖、回填和灌浆处理，以加固坝体；⑤ 对滑塌山体进行削坡和喷护处理。

2）张刘水库。① 扩宽并加深溢洪道；② 清除输水洞进口的淤泥，更换启闭机；③ 拓宽硬化进库路。

3）花园水库。① 扩大溢洪道的泄洪规模；② 对输水系统中的卧管进口区域进行清淤处理。

4）太华水库。① 扩大溢洪道的泄洪规模；② 在泄洪道末端设置陡槽，用于消能；③ 对输水涵洞进口段及洞身段进行清淤处理，使水流能顺畅地进入输水洞；在出口段设置泄槽，减少出口水流对坝脚的冲蚀。

5）黄石崖水库。① 扩大溢洪道的泄洪规模；② 疏通输水洞，对垮塌洞口进行加固，配全卧管插板闸门；③ 新修输水洞出口的泄水渠。

6）曹沟水库。① 扩宽并加深溢洪道；② 对输水洞进口进行清淤，并加固维修出口段明渠。

5.2.2 水电站

甘肃省总共有97座水电站不同程度损坏。甘肃省震损水电站主要分布在与四川省相邻的陇南地区，属嘉陵江上游，少量分布在黄河上游支流上。

地震发生后，国家防总、水利部、甘肃省水利厅高度关注省内水电站的震损情况，特别是陇南文县碧口、汉坪嘴两个水电站的安全问题。5月18日，国家电力监管委员会大坝安全监察中心派出应急检查组，分别对碧口、汉坪嘴水电站大坝进行现场查看。通过对碧口水电站大坝、泄水建筑物、发电引水建筑物等设施的检查和分析，认为地震后碧口大坝是安全的，大坝具备2008年安全度汛的条件。多数中小水电站，震损部位厂房或渠道，经过抢修后，很快恢复了发电。

（1）震损水电站险情

甘肃省总共有97座水电站不同程度损坏，涉及陇南市、甘南州、天水市、庆阳市、临夏州5市（州）17个县（市、区）。按区域，陇南市有84座，甘南州有6座，天水市有4座，庆阳市有1座，临夏州有2座；按类型，大型1座，为陇南市碧口水电站，中型1座，为陇南市汉坪嘴水电站，其他均为小型。甘肃省部分水电站震损情况见表5-32。

表5-32 甘肃省部分水电站震损情况表

序号	水电站名称	所在县名	所在流域	装机容量/kW	项目单位	水电站类型	受灾情况
1	水沟坪	文县	白水江	9000	白水江电力公司	引水式	钢筋混凝土渠道断面6m×6m塌方300m，多处裂缝，厂房局部裂缝
2	哈南	文县	白水江	600	兴业公司	引水式	浆砌石渠道断面1m×1m塌方120m，80m渠道多处裂缝，厂房局部裂缝
3	民兴	文县	白水江	800	民兴公司	引水式	浆砌石渠道断面1m×1m塌方180m，800m渠道多处裂缝，厂房局部裂缝
4	民富	文县	白水江	125	富民公司	引水式	厂房局部裂缝，引水渠道震损200m
5	白林局	文县	白龙江	1900	白林局电厂	引水式	浆砌石渠道断面3m×4m泥石流石流淹没渠道300m，多处裂缝
6	元茨头	文县	白水江	1000	迎新电力公司	引水式	浆砌石渠道断面3.5m×4.2m塌陷200m，厂房沉降
7	尚德	文县	白水江	3750	尚德电厂	引水式	进水口局部沉陷，闸门变形，进水渠破损500m，三号机组倾斜
8	汉坪嘴	文县	白水江	72000	南部公司		下游护坡断面50cm，护坡鼓起150m
9	河滩	文县	白水江	630	金陇公司	引水式	厂房主梁裂缝，震损渠道200m
10	临江	文县	白龙江	1260	永兴公司	引水式	浆砌石渠道断面3.5m×3.8m塌方3000m

续表 5–32　甘肃省部分水电站震损情况表

序号	水电站名称	所在县名	所在流域	装机容量/kW	项目单位	水电站类型	受灾情况
11	碧口	文县	白龙江	300000	大唐碧口电厂		大坝沉降 24cm，位移 19cm，办公楼和厂房多处裂缝
12	兴隆一级	文县	中路河	1260	金陇公司	引水式	浆砌石渠道断面 1.5m×1.2m 塌方 120m，多处裂缝
13	古家沟	文县	中路河	800	庆运公司	引水式	浆砌石渠道断面 3m×2.5m 塌方 120m，多处裂缝
14	安昌河	文县	中路河	9600	安昌公司	引水式	厂房主梁裂缝，引水渠道震损 200m
15	安吉	文县	中路河	1260	安吉公司	引水式	厂房主梁裂缝，引水渠道震损 100m
16	新寨	文县	中路河	2500	新寨水电站筹建处	引水式	浆砌石渠道断面 2.6m×2.1m，塌方 100m，700m 渠道多处裂缝，厂房局部裂缝
17	大佛沟	文县	中路河	1600	欣达公司	引水式	浆砌石渠道断面 3m×2.8m 塌方 300m，700m 渠道多处裂缝，厂房局部裂缝
18	梨树坪	文县	中路河	800	金河水电公司	引水式	浆砌石渠道断面 3m×2.5m 塌方 190m，多处裂缝
19	龙口	文县	中路河	800	兴业公司	引水式	浆砌石渠道断面 3.5m×3m 塌方 80m，多处裂缝
20	桑园二级	文县	中路河	820	桑园二级水电站筹建处	引水式	厂房主梁裂缝，引水渠道震损 100m
21	德胜二级	文县	马莲河	1500	德胜水电公司	引水式	浆砌石渠道断面 1.6m×1.4m 塌方 270m，多处裂缝
22	德胜一级	文县	马莲河	1660	德胜水电公司	引水式	浆砌石渠道断面 1.5m×1.2m 塌方 250m，多处裂缝
23	兴源	文县	马莲河	1000		引水式	厂房主梁裂缝，引水渠道震损 200m
24	马莲河	文县	马莲河	600		引水式	厂房主梁裂缝，引水渠道震损 100m

续表 5–32　甘肃省部分水电站震损情况表

序号	水电站名称	所在县名	所在流域	装机容量/kW	项目单位	水电站类型	受灾情况
25	天池	文县	洋汤河	7650	天池立力开发有限公司	引水式	浆砌石渠道断面2.2m×1.5m塌方220m，多处裂缝
26	王家坝	文县	洋汤河	1890	茂源公司	引水式	浆砌石渠道断面2.5m×1.9m塌方80m，900m渠道多处裂缝，厂房局部裂缝
27	安子坪	文县	洋汤河	800	祥顺水电公司	引水式	浆砌石渠道断面2.2m×1.5m塌方140m，多处裂缝
28	清泉堡	文县	洋汤河	1260	文清发电公司	引水式	浆砌石渠道断面2.5m×1.9m塌方120m，多处裂缝
29	草河坝二级	文县	白马峪河	800	鸿盛电力公司	引水式	浆砌石渠道断面2.5m×2.2m塌方32mm，多处裂缝
30	寨科桥	文县	白马峪河	1260	寨科桥发电公司	引水式	厂房主梁裂缝，引水渠道震损500m
31	肖家山	文县	白马峪河	1300	肖家山水电站	引水式	浆砌石渠道断面2.4m×2m塌方130m，多处裂缝
32	杨尕山	文县	白马峪河	800	杨尕山水电站	引水式	浆砌石渠道断面1.5m×1.2m塌方300m，多处裂缝
33	尹家磨	文县	丹堡河	1000	大业公司	引水式	浆砌石渠道断面2.4m×1.8m塌方80m，多处裂缝
34	河口	文县	丹堡河	800	河口公司	引水式	厂房主梁裂缝，引水渠道震损500m
35	丹堡河	文县	丹堡河	400	欣禹公司	引水式	厂房主梁裂缝，引水渠道震损100m
36	双石门	文县	龙巴河	1000	双石门公司	引水式	浆砌石渠道断面1.7m×1.4m塌方180m，多处裂缝
37	华旺	文县	龙巴河	1000	华旺公司	引水式	厂房主梁裂缝，压力管道变形，引水渠道震损1000m
38	哈南一级	文县	龙巴河	1260	哈南一级水电站	引水式	浆砌石渠道断面1.5m×1.2m塌方280m，厂房主梁裂缝

续表 5-32 甘肃省部分水电站震损情况表

序号	水电站名称	所在县名	所在流域	装机容量/kW	项目单位	水电站类型	受灾情况
39	梨坪	文县	梨坪乡	1260	昌龙公司	引水式	浆砌石渠道断面 1.5m×1.2m 塌方 320m，多处裂缝
40	红崖一级	礼县	洮坪河流域	2000	私人水电站	引水式	20 间 236m² 职工宿舍墙壁裂缝，屋顶部分脱落
41	沙金	礼县	沙金河流域	80	私人水电站	引水式	8 间 104m² 职工宿舍墙壁裂缝，屋顶部分脱落
42	董河	礼县	沙金河流域	250	私人水电站	引水式	4 间 52m² 职工宿舍墙壁裂缝，屋顶部分脱落
43	铨水	礼县	铨水河流域	120	私人水电站	引水式	6 间 72m² 职工宿舍墙壁裂缝，屋顶部分脱落
44	大滩	礼县	清水河流域	1260	私人水电站	引水式	18 间 216m² 职工宿舍墙壁裂缝，屋顶部分脱落
45	观音峡	两当县	云坪河	400	两当县水利局	引水式	损毁进水口 1 座，渠道裂缝变形，坍塌 0.85km
46	云坪	两当县	云坪河	400	两当县水利局	引水式	损毁进水口 1 座，渠道裂缝变形，坍塌 0.6km
47	八一	成县		280		引水式	引水渠垮塌 500m，断线 10km，断杆 20 根
48	豆坪	康县	平洛河	240	康县水利局	引水式	进水闸变形，35m 混凝土渠道沉陷，渠道断面 2.2m×2m，厂房裂缝
49	吕坝	康县	平洛河	120	康县水利局	引水式	浆砌石渠道坍塌 300m，渠道断面 1.8m×2m，厂房裂缝
50	阳坝	康县	阳坝河	75	康县水利局	引水式	浆砌石渠道断裂 250m，渠道断面 1.5m×1.5m，厂房裂缝
51	叶子坝	康县	燕子河	2500	康县水利局	引水式	1000m 混凝土渠道断面裂缝，渠道断面 6m×4m，厂房地基不均匀沉陷，2 号机组转轴变形
52	贾安	康县	燕子河	640	康县水利局	引水式	500m 浆砌石渠道断裂，渠道断面 2m×2.3m，厂房局部裂缝

续表 5–32 甘肃省部分水电站震损情况表

序号	水电站名称	所在县名	所在流域	装机容量/kW	项目单位	水电站类型	受灾情况
53	后曲子	康县	燕子河	320	康县水利局	引水式	300m 浆砌石渠道断裂，渠道断面 2m×1.8m，厂房局部裂缝
54	河口	西和县		250		引水式	10m×10m×5m 混凝土前池出现 2 条裂缝，基础下陷，砌石渠道有 1000m 断裂或坍塌受损
55	马坝	西和县		130		引水式	10m×10m×5m 混凝土前池出现 1 条裂缝，基础下陷，砌石渠道有 1000m 断裂或坍塌受损
56	锦屏	武都区	拱坝河	500	锦屏水电站	引水式	机房裂缝 5 间，130m 压力管理移位，镇支墩破损，渠道震损 520m 等
57	磨坝	武都区	磨坝沟	200	磨坝水电站	引水式	机房裂缝 2 间，管道变形 80m 渠道震损 240m 等
58	民族	武都区	姚寨河	400	民族水电站	引水式	机房裂缝 4 间，管道支墩变形 110m，渠道震损 640m
59	姚寨六合	武都区	姚寨河	400	姚寨六合水电站	引水式	机房塌垮 60m²，渠道震损 740m
60	姚寨	武都区	姚寨河	400	黄鹿坝电厂	引水式	机房裂缝 5 间，渠道震损 860m 等
61	黄鹿坝电厂 2	武都区	拱坝河	2520	黄鹿坝电厂	引水式	机房裂缝 5 间，管道变形 150m，疟疾震损 570m 等
62	黄鹿坝电厂	武都区	拱坝河	13850	黄鹿坝电厂	引水式	房屋裂缝 2500m²，管道镇支墩裂缝 160m，渠道震损 1200m 等
63	马营	武都区	沟坝河	1030	马营水电站	引水式	厂房裂缝 3 间，管道移位镇支墩破损 240m，渠道、隧洞震损 377m 等
64	洛塘	武都区	大团鱼河	220	洛塘水电站	引水式	机房塌垮 160m²，管道支墩破损 42m，渠道震损 1160m 等
65	铧嘴	武都区	拱坝河	1600	兴马水电有限公司	引水式	房屋裂缝损毁 8 间，厂房损毁 60m²，管道损毁 120m，渠道震损 527m 等

续表 5–32　甘肃省部分水电站震损情况表

序号	水电站名称	所在县名	所在流域	装机容量/kW	项目单位	水电站类型	受灾情况
66	茶园沟	武都区	拱坝河	1200	兴马水电有限公司	引水式	机房塌垮 $60m^2$，渠道震损 2647m，发电机组损坏 1 台等
67	金厂	武都区	西汉水	200	金厂水电站	引水式	机房裂缝 3 间，管道移位 318m，镇支墩破损，渠道震损 640m 等
68	龙坝	武都区	西汉水	400	龙坝水电站	引水式	机房塌垮，管道移位 330m，渠道震损 820m
69	佛堡	武都区	西汉水	950	佛堡水电站	引水式	机房裂缝 5 间，渠道震损 533m
70	白鹤桥	武都区	白龙江	9500	白鹤桥水电站	引水式	管理房裂缝 $1400m^2$，渠道震损 853m 等
71	喜儿沟	舟曲县	白龙江	66000		引水式	在建工程，落石砸坏发电设备，并轻伤 1 人
72	铁坝	舟曲县	拱坝河	1260		引水式	进水渠裂缝 1km，宿舍机房出现裂缝
73	锁儿头	舟曲县	白龙江	7650		引水式	部分施工设备受滚石砸伤损坏
74	西仓	碌曲县	洮河	10000		引水式	在建工程，隧洞工作面塌落
75	青石山	临潭县	洮河	12000		引水式	厂房、升压站围墙局部裂缝
76	桑科	夏河县	大夏河	1260		引水式	渠道出现 1000m 塌陷，前池有裂缝
77	冶木河二级	康乐县	冶木河	5300	康乐明珠水力发电公司	引水式	压力管道三机一管变三机三管结合部三根玻璃夹砂管破裂，致使机房被淹，直接经济损失约 65 万元
78	虎关	康乐县	三岔河	300	康乐水力发电厂	引水式	机房墙体裂缝，1 台发电机变速器主轴断裂，直接经济损失约 2.5 万元

（2）震损水电站除险方案制定

5 月 13 日，国家防总工作组、水利部专家组和甘肃省水利厅专家组分别到甘肃省地震灾区查勘水电站震损情况。要求高度重视水电站受地震影响的严重性；增加泄水量，降低水库水位；立即安排大坝巡检、泄洪设施值守等人员全部上岗到位；组织抢险队伍，并上坝到位；尽快申请主管部门组织权威鉴定机构对大坝安全进行鉴定。

5 月 23 日，甘肃省抗旱防汛指挥部向陇南市抗旱防汛指挥部发出《关于尽快制定碧口、汉坪嘴水电站下游群众转移避险及抢险预案的紧急通知》（甘旱汛指发电〔2008〕11 号）。根据通知精神，陇南市文县玉垒乡人民政府制定了《玉垒乡汉坪嘴水电站下游群众转移避险及抢险预案》，文县碧口镇人民政府制定了《碧口镇大唐碧口水电站下游群众转移避险及抢险预案》，分别对汉坪嘴和碧口水电站进行群众转移和制定抢险预案。

5 月 23~25 日，甘肃省水利厅农电处处长姜仁带领水电站专业工作组，赴文县查看汉坪嘴大坝险情，指导做好水库抗震及安全度汛。

至 5 月 23 日，甘肃省水利厅先后向各受灾区水库管理单位发出应急处置和安全监测等通知 12 份，提出了实时调度要求和确保安全的措施。

（3）水电站应急抢险

1）针对出现的水电站险情，采取了如下应急抢险措施：①对破坏较轻的渠道采取应急回填抹面加固；对破坏较长，受损情况较为严重的渠道重新开挖断面，夯实并衬砌；②对损坏的设备进行更换和维修，尽快恢复水电站发电；③厂房、职工宿舍采取木椽撑顶，暂时排除影响工作人员安全的隐患。

2）针对被震损水电站的恢复重建，主要采取了如下措施：①发生坍塌等险情，造成严重损毁的引水渠道和建筑物，按原设计重建；②损坏较轻的渠道和建筑物，以局部维修加固为主；③失去承重作用的梁柱、镇（支）墩按原设计拆除重建，对变形压力管道进行修复或复位；④对发生沉陷的基础进行加固；⑤修复、更换受损发电设备部件和闸门。

（4）碧口水电站

碧口水电站位于甘肃省文县碧口镇上游 3km 处的白龙江干流上，是白龙江干流梯级开发的第 17 个梯级，上游接苗家坝水电站、下游接麒麟寺水电站，控制流域面积 26000km^2。工程以发电为主，兼有防洪、灌溉，渔业等效益。总库容 5.21 亿 m^3，水电站装机 300MW，正常蓄水位 704.00m，校核洪水位 708.80m，设计洪水位 703.30m，死水位 685.00m，具有季调节能力。

水电站总体震损轻微。坝顶和上、下游坝坡表部发生了变形，坝顶较为严重，最大沉降为 24.2cm，震后位移变化趋势稳定；坝体上、下游坝坡未见较大变形，坝坡整体稳定。坝体防渗、排水系统工作正常。溢洪道结构完好，各泄水设施均能正常运行，但左、右泄洪洞启闭机房破坏严重；泄水及引水建筑物闸门等金属结构均能正常运行，地下结构和混凝土结构完好，未受到破坏。大坝安全监测系统未受到大的影响。两岸坝肩边坡基本正常；近坝库岸滑坡体整体稳定，不会影响大坝安全，坝址区及库区未发生滑坡、坍塌、泥石流等地质灾害。震后碧口水库水情测报系统仍能够正常工作，碧口大坝及其他主要建筑物安全，水电站机组可正常运行。碧口水电站主要建筑物震损情况见表 5-33、图 5-43。

地震发生当日 1 小时后，电厂成立了电厂抗震救灾领导小组，设置了值班电话。领导小组了解了震损情况，及时联系上级省调部门，分析地震破坏情况和趋势，采取抗震措施，并启动应急预案。

电厂按照应急措施积极进行了生产恢复自救。对 4 号主变高压侧避雷器进行更换；检查 2 号机、3 号机，并进行单机递升加压。经过全力抢修，已满足随机向系统供电；110kV 保安电源变压器 12B 套管由于现场无备品，联系厂家购置新套管，待系统恢复正常后再进行线圈绝缘及绕组变形等相关试验，制定恢复方案，确保尽早投入运行。

表 5–33　碧口水电站主要建筑物震损情况

建筑物		外观形态	运行功能	修复难易程度	震损程度
大坝	坝顶	防浪墙与防渗心墙、防渗心墙与两岸接触部位存在防渗问题，为局部震损	高水位时需加强防渗	修复可用	震损较重
	上、下游坡	完好	正常	直接可用	未震损
溢洪道	启闭机房	墙体裂缝，局部震损	需临时支撑	修复可用	震损较重
	主体结构	完好	正常	直接可用	未震损
左岸泄洪洞	启闭机房	墙体、柱开裂，主体结构损毁	功能完全丧失，不具备修得利可能	无法修复，需要重建	损毁
	主体结构	完好	正常	直接可用	未震损
右岸泄洪洞	启闭机房	墙体、柱开裂，主体结构损毁	功能完全丧失，不具备修复可能	无法修复，需要重建	损毁
	主体结构	完好	正常	直接可用	未震损
排沙洞	启闭机房	墙体裂缝，局部震损	需临时支撑	修复可用	震损较重
	主体结构	完好	正常	直接可用	未震损
电站进水口	启闭机房	墙体裂缝，局部震损	需临时支撑	修复可用	震损较重
	主体结构	完好	正常	直接可用	未震损
主厂房		完好	正常	直接可用	未震损
尾水平台		基础沉陷，局部震损		修复可用	震损较重
大洞库		墙体、柱开裂，主体结构损毁	功能完全丧失，不具备修复可能	无法修复，需要重建	损毁
6kV 控制室		墙体裂缝，局部震损	需临时支撑	修复可用	震损较重
金属结构		完好	正常	直接可用	未震损
机电设备		完好	正常	直接可用	未震损

(a) 坝顶防浪墙下游底部贯穿两岸的裂缝

(b) 防浪墙上游防浪门前的裂缝

(c) 防浪墙右岸与溢洪道连接处坝体沉降

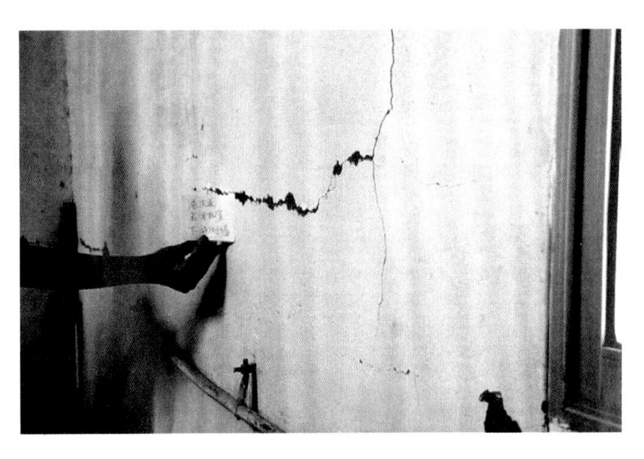

(d) 碧口水电站右岸溢洪道启闭机室下游侧内墙裂缝

(e) 碧口水电站右岸溢洪道启闭机室裂缝

图 5-43 碧口水电站震损情况

5.2.3 堤防

（1）震损堤防险情

甘肃省地震损毁堤防 336.09km，涉及中东部地区陇南市、天水市、定西市、甘南州、临夏州等 5 个市（州）的 69 条河流（见图 5-44），主要险情有滑坡、裂缝、沉陷（塌坑）。其中，陇南市 283.28km，有 94.5km 险情较重；天水市 19.038 km，有 1.5km 险情较重；定西市 4.86km，有 1.9km 险情较重；甘南州 20.22km，有 19.8km 险情较重；临夏州 8.69km，均为一般险情。

(a) 陇南市文县丹堡河河堤(2008年5月27日)

(b) 陇南市西和县漾水河上庙堤防
(2008年7月25日)

(c) 陇南市西和县太石河龙山堤防
(2008年8月3日)

图5–44 甘肃省河堤震损情况

（2）震损堤防除险方案制定

5月17日，甘肃省抗旱防汛指挥部办公室向各市（州）抗旱防汛指挥部发出关于切实做好重点防洪城市重要河段堤防工程隐患排查，以及落实安全度汛措施的通知，要求各地在做好水库等重点防洪工程抗震保安工作的同时，组织对五座重点防洪城市干流及重要河流堤防工程进行全面检查，排除安全隐患，落实保安措施。

5月19日，甘肃省抗旱防汛指挥部下发《关于切实做好地震受损堤防安全度汛工作的紧急通知》。根据险情类型和震损程度，部署当地水利管理单位采取措施进行应急修复和灾后重建。同时省水利厅成立河道堤防专业工作组，跟踪灾区河道堤防震损及河道堵塞情况，帮助当地主管单位制定应急修复和疏浚方案，指导落实临时度汛措施。甘肃省抗旱防汛指挥部向各市（州）抗旱防汛指挥部发出关于切实做好地震受损堤防安全度汛工作的紧急通知，要求各级抗旱防汛指挥部按照防汛责任制的要求，落实责任人，加强受损堤防的巡查与观测，密切关注水雨情变化；对发生险情的堤防工程组织专家会诊，制定抢险方案，落实抢险队伍和抢险物资，及时控制险情；发现异常情况后，及时组织群众转移，确保人员生命安全。

5月23日，甘肃省抗旱防汛指挥部向各市（州）抗旱防汛指挥部及部分县水利局发出紧急通知，要求立即按有关规定实施项目，确保尽快完成加固任务。对336.09km震损堤防，全部落实到具体地方和工程，并编制完成震损工程的加固规划。

（3）堤防应急抢险

甘肃省对震损堤防的应急修复，主要采取的应急措施包括：①对堤身、堤基土方开挖、回填；②对局部混凝土、浆砌石护坡拆除回补、裂缝封堵；③利用铅丝石笼固脚护坡等。针对影响白龙江、西汉水等河流城镇河段度汛安全的堤防险情，在主汛期前（6–9月）完成应急修复。截至6月19日，共加固、重建及改建堤防315km（见图5–45、图5–46）。

图 5–45　修复施工中的陇南市堤防（2008 年 7 月 6 日）

图 5–46　除险施工中的陇南市康县大堡镇李河河堤（2008 年 5 月 24 日）

5.2.4 灌区及农田水利设施

（1）震损情况

5·12 汶川特大地震造成甘肃省陇南市、甘南州、天水市、平凉市、庆阳市、定西市、临夏州、兰州市、白银市等 9 个市（州）35 个县（市、区）143 个灌区遭到不同程度的破坏（见表 5–34）。其中，渠首 60 处、渠道 844.22km、渠系建筑物 2366 座，35 个灌溉泵站、管道 52.84km、机房 268 座、机电井 858 眼，机电设备 8 台，以及集雨水窖 39475 眼、混凝土集雨场 9.1 万 m^2、塘坝 60 座受损，影响灌溉面积 144 万亩、占全省有效灌溉面积的 19%，影响人口约 20 万人，经济损失达 3.28 亿元。

陇南市、甘南州舟曲县 106 个灌区的灌溉设施受损最为严重（见表 5–35），影响灌溉面积 27.85 万亩，包括农田裂缝塌陷，引水枢纽基础沉陷，渠道裂缝、沉陷、垮塌、山体滑塌堵塞，水工建筑物裂缝变形、启闭机失灵，蓄水窖水池裂缝漏水、塌陷、被填埋等问题。震损建筑物 1610 座、渠道 564.59km，灌溉泵站 8 个、机电井 800 眼、集雨水窖 2.7 万眼、塘坝 49 座，农田受损 4.6 万亩，直接经济损失达 23527.9 万元，占受灾区经济损失总数的 72%。

表 5–34　甘肃省震损农田水利设施统计表

震损市／州	建筑物／座	渠道长度／km	影响面积／万亩	经济损失／万元
陇南市	1604	516.54	26.99	22975.80
甘南州	15	98.76	1.61	1140.35
天水市	172	19.52	13.90	1952.85
平凉市	19	2.70	4.26	319.28
庆阳市	139	18.91	11.02	368.90
临夏州	24	40.00	3.32	837.34
定西市	4	0.68	6.98	319.53
白银市	365	72.43	32.46	3794.00
兰州市	24	74.68	43.28	937.00
合　计	2366	844.22	143.82	32789.90

表 5–35　陇南市三县（区）震损农田统计表

县（区）	人口	人均／（亩／人）	损坏比	震损数量／万亩			裂塌损失／万元	掩埋损失／万元	经济损失合计／万元
				裂塌	掩埋	小计			
文县	234908	0.50	0.15	—	—	1.76	3132.11	3915.13	7047.24
武都	517148	0.40	0.10	—	—	2.07	3677.50	4596.87	8274.37
康县	194839	0.40	0.10	—	—	0.78	1385.52	1731.90	3117.42
合计	946895	0.43	—	1.54	3.07	4.61	8195.13	10243.91	18439.03

（2）农田水利设施抢修

灾情发生后，甘肃省水利厅、各相关市（州）水利部门、各工程管理单位对农田水利灌溉工程及设施受损情况进行了详细调查、统计和核实。

甘肃省水利厅先后派出 17 个工作组前往各市（州）震损现场，会同各市（州）水利部门派出的 40 个工作组进行实地调查。为进一步核实损失情况，甘肃省水利厅还派出 5 个核查组对受灾较重的陇南市、甘南州、天水市、平凉市、庆阳市等 5 个市（州）的农田水利灌溉工程进行了核查，掌握了灾害损失的基本情况。随即甘肃省各级水利部门积极组织力量，对重点工程进行应急修复。

针对灌溉工程，应急修复的重点是受灾地区的灌溉渠首、泵站、渡槽、骨干渠道、建筑物等出现的险情，优先处理可以在短时间尽快修复、有效地解决灾民饮水困难和恢复生产的泵站取水、输水渠道及建筑物等出险的“卡脖子”工程。 为了尽快恢复灾区农业生产，应急修复渠道 321.44km、建筑物 327 座，改建及临时修复泵站 43 座，临时维修管道 39.10km，修复和重建水窖 10640 眼，临时抢修 56 座塘坝，修复机电井 852 眼。

针对农田水利设施，应急修复与重建的重点是全面恢复灾区灌溉排涝设施的供水排涝能力，保证生活和生产供水安全，对震损破坏、影响灌溉供水的灌区渠首、泵站、干支渠、供水管道、集雨节灌等工程全面恢复改造，并结合相关规划适时进行灌溉工程建设。

5.3 陕西省

陕西省为本次地震的主要受灾区之一。地震造成了汉中市、宝鸡市、商洛市、西安市和安康市等 5 个市的水库、水电站、堤防和灌区及农田水利设施遭到破坏。震损的水利工程主要分布在汉江、嘉陵江干支流及渭河流域。

地震造成陕西省 126 座水库受损，高危险情 18 座，占震损水库总数的 14%；次高危险情 106 座，占震损水库总数的 84%；一般险情 2 座，占震损水库总数的 2%。23 座水电站受损。汉中市、宝鸡市、安康市境内汉江、嘉陵江干支流及渭河干流 83 处，49.9km 堤防损毁。7 个大型灌区、10 个中型灌区和 78 个小型灌区被震损。

5 月 12 日，陕西省水利厅向各市（区）防汛抗旱指挥部，陕西省江河水库管理局，陕西省水利厅直属水库管理单位发出《关于切实做好地震灾区防洪工程安全工作的紧急通知》，对水利抗震抢险工作作出安排，要求各市、县（区）水利、防汛部门立即组织技术人员和工程管理单位，对辖区内的水利工程震损情况进行普查，加强监测和值班等。按通知要求，13 日，各市、县（区）水利、防汛部门对辖区内水利工程险情开展拉网式排查，针对发现的问题，提出应对措施，组织力量进行抢险和排险，并向省防汛抗旱办公室报告。15 日，陕西省水利厅党组研究决定成立由陕西省水利厅谭策吾厅长任总指挥的水利抗震救灾指挥部，负责组织指挥全省水利抗震救灾工作，汉中市、宝鸡市、咸阳市、西安市水利（务）局及受灾县（区）水利部门都成立了水利抗震救灾指挥机构，负责组织各市指挥水利抗震救灾工作，陕西省水利抗震救灾工作有序开展。

5.3.1 水库

受损水库主要分布在五个市，分别为：汉中市 81 座，占汉中市水库总数的 27.8%；宝鸡市 26 座，占宝鸡市水库总数的 20.3%；安康市 7 座，占安康市水库总数的 6.5%；商洛市 7 座，占商洛市水库总数的 14.3%；西安 5 座，占西安市水库总数的 5.4%。

高危险情的水库有 18 座，占震损水库总数的 14%；次高危险情的有 106 座，占震损水库总数的 84%；一般险情的有 2 座，占震损水库总数的 2%。高危险情的水库汉中市 16 座，宝鸡市 1 座，商洛市 1 座。

（1）水库险情调查

5 月 12 日，陕西省水利厅多次召开厅党组会议、厅务会议研究部署水利系统抗震抢险工作，并先后分四批派出 30 个工作组、专家组和督察组深入一线开展拉网式摸排水利工程灾情（见图 5–47）。

5 月 12 日，陕西省水利厅厅长谭策吾、副厅长王保安带领工作组赶赴汉中市、安康市等灾区检查水库受损情况。副厅长洪小康坐镇省防汛抗旱总指挥部办公室全面了解震损水库运行情况，主持开展会商工作，下发紧急通知安排部署水库查险抢险工作。

经过对各水库管理单位及县（市）报告的震损水库险情分类和统计，确定全省有 126 座水库被震损，其中大型 1 座，中型 5 座，小型 120 座。

图 5–47　技术人员探测震后坝体裂缝、土层松散情况

（2）重点震损水库

地震造成陕西省 2 座重点震损水库，分别为庆家寨水库和段家峡水库。

1）庆家寨水库。水库位于勉县老道寺镇张家湾村，始建于 1964 年 11 月，1979 年建成运行。水库大坝以上控制流域面积 1.88km^2。最大坝高 24.00m，坝长 112m，坝顶宽 5m，均质土坝，总库容 45 万 m^3。有效灌溉面积 1500 亩，受益人口 2100 人。

地震使水库大坝坝顶中部出现了 3 条宽 3 ~ 5mm 的横向裂缝，长分别为 3m、3.8m 和 6.3m；大坝顶部附近的背坡出现了 4 条宽 3 ~ 5mm 的纵向裂缝，长分别为 20m、40.2m、21m 和 34m，这些裂缝给水库大坝安全带来严重威胁。

水库下游涉及 3000 人、800 余间房屋、6000 余亩农田，距阳安铁路 2.5 km、108 国道 5.5 km，随着汛期的来临，随着降雨渗入，裂缝会向更深、更宽和更长方向发展，将导致坝体的滑塌。

2）段家峡水库。水库位于渭河一级支流千河上游陇县曹家湾镇段家峡村，距陇县县城 15km。水库总库容 1832 万 m^3，是一座以灌溉为主，兼有防洪、发电、养殖等效益的中型水利工程。水库枢纽工程由拦水坝、溢洪道和放水洞三部分组成。大坝为均质土坝，最大坝高 43m。

受地震影响，水库大坝坝面迎水坡浆砌石护坡出现宽约 1 ~ 1.5mm 裂缝上百条，并呈现由左向右裂缝加密上移的趋势；背水坡在高程 1062.30 ~ 1069.30m 之间，回填土方出现两条明显的竖向裂缝。输水洞检修闸后 22m 处有 0.2mm 细微环形裂缝一条，出水为恒定流，从细微孔口喷出，其中在高程 1064.80m 有一股流出，流量为 1.5L/s；在高程 1065.00m 有三股喷出，三股总流量为 0.4 L/s 。输水洞局部变形损坏。输水洞工作桥第一道排架顶部横梁两端出现宽度约 1.5mm，长度 40cm 的裂缝，桥面两个横梁第一道排架段各出现宽度约 1mm，长度 40cm 的裂缝。溢洪道与右坝肩结合处的挡土墙出现裂缝。这些险情给水库安全带来严重威胁。

水库下游有陇县、千阳两座县城，千河沿岸有 12 个乡（镇），72 个行政村及 12 万余人、13 万亩农田，秦源煤矿、营沟国家储备粮库及大型冯家山水库，宝（鸡）中（卫）铁路、宝（鸡）平（凉）公路等，如出现溃坝将造成惨重的损失。

（3）震损水库应急抢险

5·12 汶川特大地震发生后，陕西省水利厅迅速开通了短波、卫星电话等应急通信，通过各种联系方式上下通报情况，实施水利抗震抢险措施：① 严密监视大中型水库工程运行，要求各市和水库管理单位要特别加强大中型水库运行状态的观测分析，采取必要应对措施，确保大中型水库安全；② 切实加强震损水库防震抢险工作，组织和督促市县水利部门对出险的水库受损险情进行甄别分类，及时分析预判，科学制定应急处置对策。

5 月 27 日，陕西省水利厅下达了 65 座次危以上震损水库应急除险处理方案。随即水利厅派出专家组，到每个震损水库现场，与市（县）技术人员逐库排查，召集市（县）水利部门到省厅逐一汇报，并同水利部、黄委会专家会商，根据震损坝体的裂缝、塌陷和放水洞（管）的裂缝漏水险情状况，经过与各市、县专家共同分析会商，最终确定了应急抢修方案。

1）汉中市 31 座水库应急抢险。

钟宝寨水库。对已发现坝体 5 条裂缝长 130m 及其他险情，进一步探查并处理；② 配备大坝变形观测设备，加密监测；③ 配置救生衣 100 件、应急灯 10 个、编织袋 5000 个、彩条布 300m^2、土工布 0.4t、电喇叭 5 个等应急抢险物料器材。

石马湾水库。① 对已发现的坝体 7 条裂缝长 96m 及其他险情，进一步探查并处理；② 配置水尺、雨量筒各 1 套，加密进行大坝变形、漏水观测及雨水情测报；③ 配置救生衣 50 件、应急灯 5 个、编织袋 2000 个、彩条布 200m^3、土工布 0.2t、电喇叭 5 个等应急抢险物料器材。

小岩水库。① 对坝体裂缝及其他险情，进行探查并处理；② 对卧管漏水探查并进行封闭处理；③ 配备大坝变形观测设备，加密监测；④ 配置救生衣 100 件、应急灯 10 个、编织袋 5000 个、彩条布 300m^2、土工布 0.4t、电喇叭 5 个等应急抢险物料器材。

闫河沟水库。① 查明坝背水坡渗水原因及其他险情并处理，清除坝坡灌木杂草，探查变形情况；② 对溢洪道侧墙裂缝查探并进行封闭处理；③ 配置水尺、雨量筒、量水堰各 1 套，加密进行大坝变形、漏水观测及雨水情测报；④ 配置救生衣 100 件、应急灯 10 个、编织袋 5000 个、彩条布 300m^2、土工布 0.4t、电喇叭 5 个等应急抢险物料器材。

许家沟水库。① 探查坝体迎水坡滑坡变形及其他险情，进行抛块石镇脚处理和裂缝处理；② 配置水尺、雨量筒各 1 套，加密进行大坝变形、漏水观测及雨水情测报；③ 配置救生衣 100 件、应急灯 10 个、编织袋 5000 个、彩条布 300m^2、土工布 0.4t、电喇叭 5 个等应急抢险物料器材。

大井沟水库。① 探查卧管漏水并其他险情并进行处理；② 配备大坝变形观测设备，加密监测；③ 配置救生衣 50 件、应急灯 5 个、编织袋 2000 个、彩条布 200m^2、土工布 0.2t、电喇叭 5 个等应急抢险物料器材。

两河口水库。① 探查卧管漏水及其他险情并进行处理；② 拆除溢洪道浆砌石堰坎，降低堰顶高程；③ 配备人坝变形观测设备，加密监测；④配置救生衣 100 件、应急灯 10 个、编织袋 5000 个、彩条布 300m^2、土工布 0.4t、电喇叭 5 个等应急抢险物料器材。

三道岭水库。① 探查卧管漏水及其他险情并进行处理；② 清除溢洪道右侧滑坡体；③ 配置水尺、雨量筒各 1 套，加密进行大坝变形、漏水观测及雨水情测报；④配置救生衣 50 件、应急灯 5 个、编织袋 2000 个、彩条布 200m^2、土工布 0.2t，电喇叭 3 个等应急抢险物料器材。

胡家湾水库。① 对发现的坝体 1 条裂缝长 42.5m 及其他险情，要进一步探查并处理；② 卧管漏水探查并进行封闭处理；③ 配置水尺、雨量筒各 1 套，加密进行大坝变形、漏水观测及雨水情测报；④配置救生衣 50 件、应急灯 5 个、编织袋 2000 个、彩条布 200m^2、土工布 0.2t，电喇叭 4 个等应急抢险物料器材。

清凉水库。① 探查卧管漏水及其他险情并进行处理；② 配置水尺、雨量筒各 1 套，加密进行大坝变形、漏水观测及雨水情测报；③ 配置救生衣 50 件、应急灯 5 个、编织袋 2000 个、彩条布 200m^2、土工布 0.2t，电喇叭 5 个等应急抢险物料器材。

桃溪河水库。① 探查涵洞漏水及其他险情并进行处理；② 配置水尺、雨量筒各 1 套，加密进行大坝变形观测及雨水情测报；③ 配置救生衣 50 件、应急灯 5 个、编织袋 2000 个、彩条布 200m^2、土工布 0.2t、电喇叭 5 个等应急抢险物料器材。

马道水库。① 探查卧管漏水及其他险情并进行处理；② 配置水尺、雨量筒各 1 套，加密进行大坝变形观测及雨水情测报；③ 配置救生衣 50 件、应急灯 5 个、编织袋 2000 个、彩条布 200m^2、土工布 0.2t，电喇叭 5 个等应急抢险物料器材。

艾河堰水库。① 探查卧管漏水及其他险情并进行处理；② 溢洪道堰体裂缝探查并进行处理；③ 配置水尺、雨量筒各 1 套，加密进行大坝变形观测及雨水情测报；④ 配置救生衣 50 件、应急灯 5 个、编织袋 2000 个、彩条布 200m^2、土工布 0.2t、电喇叭 5 个等应急抢险物料器材。

秧田沟水库。① 对坝体与岸坡结合部渗水及其他险情探查并处理；② 卧管漏水探查并进行处理；③ 配置水尺、雨量筒各 1 套，加密进行大坝变形观测及雨水情测报；④ 配置救生衣 50 件、应急灯 5 个、编织袋 2000 个、彩条布 200m^2、土工布 0.2t、电喇叭 5 个等应急抢险物料器材。

中坝水库。① 对坝体及坝肩渗漏及其他险情探查并进行处理；② 卧管漏水探查并进行处理；③ 配置水尺、雨量筒各 1 套，加密进行大坝变形观测及雨水情测报；④ 配置救生衣 50 件、应急灯 5 个、编织袋 2000 个、彩条布 200m^2、土工布 0.2t、电喇叭 5 个等应急抢险物料器材。

殴家沟水库。① 对已发现坝体裂缝 230m 及其他险情，要进一步详查并处理；② 涵洞漏水探查处理；③ 配置水尺、雨量筒各 1 套，加密进行大坝变形观测及雨水情测报；④ 配置救生衣 50 件、应急灯 5 个、编织袋 2000 个、彩条布 200m^2、土工布 0.2t、电喇叭 5 个等应急抢险物料器材。

黄河窑水库。① 对坝体纵向裂缝 86m 及其他险情，进行探查并处理；② 卧管漏水探查并处理；③ 配置水尺、雨量筒各 1 套，加密进行大坝变形观测及雨水情测报；④ 配置救生衣 50 件、应急灯 5 个、编织袋 2000 个、彩条布 200m^2、土工布 0.2t、电喇叭 5 个等应急抢险物料器材。

三岔沟水库。① 卧管漏水探查并处理；② 溢洪道出口塌陷处理；③ 配置水尺、雨量筒各 1 套，加密进行大坝变形观测及雨水情测报；④ 配置救生衣 50 件、应急灯 5 个、编织袋 2000 个、彩条布 200m^2、土工布 0.2t、电喇叭 5 个等应急抢险物料器材。

柳沟水库。① 对坝体 4 条 256m 长纵向裂缝及其他险情，进行探查并处理；② 卧管漏水探查处理；③ 配置水尺、雨量筒、量水堰各 1 套，加密进行大坝变形观测及雨水情测报；④ 配置救生衣 100 件、应急灯 10 个、编织袋 5000 个、彩条布 300m^2、土工布 0.4t、电喇叭 5 个等应急抢险物料器材。

灯草沟水库。① 对坝顶纵向宽 3mm 不连续的裂缝、坝脚 2 台以上 5 处渗水点及其他险情，进行探查并处理；② 更换放水井闸阀；③ 配置水尺、雨量筒、量水堰各 1 套，加密进行大坝变形、渗流观测及雨水情测报；④ 配置救生衣 100 件、应急灯 10 个、编织袋 5000 个、彩条布 300m^2、土工布 0.4t、电喇叭 5 个等应急抢险物料器材。

李家沟水库。① 对坝体迎水面左坝肩长 10m，高 8m 的塌坑进行开挖回填处理，探明背坡脚渗漏原因，进行防渗处理；② 配置水尺、雨量筒、量水堰各 1 套，加密进行大坝变形、渗流观测及雨水情测报；③ 配置救生衣 100 件、应急灯 10 个、编织袋 5000 个、彩条布 300m^2、土工布 0.4t、电喇叭 5 个等应急抢险物料器材。

石关门水库。① 探查泄洪洞八字墙与坝体接触部位渗漏原因及其他险情并进行处理；② 配置水尺、雨量筒、量水堰各 1 套，加密进行大坝变形、渗流观测及雨水情测报；③ 配置救生衣 100 件、应急灯 10 个、编织袋 5000 个、彩条布 300m^2、土工布 0.4t、电喇叭 5 个等应急抢险物料器材。

刘家沟水库。① 对坝顶上游侧贯通纵向裂缝（长 70m，宽 8mm）、下游坡脚两岸各 1 处集中渗水点及其他险情，进行探查并处理；② 对溢洪道侧墙进行灌浆加固处理；③ 加强加密进行大坝变形、渗流及观测及雨水情测报，配置水尺、雨量筒、量水堰各1套；④ 配置救生衣100件、应急灯10个、编织袋5000个、彩条布300m^2、土工布0.4t、电喇叭5个等应急抢险物料器材。

青西水库。① 对背水坡不连续宽5mm纵缝、下游坡脚3处集中渗水及其他险情，进行探查并处理；② 对溢洪道横向裂缝进行灌浆加固处理；③ 配置水尺、雨量筒、量水堰各1套，加密进行大坝变形、渗流观测及雨水情测报；④ 配置救生衣100件、应急灯10个、编织袋5000个、彩条布300m^2、土工布0.4t、电喇叭5个等应急抢险物料器材。

青东水库。① 对5·25余震坝体裂缝、坝脚渗流及其他险情，进行探查并处理；② 配置水尺、雨量筒、量水堰各1套，加密进行大坝变形、渗流观测及雨水情测报；③ 配置救生衣100件、应急灯10个、编织袋5000个、彩条布300m^2、土工布0.4t、电喇叭5个等应急抢险物料器材。

小堰沟水库。① 对5·25余震坝体裂缝及其他险情进行探查并处理；② 配置水尺、雨量筒、量水堰各1套，加密进行大坝变形、渗流观测及雨水情测报；③ 配置救生衣100件、应急灯10个、编织袋5000个、彩条布300m^2、土工布0.4t、电喇叭5个等应急抢险物料器材。

李家湾水库。① 对坝体85条纵横向裂缝及其他险情进行探查并处理；② 配置水尺、雨量筒、量水堰各1套，加密进行大坝变形、渗流观测及雨水情测报；③ 配置救生衣100件、应急灯10个、编织袋5000个、彩条布300m^2、土工布0.4 t、电喇叭5个等应急抢险物料器材。

堰沟河水库。① 清除修复溢洪道侧墙及护岸垮塌体，探查其他险情并处理；② 配置水尺、雨量筒、量水堰各1套，加密进行大坝变形、渗流观测及雨水情测报；③ 配置救生衣100件、应急灯10个、编织袋5000个、彩条布300m^2、土工布0.4t、电喇叭5个等应急抢险物料器材。

千山水库。① 探查处理坝体迎水坡塌陷等险情；② 配置水尺、雨量筒、量水堰各1套，加密进行大坝变形、渗流观测及雨水情测报；③ 配置救生衣100件、应急灯10个、编织袋5000个、彩条布300m^2、土工布0.4t、电喇叭5个等应急抢险物料器材。

老林沟水库。① 探查和回填修复坝体裂缝，处理坝肩渗水等险情；② 配置水尺、雨量筒、量水堰各1套，加密进行大坝变形、渗流观测及雨水情测报；③ 配置救生衣100件、应急灯10个、编织袋5000个、彩条布300m^2、土工布0.4t、电喇叭5个等应急抢险物料器材。

五郎坪水库。① 探查和回填修复坝体裂缝及其他险情；② 配置水尺、雨量筒、量水堰各1套，加密进行大坝变形、渗流观测及雨水情测报；③ 配置救生衣100件、应急灯10个、编织袋5000个、彩条布300m^2、土工布0.4t、电喇叭5个等应急抢险物料器材。

2）宝鸡市15座水库应急除险。

夜叉木水库。① 对大坝右坝肩3处和左坝肩1处渗漏点及其他险情，进行开挖探明和处理；② 清理输水干渠塌方300多m^3；③ 配置水尺、雨量筒、量水堰各1套，加密进行大坝变形、渗流观测及雨水情测报；④ 配置救生衣100件、应急灯10个、编织袋5000个、彩条布300m^2、土工布0.4t、电喇叭5个、建设上坝道路。

皂角树水库。① 对右坝肩漏水、坝后坡渗水及其他险情，进行探查和处理；② 对卧管与涵洞连接处裂缝漏水查明原因，并处理修复；③ 清理塌方；④ 配置水尺、雨量筒、量水堰各1套，加密进行大坝变形、渗流观测及雨水情测报；⑤ 配置救生衣 100 件、应急灯 10 个、编织袋 5000 个、彩条布 300 m^2、土工布 0.4t、电喇叭 5 个等应急抢险物料器材。

大沟水库。① 对右坝肩涵洞顶上部 1 处渗漏点及其他险情，并采取灌浆等措施处理；② 对溢洪道坍塌边墙重新砌护；③ 配置水尺、雨量筒、量水堰各 1 套，加密进行大坝变形、渗流观测及雨水情测报；④ 配置救生衣 100 件、应急灯 10 个、编织袋 5000 个、彩条布 300m^2、土工布 0.4t、电喇叭 5 个等应急抢险物料器材。

五郡沟水库。① 对大坝震损等险情进行探查并处理；② 溢洪道交通便桥修复加固；③ 配置水尺、雨量筒、量水堰各 1 套，加密进行大坝变形、渗流观测及雨水情测报；④ 配置救生衣 100 件、应急灯 10 个、编织袋 5000 个、彩条布 300m^2、土工布 0.4t、电喇叭 5 个等应急抢险物料器材。

太川水库。① 对大坝震损等险情进行探查并处理；② 完全修复放水洞启闭机；③ 配置水尺、雨量筒、量水堰各 1 套，加密进行大坝变形、渗流观测及雨水情测报；④ 配置救生衣 100 件、应急灯 10 个、编织袋 5000 个、彩条布 300m^2、土工布 0.4t、电喇叭 5 个等应急抢险物料器材。

桃树沟水库。① 对坝顶长 100m、宽 5mm 的纵向裂缝及其他险情，进行探查并采取措施处理；② 清理溢洪道左岸塌方；③ 配置水尺、雨量筒、量水堰各 1 套，加密进行大坝变形、渗流观测及雨水情测报；④ 配置救生衣 100 件、应急灯 10 个、编织袋 5000 个、彩条布 300m^2、土工布 0.4t、电喇叭 5 个等应急抢险物料器材。

水沟水库。① 对大坝距坝顶向下 1m 背水坡出现的 3 处长 3~5m，宽 5~10mm 横向裂缝和 1 处长 16m，宽 10~20mm 的纵向裂缝及其他险情，进行开挖回填处理；② 清理溢洪道塌方和泄洪洞出口土方，修复砌护；③ 配置水尺、雨量筒各 1 套，加密进行大坝变形观测及雨水情测报；④ 配置救生衣 100 件、应急灯 10 个、编织袋 5000 个、彩条布 300 m^2、土工布 0.4t、电喇叭 5 个等应急抢险物料器材。

汉封水库。① 对大坝震损等险情进行探查并处理；② 清理溢洪道右岸塌落土石方和出口段挑流鼻砍砌石滑落体；③ 配置水尺、雨量筒各 1 套，加密进行大坝变形观测及雨水情测报；④ 配置救生衣 100 件、应急灯 10 个、编织袋 5000 个、彩条布 300 m^2、土工布 0.4t、电喇叭 5 个等应急抢险物料器材。

杨家河水库。① 对左坝肩长 30m，宽 5mm 纵向裂缝、背水坡渗水点及其他险情，进行探查并处理；② 清理放水卧管；③ 配置水尺、雨量筒、量水堰各 1 套，加密进行大坝变形、渗流观测及雨水情测报；④ 配置救生衣 100 件、应急灯 10 个、编织袋 5000 个、彩条布 300m^2、土工布 0.4t、电喇叭 5 个等应急抢险物料器材。

王家堡水库。① 对水库渗漏点及其他险情，进行探查监测并处理；② 对坝下涵洞漏水探明深度并回填处理，对卧管底部和边墙衬砌不实进行加固处理，对震损引水渡槽基础进行加固处理；③ 配置水尺、雨量筒、量水堰各 1 套，加密进行大坝变形、渗流观测及雨水情测报；④ 配置救生衣 100 件、应急灯 10 个、编织袋 5000 个、彩条布 300m^2、土工布 0.4t、电喇叭 5 个等应急抢险物料器材。

洞沟水库。① 探查坝体心墙裂缝、背水坡滑落砌体及其他险情并处理；② 修复坍塌上坝桥，加固改造排水卧管、涵洞，增加闸门和拦污栅；③ 清理溢洪道右侧 160m^3 塌方；④ 修复管理房；配置水尺、雨量筒各 1 套，加密进行大坝变形观测及雨水情测报；⑤配置救生衣 100 件、应急灯 10

个、编织袋 5000 个、彩条布 300 m^2、土工布 0.4t、电喇叭 5 个等应急抢险物料器材。

李家沟水库。① 对坝顶长 3m、宽 2m、深度 2m 塌陷体及其他险情，进行开挖夯实回填等措施处理；② 更换放水闸阀；③ 清理溢洪道山体滑坡；④ 配置水尺、雨量筒各 1 套，加密进行大坝变形观测及雨水情测报；⑤配置救生衣 100 件、应急灯 10 个、编织袋 5000 个、彩条布 300 m^2、土工布 0.4t、电喇叭 5 个等应急抢险物料器材。

苜蓿河水库。① 对左右坝脚渗水及其他险情，进行监测和处理；② 更换放水闸阀；③ 清除溢洪道左岸山体滑坡体；④ 配置水尺、雨量筒各 1 套，加密进行大坝变形观测及雨水情测报；⑤配置救生衣 100 件、应急灯 10 个、编织袋 5000 个、彩条布 300 m^2、土工布 0.4t、电喇叭 5 个等应急抢险物料器材。

温泉三库。① 对左坝肩上部横向裂缝（长 1.5m，宽 3~4mm）及其他险情，加强观测，进行开挖回填、坝体背坡培厚等措施处理；② 对放水塔倾斜加强观测，进行加固处理；③ 维修库区道路，清理溢洪道淤积；④ 重建库区管理房 8 间，配置水尺、雨量筒各 1 套；配备大坝变形、渗流等观测设施；⑤配置救生衣 100 件、应急灯 10 个、编织袋 5000 个、彩条布 300 m^2、土工布 0.4t、电喇叭 5 个等应急抢险物料器材。

祁家沟水库。① 更换放水洞闸门；② 配置水尺、雨量筒各 1 套，加密进行大坝变形观测及雨水情测报；③ 配置救生衣 100 件、应急灯 10 个、编织袋 5000 个、彩条布 300 m^2、土工布 0.4t、电喇叭 5 个、发电机 1 台。

3）安康市 6 座水库应急除险。

铺沟水库。① 对大坝震损等险情进行探查并处理；② 对放水卧管裂缝进行探查和封闭处理；③ 对溢洪道内滑塌岩体清除；③ 配置水尺、雨量筒各 1 套，加密进行大坝变形观测及雨水情测报；④ 配置救生衣 100 件、应急灯 10 个、编织袋 5000 个、彩条布 300 m^2、土工布 0.4t、电喇叭 5 个等应急抢险物料器材。

谢家沟水库。① 对大坝震损等险情进行探查并处理；② 对放水铸铁管漏水进行探查和封闭处理；③ 对溢洪道内滑塌岩体清除；④配置水尺、雨量筒各 1 套，加密进行大坝变形观测及雨水情测报；⑤配置救生衣 100 件、应急灯 10 个、编织袋 5000 个、彩条布 300 m^2、土工布 0.4t、电喇叭 5 个等应急抢险物料器材。

安子沟水库。① 对大坝震损等险情进行探查并处理；② 对溢洪道内滑塌岩体清除；③ 配置水尺、雨量筒各 1 套，加密进行大坝变形观测及雨水情测报；④ 配置救生衣 100 件、应急灯 10 个、编织袋 5000 个、彩条布 300 m^2、土工布 0.4t、电喇叭 5 个等应急抢险物料器材。

沙沟水库。① 对坝顶纵向裂缝（长 110cm、宽 5~30cm）及其他险情，进行探查并处理；② 探明放水洞进口部位渗水原因并进行处理；③ 对溢洪道采取降低进口高程措施；④ 配置水尺、雨量筒各 1 套，加密进行大坝变形观测及雨水情测报；⑤配置救生衣 100 件、应急灯 10 个、编织袋 5000 个、彩条布 300 m^2、土工布 0.4t、电喇叭 5 个等应急抢险物料器材。

观音河水库。① 对大坝震损等险情进行探查并处理；② 修复完善溢洪道滑坡体排水系统；③ 加强西山滑坡观测，完善观测设施，设立滑坡体警示标志，落实临滑预警措施；④ 配置救生衣 100 件、应急灯 10 个、编织袋 5000 个、彩条布 300 m^2、土工布 0.4t、电喇叭 5 个、发电机 1 台。

渔洞河水库。① 加固处理大坝 840m 以上整体渗漏、坝肩渗漏及其他险情，进行加固处理；② 探明泄水闸一处严重漏水原因并进行处理；③ 配置水尺、雨量筒、量水堰各 1 套，加密进行大坝变形、渗流观测及雨水情测报；④ 配置救生衣 100 件、应急灯 10 个、编织袋 5000 个、彩条布 300 m^2、土工布 0.4t、电喇叭 5 个、发电机 1 台。

4）商洛市 6 座水库应急除险。

姬家河水库。① 对背水坡坡比不足并发生严重变形及其他险情，按抗震要求进行固脚护坡应急加固措施处理；② 对放水洞 5 处环形裂缝进行封闭，对背水坡震后裂缝的闸室、闸门、管道进行重建；③ 拆除溢洪道浆砌石堰体，降低堰顶高程；④ 配备应急渗流、位移观测设施和雨量筒、水尺，加密雨水情和渗流观测；⑤ 配置救生衣 100 件、应急灯 10 个、编织袋 5000 个、彩条布 300 m^2、土工布 0.4t、电喇叭 5 个、抽水泵 2 台、发电机 1 台。

鼓楼河水库。① 探查坝面塌陷（1080m^2，深约 2m）及其他险情，进行开挖回填等措施处理；② 对放水洞 3 处（45m^2）裂缝及卧管（50 m^2）裂缝进行封闭处理，重建已裂缝的分水闸；③ 对裂缝的浆砌石溢流堰（300m^2）进行加固，疏通溢流槽碍洪土方 1 万 m^3；④ 配备应急渗流、位移观测设施和雨量筒、水尺，加密雨水情和渗流观测；⑤ 配置救生衣 100 件、应急灯 10 个、编织袋 5000 个、彩条布 300 m^2、土工布 0.4t、电喇叭 5 个、抽水泵 2 台、发电机 1 台。

辛岳水库。① 探查坝面塌陷（1540m^2，深约 2m）及其他险情，进行开挖回填等措施处理；② 对放水洞 4 处（45m^2）裂缝进行封闭处理，重建已裂缝的分水闸；③ 配置水尺、雨量筒各 1 套，加密进行大坝变形、渗流观测及雨水情测报；④ 配置救生衣 100 件、应急灯 10 个、编织袋 5000 个、彩条布 300 m^2、土工布 0.4t、电喇叭 5 个、抽水泵 2 台、发电机 1 台。

桐树沟水库。① 对坝面鼓包渗水（880m^2，高差 1~1.5m）及其他险情，进行探查并采取措施处理；② 对卧管裂缝进行封闭处理；③ 疏通溢流槽碍洪土方 1360m^3；④ 配置水尺、雨量筒各 1 套，加密进行大坝变形、渗流观测及雨水情测报；⑤ 配置救生衣 50 件、应急灯 5 个、编织袋 2000 个、彩条布 200 m^2、土工布 0.2t、电喇叭 3 个、抽水泵 2 台、发电机 1 台。

罗沟水库。① 对坝面鼓包（520m^2，高差 1~1.2m）及其他险情，进行探查并采取措施处理；② 对卧管裂缝进行封闭处理；③ 疏通溢流槽碍洪土方 1300m^3；④ 配置水尺、雨量筒各 1 套，加密进行大坝变形观测及雨水情测报；⑤ 配置救生衣 50 件、应急灯 5 个、编织袋 2000 个、彩条布 200 m^2、土工布 0.2t、电喇叭 3 个、抽水泵 2 台、发电机 1 台。

拷树沟水库。① 对坝面鼓包（480m^2，高差 1~1.2m）及其他险情，进行探查并采取措施处理；② 对卧管裂缝进行封闭处理；③ 疏通溢流槽碍洪土方 1260m^3；④ 配置水尺、雨量筒各 1 套，加密进行大坝变形观测及雨水情测报；⑤ 配置救生衣 100 件、应急灯 10 个、编织袋 5000 个、彩条布 300 m^2、土工布 0.4t、电喇叭 5 个、抽水泵 2 台、发电机 1 台。

5）西安市 5 座水库应急除险。

西骆峪水库。① 对大坝震损等险情进行探查并处理；② 对放水塔工作桥桥墩与桥面拉裂进行加固处理，更换检修闸槽；③ 配置救生衣 100 件、应急灯 10 个、编织袋 5000 个、彩条布 300m^2、土工布 0.4t、电喇叭 5 个等应急抢险物料器材。

仰天河水库。① 探查大坝右坝肩细小裂缝及其他险情，并采取进行处理；② 对东库工作桥墩进行加固处理；③ 配置救生衣 100 件、应急灯 10 个、编织袋 5000 个、彩条布 300 m^2、土工布 0.4t、电喇叭 5 个等应急抢险物料器材。

塔庙水库。① 对大坝震损等险情进行探查并处理；② 清理放水涵洞塌方；③ 配置水尺、雨量筒各 1 套，加密进行大坝变形观测及雨水情测报；④ 配置救生衣 100 件、应急灯 10 个、编织袋 5000 个、彩条布 300 m^2、土工布 0.4t、电喇叭 5 个。

坡典水库。① 对大坝小裂缝及其他险情探查并回填处理；② 对涵洞进水口裂缝进行探明并回填处理；③ 配置水尺、雨量筒各 1 套，加密进行大坝变形观测及雨水情测报；④ 配置救生衣 50 件、应急灯 5 个、编织袋 2000 个、彩条布 200 m^2、土工布 0.2t、电喇叭 3 个等应急抢险物料器材。

烽火台水库。① 对坝体右岸出现轻微滑坡、坝体引水洞砌石出现裂缝、坝顶道路不均匀沉陷及其他险情，进行探查并采取开挖回填、削坡等措施处理；② 对放水洞裂缝进行探明并加固处理；③ 配置水尺、雨量筒各 1 套，加密进行大坝变形观测及雨水情测报；④ 配置救生衣 50 件、应急灯 5 个、编织袋 2000 个、彩条布 200 m^2、土工布 0.2t、电喇叭 3 个等应急抢险物料器材。

（4）重点震损水库抢险

1）庆家寨水库。

5 月 12 日 19 时，勉县老道寺镇张家湾村干部发现水库大坝出现裂缝，随即报告老道寺镇政府，接到报告后，镇政府立即组织镇主管领导和相关人员赶赴现场检查，并及时报告勉县防汛抗旱指挥部办公室。县防汛办再次向汉中市防汛办作了汇报，经市、县会商，决定采取以下临时安全措施：一是安排专人现场昼夜观测；二是组织抢险队人员到岗，备足防汛物料；三是通知组织下游受洪水威胁的群众撤离至安全地带。老道寺镇接通知后，立即安排了观测人员，撤离了直接受威胁的一户群众。

5 月 13 日上午，汉中市水利局总工陈汉松带领市设计院专家会同县政府副县长李宏伟、勉县水利局主管领导、工程技术人员、水库管理人员、老道寺镇主管领导、镇水保站人员、当地村干部、水库观测人员现场进行了实地勘察，确定抢险方案：立即开启放水卧管，按设计流量放水，尽快降低水库水位；落实抢险队伍，由张家湾村确定 2 名观测人员 24 小时现场进行观测，并做好预警预报和宣传动员工作，确保发生险情时，及时组织下游群众撤离；修订了防汛预案，泄空水库空库运行。

2）段家峡水库。

地震发生后，段家峡水库管理局立即对水库进行了全面检查，发现水库坝面迎水坡浆砌石护坡出现裂缝上百条，背水坡出现两条竖向裂缝，输水洞检修闸后出现环形裂缝一条，出水呈恒定流从细微孔口喷流。榆水洞工作桥第一道排架顶部横梁两端、桥面两个横梁第一道排架段出现裂缝，溢洪道与右坝肩结合处的挡土墙出现裂缝。

陕西省水利厅接宝鸡市段家峡水库的险情报告后，5 月 14 日发出紧急通知，要求立即安排 1 名县级领导作为排查、除险负责人，组织专业技术人员开展排查工作，尽快查明情况，分析原因，采取措施进行应急处理；加强值班，加密监测，落实应急抢险措施，确保水库大坝安全。15 日，国家防办副巡视员张旭带领国家防总、水利部工作组，在四川省水利厅王保安副厅长陪同下察看了段家峡水库地震受损险情，现场指导水库防震抢险工作。四川省水利厅 27 日下达了应急处理方案。28 日四川省水利厅总工孙平安带领专家组到段家峡水库，指导督促落实应急除险工程实施方案。

陇县水利局委托宝鸡市水利水电勘测设计院于6月9日完成了段家峡水库应急除险方案。

除险方案主要包括：大坝迎水坡、背水坡裂缝开挖、探测、锁缝回填处理；输水洞检修闸后30m洞身钢板衬砌，并做回填灌浆，洞身裂缝用环氧树脂砂浆堵塞，更换输水洞4处伸缩缝；溢洪道左侧墙伸缩缝聚氯乙烯胶泥填塞；对大坝观测系统进行全面检查维修校核。水库工程应急除险施工于6月18日开始，7月4日完成除险任务。

5.3.2 水电站

（1）震损水电站险情

地震发生后，陕西省水利厅安排各市水利（水务）局对受损水利设施进行了检查和统计，并在5月15日派出两个工作组赴汉中市等地对水电站受损情况进行了排查。陕西省受损水电站险情见表5-36。

表5-36 陕西省受损水电站统计表

水电站名称	当前库容/万 m^3	泄放水建筑物是否正常	险情分类	直接经济损失/万元	备注
堡子梁			大坝裂缝险情	10	引水枢纽、厂房裂缝，4根电杆断裂，断线1km
段家峡水电公司（神泉、河沟、高坡、段家峡）			引水渠道险情	400	厂房裂缝，电杆倾斜，进厂路800m受损；渠道4km倒塌
东方红			引水渠道险情	31	山体垮塌，引水渠道受损30m，发电机组受损
柿子坝			引水渠道险情	12	山体垮塌，引水渠道堵塞32m，发电机组受损
广坪			引水渠道险情	10	发电机组受损，移位
清河			引水渠道险情	7	山体垮塌，引水渠道堵塞11m，发电机组移位
元坝子			引水渠道险情	5	发电机组移位
石羊栈			引水渠道险情	6	山体垮塌，引水渠道受损10m，发电机组受损
二郎坝	2180	正常	引水渠道险情	500	暗河拱堵头山体岩石松动，有大石掉下，拱堵渗水有一段时段变浑；泄水渠道有裂缝，闸室等有裂缝；隧洞目前不具备条件进行详查，压力管道6处伸缩节漏水；前池出现渗水，输水渠道约有1000m长度出现裂缝；生活区住房裂缝

续表 5–36 陕西省受损水电站统计表

水电站名称	当前库容/万 m^3	泄放水建筑物是否正常	险情分类	直接经济损失/万元	备注
葫芦头	1600	正常		310	宿办楼、厨房裂缝，被认定为危房；主厂房沿伸缩缝方向裂缝增长；10kV 上网线路电杆倾斜
西淮坝				50	滑坡毁坏渠道 6m，影响发电灌溉
罗家营				6	山体落石砸穿明涵盖顶 1 处
洋县卡房				7	压力管槽垮塌 $50m^3$
荞麦山	200			2	山体石头垮塌 $10m^3$，影响引水渠道通水和交通；部分电气设备短路受损
渔洞河				400	大坝底部塌陷，不能正常挡水，影响发电、供水、灌溉
牟家坝				70	
茶房寺				60	
西江				20	
群福三级（3 座）				60	
长哨				60	办公楼裂缝致危，渠道裂缝
高峰				190	机房裂缝、渠道裂缝渗水已不能正常发电

（2）震损水电站应急除险

陕西省震损水电站没有除险严重的险情，一般采用如下处理方案：① 加强对挡水建筑物、前池等的观测，对影响安全运行的险情及时进行修复；② 加强地震灾区水利工程的监测和巡查，全面掌握工程受损情况，确保工程险情得到及时发现和及时抢护；③ 增加值班力量，加强预警预报，加强应急值守，确保信息畅通，及时处理突发事件；④ 加强水文预测预报，及时掌握雨情、水情、汛情和工情，做好防汛调度。

陕西省按照轻重缓急对受损的 32 座水电站做了应急修复，以下为三座震损较重水电站的应急抢险方案：

1）镇巴县鱼洞河水电站：溢流坝出现裂纹，渗漏严重，护坦及护堤松散、塌陷，采用铁丝笼护基，坝体坍塌部位进行临时修复和加固，恢复供水和发电。

2）宁强县二郎坝水电站：对启闭机闸室及副坝进行除险加固，加强对挡水建筑物、输水建筑物应力、应变、渗流、水质等的观测，如出现问题，及时处理。

3）略阳县葫芦头水电站：由于渗漏量加大，降低库水位运行，加强对挡水建筑物、输水建筑物应力、应变、渗流、水质等的观测，紧急处理主、副厂房墙体、房体出现的多处裂缝，修复线路。

5.3.3 堤防

陕西省汉中市、宝鸡市、安康市境内汉江、嘉陵江干支流及渭河干流共有83处，49.9km堤防损毁。

按险情类型统计：垮塌50处，17.2km，堤基沉陷22处，8.0km，裂缝57处、24.7km，护基坝毁坏25座，护堤建筑物毁坏14座。

按险情级别统计：较重险情34处，分布在汉江干流、嘉陵江干流及渭河中游；一般险情39处，分布在震级较大的县区城镇段。

按险情分布统计：汉中市堤防损毁66处，其中垮塌40处、15.1km，堤基沉陷15处、3.9km，堤防裂缝41处、17.4km。宝鸡市堤防损毁12处，其中渭河干流5处，嘉陵江干流3处，支流4处。安康市堤防损毁5处，其中汉江干流2处，支流月河堤防3处。

陕西省水利厅组织震区市（县）水利部门的技术人员对受损堤防逐段分析研究，确定了险情等级，对13段较重险情堤防组织力量进行应急修复包括：用砂袋砌护19.67km，封堵1km；对垮塌和沉陷的河堤拆除重建；对裂缝的河堤进行灌浆处理（见图5–48）。

图5–48　水利部工作组对汉中李家湾大堤进行监测（2008年6月6日）

5.3.4 灌区及农田水利设施

陕西省7个大型灌区被震损，分别为石门、冯家山、宝鸡峡、石头河、泾惠渠、桃曲坡和交口抽渭灌区，除后两个灌区外，其他均受灾严重；2座水库枢纽受损；40.7km渠道、652座建筑物和19884m^{2}内的生产生活设施被毁坏。

10个中型灌区和78个小型灌区被震损，包括154处自流引水工程，89座泵站，494眼机井，305处塘窖，322座渠道建筑物，220.1km渠道管道和26处管理设施。

灌区及农田水利设施主要毁坏类型包括：① 水库枢纽及水电站出现裂缝、渗水；② 渠道出现衬砌板裂缝、坍落，填方体、边坡滑塌，涵洞塌陷；③ 建筑物出现渡槽、倒虹和桥梁裂缝、移位、钢筋外露，机闸启闭不灵；④ 机井出现井管断裂和错位；⑤ 塘堰出现裂缝和渗水等，抽水站、管理设施出现站房墙体裂缝、倾斜、倒塌，威胁工作人员的安全生产生活。

陕西省派遣人员分赴汉中市、宝鸡市等重灾区进行灾情调查和损失统计。基层单位全力查灾救灾，对受损的灌排设施和管理设施应急抢险，对重点工程实施 24 小时不间断监测，对受损严重的办公生活设施进行人员疏散和安置，杜绝发生次生灾害。同时，安排资金对农田水利设施进应急抢修，确保夏灌用水。

陕西省及省内相关市与灌区投入抢险资金 590 余万元，对石门水库等 7 个震损较重的灌区和千阳等 6 个县农村小型水利设施进行恢复重建。

5.4 云南省

地震造成云南省昭通市、楚雄州、丽江市、红河州和曲靖市等 5 市（州）的水利工程受损。震损水库 51 座，直接经济损失近亿元，其中，有 10 座水库为高危水库，其他为一般受损水库。昭通市 76 处，总计 6.2km 堤防受损，直接经济损失 675 万元。楚雄州元谋大型灌区、昭通市昭阳市苏家院灌区的渠首被破坏，5 个泵站和 254 条干支渠受损。

5 月 14—16 日，云南省水利厅派出工作组分赴楚雄市、昭通市、丽江市地震灾区，检查水利工程受损情况，指导应急抢险工作。6 月 20 日，云南省水利厅发出《云南省水利厅关于抓紧做好震损水库应急抢险修复工作的通知》（云水明发〔2008〕12 号），要求落实水库防汛责任制，并对震损水库进行应急抢险。6 月 25–28 日，云南省水利厅再次派出 3 个工作组，以工管局张杰局长、朱社芳副局长、白致威副局长为组长，赶赴楚雄市、昭通市、丽江市三个地震灾区指导应急抢险工作。7 月 11 日，云南省水利厅召开全省震损水库应急抢险除险加固工作会议，安排部署针对震损水库的应急抢险除险加固工作。

5 月 26 日，云南省水利厅完成了《云南省震损水利设施应急修复和灾后重建规划》编制。随即按照灾后重建规划，开展因震受损严重、影响灌溉供水的灌区渠首、泵站、干支渠等的应急修复和灾后重建。云南省共对地震造成的 320 座受损农田灌溉设施受损建筑物和 3280km 受损渠道进行了紧急修复和重建，恢复灌溉面积 20.3 万亩。云南省还对地震造成的 320 座受损农田水利设施和 3280km 受损渠道进行了紧急修复和重建，恢复灌溉面积 20.3 万亩。

5.4.1 水库

（1）震损水库险情

云南省震损水库 51 座，包括中型水库 3 座，小（1）型水库 23 座，小（2）型水库 25 座，直接经济损失近亿元。震损水库出现了坝体开裂渗漏、输水涵洞开裂渗漏、闸门变形、溢洪道开裂、管理房损坏、渠道开裂渗漏等类型的险情（见图 5–49、图 5–50）。

震损水库范围涉及云南省 4 个州（市）16 个县（区），其中昭通市震损 25 座［中型 1 座、小（1）型 8 座、小（2）型 16 座］，分布于 9 个县区；楚雄州震损 3 座［中型 2 座、小（1）型 1 座］，分布于 2 个县；丽江市震损 22 座［小（1）型 13 座、小（2）型 9 座］，分布于 4 个县；红河州震损小（1）型 1 座。

按照险情及对下游影响程度，中屯、麻柳、云荞、猫鼻子、官闸、保山圩、扎西、苦荞坪、白汉场和巴东湾等 10 座水库险情较重，影响较大，为高危水库，其他水库为一般受损水库。

(a) 水富县永安水库溢洪道底板开裂

(b) 2008 年 5 月 14 日，水富县团结水库内坝坡发生漩洞

(c) 鲁甸县猫鼻子水库右坝肩山体震损裂缝 (1)

(d) 鲁甸县猫鼻子水库右坝肩山体震损裂缝 (2)

(e) 昭通市昭阳区石邓子水库外坝坡集中渗水点

(f) 昭通市昭阳区官闸水库原输水涵漏水

图 5-49 云南省昭通市水库震损情况

图 5–50　云南省楚雄州牟定县中屯水库输水隧洞渗漏量增大

（2）震损水库应急除险

6 月 20 日，云南省水利厅下发《云南省水利厅关于抓紧做好震损水库应急抢险修复工作的通知》（云水明发〔2008〕12 号），要求落实水库防汛责任制，明确以震损水库应急抢险修复和除险加固工作为当前的头等大事，制定计划，采取有力措施，确保水库安全度汛；规定抓紧应急抢险，6 月 30 日前完成震损水库应急排险工作；将当前对震损水库的应急抢险与今后除险加固相结合、国家病险水库除险加固专项规划项目补助资金与抗震抢险相结合，编制小型震损水库除险加固初步设计报告，由州市水利局审查批复后，于 7 月 31 日前报省水利厅备案，中型震损水库于 7 月 31 日前将由州市水利局审批过的应急抢险设计方案报工管局；加快除险加固建设进度，待 9 月底雨季基本一结束后就要立即全面开工，确保 12 月 31 日前全部完成除险加固建设任务；严格资金管理，确保施工安全质量合格。

6 月 25—28 日，云南省水利厅派出 3 个工作组，相继赶赴楚雄市、昭通市、丽江市三个地震灾区指导应急抢险工作。7 月 11 日，云南省水利厅召开全省震损水库应急抢险除险加固工作会议，对震损水库应急抢险除险加固工作进行安排部署。云南省水利厅与相关州市水利局分管领导签订了震损水库应急抢险及除险加固责任书。

8 月 17 日，云南省水利厅召开全省小（2）型震损水库除险加固初设报告复核会议，对震损水库除险加固初设报告进行抽查复核。

10 月 9 日，水利部监察局陈庚寅局长带领水利部检查组对云南省救灾资金物资使用情况进行了检查。

各受灾地区水利部门依据国家和省有关病险水库除险加固的安全鉴定（评估）导则、设计规范和定额标准等规定，通过现场查勘和专家论证，参照省小（1）型病险水库除险加固项目建设管理办法，组织开展了震损水库除险加固前期工作，按照"先除险，后加固"的指导思想，及时完成了项目初步设计及州市审查工作；对因中央专项补助资金较少，不能完成除险加固任务的中型和个别小型震损水库，也都完成了应急抢险设计方案。

5.4.2 灌区及农田水利设施

（1）震损情况

地震造成了云南省的灌区渠首、泵站和干支渠受损。震损水利工程大体情况如下：

1）元谋大型灌区。灌溉干渠甘塘1号、2号隧洞受损。1号隧洞受损情况：拱顶预制块断裂，裂痕最大1.7cm，错位10cm，横向最大3cm。边墙起拱线接头错位，底板变形加剧，有734块预制件分布筋露筋，造成锈蚀。2号隧洞受损情况：拱顶预制块断裂，错位10cm，横向最大4.5cm，有113块预制件分布筋露筋，造成锈蚀。

2）苏家院灌区。骡马河水库低沟、守望灌区卡子支沟等出现渠首建筑物垮塌、开裂险情等。

3）泵站受损。5个泵站受损，分别为鲁甸县茨院乡白庙大站，茨院乡新石桥站和甘闸站，桃源乡铁家村羊耳圩站和文屏镇民富社区站，这些泵站的水泵和管道均出现不同程度的损坏。

4）干支渠受损。受损干支渠主要分布在昭通市、丽江市、曲靖市三个地区，分别是昭通市昭阳区跳墩河灌区跳墩河水库南北干渠，丽江市古城区东山河，曲靖市会泽县迤车镇迤车东、西干渠等，总共为254条。

（2）农田水利设施抢修

云南省对地震造成的320座受损建筑物和3280km受损渠道进行了紧急修复和重建，恢复灌溉面积20.3万亩，抢修措施如下：

1）针对受损灌区渠首险情，对受损严重的地段采用临时钢支撑进行应急支护修复，以确保渠首建筑物的安全运行。通过浆砌块石支砌和钢支撑支护等措施对渠首建筑物的垮塌、开裂等进行修复。

2）针对受损泵站水泵险情，紧急修复泵站和管道。

3）针对254条干支渠清挖，并用混凝土衬砌、麻袋装土临时支护和塑料布铺垫过水等应急抢险措施进行修复。

5.5 贵州省

地震造成贵州省12座小型水库震损，其中有1个重点震损水库，为洼基河水库。震损水库主要分布在凯里市、务川县、道真县、盘县、白支区、德江县和松桃县等7个市（县）。

水利部、珠江水利委员会和贵州省水利厅分别派专家组指导查险和抢险工作。贵州省水利厅、防汛抗旱指挥部及时发出通知，指导震损水库的安全度汛，制定应急除险方案和处置措施，落实了12座水库的应急处置，并落实下游群众的安全转移预案。

5.5.1 震损水库险情

5月13日、14日，禄智明副省长委派水利厅副厅长金康明率工作组赴震损水库现场进行查勘，排除险情，贵州省震损水库12座，均为小型水库。分别位于凯里市、务川县、道真县、盘县、白支区、德江县和松桃县，详细情况见表5-37。

表 5-37 贵州省水库震损情况统计表

序号	工程名称	工程所在地	工程规模				工程受损及发展情况		
		市（县、乡、镇）	坝高/m	坝型	总库容/万m^3	集雨面积/km^2	简要描述	渗漏量及其变化	泄水、放水设施是否正常
1	金泉水库	凯里市	23	土坝	104	2.6	放水启闭设施不灵		正常
2	牛拦门水库	务川县丰乐镇	16	土坝	34	0.7	溢洪道塌方，坝上出现数条横、纵向裂缝，放水管局部漏水		放水闸门启闭不灵
3	青坪水库	务川县泥高乡乐镇	30	堆石坝	842	45.7	溢洪道塌方		正常
4	沙坝水库	道真县玉溪镇	33	重力坝	710	57.2	水库大坝右坝肩漏水处渗水浑浊，机房闸阀出水浑浊，水量有增大迹象	浑水已变清，5月12日实测为0.27L/s，5月17日实测为0.4L/s	基本正常
5	洼基河水库	盘县松河乡	25	砌石重力坝	35	4	大坝渗漏严重，中部外凸变形，原底孔无法开启，右坝肩外侧有风化迹象，库区右岸有滑坡迹象，现已不能正常运行		
6	罗格当水库	白云区	30	土坝	124	3.5	大坝护栏裂缝主要受车辆影响所致		正常
7	龙林沟水库	德江县高山乡	12	土坝	35	0.7	坝基渗水，溢洪道侧墙漏水，地震影响轻微		
8	田沟水库	德江县长堡乡	7	土坝	11	0.5	坝基漏水加大，地震影响轻微		
9	龙洞沟水库	德江县荆角乡	16.5	土坝	16	0.5	坝基漏水，坝身接触带渗水，地震影响轻微		
10	吴家寨水库	德江县合兴乡	8.5	土坝	23	0.8	坝身左侧漏水，地震影响轻微		
11	洞子沟水库	德江县潮砥镇	18	土坝	11.5	0.7	坝体迎水面护坡多处裂缝，坝基渗水，地震影响轻微		
12	大龙桥水库	松桃县大坪镇	16.2	土坝	65	1.27	坝肩兼人行道及溢洪道上人行桥两端等处出现裂缝，地震影响轻微		正常

贵州省震损严重的水库是盘县松河乡泥木嘎村的洼基河水库（见图 5–51），大坝坝址位于珠江流域北盘江水系拖长江支流洼基河上。水库始建于 1976 年 6 月，1982 年大坝、溢洪道等主体工程完工，为小（2）型蓄水工程，总库容 35 万 m^3，工程的主要任务是灌溉、防洪和供水。

水库大坝出现裂痕，坝下游面左岸低于坝顶 15.8 ～ 16.5m 间发现 2 条新的张性水平裂缝，长约 1m，宽约 5mm；右岸低于坝顶约 6m 处发现有垂直向裂痕，肉眼可见；放水涵下游约 2m 处漏水量增大，周边附着物有受应力挤压松动痕迹；大坝中心底孔闸门房受外力影响有明显移位迹象；坝下游面受应力影响有 7 处附着物脱落大坝渗漏严重，中部外凸变形，原底孔无法开启，右坝肩外侧有风化迹象，库区右岸有滑坡迹象。

水库下游有松河乡政府和龙脖子、歹马两个行政村，松河火车站，松河煤矿等 3 个厂矿，2 所小学，二级路 7km，县道 8km，人口 6000 人，耕地 2500 亩。人口和固定资产相对集中，如水库出现溃坝，将造成重大损失。

图 5–51　震损后被拆除的洼基河水库大坝

5.5.2　震损水库除险

水利部、珠委分别派专家组会同贵州省水利厅人员，开展了对震损水库的查险和抢险工作。

5 月 16—22 日，珠委副主任王秋生率工作组对贵州省震损水库的查险和抢险进行技术指导。同时，贵州省水利厅组织由总工程师杨朝晖、副总工程师董存波任组长的两个工作组先后对全省 12 座震损水库进行专项检查，并在现场落实各项度汛措施。

5 月 19 日，水利部 5・12 汶川特大地震的震损水利设施工作组赴盘县洼基河水库进行现场震损检查。

5 月 20 日，贵州省防汛抗旱指挥部分别向贵阳市、遵义市、六盘水市、铜仁市地区防汛抗旱指挥部发出《关于进一步做好震损水库安全度汛工作的紧急通知》，组织水工专家和地质专家组分赴各震损水库，对工程震损等级、主要险情等情况进行分析和研究，提出裂缝封堵、开挖回填、降坡减载、坝面覆盖、降低水位、疏通排水等应急除险措施，进一步降低水库度汛压力。同时，督促有关区（县）严格执行 24 小时安全巡查制度、汛期值班制度和重大险情报告制度，指派专人对出险水库进行重点监测，以便在发现险情征兆时及时报险预警，对受 5・12 汶川特大地震的震损水库制定了相应的除险方案及处置措施，落实了水库应急处置和下游群众安全转移预案，对有溃坝危险和高度危级的水库，做好随时撤离准备，一旦出现险情，立即转移人员。

贵州省防汛抗旱指挥部根据制定的应急除险措施，完成了12座水库的应急抢险处置：

洼基河水库。水库为病险水库，地震后增加了新的不安全因素，安全隐患严重，按省水利厅工作组的要求，对坝体进行拆除，空库运行，加强观测，并落实了抢险队伍和抢险物资；防汛行政责任人为龙朝亮（乡长），现场观测人员为王虎（乡水利站站长）。

沙坝水库。加强水库大坝监测，每2小时对大坝巡视和检查1次，测量渗漏量，做好记录，将测量数据报县防办；启动防汛预案，做好抗洪抢险准备工作，确保一旦有灾情发生，能立即按照预案投入抢险；确保下游人民生命财产安全。

大龙桥水库。通过监测，无隐患扩大现象。

牛拦门水库。塌方清理，并做加固防渗处理；由于这座水库为待治理水库，因此不蓄水。

务川青坪水。塌方处清理，并做加固防渗处理；由于这座水库为待治理水库，因此不蓄水。

罗格挡水库。水库大坝未发现异常情况，能够正常运行，要求产权单位及时请有资质的单位对水库作出安全鉴定。

金泉水库 。维修启闭设施，排除险情后正常运行。

此外，德江县农林沟水库、田沟水库、龙洞沟水库、吴家寨水库和洞子沟水库，均开闸放空水库，并落实行政责任人和专管人员。

5.6 重庆市

地震造成重庆市32个区（县）352座水库出现险情，占全市水库总数的12.5%，造成直接经济损失61594万元。

灾情发生后，重庆市水利局派出6个工作组，指导和帮助有关区县开展险情排查工作，并逐一落实了352座震损水库的行政责任人、技术责任人、主要监测人员及联系电话，进一步修订完善了应急预案，编制、审批并落实了防汛预案和群众安全转移预案，加强了值班巡查，并开展了应急抢险工作。

5.6.1 震损水库情况

黔江区水利局派出5个工作组，对小南海、洞塘两座中型水库，各乡（镇）小型水库、重点部位山坪塘等进行排查。

经过排查，重庆市有32个区（县）的352座水库出现险情，占全市水库总数的12.5%，其中：中型水库7座，小（1）型水库51座，小（2）型水库294座；土石坝303座，拱坝40座，重力坝9座；高危险情33座[中型1座，小（1）型6座，小（2）型26座]；总库容34417万m^3。直接经济损失达61594万元。

水库工程主要险情有：坝体开裂及渗漏、坝肩渗漏、大坝上下游坝坡滑坡及塌陷、溢洪道及取水输水设施损坏等，其中：坝体开裂163座、渗漏194座，大坝上下游坝坡滑坡及塌陷76座，溢洪道损坏84座，放水设施损坏118座。

重庆市有3座震损严重的水库，分别为垫江红旗水库、奉节县青莲溪水库、涪陵区龙桥水库。

红旗水库。副坝右坝肩下游相距 20 ~ 30m 的坝坡上出现混水涌漏，实测漏水量 20L/s；大坝右坝肩 1/3 坝高以下坝体有渗漏水逸出；左坝肩坝后岩体层间加大，能听到流水声；右坝肩坝顶高程以上的平台处 400V 动力电源线电杆折断，造成上坝电力线中断；右坝肩上游约 20 ~ 30m 处出现山体垮塌，塌方量约 $150m^3$，造成上坝便道中断。

青莲溪水库。大坝基础帷幕灌浆受地震影响遭到破坏，渗流量加大。

龙桥水库。大坝内坡出现滑坡，滑坡呈三道滑弧，滑弧靠左坝端，最上道滑弧离坝顶约 4m，整个滑弧在坝的中部靠左坝端，三道滑弧总长达 60 余 m，其中，最长的一条长 30 余 m，裂缝宽 1 ~ 3cm。

5.6.2 震损水库的应急处置

5 月 13 日，重庆市水利局派出 6 个工作组，指导和帮助有关区县开展险情排查工作：

北碚区水利农机局派出检查组对海底沟地下水库、工农水库和金子湖水库等震损水库进行排查。璧山县水务局派出 4 个技术检查组对全县 13 个街道、镇乡的水利工程进行排查。荣昌县水务局派出 2 个工作组对全县的小（1）型以上水库进行排查。重庆市南川区水务局检查组对全区小（2）型以上水库大坝进行安全隐患排查。万盛区水务局组织 3 个组对青山湖水库一期工程、汤家沟中型水库等各重点水利工程进行排查。合川区水务局派出 3 个工作组重点检查河、肖家沟、龙川江等小（2）型以上水库大坝。经过水库震损情况排查出的问题，对存在安全隐患的工程，针对轻重缓急进行除险，震后当年各水库实现了安全度汛。

5 月 28 日，水利部组织的 120 部水利送水车在四川成都温江市集结，赶赴四川地震灾区 15 个重灾市县的 120 个乡（镇），为受灾群众应急供水

5 月 25 日，上海市水务局工程技术人员在四川省什邡市湔氏镇抢修现场仔细校正供水设施

唐家山堰塞湖除险后湔江河道过水情况（二）

6 供水保障

5·12汶川特大地震发生后，重灾区供水设施遭受严重破坏，灾民临时安置点的饮水供应首先成为救灾的重点，得到了党中央、国务院、水利部的高度重视。在抗震救灾工作全面实施后，城乡应急供水的水量与水质保障随即成为水利抗震救灾的重要环节。自5月13日水利抗震救灾行动启动，至7月10日任务完成，近2个月的时间里，在水利部供水组的组织下，动员协调全系统的人力和物力，按行政区对应灾区进行对口支援，与灾区水利系统员工冒着余震，团结奋战，圆满解决了重灾区帐篷营地的应急供水；完成了震损供水工程、设施设备的应急抢修任务以及灾区供水水源的水质监测，为灾区上千万人提供了清洁、充足的水源保障。震后没有发生一例由于供水问题引发的次生灾害。

6.1 供水工程震损概况

大地震以及此后持续不断的余震，使位于四川龙门山断裂带的重灾区供水工程几乎全部毁坏，灾区城乡更多的供水设施也普遍震损严重，其中乡镇供水工程或供水设施占大多数。灾后，农村及城镇面临严峻的供水问题，影响受灾群众的生活，关系灾后的社会稳定。

6.1.1 四川省

据统计，截至2008年6月30日，四川省农村供水工程震损422768处，其中集中工程5003处，分散工程417765处。重度损坏的工程有154180处，其中集中工程1926处，分散工程152254处；中度损坏的工程有157228处，其中集中工程1353处，分散工程155875处；轻度损坏的工程有111360处，其中集中工程1724处，分散工程109636处。震损供水工程主要分布在农村或乡镇。

震损农村供水工程造成灾区群众1121.73万人饮用水困难，分布在全省19个市（州）、139个县（区、市），其中39个国家级重灾县影响人口823.60万人，一般受灾县影响人口298.13万人。

5·12汶川特大地震还造成了四川省126个县城以上城市供水设施不同程度的损坏，供水管道损毁7880 km，水厂蓄水池损毁839个，1281处取水工程受到破坏，受灾影响人口404万人，直接经济损失约55.71亿元。其中21个重灾县（区、市）中，都江堰市、彭州市、北川县、平武县、江油市、安县、什邡市、绵竹市、汶川县、茂县、理县、青川县、小金县等13个市（县）供水设施损毁严重，部分供水设施完全损坏（见图6–1、图6–2）。

灾情发生后，地方水利、建设等部门紧急启动城镇供水应急机制，按照“水质安全为第一目标，应急供水为重中之重，修复重建要远近结合”的原则，快速推进城镇供水应急保障工作。一是奋力抢修厂网，本地供水部门紧急调动设施设备积极开展自救，省内外抢修队伍大力协作，抢修工作顺利推进。二是强化应急送水，大量组织应急饮用水，开通专用送水车，敷设临时饮水管道，确保应急供水。三是加大供水水质监测力度，深入重灾区积极开展水质核查工作，对灾区饮用水水源地和末梢水扩大监测取样，提高监测频次，增加监测指标，切实保障饮水安全。

截至5月28日，除北川县外，重灾区城镇供水基本得到保障。大邑县、崇州市、郫县、温江区、安县、平武县、什邡市、芦山县、宝兴县、青川县、理县、茂县、松潘县、小金县、黑水县等城镇

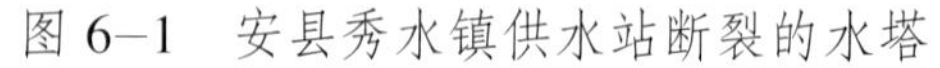

图 6–1　安县秀水镇供水站断裂的水塔

图 6–2　什邡市洛水镇倒塌的水塔

供水恢复 85% 以上；都江堰市、彭州市、江油市等城镇供水恢复 80% 以上；绵竹市等城镇供水恢复 60% 以上。对尚未能正常供水的区域，采取送水车和敷设临时管道等方法保证供水，供水水质基本达标。至 9 月 30 日，除北川县外的地震灾区全部恢复供水。

6.1.2 甘肃省

甘肃省农村供水工程包括集中供水工程和水窖工程两大类。震前灾区建成集中供水工程（引水、提水、机井、大口井等）5609 处，分布于 53 个县（区、市），受益人口 697 万人；人饮水窖 109.83 万眼，分布在 45 个县（区、市），受益人口 490 万人。

经核实，截至 6 月 20 日，5·12 汶川特大地震造成甘肃省农村供水工程及供水设施遭到不同程度的震损，震损工程主要分布在陇南市、甘南市、天水市、平凉市、庆阳市、定西市、临夏州、兰州市、白银市等 9 个市（州）56 个县（区、市）732 个乡镇 4428 个行政村。供水影响人口 297.83 万人，占受益人口 1187 万人的 25%，其中 98.6 万人发生了暂时的饮水困难，影响范围较大。重灾区陇南市、甘南州舟曲县供水影响人口 133.5 万人，占甘肃省总供水影响人口的 46%。

农村供水工程设施震损造成直接经济损失达 55438.96 万元。其中陇南市 31474.44 万元、甘南州 6293.63 万元、天水市 5983.92 万元，为受灾最重区；平凉市 4792.60 万元、庆阳市 3355.25 万元，为受灾次重区；临夏州、定西市、白银市、兰州市为一般受灾区，直接经济损失 573.50 万～1199.00 万元（见表 6–1）。

5·12 汶川特大地震震损农村供水工程设施 1951 处，集中供水水源 1671 处，供水管道 5792.35km。其中，严重损毁 396 处，水塔塔身严重倾斜、倒塌、塌陷，水源干涸，无法使用；中度损坏 812 处，水塔塔身严重裂缝、管道断裂，危及工程安全，需除险加固；轻度损坏 743 处，水塔塔身裂缝、变形，通过应急维修可以继续使用。蓄水池震损 1321 座，其中塌陷 737 座，裂缝 584 座。水塔倒塌 46 座，塔身倾斜、裂缝 166 座。水窖破损、裂缝 8.58 万眼。水厂厂房地基下沉 28 处，净化和机电设备损坏 1355 台（套）。管理房倒塌严重损坏 380 间（见图 6–3 ～图 6–5）。

陇南市震损尤为严重。全市水源设施震损 1087 处（含礼县、宕昌县），占受灾区震损水源设施的 65%；供水管道震损 3828.89km（含礼县、宕昌县），占受灾区震损管道总数的 66%。重灾区震损详情见表6-2。

表6-1　甘肃省震损农村供水工程统计表

市（州）	水源设施／处	供水管道／km	影响人口／万人	直接经济损失／万元
陇南市	1087	3828.89	133.50	31474.44
甘南州	206	603.82	25.50	6293.63
天水市	72	407.38	55.33	5983.92
平凉市	23	169.12	26.52	4792.60
庆阳市	212	81.59	18.15	3355.25
临夏州	24	111.34	21.88	1199.00
定西市	28	134.01	8.85	1084.62
白银市	12	216.20	3.70	573.50
兰州市	7	240.00	4.40	682.00
合　计	1671	5792.35	297.83	55438.96

表6-2　甘肃省重灾区震损农村供水工程统计表

市（州、县）		所在地点／处	供水人口／人	损失数量				经济损失估算／万元
				水源／处	蓄水池／座	管道／km	水窖／眼	
陇南市	文　县	284	212100	261	244	549.00	—	4451.00
	武都区	512	390000	344	420	1750.74	389	13009.20
	康　县	228	120000	181	241	389.00	—	2620.00
	成　县	77	91600	36	76	175.53	260	533.74
	徽　县	50	79400	26	41	108.60	—	378.50
	西和县	142	152000	39	75	129.95	10149	4500.00
	两当县	86	35000	49	72	271.00	340	893.00
	合　计	1397	1080100	936	1169	3373.92	21909	26385.44
甘南州	舟曲县（含八楞乡、大峪乡、武坪乡、南峪乡、丰迭乡）	57	76000	40	52	256.38	4973	1638.34
重灾区总计		1454	1156100	976	1221	3630.30	26883	28023.78

图 6-3　因地震倒塌的陇南市徽县伏镇农村供水工程

图 6-4　因地震倒塌的平凉市崆峒区白庙乡贾洼水厂罗湾水塔

图 6-5　因地震倒塌的平凉市崇信县野羊供水工程水塔

地震对供水工程的破坏，主要有如下类型：

（1）地震后水源水量、水质发生变化，出现水量不足甚至个别水源消失，水质浑浊不能直接饮用，一些截引、泉水、井水水源被震损及塌方所埋。

（2）建在半山坡和山顶上的高位蓄水池，塔身为砖质结构的水塔出现倒塌或裂缝，以致不能正常蓄水使用。

（3）地震造成蓄水窖内壁抹水砂浆剥落，窖体产生结构性裂缝，部分窖体震塌。

（4）由于供水管网较长，分布在山大沟深、交通不便、地质条件差的山区，地震造成大面积的滑坡、塌方和泥石流毁坏了管网，使管件破坏、脱节、断裂。

（5）主震后余震不断，造成部分工程的房屋倒塌，供电、交通、通信中断，提水、净化等用电供水设施无法正常工作，影响供水。

6.1.3 陕西省

5·12 汶川特大地震及此后连续发生的强余震造成陕西震损农村供水工程 1284 处，其中汉中市 527 处、宝鸡市 450 处、西安市 15 处、咸阳市 174 处、安康市 96 处、杨陵示范区 22 处（见图 6–6）。受损供水工程中，有 55 眼机井发生井管弯曲、井壁破裂，684 座水塔发生倒塌、倾斜、裂缝和地基沉陷，284 座蓄水池出现裂缝、坍塌，641km 供水管网发生管道扭曲、断裂和渗漏，463 处其他供水设施发生不同程度的损坏。全省城乡供水设施因灾造成直接经济损失 1.64 亿元，其中汉中市供水设施直接经济损失 0.56 亿元，宝鸡市供水设施直接经济损失 0.67 亿元，分别占全省供水设施直接经济损失的 34% 和 41%。

供水工程震损后，影响陕西省汉中市、宝鸡市、咸阳市、安康市、西安市五市和杨陵示范区的 37 个县（市、区）136.9 万人的供水。震后供水发生困难的县（区）分别为汉中市的汉台区、宁强县、略阳县、勉县、城固县、洋县、西乡县、镇巴县、留坝县、佛坪县、南郑县等 11 个县（区），宝鸡市的金台区、渭滨区、陈仓区、凤翔县、岐山县、扶风县、眉县、千阳县、陇县、麟游县、凤县、太白县等 12 个县（区），西安市的周至县、户县 2 个县，咸阳市的长武县、武功县、兴平市、彬县、礼泉县、乾县、永寿县等 7 个县（市），安康市的汉阴县、石泉县、宁陕县、紫阳县等 4 个县，以及杨陵示范区。

图 6–6　汉中市宁强县宽川乡集镇供水工程水源地在地震后浑浊不堪

6.1.4 其他省（直辖市）

（1）云南省

受 5·12 汶川特大地震震损，影响范围涉及农村供水水源设施 1632 处，7510 处村镇供水工程，8 个水厂、供水管道 2377km。由于输水管道受损严重、水池开裂漏水、水窖拉裂等严重影响灾区的正常供水，直接经济损失达 3778 万元。

影响范围涉及昭通市的昭阳区、巧家县、镇雄县、威信县、绥江县、鲁甸县、彝良县、大关县、永善县、水富县，迪庆州德钦县，丽江市宁蒗县、永胜县，曲靖市会泽县等 14 个县（区），受影响人口 30 万人（见表 6–3）。

（2）重庆市

全市 33 个区（县）343 处水源设施和水厂制水设施因震损毁，损毁供水管道 823.2km，直接经济损失达 21560 万元，受影响人口 153.7 万人。

表 6–3　云南省农村供水工程统计表

项目名称	所在地点	供水人口／人	主要险情	日供水量／万 m^3
集中安置点临时集中供水设施小计				0.38
5个乡	昭阳区	6480	管道、水池受损	0.032
大寨水管站修复	巧家县		管道、水池受损	
5个乡（镇）的5个村	镇雄县	6578	管道、水池受损	0.05
彝良县人畜饮水	彝良县	2212	管道、水池受损	0.1327
集中安置点临时供水工程	威信县	2.03	管道、水池受损	0.16
现有供水设施应急修复小计				3.72
7个乡（镇）	昭阳区	6000	管道水池受损	0.03
11个乡（镇）	鲁甸县	8913	管道水池受损	
	巧家县	11000	水窖、水池受损漏水，管网受损2.16km	0.43
4个镇的4个村	镇雄县	12808	损坏水池10个，损坏管道26.5km	0.10
	彝良县	8580	水池开裂、管道受损	0.06
	威信县	1.60	水池开裂，管道破损	0.14
集镇供水工程9件；农村自流管引工程640件	大关县	105600	管震裂池渗漏	1
10个乡（镇）（含县城水厂及多个村）	永善县	22603	损坏取水口／点20处、调节池327个（含底、腰部断裂，渗漏严重）、管道40.5km	0.13
5个镇	绥江县	18062	水窖拉裂，管引破坏	1
2个镇	水富县	5600	管道和水池损毁	0.04
2个镇中2个村的引水修复工程	迪庆州德钦县	1330	地震导致引水渠道部分滑坡，且有不同程度的损毁、垮塌	0.023
人畜饮水	宁蒗县	3000	管道破裂、水池渗水	
2个乡(镇)5处工程(5个村)	永胜县	2241	管道局部断裂、渗漏	
8个乡（镇）供水工程	会泽县	67950	蓄水池漏水，共损毁及损坏管道239.7km	0.6078
规划居民点供水设施小计				0.2691
5处乡（镇）供水工程	昭阳区	3200		0.016
大寨水管站修复	巧家县			
1处	彝良县	12865		0.1081
1处	威信县	12000		0.11
2处	水富县	5600		0.035
2个乡（镇）5个村级饮水工程	永胜县	2241	管道局部断裂、渗漏	0.02
10个乡（镇）的水窖及地边水池	会泽县	16050	3510个地边水池、3590个人饮水窖不同程度开裂漏水、塌方	

6.2 供水应急对策与组织实施

5月16日，根据水利部抗震救灾指挥部的要求，成立了水利部抗震救灾前方领导小组供水专业组，姜开鹏任组长，陈晓军、洪一平任副组长。18日，水利部抗震救灾前方领导小组从都江堰市迁回成都市，成立综合组、堰塞湖组、水库组、供水保障组和防汛组。供水保障组组长由王晓东、朱兵共同担任，陈晓军、姜开鹏、肖先进和洪一平任副组长。根据工作需要，供水保障组（以下简称供水组）内设农村供水组、水源地与城市供水组、水质监测组、设备组。主要工作人员来自水利部农水司、水资源司、四川省水利厅、四川省农水局、中国灌溉排水发展中心、中国水科院和四川省水文局、四川省水科院等单位共25人组成。供水组按照“合署办公、集体会商、共同决策、地方落实”的工作机制开展工作。在抗震救灾期间发挥了重要的组织、指导和协调作用。与建设、环保、卫生等相关部门建立供水保障联席会制度，与成都军区联勤部基建营房部建立应急供水协作关系，并与专家学者、供水设备生产企业广泛联系。供水组坚持每天工作技术会商制度，沟通情况、研究对策；工作组成员坚持深入一线调研，与市、县政府部门和灾区群众沟通，指导技术人员开展应急供水。供水组及时将前方信息向水利部领导小组汇报，并按部抗震救灾指挥部的工作部署，与水利部工作组共同指导地方开展工作。

供水组会同地方组织了18个工作组，分别派往21个重灾县（市），协助地方水利部门开展救灾应急供水工作。供水组还派出了4个技术指导组，以分片包干形式对重灾区进行指导，建立供水保障工作责任人制度。来自长江、黄河、淮河和海河四个流域机构的水质监测专业技术人员，以及上海市、重庆市、武汉市、大连市水务局组建的4支水利抢修队伍共35批200多名专家和技术人员，按行政区划分别对口承担重灾区供水设施的抢修任务。

6.2.1 应急对策

供水组制定了面向重灾区重点县的供水保障对策：首先满足应急供水，然后修复震损供水设施，并注重应急抢修与灾后重建的衔接。

根据灾区供水设施震损情况，进行相应的应急供水处理措施：位于县城周边的灾民安置点，通过市政供水管网延伸提供应急水源；对乡（镇）灾民安置点，采用小型一体化设备供水；对受灾较轻的乡镇集中供水设施，抓紧进行抢修，提高供水能力；对受灾严重的乡（镇），采用小型一体净水设备解决应急供水。对单村或分散供水，有水源条件的抓紧修复供水设施，采取过滤和消毒供水，必要时也可采用小型一体化净水设备应急供水；对农户使用分散水源的，指导农民投放消毒药片，煮沸后饮用；对暂无水源条件的乡村，采取送水车临时送水的做法，解决应急供水。震后不久，在21个重灾县建立了40多个供水示范点，在帐篷临时安置点和板房过渡安置区修建配套供水设施，在灾区各安置点和安置区均实现了应急供水，大部分采取了饮用水和生活用水实行分质供水的措施。

供水组根据震后应急供水行动的需要，紧急组织专业技术人员编制了《抗震救灾灾民安置点应急集中供水技术方案》，作为应急供水的技术指南。随即编印了5万份《抗震救灾饮水安全应急常识》卡片，分发灾区，普及饮水安全知识，提高群众自我保护意识，防止灾后介水传染病的传播。组织有关专家编写了4篇技术报告，对灾区应急供水建设、设备选择、水源选择和保护等提出意见和建议，并协助当地制定了阿坝州抗震救灾指挥部迁移点供水设施建设技术方案。

在应急供水行动中，水利部抗震救灾指挥部将水质保障作为工作重点之一。四川省水文局对重点河流断面、重要城市集中供水水源地进行实时监测，并对重灾区的饮用水水源地水质进行普查。供水组紧急协调长江委、黄委、淮委、海委抽调34名技术人员、10辆监测车和40套水质快速监测设备支援灾区水质监测工作。与四川省有关部门建立了信息共享、统一汇总、沟通协商的工作机制，实行水质监测信息每日通报制度。积极协调建设、卫生、环保、农业等部门，划定了250个水质监测点和监测断面，基本实现了对城乡供水水源地、灾民安置供水点、重要江河控制断面水质监测的全覆盖，加密监测频次，共监测城乡饮用水源地1799个点次，为保障水质安全提供了有力支撑。

在供水组的组织下，四川省地震灾区各级水利部门职工与上海市、重庆市、武汉市、北京市、大连市水务（利）局组织供水工程抢修队全力以赴，在震后不到10天基本解决了重灾区30多万群众的应急供水问题。抗震救灾期间，累计抢修恢复原有水厂和修建临时供水工程6726处，累计抢修恢复原有供水管道、铺设临时供水管道36712.3km，至7月底基本解决了地震灾区955.6万人的供水问题。

6.2.2 实施过程

5月15日，国务院抗震救灾总指挥部增设水利组，解决灾区饮水问题、保证饮用水供应是水利组具体负责的三项工作之一。

5月15日，前方领导小组成立，下设水文、供水和水电站3个专业组。供水组主要任务是：①负责震毁供水设施核查和上报；②应急供水及供水设施灾后恢复重建前期工作；③灾区水源保护和水质检测。

5月16日，水利部抗震救灾指挥部会议决定全力解决灾区饮水问题。陈雷部长要求农水司会同水资源司，组织力量深入调查核实，尽快摸清震损供水工程、设施设备情况和受影响范围。特别要注意影响重大、需求迫切、问题突出的重灾区，因地制宜地解决供水问题。组织流域机构和其他直属单位、有关省、市、区对口支援，指导帮助灾区修复供水工程。同日，供水组抵成都市与四川省水利厅联署办公，开展供水设施受损情况排查，指导灾区恢复供水，组织供水设备调运，协调对口支援。同时，水利部下发《关于做好受灾地区城乡饮水安全保障工作的通知》（水农〔2008〕147号），要求灾区水行政主管部门根据水利部的统一部署，迅速深入灾区，做好农村和城市供水水源工程、供水管网和配套设施损毁情况的调查，详细了解灾害损失情况、受灾人口，以及应急供水所需的物资、设备、技术和资金等情况，及时将有关信息上报水利部；要求灾区各级水行政主管部门迅速启动应急预案，组织临时供水设施，千方百计搞好灾区应急供水工作，确保群众饮水安全。对受损较轻的供水设施，要立即组织进行抢修，尽快恢复供水；要求各地加强震后水源水质监测，特别要重视重金属、化学药剂、腐烂物等有毒有害物质对水质的影响，发现问题要及时报告，对不适宜作为饮水水源的要设立警示标志。必要时应重新开辟新的水源，划定临时保护范围，设立简易标志，加密监测频率，配合卫生部门做好消毒和防疫工作，防止灾后发生水污染事故和介水性传染病的传播；通知责成水利部长江委协助地方开展水质监测工作。

5月17日，第一批水质检测车赶赴灾区。次日，在水利部抗震救灾指挥部会议上作出决定：灾区群众饮水保障上升为当前的重要工作，要以最快的速度实施抢修震毁供水工程设施、购置发放小型应急供水设备等重要保障措施。同时，还要全面开展饮用水水源地水质监测和保护。随即，灾区全面开展供水设施震损情况的排查和水质监测工作，并将应急供水保障的重点放在四川省21个重灾县。

5月19日，在供水组的组织协调下，上海市、武汉市、大连市、重庆市、北京市水务局组建供水抢修队伍。同日，紧急调运2台移动式水质检测车、46台小型移动式制水设备、30万片净水消毒片、40套一体化净水设备、50台日处理能力12m^3的小型净水器和1万支"生命吸管"运抵灾区。次日，农水司组织编制的《地震灾区应急供水技术要点》，下发各地，指导应急供水和供水工程修复工作。

5月21日，向四川省21个受灾重点县派出供水工作组，制定了对供水专项资金、物资使用和管理办法。动员四川省内和其他省的力量，组织抢险突击队，自带抢修车辆、设备和管材，每县部署3～4个突击分队，实施分片抢修乡村供水设施。

5月22日，水利部向中央政治局常委会提交关于防范次生灾害和解决灾区供水困难的报告。汇报了当前的主要应对措施和下阶段部署，包括紧急核查供水设施损坏情况，紧急与供水设备生产厂家联系，组织向灾区调运应急供水物资和设备，组织震区外省（市）对口支援，承担具体抢修和救灾工作，组织编印《抗震救灾灾民安置点应急供水技术要点》和《抗震救灾饮水安全应急常识》卡片，进一步核查灾情，细化应急供水实施方案，增加灾区供水一线技术力量，加紧筹集和调运应急供水所需物资设备，与环保、卫生等部门密切配合进一步做好饮用水水源保护和水质检测工作。

5月26日，水利部工作组编制完成《灾民安置点供水排水工程典型设计》。

5月27日，灾区城镇供水基本恢复，临时供水基本满足需求。除北川县外，城镇供水已基本得到保障。大邑等15个县（市）城区供水恢复85%以上；都江堰市、彭州市、江油市供水恢复80%以上；绵竹市供水恢复60%以上；调配汶川县的1台净水设备开始供水。重灾区供水覆盖率达到80%以上。灾区供水保障工作已经从应急临时供水阶段过渡到工程稳定供水阶段。

6月6日下午，胡四一主持召开部供水工作会议，针对新的居民集中安置点、新的转移人员安置点、偏远山区群众以及返乡群众的供水，以及灾区供水保障体系仍然存在安全风险等问题，决定尽快抢修供水工程设施，提高供水保障程度，逐渐减少依靠送水、拉水解决应急供水问题的人数。

6月11日，灾区应急供水保障达到100%。应急保障供水任务完成，开始启动地震灾区供水工程灾后重建工作。

6.2.3 技术支持

（1）水利部及直属机构

5·12汶川特大地震发生后，水利部农水司迅速组织中国灌溉排水发展中心、中国水科院等行业内有关机构和专家，赴一线提供技术指导。同时，组织后方专家编制相关应急供水技术文件，组织调集应急供水设备，为前方行动提供科技支撑。

5月16日，为保障灾区安置点的应急供水安全，在水利部农水司的组织下，中国灌溉排水发展中心、水科院等单位抽调专家编写了《抗震救灾饮水安全应急常识》、《灾民安置点应急集中供水技术方案》和《灾区分散式供水技术要点》。其中《灾民安置点应急集中供水技术要点》，以"办农水〔2008〕126号"文件正式发布。20日，为充分发挥技术标准在抗震救灾和灾后重建工作中的技术支撑作用，水利部国科司组织水规总院、中国水科院、中国灌溉排水发展中心等单位专家联合编写《水利抗震救灾与灾后重建技术标准汇编》（上、下册），共包括50本标准。为满足抗震救灾与灾后重建的需要，中国水科院等单位先后完成了《地震次生水灾害与水问题应对措施》和《抗震救灾与灾后重建水利实用技术手册》编写任务。这些技术文件和资料成为前方应急行动和灾后供水工程恢复重建的技术指南。

其后，水利部农水司组织专家编辑完成了《抗震救灾饮水安全应急常识卡片》，印发5万份发放灾区。同时，在中国农村饮水安全网发布，对指导灾区技术人员实施安全供水和对灾民普及饮水安全知识、预防疾病起到了重要作用。

（2）卫生部

5·12汶川特大地震发生后，卫生部从全国20个省（自治区、直辖市）抽调1307名卫生监督员配合四川省开展灾区食品、饮用水卫生监督监测工作。

为指导做好灾区饮用水卫生工作，卫生部会同环保部、住建部、水利部和农业部下发了《关于切实做好地震灾区饮用水安全工作的紧急通知》。卫生部组织专家提出了《灾民安置点或集中居住地应急供水卫生要求》、《地震灾区饮用水与食品卫生情况调查与建议》、《地震灾区饮用水有害化学物质监测方案》，完成了《地震灾区饮用水卫生状况分析与评估》报告。陈竺部长亲自主持了灾区饮用水卫生监测方案论证会。为指导和规范灾区消毒与杀虫灭鼠工作，防止饮水污染，卫生部发布了《地震灾区预防性消毒与杀虫专业技术指南》，组织修订了《地震灾区病媒生物防制（杀虫、灭鼠）方案》。

卫生系统以集中式供水、受灾群众集中安置点饮水和农村分散饮水卫生监督监测为重点。截至6月6日，共检查指导供水单位、饮用水供水点和居民家庭储水设施29483户次。同时，采取张贴标语、广播宣传、分发指导手册等形式大力宣传健康饮水方式和卫生知识，全面推行煮沸消毒、泡腾片消毒等措施，防范发生介水肠道传染病发生。

自5月16日开始，卫生部门开展了灾区集中式供水出厂水、末梢水和分散式饮水水质实验室检测以及现场快速检测工作。截至6月6日，实验室累计检测水样3895件，其中出厂水933件，末梢水1577件，分散式供水1385件，现场快速检测累计检测16802件，合格率93.8%。检测结果表明：总大肠菌群、游离氯和浊度是导致水质不合格的主要指标。

此外，卫生部门还对成都市、绵阳市、德阳市、雅安市、广元市等5市的水源水、出厂水、末梢水和分散式供水开展了水质“敌敌畏”检测；对成都、绵阳等地水源水和出厂水总α和总β放射性指标进行了检测，检测结果全部合格。

（3）农业部

农业部在地震发生次日即派出专家组赴灾区开展无害化处理和环境消毒工作。同时，组织专家参考联合国粮农组织（FAO）、世界动物卫生组织（OIE）以及世界其他国家对自然灾害后死亡动物的处理规范和国际通行做法，结合实际情况，及时制定了地震灾区动物尸体深埋处置要点，规范死亡动物尸体无害化处置程序，避免对周边环境造成二次污染。截至6月5日，四川省、重庆市、甘肃省、陕西省、云南省等省（直辖市）畜牧兽医系统共无害化处理畜禽2415.76万头（只），其中四川省无害化处理2305.71万头（只）。累计向灾区调运消毒剂1153.28t，消毒面积13.76亿m^3，其中四川消毒面积13.67亿m^2，清理受灾畜禽规模养殖场（小区）3.7万个。

此次地震灾害造成近3万t养殖鱼类死亡，农业部于5月15日发布死鱼无害化处理技术指导方案，编制了灾区死鱼无害化处理及水生动物防疫挂图。5月17—19日，四川省、陕西省、甘肃省、重庆市等省（直辖市）均抽调科技人员组成专家组，分赴彭州市、都江堰市、汉中市、宝鸡市、陇南市、甘南州等地指导开展死鱼无害化处理工作，下发死鱼无害化处理挂图及技术资料2000余份。4省（直辖市）近3万t死鱼，67%已按照严格程序进行了无害化处理，最大限度地防止了死鱼腐烂对公共环境卫生和水源的污染。同时，指导灾区做好养鱼池水质改善和消毒工作，通过泼洒生石灰、漂白粉等，对池塘水进行消毒，调节和改善池塘水质条件，确保不对灾区水源和生态环境造成污染。

农业部还组织了灾区排灌站灾毁统计，组织农机专家和专业技术人员赶赴灾区指导做好灾损农机具和设施的抢修工作；协调灾区农机部门，迅速组织各类应急抢修小分队、技术服务队，深入灾区服务。同时，协调各地农机企业组织抗震救灾服务队，紧急调运排灌站所需零配件，抓紧抢修排灌站及附属设施。截至6月5日，抢修排灌站及农机库棚面积69586m^2。

（4）科技部

5·12汶川特大地震发生后，科技部农村科技司及时组织多学科专家筛选了适合灾区抗震救灾工作的应急技术和产品，分三批发布，包括技术和产品的名称、用途、使用及注意事项、生产厂家或技术来源、联系方式。

在“农村地区抗震救灾应急技术及科技产品（第一批）”中，涉及农村安全饮水应急实用技术及产品包括：净水絮凝剂—聚合氯化、净水絮凝剂硫酸铝、净水消毒剂次氯酸钙、便携式多参数水质监测仪、便携式数显浊度仪、水质在线生物安全预警系统、水源寻找及卫生防护技术措施、震后饮用水澄清及消毒技术措施、震后临时供水技术措施、水厂与供水管路的修复与消毒技术措施、移动式水质净化技术等。

在“农村领域抗震救灾实用技术和产品手册（第二批）”中，涉及农村安全饮水应急实用技术及产品包括：生物慢滤水处理技术、纳滤膜装置在农村饮水安全工程中的示范应用、小直径大功率高扬程井用潜水电泵、农村饮用水污染末端控制器等。

在“农村领域抗震救灾实用技术和产品手册（第三批）”中，涉及灾区饮水安全保障技术包括：灾区饮水安全问题及基本应急方法（2项）、水源选择与卫生防护类（2项）、临时雨水收集处理技术（5项）、水质检测类（4项）、净化技术与设备类（20项）、临时管线敷设与受损管网修复技术类（4项）。

与此同时，科技部和国家减灾委员会共同组织多学科专家编制了《抗震救灾使用知识、技术与产品手册》，其中第三部分为饮水安全与供水，集中介绍了灾区居民生活用水常识，灾区水源的检测、选择与防护技术，集中式和分散式供水应急技术。该手册于2008年6月正式出版，发送灾区。

（5）住房和城乡建设部

灾情发生后，住建部立即启动了《建设系统破坏性地震应急预案》，提出保障灾区城镇供水水质安全为第一工作目标。住房和城乡建设部针对水质监控、水源污染应急处理、移动净水设备安装和使用等发布了技术标准，指导灾区供水安全保障工作。

住房和城乡建设部组织了灾区水厂消毒设施普查，组织捐助消毒设备和药剂，适当提高水厂出水余氯，保证微生物指标合格，切断饮水传染疾病的渠道。为满足灾区的迫切需要，紧急调度具备膜滤和反渗透功能的移动净水设备 84 台。同时，配套 130 万片消毒药片，有效去除细菌和病毒污染。建设部组织了市政队伍抢修管网，派遣了 18 支近 300 人的抢修和管道漏水检测队伍，重点抢修供水干管，有效防止管网破损导致的二次污染。在保障出厂水合格的同时，着力提高末梢水的合格率。

为做好预防细菌污染和化学污染，向成都市、绵阳市、江油市、彭州市等地河道管理部门配备粉末活性炭等应急物资。

在地震中，四川省灾区有 33 座污水处理厂在地震中不同程度地受损，经抢修全部恢复运行。灾区大部分城市生活垃圾填埋场恢复较快，运行正常。组织捐赠环卫设备约 400 台，其中移动厕所 298 套，逐步缓解灾区环卫设施短缺的局面。

在住房和城乡建设部组织下，至 6 月 19 日，四川省累计修复水厂 152 个，修复原有损坏管道 1808km，铺设临时应急供水管道 6093km（其中居民集中安置点铺设供水管道 4234km），合计修复和铺设临时应急管道 7901km；除北川县、汶川县两县外，其余 19 个县（市）城区应急供水基本得到保障，城区 404 万人口的应急供水问题基本解决，供水恢复率达 85% 以上。甘肃省累计修复水厂 20 个，修复管道 25.8km。陕西省累计修复水厂 6 个，修复管道 0.7km。

6.3 重灾区应急供水

5・12 汶川特大地震发生后，供水组迅速投入工作，积极协调组织四川省各级水利部门，一边开展灾情调查，一边千方百计采取措施解决群众应急供水问题。5 月 19 日，供水组组织 18 个工作组共 90 人，对 21 个重灾县进行重点排查，初步摸清了供水设施损失情况。在此基础上，组织专家制定了《四川省地震重灾区乡村供水应急保障工作实施方案》，明确了工作目标、技术路线和时间安排。工作组成员深入实地，组织、指导当地采取多种措施开展应急供水工作。

根据四川省供水保障需要，协调各地水利系统开展对口支援，及时向有关部门反映灾区应急供水的迫切需要，协调灾区供水救灾资金的安排。中央救灾资金下达后，供水组积极与四川发展和改革委员会、财政等部门沟通联系，加快资金下拨速度，支持地方开展工程修复和建设。为有效开展灾区临时供水工作，供水组开展“现场办公”，就供水保障工作与地方行政主要领导以及水利部、民政部、农业部和卫生部等部门现场落实工程地点、形式、受益人口和时间要求。为提高工作效率，专门安排资金进行中小型净水设备、应急送水车、水泵、水质检测设备等省级集中采购并分发各县。针对救灾物资设备的管理，出台《关于加强抗震救灾应急供水设备及物资管理工作的通知》，要求各地加强领导、落实责任，切实做好物资收发管理，详细登记。

5 月 24 日，在四川省下发《关于加强灾民安置供水保障工作的紧急通知》（川水指传〔2008〕3 号）后，供水组先后派出四个技术指导组，对成都市、德阳市、阿坝州、绵阳市与广元市片区重灾县（市）的应急供水保障工作进行指导和督导。至 5 月底，通过抢修原有供水工程设施、修建临时供水工程、安装净水设备、过滤消毒、交通工具送水和组织群众自救等应急措施，四川省受灾群众的临时应急饮水问题基本得到解决，供水保障工作转向过渡期和灾后重建阶段。

在检查和督导过程中，供水组发现多数帐篷区排水设施不畅、环境卫生不良，集中安置区的排水问题突出，为此，及时下发了《关于加强受灾群众集中安置点排水保障工作的紧急通知》。6 月 6 日晚四川省灾区普降中到大雨。7 日，四川省水利抗震救灾指挥部紧急下发了《关于加强雨后水质安全管理的通知》，供水组主要负责同志紧急奔赴绵阳市的游仙区、三台县、德阳市什邡市部分受灾群众集中安置点，调查了解降雨对当地水源水质、安置点环境卫生等的影响，并督促和提醒当地重视水源水质监测和安置点的排水工作。

在供水组协调下，5 月 21 日，召开了四川省水利厅、建设厅、卫生厅、环境保护局、农业厅等部门参加的抗震救灾供水保障联席会，初步建立了信息共享、统一汇总、沟通协商的工作机制。自 5 月 21 日始，多部门之间实现了水质监测信息每日通报制度，取得了很好效果。为全面推进供水保障工作，建立了供水保障工作责任人制度，并将县、乡级行政责任人和技术责任人的相关信息在 6 月 5 日的《四川日报》上公告，接受全社会监督。

四川省水利厅先后下发了《关于认真做好震后水质监测和水污染事件报告及处置工作的紧急通知》、《关于进一步加强灾后水质监测的通知》，对各地做好水质监测工作提出明确要求。四川省水文局对灾区主要城市水源地、重要江河断面及敏感水域共 41 个断面水质进行连续监测。长江委、黄委、淮委、海委 4 个流域机构支援灾区水质监测队伍，根据灾区应急供水情况的变化，调整监测重点、监测范围和频次，重点对什邡市、绵竹市等 19 个市（县、区）的 68 个供水人口在 1 万人以上的城镇集中式供水工程水源地和 141 个日供水量在 $200m^3$ 以上的乡镇集中式供水工程水源地，进行水质巡测，每 3 天循环 1 次。灾区开展的水质监测工作，对保障饮水安全和稳定灾区民心起到了积极作用。

5 月 31 日，四川省因地震灾害影响的 575 万农村供水人口临时饮水问题基本得到解决。

6.3.1 临时安置点应急供水

灾情发生后，在水利部的指挥下，四川省水利厅先后派出 73 批次 2600 人次的专家组和工作组到供水应急抢险第一线，及时摸清情况并印发了 19 份文件指导各地开展供水保障工作。积极争取下达中央饮水应急救灾资金 2.8 亿元，组织采购 6000 余套净水设备、2400 台消毒设备和 100 余 t 消毒药片，接收、发放国内外饮水救灾物资 2.5 万余件，协调、指挥省内外 37 支专业抢修队、6 个水质监测机构及灾区近 3 万名抢险人员，紧张有序地开展救灾工作。至 5 月底，顺利完成应急供水任务，基本解决了灾区 1121.73 万受灾群众临时应急供水问题。在当年春节前又解决了受余震、暴雨和泥石流影响，以及失地返乡新增的 32.3 万人的饮水困难问题。

（1）绵阳市

绵阳市北川县、游仙区、平武县、江油市 4 个县（市、区）临时安置点是 5・12 汶川特大地震后安置灾民最多的临时安置点。由于安置点附近供水工程遭到破坏，或远离水源，安置期间依靠临时供水。至 6 月 30 日，所有安置点和分散村落全部实现了供水保障。

1）安县永安镇北川受灾群众第三安置点。北川县在县境以外主要有由绵阳市对口援建和管理的 5 个受灾群众集中安置点（安县安昌驾校 1 处、板凳桥 1 处，永安镇 3 处），永安镇北川受灾群众第三安置点属于其中之一。7 月 21 日，5 个安置点已移交北川县自行管理。第三安置点安置人口约 1400 人，设有 2 个供水点，安置点主要靠永安供水站延伸管网供水。

2）游仙区太平供水站。采用大型一体化净水设备，修复了净水池，更换受损的输配水管道，供水站实行每天 3 次的定时供水，每次约 1 小时。

3）平武县平通镇青梅酒厂安置点 。震后开辟的新水源为从牛角崖隧洞流出的山泉水，通过沉砂池，自流引水至供水站，经设备处理、消毒后，供安置点用水。

4）江油永胜供水站 。震后开辟的新水源在向家沟水库上游溶洞取水，新建工程制水设施对源水进行处理，消毒后进入清水池，通过管网供水到场镇，解决场镇及周边 3000 多人的饮水问题。

5）江油市武都镇白衣村。供水管道遭到损坏，震后由江油市政府统一采购，更换管道，利用高扬程水泵供水。

6）江油市彰明镇南江村。市水利局在水田旁开凿一口直径 170mm，深度 30m 的机井，用于解决该村 300 多人的饮水问题。重建时对机井进行改造，安装水泵和输水管道，通过原高位水池向村民供水。

（2）什邡市

什邡市红白镇烈士墓过渡房安置点。该安置点板房安置 3143 名受灾群众及学校师生 600 余人。安置点供水主要利用已恢复的蓄水池，通过近 6km 的供水管网供水。水源采用山溪水，经四川省水文局检测，水质达标。水厂针对汛期浊度、微生物指标轻度超标的问题，安装了 2 台净水器及 1 台缓释消毒机进行净化处理。

（3）彭州市

1）龙门山镇过渡板房安置点。龙门山镇 12 个安置点的过渡板房安置 11025 人。在安置点内，除铜矿小区安置点采取集中供水点供水外，其余安置点都配备了足够的给水装置供群众取水。

2）小鱼洞镇过渡板房安置点。小鱼洞镇 4 个安置点的过渡板房全部建成，安置 13347 人。水源主要采用山泉水和地表水，通过自流和泵站扬水两种形式供水。浊度超标的草坝社区安置点通过安装的高浊度净水器和二氧化氯消毒设备，供水水质达到要求。

3）新兴镇过渡板房安置点。新兴镇 4 个安置点过渡板房安置 5808 人。水源大多采用深层地下水，通过自流和泵站扬水两种方式供水。

4）通济镇过渡板房安置点。通济镇 12 个安置点的过渡板房安置 24105 人。有 5 处山泉水源，7 处井水水源，通过自流和泵站扬水两种方式，经净化消毒后，用无塔上水器供水。

6.3.2 供水工程的抢修

在前方领导小组供水组的组织下，来自上海市、重庆市、武汉市、北京市、大连市的水务（利）局组织供水工程抢修队，迅速解决了 30 多万群众的应急供水问题。其中，武汉市水务局供水抢修队，在都江堰市和彭州市两地完成管网检漏 126km，抢修供水点 7 处，铺设供水管道共 1616m；上海水务局供水抢修队解决了广济镇、洛水镇、蓥华镇等 15 个乡（镇）15 万群众的应急供水问题；重庆市水利抢修队在余震不断的青川县完成 8 个乡镇的抢修任务，解决了 5 万群众的应急供水问题；大连市水务局抢修队在安县 7 个乡（镇）开展抢修工作，检漏管线 80 余 km、查出漏点 40 处，使 5.6 万群众恢复正常供水；北京市水务局抢修队 6 月 7 日抵达四川省，协助什邡市和江油市开展供水工程抢修工作。这些水利抢修队伍不怕苦、不怕累、不怕牺牲，诠释了“献身、负责、求实”的水利行业精神。

（1）德阳市

上海市水务局组队对口支援四川省德阳市群众的应急供水问题。5 月 19 日 16 时 30 分，抢修队派先遣组 5 名专家前往灾区。专家按照德阳市水利局提出的第一批援助地区，用了 2 天时间，深入德阳市所辖的绵竹市、什邡市和罗江县的集镇和农村，完成了受灾乡镇供水设施灾情勘查，发现灾区群众生活供水设施受到严重破坏，大量灾区群众和救援部队、救援人员基本的生活用水没有保障；有的地区水源已被严重污染，但群众仍在使用，如不尽快恢复生活供水设施，很可能造成疫情的发生。根据各乡镇和农村的实际情况，先遣组拟订了首批 20 个抢修项目方案。考虑到灾区的供水条件和方式，先遣组和在沪专家对抢修项目技术方案进行反复讨论，并在当地组织和采购相关设备和材料，确保抢修队伍到达后能够迅速开展抢修工作。

5 月 23 日晚，上海市水务局供水组到达德阳市。先期负责灾民安置营地的供水，随即抢修城镇供水设施。至 6 月 4 日，上海抢修队完成了德阳市的剑南镇、广济镇、洛水镇、湔氏镇、金山镇、调元镇、略坪镇、玉泉镇、蓥华镇、武都镇、遵道镇和八角镇等 18 个乡镇的应急供水。其中，恢复深井水源 20 个，泉水（溪水）水源 10 个；建立集中生活供水点 74 个，解决了 14.18 万人的生活用水问题（见图 6–7）。

（a）安置点水龙头出水

（b）临时水箱替代受损的水塔

（c）等候装水的车辆

图 6–7　四川省德阳灾区广济镇应急供水情况

德阳市恢复供水主要围绕以下三个重点开展：

1）恢复水源。德阳市乡镇和农村的水源有两种：一种为深井供水（井深约 40 ~ 50m），主要是平原区；另一种为山泉水（溪水）供水，主要在龙门山脉中的村镇。前者主要是寻找尚未损坏的深井，根据设施损坏情况，增加水泵或增加发电机恢复其供水能力；后者主要是寻找未污染的原有水源或替代水源，根据水质检测情况，直接敷管引用或投加消毒药剂后引用。

2）铺设供水管道。灾区村镇的供水管道设施损坏率在 85%以上，按照供水点设置，铺设了 35km 不同规格的供水管道。

3）供水水质保障。建立集中生活供水点，根据乡镇政府提供的居民集中区或灾民安置点的实际情况，建立集中生活供水点。每一处建成的集中生活供水点，均由上海市供水调度监测中心出具水质检测报告。每个点水质检测项目为 10 项（微生物学指标：总大肠菌群；毒理学指标：砷、氰化物、六价铬；感官性状和一般化学指标：色度、浊度、臭和味、pH 值、氨氮；消毒剂指标：氯气及游离氯制剂）。评价标准采用《生活饮用水卫生标准》（GB 5749 — 2006），水质检测合格的才能使用，其报告送交德阳市水利局备案。

上海市水务局抢修队对灾区进行了水质检测能力培训和试剂援助。重点援助了绵竹市自来水公司 4 个水质项目的检测能力：① 1 台余氯测定仪及可测余氯 600 个水样的试剂；②可快速测定大肠杆菌 200 个水样的试剂；③ 1 套砷测试盒及可测 150 个水样的试剂；④ 1 套氰化物测试盒及可测 100 个水样的试剂。培训了该公司有关操作人员检测大肠杆菌、余氯、砷、氰化物四个水质参数的技能。对德阳市水利局送检的地表水和地下水的 42 个水样，进行 6 个水质参数（浊度、pH 值、臭和味、砷、氰化物、六价铬）的检测，并出具水质检测报告。

消毒剂投加方法培训及设备援助。在每个水源地投加药剂的基础上，对 13 个重点水源点增加计量消毒加注泵，并对有关操作人员进行了现场培训，使其掌握加药的有关知识和操作方法。

（2）都江堰市及彭州市

5 月 18 日中午，武汉市水务局在接到水利部抗震救灾指挥部要求支援都江堰市和彭州市供水抢修紧急通知后，迅速成立由 35 名专业技术人员组成的供水抢修小组，于 19 日凌晨随带 7 卡车 60t 管线材料和物资，价值 130 多万元，前往都江堰市和彭州市，经过近 50 小时的日夜兼程，21 日凌晨 5 时到达都江堰后，分成两组分别在都江堰市和彭州市全面开展供水设施的检漏和抢修工作。

结合都江堰市和彭州市当地实际情况，武汉市水务供水抢修小组在两市的主要任务为水质监测、管线检漏、管网抢修。截至 5 月 27 日，完成了抽检水厂及安置点水质样本 125 个，其中都江堰饮用水水质合格率由进驻前的不足 70% 提高到 95% 以上，合格水质供水人口增加近 6 万人；检漏管线 126km（都江堰市 67km，彭州市 59km），查出 DN200 以上管道漏点 8 处，都江堰市局部地段水压明显上升；抢修 DN100 以上管网 7 处 1616m，抢修力量达到百余人次，独立抢建 1 个容纳 1400 余人的集中安置点，协助完成 6 个安置点供水工程任务。

（3）安县

5 月 23 日，大连市水务局集结了一支 13 人组成的专业供水设施抢修队伍，携运输车辆、检漏探测仪等物资赴四川省绵阳市安县抗震救灾。次日抵达安县地震重灾区，承担了受灾乡镇供水管道检漏、机电设备安装和供水设备恢复等抢修任务。

经过5月26—28日的灾区供水情况调查，大连市水务局抢修队选定了安县12个乡（镇）开展应急供水抢修工作，并对雅安市汉源县执行评估水体污染任务，并抓紧制定抢修方案。因铁路运力所限，抢修队主力和物质在陕西省安康市受阻。至5月29日，大连市水务局抢修队后续队员及物资抵达安县，应急供水抢修全面开展。自5月26日至6月9日，大连市水务局抢修队在灾区共对7个乡镇进行了漏点检测，共检查管线80余km、阀门井140余个，检查出漏点40余处，完成了2座水塔的鉴定和修复意见的制定；重建供水设施4处，安装变配电系统和变频调速装置4套，安装水箱1个，水泵6台；铺设电缆197m、管线500余m，恢复了界排镇、兴仁乡、黄土镇、迎新乡、永安镇、沸水镇、乐兴镇、宝林镇、睢水镇共5.6万人口的供水。

（4）青川县

5月22日，重庆市水利局迅速组织3支共15人的供水抢险工作队，满载3车供水抢险物资器材，于5月23日9时30分奔赴青川县抢修安装应急供水工程。

至5月31日，重庆市水利局抢修队经过9天奋战，先后完成了青川县木鱼、关庄、前进、黄坪、沙洲、竹园、云盘、洛安等8个乡镇的供水抢险任务，共计抢修管道5120m，新安装管道15000m，抢修集中供水点117处，解决了1.26万户5万多人的应急供水问题（含部队和学校），并向灾区捐赠价值56.42万元的供水抢险物资器材设备（含亚太水工业公司价值23.8万元的5台净水装置，长寿区水务局价值3万元的2台套焊机、发电机）。

6.4 甘肃省和陕西省灾区应急供水

6.4.1 甘肃省灾区

甘肃省受灾区内的城镇供水管网受到严重破坏，地震造成大面积的滑坡、塌方和泥石流，毁坏了管网，使管件破坏、脱节、断裂。由于地层位移，造成供水管道断裂或接头脱节；山体滑坡、塌方或泥石流摧毁管网；分水井、阀门井倒塌，井内阀门、管件扭断。农村供水工程管网较长，部分管网分布在大山深沟，交通不便，而且地质条件差，抢修困难。

另外，地震影响了城镇供水厂的正常运行。水厂破坏情况包括：厂房地基下沉，厂房变形，墙体裂缝；突然停电，水锤作用造成厂房内净化和机电设备损坏；管理房、办公及住房倒塌、裂缝；主震后余震不断，造成部分水厂房屋倒塌、供电、交通、通信中断，提水、净化等用电供水设施无法正常工作。

根据对受损较重的陇南市、甘南州、天水市、平凉市、庆阳市、定西市等6个市（州）59个县农村集中供水工程的实地查勘，截至5月22日，有43个县1241处农村集中供水工程不同程度受到损坏，其中严重损毁396处，中度损毁218处，轻度损毁627处。损坏管道1952km，集中供水水源156处，蓄水池182座（其中塌陷31座、裂缝149座），水塔倒塌15座，塔身裂缝145座，水窖破损、裂缝2.5万眼；净水和机电设备损坏63台（套）；管理房倒塌、裂缝126间。受损工程共影响64.74万人的正常饮水，其中9.72万人饮水困难。造成直接经济损失1.13亿元。陇南市灾情最为严重，震损农村供水工程589处，损坏管道661km，蓄水池、水窖6265眼（个），影响28.81万人饮水，其中8.21万人饮水困难。

截至6月20日，农村集中供水工程工作组查勘、核查陇南市、甘南州、天水市、平凉市、庆阳市、临夏州、定西市、兰州市、白银市等9个市（州）56个县（区）732个乡镇4428个行政村，有1951处农村集中供水工程不同程度受到损坏，其中严重损毁396处，中度损毁812处，轻度损毁743处。损坏水源工程156处（水源变迁23处，塌埋133处）、蓄水池1205座（塌陷180座、裂缝1025座）、水塔160座（倒塌15座、塔身裂缝145座）、供水管道5513km（损毁1952km、漏水3561km），损坏水窖8.6万眼（损毁2.5万眼、裂缝6.1万眼）；23台（套）净化设备和1332台（套）机电设备损坏；126处管理房倒塌或严重裂缝。陇南市灾情最为严重，震损农村供水工程1353处，损坏管道3688km、蓄水池与水窖2.74万眼（处），影响饮水人口133.5万人，其中62.05万人发生严重的饮水困难。

5·12汶川特大地震发生后，人畜饮水问题迫在眉睫。甘肃省水利厅在水利部、甘肃省抗震救灾指挥部指导下，采取了应急修复与灾后重建并举的方针，以尽快解决灾区农村供水问题。主要措施包括：

（1）对水塔倒塌的工程，采取临时从机井直接接供水管或安装管道变频泵的办法解决供水；对水源被塌方所埋的工程和水窖裂缝、已不能蓄水的工程，采取从邻近水源用塑料软管临时引水的办法解决；对管道断裂、漏水的，及时更换管道。同时，动员当地老百姓掏挖泉眼，就近找水源，人力背水解决暂时饮水困难。当地确实没有水源的，组织人员和车辆向缺水地区拉水送水。

（2）按照因地制宜、突出重点、当前与长远、应急与永久相结合的原则，确定应急供水和修复项目建设内容和投资，按轻重缓急全力以赴搞好震损供水工程的修复工作。对损毁严重、无法修复的工程进行重建；对部分损坏的工程进行抢修，更换断裂、漏水的供水管道、加固或修复蓄水池、水塔、蓄水窖。有电的村直接配备变频泵；断电的村社配备柴油机、汽油机，安装水泵，铺设地面管道供水。

（3）遵照国家发展和改革委员会、水利部和省抗震救灾总指挥部关于做好灾后重建规划的精神，按照灾后重建同新农村建设、扶贫开发相结合的要求，根据在原地重建和整村搬迁重建的方案比选，甘肃省水利厅编制了灾后水利重建规划，并依照规划，按轻重缓急、分步实施的原则，加快供水工程建设速度，切实解决灾区群众的饮水问题。

按照规范和高效的原则，合理安排使用供水设施修复资金和物资，严格落实应急供水专项救灾资金的使用管理，切实加强监管，提高资金使用效率和效益。地震发生后，及时下拨了1200万元，帮助灾区购置运水器具，组织人力拉水；5月22日，再次下拨国家下达的地震重灾区乡村应急供水设施专项资金1000万元，用于解决灾区群众的应急饮水问题。对灾区急需、用量较大的取水、输水、贮水、应急水处理设施采取集中采购的办法，增加透明度，提高工作效率，接受社会监督。5月17日，省水利厅向陇南送达200台套抽水设备；5月22日上午，又向陇南发送100台抽水设备（见图6-8）。

同时，进行了一系列应急供水设施及修复工程（见图6-9）。截至6月16日，对156处水源变迁、破坏的工程，采取恢复水源、从邻近水源地用塑料管临时引水等办法，解决了21万人的饮水。对破损严重、不能修复的2.5万眼水窖，通过清理修复窖场、采取临时蓄水设施等办法，解决了12.5万人的饮水。对水塔倒塌、裂缝的168处供水工程，加固修复水塔42处，解决了15万人的饮水。用从机井直接接供水管道或安装变频泵、管道加压泵等办法，解决了23.2万人的饮水。动

图 6-8　甘肃省水利厅向陇南灾区运送供水设备

图 6-9　甘肃省甘南州迭部县水利职工正在抢修受损的供水工程（5 月 16 日）

员当地群众掏挖泉眼、就近寻找水源等办法，解决了 2.78 万人的饮水。对于当地确实没有水源的，组织人员和车辆向缺水山区拉水、人力背水，解决了 0.23 万人的饮水。对于管道损坏的供水工程，及时更换断裂管道、抢修漏水管道 2756km，其中干管 945km、支管 1811km，解决了 150.42 万人的饮水。对于机电设备、水处理设备损坏的供水工程，更换水泵 1096 台（套）、水处理设备 23 台（套），解决了 64.8 万人的饮水。恢复供电，解决了 7.9 万人的饮水。

通过紧急抢修供水工程，采取架设临时供水管道、安装供水泵及净水、过滤、消毒设备、恢复供电和拉运送水等应急措施，截至 5 月 21 日 8 时，解决了陇南市 3.16 万人的用水困难，但尚有 5.05 万群众饮水困难。截至 6 月 16 日，受灾严重的陇南市已抢修供水工程 593 处，修复供水管道 950km，修建临时供水设施 460 处，铺设临时供水管道 869km，使受地震影响的 133.5 万群众的饮水问题得到了不同程度的解决，其中 62.05 万人的饮水严重困难得到了缓解。

6.4.2 陕西省灾区

震灾发生后，陕西省水利厅快速反应，成立抗震救灾指挥部，迅速进行安排部署，先后派出 4 个专家组、14 个工作组和 4 个督查组，深入受灾严重的汉中市、宝鸡市、咸阳市等地查看险情灾情，指导抗震救灾和恢复重建工作。水利部门紧急发布预警信息，启动应急预案，加强应急值班和灾情会商，全面进入临战状态，展开拉网式排查，确保险情及早发现、及时抢护。陕西省水利厅及时下发通知，要求各地千方百计抢修供水设施，排除工程险情，恢复应急供水，对受损水塔进行分类复核，对险情严重的水塔通过限期拆除、划定警戒区域看护等措施应急处理，有效避免了次生灾害的发生。同时，采取机泵直接供水、到邻近集中供水点取水、政府组织车辆送水、利用原有设施观察使用定时供水、启用备用水源供水等五项措施，先后紧急修复水厂 294 处，抢修城乡供水管网 507km，有效解决了部分群众的应急供水问题。陕西省采取了一系列农村供水应急措施，主要包括下列内容：

（1）启动应急预案，千方百计抢修供水设施，恢复应急供水。在充分调研基础上，5 月 20 日，陕西省水利厅发出了《关于抓紧做好城乡供水设施灾后恢复工作的通知》，要求各市（县、区）水利部门全力做好水质监测和应急供水保障，抓紧时间，全力以赴，排除工程险情，积极开展灾后重建工作，确保当地群众饮水安全。全省各级政府和水利部门根据实际情况紧急采取机泵直接供水、到邻近集中供水点取水、政府组织车辆送水、利用原有设施观察使用定时供水和启用备用水源供水五项措施，先后紧急修复供水系统 294 处，抢修城乡供水管网 507km，有效解决了部分群众的应急供水问题。各有关市（县）也组织专家深入灾区第一线，对各市供水构筑物进行安全评估，组织群众抗灾救灾，撤离危险区群众，尽可能地减少灾害损失，有效地避免了次生灾害发生，确保灾区群众生命财产安全。

（2）按照“小补大换”的原则对损坏管网及时进行抢修。立即组织人员拆除 150 座受损严重的水塔，确保安全，修复水厂 294 处。对于受地震影响产生裂隙的清水池等构筑物，组织专业人员进行排查，在确保构筑物基础安全情况下，立即利用沙浆补填，保证正常供水。对受损严重的水塔停止使用，采用变频恒压供水系统进行加压供水。对个别受灾县城采取分区分片供水，保障正常用水。

（3）科学决策，排除险情，避免次生灾害发生。各受灾市县水利部门，对农村饮水受损水塔进行复核分类，对险情严重的水塔通过限期拆除、划定警戒区域等措施进行处置。共设立安全警示牌 636 个，并在有危险的供水构筑物周围拉起警戒线，并确定专人全程守护，有效避免了次生灾害的发生。

（4）确保应急修复资金和项目管理规范。地震灾害发生后，省水利厅及时会同省发改委、财政厅先后紧急下拨供水应急抢险资金 2500 万元，重点扶持汉中市、宝鸡市、咸阳市、西安市、杨陵示范区五市（区）农村饮水工程应急抢修。省政府第 16 次常务会议后，省水利厅与省发改委联合下发了《关于做好“5·12”地震灾区城乡供水设施应急抢险工作的通知》，要求各地抓紧制定应急抢修项目明细计划，科学合理确定应急抢修和恢复重建方案，切实加强资金监管提高使用效益，规范建设管理确保按期高质量完成建设任务。

（5）加强水质监测，避免灾后介水传染病发生。对受灾地区特别是汉中市、宝鸡市等受灾严重地区，在做好查灾排险、应急抢修的同时，积极联系卫生防疫部门，做好灾区饮用水源和管网末梢水的水质监测工作，避免灾后介水传染病发生。

（6）聘请专家及时研究指导灾后应急供水工作。聘请专家对险情严重的水塔进行查看，商定处理措施。5 月 14 日，陕西省水利厅供水处得知彬县等地水塔裂缝严重，水塔附近群众居住集中，水塔一旦倒塌，可能伤及周边群众的情况后，立即邀请了两位工程抗震专家，于当天上午与咸阳市水利局有关领导一同深入咸阳市的永寿县、彬县和长武县查看受灾情况。两位专家充分肯定了各级部门采取的应急措施，并对受损水塔的拆除提出了建议。15 日，省水利厅供水处组织 22 名技术人员和专家分成 5 个组，连夜赶赴汉中市、安康市、宝鸡市、商洛市、西安市和渭南市等市的县（区）受灾现场，对受损的供水设施展开拉网式排查、指导抗震和恢复生产工作。最终有近 400 座水塔按照确定的加固方案修复后恢复功能，节约资金近 2000 多万元。

6.4.3 云南供水应急处置

云南省按照灾后重建乡村供水设施规划内容，结合水利设施受损情况，确定灾后农村供水工程应急处置的重点任务：一是尽快恢复集镇乡村供水设施，保障饮水安全；二是抓紧灾民临时集中安置点、居民分散而供水设施受损严重的临时集中供水和移动供水设施建设；三是震后居民居住相对稳定、供水设施受损的进行应急修复；四是结合居民安置重建规划建设的供水设施，纳入灾后重建。

根据《财政部关于下达抗震救灾应急供水设施中央财政专项建设补助资金预算拨款指标的通知》（财建〔2008〕314 号）和《国家发展和改革委员会、水利部关于下达 2008 年地震重灾区乡村应急供水设施中央预算内投资计划的通知》（发改投资〔2008〕1233 号），下达云南省地震灾区乡村应急供水设施建设资金 400 万元。云南省根据灾情，按突出重点、轻重缓急的原则，分解安排资金用于昭通市、丽江市地震重灾区乡村供水设施应急设施建设。截至 2008 年 10 月底，项目区应急供水修复全面完成，抢修供水工程 7510 处，建设临时供水设施 543 处，修复水厂 8 处，修复供水管理 2388km，修复供水工程受益人口 29.19 万人。

6.5 水质监测

5・12 汶川特大地震后，水利部水资源司负责灾区水质监测工作的组织与业务指导。由于水质监测的强度加大，震区水文单位缺乏水质采样车，水质采送样靠租用社会车辆，延长了水质采样时间，影响了水质监测的时效性。同时，由于地震灾害造成水质分析实验室仪器设备和试剂受到了损坏，严重影响了水质分析化验工作。水利部水文局迅速向水利部抗震救灾指挥部反映，紧急向四川省水文单位调拨了一批水质应急采样车，并紧急调拨必要的分析仪器和试剂，确保了震区水质应急监测的顺利开展，在第一时间及时、快速、准确地监测、采集、分析水质状况，保障了灾区的饮水安全。

四川省水利厅快速反应，积极应对。5 月 13 日，四川省水利厅研究部署水质应急监测，由四川省水文局组织灾区及影响区的相关水文局密切关注岷江、沱江、涪江、大渡河干流及其主要支流的水质状况。14 日，四川省水文局组织水质监测技术人员深入调查监测重要水源地和主要河流控制断面的水质。在此基础上，编制了《四川灾后水质应急监测方案》，报部水文局批准实施。15 日，四川省水利厅印发了《关于认真做好震后水质监测和水污染事件报告及处理工作的紧急通知》；随后，随着水质监测的深入进行，水质监测的重心向乡镇集中式供水水源地转移，又下发了《关于进一步加强灾后水质安全管理的通知》，进一步明确了水质监测由四川省水文水资源勘测局和长江委、黄委、淮委、海委四大流域机构移动水质监测队伍负责，各有关县（区、市）要积极配合，负责水样的采集与送达。

6.5.1 主要城市水源地及主要江河

5・12 汶川特大地震覆盖广，四川全省均受到不同程度的影响。受到重创的汶川县、北川县、青川县、绵竹市、什邡市、彭州市、平武县、江油市等 21 个县（市、区）水源地受到严重威胁，供水设施遭到严重破坏。为掌握水质状况，在水利部水文局和水资源司的指导下，四川水利厅在灾区及影响区的重要水源地及主要河流上设置了 45 个水质监测站点，每天进行监测（见图 6-10）。当天即把监测成果报水利部水文局、水资源司、前方领导小组及其供水组、四川省水利抗震救灾指挥部，为领导和有关部门及时掌握水质状况、制定供水保障工作计划提供了科学依据。

鉴于灾区乡镇供水水源地众多，覆盖面积广且分散，四川省水利厅及来川支援的四大流域机构在大量的调查、梳理、核对基础上，确定了 68 个万人以上的供水水源地和日供水量在 $200m^3$ 以上的乡镇集中式供水水源地 141 个，共计 209 个进行有针对性的重点监测，制定了操作性强的监测方案。同时，对不属上述范围、但当地群众及有关部门又急需了解其水质状况的其他水源地也进行了监测。通过一系列的水质监测，受到了当地群众的欢迎，稳定了人心，稳定了社会。

通过水质应急监测工作，较为全面地掌握了震后灾区主要水源地及重要河流控制断面的水质状况及变化情况。监测结果显示，灾区河流水质状况基本稳定，乡镇集中供水水源地水质稳定，未受到明显污染。

图 6-10　四川省水利厅组织开展对主要水源地及河流的水质监测工作

根据水利部派进四川水利抗震救灾工作组安排，四大流域机构的水质监测队伍于 6 月 16 日结束监测工作，分批撤离。灾区水质由应急阶段的全面排查、重点监测转为过渡阶段的监视性监测，即对重灾区及水质有所变化的水域继续开展监测，对水质稳定、未受地震明显影响的水域降低监测频次，进行巡测。据此四川省水文局拟定了《四川省灾后过渡期水质监测方案》，监测任务由四川省水文局及相关的地区局和当地水利部门共同完成。过渡期水质监测直至 9 月底才正式结束。

根据灾后过渡期水质监测方案，7 月 17—23 日，四川省水文水资源勘测局对地震灾区阿坝州、眉山市、乐山市、绵阳市、广元市、成都市、德阳市、雅安市、资阳市、内江市、自贡市 11 个市州的主要城市水源地、重要江河断面及敏感水域共 76 个次断面水质进行了监测。重灾区地表水监测结果显示：监测断面水质恢复正常，监测的水源地 37 个次，水质稳定，较震前无变化。河流控制断面 39 个次，水质稳定，较震前无大的变化。其中少数断面氨氮、高锰酸盐指数轻微超标。

7 月 17—23 日，四川水环境监测中心监测了成都市的郫县、大邑县、都江堰市、彭州、崇州市、雅安市雨城区、绵阳市北川县、高新区、平武县的 23 个次地下水水源地水样和 19 个次地表水水源地水样。监测结果显示，23 个次地下水水源地水样所检项目均符合地下水Ⅰ～Ⅳ类标准，可作为生活饮用水水源使用；19 个次地表水水源地水样所检项目均符合地表水Ⅱ～Ⅲ类标准，可作为生活饮用水水源使用。

7 月 24—31 日，四川省水文水资源勘测局对地震灾区的重要城市供水水源地、主要江河控制断面及受灾县（乡、镇）供水水源地共 142 个次水样进行了监测。涉及成都市、绵阳市、雅安市和阿坝州等 10 个市（州）。监测结果显示，主要江河控制断面水质稳定，较震前无大的变化。其中沱江内江二水厂、釜溪河自贡等少数断面氨氮、高锰酸盐指数轻微超标；地下水水源地水样所检项目均符合地下水Ⅰ～Ⅳ类标准，可作为生活饮用水水源使用；地表水水源地水样所检项目均符合地表水Ⅱ～Ⅲ类标准，可作为生活饮用水水源使用。

8月1—7日，四川省水文水资源勘测局对地震灾区的重要城市供水水源地、主要江河控制断面及受灾县（乡、镇）供水水源地共81个次水样进行了监测。涉及成都市、绵阳市、雅安市和阿坝州等11个市（州）。监测结果显示，重要城市供水水源地和主要江河控制断面水质稳定，较震前无大的变化。其中沱江内江二水厂、釜溪河自贡等少数断面氨氮、高锰酸盐指数轻微超标。但由于受到连续降雨影响，8月6日的监测结果显示，成都市、德阳市境内部分河流水质变差，水质为Ⅴ类，主要超标项目为氨氮、高锰酸盐指数。监测的31个乡（镇）供水水源地，地下水水源地除绵竹市九龙清泉水厂水质较差，为Ⅴ类水，不宜作为生活饮用水水源使用外，水样所检项目均符合地下水Ⅰ～Ⅳ类标准，可作为生活饮用水水源使用；地表水水源地水样所检项目均符合地表水Ⅱ～Ⅲ类标准，可作为生活饮用水水源使用。通过对受灾县（乡、镇）供水水源地监测，其他都可作为生活饮用水水源使用。

8月8日、8月13日，四川省水文水资源勘测局对地震灾区的重要城市供水水源地、主要江河控制断面及受灾县（乡、镇）供水水源地共45个次水样进行了监测。涉及成都市、德阳市、绵阳市、阿坝州、资阳市、内江市、自贡市、眉山市、乐山市等9个市（州）。监测结果显示，重要城市供水水源地和主要江河控制断面，除8月8日监测的自贡市境内镇溪河富顺水源地断面高锰酸盐指数轻微超标，釜溪河自贡断面高锰酸盐指数、氨氮、总磷超标；8月13日监测的德阳市境内石亭江的石亭江大桥断面水质较差为Ⅳ类水，超标项目为总磷，其余监测断面水质总体稳定，较震前无大的变化。监测的7个乡（镇）供水水源地，6个地下水水源地水样中有5个所检项目符合地下水Ⅱ～Ⅳ类标准，可作为生活饮用水水源使用；郫县沙湾地下水水质恶劣为Ⅴ类水，但氨氮浓度值0.77，小于生活饮用水水源水质标准中所规定的限值（1.0），经过适当处理后，仍可作为生活饮用水水源使用；1个地表水水源地水样所检项目均符合地表水Ⅲ类标准，可作为生活饮用水水源使用。

8月5日、8月17—21日，四川省水文水资源勘测局对地震灾区的重要城市供水水源地、主要江河控制断面及受灾县（乡、镇）供水水源地共87个次水样进行了监测。涉及成都市、德阳市、绵阳市、广元市、阿坝州、雅安市、资阳市、内江市、自贡市、眉山市、乐山市等11个市（州）。监测结果显示，重要城市供水水源地和主要江河控制断面除8月15日监测的釜溪河自贡断面水质超标为Ⅳ类水，超标项目为：高锰酸盐指数、氨氮、总磷；8月20日监测的德阳市石亭江的石亭江大桥断面水质较差为Ⅳ类水，总磷轻微超标，其余监测断面水质符合地表水Ⅲ类及以上标准，水质较好。监测的54个乡（镇）供水水源地，其中34个地下水水源地水样中有31个所检项目符合地下水Ⅰ～Ⅳ类标准，可作为生活饮用水水源使用；西河水厂水源水1号、西河水厂水源水2号、安仁镇自来水厂虽然水质为Ⅴ类，但主要超标项目氨氮小于生活饮用水水源水质标准所规定的限值1.0，经适当处理后，仍可作为生活饮用水水源使用。18个地表水水源地水样所检项目均符合地表水Ⅱ～Ⅲ类标准，可作为生活饮用水水源使用。2个管网水水样所检项目符合生活饮用水卫生标准，可以饮用。

8月26—28日，四川省水文水资源勘测局对地震灾区的重要城市供水水源地、主要江河控制断面及受灾县（乡、镇）供水水源地共69个次水样进行了监测，涉及成都市、德阳市、阿坝州、雅安市、眉山市、乐山市6个市（州）。监测结果显示，重要城市供水水源地和主要江河控制断面除8月27日监测的石亭江的石亭江大桥断面水质恶劣为Ⅴ类水，总磷超标；岷江彭山断面水质符合地表水Ⅳ类标准，总磷轻微超标；岷江五通桥断面水质符合地表水Ⅳ类标准，氨氮轻微超标，其余监测断面水质符合地表水Ⅲ类及以上标准，水质较好。监测的46个乡镇地下水供水水源地水样中有45个所检项目均符合地下水Ⅱ～Ⅳ类标准，可作为生活饮用水水源使用；8月26日监测的都江堰市青城山镇青城自来水公司水样水质恶劣，为Ⅴ类水，不适宜作为生活饮用水水源使用。

8月29日、9月3日，四川省水文水资源勘测局对地震灾区的重要城市供水水源地、主要江河控制断面及受灾县乡镇供水水源地共35个次水样进行了监测，涉及成都市、德阳市、绵阳市、广元市、资阳市、内江市、自贡市、阿坝州、眉山市、乐山市10个市（州）。监测结果显示，重要城市供水水源地和主要江河控制断面，除8月29日，监测的釜溪河自贡断面水质超标为Ⅳ类水，超标项目为：高锰酸盐指数、氨氮、总磷，其余监测断面水质符合地表水Ⅲ类及以上标准，水质较好。监测的5个地下水水源地和2个地表水水源地水样，5个地下水水源地水样中有4个所检项目符合地下水Ⅲ类标准，可作为生活饮用水水源使用；绵阳市新永供水公司水样水质较差，为Ⅴ类水，高锰酸盐指数浓度值2.3mg/L，满足水源水质标准；2个地表水水源地水样所检项目均符合地表水Ⅱ～Ⅲ类标准，可作为生活饮用水水源使用。

9月5日、9月10日，四川省水文水资源勘测局对地震灾区的重要城市供水水源地和主要江河控制断面共43个次水样进行了监测，涉及成都市、德阳市、绵阳市、广元市、资阳市、内江市、自贡市、雅安市、阿坝州、眉山市、乐山市11个市（州）。监测结果显示，重要城市供水水源地和主要江河控制断面，除9月5日，监测的釜溪河自贡断面水质超标为Ⅳ类水，超标项目为：高锰酸盐指数、氨氮、总磷；岷江都江堰断面、柏条河、徐堰河断面、东风渠理工大学断面、湔江小鱼洞断面、锦江洞子口断面由于受连续降雨影响，水质恶劣，为Ⅳ～劣Ⅴ类水，主要超标项目为氨氮；绵远河黄许断面、石亭江的石亭江大桥断面受连续降雨影响，水质恶劣为Ⅴ类水，主要超标项目为氨氮，其余监测断面水质符合地表水Ⅲ类及以上标准，水质较好。

9月12日、9月17日，四川省水文水资源勘测局对地震灾区的重要城市供水水源地和主要江河控制断面共43个次水样进行了监测，涉及成都市、德阳市、绵阳市、广元市、资阳市、内江市、自贡市、雅安市、阿坝州、眉山市、乐山市11个市（州）。监测结果显示，重要城市供水水源地和主要江河控制断面，除9月12日，监测的釜溪河自贡断面水质超标为Ⅳ类水，超标项目为：高锰酸盐指数、氨氮、总磷；岷江东风渠理工大学断面、湔江小鱼洞断面、锦江洞子口断面水质较差，为Ⅳ类水，氨氮轻微超标；沱江三皇庙断面水质恶劣，符合地表水Ⅴ类标准，氨氮超标；石亭江的石亭江大桥断面水质较差，为Ⅳ类水，总磷轻微超标，主要超标项目为氨氮；其余监测断面水质符合地表水Ⅲ类及以上标准，水质较好。

9月19日、9月24日四川省水文水资源勘测局对地震灾区的重要城市供水水源地和主要江河控制断面共43个次水样进行了监测，涉及成都市、德阳市、绵阳市、广元市、资阳市、内江市、自贡市、雅安市、阿坝州、眉山市、乐山市11个市（州）。监测结果显示，重要城市供水水源地和主要江河控制断面，除9月19日，监测的釜溪河自贡断面水质超标为Ⅳ类水，超标项目为高锰酸盐指数、氨氮、总磷；沱江三皇庙断面水质较差，符合地表水Ⅳ类标准，氨氮超标；石亭江的石亭江大桥断面水质恶劣，为劣Ⅴ类水，总磷超标；其余监测断面水质符合地表水Ⅲ类及以上标准，水质较好。

整个灾后水质监测期间，四川省水文水资源勘测局共取得水质监测数据35000多个，发布各类简报120余期，为抗震救灾指挥部、供水组全面了解水质情况及为基层水利部门明确工作任务提供了良好的信息支持。

6.5.2 区县供水水源地

5月15日，水利部成立抗震救灾供水组，长江流域水资源保护局局长洪一平任供水组副组长兼水质组组长。工作组制定了《四川地震重灾区城镇集中式供水水源地水质监测工作计划》。其后，来自长江流域水资源保护局水环境监测中心、黄河流域水环境监测中心的水质监测组，对成都市、都江堰市、德阳市、绵阳市、雅安市、广元市等市的10多个受灾严重的区（县）供水水源地水质开展了首次监测。5月24日，水利部紧急抽调的淮河和海河流域水环境监测中心到达灾区后，灾区水源地水质监测被划分为4个区域，分别由4个流域机构水环境巡测工作组负责巡测，巡测周期为3天1次。水质各巡测组工作情况如下：

（1）长江委水质监测组

5月17日，长江流域水资源保护局接到上级紧急通知，要求速派应急监测队伍赶赴抗震救灾一线，全面开展地震灾区供水水源地水质监测工作。接到命令后，由5人组成第一批水质应急监测小组乘飞机抵达成都市，连夜了解现场情况，安排部署监测工作；另一路工作人员则在接到部里通知2小时后（5月17日13时）驾驶移动监测车，携带应急监测设备从武汉市出发，昼夜兼程急驰28小时到达抗灾一线。为做好数据分析、报送及后勤保障工作，长江流域水资源保护局又急调2名工作人员于18日抵达成都市。至此长江委水保局抗震救灾供水水源地应急巡测人员已达12人。抵达灾区后，长江委水质监测组连夜对携带的水质检测设备进行了检查调试，立即着手组织安排灾区供水水源地水质监测工作。

5月19—24日，迅速展开灾区供水水源地水质监测。在对四川省灾区水源地供水状况和地方有关部门开展水质监测工作情况初步了解的基础上，长江委水质监测组制定了《四川地震重灾区城镇集中式供水水源水质监测工作计划》，在5月19—24日，会同黄委水环境监测中心水质监测组，对受灾严重的区（县）供水水源地水质开展了首次监测。截至5月24日，水质监测组在成都市、都江堰市、彭州市、江油市、安县、绵竹市、什邡市、温江区、汉源县、宝兴县、大邑县、郫县等12县（市、区）地震重灾区共采集城市集中式饮用水源地和农村饮用水源地水样220余个，对pH值、电导率、浊度、氨氮、六价铬、氰化物、氟化物、亚硝酸盐氮、化学需氧量、生物毒性等指标进行了检测，分析结果未见明显异常（见图6–11）。

图6–11 长江委水质监测组检测成都市自来水六厂水质

生物的综合毒性检测是本次应急监测首次采用的水质快速监测方法，其检测原理是利用发光细菌在正常呼吸作用时会发光这一特点，通过测量光强的变化来推算水体毒性大小。生物毒性测试可在5～30分钟内快速发现饮用水中毒性的变化，通过对发光强度的测定可以实现对化学毒性物质水平的快速、准确检测。相对而言，其对测定未知样品的毒性水平比化学方法更具有优势，为判断灾区现有水体是否适合作为水源发挥了重要判断作用。

5月24日至6月10日，分区负责开展灾区供水水源地水质监测。5月24日，根据水利部抗震救灾供水组要求，水利部又紧急抽调淮河流域水环境监测中心和海河流域水环境监测中心协同对灾区供水水源地水质进行监测。水利部抗震救灾领导小组供水专业水质组将灾区209个水源地划分为成都、雅安、德阳和绵阳4个区域。分别由长江委、黄委、淮委和海委的水环境监测中心负责巡测，巡测周期为3天1次。其中长江委水质监测组负责成都片区，包括大邑、郫县、崇州、温江、都江堰、彭州。

截至6月10日，长江委水质监测组按《巡测工作计划》，对重灾区饮用水源地完成7个周期的监测。此外，还对四川省水文水资源勘测局建议的水源地和地方计划外的送水水样进行了监测，共采集、监测水样366个，完成生物综合毒性测试、亚硝酸盐氮、氟化物、氰化物、六价铬、氨氮、化学需氧量、浊度、电导率和pH值等10个参数的测试，获取监测数据近4000个。

在奔赴各水源地应急监测工作过程中，长江委水保局技术人员还对雅安市和彭州市水利局监测人员进行了有关综合毒性检测仪的培训，并结合实际样品详细介绍了实验原理、方法及注意事项等，使监测分析人员初步掌握了综合毒性的测试方法。

分散供水水质检测。长江委水质监测组在对供水人口上万的集中式供水水源地和乡镇集中式供水水源地进行水质监测时，常有居民自发地将分散式供水水源地的水样送来检测。长江委水质监测组以最快的速度进行检测，并及时将检测结果通知灾民，大部分送检水样的水质符合安全使用标准，少数送水水样出现异常。对于监测发现的异常水样，水质监测组则赶赴现场查看调查，核实有关信息，再次采集水样进行复核，对确实存在问题的水源地及时做出相关处理。6月2日，经检测大邑县新场头堰村七组自备井的水样异常，3日，通过现场调查、采样复核表明：此水井水体有明显臭味，且混浊呈微黄色，地震后2～3天开始出现，化学需氧量为43mg/L，生物综合毒性检测呈高毒性，不宜作为饮用水源。对其周围其他水井检测结果正常。疑似化粪池里的污染物质通过地震中的地质断层的裂缝和空隙进入到地下水中，长江委巡测组立即通知村干部关注该村其他水井水的变化情况，要求随时停用出现类似问题的其他生活用水井。6日，在安县乐兴镇水厂原水复核样品的检测过程中也发现了异常，经调查原水井在修建恢复中，改用附近另一眼井生产供水，虽原水的高锰酸盐、氨氮、亚硝酸盐等指标劣于Ⅲ类水，但是综合毒性指标检测尚属正常，只要消毒等处理，暂可临时供水。

截至6月10日，长江委水质监测组共检测乡镇分散式供水水源地、灾民临时安置点临时供水点水样113个，获取数据千余个，受到灾区群众的好评。为保障灾区水质安全、稳定灾区民心起到了重要作用。14日，长江委水质监测组全面完成任务后撤离灾区。

（2）黄委水质监测组

5月17日，奉水利部抗震救灾指挥部供水组紧急指令，黄河流域水资源保护局组建了一支5人组成的抗震救灾饮用水质应急监测队赴四川省灾区实施援助，并制定了应急监测实施方案。第一梯队携带移动实验室和必要的仪器、设备、试剂等物品，第2天9时到达成都，随即向四川抗震救灾总指挥部报到，接受统一指挥，对重灾区的饮用水水源地水质进行普查。黄委水质监测组承担了都江堰市、彭州市、安县、什邡市、崇州市、宝兴县、郫县等7个县（市）饮用水水源地的应急监测工作（见图6–12）。

5月26日，黄委会派出的水质监测第二组共4人赴四川省雅安市，负责雅安市宝兴县、汉源县和阿坝州小金县共17个村镇饮用水采样点的水质监测任务，每3天巡测1次。6月2日起，阿坝州小金县测区交地方负责，同时新增了大邑县测区；水质监测点由原来的27个增至36个。

从5月17日到6月14日，历时28天，黄委水质监测队组先后完成了都江堰市、彭州市、安县、什邡市、崇州市、宝兴县、郫县、汉源县、小金县、大邑等10个县（市）244个饮用水采样点的应急监测，监测项目包括pH值、水温、溶解氧、电导率、氧化还原电位、化学需氧量、氨氮、亚硝酸盐氮、六价铬、毒性等，取得2517个实验数据，为灾区应急供水决策提供了及时准确的水质依据。

（3）淮委水质监测组

5月22日晚，淮委抗震救灾应急水质监测组成立，于24日7时抵达成都市。根据部前方领导小组安排，承担了德阳市城区、什邡市、绵竹市和绵阳市安县等重灾区饮用水水源地的水质监测任务。

图6–12　黄委水质监测人员在什邡市采集水样

5月30日，前方指挥部从遥感资料获悉，绵竹市境内绵远河上游河段可能发生大面积油污染，要求淮委工作组立刻进行调查。工作组接到紧急通知后，迅速赶往现场，从当地水利部门详细调查有关情况，收集山体滑坡、河道水文水情、堰塞湖图像资料和油污染来源情况，迅速将调查情况、图像资料上报前方指挥部，并采集水样连夜送往四川省水文局进行油类检测。

6月5日，监测发现安县乐兴镇民生供水站水源水质出现异常，工作组立即对水源情况进行了详细调查、采样复测和确认，将调查情况及时报告指挥部，并及时反馈地方相关部门。

截至6月12日淮委抗震救灾应急水质监测组撤出灾区时，共完成前方指挥部计划安排的57个水源点5轮检测，以及大量当地部门与灾区群众委托的水样检测，为前方指挥部和灾区地方部门及群众提供监测数据4000多个。

（4）海委水质监测组

5月22日晚，海委接到水利部紧急通知后，派出由8名技术骨干组成的应急水源水质监测工作组，携带仪器、试剂等物资，于5月23日5时出发，奔赴四川省灾区。工作组于24日晚到达成都，立即投入工作，承担了绵阳片区北川县、青川县、平武县、江油市等重灾区水源地水质监测任务。

除正常的水源地水质监测外，工作组还处置了2起突发事件。6月3日，江油市三合镇北林村村民用井水沏茶时茶水颜色变黑。工作组获知后2小时内赶到现场，检测发现井水铁含量超标，并立即将检测结果向江油市水务局通报。江油市水务局随即密封了问题水井并研究处理方案；6月4日，青川县马鹿乡供水站大门被非正常开启，广元市水利农机局因担心水源受到污染，向工作组求援。工作组火速赶赴现场，通过检测证实供水水质没有异常，打消了当地群众的疑虑。

海委工作组共完成了灾区81个集中水源的3轮水质监测任务，取得监测数据6400个，所取得的数据及时上报至前方领导小组供水组，为水利部供水组和地方政府正确决策提供了重要依据。

重建后的鲁班水库

重建后的鲁班水库主坝枢纽

7 水利工程灾后重建

5·12汶川特大地震发生后，根据国务院对地震灾后重建总体目标和经济社会发展要求，水利部提出：用三年时间使震区防洪减灾基础设施、供水保障基础设施及农村水利基础设施的支撑保障能力恢复到灾前水平；震区水土流失得到治理，震区水生态环境安全得到保障；完成异址迁建城镇和农村居民点的水利基础设施配套建设，为震区经济社会可持续发展，提供水利基础设施支撑。

水利部高度重视5·12汶川特大地震水利灾后重建。2008年5月12日地震发生后，在水利行业投入抗震救灾的同时，水利部启动了灾后重建工作。水利灾后重建分为三个阶段：第一阶段是地震灾区水利工程灾后重建的总体部署；第二阶段是编制重建规划；第三阶段是依据规划，实施对水利基础设施的重建。通过三年的努力，地震灾区的水利工程基础设施基本恢复到了震前水平。

7.1 总体部署与重建进程

5·12汶川特大地震造成了四川省、甘肃省、陕西省等受灾省水利基础设施严重损毁。水利部的灾后重建工作从5月12日当晚开始启动。在5月12日水利部紧急成立的抗震救灾指挥部中即设置了灾后重建组。6月18日，水利部与四川省人民政府共同组建汶川地震水利灾后重建规划工作协调领导小组，四川省成立了四川水利灾后恢复重建领导小组。水利工程灾后重建组织体系的建设，为灾后重建工作提供了坚实保障。

水利部党组对5·12汶川特大地震水利灾后重建规划编制工作高度重视，部长陈雷多次对规划作出批示。7月11日灾后重建规划全面开展后，副部长矫勇多次赴灾区调研，并指导水利灾后重建规划的编制。重建项目实施以来，全国18个援建省先后派出大批技术力量，参与水利灾后重建。灾区灾后重建工程包括堤防工程、农村饮水工程、灌区工程和水土保持与水资源监测设施、微型水利工程、农村水电站等类，援建资金约35亿元，共计325个灾后恢复重建项目。至2011年11月底，各重建项目基本完工，防洪减灾、供水保障、农村水利基础设施建设等方面恢复并超过了震前水平。

7.1.1 重建工作部署与整体安排

地震发生后，党中央、国务院对包括水利设施在内的灾后恢复重建工作作出全面部署。水利部迅速组建工作组织机构，抗震救灾指挥部下设灾后重建组，负责落实应急修复资金，组织编制震损水利工程灾后重建规划。水利部组织成立了水利灾后重建规划咨询指导组，并派出专家驻地指导，全过程参与四川省水利灾后重建规划工作，具体负责规划编制过程中的技术咨询、指导和各项规划成果审查审定的组织工作。鉴于四川省在汶川地震中水利设施受损严重，量大面广，规划任务繁重，6月18日，水利部与四川省人民政府共同组建汶川地震水利灾后重建规划工作协调领导小组，组长由四川省人民政府副省长张作哈和水利部副部长矫勇担任。

水利部党组对5·12汶川特大地震水利灾后重建规划编制工作高度重视。水利部部长陈雷多次指示批示，要求加强对重建工程的领导，实现三年重建任务两年基本完成的总体目标；6月1日，水利部规计司司长周学文带队到灾区实地考察水利基础设施震损情况。7月11—15日，副部长矫勇赴灾区调研水利灾后重建重点项目，指导规划编制工作。

按照国务院抗震救灾总指挥部统一部署，水利部编写了《汶川地震水利灾后重建规划工作方案》和《汶川地震水利灾后重建规划编制大纲》。根据汶川地震灾后重建总体目标和经济社会发展要求，力争用三年时间，使震区防洪减灾基础设施、供水保障基础设施及农村水利基础设施的支撑保障能力恢复到灾前水平；加强震区水土流失治理，保障震区水生态环境安全；配套建设异址迁建城镇和农村居民点的水利基础设施，提供水利基础设施支撑，保障震区经济社会可持续发展。水利灾后重建主要分两个阶段，第一阶段是为确保防洪度汛和群众应急饮水，对严重受损的水利基础设施进行应急抢险；第二阶段是为确保水利支撑能力恢复到震前水平，对水利基础设施进行灾后重建。

水利部全程跟踪检查。为了确保《汶川地震灾后恢复重建水利专项规划》得以精心贯彻落实，既能按时完成重建任务，更能保证建设质量，让重建工程经得起时间和历史的检验，水利部多次派出工作组赴灾区检查指导灾后恢复重建工作，对《汶川地震灾后恢复重建水利专项规划》实施进行全程跟踪。2009 年 5 月和 10 月，矫勇副部长先后两次带队入川检查灾区恢复重建工作。2009 年 5 月 9—11 日，矫勇率由水利部总规划师兼规计司司长周学文、建管司司长孙继昌、水规总院副院长董安建等组成的水利部灾后恢复重建检查指导组至四川省检查指导 5・12 汶川特大地震灾后恢复重建工作。 2009 年 10 月 18 日，矫勇率队检查指导四川省水利灾后重建和扩大内需工作。2010 年 2 月 4 日，矫勇在北京主持召开汶川地震水利灾后恢复重建工作座谈会。会上，四川省、甘肃省、陕西省 3 个受灾省的水利厅汇报了本省水利灾后恢复重建工作进展情况及工作中存在的困难和问题。矫勇提出：水利灾后恢复重建各项工作与党中央、国务院“三年任务两年基本完成”的工作目标相比，与其他基础设施灾后恢复重建进展相比，仍然存在着一定的差距，要求 3 省必须在确保质量和安全的前提下，努力加快建设进度，迎头赶上，确保按期完成任务。

水利部有关司局对汶川地震灾后恢复重建工作进行了全面的督促检查。2009 年 3 月下旬至 4 月中旬，水利部建管司、规计司和国家防办组织成立 3 个专家检查组，对四川省水利灾后重建进展情况进行了专项检查，全面了解水利灾后重建项目建设情况，督促和指导加快建设进度，确保质量、安全和灾后恢复重建项目安全度汛。

加大水利灾后重建人才与技术支持力度。根据中组部统一部署，水利部派出两名干部支援四川省抗震救灾和灾后重建工作，其中，祝瑞祥挂职任四川省水利厅党组成员、副厅长，沈雪建挂职任北川县县委常委、副县长。2009 年 5 月，受水利部委派，中水东北、北方、黄河、淮河、长江和珠江等 6 个设计单位的 25 名水利专家，分别到四川省雅安市、广元市、德阳市 3 个市的 11 个县，对口技术援助灾区为期 1 年的重建项目。

汶川地震以来，全国 18 个省按市（县）级行政区划采用对口的形式对灾区灾后重建工程进行援建。灾区水利基础设施援建资金 35 亿元，共计 325 个灾后恢复重建项目，包括堤防工程、农村饮水工程、灌区工程和其他工程四类，按项目分类，其中农村饮水工程估算投资 11.51 亿元，堤防工程估算投资 18.02 亿元，灌区工程估算投资 3.11 亿元，其他项目估算投资 5.44 亿元。截至 2010 年 11 月底，18 县水利灾后重建项目共 325 个，开工率为 100%；完工 320 个，完工率为 99%。累计完成投资 35.94 亿元（其中援建资金 34.85 亿元，其他资金 1.09 亿元），占估算总投资的 95%。

7.1.2 重建工程的管理与实施

2008 年 7 月以来，在夺取水利抗震救灾阶段性胜利的同时，规模宏大的水利设施恢复重建工作全面展开。四川省、甘肃省、陕西省 3 个重灾省，按照国务院提出的三年重建任务两年基本完成的总体目标，全面推动重建工程。

按照“灾后重建规划编制以地方为主，中央各部门予以支持和帮助”的要求，四川省、甘肃省、陕西省分别组织成立了水利灾后重建规划编制组，具体负责规划编制各项工作。按照“先应急，后重建；先除险，后完善；先生活，后生产”的原则，在灾后重建工程实施中，统筹考虑防洪安全、群众饮水困难等突出问题和灾后恢复生产要求，结合灾区水利中长期发展战略规划，强化科学规划，狠抓前期工作效率、资金筹措、建设管理和监督检查五大措施，圆满完成了水利灾后恢复重建任务。

（1）四川省

在震后及时成立了以厅长冷刚为组长的四川水利灾后恢复重建领导小组，下设水利灾后重建办公室，积极抽调各部门技术骨干，迅速展开灾后恢复重建工作。

四川省重建总体规划的明确要求为：坚持以人为本，优先保障防洪安全，优先保障人民群众生活用水需求，努力恢复生产用水设施，全面做好受损水利设施应急修复和灾后重建工作，并以《汶川地震灾后恢复重建条例》和《汶川地震灾后恢复重建总体规划》为依据，全面启动了水利灾后重建规划编制工作。在水利部长江委的大力支持下，四川省水利厅于 2008 年 7 月完成了《汶川地震四川省水利灾后重建规划报告》。规划编制完成后，水利部组织专家对规划进行审查，保证了规划成果的科学性和可操作性。

四川省从狠抓前期工作效率上下工夫，要求各受灾县提前编制项目实施方案，做深做细前期工作，确保资金一到即可实施。四川省水利厅由厅领导带队成立了 6 个灾后重建督察小组，定期深入灾区检查督促水利灾后重建项目，促进工程建设有序推进。特别对资金投放量较大和进展缓慢的工程进行重点督察。对水利重建进度排名靠后的 5 个县（区），厅长给当地政府去信通报情况，督促进度。

（2）甘肃省

震后，甘肃省水利厅就水利设施灾后重建规划编制工作做出一系列部署安排，成立了规划编制领导小组和办公室，抽调有关单位技术人员组成了专门工作组，明确了组织形式、责任主体和工作进度。按照“规划先行、统筹安排、分清缓急、突出重点”的原则，以规划项目实施为主线，充分调动各方工作积极性，整合各种资源，统筹人力、物力、财力进行灾后重建。按照“三年重建任务两年基本完成”的要求，主攻六个方面的工作：一是项目前期工作；二是饮水安全工程建设；三是震损和病险水库除险加固；四是堰塞湖后期整治；五是施工现场管理；六是落实建设资金。在主攻重点的同时，积极推进防汛及山洪灾害防治预警预报设施、灌溉渠道设施、微型水利工程、水文基础设施、水土保持工程等的恢复重建，确保水利灾后重建任务整体推进。

在规划编制过程中做到“三个结合”：与新农村建设相结合，与小城镇和灾民搬迁安置相结合以及与城市防洪建设相结合。甘肃省组织动员技术人员向灾后恢复重建一线靠拢，向工地靠拢，向现场靠拢。科学调配技术力量，将主要技术力量集中在重点工程、关键工程、技术难度大的项目上。同时，及时协调社会力量给予帮助指导，解决技术力量不足问题。

甘肃省建立健全质量监督、检查、控制和保证体系，强化强制性检测制度和责任追究制度，组织工程质量监督巡视组，严格落实自检、复检和抽检“三检”制度。组织工程技术咨询指导服务队，解决重点工程项目实施中的重大技术问题。

（3）陕西省

陕西省及时组织编制了《汶川地震陕西省灾后恢复重建水利专项规划》。规划用3年时间对震损水利设施修复重建，基本恢复其原有功能和效益。同时，及时组织编制完成了《汶川地震陕西省宁强、略阳、勉县、陈仓等4县（区）水利设施灾后重建规划》。

规划过程中，陕西省水利厅切实加强组织领导，采取有力措施，积极落实灾后重建工作中的规划衔接、投资计划安排、实施队伍组织、资金管理和工程竣工验收等各个环节的责任，全力推进恢复重建各项工作顺利开展。

陕西省水利部门各级都组织专家组，深入工程建设现场指导灾后重建工作，及时了解工作进展、存在主要问题，在分析研究的基础上提出切实可行的措施，同时加大检查督促力度，促进灾后重建工作卓有成效地开展。

7.2 灾后重建规划

按照国务院的统一部署，水利部与受灾省充分沟通协商，以国务院《汶川地震灾后重建条例》和《国家汶川地震灾后重建规划工作方案》为依据，形成了水利基础设施规划编制工作的指导思想、基本原则、规划范围、主要任务和组织形式等意见，提出并向国务院抗震救灾总指挥部报送了《汶川地震水利灾后重建规划工作方案》和《汶川地震水利灾后重建规划编制大纲》。按照国务院抗震救灾总指挥部灾后重建规划组对规划汇总工作的安排，水利部严格按照汶川地震10个极重灾区和41个重灾区的规划范围，通过认真分析审核，对3省规划进行了汇总，形成了《汶川地震灾后恢复重建水利专项规划》。

7.2.1 规划编制过程

5月12日在汶川特大地震发生的当晚，水利部紧急成立的抗震救灾指挥部中成立灾后重建组，超前谋划水利灾后重建工作。为及时开展灾后重建，水利部落实应急修复资金，组织编制震损水利工程灾后重建规划。为尽快做好地震受损水利设施应急修复和灾后重建工作，切实保证地震灾区水库安全，有效解决河道淤堵引起的安全问题，全力解决灾区供水问题，首要问题是迅速、科学编制灾后重建规划。通过前期的工作，水利重建项目得以列入国家规划。

5月14日，水利部下发了《关于抓紧开展5·12地震受损水利设施应急修复和灾后重建规划编制有关准备工作的通知》。16日，水利部规计司负责，水利部水规总院组织技术人员提出了《汶川地震水利灾后重建规划编制大纲》，17日印发到四川省、重庆市、甘肃省、陕西省、云南省、湖北省、贵州省、湖南省8个省（直辖市）水利厅（局）；22日，水利部提出了上述8个省（直辖市）的《汶川地震水利灾后重建规划初稿》；27日，水利部提出了上述8个省（直辖市）的《汶川地震水利灾后重建规划》初步成果。

7月15日，水利部和四川省政府共同组织召开《汶川地震四川省水利灾后重建规划》专家审查会议，审查通过了《汶川地震四川省水利灾后重建规划》。随后，由水利部规计司牵头，水规总院具体负责，将四川省、甘肃省、陕西省的规划成果进行了汇总，形成了《汶川地震水利灾后重建规划》，7 月报送国家发展和改革委员会灾后重建规划编制工作组。另外，水利部还向相关部门提交了水利设施灾害损失评估和水资源水环境承载能力评价 2 个专项报告，以及农村建设规划（水利部分）、基础设施建设规划（水利部分）、防灾减灾和生态修复（水利部分）、政策研究等 4 个专题报告。11 月初，国家出台《汶川地震灾后恢复重建总体规划》，在农村建设、基础设施、防灾减灾、生态修复等专项规划中均列入了水利灾后恢复重建有关工作内容。

7.2.2 规划总体原则和整体框架

（1）水利灾后重建规划总体原则

1）科学评估，全面规划的原则。针对受损水利设施突出问题，从确保人民群众生命安全，为规划区恢复正常生产、生活提供必要的水利支撑条件出发，针对水利设施震损实际情况，充分利用现有各类水利规划成果，结合水利工程特点，在充分论证的基础上对规划区水利基础设施的灾后重建进行全面规划。

2）统筹兼顾，突出重点的原则。在充分考虑为规划区经济社会提供必要水利基础保障的同时，统筹考虑水利基础设施的恢复完善和具体工程的调整布局，统筹考虑水利工程自身安全和满足基本运行维护的需求；按照"先应急，后重建；先除险，后完善；先生活，后生产"的原则，以防洪安全、群众饮水安全等为重点，优先恢复重建关系受灾群众基本生活生产的水利设施，统筹考虑对规划区灾后重建发挥重要作用的基础水利设施。

3）注重衔接，创新机制的原则。做好灾后重建与现有各类水利规划任务的相互衔接，震损水利设施灾后重建与提高水资源水环境承载能力的相互衔接，水利灾后重建工作与其他灾后重建工作的相互衔接，统筹安排好规划区水利建设任务。充分考虑水利基础设施公益性特点，建立政府公益投资为主，多元投资、激励各方广泛参与的水利灾后重建体制和机制，采取有效措施，确保水利灾后重建工作顺利进行。

（2）水利灾后重建规划整体框架

《汶川地震水利灾后重建规划》以国务院《汶川地震灾后重建条例》和《国务院关于做好汶川地震灾后恢复重建工作的指导意见》为依据，按照《汶川地震水利灾后重建规划工作方案》和《汶川地震水利灾后重建规划编制大纲》的要求进行编制。《汶川地震水利灾后重建规划》对四川省、甘肃省、陕西省水利基础设施震损情况进行了全面评估，认真分析了水利设施震损对灾区经济社会发展的影响和经济社会灾后重建对水利基础设施建设的要求；明确了水利灾后重建的指导思想、基本原则、规划目标、主要任务、主要建设内容，初步测算了灾后重建项目资金需求和资金筹措方案，提出了确保《汶川地震水利灾后重建规划》有效实施的政策建议和保障措施，并对《汶川地震水利灾后重建规划》实施的环境影响和实施效果进行了评价，是汶川地震四川省水利灾后重建的依据。《汶川地震水利灾后重建规划》共分为九章。第一章，水利基础设施震损情况；第二章，水利灾后重建的重要地位和作用；第三章，规划指导思想、目标和总体任务；第四章，灾后重建主要内容；第五章，投资估算及资金筹措方案；第六章，环境影响评价；第七章，保障措施；第八章，规划实施效果评价；第九章，结论及建议。

7.2.3 规划主要内容

水利灾后重建规划主要包括防洪减灾（包括水库除险加固、堰塞湖后期处理、堤防重建）、供水保障、农村水利、水土保持与水资源监测设施共4类基础设施复建项目（见表7–1）。

（1）防洪减灾基础设施

对影响防洪安全的受损堤防、水库进行全面除险加固，疏浚淤堵河道，恢复防洪能力，完全消除堰塞湖对防洪的影响，恢复并完善水文设施、防灾减灾预警预报系统。

1）水库工程。对有溃坝和高危等重大险情的水库，在主汛期前进行应急排险处置，确保度汛安全；全面完成规划区1263座震损水库的除险加固任务，保证工程安全和下游防洪安全。

2）堰塞湖（坝）。抓紧进行105处堰塞湖（坝）处理，切实解决河道淤堵问题，确保河道上下游群众生命安全。

3）堤防工程和河道治理工程。全面恢复重建规划区震损堤防，在尽快完成出现重大险情堤防排险处置基础上，加固和重建堤防890km，恢复防洪保护区的防洪体系。加固或建设1199.4km堤防以保证整体迁建、原地异址重建城镇和农村居民点防洪安全。

4）水文及防灾减灾预警预报设施建设。恢复重建104个受损水文站的水文站房、水文测报设施和相关管理设施等，完善防灾减灾预警预报系统。

（2）供水保障基础设施

对震损供水设施进行全面修复，恢复重建和新建乡村供水工程，提高供水保证率。结合受损水库除险加固和受损大型灌区灾后重建，恢复震前供水能力，提高规划区水资源保障能力。

乡村供水工程灾后重建中，对损毁不严重、居民居住相对稳定乡（镇）村供水系统实施应急修复，加快灾民临时集中安置点供水设施建设和其他应急供水设施建设，恢复重建或重新布局新建集中和分散乡村供水设施，解决860.7万人饮水。

（3）农村水利基础设施

尽快恢复重建大中小型灌区、微型水利工程、农村水电站和电网等农村水利基础设施，为恢复规划区正常生产秩序，开展生产自救创造条件。

1）大型灌区骨干工程。对7个大型灌区的受损渠首、泵站、渡槽等建筑物及骨干渠系进行修复，提高供水保证率，强化大型灌区跨区域供水能力，为解决区域发展用水需求、恢复农业灌溉和农业生产创造基本条件。

2）中小型灌区基础设施。恢复重建1289处中小型灌区的受损灌排设施，对55498处受损独立微型水利工程进行重建，恢复灌区灌溉、排涝设施功能，尽快恢复规划区农村生产条件。

3）农村水电设施。恢复水利系统农村水电213处，恢复农村供电能力和供电质量。

（4）水土保持与水资源监测设施

加强规划区水土流失治理，强化规划区水质、水源地和生态流量监测，逐步恢复规划区生态环境。

1）水土保持设施。以梯田、坡面水系工程等为重点，恢复重建必要的震损水土保持设施；适当为就地重建城镇和迁建城镇建设部分创造基本水保条件的水土保持设施。

2）水资源监测设施。加强主要河流水质、河流排污口水质、水源地、水电站下泄流量、取用水户取退水等的监测。

（5）水利灾后重建投资总规模和建设资金筹措方案

规划总投资 3159636 万元，其中灾后重建投资 3073136 万元、部分灾后重建项目运行维护管理费缺口 86500 万元；总投资中四川省 2965489 万元、甘肃省 154223 万元、陕西省 36549 万元、中央直属水文设施 3375 万元。

资金筹措方案按公益性、准公益性、经营性为主的分 3 类项目，初步拟定灾后重建资金渠道为中央财政投资和地方自筹投资，地方自筹投资可通过地方财政投入、对口支援资金、社会捐赠、银行贷款及群众投工投劳等多渠道筹集。其中中央投资 67.18%，计 2122656 万元，地方投资 32.82%，计 1036980 万元。

恢复重建中期，为进一步科学实施规划，及时修改完善规划中的问题，对四川省、甘肃省、陕西省 3 省水利灾后恢复重建项目进行了中期调整。中期调整后，3 省共安排汶川地震水利灾后恢复重建项目 3659 个，规划总投资 228 亿元。其中四川省 39 个县（区、市）210.79 亿元（不含发展提高项目 21.96 万元），甘肃省 8 个县（区）15.053 亿元，陕西省 4 个县（区）2.2053 亿元。

规划区水利灾后重建主要内容汇总见表 7–1。

表 7–1　　规划区水利灾后重建主要内容汇总表

分类	项目	单位	合计	分省			中央直属
				四川	甘肃	陕西	
防洪减灾	水库	座	1263	1222	13	28	
	堰塞坝（湖）	处	105	104	1	0	
	堤防	公里	1199.4	847.4	315	37	
	水文设施	个	104	52	20	7	25
供水保障	乡村供水设施供水人口	万人	860.7	721.3	107	32.36	
农村水利	大型灌区	处	7	4		3	
	中小型灌区	处	1289	1170	106	13	
	微型水利设施	处	55498	55328		170	
	农村水电设施	处	213	133	67	13	
水土保持与水资源监测设施	水土保持设施	万 hm^2	20.76	19.35	1.23	0.19	
	水资源监测设施	个	4454	4454			

7.3 水库除险加固

5·12 汶川特大地震中，四川省、甘肃省、陕西省 3 省防洪减灾设施受损严重。包括水库、堤防工程等设施在地震中受到不同程度损毁。为加快重建工程建设进度，3 省建立了多种机制，多措并举，全面推进水库、堰塞湖、堤防工程灾后重建各项工作顺利进行。震后，由于地质条件不稳定，暴雨、泥石流等灾害频繁发生，给灾后恢复重建工作带来了极大困难。水利系统广大职工在水利部的指导及全国各兄弟省市的援建下，发扬伟大抗震救灾精神，克服重重困难，采取各种行之有效的措施，推动防洪减灾设施恢复重建的有序展开。截至 2011 年 9 月底，四川省、甘肃省、陕西省 3 省已完成防洪减灾设施的灾后恢复重建工作。

特大地震造成水库大坝裂缝、坝体滑坡、坝基渗漏、溢洪道裂缝、垮塌、放水设施损坏等不同程度的损坏，极易产生次生灾害。这些水库承担着当地灌溉任务，并兼有供水、防洪、养殖和旅游等综合作用。震损水库如同一颗颗人造定时炸弹，一旦失事，将对下游群众的生命财产、重大基础设施和城镇造成重大损失，并直接影响灾区受灾地区群众生产、生活，影响当地粮食安全和经济发展。因此，震损水库应急处置与除险加固，事关灾区的稳定与发展，事关当地经济、社会的稳定与发展。

震后，3 省水利厅迅即安排灾区水利部门进行了应急抢险工作。2008 年 5 月底，水库抢险工作结束后，水库灾后恢复重建工作陆续展开。

水库灾后除险规划贯彻以“以人为本，尊重科学、尊重自然、远近结合、统筹兼顾”的工作方针，坚持科学评估、全面规划，突出重点、统筹兼顾，立足当前、考虑长远的原则。3 省分别制定了《震损水库除险加固的专项规划报告》，计划用三年时间对 1228 座（四川省 1193 座，陕西省 22 座，甘肃省 13 座）小型震损水库进行除险加固，规划投资 21.53 亿元。规划报告的确定对指导 3 省各地震损水库除险加固工作和全面推进震损水库灾后重建前期工作意义重大。

进入灾后重建阶段，水库管理单位委托具有相应资质的设计单位，制定了震损水库的除险加固实施方案，并经过各地水行政主管部门审批后实施。实施过程中，3 省领导多次就各自省份的水库除险加固工作召开会议，研究解决灾后重建中存在的问题，并提出要求。截至 2011 年 9 月底，四川省、甘肃省、陕西省 3 省所有震损水库除险加固工作全面完成。

震损水库除险加固后，消除了水库安全隐患，恢复了防洪库容，增强了水资源调控能力，对于确保社会稳定与和谐具有十分重大的意义，社会效益明显，恢复了蓄水能力，增加了灌溉面积，为下游群众提供了安全保障。

7.3.1 紫坪铺水库

紫坪铺水利枢纽工程是一座以灌溉和供水为主，兼有发电、防洪、环境保护等综合效益的大型水利工程，是都江堰灌区和成都市的水源调节工程。工程位于岷江上游汶川县映秀镇至都江堰市河段，枢纽布置于都江堰市紫坪铺镇，距都江堰市 7km， 距成都市 60km，上游 26.5km 与映秀湾电站尾水衔接。枢纽主要建筑物包括钢筋混凝土面板堆石坝、溢洪道、引水发电系统、冲沙放空洞、1 号泄洪排沙洞、2 号泄洪排沙洞。大坝最大坝高 156.00m，水库正常蓄水位 877.00m，总库容 11.12 亿 m^3，调节库容 7.74 亿 m^3，水电站装机 4×19 万 kW，多年平均年发电量 34.17 亿 kWh。5·12 汶川特大地震使紫坪铺大坝受到强烈振动，电站机组瞬间全部停运，水电站尾水岷江河道断流，枢纽工程各建筑设施均遭受到不同程度的损毁。

2008 年 6 月四川省水利水电勘测设计研究院、紫坪铺开发公司编制完成了《紫坪铺水利枢纽工程灾后重建规划报告》。10 月，紫坪铺开发公司委托四川省水利水电勘测设计研究院开展汶川灾后紫坪铺水利枢纽工程抗震复核、恢复重建方案编制等工作。11 月，四川省水利水电勘测设计研究院委托中国地震局地震预测研究所开展紫坪铺水利枢纽工程场地地震安全性复核评价。2009 年

1月，国家地震局批复紫坪铺工程区域地震安全性评价复核报告。2010年4月，水利部批复了《紫坪铺工程灾后恢复重建初步设计报告》，核定工程灾后恢复重建总投资为3.93亿元。工程恢复重建的主要工作内容为：坝顶和防浪墙顶采取局部拆除并加高恢复至原设计高程，对下游坝坡松动变形部位的干砌块石予以拆除并改建为浆砌块石护坡，沿原灌浆帷幕线对两岸坝基进行补充帷幕灌浆；对溢洪道进口扩散段边墙墙踵混凝土加厚处理、局部混凝土裂缝修补等加固；对泄洪冲沙洞和冲沙放空洞洞身针对不同情况分别采用固结灌浆、回填灌浆和化学灌浆等处理；对震损的机电及金属结构设备等进行更换或修复等项目。同月，四川省财政厅下达紫坪铺工程灾后恢复重建财政投资中期调整控制数为3.3274亿元。

为确保工程防洪安全、生产安全，全力推进灾后恢复重建项目，紫坪铺公司坚持民生优先和科学重建，按照轻重缓急，分两阶段组织实施工程灾后恢复重建工作。按照水利部2009年10月灾后恢复重建初步设计报告审查意见要求，紫坪铺公司委托原施工单位中国水利水电第五工程局有限公司（以下简称水电五局）、中国水利水电第十二工程局有限公司（以下简称水电十二局），监理单位四川二滩国际工程咨询有限责任公司等单位优先组织开展了涉及2010年工程安全度汛和安全生产的灾后重建项目施工。2010年9月基本完成了本阶段58个灾后重建项目施工，确保了2010年工程安全度汛和生产运行安全。

2010年4月，工程灾后重建初设报告批复后，按照四川省政府批复的招标采购方式，紫坪铺开发公司组织开展了第二阶段37个灾后重建合同标段施工，2011年9月全面完成了工程灾后重建任务。

截至2011年10月底，紫坪铺工程灾后恢复重建累计完成投资33009万元，工程运行情况和生产能力恢复到震前水平。

7.3.2 武都水库

武都引水工程位于四川省江油市武都镇上游4km的涪江干流，曾被邓小平同志誉为“第二个都江堰”，是四川省“五横四纵”［都江堰、玉溪河、长征渠、向家坝、引大（渡河）济岷（江）工程等5个大型西水东调工程和武都、升钟、亭子口、罐子坝水库等4个大型北水南补工程］调水补水网络的四大“北水南补”工程之一，是川西北地区工农业和城市经济发展的重要水源工程，具有防洪、灌溉、生态环保、国土资源保护、工业和生活供水以及发电等综合效益。灌溉绵阳市的江油市、梓潼县、游仙区、三台县、盐亭县，遂宁市的船山区、射洪县、蓬溪县和广元市的剑阁县、南充市的南部共4个市10个区（市、县）282万亩农田，受益人口500多万人。5·12汶川特大地震发生后，武引工程已建和在建的40多个项目均遭到损坏，上下游围堰多处拉裂，已浇筑的大坝出现裂缝13处，岩溶系统发生严重垮塌；600台（套）大型施工设备受损，办公、生活房屋被拉裂和垮塌400余间共13000多m^2。工程受损、移民房屋垮塌、专项设施破坏等损失和需重建资金达3.72亿元。

震后，绵阳市武引工程建设管理局（以下简称武引局）立即着手组织人员编制武都水库灾后重建方案，并积极上报。重建方案列入四川省水利厅《汶川地震四川省水利灾后重建规划报告》。2009年4月8日四川省水利厅以《关于武都水库灾后重建实施方案报告审查意见的函》（川水函〔2009〕303号）批复武都水库灾后重建项目投资36331万元，2009年11月2日四川省发展和改革委员会以《四川省发展和改革委员会关于印发〈四川省汶川地震灾后恢复重建规划项目实施计划（中期调整本）〉的通知》（川外发改〔2009〕1225 号）批复武引工程（枢纽建设）项目投资 30000 万元。

灾后重建项目迅速展开。为了完成 2009 年安全度汛目标，顺利实现 2010 年发电目标，把因地质、冰雪和地质灾害耽误的工期抢回来，武引局多次组织召开专家咨询会，集思广益，开创了水库工程汛期浇筑混凝土的先例。从有限的行政管理经费中挤出 300 多万元资金，设定挂牌目标奖，与参建各方签订了度汛节点目标任务责任书，坚持 24 小时作业。同时，采用高悬长臂布料机、高压泵送和真空满管输送、溜槽传送混凝土，实行分段浇筑、错仓施工措施，加快了进度。水利部副部长矫勇到武都水库检查灾后重建工作时，深有感触地说："你们灾后重建的前期准备和重建后的工作是行动得最快的。"至 2010 年 3 月，武都水库工程已累计完成 4695 个单元工程，质量评定完成 4695 个，全部合格。其中优良单元工程 3810 个，优良率为 81.2%。工程质量总体良好，质量属优良等级。至 2011 年 3 月，武都水库完成灾后重建投资 5.7 亿元。

截至 2011 年 11 月底，大坝混凝土 1 ～ 12 号坝段浇筑至高程 658.60m，13 ～ 15 号坝段浇筑至高程 661.34m（已到坝顶），16 ～ 18 号坝段浇筑至高程 650.00m，19 ～ 22 号坝段浇筑至高程 649.60m，23 ～ 30 号坝段浇筑至高程 652.63m，累计已完成大坝混凝土浇筑 185 万 m^3，所有溶洞等地质缺陷处理已全部完成，左右岸帷幕灌浆已全部完成，仅剩余坝顶帷幕还在施工，已完成帷幕灌浆 21 万 m，厂房土建机电设备安装已基本完成，正在进行 3 号机组的机电设备调试，1 号、2 号机组已并网发电。

7.3.3 鲁班水库

鲁班水库位于四川省绵阳市三台县新生镇凯江支流绿豆河，是都江堰人民渠七期干渠末端的一座大（2）型囤蓄水库，1980 年年底建成。主要控灌四川省绵阳市的三台县、遂宁市的大英县和射洪县。在 5·12 汶川特大地震中，鲁班水库枢纽工程严重受损。主坝斜墙、面板变形、错位。大坝面板在高程 420.00m 处产生一处水平贯穿性折断，伸缩缝止水材料损坏，混凝土表面脱块。5 月 12 日晚小廊道内的漏水量达到 45L/min。9 月 17 日，以前无漏水现象的廊道 1 号管观测点突然出现漏水，且渗漏量达 1800 L/min，从而导致观测、检修廊道大量积水，不能排出坝体。太林寺和倒湾垭两座副坝坝基、坝肩出现渗漏。铧厂垭、采购站副坝坝体、坝基出现集中渗漏现象。震后，主坝坝顶纵向裂缝由 1 ～ 2cm 加宽至 3 ～ 7cm；4 座土石坝迎水坡面沉陷、变形；主坝廊道排水洞堵塞，扬压力等观测设施损坏；主坝坝面部分观测设施受损；观测廊道出现多条纵向裂缝，宽 1 ～ 4mm；水库防洪、泄洪能力受损，放水底孔锥阀在地震中损坏；3 个灌溉放水闸房梁柱产生贯穿性裂缝，泄洪渠边坡部分坍塌，出现部分滑坡；排洪能力最大只能达到 8 m^3/s，仅为设计能力（49m^3/s）的 15% 左右；主坝放空底孔进口、出口及 3 处放水洞锥形阀启闭出现故障频繁现象，鲁香和鲁联锥形阀都出现启闭故障，4 处锥阀均无法达到全开状态。

鲁班水库震损项目整治关系到周边的射洪县、大英县、三台县、中江县 4 县 100 多万人民生产生活用水，是一项重大民生工程，工程严格按照全省"治理一处震损病险水库，还一库清水于民"的要求，取缔库区内的网箱养殖，避免水库水质继续恶化；坚持抗旱与防汛两手抓，突出防汛安保措施。同时，结合震损病险水库除险加固措施的落实，严防溃坝险情的出现，保障整治彻底、不留后患，为农业增产、农民增收和稳定安全作贡献。

应急除险工程于2008年7月开工，内容主要是主坝防渗面板渗漏原因检测和修补，主坝坝顶路面及栏杆更换和维修，副坝坝面防渗面板修复，水库供水设施维修和更换。工程批准总投资1300万元，2009年4月，四川省发展和改革委员会以“川发改农经〔2009〕319号”文批准鲁班水库灾后重建初步设计，批准总投资5588万元。

2009年11月7日，一标段水下施工部分开工建设。2009年12月23日，二标段、三标段、四标段开工建设。至2010年6月底，鲁班水库的水下作业完成。至2010年12月30日，鲁班水库灾后重建累计完成投资4400万元，占评审后投资的98%，占批复投资的79%。其中：大坝面板1084m裂缝及伸缩缝修补工程已经全部完成，大坝廊道中的1号管渗漏流量已经由修补前的1800 L/min降至60L/min；大坝面板水面以上5000m^{2}面积的渗透结晶型水泥基处理完成100%；大坝两坝肩8190m的防渗帷幕补强灌浆工程全部完成；新增的大坝廊道90m排水洞全部贯通，混凝土衬砌全部完成；消力池改造工程全部完成；6座副坝的面板及坝顶整治工程全部完成。

鲁班水库灾后重建工程2009年3月完工，鲁班水库的灌溉供水功能恢复正常。随着鲁班水库配套工程的建设，截至2010年3月鲁班水库灌溉面积已经扩展到40.66万亩，灌区年年丰收。受益灌区绵阳市的三台县在2009年被评为全国产粮大县。三台县政府以灾后重建为契机，花3年时间，取缔库区网箱养殖，还一库清水。在水质得到改善后，人民渠二处计划将鲁班水库作为三台县、射洪县、大英县3县城市生活备用水源，使水库效益大幅度提高。

7.3.4 中坝水库

中坝水库位于陕西勉县温泉镇光明村，东南的小河属汉江一级支流。小河主沟道长2.5km，控制流域面积9.7km^2。水库工程设计总库容65万m^3，有效库容53万m^3，死库容3.5万m^3，防洪标准为20年一遇。1956年4月开工，1957年6月建成，工程坝体为黏土均质坝。原设计坝高11.00m，1976年再次加高1.50m，未加大坝底宽度，故内外坡比较陡，坝顶长150m，坝顶宽4m，坝顶高程554.30m。水库主要以灌溉光明村1460亩农田，保障约1000人的饮水、家畜用水及防洪安全，兼有生态养殖等综合效益。5·12汶川特大地震造成水库坝体及坝肩渗漏、涵洞漏水、溢洪道垮塌，直接影响水库正常运行和效益发挥。

西北水利水电建筑勘测设计院（以下简称西北院）承担了水库除险加固设计，震损除险加固设计防洪标准为：20年一遇洪水设计，200年一遇洪水校核，主要建筑物按5级设计，总库容61.7万m^3，其中兴利库容19.1万m^3，滞洪库容15.5万m^3。除险加固工程主要内容为：大坝除险加固工程，溢洪道加固工程，放水设施加固，防汛道路加固工程，新建管理房。工程概算总投资256.73万元，主要工程量：土方开挖5729 m^3，土石方回填6437 m^3，砌石1330 m^3，混凝土浇筑766 m^3，灌浆加固1100延米。

为保证该工程项目的顺利实施，成立了勉县水利系统灾后恢复重建领导小组，水利局李成玉局长任组长，2名副局长任副组长。成立了勉县震损水库除险加固工程项目办公室，负责全县含中坝水库在内的11座震损小（2）型水库除险加固工程的建设和资金管理。张会安副局长负责震损水库除险加固工作，中坝水库项目实施单位为勉县天堰管理站，项目负责人为天堰管理站站长陈玉祥。工程项目办编制完成了《中坝水库除险加固工程招标文件》，制定了具体的施工招标评标办法，将工程预算报告财政评审中心评审，并以批准的招标方式进行招标，择优选择中标单位。通过招标，勉县水利工程队为施工单位，陕西江龙工程项目管理有限公司对工程进行监理。选择有相应资质等级的汉中市水利水电质量安全监督站对中坝水库进行质量检测和施工安全监督，并签订责任了合同。

震损水库重建工程于2010年1月19开工，2010年8月30全面完成设计批复大坝除险加固工程、溢洪道加固工程、放水设施加固、防汛道路加固工程、新建管理房工程建设内容，完成投资250万元。中坝水库震损除险加固后，保障了1000余人饮水，灌区1460亩耕地灌溉保证率达到75%以上，保障了当地农村稳定、农业稳产，具有显著的社会效益和经济效益。

7.3.5 黄江水库

黄江水库位于长江流域嘉陵江水系西汉水支流漾水河上游的黄江峡口，控制流域面积366亩，1959年3月动工兴建，1960年7月竣工后投入运行。水库按50年一遇洪水设计，库容436万m^3，属小（1）型水库。5·12汶川特大地震使黄江水库电台天线受损，通信、电力中断。黄江水库大坝下游坝趾处，渗水出露点增多，较大的渗水点有6个，渗水量达到30L/min，比震前增大了5倍，水变黑并有泥沙等杂质涌出。

6月，水利部黄委赴甘肃省抗震工作组对黄江水库进行了现场勘察，编制了《甘肃省西和县黄江水库震损应急除险方案》。黄江水库应急度汛除险基本设计方案是：扩大溢洪道泄洪规模，对上游坝体、坝基进行防渗加固处理，下游坝脚设置反滤排水体进行保护。甘肃省甘兰水利电力建筑设计院对黄江水库应急除险工程进行勘察设计。

6月21日，西和县震损水库除险加固领导小组成立。通过专家评审，甘肃省财政厅审定投资420万元。9月10日黄江水库应急除险加固第一组标（大坝及溢洪道工程）工程开工；9月21日，第二组标大坝灌浆工程开工建设。2009年3—7月，工程建设通过国家审计署工程审计、财政部核查及甘肃省安检、监督部门的检查。2009年10月19日，黄江水库除险加固工程全面竣工，通过验收。实际工期13个月，完成工程投资371.41万元。

2009年8月7日，黄江水库二标项目大坝帷幕灌浆及高压旋喷墙工程完工，顺利通过验收。10月19日，一标坝面防渗工程完工。

黄江水库除险加固是解决西河县城区干旱缺水、洪涝灾害、水环境恶化问题的控制性工程，也是发展水产养殖和开展水利旅游的综合性水利工程。黄江水库除险加固工程的实施，特别是坝体灌浆及防渗工程完工后，大坝防渗已收到了比较明显的效果，溢洪道、输水洞工程运行良好，闸门基本达到滴水不漏；同时，还使水库恢复防洪库容220万m^3，恢复灌溉年效益56万元，保障2万人的生活用水，年养殖效益20万元。

7.3.6 李家沟水库

李家沟水库位于陕西省宁强县高寨子镇王家坝村李家沟。水库于1968年4月动工，1969年4月建成蓄水，是一座以灌溉为主兼顾养殖的小（2）型Ⅴ级工程。设计总库容23.5万m^3，其中有效库容19.7万m^3，滞洪库容0.8万m^3，死库容1.5万m^3。大坝为均质土坝，最大坝高24m，坝顶长度60m，坝顶高程800.00～800.50m，坝顶宽度5.5m。

5·12汶川特大地震灾害发生后，李家沟水库受地震影响破坏严重，经现场检查、测量和分析，震损主要问题是：大坝坝顶出现1条纵向裂缝和2条横向裂缝，溢洪涵洞泄流能力严重不足，放水卧管、涵洞漏水较震前有所增加等。汉中市水利局将该水库病险确定为次高危险情等级。如不对坝体进行除险加固，汛期洪水来临，将严重影响下游住户和农田安全。

2008年6月1日起，由汉中市水利水电勘测设计院组织力量开展应急除险加固工程设计。11月，成立了宁强县震损水库除险加固工程项目办公室，负责全县含李家沟水库在内的6座震损小（2）型水库除险加固工程的建设和资金管理。2009年2月27日工程正式开工建设。

截至2009年6月30日，全面完成大坝加固、溢洪道加固、放水设施加固，防汛道路等批复建设内容，完成投资231万元。李家沟水库除险加固后，恢复灌溉面积350亩，水库下游的500人和400间房屋、300亩耕地、1个砖厂、0.2km的通村水泥路得到防洪安全保障，效益显著。

7.3.7 龙王潭水库

龙王潭水库位于四川省剑阁县剑门关镇，坝型为砌石双曲拱坝，坝高60m，坝顶宽4.8m，总库容2360万m^3。水库于1987年兴建，1994年竣工投入运行，是一座以灌溉、防洪、发电为主的中型水库。5·12汶川特大地震造成龙王潭水库震损严重。

2010年1月29日剑阁县水务局成立剑阁县龙王潭水库枢纽震损除险加固工作领导小组办公室。2月26日成立，剑阁县水务局工程师蒲震宇任指挥长。

龙王潭水库灾后重建项目由四川省水利水电勘测设计研究院承担设计，监理单位为四川锦欣建设监理有限公司，施工单位为四川嘉陵建筑有限公司。2010年6月18日鉴于施工工程进度缓慢，工程指挥部给施工单位下发停工令。6月24日，工程指挥部在准予复工的同时令施工单位就现场安全方面继续整改。由于工程进度严重滞后，11月，剑阁县水务局调整工程施工方案。11月18日下游左挡墙基础第一仓开始浇筑，此后工程进度逐渐正常，当年底恢复重建工程完工。龙王潭水库作为新县城供水水源工程，可解决新县城3.5万人的供水问题，日供水规模1.6万m^3，年供水总量584万m^3。可新增灌面2.9万亩，每亩耕地可增加产值300元，在灌溉、供水等方面发挥了较大的社会和经济效益。

7.4 堰塞湖后期整治

地震堰塞湖的后期处置工程是开创性的，没有现成的治理经验可资借鉴。2008年5月29日水利部、四川省联合抗震救灾指挥部堰塞湖组提交了《堰塞湖后期治理规划报告》（初稿）。7月堰塞湖后期治理分别列入《四川5· 12汶川地震灾后重建水利规划》和《甘肃5· 12汶川地震灾后重建水利规划》，堰塞湖后期治理全部列入规划，规划治理资金12亿元，以中央资金为主要来源。

四川省水利厅于2008年11月向有关市州提出堰塞湖后期治理分三步进行的意见：首先开展各堰塞体稳定安全性评价，委托有资质的勘测设计单位编制堰塞体安全评价报告，分析现状堰塞湖(体）存在的各种安全隐患，提出灾后治理的建议意见，为后期治理设计提供科学依据；接着由勘测设计单位编制堰塞体治理的工程整治方案及相关投资；最后按四川省灾后重建工作程序，由当地党委、政府作为责任主体，开展堰塞湖（体）的灾后治理。鉴于堰塞湖防洪保安的重要性，该文件规定现状蓄水量大于100万m^3的堰塞湖的安全评价报告由四川省水利厅负责审查，并按灾后重建程序办理。

至2011年9月，113座堰塞湖经人工处置和汛期洪水自然冲蚀，64座已不具危险性或不复存在，

49 座需要进一步后期治理的堰塞湖除唐家山堰塞湖正在治理外，其余 48 座全部治理完成。

按照地方行政首长负责制的相关规定，开展堰塞湖（体）的后期治理工作由当地政府作为责任主体，落实好治理资金。四川省财政厅下达汶川地震中央和省级灾后恢复重建水利补助资金至项目所在市（州、县、区），并由当地党委、政府统筹安排，突出重点，分类控制，包干使用。各堰塞湖的后期治理经费均按此由地方党委、政府安排使用。

2009 年 12 月 30 日，堰塞湖后期治理工作接近尾声，在广泛征求各地市（州）水行政主管部门意见的前提下，按照《水利水电建设工程验收规程》（SL 223—2008）等规程规范的要求，四川省水利厅出台了《四川省堰塞湖工程处置验收管理办法（试行）》（川水发〔2009〕18 号）指导各地的堰塞湖处置验收工作。

堰塞湖作为一种自然遗产，可以因势利导，开发利用。在保证对人类社会没有威胁的前提下，进行合理的开发利用，是完全可以成为现实的。堰塞湖后期治理就是通过人工干预，促成其尽快成为可供开发利用的对人类社会没有威胁的稳定型堰塞湖。

7.4.1 唐家山堰塞湖

唐家山堰塞湖于 2008 年 6 月 11 日，通过应急排险工程实现成功泄流，水位降至 712.60m，危机得以解除。之后，唐家山堰塞湖又经历数次洪水袭击，影响最为严重的一次是 9 月 24 日遭遇暴雨袭击，再次将泄流明渠堵塞至高程 718.00m。

堰塞湖实现成功泄流后，曾有 3 个后处理方案：①将唐家山堰塞湖彻底挖除，一劳永逸，但所需资金量巨大，且巨量土方难以处理；②在堰塞体上游修建水电站大坝，由于投资过大以及防洪安全等因素，此方案基本被否定；③以唐家山堰塞湖为主体，形成旅游保护区，即在堰塞体左岸修建导流洞，结合旅游，对堰塞湖进行适当开发，并利用导流洞水流落差，建设水电站，兼备防洪、旅游、发电效益。

按照国务院总理温家宝提出的“安全、科学、快速”处置堰塞湖的原则，四川省水利厅组织专家对成勘院编制的《唐家山堰塞体及上下游两岸边坡安全性评价报告》（以下简称《报告》）进行了审查，对唐家山堰塞体稳定安全性作出科学评估。水利部总工程师刘宁为组长的专家组对《报告》进行了审查，经成勘院的补充修改，四川省水利厅基本同意该《报告》，四川省发展和改革委员会于 2009 年 1 月下旬批复《报告》。

《报告》确定的唐家山堰塞体后期整治方案原则是“在保证防洪安全的前提下尽量维持堰塞体原貌，并为堰塞体后期利用创造条件”。工程总投资约 16041 万元，分两期实施。整治一期工程项目：泄流槽“9・24”淤塞体的清淤，堰塞体左右岸山体变形观测和禹里羌族乡治城村防洪堤护岸工程。整治二期工程项目：泄流槽整治，模袋混凝土浇筑和堰塞体左岸泄流洞施工。

四川省水利厅于 2009 年 3 月 10 日批复唐家山堰塞湖整治一期工程泄流明渠开工。绵阳市成立唐家山堰塞湖治理暨北川老县城保护工作指挥部。2009 年 5 月 10 日，水利部副部长矫勇率由水利部规计司司长周学文、建管司司长孙继昌、水规总院副院长董安建等组成的水利部灾后恢复重建检查指导组在唐家山堰塞湖处置现场检查时强调：“去年唐家山堰塞湖应急抢险的时候，温家宝总理要求不能有一人伤亡。因此，在整个综合整治和今后的防汛过程中，这个标准绝不能降低。大家一定要高度重视，下定决心按照处置方案加快推进唐家山堰塞湖处置。”

在近 2 个月施工期间，现场作业的技术人员和工人克服水流湍急、施工作业难度大、滑坡飞石不断、施工交通道路多次被洪水冲断等困难或危险，最终将原泄流明渠扩挖成宽 130 ～ 140m、长约 650m 的“人工河道”，再次成功泄流，使库水位由原来的 718.60m 降到 712.20m，相应库容约 8000 万 m^3，形成的泄流明渠设计标准为 20 年一遇，实际可以宣泄 200 年一遇洪水。泄洪能力已经恢复到 2008 年安全度汛的水平。

2010 年 4 月 12 日，整治二期工程左岸泄洪洞开工，整治二期工程对消除堰塞湖上下游防洪安全隐患具有重要作用，在遭遇特大暴雨或余震等不利影响后，如出现再次堵江情况，整治二期工程可保上下游群众免遭洪水危害，对于维护当地社会稳定，增强受灾群众恢复重建信心意义重大。2011 年 1 月 4 日，四川省副省长钟勉在四川省水利厅《唐家山堰塞湖左岸泄洪洞等后期处置进展情况的报告》上作出重要批示：“两个项目都要在 5 月 1 日汛期间（前）完成为宜，并确保质量。”

由于受道路通行制约、汛期暴雨天气、恶劣地质条件等不利因素影响，唐家山堰塞湖后期治理进度仍然较为缓慢。四川省水利厅于 2011 年 2 月致函绵阳市人民政府要求高度重视唐家山后期治理工作，督促唐家山指挥部强化内部管理，制定科学施工组织方案，妥善安排工期，在保证安全的前提下顺利完成节点要求的建设任务。

截至 2011 年 5 月底唐家山堰塞湖后期处理完工，实现了预期的目标。唐家山堰塞湖后期治理工程本着以人为本的原则，尊重科学，尊重历史，尊重自然，体现人与自然和谐相处。唐家山堰塞湖的完成，确保了堰塞湖所在河道上下游人民的生命财产和重要基础设施、城市乡镇防洪安全，有利于保护唐家山堰塞体自身安全稳定，有利于下游北川老县城遗址的保护，对于当地社会经济发展具有积极作用，同时有利于维护当地社会稳定，增强受灾群众恢复重建信心意义重大。

7.4.2 石板沟堰塞湖

石板沟堰塞湖集雨面积 1223km^2，威胁下游 16 万人的生命财产安全。库容量一度超过 1200 万 m^3，水头达到 30.00m，曾列为高危堰塞湖。

石板沟堰塞湖应急排险于 2008 年 5 月 23 日进入施工阶段。武警水电三总队十一支队官兵冒着余震和溃坝的危险进入石板沟，经过半个多月艰苦施工，开挖出一条 100 多米长的泄流槽，降低水位 3.50m，解除了溃坝危险。6 月 12 日开始加宽加深堰塞的泄流槽，对石板沟堰塞体实施了泄洪口爆破，将泄洪口拓宽了 15m，堰塞湖险情得到缓解。到了汛期，湖水又一次上涨，下游群众的生命财产再次受到严重威胁。6 月 29 日，水利部副部长矫勇乘坐冲锋舟深入石板沟堰塞湖检查指导排险工作，他指出，要再次对石板沟堰塞湖进行工程性排险，加深泄流槽，加大泄流量，石板沟堰塞湖应将泄洪槽底再降 8 ～ 12m。7 月 8 日 22 时，爆炸再次在石板沟堰塞湖上进行。7 月 13 日，石板沟堰塞湖爆破排险完成，水位降到海拔 706m 安全位置以下的高程 700.00m，新河道泄洪能力达到 3198m^3/s，达到 100 年一遇的标准，消除了溃坝风险。

石板沟堰塞湖的后期治理由成都市水利电力勘测设计院设计，后期治理的主要项目：①对堰塞体进行清理整形；②加固泄流槽；③对堰塞体进行固结灌浆；④堰塞体监测设施设置。2009 年 6 月 26 日完成招标并公示，德阳市鹏程建筑工程公司承担施工，监理单位为中国华西工程设计建设有限公司。2009 年“7・16”洪水将已建的临时道路、临时电力设施、临时库房等全部冲毁，14 台大型机械停工等待，至7月21日复工。9月10—13日大雨，青江河洪水冲毁了泄流槽和已装好的格笼。两次洪灾发生后，泄流槽冲刷较深，泄流槽两岸增高，按原设计无法施工。经青川县人民政府领导批复，变更设计方案，对原设计调整后，建设、施工、监理单位克服汛期、技术难度大等困难，全力以赴，全员上马，采取“人歇机不歇”、技术骨干驻守施工一线作业等方式。青川县水利农机局为保证有力有序有效推进石板沟堰塞湖的后期治理，建立统筹整合机制，并建立“专家急诊制”，驻守施工一线，及时解决治理实施中的技术疑难问题。泄流槽扩宽加固工程于2009年11月21日全面完工，工程总造价为606.4万元。

石板沟堰塞湖治理工程的实施，确保了下游剑阁县、广元市利州区等地人民的生命财产安全。将消除5·12汶川特大地震引发的崩塌、滑坡及堰塞湖等带来的危害，改善当地人居环境，带动地方经济的进一步发展。

7.4.3 东河口堰塞湖

东河口堰塞湖集雨面积1228km^2，堰体体积136万m^3。堰塞湖最大蓄水量约300万m^3，距下游关庄镇4km，距离上游石板沟堰塞体2.4km，被列为中危堰塞湖。

经过2008年5月14—31日处理，东河口堰塞湖基本消除险情。为让人们铭记史无前例的特大灾难和救灾行动，广元市委、市政府在确保受灾群众尽快避让地质灾害、恢复生产、重建家园的同时，做到最大限度地保护地震遗址，决定修建青川县东河口地震遗址公园。

2008年7月，国家旅游局通过立项。青川县红光乡东河口集中了地震造成的崩塌、地裂、隆起、断层、褶皱等多种地质破坏形态，是四川省5·12汶川特大地震中地质破坏形态最丰富、地震堰塞湖数量最多最为集中、伤亡最为惨重的地球应力爆发形成的地震遗址群；山体运动造成的滑坡和泥石流形成了石板沟、东河口、红石河等36个形态各异的堰塞湖，是人类有史以来发生的破坏性最为严重的地震，最为复杂的地震表现形式，是研究地震类型和科考的重要基地。

2008年12月初，青川县委托浙江大学编制了《青川县石板沟、东河口、红石河堰塞湖稳定安全性评价》，四川省水利厅组织专家对此安全性报告进行了评审，认定有必要对这3座堰塞湖后期采取工程措施和非工程措施相结合的方式进行处置。2009年1月，成都市水利电力勘测设计院编制完成了《青川县石板沟、东河口、红石河堰塞湖后期治理实施方案报告》。东河口堰塞湖设计洪水标准为20年一遇，洪峰流量为4560m^3/s。后期治理措施：①扩宽泄流槽，并采用钢筋石笼加固；②对崩塌体进行固结灌浆，设计总投资为859万元，总施工期为6个月。2009年7月6日后期处理开工，2009年11月初，工程全面完工。2009年12月至2010年5月，审计署和地方审计机关组成审计组，对5·12汶川特大地震灾后恢复重建项目开展了第三批跟踪审计，认为东河口堰塞湖后期治理阶段性成果显著，项目建设管理总体较好，资金管理比较规范。

2009年11月12日，5·12汶川特大地震发生半年后，第一个地震遗址保护纪念地——广元市青川县东河口地震遗址公园正式开园，成为促进青川县灾后经济发展的亮点。

7.4.4 肖家桥堰塞湖

肖家桥堰塞湖集雨面积154.81km^2，堰塞体高57～67m，长260m，宽390m，滑坡方量约242万m^3，最大蓄水量3000万m^3。经专家鉴定，是仅次于唐家山堰塞湖的第二大高危堰塞湖。直接威胁总装备部五所和下游晓坝、桑枣、安昌等6个乡（镇）12.78万人的生命财产安全。

2008年6月6日，肖家桥堰塞湖完成了堰塞湖应急处置，堰塞体前水位下降15.37m，下泄水量700万 m^3。2009年11月，绵阳市安县水务局对肖家桥堰塞湖实施后期治理，工程投资500万元。主要实施扩口降坝、削坡减载、开挖导流渠、固坡、疏浚下游河道等工程措施，形成了长1120m、底宽30m、边坡1:1.5、高15m的泄流槽，库容降为0，达到10年一遇的行洪能力。于2010年1月底完工。

肖家桥堰塞湖后期治理工程的顺利完成，使得茶坪河行洪通畅，能够满足相应标准的洪水行洪，并经受了2010年8月19日安昌河上游茶坪乡降水量达到244.9mm时特大洪水的考验，消除了堰塞湖洪水对上下游人民群众的生命财产的威胁。

7.4.5 老虎嘴堰塞湖

老虎嘴堰塞湖壅高后河床高程902.00～924.00m，抬高河水位约23.00～26.00m，回水长度约3 km，库容约150万 m^3，影响下游人口约1.5万人，阻断上游汶川县的生命通道，严重影响了灾后重建的物资输入和灾后恢复生产后工业、农业产品的输出。壅塞体顺河向长400m，横河向宽280m，堆积体约130万 m^3。老虎嘴壅塞体为5·12汶川特大地震时，岷江左岸老虎嘴山体崩塌并向右岸滑移所致。当时阻断岷江9小时后，冲开右岸原生滑坡堆积体形成泄流通道。2008年7月2日，老虎嘴堰塞湖应急处置开工，7月27日老虎嘴壅塞体处置完毕。

7.4.6 老鹰岩堰塞湖

老鹰岩堰塞湖是5·12汶川特大地震形成的绵阳市堰塞湖中的高危堰塞湖之一，堰塞体高106.00～140.00m，体积约470万 m^3，上游侧水深96.3m，蓄水量228万 m^3。

2008年6月至7月27日，在各方努力下，老鹰岩堰塞湖成功泄洪。2009年7月17日，安县境内遭遇持续强降雨天气过程，部分地方出现暴雨或大暴雨。老鹰岩堰塞湖水位暴涨，堰塞体和下游边坡严重垮塌，堰塞体顺河床向下游推移200多m。

2010年2月高川乡老鹰岩堰塞湖的灾后治理开工，采取扩口降坝、削坡减载、开挖导流渠、固坡、疏浚下游河道等工程措施。于6月25日顺利完工，共开挖土石方51.8万 m^3，绿格网箱大块石护坡0.21万 m^3，形成了长270m、底宽30m、边坡1:1.5的泄流明渠，水位共下降40m，库容降至8万 m^3，达到10年一遇的行洪能力。

安县老鹰岩堰塞湖治理工程采用大量的堰塞体物质置换库容，不仅使得库容大幅度减少，将上百万立方米的库容减少至3万 m^3。同时，极大地降低了堰塞体的高度，解决了大量土石堆放问题，并彻底消除堰塞湖的威胁。

7.4.7 嘉陵江堰塞湖

2008年6月8日，嘉陵江堰塞湖应急处置完工，坝体经疏通形成了1条长80m、宽30～40m、深4.5m的导流明渠，最大泄水流量2000m^3/s（相当于5年一遇洪水标准）。应急除险遗留了5万多 m^3 岩石没有疏导清运，进入主汛期后，将对徽白公路和周围村镇形成巨大的威胁。

2008 年 11 月，徽县水利局委托陇南市水电勘测设计院编制完成《徽县 5·12 地震水利工程灾后恢复重建 2008 年度堤防工程（堰塞湖）项目实施方案》。灾后实施堰塞湖治理工程按 10 年一遇防洪标准设计洪水洪峰流量设计，工程需投 180 万元。2009 年 6 月 1 日，嘉陵江堰塞湖清理疏导工程开工；8 月 20 日竣工，恢复了嘉陵江河道输水能力。

徽县嘉陵江堰塞湖清理工程项目实施后，使宝成铁路、徽白公路通畅，嘉陵江水流顺畅，使徽县嘉陵镇、虞关乡 2.1 万群众以及下游陕西省略阳县部分县市免遭洪水威胁。

7.5 堤防工程恢复重建

5·12 汶川特大地震造成四川省、甘肃省、陕西省 3 省的堤防严重的破坏，堤防部分基础和坝体沉陷，迎水面大量裂缝、鼓胀、面板脱滑，堤防后坡滑塌。水利部高度重视堤防灾后重建工作，多次派出检查组、技术人员检查指导灾区堤防恢复重建工作。为加快建设进度，三省建立健全机构，落实了有效措施，严格前期工作程序。在工程建设中，加强工程进度管理，加强质量管理，加强安全生产管理，加强资金管理，为堤防工程灾后重建工作顺利进行提供了保障。

2008 年 6 月，陕西省凤翔县城区、陇县千河城区段、千阳县千河县城段和麟游县杜水河城区段 5·12 汶川特大地震损毁堤防应急修复全部完成，恢复提高了城区防洪标准。眉县投资 370 万元加固修建渭河右岸堤防，保护了沿岸红东村 2000 多人、600 多亩耕地的安全，保障了县城西区及西宝南线公路、姜眉公路、眉县渭河大桥等重要基础设施安全。甘肃省陇南市西和县漾水河堤防工程恢复重建后加高加固和重建堤防 9845m，并对工程区段 4154m 河道进行疏浚整治，调整河道坡降，清除淤积及障碍物。工程提高设防标准到 20 年一遇，4 级堤防设计，使西和县防洪保安能力得到极大提升。四川省苍溪县在堤防灾后重建中抓质量，保安全，促进度，确保了 119 座震损水库和滨江路堤防东南段（杜里坝）在主汛期前完成了主体工程建设。2010 年 7 月，连日的特大暴雨持续袭击苍溪县，嘉陵江苍溪段水位陡涨至 20 年一遇。新建滨江堤防经受住了洪水的考验，肖家坝、卢家壕、滨江路等堤防也及时起到了防御洪水的积极作用，确保了城乡人民群众的生命财产安全。2010 年地震灾区反复遭受暴雨洪涝和山地滑坡泥石流灾害的严峻形势下，四川省震损堤防无一决口。

至 2011 年 3 月底，四川省、甘肃省、陕西省三省堤防灾后重建工作基本完成。堤防工程的灾后重建，进一步提高了防洪保安能力，对保护城市经济建设设施和耕地资源、促进城市生态环境改善和当地经济建设的可持续发展等具有积极的推动作用，其社会、经济、环境效果显著。许多县市的防洪能力由原来的不设防、10 年一遇等提高到 20 年一遇、50 年一遇。如四川省广元市，堤防重建后，城区防洪能力达到 50 年一遇标准。陕西省陇县投资 29.96 万元，建成千河城区段堤防工程 120m，保护了陇县城区、东城开发区及学校、企事业单位和沿岸村组村 625 户、3630 人生命财产安全，使 800 多亩耕地免遭洪水侵害。堤防灾后恢复重建工程的实施，极大地推动了受灾省经济社会跨越式发展，防汛安全体系得到进一步提高和完善，既有效保护了人命群众生命财产安全，又保护了大量耕地，受到群众好评。

在防洪保安的同时，重建后的堤防工程还起到了美化城市环境的作用。四川省雅安市凤鸣乡防洪堤工程在重建过程中，将防洪与环境改善融合在一起，美化了场镇居民的居住环境。陕西省麟游县投资 530.0 万元，对杜水河城区段 60 多 m 崩坍堤防进行修复，提高了杜水河城区段防洪能力，美化了环境。甘肃省陇南市西和县漾水河城区段防洪堤工程，配套生态治理和美化、亮化等措施，对城区段约 4.15km 河道进行综合治理，在保证县城防洪安全的同时，消除河道杂草丛生和污水乱流的现状，为恢复和建立自然生态平衡创造条件，为市民创造一个舒适、安居乐业的生活环境。陕西省千阳县投资 70 万元，新筑堤防 191.7m，维修加固堤防 229.77m，优化了千阳县城生态，保护了冯家山库区水源地。

7.5.1 茂县堤防工程

茂县作为 5・12 汶川特大地震重灾区之一，地震中岷江河道两岸堤防遭受了不同程度的破坏，其中堤坡破损严重，局部河段严重滑坡，影响了岷江河道的行洪安全及两岸的生态环境，更直接威胁两岸居民和 213 国道的安全。

2009 年 4 月，水利部山西水利水电勘测设计研究院在现场勘察的基础上，完成了《四川省茂县城区段岷江河道治理工程初步设计报告》的编制工作。本工程治理段北起静州山麓，南至荞面桥，主要建设内容为：两岸堤防的加固、恢复重建及生态修复，治理堤防总长 12.2km，其中右岸长 5.85km，左岸长 6.37km。建设标准为 20 年一遇。堤防形式为复式断面、格宾石笼贴坡护岸、格宾石笼重力式岸墙及钢筋混凝土悬臂式岸墙。

茂县堤防工程项目于 2009 年 7 月由阿坝州发展和改革委员会批准建设，批复投资 8777.46 万元。资金来源全部为国家灾后重建资金。2009 年 8—9 月，经茂县财评中心进行财评后，项目于 2009 年 10 月 29 日及 2010 年 2 月 3 日，在阿坝州公共资源交易中心进行公开招标。项目于 2010 年 1 月开工，至 2011 年 3 月底工程完工。

茂县堤防工程项目建成后能够在满足防洪安全的基础上，有效保障工程保护区内近万名人民群众生命财产的安全，为下一步岷江两岸的生态恢复重建创造基础条件，改善了震后茂县城区段的生态环境和两岸的人居环境。

7.5.2 彭州堤防工程

在 5・12 汶川特大地震中，彭州市有 49 处超过 27km 的堤防不同程度受损，主要表现为裂缝、迎水面护坡滑落、塌陷等。堤防的损毁，大大降低了彭州市河道的防洪能力，对沿河人民群众的防洪安全构成了极大威胁。

为保障河道安全行洪，确保人民群众生命财产安全，彭州市水务局及时编制了《彭州市水利灾后重建规划》，并将震损堤防的修复纳入灾后重建工程。

受彭州市水务局委托，成都市水利电力勘测设计院对彭州市堤防灾后重建工程进行勘测设计，并于 2009 年 7 月编制完成了《彭州市堤防灾后重建工程实施方案报告》，报成都市水务局审查。经成都市水务局组织咨询机构——四川兴川水利水电咨询有限责任公司进行技术咨询，由成都市水务局于 2009 年 9 月组织审查并予以批复。

彭州市堤防灾后重建工程有小石河石灰窑堤防灾后重建工程、老楠木场堤防灾后重建工程、关口—人民大桥右岸堤防灾后重建工程及白鹿回水村堤防灾后重建工程共 4 处。堤防总长度 10.44km（含新建一座消能设施），工程审定概算总投资 7472.96 万元，施工中标价 6484.59 万元。

根据灾后重建的有关规定，按照成都市水务局发布的通知，彭州市堤防灾后重建工程的项目法人为彭州市水务局，彭州市水务局根据工程实际，组建了彭州市堤防灾后重建工程项目实施领导小组，由彭州市水务局局长徐克明担任实施领导小组组长。

工程按照国家政府投资项目招标工作的有关规定，采用公开招投标的方式确定了工程监理单位和施工单位。监理单位为四川永一建设工程项目管理有限公司。

为加强工程的质量、安全监督管理工作，彭州市水务局向成都市水务工程质量监督站提出质量、安全监督申请，办理了水务工程质量监督相关手续，由其进行工程各个施工阶段的质量监督。

2010 年 3 月上旬彭州市堤防灾后重建工程正式动工。工程建设过程中，成都市政府、成都市发改委、成都市水务局、成都市防办及彭州市领导多次到工程施工现场视察、指导。2010 年 10 月全部完工。其中湔江关口至人民大桥右岸堤防灾后重建工程的建成，将为石化基地的防洪安全提供重要保障，并新增可利用土地 1500 余亩。

2010 年 7 月完工的白鹿回水村灾后重建堤防工程，遭遇了“8・19”洪水，堤防在保护白鹿镇回水村青龙坝、上河坝安置点度汛安全发挥了重要作用。至 2011 年 3 月 31 日，彭州市 8 个标段的堤防工程已全部完工，已完工验收 5 个，其余工作还在加紧推进中。规划建设 16km 堤防，实际完成 17.434km，完成投资 13850 万元。堤防工程灾后恢复重建消除了彭州市震损堤防的安全隐患，确保了工程所在区域安全度汛，保障了江河沿岸人民生命财产的安全，为当地经济发展提供了稳定的社会环境和投资环境。

7.5.3 漾水河堤防工程

漾水河发源于西和县河口乡何坝镇铁古坪，全长 47.4km，流域面积 682km^2。在 5・12 汶川特大地震中，漾水河城区段有 1.16km 河堤坍塌、变形，4.15km 河堤出现裂隙、坡面砌石松动，有 6km 排污管道因折断或变形而不能使用，造成河道淤积 5.1km，直接威胁县城 4.4 万人的安全度汛，同时，县城防洪体系整体性遭到严重破坏。为保障城区防洪安全，急需对城区防洪河堤进行有效的维修、加固、改建扩建。

2008 年 7 月，西和县水利电力局完成《漾水河城区段生态环境治理工程可行性研究报告》。2009 年 1 月 10 日，甘肃省水利厅组织专家在甘肃省抗旱防汛指挥部办公室召开评审会议，批准西和县漾水河城区段防洪堤工程灾后重建实施方案，审定总投资 1500 万元，建设内容是加高加固和重建堤防 9.85km，对工程区段 4.15km 河道进行疏浚整治。批准工程计划分两期实施：一期工程为五里村至孟磨吊桥左右两岸全长 2.7km，计划 2009 年完工；二期工程为孟磨吊桥至鱼山吊桥，计划 2010 年完工。由于漾水河堤防工程因为与市政工程整合而造成进度滞后，至 2011 年 3 月底工程完工。

漾水河城区段堤防灾后重建工程效益明显。城区段防洪堤工程复建工程，配套生态治理和美化、亮化等措施，对城区段约 4.15km 河道进行综合治理，在保证县城防洪安全的同时，消除河道杂草丛生和污水乱流的现状，提高城市人居环境质量。

7.5.4 汉江勉县堤防工程

汉江属长江的一级支流，发源于陕西省宁强县玉带河，自西向东流经陕西省汉中市、安康市和湖北省十堰市、襄阳市等地，在武汉市汇入长江。汉江干流勉县平川段西起勉县武侯镇，东至长林镇珍宝坝，自西向东从勉县城区穿插而过，将城区分割为江南和江北两个区域，全长 36km。汉江堤防宁家湾段、柳营段、左所段、海秀段、板桥段五处堤防工程自20世纪70年代开始修建，经90年代培厚加固，对沿岸地区的防洪保安起到了一定作用。但宁家湾段堤防一直未得到彻底治理，局部堤段仍然是土堤，没有从根本上解除防洪隐患。运行多年，大部分护岸已被冲毁，且范围逐年扩大，严重威胁着该段堤防的安全运行。

5·12汶川特大地震发生后，对堤防现状进行现场查勘后认为汉江堤防宁家湾段、柳营段、左所段、海秀段、板桥段五处震损严重，宁家湾段堤防堤身出现多条裂缝，柳营段、左所段、海秀段、板桥段共44座丁坝、护基坝出现基础滑塌、坝体裂缝，因受损使堤防、护基坝、丁坝设施功能失效，一遇洪水，将会冲毁堤防，造成沿江及支流的乡镇村4.7万亩农田受淹，危及3.03万人生命财产安全，而且全线堤防工程质量标准不一，因此重建堤防意义重大。

2009年4月，勉县水利局成立了勉县水利系统灾后恢复重建领导小组，李成玉局长任组长，两名副局长任副组长。工程于2009年12月21日全面开工建设，2010年5月30日河堤重建项目全面竣工，完成宁家湾段堤防砌护加固0.6km，海秀段堤防砌护加固0.54km，板桥段护基坝加固和柳林段、左所段丁坝群加固，完成投资363万元。

汉江勉县堤防工程除险加固后，沿江及支流的乡镇村4.7万亩农田及3.03万人生命财产安全得到可靠保障，有力保障了当地社会经济的稳定发展，效益明显。

7.6 水文及预警预报设施恢复重建

5·12汶川特大地震造成位于震区范围内的水文设施受到了不同程度的震损。在地震中设备损毁的水文系统部分站点，属于重要水文站。

汶川地震灾区河流众多，主要属四川省、甘肃省、陕西省3省的青衣江、大渡河、岷江、沱江、涪江、嘉陵江、汉江、渭河等水系。灾区水资源丰富，但分布不均，变化梯度大，个别地区水资源贫乏。在地震灾区范围内，水文设施承担着主要江河的水文监测、水文情报预报、水环境监测等任务，在防汛抗旱、水利水电工程建设及运行、水资源开发利用与管理、水环境保护等工作中发挥了巨大作用。因此，为恢复震区水文正常测报功能，提高水文应急监测能力，完善水文基础监测设施和测报装备，充分发挥水文测报预报在经济社会发展中的基础保障作用，尽快对水文设施进行恢复重建，全面恢复水文设施功能成为水利工程灾后重建的主要任务之一。

7.6.1 水文设施重建规划

根据国务院颁布的《汶川地震灾后重建条例》、《关于做好汶川地震灾后恢复重建工作的指导意见》以及四川省、陕西省、甘肃省3省水利厅相关文件的要求，各省水文部门按照规划先行、统筹安排的原则，积极落实完成了水文设施灾后重建的规划及实施方案编制工作，并由当地相关行政主管部门审查批复。

其中，四川省水文水资源勘测局（以下简称四川省水文局）会同四川省绵阳市、成都市、阿坝州、雅安市、南充市、达州市6个市（州）水文水资源勘测局［下称6个市（州）水文局］，于2008年12月分别编制完成了《“5·12地震”灾后重建项目实施方案》，经四川省发展和改革委员会委托四川省工程咨询研究院，并会同四川省水利厅组织相关权威专家评审后，于2009年4月20日以

《四川省发展和改革委员会关于四川省水文设施灾后重建实施方案的批复》（川发改农经〔2009〕228号）正式批复“四川水文设施灾后重建项目”［下达四川省6个市（州）水文局的灾后重建任务］。列入灾后重建任务的有成都市、阿坝州、绵阳市、雅安市、南充市、达州市6个市（州）水文局管辖的60个水文（位）站、2个巡测基地以及212个雨量墒情点。甘肃省水文设施灾后重建规划共计21座水文站。项目按其建设内容主要分为水文基础设施建设和仪器设备采购两大类。陕西省列入灾后重建任务的有汉中市、宝鸡市水文局管辖的7处水文站。水文设施灾后重建实施方案批复总投资24032万元，其中四川省21793万元，甘肃省1539万元，陕西省700万元。

7.6.2 水文设施重建实施

为加强水文设施灾后重建的管理，保证重建任务的顺利推进，四川省、甘肃省、陕西省3省水文局分别成立了由局长任组长的灾后重建领导小组，并依照各省实际情况下设了职能工作组。3省都设置了建管与财务管理、技术管理和纪检监察等三个具体的督导、检查职能工作组，四川省由局长张霆、党委书记曾宪林、纪委书记冉启育、副局长兼总工程师林伟全面负责，陕西省由局长杨汉明、局党委书记郑生民、局常务副局长师光玉等全面负责，甘肃省由局长牛最荣负责。四川省水文局领导班子成员及相关处室负责人分工负责联系和督导市州水文局的灾后重建工作。四川省成都市、阿坝州、绵阳市、雅安市、南充市、达州市水文局分别成立了由局长为组长、分管局长分工负责和相关科室全员参加的具体建设管理工作班子，全面负责项目的建管、财务、技术、竣工决算和接受审计等工作；甘肃省水文局与陇南市水文局签订了灾后恢复重建工作目标管理责任书，分工明确，责任到人。

在水利部的大力支持下，四川省、甘肃省、陕西省3省水利厅多措并举，创新方式方法，大力推进水文设施灾后重建工作有效开展。四川省水文局在工作上突出抓好关键环节，主攻难点和重点；在工作安排上，可“平行”操作的事项就同步进行，能够先办的事情就抓紧办，缩短前期工作时间；在工作节奏上，自身工作该加班就加班，能往前赶就往前赶，绝不拖延浪费时间。个别项目资金申请一时难以到位的，由相关单位先行垫支，或与施工单位协商延迟付款，不能因为资金问题影响工程建设进度。对重大事项需联系其他单位的，以公文形式正式函告，并加强沟通协调，限时追办。对于确实无法协调解决的重大问题，及时向上级反映。

2009年8月13日，四川省发展和改革委员会以《四川省发展和改革委员会关于调整四川省水文设施灾后重建项目建设和管理单位的函》（川发改农经函〔2009〕899号）将四川省水文设施灾后重建项目的建设和管理单位由“四川省水文水资源勘测局”调整为“成都市、阿坝州、绵阳市、雅安市、南充市、达州市水文水资源勘测局”。各建设项目分别在地区水文局所在地的建设主管部门组织下开展重建工作；同时，根据四川省水利厅（川水函〔2009〕892号），四川省水文局负责全省水文系统的水文设施恢复重建项目监督、检查、协调工作。

2009年12月，四川省财政投资评审中心对《四川省水文设施灾后重建实施方案》（中期调整）进行评审，审定四川省水文局水文设施灾后重建项目总投资为18308.67万元，其中建筑工程6556.64万元，仪器设备及安装工程8511.00万元，其他费用2369.19万元，基本预备费871.84万元。由此，四川省水文设施灾后重建项目被全盘纳入了四川省财政监管范围中，灾后重建资金由四川省财政投资评审中心，按照政府投资工作项目建设管理程序和财政预算支出管理程序进行审批拨付，确保了灾后重建资金的使用规范和效益。

由于灾区部分地区二次受灾，并结合水文设施灾后重建的实际情况，四川省对水文设施灾后重建项目进行了部分项目的变更和调整，以及项目的再评估。2010年9月28日，四川省水利厅以《关于四川省水文设施灾后重建项目调整方案的批复》（川水函〔2010〕1146号）同意四川省水文局提出的四川省水文设施灾后重建部分项目的变更和调整要求。2010年10月，四川省地震灾区因暴雨引发了“8·13”、“9·21”特大山洪泥石流灾害，根据四川省人民政府《关于汶川地震灾后恢复重建规划项目实施再评估的紧急通知》（川府发电〔2010〕65号）的要求，四川省水文局组织有关专家和相关6个市（州）水文局，分别对重建项目实施方案进行了检查和梳理。对受灾较严重的成都市、阿坝州、绵阳市3个水文局的灾后重建项目进行了再评估，并于2010年12月编制了《水文设施灾后重建项目再评估实施方案》作为《四川省水文设施灾后重建实施方案》（中期调整）的有效补充。

2011年4月，四川省水文局根据四川省省委、省政府2011年灾后重建任务总体目标要求，提出了“2011年5月12日之前所有未开工项目必须全部开工，9月底前所有项目必须完工”的工期要求，并制定了工期计划。四川省水文局和6个市（州）水文局分别落实挂包领导进行负责和督导，严格按照工期计划将工程建设推进工作再细化，再落实，并组织得力人员，按照“5+2”、“白+黑”的方式开展工作，并由挂包领导组织相关人员每周对项目推进情况进行督察，想尽一切办法完成工期目标。

截至2011年9月底，水文设施灾后重建工作基本完成。四川省水文设施灾后重建按照四川省委、省政府对灾后重建工作的总体部署，实现了“在2011年9月30日前按期全面完成灾后恢复重建任务”的目标。四川省水文局在组织四川省6个市（州）水文局通过3年艰辛努力，规划的6个建设项目及相关水文设施设备已按照要求全面完成。四川全省水文设施灾后重建项目完成总投资2.179亿元（非竣工决算数据）的工程量，占规划总投资2.179亿元工程量的100%。陕西省水文局水文设施灾后恢复重建工程涉及的7座水文站已于2010年8月20日全部完成，并于10月全部竣工验收，累计完成投资781万元，其中中央资金700万元，其他资金81万元。甘肃省水文设施灾后重建共20个项目已全面完成；完成中央基金投资1539万元，占下达资金的100%（见表7-2）。

水文设施灾后重建项目的实施，不仅使四川省、甘肃省、陕西省3省的水文基础设施得到了恢复及提高，加强了水文监测手段和测报能力。同时，3省水文局根据现有站网特点，结合地方政府的灾后重建工作以及对防洪减灾的需要，在灾区的部分水文站点配置了一些科技含量较高、实用性较强的仪器设备，灾区范围内水文测报、水质监测与分析评价以及水文应急抢险监测、山洪泥石流灾害防御监测预见期等能力得到了提升，弥补了因自身站点不足等原因而无法较好地支援当地灾后重建工作的问题，使其更好地为当地政府的防汛抢险和经济发展服务，为实施最严格的水资源管理制度奠定了技术基础。

表 7-2　汶川地震水利灾后恢复重建水文设施一览表　　截至时间：2011 年 9 月 30 日

序号	项目名称（含省、市、县具体项目）	所在流域名称	规划投资／万元	规划项目个数／个	完成投资		完工项目个数／个	完成任务情况（主要任务描述）	备注
					合计／个	其中：中央投资／个			
四川省合计（截至时间：2011 年 9 月 30 日，完成投资金额非竣工决算数据）		岷江、沱江、涪江、青衣江、大渡河、嘉陵江、渠江	21793	6	21793	21793	6	全省共计完成对 60 个水文（位）站、2 个巡测队的恢复重建，其中新建生产业务用房 11919m²，维修加固生产业务用房 3992 m²，架设水文测验缆道 35 座，建设雨量观测场 56 座，建设水情遥测站点 272 处，采购安装各类水文测验仪器设备 2253 台（套），建设地下水监测井 26 口	全面完成
1	四川省成都水文水资源勘测局	岷江、沱江	5367	1	5367	5367	1	完成 15 个水文(位)站、基地，新建、改建生产业务用房 3179m²，附属设施、水文设施建设 51 处，仪器采购 590 台（套）	全面完成
2	四川省阿坝州水文水资源勘测局	岷江、大渡河	6421	1	6421	6421	1	完成 13 个水文(位)站、基地，新建、改建生产业务用房 8770m²，附属设施、水文设施建设 43 处，仪器采购 557 台（套）	全面完成
3	四川省绵阳水文水资源勘测局	涪江、嘉陵江	8076	1	8076	8076	1	完成 24 个水文(位)站，新建、改建生产业务用房 3070m²，附属设施、水文设施建设 80 处，仪器采购 944 台（套）	全面完成
4	四川省雅安水文水资源勘测局	大渡河、青衣江	814	1	814	814	1	完成 5 个水文(位)站，新建、改建生产业务用房 410m²，附属设施、水文设施建设 15 处，仪器采购 62 台（套）	全面完成

续表 7–2　汶川地震水利灾后恢复重建水文设施一览表　　　　截至时间：2011 年 9 月 30 日

序号	项目名称（含省、市、县具体项目）	所在流域名称	规划投资/万元	规划项目个数/个	完成投资		完工项目个数/个	完成任务情况（主要任务描述）	备注
					合计/个	其中：中央投资/个			
5	四川省南充水文水资源勘测局	嘉陵江	563	1	563	563	1	完成 4 个水文（位）站，新建、改建生产业务用房 482m²，附属设施、水文设施建设 7 处，仪器采购 23 台（套）	全面完成
6	四川省达州水文水资源勘测局	渠江	552	1	552	552	1	完成 1 个水文（位）站，站点附属设施、水文设施建设 3 处，仪器采购 77 台（套）	全面完成
甘肃省合计		嘉陵江	1539	20	1539	1539	20	水文测验设施共计完成 20 处，生产业务用房完成 4800m²，完成仪器设备采购共计 197 台（套）、车 2 辆	完工
1	甘肃省水文水资源勘测局武都巡测基地文县	长江流域嘉陵江水系	284	4	267	267	4	水文测验设施共计完成 4 处，生产业务用房完成 1040m²，完成仪器设备采购共计 28 台（套）	完工
2	甘肃省水文水资源勘测局武都巡测基地武都区	长江流域嘉陵江水系	363	3	333	333	3	水文测验设施共计完成 4 处，生产业务用房完成 1940m²，完成仪器设备采购共计 20 台（套）	完工
3	甘肃省水文水资源勘测局武都巡测基地康县	长江流域嘉陵江水系	115	2	107	107	2	水文测验设施共计完成 2 处，生产业务用房完成 245m²，完成仪器设备采购共计 14 台（套）	完工
4	甘肃省水文水资源勘测局武都巡测基地成县	长江流域嘉陵江水系	474	4	503	503	4	水文测验设施共计完成 4 处，生产业务用房完成 1335m²，完成仪器设备采购共计 112 台（套），车 2 辆	完工

续表 7–2　汶川地震水利灾后恢复重建水文设施一览表　　截至时间：2011 年 9 月 30 日

序号	项目名称（含省、市、县具体项目）	所在流域名称	规划投资/万元	规划项目个数/个	完成投资		完工项目个数/个	完成任务情况（主要任务描述）	备注
					合计/个	其中：中央投资/个			
5	甘肃省水文水资源勘测局武都巡测基地徽县	长江流域嘉陵江水系	94	2	94	94	2	水文测验设施共计完成 2 处，生产业务用房完成 20m²，完成仪器设备采购共计 10 台（套）	完工
6	甘肃省水文水资源勘测局武都巡测基地西和县	长江流域嘉陵江水系	42	1	42	42	1	水文测验设施共计完成 1 处，完成仪器设备采购共计 3 台（套）	完工
7	甘肃省水文水资源勘测局武都巡测基地两当县	长江流域嘉陵江水系	51	1	49	49	1	水文测验设施共计完成 1 处，完成仪器设备采购共计 7 台（套）	完工
8	甘肃省水文水资源勘测局舟曲县	长江流域嘉陵江水系	116	3	142	142	3	水文测验设施共计完成 1 处，生产业务用房完成 220m²，完成仪器设备采购共计 3 台（套）	舟曲文站已完成投资 30.5 万元，在泥石流灾害中被淹没
陕西省合计（截至时间：2010 年 8 月 20 日）			1160	7	781	700	7	水文测验设施共计完成 7 处，生产、生活用房完成 2094m²，完成仪器设备采购共计 69 台（套）	完工
1	陕西省汉中水文局	汉江、嘉陵江流域	1017	4	660	610	4	水文测验设施共计完成 4 处，生产、生活用房完成 1638m²，完成仪器设备采购共计 46 台（套）	完工
2	陕西省宝鸡水文局	渭河流域	143	3	121	90	3	水文测验设施共计完成 3 处，生产、生活用房完成 456m²，完成仪器设备采购共计 23 台（套）	完工

7.6.3 山洪防汛预警设施

5·12汶川特大地震使四川省39个重灾县（区、市）744.7万人口受到山洪灾害的威胁，面积达8万余km^2。甘肃省受灾区域内人口286.09万人受到山洪灾害的威胁，面积达3.09万km^2，同时大量防汛工程和预警预报监测设施严重受损，区域防洪体系遭到严重破坏，防洪能力、灾害预警预报能力大幅度降低。地震造成了陕西省汉中市、宝鸡市、安康市、商洛市、西安市等地区的山洪防御设施受损严重。据统计，地震造成陕西省受灾地区的96处山洪防御设施损毁，其中损坏预警设施59处，预警站点及线路损毁22处，造成直接经济损失420万元。地震使宁强、略阳县滑坡体新增151处，体积总量为843.37万m^3，其中体积大于1万m^3的滑坡体98处。陕西省山洪防御及预报预警设施分布在秦巴山地，区域内山地植被较差，水土流失严重，天然承载力差，水土流失和泥石流活动，滑坡、崩塌等自然灾害极易发生。汶川地震灾区也是山洪灾害的主要发生区域。

为最大限度地减少人员死亡和财产损失，震后山洪灾害防治及防汛预警系统建设纳入灾后恢复重建工作。从2008年6月开始，地震灾区全面开展了以监测预警为主的山洪灾害防治及防汛预警系统规划工作。其中四川省山洪灾害防治及防汛预警系统规划项目包括了1个省级、3个市本级和39个重灾县的建设任务，2009年9月开始中期调整后规划总投资调整为2.8135亿元，其中39个重灾县规划投资2.0685亿元。43个项目共规划自动雨量站629个，水位站209个，视频站66个，预警及群测群防站点269个，各县配备县级信息汇集平台及预警预报设施。

甘肃省山洪灾害重点防治区监测预警系统及防汛应急项目包括：建设文县东风沟等122条沟道山洪灾害监测预警系统，控制流域总面积5823.63km^2。建设自动雨量站248个、简易雨量站929个、自动水位站10处、人工水位站24处，下达灾后重建中央基金总投资3772万元。陕西省维修或更换山洪防御设备96台（套）；恢复和建设乡镇村组一级防御措施和预警平台30个；恢复受损乡镇雨量自动测报设施，恢复建设乡镇村组一级防御措施和预警平台5个。规划总投资2456.4万元。

2009年9月，陕西省根据国家发改委、财政部《关于做好汶川地震灾后恢复重建规划项目调整的通知》（发改电〔2009〕245号），对山洪灾害预警设施恢复重建项目进行了调整，调整后规划在勉县、略阳县、陈仓区3县（区）建设预警预报设施项目5处，落实投资229万元。

为保障规划顺利实施，四川省、甘肃省、陕西省3省水利厅出台了一系列文件，制定了灾后重建项目有关政策措施。四川省及时下发了《四川省水利厅关于下达5·12汶川特大地震水利灾后恢复重建重点建设项目和阶段目标任务的通知》（四川省水利厅《川水函〔2009〕537号》）、《四川省水利厅关于下发水利灾后恢复重建规划项目实施计划（中期调整后）及2010年阶段目标任务的通知》（四川省水利厅《川水函〔2009〕1445号》），细化目标任务。

各项目实施单位也及时启动了山洪灾害防治及防汛预警系统工程的恢复重建，包括防洪减灾信息化系统建设（主要是监测站点及预警预报系统的建设）和山洪灾害防治信息化建设（主要是山洪沟、泥石流监测、预警预报系统建设）。为加快项目的实施，在保证质量和安全的前提下，要求原则上以县为单位按相关项目的程序和规范要求编制项目实施方案。按照分级管理的原则，由市、州主管部门审批各县项目的实施方案。

山洪灾害防治及防汛预警系统的灾后恢复重建取得明显成效。截至2011年3月31日，四川省、陕西省、甘肃省3省共完成投资2.3518亿元，占规划投资的47.54%。其中四川省43个项目已落实资金 2.67 亿元，已到位资金 2.6 亿元；已完成投资 1.68 亿元，占规划总投资的 59%，占落实资金的 63%。43 个项目均已编制实施方案并审批，38 个项目已完成招投标，其中有 17 个项目已完成建设任务 8。四川省级山洪灾害防治及防汛预警项目规划总投资为 5280 万元，主体工程包括三大部分建设内容，即信息采集与传输系统建设、信息汇集平台和预警指挥系统建设。目前已完成所有标段的招投标工作，完成中央投资 840 万元。

截至 2011 年 9 月 30 日，甘肃省山洪灾害监测预警系统灾后重建项目共落实投资 6489 万元（中央投资 6139 万元，其他水利资金投资 350 万元），用于陇南市 7 个县（区）山洪灾害防治和预报预警系统建设。陇南市已完成全部山洪灾害防治信息汇集平台及监测预警系统建设任务。

甘南州舟曲县“8・8”特大泥石流发生后，甘肃省委省政府制定了《甘肃省舟曲县城及周边地域山洪灾害防治规划及实施方案》，为有效防御山洪灾害，舟曲县城及周边地域将建立监测预警应急系统和群测群防体系，实现雨情信息的自动测报和及时预警，建立有效的山洪灾害防御组织体系和预案体系。对已发生特大泥石流灾害的三眼峪沟和罗家峪沟，以及其余 4 条重点山洪沟，将按 10 年一遇洪水标准进行山洪排洪沟建设，形成山洪防御工程体系。由于甘南藏族自治州舟曲县预警预报项目已做调整，暂时没有实施。

截至 2011 年 3 月 4 日，陕西省勉县、略阳县、陈仓区 3 县（区）山洪灾害预警预报设施灾后恢复重建任务全面完成，恢复重建项目 5 处，完成投资 229 万元。

灾后重建的山洪防治及防汛预警系统在 2010 年汛期发挥了重要作用。预警系统为各级指挥部掌握降雨情况，发布预警，启动应急预案，提前转移受威胁群众，确保人民生命财产安全赢得了宝贵的时间。解决了过去实时雨水情掌握难、决策时间长的问题。在汛期内，四川省根据预警系统的监测、预警，启动各级预案共计 24 次，转移受威胁群众 12 万余人，有效地减少了人员伤亡和财产损失。

在甘肃省，山洪灾害防治重点区域监测预报预警系统建成后，保障了灾区城乡防洪安全。各地及时做好水情预报、洪水调度工作，使长江流域的白龙江、白水江、西汉水等中小河流的防洪能力不断提高，重点设防城镇安全度汛，局部暴雨、泥石流造成的人员伤亡和财产损失大大减少。山洪灾害防治重点区域监测预报预警系统在灾区生态安全方面发挥着积极作用。

四川省德阳市、绵竹市在灾后重建中完成的科学的山洪防治及防汛预警预报系统，在抗御 2010 年新中国成立以来最大的山洪泥石流灾害中发挥了重要作用。绵竹市山洪灾害防治及防汛预警系统分 2 期于 2010 年 7 月建成，投入资金 642 万元，在境内山区堰塞湖、地质灾害易发点、各条河道标志性点位建立自动雨量站 14 处、自动水位站 19 处、人工水位站 2 处。2010 年主汛期，四川省接连发生 4 次“7・17”、“7・24”、“8・13”、“8・19”强降雨，雨量强度大，洪水来势猛，导致严重的山洪泥石流灾害，绵竹市清平乡出现群发性特大山洪泥石流，最大一处泥石流多达 680 万 m^3。2010 年 8 月 12 日，四川省防汛办加强测报，并向德阳市、绵阳市等地发出了预警，要求其特别注重防范地质灾害。在收到预警后，绵竹市防办在第一时间利用网络、电话、手机短信等方式，将预警传到清平乡政府。8 月 12 日 16 时 30 分左右，山洪灾害预警系统监测到清平乡等地开始降雨，8 月 12 日 22 时雨势加大，可能引发山洪泥石流等灾害，清平乡立即启动防汛预案，汛前已安排好的 115 处地质灾害隐患点的安全监控员全部到位。同时，山洪灾害预警实时监控雨情、水情，完成测报、预警等工作，各个安全监控员据此开始挨家挨户通知转移。群众按照汛前紧急撤离演练所确定的逃生路线和转移安置点紧急有序转移。通过提前预报、科学预警、有序组织，整个清平乡在距离泥石流大面积暴发前 1 个多小时，成功转移安置了 5400 余名群众，这次强降雨过程中，利用恢复重建的山洪预警系统，密切监测，准确预报，提前预警，为群众转移创造先决条件，最大程度地避免了人员伤亡。

四川省绵阳市安县也通过预警系统准确监测到了降雨情况，并迅速发出预警，群测群防，在“8・12”和“8・19”洪水中，提前转移 16 个安置点群众 3 万余人，有力地保障了群众生命财产安全。

7.7 农村水利设施

农村水利设施包括灌区、微型水利设施等，属于保障农业生产的基础设施。5・12 汶川特大地震中，四川省、甘肃省、陕西省 3 省的农村水利设施都遭受严重损害。灌区受损直接影响粮食生产，微型水利设施受损也对浇灌作物及群众用水等产生影响。

抗震救灾任务完成后，受灾省份迅速部署了农村水利设施的恢复重建工作，制定了相应的重建规划。为保障农村水利设施灾后重建水利项目的顺利实施，受灾省加强管理措施。在工程建设过程中，各管理单位多举措保障工程建设。其中一些灌区的灾后重建，采取了对口援建的模式，如绵竹市官宋硼堰灌区就是由江苏省援建的。在微型水利设施重建方面，受灾省对受损情况及时进行了摸底调查，将受损程度明确分级，结合水利工作自身特点，完成重建规划，为重建工作顺利开展打下坚实基础。

7.7.1 灌区恢复与重建

5・12 汶川特大地震后，受灾省水利厅高度重视农田水利灌溉设施恢复重建这一关系农业生产的重要工程，迅速部署恢复重建工作。2009 年 9 月，四川省根据灾后重建实际对全省 39 个重灾区农村饮水安全工程灾后重建项目实施情况进行了中期评估，对部分项目进行了调整，大型灌区调整后投资 273165 万元，中小型灌区调整后投资 217892 万元。《四川省人民政府办公厅关于加快推进水利灾后恢复重建工作的通知》和《四川省水利厅关于下达 5・12 汶川地震水利灾后恢复重建重点建设项目和阶段目标任务的通知》、《四川省水利厅关于下发水利灾后恢复重建规划项目实施计划（中期调整后）及 2010 年阶段目标任务的通知》文件下达了灾后重建目标任务，包括 4 个大型灌区、42 个中型灌区、599 个小型灌区、微型水利工程 6.3 万余处，影响灌溉面积 785 万亩。甘肃省水利厅于 2008 年 7 月编制完成《5・12 甘肃省重灾区水利灾后重建规划》。规划坚持“以人为本，尊重科学、尊重自然、远近结合、统筹兼顾”的工作方针，优先恢复重建受灾群众基本生活和公共服务的水利设施，恢复重建好支撑灾区工农业生产、城镇乡村建设和生产力布局所需的水利基础设施，为灾区经济社会的恢复和发展提供有力的水利保障。2008 年 10 月，甘肃省重灾区农田水利灌溉设施灾后重建规划纳入国家《汶川地震灾后恢复重建基础设施专项规划》，核定灾后恢复重建灌溉项目 106 项，规划投资 32304 万元。陕西省水利厅在深入调查和摸底的基础上，进行研结合灌区震损实际，按照“先应急，后重建；先除险，后完善；先生活，后生产”的原则，重点解决好灌区防洪保安、灌区灌溉用水等突出问题，统筹兼顾各类水利设施的灾后重建，全面做好灌区灌排设施的灾后重建工作。2008 年 7 月，陕西省完成了《汶川地震陕西省宁强略阳勉县陈仓等四个县区水利设施灾后重建规划》。2009 年 9 月，陕西省根据灾后重建实际对 4 个重灾县列入《汶川地震陕西水利灾后重建规划》震损灌区水利设施实施情况进行了中期评估，对部分项目进行了调整，调整后陕西省灌区灾后重建任务为完成汉中市石门水库、宝鸡市冯家山水库和省宝鸡峡引渭 3 个大型灌区的震损工程 6 处，勉县、陈仓区两县（区）中小型灌区的震损设施 9 处。规划总投资 5639 万元（其中大型灌区 4409 万元，中小型灌区 1230 万元）。

为了灾后重建水利项目的顺利实施，受灾省加强了灌区水利设施灾后重建项目管理措施。包括强化组织领导，落实部门责任。正排工序，倒排工期，分门别类地细化、实化目标任务，有力、有序、有效地推进灌区灾后恢复重建工作；各级水务部门认真履行职能，强化工作落实，形成工作有人管、责任有人负、任务有人抓、一级抓一级、层层抓落实的工作格局，确保了各项措施落到实处；为确保工程建设质量，项目严格执行招投标法律法规和规章制度，遵循公开、公平、公正和诚实信用的原则，加强管理，规范程序，简化手续可提高效率，明确责任，强化监管等。

在工程建设过程中，各灌区管理单位和有关市县强化制度，周密安排，严格纪律，强化管理，细化节点工期，严格执行建设程序，多举措保障工程建设。鉴于灌区水利基础设施破损严重、设计面广而且量大、资金投入大的情况，部分地区采取了国家补助、地方配套、对口援建的模式来解决资金投入差。

灾后重建工程完工后，灌区作用得到恢复，保障了粮食、饮水安全，改善了群众生产生活条件，促进了受灾区社会主义新农村建设和城乡协调发展。陕西省宝鸡峡引渭灌区、冯家山水库灌区是陕西关中小麦主产区，汉中市石门水库灌区是陕西省最大水稻灌区，对保障陕西省粮食安全、农民增收致富有着重要作用。灌区灾后重建项目实施后，消除了灌区水源工程、灌溉渠系病害，增加了水源调蓄能力，提高了灌水保障率，在 2011 年春季陕西省持续大旱中，重建灌区发挥了重要的抗旱灌溉作用。

7.7.1.1 都江堰灌区

都江堰创建于公元前 256 年，引岷江之水自流灌溉川西平原，是全国第一个实灌面积突破 1000 万亩的特大型灌区，肩负着为 1026 万亩农业灌溉和灌区部分城镇乡村供水的重任，具有灌溉、城镇供水、防洪、环保、发电等多种功能。都江堰灌区的人口、有效灌面、生产总值、粮食产量分别占全省的 27%、28%、45%、30% 以上，是四川省重要的水利基础设施。全省经济十强县中有 9 个在都江堰灌区内，为四川省粮食生产和经济社会发展作出了重要的贡献。5・12 汶川特大地震灾害给都江堰灌区造成了较大的破坏，都江堰渠首沙黑总河断流，人民渠总干渠不能正常运行，红岩分干渠无法输水等。防洪减灾基础设施、供水保障基础设施、农村水利基础设施、水土保持及水资源监测设施损毁严重，部分河、渠道淤堵，各类水利工程安全及正常运行受到严重影响。全灌区受损建筑物 973 处，其中水闸 26 处，渡槽 46 处，隧洞 25 处，桥梁 552 处，倒虹管 28 处，暗涵 27 处，其他建筑物 269 处。干渠 262.82km，管理设施及设备 336 套。办公房及管理用房破坏 7.86 万 m^3，生活用房破坏 12.22 万 m^3，经济损失达 8 亿元，还有 34 名水利职工不幸遇难。受地震影响的灌溉面积达 416 万亩，占全省大型灌区受影响面积的 62.6%。

在 39 个地震重灾县中，在都江堰灌区范围内有 13 个。抓紧解决严重制约灌区灾后重建和重振经济的灾区水利突出问题，确保满足灾区恢复重建对水利的现实需求，适应震后经济社会总体布局的调整优化，把水利灾后重建摆在更加突出的战略位置，发挥水利灾后重建的基础性、先导性和全局性作用。

2008年6月初开始，都江堰管理局组织灌区各管理处积极开展灾后重建规划的编制工作，6月24日完成规划并上报四川省水利厅。在基本完成职工过渡安置工作后，都江堰管理局于7月中旬成立了灾后重建领导小组，刘道国局长、肖帆书记任组长，其他局领导任副组长，相关部门负责人为成员。为了统筹局机关和职工住房的灾后重建，组建了由局党委副书记戴建康兼任主任，罗多思、张泽平、曾述兵为副主任，抽调相关部门同志为成员的都江堰管理局灾后恢复重建办公室，具体负责管理局办公设施和职工住房的恢复重建工作。

根据《汶川地震四川水利灾后重建规划报告》中“对纳入灾后重建规划的项目，尽量简化程序，规划批准后直接开展项目实施方案的设计工作”的精神，都江堰管理局在2008年8—9月又陆续完成了部分实施方案的编报，10月底，将实施方案上报四川省水利厅。四川省水利厅从12月14日开始陆续安排审查。2009年2月，都江堰灌区补充完成了灾后重建可行性研究报告的编制，2月27日由四川省发展和改革委员会和四川省水利厅组织了联合审查，并于3月6日批复。灾后重建计划修复灌区受损渠道及各类渠系建筑物，测流站房、管理站房、自动化管理系统以及20处渠系小水电站，项目总投资8.92亿元。2010年10月四川省灾后重建中期调整后调出资金5280万元用于四川省山洪防治及防汛预警系统，另增加了原规划漏报和次生灾害新增的渠道6条，长58.528km，堤防4.995km，枢纽建筑物3处及管理设施，相应灌区灾后重建资金规模调整为8.387亿元，项目资金全部来自国家灾后重建资金。

四川省财政厅对都江堰灌区下达了灾后恢复重建资金1.45亿元，用于震损渠道和建筑物的恢复重建，于2008年12月31日拨到都江堰管理局。资金到位后，都江堰灌区灾后重建项目陆续开工，包括红岩分干渠震损渠道的恢复重建，人民渠六期干渠震损渠道的恢复重建，羊头堰枢纽和七分堰枢纽的恢复重建，都江堰水利调度中心加固整治和渠首防汛物资库房的恢复重建。

灌区的灾后重建工程坚持以人为本、科学重建的方针，优先恢复重建关系灾区群众生活、生产的水利基础设施；坚持水利灾后重建与灾区经济社会可持续发展相结合，使灾区水利支撑保障能力尽快恢复到灾前水平并有所提高，满足恢复重建和灾区经济社会发展对水利基础支撑的需求；坚持以地方为主，中央支持与对口支援相结合，引导社会各界参与，共同推进水利灾后重建工作。在充分考虑为灾区经济社会提供必要水利基础保障的同时，统筹考虑水利基础设施的恢复完善和具体工程的调整布局，统筹考虑水利工程自身安全和满足基本运行维护需求。

都江堰渠首灾后重建工程于2009年10月30日正式动工，经过3个多月的施工，江安河Ⅰ段、江安河双合段、沙黑河段、沙沟河段等标段完工，确保了沙黑总河按期通水。内江上段完成了小鱼嘴大堤、内金刚堤整治工程，二王庙顺埂在围堰工程完成后，邀请了四川省水利厅及管理局相关专家，现场确定了钢筋笼抛石加固方案，并完成了该项目。渠首调度中心工程计划在2011年9月底建成。

东风渠管理处负责的灾后重建工程于2009年12月3日正式开工，计划工期150天。2010年1月4日，已开工标段全部完成主体工程。1月8日，四标段、五标段两个标段完工，三标段正式开工。至此，灾后重建工程6个标段全部如期开工，保证了灌区的正常用水。截至2011年3月，完成挖填土石方20.73万m^3，混凝土1.29万m^3。

人民渠第一管理处负责的重要输水干渠蒲阳河于2009年12月3日通水，人民渠干渠于2009年12月31日通水。截至2011年3月，人民渠第一管理处灾后重建已完成干渠渠道建设35.94km，完成重要渠系建筑物4座（处）。

人民渠第二管理处负责的人民渠六期干渠灾后重建工程2009年2月15日正式开工，通过参建各方的共同努力和密切配合，在项目区各级党委政府和广大群众的大力支持下，经过近50天的艰苦奋战，于2009年4月5日完成了渠道主体工程施工，满足通水要求，2009年4月7日工程正式通水，渠道过水能力已恢复到地震前的最大流量17m^3/s。谭家坝大填方（54+682 ～ 55+445渠段）、人民渠六期干渠（52+460 ～ 60+690、90+000 ～ 95+635渠段）、人民渠五、七期干渠第一批灾后重建工程、人民渠鲁联干渠（0+284 ～ 14+600、15+323 ～ 35+202渠段）、人民渠七期干渠（110+900 ～ 128+000渠段）、第二批项目人民渠七期干渠（128+000 ～ 131+030、131+478 ～ 174+456.3）也完成了工程任务。以上项目完成了46km干渠、57座重要建筑物的建设，完成主要工程量为土石方36.65万m^3，混凝土4.26万m^3。

外江管理处负责的灾后重建项目于2009年12月全面进入施工阶段，经过3个多月的紧张施工，四大干渠和电站共计5个标段的灾后重建工程已取得阶段性成果，开工项目5个。截至2011年3月底，修复渠道18.2km，重要建筑物11处。

都江堰灌区人民渠第二管理处第二批项目人民渠七期干渠（128+000 ～ 131+030、131+478 ～ 174+456.3）的灾后重建的建设投资大（1.18亿元），战线长（总长39.3km），困难多（柴油荒、民工荒、材料荒、冰冻霜雪气候、协调工作量），工程量大（土石方开挖方25.97万m^3，浆砌石12.7万m^3），管理难度大（工程分为15个标段）。人民渠第二管理处管举全处干部职工之力，以超常规之举措，全体参战人员采取“5+2”、“白加黑”工作模式，奋战在工程第一线。工程于2010年9月26日开工，在11月施工进入高峰期。各施工单位投入工地上的各类建设人员共约5000余人，大型设备90多台（套）。在工程修建中，还整治加固渠堤道路26.9km，新建渠堤道路12.4km，大小交通桥48处，为当地群众的交通提供了便利。整治、重建放水洞60处、梯步400多处，解决了沿渠群众取水困难。至2010年12月30日，95天时间就完成了主体工程。2011年1月2日，经灾后重建后的七期全段通水运行，使得中江县继光水库和三台县大型水库鲁班水库得以及时补充水源。涉及德阳市、绵阳市、遂宁市3市所辖的187.66万亩农田和沿渠灌区群众的生产、生活用水得到了保障。

截至2011年3月，都江堰灌区灾后重建共到位资金6.3亿元，完成投资7.35亿元，共完成震损渠道修复192.48km，堤防9.02km。2011年9月完成了所有灾后重建项目的建设。已经恢复重建后的干渠达到甚至超过了震前水平，促进了粮食增产，农民增收。提高了灌区抗御自然灾害的能力。灌区工程重建完成后相继遭遇2009年的“7・17”洪水和2010年的“8・13”、“8・19”特大山洪泥石流灾害，除外江西河的3个拦河引水枢纽外，灌区已整治渠道无一受损，得以安全度汛，保证了一方平安。渠道修复后减少了输水损失，有效节约了水资源。据2010年年末测算，全灌区灌溉水利用系数为0.481，较震前0.463提高0.018，节约水资源量1.38亿m^3。是灾后重建改造了一批基层单位的管理设施，改善了基层水管单位职工生产、生活和办公条件，增加了基层水利职工的工作积极性，体现了“以人为本”、科学发展的理念。高强度的重建工作锻炼了队伍，从突发灾害后的应急抢险到灾后重建的规划设计、从落实项目资金到具体组织实施、从招标投标到价格谈判、从施工管理到质量安全，灾后重建的进度和强度前所未有、规范化管理和要求前所未有、重建任务的紧迫性和责任感前所未有，大大地锻炼了一支勇于担当、甘于奉献、吃苦耐劳、具有知高度责任心和献身精神的水利职工队伍。

7.7.1.2 武都引水灌区

武引一期灌区工程主要由取水枢纽、总干渠、涪梓干渠及其配套的各级渠系、渠系水电站、提灌站和囤蓄水库组成。从四川省江油市武都镇涪江上游取水，控灌江油市、游仙区、梓潼县、盐亭县、三台县、射洪县的112万亩农田。汶川地震发生后，整个灌区内的工程设施均受到不同程度的破坏，其中位于江油市境内的总干渠和游仙区、三台县境内的涪梓干渠尤为严重。灌区内渠道、隧洞、渡槽、涵洞、倒虹吸等重点建筑物共计受损2344处共352km。渠堤边坡开裂滑塌，闸房排架断裂，隧洞顶拱直墙出现裂缝，底板隆起，渡槽位移渗漏，涵洞开裂变形，办公管理用房损毁垮塌，灌溉受到一定影响。

地震后绵阳市武引工程管理局就安排人员上渠道、查灾情，要求全体水管人员坚守工作岗位，迅速采取临时措施处置，适时调整供水计划。在抗震抢险期间，绵阳市武引工程管理局及时成立了向地平局长挂帅的绵阳市武都引水工程管理局灾后重建领导小组，设立了灾后重建领导小组办公室，由专人负责武引工程灾后重建工作，组织人员编制灾后重建方案。绵阳市武引工程管理局全体水管人员通过努力，在地震7天后就恢复了武引一期灌区工程的供水。

7.7.1.3 绵竹市官宋硼堰灌区

绵竹市官宋硼堰取水枢纽位于四川省绵竹市汉旺镇，从绵远河取水，是以灌溉为主，兼有灌区农村用水、工业供水、发电、水产养殖、防洪等综合利用的中型水利工程。控制山区以上河道44.4km，集水面积410km^2。工程承担灌区包括绵竹市汉旺、拱星、绵远、兴隆、富新、东北、西南、九龙、遵道、土门及安县睢水等11个镇（乡）16.68万亩农田，灌区受益群众18.7万人。土石堰始建于明代，新中国成立后曾多次改建，成为取水枢纽（见图7-1、图7-2）。

5·12汶川特大地震和“6·12”小岗剑堰塞湖泄流，导致绵竹市官宋硼堰取水枢纽闸墩、排架、护坦等严重受损，并出现了不同程度的垮塌、裂缝、沉陷、滑坡等重大病险，经安全鉴定，工程已不具备安全运行的能力。一旦上游出现较大洪水，将造成闸坝失事，危及绵远河下游群众生命财产安全，同时使来年灌区用水得不到保证，直接影响农村社会稳定和发展。2008年10月24日，经四川省水利科学研究院专家组鉴定，本枢纽为Ⅳ类闸，需要整体报废重建。官宋硼堰取水枢纽重建工程包括：重建泄洪闸，冲砂闸及进水闸，加固官、宋、硼三埝分水闸，重建现场管理用房和汉旺新镇管理处，架设输电线路，整治进水闸至官、宋、硼三埝分水闸之间的输水干渠等。

官宋硼堰取水枢纽重建工程，经绵竹市政府批准，列入江苏省对口援建第二批项目。江苏省水利建设工程有限公司中标，负责施工，中标价为4868.1156万元。工程设计方案由江苏省水利勘测设计研究院有限公司设计，建设单位为江苏省对口支援四川绵竹市地震灾害恢复重建指挥部，代建单位为镇江市华源建设监理中心，监理单位为镇江市华源建设监理中心。

2009年8月29日在绵竹市汉旺镇，江苏省水利厅吕振霖厅长宣布官宋硼堰取水枢纽重建工程开工。援建施工队伍在绵竹市水务局的全力配合下，根据现场情况合理调整了施工组织设计，参建单位克服连续雨天、右岸滑坡及冲沟施工难度大等诸多困难，昼夜赶工。2010年7月31日，官宋硼堰取水枢纽正式完工交付使用。江苏援建单位用11个月时间，实现了一个确保（确保两年工期一年完成），攻克了两个难点（进水闸、泄洪闸分阶段施工，抗磨蚀混凝土施工），控制住了三个

图 7–1 震前的汉旺镇官宋硼堰取水枢纽

图 7–2 重建的汉旺镇官宋硼堰取水枢纽

节点（2009 年 11 月完成进水闸水下工程，2010 年 4 月完成泄洪闸水下工程，2010 年 8 月工程全面完成）。

重建的官宋硼堰取水枢纽工程位于原址下游 132m 处，重建的泄洪闸、冲砂闸及进水闸共 13 孔，过流断面总宽度 112m，设计引水流量 43m³/s，设计洪水标准为 50 年一遇，流量 2811m³/s，校核洪水标准为 200 年一遇，流量 3931m³/s。抗震设防烈度为 8 度，工程投资 6350 万元。与常见的水利工程不同，官宋硼堰设计采用明亮的黄墙、灰瓦、白墙，与周围的青山绿水连成一道美丽的风景线。工程完工后，已经受了多次洪水的考验，上游洪水挟带的数 10 万 t 卵石和泥沙虽然对闸身和底板多次撞击和磨蚀，但工程岿然不动，运行良好，质量优良。

7.7.1.4 石门水库灌区

石门水库灌区是陕西省最大的水稻灌区， 位于汉江支流褒河中游，是一座以灌溉为主，兼有发电、城市供水、养殖、旅游等综合功能的灌区。5·12 汶川特大地震造成石门水库灌区干支渠渡槽、倒虹吸、水闸等9座骨干建筑物受损；高填方、高岸坡渠道滑塌9处，受损渠道1855m，影响灌溉面积43.3万亩。其中沥水沟渡槽损毁最严重。经西北农林科技大学安全鉴定，沥水沟渡槽受损严重，已无法正常工作，须严格控制小流量过水，否则有可能出现整体性破坏。2008年6月4日、7月14日，水利部副部长矫勇、周英分别到汉中市实地调查沥水沟渡槽受损情况，强调指出要尽快实施灾后重建。

石门水库灾后重建项目由沥水沟渡槽和西干渠震损恢复重建两部分构成。

1）石门水库沥水沟渡槽工程。2008年7月25日，石门水库管理局委托陕西省水利电力勘测设计研究院编制了《汉中市石门水库灌区东干渠沥水沟渡槽震后改建工程初步设计报告》。2009年2月16日，陕西省发展和改革委员会批复了沥水沟渡槽原址空心墩加固方案，总工期12个月，2011年完工，要求建设单位在施工图阶段进一步优化方案。2009年8月7日，汉中市水利局批复了石门水库及灌区震损恢复重建工程项目法人。依据批复，汉中市石门水库管理局为项目法人，汉中市石门水库管理局局长许继学担任法定代表人，石门水库管理局总工程师邱存元任项目技术负责人。

实施过程中建设投资控制难度大，施工安全风险高，尤其是正值石门水库灌区上年10月至次年3月第二个非灌溉期，如果不能完成人工拆除旧槽箱和浇筑新槽箱的施工任务，将造成下游灌区27万亩农田失灌。为保证施工安全和下游灌溉不受影响，2009年12月21日，陕西省发展和改革委员会同意进行设计方案调整。

2010年3月4日，陕西省财政厅《关于下达中央财政地震灾后重建基金包干总数和分类控制数的通知》，安排石门灌区灾后重建中央基金1090万元。汉中市石门水库管理局安排990万元用于沥水沟渡槽改造项目，其余100万元用于西干渠震损恢复重建工程。2010年4月6日，石门水库管理局上报了《石门水库灌区沥水沟渡槽震后改建工程初步设计修改报告》。2011年4月6日，石门水库管理局上报了大型灌区续建配套和节水改造工程沥水沟渡槽震后改建工程800万元投资计划，并申请沥水沟渡槽变更方案后的增加重建资金。2010年8月25日，陕西省发展和改革委员会批复沥水沟渡槽改线板拱方案，核定工程概算总投资3605万元，工程总工期21个月。主要工程量为：土方开挖38294m^3，石方开挖23918m^3，砂卵石开挖13841m^3，土方回填11202m^3，浆砌石1180m^3，混凝土10951m^3，钢筋678.7t，锚杆3212根。

2010年11月6日复建工程开工，至2011年3月底，已经掘进渡槽进出口隧洞，并展开渡槽井柱开挖。根据工程施工进度安排计划，工程能够按批复的工程时限在2012年8月全面完工。

2）石门水库灌区西干渠恢复重建工程。2009年4月，汉中市石门水库管理局委托汉中市水利水电建筑勘测设计院编制了《陕西省汉中市石门水库灌区西干渠震损恢复重建工程实施方案》。2009年8月10日，汉中市水利局批复石门水库灌区西干渠震损恢复重建工程实施方案。

2010年2月28日西干渠震损恢复重建工程开工，至2010年7月31日全面完工，累计完成建设投资105万元，完成主要工程量：土方开挖15924m^3，土方夯填23831m^3，浆砌石429m^3，干砌石686m^3，混凝土91.2m^3，钢筋1.01t。

西干渠两处填方段渠道滑坡修复实施后，彻底治理了高填方渠道滑塌病险，项目实施以后，西干渠可恢复设计引水能力，在用水高峰期，能增加引水能力3.0m^3/s，可改善灌溉面积4.0万亩，减少因干旱受灾面积0.5万亩，灾后调整旱地种植的面积将恢复为水田种植，保障了下游灌区农田及时受水。

7.7.1.5 宝鸡峡引渭灌区

陕西省宝鸡峡引渭灌区是渭河干流上的一座大型灌溉工程，承担着宝鸡市、杨凌区、咸阳市、西安市 14 个县（区、市）300 万亩农田灌溉任务。5·12 汶川特大地震使宝鸡峡林家村渠首枢纽大坝左坝肩裂隙渗水，干支渠有 9 条 5.06km 震损，渡槽 3 座、倒虹吸 17 座、水闸 6 座、桥梁 418 座不同程度受损，直接影响着 100 万亩农田灌溉。同时，多处干支渠道发生沉陷、裂缝，渠堤外坡渗漏水，因此引起民房裂缝，致使群众上访，发生了阻止渠道行水等行为。

灾情发生后，陕西省宝鸡峡引渭管理局立即启动救灾紧急预案，并且按照省水利厅部署，委托陕西省宝鸡峡水利水电设计院编制完成了《宝鸡峡灌区汶川地震灾后恢复重建项目实施方案》，并于 2009 年 7 月上报陕西省水利厅。2010 年 1 月，陕西省水利厅以陕水规计发〔2010〕6 号文批复了实施方案，批复主要建设内容有宝鸡峡林家村引水枢纽左坝肩裂缝渗水处理工程、塬上总干渠除险加固、兴一支渠修复加固、咸一支渠修复加固、北干北支渠修复加固、西干四支渠修复加固共 6 项工程，计划衬砌干支渠道 8.4km，改造建筑物 37 座，高边坡削坡两处 380m，坝体裂缝渗水处理 1 处，批复总投资 1020.05 万元。陕西省水利厅以陕水财发〔2009〕117 号文下达 2009 年第二批中央财政地震灾后重建基金包干资金 970 万元。2010 年 4 月 5 日开工建设。

在项目实施过程中，陕西省水利厅厅长王锋、副厅长李润锁等厅领导多次深入工地检查指导，极大地激发了广大建设者的热情。宝鸡峡管理局领导高度重视，多次召开专题会议并经常深入工地查质量、促进度、作指导，协调解决施工中的困难与问题，有力促进了项目建设。灌区基层管理单位主动出面，积极协调，充分发挥所在总站、管理站的作用，千方百计为施工企业排忧解难，全力解决影响工程实施的突出问题，并积极主动向地方政府汇报工程建设情况，争取理解与支持。同时，通过召开协调会、座谈会等多种形式，宣传工程建设的必要性，妥善解决了影响工程实施的临时占地、取土、渠树采伐等问题。

2010 年 8 月 25 日，项目建设任务圆满完成。共完成土方开挖 19.35 万 m^3，土方回填 14220 m^3，混凝土 3760 m^3，浆砌石 430 m^3，土工膜 34320 m^3。完成投资 970 万元。灾后重建项目的实施，恢复了灌区正常生产秩序，保证了工程安全运行，提高了项目区抗击自然灾害能力，确保了沿岸广大人民群众的生命和财产安全。

7.7.1.6 伏镇灌区

伏镇渠首工程位于甘肃省陇南市徽县伏镇硖门村，修建于 20 世纪 80 年代，主干渠有团结渠和跃进渠，可灌溉农田 6000 多亩，曾为伏镇沿川 8 个行政村的农业经济发展起到了很大的作用。5·12 汶川特大地震中，伏镇截流坝多处裂缝严重漏水，截流坝护坦塌陷毁坏，渠首控制室破损严重，启闭机已坏不能使用，渠首八字肩墙严重损坏，U 形渠不能输水，主干渠多处裂缝严重漏水，且淤泥覆盖较厚，输水量减少严重。工程已不能正常供水运行，无法满足现有农业经济发展对灌溉水量的要求。

震后，伏镇灌区渠首恢复重建项目纳入《5·12 地震甘肃徽县水利灾后重建规划》和国家灾后重建基础设施专项规划；2008 年 11 月，徽县水利局委托甘肃省甘兰水利水电建筑设计院编制完成《徽县 5·12 地震水利灾后恢复重建 2008 年度灌溉工程项目实施方案》，对伏镇灌区重建工程和渠道施工工程进行了设计，概算总投资 149 万元。2009 年 5 月 29 日，甘肃省灾后重建领导小组办公室批准下达该工程灾后重建中央基金 110 万元。

2009年10月20日，徽县伏镇渠首灾后恢复重建维修工程开工，2010年1月20日竣工，历时90天。

工程建设过程中，每一项工程完工后，徽县水利局组织自验，参加自验的人员都能高度坚持原则，使初步验收的资料规范、准确，符合实际，为工程竣工后工程决算奠定了基础。

伏镇灌区灾后恢复重建完成的主要工程：一是渠首工程，包括截流坝护坦维修工程、渠首右八字肩墙维修衬砌工程、渠首左八字肩墙维修衬砌工程；二是干渠清淤工程 200m。

项目建成后，恢复伏镇灌区渠首取水能力，恢复伏镇灌区跃进渠、永丰渠及团结渠的有效输水能力，恢复灌区有效灌溉面积 0.65 万亩，不仅使灌区恢复了原来的灌溉效益。同时，还进一步使伏镇的高效农业区得到发展。

7.7.1.7 杨家坝水库中型灌区

杨家坝水库工程建成于 1999 年 6 月。水库集雨面积 20.5km，总库容 2640 万 m^3，控灌 8 个乡镇的 5.62 万亩农田，每年向普安镇输送自来水 350 万 m^3，社会效益、生态效益十分显著。5·12 汶川特大地震使杨家坝水库受到严重损坏。杨家坝水库中型灌区干、分干渠受损情况较为严重，多处出现渠道滑坡、开裂、变形、坍塌，条石缝面渗水，部分闸门无法正常启闭，直接影响农田灌溉。

2010 年 8 月 9 日，剑阁县水务局成立了剑阁县杨家坝水库中型灌区灾后恢复重建工程建设指挥部，由县水务局副局长伍自强任指挥长，杨家坝水库管理处副处长杨方龙任副指挥长兼办公室主任。

2010 年 9 月 15 日，杨家坝水库中型灌区灾后恢复重建整治工程正式开工。杨家坝水库中型灌区灾后恢复重建整治工程主要涉及灌区主干渠和柳剑分干渠，该工程包括明渠维修和明渠底部饮水管道铺设。截至 2011 年 3 月底，完成了灌溉明渠的维修整治，原浆砌条石拆除恢复安砌 9327.4 m^3，开槽勾缝 4621 m^3，施工现场备齐各种规格的管道 24km，新管道的安装完成 12km。全部工程将在 2011 年 12 月完成。

渠道重建工程实施后恢复灌溉面积 1.72 万亩，灌区增收 2636.7 万元。

各灌区灾后恢复重建情况见表 7-3。

7.7.2 微型水利工程恢复与重建

5·12 汶川特大地震致四川省、陕西省 2 省小微型水利工程震损严重。据统计，四川省、陕西省的 26 个市（州、区）的 14.8 余万处小微型水利工程受损，其中严重受损 4.12 万处。

小微型水利工程是山丘地区不可替代的水利基础设施。四川省境内山地和丘陵面积占到了全省面积的 90%。受地形条件和经济条件的限制，这些地方当前或今后相当长一段时期内不具备兴建大中型骨干水利工程的条件。陕西省受灾地区为秦巴土石山区或秦岭丘陵沟壑区，区域内山高沟深，沟壑纵横，特别是陕南秦巴山区，山丘陡峭，石多土少，宁强县、略阳县等县人均不到 1 亩基本农田，人水争地矛盾十分突出。现有农田小微型水利设施，对于改善当地农业生产条件，提高农田产量，具有重要作用。

表 7–3　5 · 12 汶川特大地震水利灾后恢复重建震损大型灌区一览表

截至时间：2011 年 9 月 30 日

序号	省	市	项目名称	设计灌面／万亩	受灾灌面／万亩	规划项目个数／个	规划投资／万元	完成投资／万元		重建内容				主要工程量	
								合计	其中：中央投资	干渠／km	支渠／km	斗渠／km	重要建筑物／座	土石方／万 m³	混凝土／万 m³
合计	四川			1909.21	915.50	205	273165.50	234388.30	205507.50	604.70	1129.69	1360.86	8776.00	934.55	174.52
1	四川	成都市、德阳市、绵阳市、遂宁市、资阳市	都江堰灌区	1033.00	416.00	21	83870.00	86700.00	86700.00	207.68			79.00	398.74	35.84
2	四川	南充市	升钟水库灌区	138.94	20.00	2	1216.00	418.00	400.00	6.42			9.00	0.85	0.68
3	四川	成都市	崇州市项目区	49.00	9.00	5	7680.00	7345.00	5952.00		49.10	50.63	1.00	23.00	3.30
4	四川	成都市	彭州市项目区	30.00	16.80	4	8000.00	5200.00	5200.00		55.81	161.80	146.00	30.51	14.82
5	四川	成都市	大邑县项目区	23.04	10.50	1	2280.00	2130.00	2130.00			134.76	67.00	21.16	0.11
6	四川	成都市	都江堰市项目区	12.20	9.76	2	10582.00	10582.00	10254.00		84.90	68.06	1550.00	42.80	11.47
7	四川	德阳市	什邡市项目区	20.5	19.70	13	23472.00	12136.00	12136.00	8.119	152.012	272	4	93.80	31.78
8	四川	德阳市	广汉市项目区	35.76	35.76	3	1044.00	1188.80	1044.00	1.20	2.60		2.00	11.26	2.49
9	四川	德阳市	旌阳区项目区	11.12	9.48	15	23800.00	12400.00	8414.00		35.29	44.84		53.36	4.57
10	四川	德阳市	中江县项目区	175.21	25.21	35	34955.00	34955.00	17145.00	115.86	287.10	44.00	4858.00	73.83	10.37
11	四川	德阳市	绵竹市项目区	26.50	18.15	64	9234.00	10602.00	10602.00		87.32	341.88	1627.00	44.74	12.19

续表 7-3　5·12 汶川特大地震水利灾后恢复重建震损大型灌区一览表

截至时间：2011 年 9 月 30 日

序号	省	市	项目名称	设计灌面/万亩	受灾灌面/万亩	规划项目个数/个	规划投资/万元	完成投资/万元		重建内容				主要工程量	
								合计	其中：中央投资	干渠/km	支渠/km	斗渠/km	重要建筑物/座	土石方/万 m^3	混凝土/万 m^3
12	四川	德阳市	罗江县项目区	10.28	7.80	11	10079.00	10079.00	10079.00	8.00	43.50	75.00	12.00	28.47	3.59
13	四川	绵阳市	武引灌区	127.00	127.00	8	25333.50	13059.50	13059.50	103.00	139.00	32.00	234.00	15.30	23.50
14	四川	绵阳市	涪城区项目区	11.66	6.00	1	1165.00	920.00	920.00	30.74			94.00	7.78	0.72
15	四川	绵阳市	游仙区项目区	40.04	40.04	6	5580.00	5301.00	2000.00		114.97	21.60	22.00	7.90	3.34
16	四川	绵阳市	江油市项目区	24.88	24.88	2	4416.00	2810.00	2810.00		14.84	83.64	1.00	18.27	1.95
17	四川	绵阳市	三台县项目区	107.35	107.35	7	13537.00	12734.00	10834.00	112.12	32.76	6.00	0	32.39	9.05
18	四川	绵阳市	盐亭县项目区	6.02	3.45	1	1944.00	1450.00	1450.00	1.21	4.58	7.65	22.00	20.20	0.80
19	四川	绵阳市	梓潼县项目区	23.55	8.42	3	3408.00	2980.00	2980.00	10.361	8.012	17.003	47.00	7.8953	2.5257
20	四川	雅安市	芦山县项目区	3.17	0.20	1	1570.00	1398.00	1398.00		17.90		1.00	2.28	1.44
21	陕西	汉中市	石门水库灌区	33.30	33.30	2	2099.00	750.00	100.00	0.3875			3.00	12.73	1.11
22	陕西	宝鸡市	宝鸡峡灌区	291.60	14.39	1	1063.00	1063.00	970.00	8.40			37.00	21.20	0.40
23	陕西	宝鸡市	冯家山灌区	136.37	60.00	3	1247.00	1247.00	1040.00		14.40	8.90	324.00	12.90	0.80
24	陕西	宝鸡市	陈仓区钓鱼台灌区	2.10	1.90	1	60.00	60.00	60.00	330.00			2.00	0.0756	0.017

在灾后重建工作正式启动前，受灾省就对灾区微型水利设施的受损情况进行了摸底调查，并对工程受损程度进行了分级：轻微——出现局部裂缝、垮塌，主体工程完好，经过简单维修可继续使用；中等——大范围地开裂、垮塌，需要进行必要的排险和大修方可使用；严重——损坏严重，影响主体工程功能发挥，不能再利用。在此基础上，受灾省份根据"能修复则修复，不能修复则根据实际需要新建"的原则，充分利用现有小型水利工程规划成果，分别编制完成了微型水利工程灾后重建规划，规划投资 22553.69 万元，其中四川省 15370.49 万元，陕西省 7183.2 万元。

由于微型水利灾后重建工程量大而面广，工作要求时间急，为保质保量及时完成工程建设任务，受灾省要求灾区在工程建设中严格按照水利部《雨水集蓄利用工程技术规范》（SL 267—2001）和《四川省集雨工程建设与管理指南》的有关要求进行施工，技术人员全程跟踪指导技术工作。陕西省宁强县位于陕川交界地段，距地震震中较近，小微型水利设施损毁最为严重。宁强县委、县政府高度重视，成立了由主管副县长任组长，县水利局局长任副组长，县发展和改革局、县财政局、县审计局等部门负责人为成员的全县水利灾后重建工作领导小组和项目管理办公室，具体负责项目的规划设计、立项审批、资金管理和组织实施、协调监督，严格执行项目"四制"，确保工程质量达标，长久发挥效益。

四川省在灾后重建过程中，针对小微型水利设施的工程量和投资相对较少，导致个别地方重视力度不够，灾后重建专项资金切块难以到位这一问题，采取"民办公助"的筹资模式，通过"以奖代补"政策，引导、调动灾区群众自愿通过投资投劳等方式参与小微型水利设施重建，实行"谁建设、谁拥有、谁管理、谁使用"。变"要我重建"为"我要重建"，有效地引导农民群众自力更生，自觉参与重建，改善自身生产条件，战胜灾难。采取政府规划、部门指导、农户参与的办法，让群众享有知情权、决策权、监督权和管理权。农户根据生产需要，申请小微型水利设施重建项目，经乡镇政府和水利部门审核后，纳入重建整体规划，由农户自主重建，工程完工并通过相关部门竣工验收后，根据工程投资按统一比例对农户予以补助，并以村为单位对项目建设地点、受益农户资金补助、补助方式、补助标准等进行张榜公布，接受群众监督，确保资金充分发挥效益。"三分建，七分管"，工程效益能否长效发挥，建后管护是关键，四川省对微型水利灾后重建工程，明确要求"建管并重"。工程建成后，对单户和联户建的工程，要求政府颁发产权证和股权证，将所有权、使用权、管护责任明确给农户，可自由流转、承包等；由集体管的山平塘等，则采取协会管水模式。由受益农民组建用水户协会，承担工程管护责任，制定用水、管水制度。

截至 2011 年 3 月，受灾省微型水利工程恢复重建已完成投资 11631.8 万元（四川省 9106.8 万元 + 陕西省 2525 万元），其中中央资金 8110.9 万元（四川省 6185.9 万元，陕西省 1925 万元）。恢复重建蓄水池、山平塘等小微型水利工程 14839 处，其中四川省 13882 处，陕西省 957 处。恢复灌溉面积 73.13 万亩，其中四川省 3.23 万亩，陕西省 69.9 万亩（见表 7–4）。

小微型水利工程恢复重建，为灾区发展振兴奠定了基础，具有明显的经济效益、社会效益和生态效益。通过科学规划，立足当前，考虑长远，实行"建池与建园、建家结合，建池与建文明新村结合"，既改善了农业生产的水利条件，还改善了农民的生存环境，据调查，小微型水利工程建成后，发挥拦蓄作用，山区、丘陵区的水土流失量比以前减少了 30% 以上，可以有效降低灾区山洪泥石流灾害发生的强度和频率。

表 7-4　5·12 汶川特大地震水利灾后恢复重建微型水利设施一览表　截至时间：2011 年 9 月 30 日

序号	省	县（市、区）	规划投资／万元	完成投资／万元		完成工程处数／处	恢复灌溉面积／万亩	备注
				合计	其中：中央投资			
	四川省合计		15370.50	15427.50	8137.89	20242	5.473	
1	四川	都江堰市	446.97	446.97	400.00	213	0.159	
2		绵竹市	280.00	280.00	280.00	242	0.081	
3		旌阳区	100.00	100.00	50.00	160	0.053	
4		罗江县	145.00	145.00	145.00	481	0.200	
5		中江县	113.74	113.74		201	0.040	
6		北川县	1516.22	1516.22	610.00	1613	0.540	
7		安　县	400.00	400.00	400.00	883	0.140	
8		平武县	656.50	656.50	656.50	720	0.230	
9		三台县	210.47	210.47	15.00	334	0.075	
10		青川县	5414.40	5414.40	1952.00	5360	1.920	
11		利州区	150.00	150.00	150.00	100	0.033	
12		朝天区	1911.00	1968.00	1106.00	3218	0.680	
13		旺苍县	2294.54	2294.54	1000.00	3378	0.820	
14		元坝区	116.00	116.00		116	0.053	
15		茂县	103.59	103.59	103.59	121	0.037	
16		黑水县	572.00	572.00	385.00	18	0.072	
17		阆中市	884.80	884.80	884.80	3000	0.320	
18		南江县	55.27	55.27		84	0.020	
	陕西省合计		4455.00	2525.00	1925.00	13		
19	陕西	略阳县	4285.00	2355.00	1755.00	3	恢复重建灌溉渠道 14 条 4km 及提灌设施，修建拦水坝 3 座，铺设 17.42km 输水管道，建 3.07km 引水隧洞	
20		陈仓区	170.00	170.00	170.00	10	新打机井 8 眼，维修机井 1 眼，新建拦水坝 1 座，集水池 1 座，铺设灌溉低压暗管 3km	

7.7.3 农村水电设施恢复与重建

5·12汶川特大地震中四川省、甘肃省和陕西省3省农村水电设施遭受巨大破坏。受灾最严重的农村水电站分布于四川省阿坝州汶川县、甘肃省陇南市文县、陕西省汉中市略阳县等11个市（州）35个县（市）。地震造成受灾区域内农村水电站取水枢纽（含库区）堤坝、引水系统、水轮发电机组及辅助设备、电站送出线路、厂区及生活设施等受到不同程度震损。引水渠道坍塌、断裂、被滑塌体损毁或掩埋，进水口闸门变形，压力管道镇（支）墩沉陷、开裂，输电线路断线，厂房沉陷、倒塌，发电设备受损等，造成水电站停止发电或出力不足，给当地群众生产、生活造成很大的影响，在一定程度上降低了水利服务经济社会的综合能力。震后，3省水利部门立即组织力量对受损水电站及设施进行应急抢险，于2008年12月21日，全面完成受灾区农村水电站应急修复，恢复发电。

根据水利部《关于抓紧开展5·12地震受损水利设施应急修复和灾后重建规划编制工作有关准备的通知》和《关于印发四川汶川地震水利灾后重建规划编制大纲的紧急通知》精神，2008年10月，四川省、甘肃省、陕西省3省灾后重建规划经水利部审定，农村水电站灾后恢复重建纳入国家基础设施专项规划，共计恢复重建农村水电站213座，电网9517km，总投资17.5853亿元（见表7–5）。

表7–5　水利重建小水电规划项目

序号	所在行政区			投资/万元	水电站		电网	
	省	市（州）/个	县（市、区）/个		恢复重建		恢复重建	
					座数	投资/万元	km	投资/万元
1	四川	8	24	170964	133	80355	9449	90609
2	甘肃	2	8	3407	67	3407	54	—
3	陕西	1	3	1482	13	1482	14	—
合计		11	35	175853	213	85243	9517	90609

截至2011年3月31日，水利部管理农村水电站灾后重建项目编制完成实施方案77项，审定总投资4889万元，其中四川省农村水电设施项目基本属于国家电网管理（发改委能源规划），由于未落实灾后重建资金，中期调整后未纳入水利灾后重建规划内。截至2011年3月31日，水利部管理农村水电站灾后重建项目共落实投资4655万元，其中下达中央灾后重建基金3285万元，甘肃省、陕西省发电企业自筹1320万元，其中2009年5月，甘肃省农村水电设施灾后重建项目共落实农村水电站灾后重建资金3290万元，下达中央基金2700万元，企业自筹资金590万元；2009年7月，陕西省农村水电设施灾后重建项目共落实农村水电设施灾后重建资金1365万元，下达中央基金585万元，发电企业自筹730万元。

2008年9月15日，甘肃省第一个农村水电站灾后重建项目——陇南市文县贾昌水电站开工，建设内容包括防护工程及挡水墙工程等。经过13个月的建设，2010年10月1日，工程全面竣工，完成投资127万元。水电站恢复了正常发电，当地群众也恢复了正常工作和生活用电。至2011年3月31日，水利部全面完成77座农村水电站灾后重建任务，完成投资4664万元（中央投资3285万元，企业自筹1384.5万元），投资完成率100%（见表7–6）。

表 7–6　汶川特大地震农村水电站灾后恢复重建工作一览表

序号	行政区域	规划项目数量/座	前期工作进展情况	投资情况											完成规划项目数量/座	投资完成率/%
			已编制完成并审批报告数/个	规划投资/万元	投资落实情况					投资完成情况						
					合计/万元	中央投资/万元	省级投资万元	市县投资/万元	其他投资/万元	合计/万元	中央投资/万元	省级投资/万元	市县投资/万元	其他投资/万元		
一	四川	—	—	—	—	—	—	—	—	—	—	—	—	—	—	—
二	甘肃	67	64	3407	3290	2700	—	—	590	3290	2700	—	—	590	64	100
1	文县	37	37	1667	1667	1372	—	—	295	1667	1372	—	—	295	37	100
2	武都	15	15	1250	1250	996	—	—	254	1250	996	—	—	254	15	100
3	康县	6	6	239	239	214	—	—	25	239	214	—	—	25	6	100
4	成县	1	1	20	20	19	—	—	1	20	19	—	—	1	1	100
5	徽县	1	1	19	19	18	—	—	1	19	18	—	—	1	1	100
6	西和	2	2	70	70	58	—	—	12	70	58	—	—	12	2	100
7	两当	2	2	25	25	23	—	—	2	25	23	—	—	2	2	100
8	舟曲	3	—	117	—	—	—	—	—	—	—	—	—	—	—	—
三	陕西	13	13	1482	1365	585	—	—	780	1374	585	—	—	794.5	13	100
1	略阳	2	2	405	435	385	—	—	50	435	385	—	—	50	2	100
2	宁强	8	8	696	730	0	—	—	730	730	0	—	—	730	8	100
3	勉县	3	3	381	200	200	—	—	—	209	200	—	—	14.5	3	100
总计		80	77	4889	4655	3285	—	—	1370	4664	3285	—	—	1384.5	77	100

农村水电站灾后重建项目全面完成后，水电站的发电能力和经济效益大大提高，如受损电站中规模最大的陕西省宁强县二郎坝水电站 2010 年发电量达到了 17800 万 kW·h，发电总收入达到 6027 万元；略阳县葫芦头电站发电量达到了 4400 万 kW·h，发电收入 1339 万元。农村水电站灾后修复与重建，给当地百姓带来实惠。不但满足了当地居民生产生活的正常供电，而且为开发旅游产业和加快县域经济的发展提供了保障。

7.8 水土保持和水资源监测设施

5·12 汶川特大地震造成大量淤地坝、蓄水池、水窖、沉沙凼、排灌渠、山平塘、作业道路等小型水利水保工程受损。区域水保工程震损后，不但彻底摧毁水保设施的功能，还会造成泥石流、滑坡等次生灾害发生，给灾区人民群众正常的生产、生活带来严重影响和新的安全隐患。水利部高度重视水土保持设施恢复重建，要求四川省、甘肃省、陕西省3省水利厅迅速安排部署水土保持设施的恢复重建工作。震后第一时间成立了相应的组织领导机构和工作机构，建立完善了与灾后重建特点相适应的制度保障机制。四川省水土保持局负责水土保持灾后恢复重建项目的监督管理和技术指导工作，先后派出4个工作组多次到灾区39个项目县（市、区）进行现场督查，发现问题及时通报，建立了月报制、旬报制，每月按时向厅重建办报送相关材料等；四川省水利厅党组成员、副厅长朱兵带领四川省水土保持局等相关单位多次深入北川县、南江县等地了解水土保持设施的恢复重建情况，指导重建工作。陕西省成立了以陕西省水利厅党组成员、水保局局长张秦岭为组长的水土保持抗震救灾领导小组，加强对水土保持抗震救灾和重建工作的领导；为推进灾后重建工作顺利开展，省水保局抽调有关处室负责同志和技术人员，组成4个检查组，由局领导带队，多次深入汉中市、宝鸡市、咸阳市、西安市等进行检查和督察。

7.8.1 水土保持重建规划

5·12汶川特大地震发生后，四川省、甘肃省、陕西省省委、省政府提出了“三年目标任务两年基本完成”的目标，力争在2010年底前全面完成灾区水土保持受损设施的恢复重建，保证灾区正常的经济建设和社会发展秩序，确保灾区群众生产生活条件高于灾前水平。各省组织受灾市（州）、县的技术骨干对各类水土保持设施受损情况开展了专题调查和评估，特别是对1989—2007年国家水土保持重点工程项目建设的梯田、坡面水系工程、沟道治理工程等受损情况进行了调查和评估，并以此为基础完成了3省灾后重建水土保持建设规划。同时，配合3省林业部门完成了汶川地震灾后恢复重建生态修复专项规划。规划从震后灾区实际需要出发，以人为本，使灾区关系民生的安全隐患及时得到消除，受损的水土保持设施基本恢复到震前水平，坚持以水土资源的可持续利用为主线，统筹安排有利于灾区群众恢复生产、生活的水土保持建设任务，保障群众生产生活基本需求，新增水土流失得到有效控制，恢复和提高环境承载力，使灾区生存支撑保障能力尽快恢复到灾前水平并有所提高，促进灾区经济社会的可持续发展。

按照水利部灾后恢复重建的相关要求，在水土保持设施恢复重建中，各省高度重视，广泛动员，增强水土保持设施恢复重建的紧迫感和责任感；建立了水土保持灾后恢复重建工作例会制度，定期召开灾后重建工作的领导会议，通报情况，议定措施，推进整体工作进度；全面推进水土保持恢复重建的工作进程；结合灾区实际，因地制宜做好重建项目的规划、建设；加强对于重建项目资金使用的监察力度，以及对于重建工程施工质量的监管力度，顺利完成了水土保持灾后重建总体规划和项目的审批工作。

2009年9月初，四川省、陕西省2省根据灾后重建实际对涉及的43个重灾区水土保持灾后重建项目实施情况进行了中期评估，对部分项目进行了调整。四川省水土保持灾后重建项目由原来的39个调整为30个，重建任务由恢复重建坡改梯、水保林、经果林和种草面积19.35万hm^2，坡面水系工程、沟道治理和辅助设施12.41万处核减为恢复重建坡改梯、水保林、经果林和种草面积4.5226万hm^2，坡面水系工程、沟道治理和辅助设施2.79万处；规划总投资由原来的198937.5万元核减为70655.44万元。规划调整后，四川省以省政府办公厅《四川省人民政府办公厅关于加快推进水利灾后恢复重建工作的通知》和四川省水利厅《四川省水利厅关于下达5·12汶川地震水利灾后恢复重建重点建设项目和阶段目标任务的通知》、《四川省水利厅关于下发水利灾后恢复重建规划项目实施计划（中期调整后）及2010年阶段目标任务的通知》文件下达了灾后重建目标任务，明确灾区水土保持重建工作的责任主体、工作主体和投资主体，层层落实责任，提出四川省水土保持灾后重建总体目标和各受灾县（市、区）的分解任务。

陕西省水土保持灾后重建项目由原来的4个调整为3个，总投资调整为710万元，治理水土流失面积23km^2。陕西省发展和改革委员会、财政厅下发了《关于宁强县等4个地震重灾县灾后恢复重建规划项目调整和备案的通知》（陕发该投资〔2009〕1732号）灾后重建目标任务。

在项目实施过程中，水土保持灾后重建项目结合重建需要，统筹考虑了灾区群众生产、生活等需求，着力改善民生，提高环境容量。为了提高老百姓粮食产量，解决生存问题，对部分震损梯坪地进行了恢复重建，并将近村、近水处的坡耕地改造成基本农田；为了增加灾民经济收入，进行了产业结构调整，大力发展具有地方特色的经果林产品；为解决老百姓出行问题和用水困难，恢复修建田间道路、排灌沟渠、沿山沟等小型水利水保工程。已恢复重建的水土保持设施原有功能得到基本恢复，关系民生的安全隐患得到及时排除，新增水土流失状况得到有效控制，粮食产量和老百姓的经济收入有了明显提高。

截至2011年9月30日，水土保持设施恢复重建目标任务全面完成。四川省完成坡改梯、水保林、经果林、种草45648hm^2，建设坡面水系工程、沟道治理工程和辅助设施2.8万余处，完成总投资73211.11万元。甘肃省完成坡改梯、水保林、经果林、种草1537.42hm^2，建设坡面水系工程、沟道治理工程和辅助设施880余处，完成总投资475万元。陕西省治理水土流失面积23 km^2，其中恢复梯田1300.5亩，排灌渠10.7km^2，防护堤4.01km^2，蓄水池9座，谷坊9座，植被恢复36.75hm^2，完成总投资710万元（见表7–7）。

表7–7　5·12汶川特大地震水利灾后重建水土保持项目情况一览表　　截至时间：2011年9月30日

序号	省	市（州）	项目县（区、市）	规划投资／万元	完成投资／万元		完成建设任务		备注
					合　计	其中：中央投资	治理面积／hm^2	小型水利水保、沟道治理工程／处	
1	四川	成都市	大邑县	802.00	724.00	644.00	650.00	1871	完工
2			都江堰市	780.00	721.72	721.72	800.00	456	完工
3		德阳市	什邡市	2131.00	2131.00	194.00	1396.00	459	完工
4			旌阳区	120.00	120.00	100.00	107.00	176	完工
5			中江县	2256.00	2256.00	400.00	954.00	396	完工
6			绵竹市	11000.00	13800.00	11000.00	14814.00	3357	完工
7			罗江县	2334.44	2334.40	2334.40	957.00	1777	完工
8		绵阳市	游仙区	364.00	397.00	300.00		419	完工
9			江油市	3011.00	2874.70	2000.00	649.70	1825	完工
10			三台县	380.00	380.00	300.00	186.00	263	完工

续表 7–7　5·12 汶川特大地震水利灾后重建水土保持项目情况一览表　　截至时间：2011 年 9 月 30 日

序号	省	市（州）	项目县（区、市）	规划投资/万元	完成投资/万元		完成建设任务		备注
					合　计	其中：中央投资	治理面积/hm²	小型水利水保、沟道治理工程/处	
11	四川	绵阳市	安　县	4248.00	4247.81	3017.81	2154.00	1923	完工
12			盐亭县	500.00	500.00	500.00	71.70	404	完工
13			梓潼县	1019.00	1018.00	815.00	390.00	634	完工
14			平武县	6093.00	6244.48	4874.48	1494.70	4037	完工
15		广元市	苍溪县	100.00	100.00	100.00	19.00	288	完工
16			朝天区	280.00	280.00	206.00	13.00	412	完工
17			剑阁县	400.00	323.00	300.00	280.00	318	完工
18			利州区	100.00	104.00	100.00	31.00	953	完工
19			青川县	10143.00	8264.00	2684.00	10150.00	2262	完工
20			旺苍县	1258.00	1258.00	500.00	112.00	456	完工
21		阿坝藏族羌族自治州	茂　县	8544.00	8544.00	980.00	5320.00	316	完工
22			理　县	3279.00	3252.00	3059.00	1010.00	504	完工
23			小金县	1563.00	1563.00	1563.00	176.00	1236	完工
24			黑水县	1892.00	1892.00	764.00	1050.00	591	完工
25		雅安市	汉源县	780.00	780.00	780.00	433.00	468	完工
26			芦山县	275.00	275.00	220.00	197.00	135	完工
27			宝兴县	170.00	170.00	170.00	160.00	85	完工
28		巴中市	南江县	370.00	370.00	370.00	65.00	234	完工
29	甘肃	陇南市	文　县	4282.00	500.00	300.00	254.97	359	完工
30			武都区	3648.00	649.00	280.00	614.19	80	完工
31			康　县	2310.00	510.00	240.00	85.09		完工
32			成　县	608.00	565.00	150.00	80.24	7	完工
33			徽　县	189.00	523.00	80.00	25.929	70	完工
34			西和县	795.00	670.00	230.00		70	完工
35			两当县	572.00	490.00	220.00			完工
36		甘南藏族自治州	舟曲县	808.00	847.00	847.00	477.00	294	完工

7.8.2 汶川水土保持

汶川县地处龙门山系与邛崃山系之间，为高山峡谷区，境内高山耸立，地势陡峻，植被稀少，山洪、泥石流、滑坡等山地自然灾害经常发生，全县面积4083km^2，震前水土流失面积1717.92km^2，占总面积的42.07%，水土流失程度为轻度。5·12汶川特大地震发生后，汶川县水土流失面积达到3439.09km^2，新增水土流失面积1721.17km^2，山体破碎，水土流失加剧，水土流失程度为强烈。地震引发山崩、泥石流等次生灾害破坏坡改梯715hm^2、水保林326.85hm^2、经果林680hm^2、草地811.08hm^2、蓄水池87个、沉沙凼1249个、排水沟137.45km、谷坊726座，经济损失3213.84万元。

灾后汶川县编制《汶川县生态修复水土保持工程实施方案》，安排三江乡、映秀镇等9个乡镇实施水土保持工程的灾后恢复重建，投资4863万元。同时，又新安排1674万元资金，对威州镇堡子关进行水土流失治理。全县灾后生态恢复水土保持项目实际到位国家资金6537万元。

1）三江乡、映秀镇水保项目。2010年11月10日水保工程灾后重建项目开工。生态修复水土保持项目设计时，采取的是由乡政府提供树种的方式。进入施工阶段后，当地村民因市场因素纷纷要求改栽其他树种。在接到施工方和当地政府的报告后，汶川县水务局决定采纳实施地群众的意见，修改了设计方案。2011年9月底工程全面完工。

2）威州镇堡子关水保项目。于2010年6月1日开工。项目实施区山高坡陡，实施难度大，材料的二次转运成本非常高，给施工造成很大难度。2010年6月11日上午，堡子关山体松散堆积体崩塌，最大一块体积约5m^3，破坏部分已建设好的部分坡改梯田。事故发后部分民工因为施工条件的恶劣而辞工。汶川县水务局局长彭勇森赶到工地，察看灾情，落实安全措施，为工人购买意外保险，稳定了工人的情绪。2010年11月14日，威州镇堡子关生态恢复水土保持项目完工，完成投资1674万元。

汶川县生态修复水土保持灾后重建项目共完成恢复重建坡改梯、水保林、经果林、种草等水土保持设施面积1402hm^2，其中完成坡改梯60.51hm^2，水保林588.98hm^2，经果林325.51hm^2，种草427hm^2；完成坡面水系、沟道治理、作业道路等489处，其中完成道路工程7.34km，截排水沟34.51km，蓄水池124个，沉沙凼112个，谷坊3座。项目实施后，改善了当地群众的生活条件，提高了林草覆盖率和保水保土能力，提高了沟河防洪标准，防止了沟道下切和河岸冲塌等潜在危险，有效控制了人为水土流失；生态环境得到改善，乡村景观旅游得到发展，为当地农特产品走向市场、打出品牌、提高价格、增加收入创造了条件。

7.8.3 北川水土保持

北川羌族自治县地处四川盆地向川西高原过渡地带，境内山高谷深，地质构造复杂。地震前，水土流失面积1157.27km^2，占总面积的40%，年侵蚀总量758.01万t。5·12汶川特大地震，使北川羌族自治县水土保持设施受到严重破坏，水土流失加剧，水土流失面积、侵蚀强度明显增加。震后全县水土流失面积达1430.03km^2，新增水土流失面积272.76km^2，其中剧烈水土流失面积为239.61km^2。全县水土保持设施受损面积138.19km^2，直接经济损失11738.3万元。

地震对北川羌族自治县生态环境造成了严重破坏，使北川羌族自治县实行多年的退耕还林、生态保护、环境治理等所取得的成果化为乌有，生态功能退化。

2009年四川省根据灾后重建进行中期评估，并对部分重建项目进行了调整。中期调整后，北川羌族自治县水土保持灾后重建项目资金为1600万元，在擂鼓镇、曲山镇石椅村等9个村分9个标段实施生态修复水土保持灾后重建项目。北川羌族自治县生态修复水土保持灾后重建项目于2009年10月陆续开工。

北川羌族自治县生态修复水土保持灾后重建项目在实施过程中，注重与项目村干部群众的沟通协调，克服了山高坡陡施工难度大、工程范围广管理难度大、措施实施打破地界难度大等问题，确保了项目的顺利完成。在香泉乡太平村水土保持工程实施过程中，为解决项目村偏远村民的饮水灌溉问题，修建了水磨沟蓄水池，在修建过程中，由于交通不便，材料不能运入，最后靠人背马驮完成整个工程；在擂鼓镇水土保持工程坡改梯工程中，由于涉及梯地线形调整，村民的土地也必须相应调整，北川县水务农机局多次和项目村及当地群众协调，重新测量、重新分配土地，在群众满意的前提下实施项目。

2011年3月北川羌族自治县生态修复水土保持灾后重建项目全面完工，共恢复重建水土保持设施面积606hm^2，其中坡改梯36hm^2，经果林300hm^2，水保林270hm^2；蓄水池180座，沉沙凼130个，排灌渠18km，作业便道9km，塘堰2座；完成投资1750万元，其中财政投资1600万元，群众投劳折资150万元。项目实施后，项目区的新增水土流失得到了有效控制，农业生产条件和生态环境得到了有效改善。同时，增强了灾区群众就业和发展能力，稳定了社会；改善了人居环境，为灾区重建美好家园、建设生态文明提供了有力的保障。

7.8.4 水资源监测设施恢复与重建

水资源监测设施灾后重建，是加强灾区水源地、水功能区及河流断面水质监测，确保供水水源地水质、遏制重点地区河段水污染的重要手段。2008年6月，四川省完成了灾区水资源监测设施恢复重建规划，规划涉及汶川县等39个重灾县（市、区），每县打捆为一个项目，全省总投资19071万元。2009年9月，对汶川县等39个重灾县（市、区）水资源监测设施灾后恢复重建任务和投资规模进行中期调整，中期调整后水资源监测设施灾后恢复重建项目规划总投资为9571万元，其中广元市本级项目规划投资600万元，31个重灾县规划投资8971亿元，都江堰市、彭州市、涪城区、游仙区、九寨沟县、石棉县、宝兴县、阆中市等8个重灾县（市、区）因资金不落实和其他重建任务较多等原因暂时取消了水资源监测设施灾后恢复重建项目。同时，在原规划基础上新增了广元市本级水文水资源监测中心重建项目（见表7–8）。

为指导各重灾县做好水资源监测设施灾后重建项目，规范灾后重建水资源监测设施项目实施方案编制工作，四川省制定了《重灾县水资源监测设施灾后重建项目实施方案编制大纲》，供各地在编制水资源监测设施灾后重建项目实施方案时参考。同时要求各重灾县高度重视水资源监测设施的灾后重建工作，务必确定专人负责，落实前期工作经费，根据灾后重建任务的轻重缓急，有计划有步骤地开展水资源监测设施重建工作的规划和实施，加强灾区水源地、水功能区及河流断面水质监测，加强河流排污口水质、水电站下泄流量、取用水户取退水监测等。积极争取财政投入、社会协助等方面的资金。按照复核水资源监测设施的建设内容，确保方案数据真实，优化实施方案，确保投资最省。按照国家水资源管理系统的有关规范和标准，要充分考虑与国家防汛指挥系统、水文、水资源保护监测系统的衔接问题，避免重复建设。要求各重灾县按要求报送灾后重建旬报表，全面、准确、及时反映全省灾后重建项目水资源监测设施建设进展情况，以便更好地指导全省水资源监测

表 7-8　5·12 汶川特大地震水利灾后恢复重建水资源监测设施一览表　　截至时间：2011 年 9 月 30 日

省	市（州）	项目县（区、市）	规划投资/万元	规划项目个数/个	完成投资/万元		完成任务情况
					合计	其中：中央投资	
		合计	9571.40	32	8894.00	8894.00	
四川	广元市	广元市本级	600.00	1	300.00	300.00	已完工，完成 5 个各类监测点建设任务
四川	广元市	利州区	200.00	1	200.00	200.00	已完工，完成 13 个各类监测点建设任务
四川	广元市	朝天区	267.00	1	208.00	208.00	已完工，完成 20 个各类监测点建设任务
四川	广元市	元坝区（现更名为昭化区）	212.00	1	212.00	212.00	已完工，完成 8 个各类监测点建设任务
四川	广元市	旺苍县	256.00	1	200.00	200.00	已完工，完成 16 个各类监测点建设任务
四川	广元市	青川县	230.00	1	230.00	230.00	已完工，完成 15 个各类监测点建设任务
四川	广元市	剑阁县	247.00	1	247.00	247.00	已完工，完成 22 个各类监测点建设任务
四川	广元市	苍溪县	249.00	1	249.00	249.00	已完工，完成 22 个各类监测点建设任务
四川	绵阳市	北川县	220.00	1	220.00	220.00	已完工，完成 26 个各类监测点建设任务
四川	绵阳市	安县	613.00	1	450.00	450.00	已完工，完成 34 个各类监测点建设任务
四川	绵阳市	盐亭县	164.00	1	150.00	150.00	已完工，完成 9 个各类监测点建设任务
四川	绵阳市	江油市	404.00	1	404.00	404.00	已完工，完成 44 个各类监测点建设任务
四川	绵阳市	梓潼县	223.00	1	223.00	223.00	已完工，完成 11 个各类监测点建设任务
四川	绵阳市	平武县	588.00	1	588.00	588.00	已完工，完成 35 个各类监测点建设任务
四川	绵阳市	三台县	413.00	1	412.00	412.00	已完工，完成 37 个各类监测点建设任务
四川	德阳市	旌阳区	200.00	1	200.00	200.00	已完工，完成 40 个各类监测点建设任务
四川	德阳市	绵竹市	410.00	1	410.00	410.00	已完工，完成 25 个各类监测点建设任务
四川	德阳市	什邡市	390.40	1	390.00	390.00	已完工，完成 64 个各类监测点建设任务
四川	德阳市	广汉市	100.00	1	100.00	100.00	已完工，完成 9 个各类监测点建设任务
四川	德阳市	罗江县	196.00	1	196.00	196.00	已完工，完成 21 个各类监测点建设任务
四川	德阳市	中江县	260.00	1	160.00	160.00	已完工，完成 31 个各类监测点建设任务

续表 7-8 5·12汶川特大地震水利灾后恢复重建水资源监测设施一览表 截至时间：2011年9月30日

省	市（州）	项目县（区、市）	规划投资/万元	规划项目个数/个	完成投资/万元		完成任务情况
					合计	其中：中央投资	
四川	雅安市	汉源县	237.00	1	237.00	237.00	已完工，完成22个各类监测点建设任务
四川	雅安市	芦山县	205.00	1	205.00	205.00	已完工，完成22个各类监测点建设任务
四川	阿坝州	汶川县	400.00	1	400.00	400.00	已完工，完成19个各类监测点建设任务
四川	阿坝州	理县	280.00	1	280.00	280.00	已完工，完成20个各类监测点建设任务
四川	阿坝州	松潘县	300.00	1	316.00	316.00	已完工，完成20个各类监测点建设任务
四川	阿坝州	茂县	285.00	1	285.00	285.00	已完工，完成30个各类监测点建设任务
四川	阿坝州	小金县	375.00	1	375.00	375.00	已完工，完成28个各类监测点建设任务
四川	阿坝州	黑水县	256.00	1	256.00	256.00	已完工，完成18个各类监测点建设任务
四川	成都市	大邑县	103.00	1	103.00	103.00	已完工，完成2个各类监测点建设任务
四川	成都市	崇州市	388.00	1	388.00	388.00	已完工，完成34个各类监测点建设任务
四川	巴中市	南江县	300.00	1	300.00	300.00	已完工，完成13个各类监测点建设任务

设施建设工作，确保国家三年恢复重建目标任务两年基本完成。对水资源监测项目未及时开工的重灾县，四川省水利厅水资源处负责人约见县水务局负责人进行谈话，给进度滞后的重灾县负责人分析了建设水资源监测设施的重要性和必要性，要求各重灾县克服各种困难，主要领导亲自抓，不讲条件，不讲理由，千方百计完成灾后重建任务。

截至2011年9月30日，四川省水资源监测设施项目已编制和审批完成实施方案32个，占应编制和审批总数的100%；已完成招投标32个，占应招投标的100%；已完工32个，占应完工总数的100%。到位资金8894万元，占规划投资的92.92%；累计完成投资8894万元，占规划投资的92.92%，占到位资金的100%。全部完成了竣工初步验收，共完成702个监测点建设任务，其中包括社会用水户监测点404个，水电站133个，水源地监测点59个，入河排污口监测点43个，河流控制断面监测点44个，水功能区监测点19个。

四川省32个水资源监测设施灾后重建项目投产运行后，大大提高了灾区水资源管理能力和水平，提升了水行政主管部门管理水资源的地位，对总量控制和定额管理提供了强有力的技术支撑，促进了企业计划取水和节约用水工作，进一步推动了四川省节水型社会建设进程。水资源管理系统运行后，可以实现对灾区水资源管理向动态管理、精细管理、定量管理和科学管理的转变，可以监控以“取水—输水—供水—用水—排水—回用”等环节构成的社会水循环过程，可以通过对点（水源地、取用水户、入河排污口等）和线（河流、水功能区等）的信息监测，掌握面（行政区、水资源分区和流域等）的情况；可以通过取用水户的取水和排水数据、行政分区的入境水量和出境水量数据等的互相校核，通过监测信息、统计信息、流域及区域水循环模型等数据信息的互相校验，实现对水资源的科学和精细管理，服务于灾区水资源总量控制和定额管理；可以在准确掌握水资源状况的基础上实现水资源的优化配置、高效利用和科学保护，实现社会水循环过程（取水—输水—供水—用水—排水—回用水）与自然生态系统中的天然水循环过程（降雨—蒸散发—产汇流—入渗）的衔接，实现灾区水资源天然水循环和水资源开发利用循环过程的同步监测，实现社会—经济—自然的可持续协调发展。

通过加强监测灾区水源地、水功能区及河流断面水质，可监测河流排污口水质，监测水电站下泄流量，监测取用水户取退水等，对灾区生活生产废污水排放量进行总量控制，达标排放，提高城镇污水处理率和回用率，保障城乡饮水安全，改善城乡生态环境，提高受灾区震后水资源环境承载力。

水资源监测设施灾后重建，推动水资源管理实力。2010 年，广汉市认真按照四川省水利厅《关于印发重灾县水资源监测设施灾后重建项目规划方案编制大纲的通知》精神，立足长远，抓住机遇，谋求发展，积极组织专家及技术人员，对水资源监测设施灾后重建进行全面系统勘测，制定出一套完备的水资源实时监控、调度管理、决策支撑支持系统建设方案，新建入境控制断面水质监测点 1 个，水源地水质监测点 1 个，水厂水量监测点 4 个，与防汛系统共建中心平台 1 个，利用水资源监测系统中心主软硬件平台（含 LCD 显示大屏）及其计算机网络建立水资源监测系统，大大提高了广汉市水资源监测的时效性和全面性。主要建成了入境控制断面水质监测点，设在湔江广汉—什邡交界处（湔江涵洞）。湔江穿越广汉城区，是广汉市的主要水源。湔江涵洞水质监测点的建成，为广汉市主要水源构成了第一道防线。水源地湔江三星堆水厂段水质监测点的建成，提高了城区供水安全保障能力。和兴、南兴、三水、连山水厂计量设施的建成，计量精准，说服力强，为下一步全面推广计量取水提供了宝贵经验。

震前的彭州市白鹿镇青龙坝左岸堤岸

震后的彭州市白鹿镇青龙坝左岸堤岸

8 赈灾与捐赠

5·12汶川特大地震发生后，水利部有关部门积极落实并紧急拨付专项资金和救灾物资，为救灾提供了有力保障；全国广大水利系统干部职工纷纷向地震灾区捐款捐物，共产党员、共青团员踊跃交纳特殊党费、特殊团费；各省（自治区、直辖市）水利（水务）厅（局）、水利部直属单位调配人员、调集应急设备赶赴灾区；同时，国内企业和国际社会也给予无私援助。各位退休领导、专家放弃休息，到指挥现场或研究室出谋划策。5·12汶川特大地震救灾行动中，水利行业的员工团结协作，无私贡献，大灾面前的大爱将永远成为珍贵的历史记忆。

8.1 救灾专项资金组织与落实

5·12汶川特大地震发生后，根据水利抗震救灾工作进展，财政部、国家发展和改革委员会紧急拨付、下达专项资金用于组织、落实水利抗震救灾，为水利抗震救灾工作顺利进行提供了有力的经费保障。水利部及各级水利部门加强对抗震救灾资金、物资使用的监督管理，组织对抗震救灾专项资金和物资使用管理专项检查，严格按照各专项资金物资使用管理办法使用资金物资，确保抗震救灾资金、物资使用的安全和效益。

8.1.1 救灾专项资金拨付与使用

8.1.1.1 救灾专项资金拨付

根据四川省水利厅统计资料，截至2008年12月31日，四川省水利行业接受赈灾款22.759亿元，其中水利行业赈灾拨款及捐赠款物21.7亿元、企业赈灾与捐赠0.836亿元、其他赈灾与捐赠0.223亿元；赈灾物资6.34万件。水利行业赈灾拨款与捐赠款物中，中央资金19.92亿元、省级资金0.9亿元、市（县）资金0.52亿元、捐赠资金及物资0.36亿元。

8.1.1.2 救灾专项资金使用

水利行业赈灾资金使用情况：四川省受损水库修复资金13.53亿元、受损河道堤防修复资金0.99亿元、堰塞湖治理资金2.26亿元，解决乡村供水资金2.87亿元、受损水文设施修复资金0.18亿元、受损灌溉工程修复资金0.37亿元，其他抗震救灾及人员安置等资金1.5亿元救灾专项资金。保障了在较短的时间内完成对四川省2125座震损水库、600多座震损水电站、706处震损渠道及堤防的抢险修复以及104处堰塞湖和老虎嘴壅塞体的处置，解决了灾区1129万群众饮水困难的应急供水，地方电力供区供电及时恢复，水产无害化处置，恢复大春灌溉供水，实现水稻栽插2941万亩。

8.1.2 救灾专项资金管理

8.1.2.1 水利部

水利部要求，各级水利部门要尽快建立抗震救灾资金物资监督机构、加强领导，严格执行水利抗震救灾资金物资管理的各项制度，加强水利抗震救灾款物的使用管理，提高救灾款物使用效益，强化对水利抗震救灾资金物资使用的全过程审计监督，严肃纪律，加强对水利抗震救灾资金物资使用情况的监督检查，确保水利抗震救灾资金物资全部用于受灾地区和受灾群众，发挥应有的作用。

水利系统纪检监察、审计等部门介入，把监督检查贯穿于抗震救灾资金物资管理使用的全过程。一是督促水利系统财务经济、规划计划、防办等部门认真履行监管职责，多角度全方位监管，不留死角。二是加强同财务经济、规划计划、防办等部门的沟通联系，及时掌握抗震救灾资金物资的来源、种类、数量、去向，做到心中有数、全程跟踪。三是重点监督管钱、管物等关键岗位的领导干部及工作人员，严防抗震救灾款物管理、分配、发放过程中的违纪违法行为。汶川特大地震的水利救灾中，没有出现水利系统在抗震救灾资金物资管理使用中重大违纪违法的情况。

2008 年 6 月 4 日，中央纪律检查委员会驻部纪检组组长、水利部抗震救灾指挥部副指挥张印忠率水利部抗震救灾资金物资监督检查领导小组检查、监督四川水利抗震救灾资金物资使用情况。检查期间，监督检查组分别了解核查了各相关单位的水利抗震救灾资金物资的使用情况，对进一步做好水利抗震救灾资金和物资监督管理提出了明确要求：一是尽快建立监督机构，切实加强组织领导；二是建立健全规章制度，保障监管工作有章可循；三是严格规范使用管理程序，保障监管工作落到实处；四是充分发挥职能作用，实施全过程监督；五是严格执行纪律，加强审计监督和纪律检查。

为进一步加强管理，确保水利抗震救灾资金物资使用安全，水利部发布了一系列专项资金物资监督管理文件。相关文件有：《关于加强对水利抗震救灾资金物资管理的通知》（水监〔2008〕158 号）、《关于加强抗震救灾水利应急资金管理的紧急通知》（水财经〔2008〕163 号）、《关于成立水利部抗震救灾资金物资监督检查领导小组的通知》（水办〔2008〕168 号）、《关于加强水利抗震救灾资金物资监督管理有关工作的通知》（水监〔2008〕169 号）、《关于对抗震救灾水利资金物资管理使用情况开展监督检查的通知》（水监〔2008〕323 号）、《关于对抗震救灾中募捐资金物资情况开展监督检查的通知》（办综〔2008〕195 号）、《关于明确水利部抗震救灾资金物资监督检查领导小组办公室成员的通知》（人教机〔2008〕19 号）。

8.1.2.2 四川省水利厅

四川省水利厅党组召开党组专题会议，明确水利抗震救灾应急资金和物资的使用范围、使用程序、管理制度、责任追究等，要求各部门各单位严肃纪律，严格把关，切实保证抗震救灾款物用于救人救命、保障灾民基本生活和灾区恢复重建。资金管理工作注重资金物资使用和调度程序规范。上级下拨和社会捐赠的抗震救灾资金物资管理，实行专人负责，及时统计，逐笔上账，做到账务明晰。坚持公开透明，向社会公开、公示抗震救灾资金物资收支、发放情况，自觉接受群众监督。

为加强抗震救灾资金物资使用管理，四川省水利厅发布的有关救灾资金物资管理相关文件有：《关于加强水利抗震救灾应急资金和物资管理的通知》（川水函发〔2008〕475 号）、《关于严肃纪律加强对抗震救灾资金物资监督检查的紧急通知》（川纪发〔2008〕18 号）。

8.2 水利行业赈灾

据不完全统计，截至 2008 年 5 月 31 日，全国水利系统单位、个人向地震灾区捐款 13038.03 万元，交纳特殊党费、特殊团费 7786.68 万元，向灾区捐赠各类生活用品以及抢修、抢险、供水、监测用机械设备约合 2568.44 万元，全国水利抗震救灾投入施工机械、供水设备、仪器、车辆等共计 3881 台（套），投入各类技术、施工、后勤工作人员 10115 人（见表 8-1）。

表 8–1　全国水利抗震救灾资金物质及人力捐助统计表

类别 地区	捐赠资金/万元				物质支援							人力支援/人		
					捐赠/万元		设备/台（套）							
	单位捐款	个人捐款	特殊党费	特殊团费	生活用品	机械设备	施工机械	供水设备	仪器	车辆	其他	技术人员	施工人员	后勤工作人员
水利部在京直属单位	169		224	2.54										
各省（自治区、直辖市）、兵团	2051.09	8898.69	6449.05	97.51	399.57	2089.61	578	1339	376	874	352	3803	3944	1508
京外直属单位	869.16	1050.09	1000.94	15.16	72.26	7	65	12	136	149		291	415	154
小计			7673.99	112.69	471.83	2096.61	643	1351	512	1023	352	4094	4395	1662
合计	13038.03		7786.68		2568.44		3881					10115		

注　统计日期截至 5 月 31 日。

8.2.1 水利部

8.2.1.1 水利部直属机关

5 月 15—16 日部直属机关共有 4200 余人次捐款 146 万余元，有 3 个单位捐款 23 万元，共计 169 万余元；至 5 月 30 日下午，部直属机关 2700 多名党员交纳抗震救灾特殊党费共计 224 万余元，其中交纳千元以上特殊党费的党员 1200 多人；直属机关工会捐款约 5.3 万元；团员青年交纳特殊团费约 2.54 万元（见图 8–1）。

截至 5 月 15 日，水利部共派出 16 个工作组，其中部机关司局 9 个组，流域机构 7 个组，共计 71 人，分赴地震灾区 7 个省（直辖市）。

图 8–1　水利部干部职工向地震灾区捐款（2008 年 5 月 15 日）

8.2.1.2 水利部在京直属单位

（1）水文局。水文局全体干部职工为灾区捐款9.7436万元，103名党员交纳特殊党费9.765万元。截至6月7日，共刊印《水情汇报》41期、《水情简报》11期、《水情预测预报分析》31期，印制各种水情图表70余期，编制报送《气象信息——地震灾区天气情况预测》58期、《地震灾区降水情况》65期。

（2）机关服务局。至5月15日，机关服务局共向灾区捐款5万余元，126名党员共交纳特殊党费12.68万元。先后派出两个工作组奔赴灾区一线，为抗震救灾的水利部干部职工送出急需生活用品、药品等物资。

（3）水利水电规划设计总院。水利水电规划设计总院近20名专家先后赴地震灾区工作，参与了《紫坪铺水利枢纽工程震后大坝面板修复设计报告》的技术审查。

（4）中国水利水电科学研究院。至6月2日，中国水利水电科学研究院全院职工共向灾区捐款46.18万元，交纳特殊党费60.16352万元，特殊团费1115元。2008年10月，向灾区捐赠棉衣被1350件；捐赠200套水质余氯速测盒，1套反渗透水净化设备；捐赠电脑2台。

截至5月31日，派往前线专家达36人次；共计编辑印刷抗震救灾科技快报46期、科研简报6期；参与了国务院抗震救灾科学决策工作；配合科技部社会发展司，参与编制了《地震灾区应急供水实用技术手册》；配合水利部国科司，参加编辑《地震次生水灾害与水问题应对措施与技术手册》、《抗震救灾与灾后重建水利实用技术手册》和《水利抗震救灾与灾后重建技术标准汇编》（上、下册）。

（5）中国水利报社。中国水利报社近200名职工共募集捐款6万元，全体党员交纳特殊党费7万多元。地震后的第二天至5月29日，报社先后派出记者8批23人（次）奔赴灾区一线采访。至6月12日，报纸连续推出11期、总计56个版的特别报道专号（其中开设栏目2个，宣传水利人物40多个），杂志推出21万多字的抗震救灾专辑2期，网站24小时滚动播出，编发内部简报19期2万字。

（6）中国水利水电出版社。中国水利水电出版社及250名职工共捐款18.255万元，全体党员交纳特殊党费3.61万元。编辑、出版并捐赠价值74万元的图书《地震次生水灾害与水问题应对措施》、《抗震救灾与灾后重建水利实用技术手册》与《水利抗震救灾与灾后重建技术标准汇编》（上、下册）。

（7）中国灌溉排水发展中心（水利部农村饮水安全中心）。中国灌溉排水发展中心（水利部农村饮水安全中心）参加捐款149人，捐款6.66万元；71名党（团）员交纳特殊党（团）费12.2万元。参与编制《抗震救灾饮水安全应急常识》、《灾民安置点应急集中供水技术方案》、《灾区分散式供水技术要点》。

（8）预算执行中心。预算执行中心成立了抗震救灾预算执行应急工作小组，集中研究、协调、处理灾区抗震救灾期间的国库支付、政府采购等各项工作，确保救灾资金及时到位，积极加强对抗震救灾采购活动的管理。

8.2.1.3 京外部直属单位

（1）长江水利委员会。至6月20日，长江水利委员会职工向灾区捐款1053万余元，交纳特殊党费227万余元。5月27—29日，职工邱小锋举办个人书法作品赈灾义卖展，义卖款1.364万元捐给灾区学生。10月28日，各单位职工向灾区人民捐赠1003床棉被、110件棉（大）衣。5月下旬到6月上旬，共有10余名专家、6个工作组和3个专业组、2个应急除险方案编制组、1支水利工程应急抢险队共261人前往抗震救灾一线。

（2）黄河水利委员会。至5月31日，黄河水利委员会职工向灾区捐款1341万余元；向四川省、甘肃省、陕西省3省灾区派出成建制机动抢险队、水质监测队、堤坝隐患探测队等24个工作队（组），共814人，投入大型设备200余台（套），投入资金1863万元。

（3）其他京外部直属单位。海河水利委员会全系统员工捐款108万余元，特殊党费捐款58万元（见图8–2）；珠江水利委员会全系统员工捐款近90万元，特殊党费近28万元；至11月6日，松辽水利委员会全委干部职工共计为灾区捐款45万余元，交纳特殊党费27.724万元，127位团员青年以及青年文明号集体的捐款1.83万元，全委捐新棉褥140床；南京水利科学研究院组织为灾区捐款捐物，派出专业技术骨干，参加水利部灾区工作组；小浪底水利枢纽建设管理局捐赠救灾物资约28.8万元，其中职工捐款74.5万元，党员交纳特殊党费36.4万元，团员交纳特殊团费6万元，捐赠衣物、棉被1125件。

图8–2　海河水利委员会机关干部职工向地震灾区捐款（2008年5月26日）

8.2.2 各地水利行业

（1）北京市。至5月17日，北京市水务局共有6001人捐款，合计捐款62万元；至5月29日，共有2200人交纳特殊党费103.5万元，其中45人为群众、入党积极分子；至6月6日，共向灾区捐赠128套净水设备；先后派出11人赴灾区参与援建工作。

（2）天津市。至5月23日，天津市水利局1875名党员，交纳特殊党费86.9万元；至5月27日，全局干部职工灾区捐款共计216.19万元，捐物折合人民币58.27万元；先后选派6位水利专家、53名施工管理人员赴灾区参与水利救灾工作。

（3）河北省。至5月15日，河北省水利厅干部职工共向灾区捐款19万余元；至5月22日，共交纳特殊党费13.66万元。

（4）山西省。至5月30日，山西省水利厅机关及各直属单位共向灾区捐款62.86万元，交纳特殊党费142.67万元。

（5）内蒙古自治区。内蒙古自治区水利厅机关和直属单位分3批向地震灾区捐款51.7565万元；交纳特殊党费22.1682万元；向灾区捐衣物500件。

（6）辽宁省。至5月27日，辽宁省水利厅共向地震灾区捐款76万元；交纳特殊党费114万余元；先后派出2支抢险救灾队共104人赴灾区参加抢险救灾工作。

（7）黑龙江省。至6月2日，黑龙江省水利厅及直属各单位共为灾区捐款76.42万元，交纳特殊党费52.38万元。

（8）上海市。至5月23日下午，上海市水务局向灾区捐款81.74万元，交纳支援地震灾区的特殊党费49.33万元。

（9）江苏省。至6月10日，江苏省水利系统共向灾区捐款1031.55万元，其中厅系统干部职工捐款143.4327万元；向绵竹市地震灾区困难群众捐赠过冬棉被486条；5月21日，调拨钢丝网兜10000只、帐篷110顶支持四川省抗震救灾；先后7次派出技术人员，赴四川省绵竹市就宋硼堰取水枢纽重建工程开展前期工作（见图8–3）。

（10）浙江省。5月15日，浙江省水利厅共向地震灾区捐款71万元；至5月29日，全厅共产党员交纳特殊党费114万余元，其中1000元以上的有500多人；派遣2个专家组赴灾区执行震损水库应急除险方案的制定工作。

（11）安徽省。5月16日，安徽省水利厅向四川省水利厅捐款20万元，至5月31日，全省水利系统干部职工共向灾区捐款545万元；至5月29日，厅机关和厅直单位广大党员共交纳特殊党费164万元；先后派出56名专家和技术人员赴灾区参与援建工作。

（12）福建省。至6月12日，福建省水利厅及直属单位干部职工共捐款58.54万元，交纳特殊党费24.44万元。

（13）江西省。5月14日，江西省水利厅干部职工为地震灾区捐款17万余元；至5月27日，水利厅811名党员交纳特殊党费58万余元。5月15日，江西省防总从省级储备物资中调拨帐篷500顶，从中央防汛物资江西南昌仓库调拨冲锋舟50艘、雅马哈船外机50台、专用机油50箱，通过空运运抵四川省成都市（见图8–4）。

（14）山东省。5月14日下午，山东省水利厅机关和各厅直单位共捐款27万余元。

（15）河南省。河南省水利厅机关及所属单位共收到职工和单位捐款305.23万元，其中职工捐款127.11万元，单位捐款9.1万元，党员缴纳特殊党费169.01万元。

（16）湖北省。至5月25日，湖北省水利系统干部职工共捐赠人民币355.95万元、管材45t，支援汽车8辆、工程机械11台（套）。

（17）湖南省。湖南省水利厅机关和厅直单位在长沙部分单位共捐款78万元。

（18）广东省。至5月22日下午，广东省水利厅机关和直属单位党员共交纳特殊党费43万多元；5月23日，广东省防办向灾区捐赠9部价值共14.5万的卫星电话；先后派出59人参加抢险救灾工作。

（19）重庆市。至5月28日，重庆市水利系统干部职工共捐款48万元，重庆水利局局机关在职党员交纳特殊党费5.6万元。

（20）四川省。5月12日当晚，四川省水利厅调运价值6万元的食品、药品、防雨用品及车辆送往受灾最严重的省直属单位四川水利职业技术学院；5月13日，四川省水利厅筹集现金10万元送往受灾严重的四川水利职业技术学院和都江堰管理局；5月29日四川省政府启动紧急采购程序，公开采购了价值4400万元的送水车、净水器、水泵、水质监测仪等灾区急需的供水设备，有效缓解了灾区群众的饮水困难。

（21）贵州省。至12月30日，贵州省水利系统以单位、个人捐赠和交纳特殊党费捐款等形式，募捐共计304.4806万元，其中单位捐款68.985万元、个人捐款163.5986万元（含贵州省水利厅及厅直单位组织人事干部捐款8.237万元）、特殊党费71.897万元。

（22）云南省。5月15日，云南省水利厅机关干部职工向地震灾区共捐款57万元；5月22日，云南省水利厅全体党员干部交纳特殊党费35.64万元。

（23）陕西省。陕西省水利厅厅直系统干部职工向灾区捐款43.126万元，党员交纳特殊党费60.235万元，捐赠棉被1000多床、衣物2000多件。陕西省水利厅向灾区赠送价值32.3万元的救灾帐篷，出动4支防汛抢险机动队共364人。

（24）甘肃省。至10月14日，甘肃省水利系统干部职工共捐款213.13万元，交纳特殊党费175.2万元、特殊团费2.53万元；甘肃省水利厅系统向灾区捐赠帐篷289顶，供水管道562.16km，供水设备622台，共价值788.26万元。全省水利系统投入车辆、施工机械、供水设备等共计1959辆（台）；投入工作组、工程技术、施工、后勤保障人员共计4160人（见图8-5）。

（25）新疆维吾尔自治区。至5月30日，新疆水利系统各种捐款达503.12万元。新疆维吾尔自治区水利厅机关及直属单位捐款123.66万元，其中交纳特殊党费43.89万元，其他捐款79.77万元；各地州市水利系统捐款379.46万元，其中交纳特殊党费144.08万元，其他捐款235.38万元。

图8-3　江苏省水利厅干部职工向地震灾区捐款（2008年5月16日）

图8-4　江西省水利厅干部职工向地震灾区捐款（2008年5月14日）

图8-5　甘肃省水利厅干部职工向地震灾区捐款（2008年5月19日）

8.3 企业赈灾与捐赠

5·12汶川特大地震发生后，水利部组织供水设备、材料生产企业，积极支持灾区应急恢复供水。据不完全统计，各地企业捐赠了价值600多万元、日处理能力达5000多t的供水、发电设备和水处理制剂。截至2008年5月24日，大部分物资已运抵灾区并已投入使用。至12月31日，全国与水利相关企业为水利赈灾工作，出动各种施工机械700余台次，捐赠现金及生活物品、救灾物资折款共计8360万元，投入各种施工派遣工程技术人员300余人到地震灾区抗震救灾。

8.3.1 捐款捐物

汉江集团公司企业和职工累计捐款450余万元；汉江集团公司党委所属各级党组织共收到2913名党员自愿交纳的51.56万元特殊党费，其中自愿交纳1000元以上特殊党费的党员113名。

5·12汶川特大地震发生后，黄河明珠集团公司和个人先后多次向灾区捐款捐物，共计捐款340.5万元，并捐赠了价值13.8万元的物品，黄河勘测规划设计有限公司及公司职工也先后多次捐款捐物，共捐献近240万元，衣物2538件。

8.3.2 设施、设备援助

受水利部农村水利司委托，水利部农村饮水安全中心发起向地震灾区捐助小型饮水净化设备活动，此项活动得到了国内外厂家的积极支持、配合和响应；共有29家国内外企业向四川省和甘肃省灾区捐赠了价值1802万元的物资设备和950万元捐款。

图8–6 对当地技术人员培训赠送快速水质检测仪使用方法

5月19日下午2时，由农村饮水安全中心、北京国际公益互助协会和中国扶贫开发协会甘泉工程项目办公室共同主办，中国水利水电科学研究院作为技术支持单位的“让灾区人民尽快喝上‘放心水’——汶川地震紧急救援行动”启动仪式在北京举行。主办方为支援地震灾区紧急提供一辆移动饮水车，车上装载着一套含多介质过滤、铁锰过滤、活性炭吸附、保安过滤、紫外线消毒设备，另外还辅以一套能去水中各种有害成分的全自动移动式应急水处理装置，可日产纯水22t，每天可解决5000人的饮用水，而且无需用电能就可生产直接饮用的“放心水”。启动仪式后，一支由7人组成的志愿小分队驾驶饮水车，奔赴四川省灾区，在最困难的时期，提供了第一批制水设备。

据不完全统计，5·12汶川特大地震发生后各地企业捐赠了价值600多万元、日处理能力达

5000多t的供水、发电设备和水处理制剂。截至6月6日下午，四川省水利厅抗震救灾指挥部供水组共收到各类供水设备及物资总价为2823.52万元，其中捐赠总价值为1540.26万元，水利部组织采购的总价值为821.27万元，四川省采购的总价值为461.99万元。收到的物资有各类小型净水器或水处理设备、家用净水器、生命吸管、发电机、送水车、二氧化氯消毒剂和净水片等。

四川省企业向灾区捐赠的净水设备或制剂（不完全统计）如下：四川凯歌水处理公司捐赠净水设备2台，四川亚泰公司捐赠净水器1台；成都世纪科鑫仪器公司捐赠现场水质分析仪及成套试剂2套；四川新威信都市农业发展公司捐赠潜水泵30台（套）、变频恒压供水设备15台套；成都新雄鑫净化工程公司捐赠除铁锰净水器5台、二氧化氯发生器10台；成都甘泉工业自动化科技有限责任公司捐赠二氧化氯发生器3台；成都新都区万嘉不锈钢制品厂捐赠不锈钢水箱30台；成都双流建华不锈钢水塔厂捐赠水塔水箱15个；成都峰源塑胶公司捐赠PE管1900m；成都合众思壮科技有限公司捐赠车载GPS 2台；乐山竹通给水处理设备有限责任公司捐赠一体净水器5台、除铁锰净水器2台。

北京市企业向灾区捐赠的净水设备或制剂情况（不完全统计）如下：北京亚都科技有限公司捐赠净水器100台；北京华奥科源科技有限公司捐赠小型移动应急净水处理机10台（日处理量5.5t，价值30万元）；北京市观音净水技术有限公司捐赠净水设备2台；北京金瑞丰业科技发展有限公司捐赠净水设备2台；北京华夏科创仪器技术有限公司捐赠便携式水质检测仪2台；北京新水泽源科技有限公司捐赠小型反渗透水处理设备2套（价值12万）；中水环球（北京）科技有限公司捐赠单级反渗透水处理设备1套；北京中水新华灌排技术有限公司捐赠二氧化氯发生器5套（价值13.5万元）；北京天绿恒力科技有限公司捐赠二氧化氯消毒剂（粉剂）400kg；北京创润新天科技有限公司捐赠二氧化氯消毒剂64kg。

其他地区企业支援四川省抗震救灾，捐赠净水设备或制剂（不完全统计）如下：陶氏化学（中国）投资有限公司捐赠移动式制水平台2集装箱（日处理量24t，价值200万）；天津市正方科技发展有限公司捐赠野外用直饮水机1台（价值20万元）、小型直饮水机1台、气溶胶喷雾剂5罐；沧州新雨水处理有限公司捐赠小型膜水处理设备1套；上海大美格林水业发展有限公司捐赠净水设备10套；扬州捷通供水技术设备公司管道水检测仪2台；宁波鼎安电器公司捐赠净水器50台；宁波德安水处理公司捐赠净水设备2台；绍兴兰海环保有限公司捐赠小型一体化净水设备2套；台州新宏基泵业公司捐赠潜水泵39台、井用水泵2台；厦门市明利达开发有限公司捐赠净水设备100台；广州格维恩环有限公司捐赠便携式重金属检测仪2台；深圳爱佳尔科技有限公司捐赠净水机20台；深圳无动力净水设备公司捐赠无动力净水设备19台；深圳光大公司捐赠净水器5台、石英砂9袋、蓄水箱2个；深圳市康澈净水设备有限公司捐赠净水设备5台；深圳欧华环保技术有限公司捐赠复合二氧化氯发生器1套；海南立升净水科技有限公司捐赠生命吸管1000支、小型超滤水处理设备5台；重庆亚太设备有限公司捐赠一体化净水设备20台；重庆亚太水工业科技有限公司捐赠小型净水器3台（日处理量24t，价值14.28万元）；昆明市水云间有限公司捐赠净水设备1台。

各地企业向灾区捐赠的发电设备（不完全统计）如下：南方电网公司捐赠小型发电机202台（价值300万）；温州龙湾永强供电公司捐赠价值102.5113万元电力设备；四川省地方电力局捐赠价值1950元的电力设备；成都市电监办捐赠价值790.63万元电力设备；成都市金牛区源水泵经营部捐赠变频柜11台套；广西省水利电业集团公司捐赠价值93.715万元的电力设备；重庆力帆实业（集团）

公司捐赠发电机 2 台（套）；贵州省南方电机公司捐赠发电机 100 台；陕西省地方电力集团公司捐赠价值 134.174 万元的电力设备。

这些物资设备用于受灾区群众临时生活救助和各乡镇水厂和群众安置点供水、制水或水质检测中。

8.4 国际社会捐赠

5・12 汶川特大地震发生后，一些外国政府部门和驻华使馆、国际组织、外国企业纷纷致电水利部或通过其他方式，对地震灾区人民表示诚挚慰问，向地震罹难者表示哀悼，并提出愿意以派遣专家、提供技术和物资援助等形式，参与水利抗震救灾工作，帮助灾区人民尽快恢复正常生活，重建家园。

8.4.1 技术支持

世界水理事会主席（法国马赛水务集团总裁）洛克・福勋、国际灌排委员会秘书长戈派拉克瑞斯南、国际水利工程与研究协会主席玉井信行、国际大坝委员会主席路易斯・贝尔加及多位委员、联合国秘书长水与卫生顾问委员会主席（荷兰王储）威廉・亚历山大、伊朗联合国教科文组织“坎儿井与具有历史意义的水利工程国际中心”主任阿里・雅兹迪，以及世界银行和亚洲开发银行等一些国际组织就地震给灾区人民造成的巨大生命财产损失表示深切慰问，并表示愿提供援助。

中国商务部与联合国开发计划署为支持汶川灾后重建与早期恢复工作，共同设立“汶川地震灾后重建与早期恢复伞形援助方案”，“伞形方案”下的“加强水电安全项目”，由挪威政府无偿资助 100 万美元，旨在通过对 5・12 汶川特大地震灾区各种水利水电设施开展有针对性的调研、试验、分析以及标准研究等工作。项目执行机构为商务部中国国际经济技术交流中心，政府合作部门为水利部和国家发展和改革委员会，实施机构是中国水利水电科学研究院。

瑞士联邦环境署、日本国土交通省、日本水产省、荷兰交通公共工程与水管理部、德国内政部技术应急救援组织、俄罗斯紧急事务部、美国陆军工程师兵团、墨西哥联邦电力委员会以及美国驻华使馆环境科技与卫生处、葡萄牙 TRIQUIMICA 公司、美国毅博（Exponent）公司等国外政府和企业向地震灾区遇难者家属和中国人民表示诚挚慰问，并提供技术资料和建议供中方参考或表示愿意派遣专家来华提供技术援助。

俄罗斯紧急事务部远东中心调运一架俄罗斯米 –26 直升机赶赴灾区，参与唐家山堰塞湖抢险救灾工作。以列别捷夫机长为首的米 –26 机组承担了向唐家山堰塞湖运送大型工程设备的艰巨任务，每天起降 4 ～ 14 架次，每天飞行 69 ～ 210 分钟，共飞行 92 架次、500 分钟，吊运运送大型施工机械、设备、集装箱和油料 92 台套，共计 400 多 t，为唐家山堰塞湖成功排险奠定了基础，争取到宝贵时间。鉴于俄罗斯米 –26 直升机在唐家山抗震救灾工作中所发挥的关键性作用以及俄方机组人员的出色表现，温家宝总理在赴唐家山堰塞湖现场指挥部署抢险工作时，专门接见了俄方全体机组人员，对他们的优异表现和奉献精神给予了充分肯定和高度赞扬。胡锦涛主席在 2009 年访俄罗斯期间专门向俄机组人员颁发了“中俄关系 60 周年杰出贡献奖”。

8.4.2 供水设施支援

美国 GE 公司捐赠超滤水处理设备 30 套；美国 ITT 公司捐赠 4 套水处理设备及硅藻土助滤剂

5t；美国撒玛利国际救援会捐赠净水设备 6 台；美国 YSI 公司捐赠 ADP 10 套；美国 RDI 公司捐赠 ADCP 4 套；美国哈希公司捐赠气泡水位计 12 套；美国 HACH 公司驻成都办事处捐赠 DR890 便携式水质分析仪及试剂 2 套；法国威立雅公司捐赠净水器 1 台、水处理设备 2 台；法国苏伊士公司捐赠净水器 5 台；丹麦 VF 集团公司捐赠生命吸管 500 支；联合国儿童基金会捐赠净水器 4 台、净水药片 923 箱；戴安中国有限公司捐赠离子色谱仪自动进样器 2 套。

5 月 26 日，德国技术应急机构（THW）派出的 23 名专家携带捐赠的 6 台先进的净水设备和配套物资到达成都市，物资、设备总重量约 150t。加拿大 DMGF 基金会捐赠的 10 套小型净水设备也于 25 日到达，当日加拿大 50 名专家分成三组前往都江堰市青城山、蒲阳、向俄、中兴等乡镇安装和调试设备。

5 月 27 日，加拿大国际救援队上午在绵竹市汉旺镇调研，捐赠可供 3 万～ 7 万人饮水的水处理设备，下午携带 4 部小型净水设备到什邡市安装调试。

5 月 29 日，加拿大 DMGF 基金会的 2 名专家到江油市重灾区现场选点，开展安装净水器的安装工作，并初步确定在绵竹市乐水镇安装大型净水设备。

5 月 30 日，加拿大 DMGF 基金会再次捐赠的 1 台大型净水设备（100L/min）、10 台小净水设备（4L/min）和 500 万片净水片并于 6 月 1 日晚到达成都市双流县。

8.4.3 联合国儿基会专项援助

地震发生后，联合国儿童基金会迅速作出反应，为灾区提供应急供水设备和卫生物资，包括漂粉精、净水片及水净化器、移动厕所和家庭卫生用品等，这些物资在紧急救灾阶段发挥了重要的作用。

地震发生后一星期内，联合国儿童基金会采购了 200t 次氯酸钙（做消毒液用）发放到早期儿童发展中心、幼儿园、学校、临时安置处理的厨房和医疗诊所。与政府部门合作重点向因山体滑坡被隔离的家庭发放净水片和便携式水箱，于 6 月末发送 20 个不同规格的便携式水处理装置（见图 8-7）。

为了满足灾民对饮用水的需求，联合国儿童基金会采购了净水片，分发到了四川 10 个受灾县（市），包括：北川县、彭州市、绵竹市、青川县、什邡市、安县、都江堰市、平武县、茂县和江油市，可供 200 万人口使用 3 个月；购买的 20 套移动式水处理设备，分别安装在受灾最严重的北

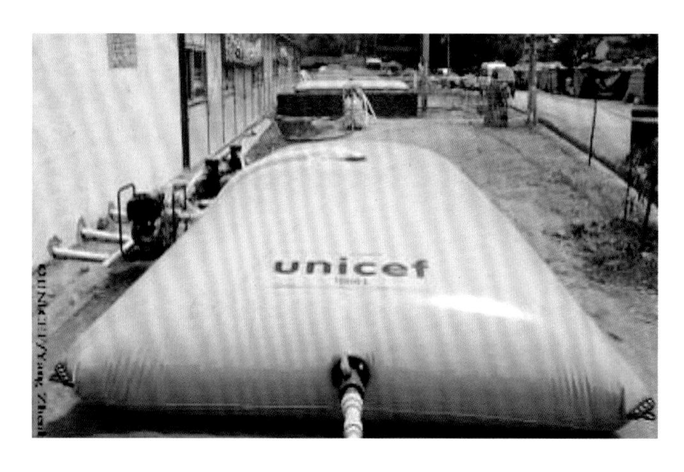

图 8-7 联合国儿童基金会捐赠并协助安装的净水设备

川县、绵竹市、彭州市、青川县和通江县的临时和过渡安置点及学校，可为 20 多万人提供清洁饮用水。联合国儿童基金会还为技术人员提供了设备安装、使用和维护方面的培训。地震 1 年后，这些设备中的多数还在继续使用。

地震发生后，联合国儿童基金会进行了实地考察，评估震后灾区状况并制定社区供水系统、洗手设施和厕所重建计划。在重建阶段，把援助重点放在四川省 7 个县的偏远农村地区的学校和村庄，这 7 个县和县级市包括：四川省的青川县、北川县、绵竹市、彭州市和都江堰市、甘肃省西和县以及陕西省略阳县。联合国儿童基金会的原则是这些社区不能只恢复到震前状况，而是应在重建之后更加美好。

联合国儿童基金会与合作单位一道起草设计图和重建规划，其内容包括：26 个乡（镇）的社区供水系统、31 所学校的饮水栓和洗手设施、53 所学校和 12 个乡（镇）卫生院的厕所以及灾区家庭示范厕所，还同地方政府合作，分担建材和人工成本并提供技术支持。联合国儿童基金会注重社区参与性，在所有项目地区都鼓励当地居民参与到整个项目的规划与施工过程当中。

在环境卫生方面，联合国儿童基金会协助规划造价低、建造快的厕所。为临时学校和儿童活动中心提供了 100 个便携式厕所，每天可满足 1 万人的使用需求。这些厕所有一半建在绵阳市和德阳市，其余一半由当地合作单位建在了青川县、广元市、都江堰市和雅安市。

除支持陕西省略阳市受灾地区水和环境卫生设施的恢复与重建外，联合国儿童基金会还推广水、环境卫生和个人卫生“三位一体”的方法，其中包括增强儿童的个人卫生意识。

赠俄罗斯米—26机组
唐家山堰塞湖排险工程
Священный Орел Дружбы Китая и России
中俄友谊神鹰
Герои спасения в небе Китая
空中救援英雄
中华人民共和国水利部
OLYMPIC CITY
WONDERFUL BEIJING

抗震救灾 重建家园
工人先锋号
中华全国总工会

黄委抗震救灾
先进事迹报告会

9 人 物

5·12汶川特大地震发生后，巨大的灾难牵动了每个中国人的心，也空前地将水利系统广大职工团结在一起投入到抗震救灾行动之中。在余震持续不断，灾区通信、交通、电力、供水中断的第一时间，部领导身先士卒，靠前指挥。由各地的干部、技术人员组成的工作队、突击队，在生活条件无比艰苦的第一线忘我工作。危险的堰塞湖、偏僻的水库除险工地，处处都有水利职工的身影。他们艰苦卓绝的工作将8级地震后可能危及成千上万人生命的次生灾害威胁一一化解。科学的决策与部署，高效的执行力，使水利抗震救灾行动取得了全社会公认的成功。

在一批批救援队伍奔赴灾区之即，更多的人们坚守在工作岗位，人们关注着抗震救灾前方的每一次行动，无论退休的长者，还是刚步入水利行业的青年职工，无不期望为灾区尽力。在震后的一个月里，很多人放弃休息，以空前的强度，完成非常规的工作。在水利部抗震救灾总指挥部的领导下，各司局配合前方行动，积极争取和调动救灾物资，组织科研人员整合各方信息，提供技术支持。救灾行动结束后，国家有关部门、组织对抗震救灾先进集体和个人予以表彰。水利系统共有283人和105个集体受到中共中央、国务院、中央军委以及省部级以上的表彰。他们是水利职工的优秀代表，他们的荣誉凝聚了全系统抗震救灾的功绩。

9.1 获得中共中央、国务院、中央军委联合表彰的集体和个人

(1) 全国抗震救灾英雄集体

水利部黄河水利委员会抗震救灾工程抢险队

四川省人民政府防汛抗旱指挥部办公室

(2) 全国抗震救灾模范

杨启贵，水利部长江水利委员会长江勘测规划设计研究院总工程师，水利部抗震救灾第二工作组副组长，唐家山堰塞湖应急疏通工程技术负责人

9.2 获得中共中央组织部表彰的集体和个人

(1) 抗震救灾优秀党组织

辽宁省水电工程局抗震救灾抢险队

(2) 抗震救灾优秀共产党员

刘宁，时任水利部总工程师。5·12汶川特大地震抗震期间，任水利部抗震救灾前方领导小组副组长、唐家山堰塞湖抢险指挥部专家组组长

9.3 中华全国总工会表彰单位和个人

（1）“抗震救灾重建家园工人先锋号”荣誉获得单位

四川省紫坪铺开发有限责任公司

四川省水电工程局

四川省北川县水务局

四川省水文局成都分局汉旺场水文站

四川省汶川县水利局

黄河水利委员会抗震救灾工程抢险队

长江水利委员会抗震救灾防汛机动抢险队

黄河水利委员会抗震救灾水质监测工作组

长江水利委员会抗震救灾水质监测工作组

淮河水利委员会抗震救灾水质监测工作组

海河水利委员会抗震救灾水质监测工作组

辽宁省水电工程局抗震救灾抢险队

上海市水务局抗震救灾供水抢修队

河南省水电第一工程局抗震救灾工程抢险队

重庆市水利局抗震救灾供水抢修队

武汉市水务局抗震救灾供水抢修队

大连市水务局抗震救灾供水抢修队

水利部抗震救灾绵阳工作组

水利部抗震救灾德阳工作组

水利部抗震救灾广元工作组

水利部抗震救灾水电工作组

水利部抗震救灾堰塞湖水文应急监测突击队

水利部抗震救灾水库除险方案编制工作组

（2）“全国五一劳动奖章”获得者

李自繁　四川省水利水电勘测设计院

9.4 中华全国妇女联合会表彰的集体和个人

（1）荣获“全国三八红旗手”称号的集体

四川省阿坝州水文水资源勘测局威州水文站

四川省都江堰灌区人民渠第一管理处

中国水利报社

水利部黄河水利委员会黄河中心医院

（2）荣获“全国三八红旗手”称号的个人

由丽华　四川省紫坪铺开发有限责任公司　副总经理

刘和蓉　四川省成都水文水资源勘测局　水质科工程师

隆文非　四川省农田水利局　副总工程师

张　敏　四川省水利电力工程局子弟学校　校长

黄　锦　四川省广元市青川县水利农机局　办公室主任

肖向红　水利部建设与管理司　调研员

胡早萍　水利部长江水利委员会办公室　副处长

宁　磊　水利部长江水利委员会长江规划勘测设计研究院　高级工程师

李　真　水利部长江水利委员会宣传出版中心　记者

王　婷　水利部黄河水利委员会黄河中心医院　医师

9.5 获得人力资源和社会保障部、水利部联合表彰的集体和个人

（1）水利系统抗震救灾英雄集体

水利部抗震救灾绵阳、德阳工作组

水利部黄河水利委员会抗震救灾工程抢险队

水利部长江水利委员会抗震救灾工程抢险队

（2）水利系统抗震救灾英雄

刘　宁　时任水利部　总工程师

罗华强　四川省阿坝州水文水资源勘测局　局长

唐训海　四川省绵阳市水文局　高级工程师

马毓淦　水利部水利水电规划设计总院　教授级工程师

骆儒华　四川省绵竹市水利局　局长

9.6 获得中央国家机关工委、团委、青年联合会联合表彰的集体和个人

抗震救灾先进青年集体

水利部国家防汛抗旱总指挥部办公室防汛一处

水利部中国水利水电科学研究院防洪抗旱减灾研究所

9.7 获得水利部表彰的集体和个人

（1）全国水利抗震救灾先进集体

四川省紫坪铺开发有限责任公司

四川省德阳什邡市水利局

四川省绵阳市安县水务局

四川省绵阳市北川县水务局

四川省阿坝藏族羌族自治州汶川县水利局

四川省都江堰管理局

四川水利职业技术学院

甘肃省陇南市水利局

甘肃省陇南市文县水利局

甘肃省甘南藏族自治州水务水电局

陕西省汉中市水利局

陕西省防汛抗旱指挥部办公室

陕西省汉中水文勘测局

重庆市水利局抗震救灾供水抢修队

重庆市水利局农村水利处

重庆市水利工程管理总站

重庆市水文水资源勘测局

重庆市水利局唐家山堰塞湖抢险设备征集调运组

云南省昭通市水利局

云南省丽江市水利局

云南省昭通市永善县云荞水库（中型）管理局

上海市水务局抗震救灾供水抢修队

天津市水利局天津振津集团有限公司

辽宁省水电工程局抗震救灾抢险队

山东省水利勘测设计院

河南省水利第一工程局抗震救灾工程抢险队

湖北省武汉水务局抗震救灾供水抢修队

大连市水务局抗震救灾供水抢修队

深圳市水务（集团）有限公司

成都水电勘测设计研究院

长江水利委员会抗震救灾防汛机动抢险队

长江水利委员会长江勘测规划设计研究院

长江水利委员会水文局

长江流域水资源保护局

长江水利委员会长江科学院

长江水利委员会综合管理中心

长江水利委员会宣传出版中心

长江水利委员会办公室

黄河水利委员会抗震救灾工程抢险队

黄河水利委员会山东黄河河务局

黄河水利委员会河南黄河河务局

黄河防汛抗旱总指挥部办公室

黄河水利委员会黄河勘测规划设计有限公司

黄河水利委员会黄河水利科学研究院

黄河流域水资源保护局

黄河水利委员会新闻宣传出版中心

黄河水利委员会黄河中心医院

黄河水利委员会水文局

黄河水利委员会信息中心

水利部水文局

水利部水利水电规划设计总院

中国水利水电科学研究院

中国水利报社

水利部机关服务局

南京水利科学研究院

中水北方勘测设计研究有限责任公司

水利部抗震救灾绵阳工作组

水利部抗震救灾德阳工作组

水利部抗震救灾广元工作组

水利部抗震救灾阿坝工作组

水利部抗震救灾堰塞湖水文应急监测突击队

水利部抗震救灾水库除险方案编制组

（2）全国水利抗震救灾先锋

水利部抗震救灾成都工作组

水利部抗震救灾遂宁工作组

水利部抗震救灾水电工作组

水利部抗震救灾水文工作组

水利部抗震救灾供水工作组

长江水利委员会水质监测突击队

黄河水利委员会水质监测突击队

淮河水利委员会水质监测突击队

海河水利委员会水质监测突击队

珠江水利委员会水库应急除险方案现场设计组

江西省水文应急监测突击队

湖北省水文应急监测突击队

湖南省水文应急监测突击队

广东省水文应急监测突击队

中国人民武装警察部队水电第一总队

中国人民武装警察部队水电第三总队

（3）全国水利抗震救灾先进个人（以姓氏笔画为序）

水利部机关

王　勇　王爱国　付永杰　付静波　司毅军　田以堂　石玉波　石秋池　刘云波

刘六宴　刘　宁　刘玉忠　刘学峰　刘金梅　刘　斌　刘雅鸣　匡少涛　孙京东

孙继昌　江文涛　许　静　邢援越　严家适　吴文庆　张长青　张世伟　张红兵

张志彤　张幸福　张康波　李中锋　李开杰　李训喜　李兴学　李名生　李如芳

李远华　李国隆　李坤刚　李春明　東方坤　杨广欣　杨　昆　汪安南　邹体峰
陈大勇　陈小江　陈晓军　周　双　周学文　周明勤　周振红　尚全民　金　旸
金　海　姜开鹏　祖雷鸣　赵东晓　赵乐诗　项新锋　夏明勇　徐永田　徐宪彪
高　波　温　鹏　管恩宏　颜　勇　樊新中

四川省

王　华　付　苏　帅　伟　安天云　朱　兵　朱光荣　权　燕　张　霆　张强言
李东风　李桂林　陆　健　周武平　罗华强　俄基甲　胡　云　饶西平　骆儒华
唐训海　徐广渊　寇继凯　梁　军

甘肃省

李　平　周　宏　赵余祥　郭录生　符章团

陕西省

王德文　张怀宏　杜小州　常崇信　曹正中

重庆市

刘正平　朱仁才

云南省

文良泉　杨阶强

上海市

马志祥　阮仁良　沈依云　陶伟元

辽宁省

王　彬　朴钟德　宫凌杰　彭贺志　戴玉新

江苏省

缪宜江

浙江省

张泽辉

江西省

温珍玉　潘书尧

山东省

孔令法　杨振东　欧钊元

河南省

冯爱军　叶茂林　吕希宏　窦新国

湖北省

周先华　黄天荣　黄兴阶　韩　超

湖南省

宁斌武　李正最

广东省

邹源盛　陈孟阳　贺国庆

广西壮族自治区

严来光

大连市

谭树茂

深圳市

刘　波

长江水利委员会

马贵生　王　俊　王小毛　王志刚　付　彬　史光前　叶德旭　朱爱林　张明波
李庆明　李勤军　杨　淳　杨启贵　汪庆元　沙志贵　陈剑池　陈敦科　周和清
官学文　洪　卫　洪一平　洪议学　徐麟祥　翁永红　程展林　蒋乃明　熊　进
臧小平　潘　霄　戴润泉

黄河水利委员会

卫国峰　支建党　王德智　兰大峰　刘栓明　刘新华　朱松立　何平安　应敬浩
张金良　张柏山　张留柱　李　国　李　林　李学军　李跃伦　杜玉海　杨顺群
陈银太　周　杨　苗长运　崔建中　黄　峰　曾　永　谢向文　路新景　魏向阳

淮河水利委员会

孙　勇　杨　刚　胡兆球

海河水利委员会

罗　阳

珠江水利委员会

吴晓龙　李宁新　杨溪滨　陈　枫　林少明

水利部综合事业局

冯志军　刘湘宁　安中仁　张严明　殷万维

水利部水文局

王金星　刘志雨　朱晓原　张建新　李怡庭　周国良　周维续　英爱文　蔡建元

水利部机关服务局

王惠民　任国政　刘　斌　刘建军　张新宁　杨传彩　武文奇

水利部水利水电规划设计总院

马毓淦　司富安　关志诚　刘志明　李现社　杨　晴　武永新　温续余　董安建

谭志勇

中国水利水电科学研究院

魏迎奇　刘文朝　王　力　何秉顺　张金接　胡　晓　赵剑明　贾金生　黄金池

蒋国澄　温彦锋

中国水利报社

贾志成　董自刚　马　加　马俊鹏　王　荣　吕　娜　刘艳飞　邱　军　胡争上

杨　飞　欧阳光　贾君洋

中国灌溉排水发展中心

荣　光　姚　彬　倪文进

南京水利科学研究院

陈生水　徐竹青　盛金保　蔡跃波

小浪底水利枢纽建设管理局

叶　鹏　戴存波　赵尚柱

以上共266名。

（4）水利部直属机关抗震救灾先进基层党组织

水利部抗震救灾前方领导小组临时党支部

水利部抗震救灾绵阳工作组临时党支部

水利部抗震救灾德阳工作组临时党支部

水利报社抗震救灾前线报道组临时党支部

水利部水利水电规划设计总院水利部支援四川震损水库应急除险方案编制工作设计指导组临时党小组

水利部办公厅党支部

水利部水资源司党支部

水利部建设与管理司党支部

水利部农村水利司党支部

国家防汛抗旱总指挥部办公室党支部

水利部农村水电及电气化发展局党支部

水利部离退休干部局老部长党支部

水利部水文局党委

水利部机关服务局党委

中国水利水电科学研究院党委

中国水利报社党委

水利部综合事业局水土保持监测中心党支部

水利部水利水电规划设计总院勘测设计党支部

中国水利水电科学研究院岩土工程研究所党支部

北京大江世纪展览有限公司党支部

中国灌溉排水发展中心中冠供水公司党支部

以上共21个。

（5）水利部直属机关抗震救灾优秀共产党员（以姓氏笔画为序）

于　翔　王　欢　王　茵　王　琪　王　鑫　王义成　王安娥　王厚军　王晓东

韦　港　韦志立　田中兴　朱　峰　邬晓宇　刘　蒨　刘　霞　刘咏峰　刘建明

刘洪岫　刘胜全　刘满山　齐献忠　闫冠宇　孙春鹏　孙献忠　李　戈　李先明

李建章　李彦坡　何　猛　宋　实　张　永　张　旭　张国新　张建功　张祥伟

张鸿星　张智吾　杨　勤　杨智睿　苏静珍　陈杨杨　陈茂山　陈树娥　孟　昊

周建立　郑晓慧　赵建平　郝惠明　胡健伟　段　虹　侯京民　姜家荃　姚文广

姚宇坚　袁建军　钱　峰　徐文青　高而坤　唐　瑾　唐世青　梁天佑　彭克奇

韩　新　程晓冰　靳宏强　雷俊荣　霍树林

以上共68名。

（6）在水利抗震救灾工作中表现突出，获水利部嘉奖的个人（以姓氏笔画为序）

付成伟　付自龙　刘仲民　刘学钊　刘忠恒　孙雪涛　许丽芬　佟伟力　吴宏伟

张　范　张汝石　张敦强　李　松　李晓琳　李海军　杨　威　杨卫忠　陈　东

周维伟　练湘津　罗湘成　侯英杰　党　平　夏连强　徐元明　徐开濯　贾　汀

顾斌杰　高　军　褚明华

以上共30名。

附　　录

自2008年5月13日水利部发出《关于成立水利部抗震救灾指挥部的通知》起，至6月30日期间，水利部及有关司局共发文件166份，这些文件在部署和指挥全系统的抗震救灾工作中发挥了重要作用。附录节选了部分文件作为重要资料留存。

1 国家防汛抗旱总指挥部文件

关于确保震区出险水库水电站大坝安全的紧急通知

国汛电〔2008〕3号

四川、重庆、云南、陕西、甘肃省（自治区）防汛抗旱指挥部：

据震区有关省市报告，目前全国地震已造成772座水库（含水电站，下同）损毁，部分水库出现大坝裂缝、泄水建筑物无法启用等重大险情，给下游地区群众生命安全构成重大威胁。考虑到当前余震仍有发生，部分震区持续降雨，南方正陆续进入主汛期的实际情况，为确保水库大坝安全，特再次紧急通知如下：

1 发生险情的水库，应立即加大泄量，在确保安全的前提下尽速降低库水位，遇较大险情时应腾空库容，确保水库安全。

2 发生险情的水库，应首先组织转移下游受威胁地区的群众，确保人员安全。

3 发生险情的水库，要立即组织力量投入抢险救灾，全力控制险情发展。

国家防汛抗旱总指挥部

二○○八年五月十三日

关于切实做好存在溃坝及高危险情水库核查和应急抢护的紧急通知

国汛电〔2008〕4号

四川省防汛抗旱指挥部：

据你部报告，受“5·12”强地震影响，你省有溃坝险情的水库61座，有高危险情的水库310座，对下游人民群众的生命财产安全构成了极大威胁。为确保震损水库和下游群众的安全，现通知你部切实做好以下工作：

1. 要立即责成有关地方政府和防汛指挥部，逐库落实防汛行政责任人。水库防汛责任人要立即深入出险水库现场，组织抢险救灾工作。

2. 要立即采取有效措施，确保出险水库的安全。存在溃坝险情的61座水库和有高危险情的310座水库都要立即下泄库水，空库运行，同时及时转移下游受威胁地区的群众，确保人民群众生命安全。

3. 要制定完善应急抢护方案，落实水库下游群众转移安置预案，落实应急抢险的队伍和物料。要迅速组织对震损出险水库进行应急抢护，确保水库安全。

4. 要加强监测。请你部安排专人逐库对震损水库实施24小时不间断监测和巡查，发现险情发展变化，要立即预警，组织抢险，并迅速组织下游群众安全转移。

5. 重大险情要及时报告国家防总办公室。

国家防汛抗旱总指挥部

二〇〇八年五月十八日

关于成立水利部抗震救灾指挥部的通知

水办〔2008〕145号

部机关各司局，部直属各单位：

为认真贯彻落实党中央、国务院关于做好当前抗震救灾工作的各项决策和部署，统一指挥，协调各方力量全力开展水利抗震救灾和灾后重建工作，水利部决定成立水利部抗震救灾指挥部。现将有关事宜通知如下：

一、指挥部主要任务

（一）贯彻落实党中央、国务院关于抗震救灾的决策和部署，统一领导、指挥和协调水利抗震救灾工作。

（二）核定各项工作预案，分析、研判水利工程及设备、设施受灾情况，提出紧急应对措施。组织、协调成员单位解决抗震救灾和灾后重建工作中遇到的实际问题。协助地方开展抗灾救灾工作。

（三）对各地水利部门开展抗震救灾和灾后重建工作提供指导，进行检查和督促。

（四）研究、处理其他有关抗震救灾和灾后重建的重大事项。

指挥部下设综合协调组、工程抢护组、水情测报组、专家指导组、灾后重建组、宣传报道组、后勤保障组等7个工作组，指挥部办公室设在综合协调组。

二、指挥部成员

总 指 挥：陈雷（水利部部长）

副总指挥：鄂竟平（水利部副部长）

张印忠（中纪委驻水利部纪检组组长）

矫勇（水利部副部长）

周英（水利部副部长）

胡四一（水利部副部长）

成　员：刘宁（水利部总工程师）

庞进武（水利部副总工程师）

陈小江（水利部办公厅主任）

周学文（水利部规计司司长）

高而坤（水利部水资源司司长）

张红兵（水利部财经司司长）

孙继昌（水利部建管司司长）

刘震（水利部水保司司长）

王晓东（水利部农水司司长）

张志彤（国家防办常务副主任）

田中兴（水利部水电局局长）

邓坚（水利部水文局局长）

刘建明（水利部服务局局长）

董安建（水利部水规总院副院长）

匡尚富（中国水科院院长）

董自刚（中国水利报社总编辑）

三、各工作组主要任务

（一）综合协调组（办公室）

由办公厅牵头，国家防办参加。具体工作由水利部总值班室和国家防办值班室承担。负责各类相关文件、信息的接收、汇总和报送。负责中央领导重要指示、水利部领导批示和指挥部有关决定的传达、落实和督办。

（二）工程抢护组

由国家防办牵头，规计司、建管司、水保司、农水司、水电局参加。负责指导灾区水利工程保安工作，组织分析研判重大险情，提出对策建议。负责统计灾情。规计司负责与国务院抗震救灾指挥部基础设施组沟通联络并落实相关工作部署。

（三）水情测报组

由水文局牵头，水资源司、国家防办参加。负责灾区雨情、水情和水质的预测预报工作。

（四）专家指导组

由建管司牵头，国家防办、水电局、水规总院、水科院等单位参加。负责组织专家赴灾区，帮助、指导地方对受损水利工程安全隐患进行排查研判，提出应对措施，并对受损水利工程抢修和防范由地震引发的次生灾害提供技术支持。

（五）灾后重建组

由规计司牵头，财经司、建管司、水保司、农水司、水电局、水文局参加。负责组织编制震损水利工程灾后重建规划，监督检查规划实施工作。负责协调国家发展改革委、财政部等有关部门，落实灾后重建资金，下达投资计划。

（六）宣传报道组

由办公厅牵头，水文局（信息中心）、水利报社参加。负责水利部开展抗震救灾和灾后重建工作的宣传报道，对水利相关信息发布实施归口管理。

（七）后勤保障组

由服务局负责。负责做好部机关抗震救灾的后勤保障工作，包括会议服务、公文印刷与交换、用车、用餐等。

四、各组联系方式

请各组牵头单位指定 1 名处长负责相关联络工作，于 5 月 14 日报部总值班室。请联络员确保 24 小时开机。

中华人民共和国水利部

二〇〇八年五月十三日

关于印发水利部抗震救灾前方领导小组工作方案的紧急通知

水办〔2008〕146号

水利部抗震救灾前方领导小组，部机关各司局，部直属各单位：

为贯彻落实党中央、国务院关于抗震救灾的决策和部署，协助四川省做好水库、水电站等震损水利工程和堰塞湖的抢险工作，加强前方统一协调与指挥调度，防止和减少次生灾害发生，水利部抗震救灾指挥部决定成立抗震救灾前方领导小组（工作组和专业组名单见附件），具体工作方案如下。

一、领导小组主要职责

（一）贯彻落实党中央、国务院的重要指示以及水利部抗震救灾指挥部关于抗震救灾的工作部署，协助地方加强对四川省水利抗震救灾工作的统一协调与指挥调度。

（二）深入灾区震损水利工程现场，指导地方核实工程险情，按溃坝险情、高危险情和次高危险情分类，对水库、水电站等震损水利工程和堰塞湖进行排查分析，确定险情危害程度。

（三）针对工程险情，指导、协助地方组织专家制定应急抢险方案和措施并组织实施，落实群众转移预案和应急度汛方案。

（四）协助地方做好震毁水利工程应急修复和灾后重建工作，尽快组织制定相关规划和方案。

（五）研究处理前方水利抗震救灾和灾后重建的其他有关事项。

（六）加强信息收集、汇总和沟通，建立定期汇报机制，每日8:00和18:00将工作情况书面报送国家防办值班室（值班电话：××××；传真：××××；电子信箱：××××），遇有重大紧急情况随时口头报告。

二、人员组成

（一）领导机构

组长：矫勇（水利部副部长）

副组长：蔡其华（长江水利委员会主任）

刘宁（水利部总工程师）

冷刚（四川省水利厅厅长）

孙继昌（水利部建设与管理司司长）

（二）工作组

成立6个工作组，每组12～16人，以水库、水电站、堰塞湖为重点，兼顾堤防、涵闸，分赴四川省成都、绵阳、阿坝、遂宁、广元、德阳等6个地市州。具体分组如下：

1　第一工作组（负责成都市）

组长：孙继昌（建管司司长）

副组长：蔡跃波（大坝中心副主任）

徐永田（建管司调研员）

2　第二工作组（负责绵阳市）

组长：李坤刚（国家防办副主任）

副组长：孙京东（国家防办副处长）

王威（长江委江务局副局长）

3　第三工作组（负责阿坝州）

组长：邢援越（水电局副局长）

副组长：贾金生（水科院副院长）

樊新中（水电局处长）

4　第四工作组（负责遂宁市）

组长：杨淳（长江委副主任）

副组长：杨启贵（长江委设计院总工）

安中仁（水利部建管总站副主任）

5　第五工作组（负责广元市）

组长：史光前（长江委江务局局长）

副组长：刘学峰（国家防办处长）

翁永红（长江委设计院副总工）

6　第六工作组（负责德阳市）

组长：刘志明（水规总院副院长）

副组长：陈生水（南科院副院长）

匡少涛（建管司处长）

（三）专业组

成立 3 个专业组，分别负责水文、供水和水电站专业指导，分组如下：

1　水文组

组长：王俊（长江委水文局局长）

副组长：陈松生（长江委水文局副总工）

张建新（部水文局副处长）

负责核查全省水文测报设施震毁情况，指导水情监测及应急测报和水文设施抢修工作。

2　供水组

组长：姜开鹏（农水司巡视员）

副组长：陈晓军（水资源司副巡视员）

洪一平（长江委水资源保护局局长）

负责做好震毁供水设施核查和上报工作，配合全省做好应急供水及供水设施灾后恢复重建前期工作，做好水源保护和水质检测工作。

3　水电组

组长：陈大勇（水电局副局长）

副组长：李如芳（水电局处长）

汪庆元（长江委设计院副总工）

负责核查全省受灾地区有库容的水电站的险情，指导地方提出水电站应急度汛及消除险情的意见。

三、通信保障

每组配备 1 ~ 2 部卫星通信电话，并携带 GSM 和 CDMA 无线移动通信电话，采取各种措施确保信息畅通。

四、后勤保障

后勤保障工作由长江水利委员会负责，尽量不增加地方负担。

五、其他事项

其他相关工作和事项由前方领导小组根据情况确定。

中华人民共和国水利部

二〇〇八年五月十五日

关于做好受灾地区城乡饮水安全保障工作的通知

水农〔2008〕147号

四川省水利厅，长江水利委员会：

四川省汶川县发生强烈地震后，灾区水源工程和供水设施受到不同程度的破坏和影响，为确保灾区群众生产生活用水安全，现就有关工作通知如下：

一、做好水源地和供水设施受损情况核查工作

灾区水行政主管部门要按照水利部的统一部署，迅速深入灾区，做好农村和城市供水水源工程、供水管网和配套设施损毁情况的调查，详细了解灾害损失情况、受灾人口，以及应急供水所需的物资、设备、技术和资金等情况，及时将有关信息上报水利部。

二、做好灾区群众应急供水工作

灾区各级水行政主管部门要在当地党委、政府的统一领导下，把力保受灾群众有干净水喝作为当前工作的重中之重。要迅速启动应急预案，采取新设临时供水设施、组织车辆从附近自来水厂送水等措施，千方百计搞好灾区应急供水工作，确保群众饮水安全。对受损较轻的供水设施，要立即组织进行抢修，尽快恢复供水。

三、做好饮用水水质监测和应急消毒防疫工作

灾区各级水利部门要密切关注地震对当地水源的影响，加强水源水质监测工作，特别要重视重金属、化学药剂、腐烂物等有毒有害物质对水质影响，发现问题要及时报告，并采取应对措施，对不适宜作为饮水水源的要设立警示标志。同时，要指导当地重新开辟新的水源，划定临时保护范围，设立简易标志，加密监测，配合卫生部门做好消毒和防疫工作，防止灾后发生水污染事故和介水性疾病的传播。

水利部长江水利委员会要积极协助地方做好水质监测工作。

中华人民共和国水利部

二〇〇八年五月十六日

关于印发支援四川震损水利工程应急抢险工作方案的紧急通知

水建管〔2008〕151号

水利部抗震救灾前方领导小组，部机关各司局，部直属各单位，各有关单位：

为贯彻落实党中央、国务院关于抗震救灾工作的决策部署，支援四川省做好震损水利工程应急抢险工作，水利部抗震救灾指挥部决定组织水利工程应急抢险队，赴四川省地震灾害严重地区协助地方开展工作，具体工作方案如下。

一、应急抢险队的主要任务

支援、帮助四川省对水库、水电站、河道堤防等震损严重的水利工程进行应急抢险修复，妥善处置堰塞湖等险情，严防次生灾害发生，确保水利工程安全度汛。

二、组建原则和要求

按照就近、便利、高效的原则，从水利系统抽调精干力量，以专业化抢险队和水利水电施工企业为主组建应急抢险队伍，根据四川省的实际需求适时调派，支援灾情严重地（市、州）的抢险工作。参加应急抢险的人员应具备水利水电建设专业知识和一定的抢险救灾经验，身体健康。抢险队伍要配备适应抢险救灾的必要设备，如通讯、勘测、应急电源、照明设备、挖掘装载运输等施工机械，必要时可在当地调用所需的大型施工机械设备。

三、组建方案

由长江委、黄委和河南、辽宁等省水利厅及武警水电指挥部等组建若干支应急抢险队伍。每支队伍原则上由50～80人组成，队长和技术负责人需选派政治素质高、组织能力强、业务技术精的人员担任。

抢险队伍拟分批进入灾区，第一批由长江委、黄委、武警水电指挥部、河南、辽宁组建6支队伍，于5月19日到达成都集结，并向水利部抗震救灾前方领导小组报到。其他队伍作为后备随时待命，根据险情和四川省的需求适时安排进入，具体时间另行通知。

四、工作机制

应急抢险队伍由水利部抗震救灾前方领导小组根据水利工程出险情况，按照轻重缓急，统一指挥调度，协助地方开展抢险工作。

五、保障措施

水利部抗震救灾工作组要对应急抢险工作予以技术指导。地方水利部门要及时提供水文、地质、工程等资料，并协助当地公安、交通、电力、通信、物资供应等部门给予大力支持。每支队伍由水利部抗震救灾前方领导小组配备1部卫星通信电话，保证通信畅通。

六、其他事项

应急抢险期间所发生的费用先由抢险队所在单位承担，待任务完成后由水利部统筹安排，尽量不增加当地负担。

水利部抗震救灾前方领导小组联系人：刘六宴 ××××

水利部建设与管理司联系人：徐元明 ××××

李海辉 ××××

附件：第一批支援四川震损水利工程应急抢险队联络表

（附件略）

中华人民共和国水利部

二〇〇八年五月十七日

关于四川省北川县唐家山堰塞湖可能发生溃决险情的紧急报告

水汛〔2008〕153号

国务院抗震救灾总指挥部：

据总参作战部航空侦察情报和四川省及水利部抗震救灾指挥部前方领导小组报告，位于绵阳市北川县城上游3.2km处的唐家山堰塞湖，目测滑坡体长500m，宽200m，高80～90m，方量1500万m^3，估算蓄水量约为7100万m^3，最大水深超过60m，回水长20km。经水利部抗震救灾前方领导小组与四川省、绵阳市、武警水电部队及有关专家会商，一致认为唐家山堰塞湖上游汇流面积大（3550km^2），蓄水量大（估算最大可达9000万m^3），来水量多（日均来水量约500万m^3），水位上涨迅速（每天约29m），且堆积体由风化破碎的片岩、板岩夹砂岩组成，地质结构不好，溃决的可能性大，对下游尚未撤离的5万多群众及参加抗震救援的部队和有关人员的生命安全构成严重威胁。

由于唐家山堰塞湖的地形极为复杂，水利部抗震救灾前方工作组在部队的配合下，会同四川省水利部门组织有关专家和人员，通过采取乘坐直升机及徒步等方式多次努力，均未能到达该堰塞湖，未能设立监测及预警点，也无法在短期内实施工程除险措施。

为此，我部组织武警水电部队和有关水利专家会商，并提出以下措施：

（一）由武警水电部队负责、地方配合，通过空降措施，立即布设唐家山堰塞湖现场及其上、下游观测点，进行24小时实时监控，并加强观测点与当地政府和救灾部队的通信保障，采取可靠措施，确保通讯畅通和及时发出预警信息。

（二）请四川省迅即采取紧急措施，启动应急预案和下游群众安全转移方案，立足于最不利的堰塞湖溃决失事方式，落实每个乡村、每家每户的群众转移工作。同时，请救灾部队制定应急避险方案，确保人员安全。请四川省对江油市香水镇以上地区进行警戒，人员只出不进。堰塞湖溃坝后的洪水影响范围由省水利厅牵头会同有关专家分析确定。

（三）按目前水位上涨情况分析，3至4天后堰塞湖将可能漫顶并导致溃决。据国家地震局信息，19日至20日四川震区可能发生6至7级余震，且气象部门预报震区20日至21日有一次较强降雨过程。经水利部前方工作组组织水利专家和技术人员分析，认为这两类因素均极易诱发堰塞湖提前溃决，有可能对下游造成毁灭性灾害。为此，建议四川省尽快组织转移堰塞湖下游受威胁群众。同时，通知部队、武警官兵和公安干警及其他救援人员切实采取措施，确保安全。

以上措施，国务院抗震救灾前方指挥部水利组已向回良玉同志报告，良玉同志批示“经前指研究，同意此意见。”

特此报告。

中华人民共和国水利部

二〇〇八年五月二十日

关于加强抗震救灾水利应急资金管理的紧急通知

水财经〔2008〕163号

部直属有关单位，各有关省（直辖市）水利厅（局）：

2008年5月12日四川汶川大地震发生后，党中央、国务院高度重视，把抗震救灾作为当前最重要最紧迫的工作。作为国务院抗震救灾总指挥部水利组的牵头部门，水利部向灾区派遣了大批工作组和应急抢险队，同时积极协调有关部门落实并拨付大量专项资金和救灾物资，为抗震救灾提供了强大的物质保障。加强对这些资金的监管，对确保受损水利设施应急除险、保障灾区饮水安全、防范次生灾害、尽快恢复生产、重建家园至关重要。为了加强抗震救灾水利相关应急资金、物资的管理，保障抗震救灾工作顺利进行，提高资金的使用效益，现紧急通知如下：

一、严格管理和使用抗震救灾水利应急资金和物资

抗震救灾水利应急资金包括抗震救灾应急工作经费和抗震除险应急专项经费。

抗震救灾应急工作经费主要用于应急各类应急监测仪器设备试剂、应急交通通讯设备和必要的办公设备购置，抢险车辆、设备设施运行以及抗震救灾前方领导小组、各专业工作组、抢险队的办公、交通、通讯、帐篷、食品、饮水、医药、劳保用品等费用。

抗震除险应急专项经费主要用于震损水库大坝加固、防渗、溢洪道处理、影响大坝安全的山体滑坡处理等；堤防及穿堤建筑物应急抢险、应急修复；河道疏通；震损供水设施修复，供水管网铺设；震损水文测站站房修复和必备设备设施购置；震损渠系建筑物修复、渠道滑坡衬砌；震损农村水电站、农村水电网及变电站修复；震损淤地坝、梯田石坎、蓄水池、水窖及沙防护工程修复等。

抗震救灾水利应急物资主要包括为抗震救灾应急抢险、除险加固、应急恢复等调拨、购置、捐赠的各类物资。

二、完善资金物资管理制度

各有关地方水利部门、直属单位要在切实保障抗震救灾应急需要的前提下，制定符合救灾应急工作实际的救灾款物申请、分配、拨付、领用、发放、使用等管理办法，精简程序，落实责任，促进救灾款物管理严格规范、运行简捷有效，保证救灾款物真正用于灾区抗震救灾。

三、大力压缩一般性开支，全力保障救灾应急财力物力需要

针对抗震救灾应急的实际需要，要积极调度各项资金和现有物资、设备，优先动用已有资金物资设备和机动财力，大力压缩一般支出，全力保障救灾应急款物需要。

资金、物资的动用要经必要的审批程序。确实无法及时履行程序的，事后要及时补办。涉及年度预算调整的，要按规定的程序报批。

四、加强应急资金、物资的申报管理

要根据救灾应急的实际情况，按合理、适用和应急抢险与灾后重建适当分离的原则，经必要的程序申请救灾应急资金和物资，严禁借应急救灾之名，随意申领款物。

各地方水利部门要及时协调财政部门，做好中央下拨款物的落实、分配和下拨工作，严禁拖延、滞留。

五、加强应急资金、物资的使用管理

抗震救灾应急资金要专款专用，专项用于抗震抢险救灾工作。不得随意分配、优亲厚友、弄虚作假、截留克扣、挤占挪用、贪污私分，严禁用于一般性工作开支，严禁用于给工作人员发放现金补助，严禁购买一般移动通讯设备（手机）。

对于中央下达的特大防汛补助费、中央水利建设资金或其他用于水库应急除险、河道疏通、供水设施应急修复等抗震除险应急专项资金，已有专项资金管理办法的，要参照执行，没有资金管理办法的，要严格按照批复的资金使用范围和开支内容执行。

原则上救灾应急用设备应优先调用已有设备，确实必要购置的，应严格控制，尤其是要加强一般性办公设备，如笔记本电脑、打印机、复印机、照相机、摄像机、移动上网等设备购置的控制，建立必要的购置审批程序。

六、加强救灾应急资金的国库集中支付管理

各单位在接到救灾应急资金预算下达的有关文件或电话通知后，应立即通知有关基层预算单位，并通过国库信息系统及时汇总上报用款计划，跟踪支付银行，保证款项及时到达。

因故需要紧急垫付资金的，各单位要严格执行资金垫付事先备案制度，对拟垫付的事项和金额进行说明，并将有关情况报部预算执行中心，不允许违反程序自行归垫。

七、加强救灾应急设备、设施、物资的政府采购管理

抗震救灾应急物资采购要按照《政府采购法》等相关规定执行，凡有条件的都要公开招投标，择优选购。对因抗震救灾紧急需要应实行而未实行政府采购的项目，应在采购活动结束以后按照有关要求补办政府采购手续。对捐赠物资要登记造册，及时入账。

设备、物资的购置、调拨要及时办理固定资产验收、出库和账务处理手续，报损、报废等要按规定办理审批手续。

八、加强应急资金的账务核算

抗震抢险救灾资金核算要设立专门账簿，专人负责，无法专账核算的，要专项核算，保证账款相符，确保资金安全和效益。

九、加强检查监督和信息反馈

要加强应急资金、物资使用的检查监督，建立抗震救灾应急资金、物资的使用管理责任制，预算申请“谁决策、谁负责”，物资采购“谁采购、谁负责”，款物使用“谁领用、谁负责”。应急工作结束后，各地方、各单位要及时总结救灾应急资金和物资的使用情况，并报送水利部。

中华人民共和国水利部

二〇〇八年五月二十三日

关于进一步做好地震灾区应急供水保障工作的紧急通知
水农〔2008〕161号

各有关省、自治区、直辖市水利（水务）厅（局）：

四川汶川“5·12”地震，对地震灾区供水基础设施造成极大破坏。党中央、国务院高度重视地震灾区应急供水保障工作，随着救灾工作的深入，解决灾区应急供水问题已成为一项十分紧迫的任务。现就下一步工作通知如下：

一、进一步加大应急供水保障工作力度

保障灾区群众饮用水问题，直接关系到群众的身体健康和社会稳定。地方各级党委、政府要高度重视，各级水行政主管部门要主动与建设、环保、卫生等有关部门加强协调配合，进一步加大工作力度，确保灾区应急供水问题在5月底之前基本解决，个别重灾区也必须在条件具备时尽快解决。灾区应急供水保障工作的进展情况，实行日报制度。各有关省级水行政主管部门要按照要求，每天上午9点之前将前一日进展情况报送水利部农村水利司。

二、制定和完善应急供水方案

在做好应急供水保障与灾后重建衔接的基础上，因地制宜地完善应急供水方案。受损较轻、短时间内可以修复的供水工程，要尽快修复；短时间内难以修复的工程，采用一体化净水设备净化水质、送水等方式尽快解决群众应急供水问题；要进一步加强对水质的检测和监测，加强对群众的饮水安全教育，加大消毒药品的发放力度，确保灾区群众饮水安全。

三、切实做好供水应急救灾资金的管理

各地要按照规范、高效的原则，合理安排资金使用，尽早下拨救灾资金。按照近期印发的应急供水专项救灾资金的使用管理规定，加强对资金的监管，确保资金安全。要提高资金使用效率和效益，对灾区急需、用量较大的小型一体化净水设施等可采取省级集中采购、分发各县的做法，提高救灾工作效率；各地根据需求采购的其他设备也要按规定做好资金监管。

四、组织和动员社会力量支援灾区做好应急供水工作

受灾地区省级水行政主管部门，可以组织和发动省内未受灾和受灾较轻的县市加大对灾区农村应急供水工程建设的物资、技术和人力的支持；城区供水工程抢险任务完成的地区，要协调抢修队伍支持农村。水利部抗震救灾前方指挥部也要加大协调力度，组织灾区临近省份水利部门加大对灾区的支持。

中华人民共和国水利部

二〇〇八年五月二十三日

转发财政部关于加强汶川地震救灾采购管理的紧急通知

办财经函〔2008〕315 号

部机关各司局，部直属各单位：

现将《财政部关于加强汶川地震救灾采购管理的紧急通知》（财库〔2008〕43 号，见附件 1）转发给你们。结合我部实际提出如下要求，请一并遵照执行：

一、各单位要高度重视，加强汶川地震救灾采购的管理。采购活动要以保证国家利益、灾区人民群众利益和捐赠人的意愿为宗旨，充分考虑灾区救灾和恢复重建的需要，合理规划和公平、公正的组织开展采购活动。

二、各单位应严格执行紧急采购项目的相关规定。在汶川地震灾害应急救援和灾后恢复重建工作中，在中华人民共和国境内使用财政性资金（含获捐赠资金），采购货物、工程和服务，属于规定的紧急采购项目的，在保证采购货物、工程和服务质量的前提下，由采购单位自行以合理的价格向一个或多个供应商直接购买；紧急采购项目外的，仍应当按照政府采购法的有关规定组织实施。

三、各单位要加强紧急采购执行的管理。采购单位要派专人负责采购活动，紧急采购项目的采购由两人以上的采购人员组织实施。采购人员及供应商必须在发票等购买凭据上背书签字。采购单位要严格办理查收和交接手续，确保其种类和数量准确无误。紧急采购活动完成以后，采购单位应将其采购项目和品种、数量、单价等结果在中国政府采购网（www.ccgp.gov.cn）上公布，接受社会监督，并于采购完成后 2 日内将采购有关项目情况（统计表见附件 2）报送水利部预算执行中心备案。

四、各单位要加强对救灾采购项目采购文件和凭据的管理，特别是要保存好紧急采购项目的有关采购文件或凭据，并对采购情况进行统计汇总以备查，并于每月 5 日前将上月采购情况（统计表见附件 3）报水利部预算执行中心备案。

五、各单位要加强对所属单位在汶川地震灾害应急救援和灾后恢复重建工作中采购活动的监督检查。

财政部关于加强汶川地震救灾采购管理的紧急通知

财库〔2008〕43号

国务院各部委、各直属机构、新疆生产建设兵团，各省、自治区、直辖市、计划单列市财政厅（局）：

为了保障汶川地震救灾工作的顺利进行，确保采购资金的安全和使用效益，根据《中华人民共和国政府采购法》和《中华人民共和国突发事件应对法》等法律法规规定，经商中央纪委、监察部、审计署同意，现就有关问题通知如下：

一、在汶川地震救灾应急救援和灾后恢复重建工作中，各级国家机关、事业单位和团体组织（以下简称采购单位），在中华人民共和国境内使用财政性资金（含政府部门获得的捐赠资金）采购货物、工程和服务的行为，按本通知的要求执行。

本通知所称政府部门获得的捐赠资金，是指政府采购法规定的各级国家机关、事业单位和团体组织获得的各类捐赠资金，以及以中国政府部门名义获得的国外政府和非政府机构捐赠的资金。

二、在汶川地震灾害应急救援和灾后恢复重建工作中，涉及灾民紧急救治、安置、防疫和临时性救助的采购活动可以作为紧急采购项目，在保证采购货物、工程和服务质量的前提下，由采购单位自行以合理的价格向一个或多个供应商直接购买。

三、各采购单位在实施上述采购活动中，要以保证国家利益、灾区人民群众利益和捐赠人的意愿为宗旨，充分考虑灾区救灾和恢复重建的实际需要，合理规划和公平、公正地组织开展采购活动。

紧急采购活动完成后，其采购项目的品种、数量、单价等结果应当在财政部门指定的政府采购信息披露媒体或其他媒体上公布，接受社会监督。

四、采购单位应当指派专人负责采购活动，并落实采购人员工作岗位责任制。

采购人员应当严格遵守国家有关法律法规，恪尽职守，廉洁奉公，认真做好采购工作。

紧急采购项目的采购应当由两名以上采购人员组织实施。采购人员及供应商必须在发票等购买凭据上背书签字。

五、采购单位应当对所采购的货物、工程和服务进行查收，办理查收和交接手续，确保其种类和数量准确无误。

所采购货物、工程和服务的种类和数量出现问题的，应当由采购单位及其采购人员承担相应责任。

所采购货物、工程和服务的质量出现问题的，应当由供应商承担相应责任；涉及采购单位及其采购人员的，依法从严追究责任。

六、各采购单位应当加强救灾采购项目采购文件和凭据的管理，特别是要保存好紧急采购项目的有关采购文件或凭据，并对采购情况进行统计汇总，以备财政、审计、监察等部门检查。

七、各级财政部门要加强对本办法规定的救灾采购工作的监督管理。各级审计、监察等部门要根据各自职责，加强对救灾采购工作的监督检查。

八、任何单位和个人发现采购单位及采购人员存在徇私舞弊等违法违纪行为的，应当及时向同级财政部门或有关部门举报。

九、各级财政部门应当建立救灾采购举报登记处理制度，依法开展有关工作，并将处理情况向有关当事人作出答复；发现采购单位或采购人员有严重违法违纪行为的，应及时移交纪检监察或司法机关处理。

十、除本通知第二条规定的紧急采购项目外，发生货物、工程和服务采购行为，应当按照政府采购法的有关规定组织实施。

十一、依法成立的以发展公益事业为宗旨的基金会、慈善组织等社会团体，用所获捐赠资金采购救灾货物、工程和服务的行为，可参照本通知执行。

二〇〇八年五月二十九日

关于调减日常公用经费预算厉行节约支援抗震救灾的通知

水财经〔2008〕181号

部机关各司局，部直属各单位：

温家宝总理5月21日主持召开国务院常务会议，要求在全国开展支援灾区全民节约活动，各级党政机关和国有企事业单位要减少会议、接待、差旅和公车使用支出，压缩出国团组。严格控制公车购置，暂停审批党政机关办公楼项目。中央国家机关今年的公用经费支出一律比预算减少5%，用于抗震救灾。根据《财政部关于调减2008年公用经费支出预算用于抗震救灾的通知》（财预〔2008〕82号），为落实国务院会议精神，在按规定调减2008年公用经费的同时，决定在部机关及部直属单位中全面开展厉行节约支援抗震救灾工作。现将有关要求通知如下：

一、按照财政部统一规定，2008年部门预算水利部机关和按照公务员法管理的事业单位的公用经费按照5%予以压缩，用于抗震救灾。据此相应调减有关单位2008年公用经费预算共计791.09万元（分单位调减情况附件略）。各有关单位要切实做好公用经费支出预算调减方案，及时分解下达所属单位，并报部备案，确保今年公用支出预算减少5%目标实现。

二、各单位要认真贯彻落实党中央、国务院关于举全国之力、共克时艰的指示精神，勤俭节约，艰苦奋斗，以实际行动支援抗震救灾工作，要制定切实有效的措施，落实勤俭节约责任，禁止奢侈浪费，提高工作效率，节约运行成本，认真抓好落实，严格监督管理。

三、精简和压缩会议。要认真贯彻落实国务院有关精简会议、改进会风文风精神，严格会议审批，可开可不开的会议一律不开，能合并召开的会议一律合并。对今年计划内已确定但尚未召开的会议，进一步压缩会期、内容、人员和规模，召开会议尽量使用单位内部宾馆、招待所、会议室和车辆，充分采用电视电话、网络视频方式的会议形式，提高会议质量和效率，减少会议支出。

四、从严控制出差。加强出差审批管理，严格控制出差人数和天数，停止不必要的参观、考察和学习活动；可通过电话、网络或其他途径解决问题的，一律不安排出差。进一步控制差旅费支出，认真执行《中央国家机关和事业单位差旅费管理办法》（财行〔2006〕313号）、《关于落实出差和会议定点管理工作的通知》（财行〔2007〕285号）有关规定，减少出差乘坐飞机，按要求定点住宿，节约差旅费开支。

五、减少公务接待。贯彻落实《党政机关国内公务接待管理规定》（中办发〔2006〕33号），坚持有利公务、简化礼仪、务实节俭、杜绝浪费的接待原则。不得以任何名义赠送礼金、有价证券、贵重礼品、纪念品以及额外配发生活用品；不得组织到营业性娱乐、健身场所活动。公务接待需要安排住宿的，应在内部宾馆、招待所和定点饭店安排；需要安排车辆的，应当优先使用单位内部车辆，尽量安排集中乘车，进一步节约公务接待费用。

六、严格控制更新或购置新车。除抗震救灾、防汛等特种车辆外，凡已列入年度车辆购置预算的，不论是财政资金还是自有资金安排的一律暂停执行。从严控制公务用车使用，切实采取有效措施，降低公务用车、业务用车各项耗费，降低公务用车、业务用车费用支出。

七、严格控制出国、出访。对今年已审批未执行的因公出国（境）计划，要按照《关于进一步加强因公出国（境）管理的若干规定》（中办发〔2008〕9号）、《关于开展贯彻落实“两办规定”制止党政干部公款出国（境）旅游专项工作的通知》（中纪办〔2008〕10号）的规定重新审核。从严控制计划外团组的审批，对计划外出国（境）任务申请，要严格审查出访事由、内容、必要性和日程安排。加强“双跨”团组的管理，严禁批准无实质内容的一般性考察和营利性“双跨”团组。建立出国（境）任务审批部门与经费审核部门联动机制，切实强化因公出国（境）经费约束，推行经费先行审核制度，凡未经经费审核部门审核并同意的因公出国（境）计划和计划外申请，任务审批部门一律不得批准。

八、节约日常开支。进一步发扬勤俭节约、艰苦奋斗优良作风，广泛开展节约型机关和单位的建设活动，大力节水、节电、节油；进一步加强公务用车管理，控制一般公务用车支出；减少文具、纸张、耗材、报刊资料等办公用品耗费，控制日常办公经费，努力降低行政成本，切实节约财政资金。

九、按照国务院有关调减公用支出预算用于抗震救灾指示精神，通过落实厉行节约措施节省的各类资金，要统筹安排，节约使用，保证重点，应用于各单位直接或间接支援灾区发生的各项费用支出。并按照预算管理规定，做好预算调整相关工作。要按照有关规定，加强抗震救灾有关资金物资使用监管，切实发挥财政资金使用效益，保证抗震救灾工作需要。

中华人民共和国水利部

二〇〇八年六月十二日

关于成立汶川地震水利灾后重建规划协调领导小组的通知

水规计〔2008〕218号

四川省各有关市（州）、县（市、区）人民政府、省直属各有关部门，水利部机关各有关司局、部直属各有关单位：

根据国务院抗震救灾总指挥部对汶川地震灾后重建规划编制工作的统一部署，按照国务院办公厅《关于印发国家汶川地震灾后重建规划工作方案的通知》（国办函〔2008〕54号）要求，为有力、有序、有效地组织各方面力量完成好四川省水利灾后重建规划编制工作，水利部与四川省人民政府决定共同组建汶川地震水利灾后重建规划工作协调领导小组（以下简称协调领导小组），现将有关事项通知如下：

一、协调领导小组人员组成

组　长：张作哈　（四川省人民政府副省长）

矫勇（水利部副部长）

成　员：刘宁（水利部总工程师）

冷刚（四川省水利厅厅长）

周学文（水利部规划计划司司长）

曲木史哈（四川省发展改革委副主任）

帅克（四川省财政厅副厅长）

汪洪（水利部水利水电规划设计总院院长）

二、协调领导小组工作职责

协调领导小组的主要工作职责是：负责指导、协调水利灾后重建规划编制各项工作，及时向国务院抗震救灾总指挥部灾后重建规划组做好汇报工作，做好与国家相关部门的沟通和协调工作，加强水利部和四川省相关部门之间的工作协调，及时解决规划编制中的重大问题。

三、规划具体编制工作组织形式

按照国务院提出的灾后重建规划编制工作“以地方为主，中央各部门给予大力支持和帮助”的原则，规划具体编制工作的组织形式是成立规划编制组和规划咨询指导组，分工负责，认真开展规划编制各项工作。各组职责和组成如下：

1. 规划编制组

四川省负责组织成立四川省水利灾后重建规划编制组，具体负责水利灾后重建规划编制各项工作。

规划编制组组长单位为四川省水利厅，四川省水利厅冷刚厅长任组长，成员由四川省水利厅负责组织落实。水利部组织专家和工作人员参与有关工作。

2. 规划咨询指导组

水利部负责组织成立水利灾后重建规划咨询指导组，具体负责水利灾后重建规划编制过程中的技术咨询、指导和各项规划成果审查审定的组织工作。

规划咨询指导组组长单位为水利部规划计划司，规划计划司周学文司长任组长，成员由水利部有关司局的同志及水规总院等单位的专家组成。

四、工作要求

1. 有关部门和单位要高度重视水利灾后重建规划编制工作，切实加强组织领导，明确责任，落实任务，加强部门和行业间的沟通协调，密切配合、充分衔接，努力做好规划编制各项工作，及时提交相关规划成果，高质量、高效率地完成各项规划编制任务。

2. 有关部门和单位要科学评估水利设施灾情，全面分析受损工程突出问题，深入开展论证工作，结合现有水利规划，按照灾后重建的总体要求，以解决好防洪安全、乡（镇）村群众饮水困难等突出问题为重点，统筹兼顾各类受损水利设施的灾后重建，对灾区水利基础设施的灾后重建进行全面规划，远近结合，统筹安排好灾区水利灾后重建任务。

3. 有关部门和单位要尽快建立专家咨询机制，分阶段及时开展技术咨询工作，充分发挥专家作用，同时广泛听取吸纳社会各方面意见，保证规划科学合理，目标任务明确具体，具有操作性。

中华人民共和国水利部

四川省人民政府

二〇〇八年六月十八日

关于支持四川震损水库应急除险方案编制工作的紧急通知

水明发〔2008〕27号

水利部抗震救灾前方领导小组，长江委、黄委、淮委、珠委，天津院、东北院、上海院，江苏、浙江、安徽、福建、山东、广东、广西、四川省（自治区）水利厅：

为做好四川震损水库应急除险加固工作，确保水库安全度汛，水利部抗震救灾指挥部决定组建现场设计组，支援四川开展震损水库应急除险方案编制工作，现将有关事项通知如下：

一、支援范围

水利部抗震救灾前方领导小组工作组会同四川省水利厅核查认定的四川省存在高危以上险情的震损水库。

二、工作任务

为确保水库安全度汛，针对水库震损险情，逐库提出应急除险方案。应急除险方案要突出重点，关键是要排解影响度汛安全的突出问题，要简明扼要，易于操作，同时要考虑与灾后重建除险加固设计的衔接。每座水库的应急除险方案须经设计小组组长和有关设计人员签字，方可提交。

每个设计小组负责约10座震损水库的应急除险方案编制。原则上在10天内完成，工作完成后即撤出灾区，根据需要，各组留1～2人配合工程的实施。

三、组建方案

从长江委、黄委、淮委、珠委和天津院、东北院、上海院，以及江苏、浙江、安徽、福建、山东、广东、广西等省（自治区）水利水电勘察设计单位抽调200多名专业技术人员，组建30个水库应急除险方案现场设计小组。每个小组原则上由7人组成，要求身体健康，业务精湛，年富力强，年龄不超过60岁，专业结构包括水工、地质、施工、金属结构等。各小组组长应选派政治素质高、组织能力强的人员担任。每个设计小组四川省水利厅派2名专业技术人员参加。

现场设计组拟分批进入灾区，第一批由长江委、黄委、淮委、珠委和浙江、广东、广西等省（区）组建15个设计小组100多人（见附件2），于5月23日到指定地点集结，并向水利部抗震救灾前方领导小组及工作组报到。其他小组（见附件3）作为后备原地待命，做好随时出发准备，具体进入时间另行通知。

另外，设立设计指导组，由水规总院负责组建（见附件1），负责对各设计小组的技术指导。

四、工作机制

设计小组由水利部抗震救灾前方领导小组工作组统一领导。

根据四川各地震损水库险情初步排查的情况，现场设计小组赴四川绵阳、广元、德阳支援当地震损水库应急除险方案的编制，其他市（州）震损水库应急除险方案的编制由工作组现有专业技术人员及四川省水利部门负责。若技术力量不足，可向水利部抗震救灾前方领导小组报告，由领导小组调配。

水利部抗震救灾前方领导小组工作组应对高危以上险情震损水库的安全状况进行风险排序，按轻重缓急，安排设计小组编制应急除险方案。各设计小组提出应急除险方案后，提交工作组。四川省水利厅会同有关市（州）水利部门负责对水库应急除险加固工程的组织实施、监督管理，确保质量和安全，水利部水利工程应急抢险队根据需要予以帮助，水利部抗震救灾前方领导小组工作组进行检查指导。

五、保障措施

当地水利部门要及时提供水文、地质、工程等资料，并协助当地公安、交通、电力、通讯等部门给予大力支持。

选派单位要为各现场设计小组配备必要的工作生活设备，如通讯、电脑、打印、照明及生活设备等。为不增加当地负担，第一批进入灾区的15个设计小组尽量自行解决交通问题。

附件：1　水利部支援四川震损水库应急除险方案编制工作设计指导组人员名单

2　水利部支援四川震损水库应急除险方案编制工作组第一批人员名单

3　水利部支援四川震损水库应急除险方案编制工作组后备人员名单

（附件略）

中华人民共和国水利部办公厅

二〇〇八年五月二十二日

关于请安排紧急空运防汛物资的函

国汛办电〔2008〕68号

总参作战部：

为支持四川省地震受灾地区水库、水电站损毁抢险，我办决定紧急从江西南昌调拨冲锋舟50艘、船外机50台、专用机油50箱、帐篷500顶，从湖北武汉调拨救生衣20000件、小型发电机20台、照明灯200盏、电缆40盘、查险灯500只，特请你部支持以上两批防汛物资紧急空运到四川成都。

江西南昌调拨空运的防汛物资总重量59吨、体积370立方米。联系人：江西省防汛抗旱指挥部办公室李军，联系电话：××××。

湖北武汉调拨空运的防汛物资总重量17吨、体积284立方米。联系人：长江水利委员会防汛物资储备中心徐红，联系电话：××××。

四川成都防汛物资接收联系人：四川省防汛抗旱指挥部办公室：岳雷，联系电话：××××。

国家防汛抗旱总指挥部办公室联系人：侯英杰，联系电话：××××，红机：××××。

国家防汛抗旱总指挥部办公室

二〇〇八年五月十四日

关于立即派员开展岷江紫坪铺上游水电站安全运行状况督查事宜的函

〔2008〕防汛办函字第40号

四川省防汛抗旱指挥部：

据了解，目前部分赶赴地震震中汶川灾区的抢险救灾部队通过岷江紫坪铺库区乘船进入。紫坪铺上游有多个梯级水电站，昨日第5梯级铜钟水电站（蓄水量约300万立方米）已发生漫溢险情，一旦溃坝，后果不堪设想。为确保抢险救援部队及人员的安全，请你部立即组织人员分赴各梯级水电站，密切监视水电站安全运行及泄流状况，并将有关情况迅速向抢险部队和有关部门通报，以确保抢险人员的安全。

国家防汛抗旱总指挥部办公室

二〇〇八年五月十四日

关于协调安排租用俄直升机有关事项的函

〔2008〕防汛办函字第46号

国家民航总局：

目前四川堰塞湖除险急需大型直升机运送抢险设备、抢险物资，但国内缺乏所需的大型直升机。经外交部欧亚司大力协助，水利部与驻哈巴罗夫斯克总领事馆就租机进行了联系。总领事馆回复意见如下：

1. 俄哈巴罗夫斯克边疆区紧急事务部表示原则同意提供一架飞机；但需完成内部报批程序，报批过程应可立即完成；

2. 俄方表示中方需提供飞机入境地点、航线、中转加油的场站地址、呼号以及最终目的地地址；

3. 飞机型号为米 –26 直升机（MI26TS），飞机续航能力1600公里，停机及工作场地面积不小于50米 ×70米。

为尽快落实租用俄方直升机事宜，保障俄直升机到达四川（飞机每天停靠点在四川省广汉市，工作地点在四川省绵阳市北川县）。请你办协调安排以下事宜：

1. 为俄方飞机解决飞行许可；

2. 安排确定飞行路线；

3. 指定中转加油场站并准备该机所需燃油；

4. 俄方飞行员联系语言为俄语，但通讯联络的专业英语可满足需要。

联系人：

四川，张健，联系电话：××××

北京，姚文广，联系电话：××××

国家防汛抗旱总指挥部办公室

二〇〇八年五月二十三日

曾为唐家山除险现场指挥部的集装箱

震毁的官宋硼堰

重建后的官宋硼堰

唐家山除险吊装施工设备

图书在版编目（CIP）数据

汶川特大地震水利抗震救灾志 / 《汶川特大地震水利抗震救灾志》编纂委员会编著. -- 北京 : 中国水利水电出版社, 2015.10
ISBN 978-7-5170-3728-6

Ⅰ. ①汶… Ⅱ. ①汶… Ⅲ. ①水利行业－抗震－救灾－概况－汶川县 Ⅳ. ①D632.5

中国版本图书馆CIP数据核字(2015)第244844号

审图号：GS(2014)458号

书　　名	**汶川特大地震水利抗震救灾志**
作　　者	《汶川特大地震水利抗震救灾志》编纂委员会　编著
出版发行	中国水利水电出版社 （北京市海淀区玉渊潭南路1号D座　100038） 网址：www.waterpub.com.cn E-mail: sales@waterpub.com.cn 电话：(010) 68367658（发行部）
经　　售	北京科水图书销售中心（零售） 电话：(010) 88383994、63202643、68545874 全国各地新华书店和相关出版物销售网点
排　　版	中国水利水电出版社装帧出版部
印　　刷	北京博图彩色印刷有限公司
规　　格	210mm×297mm　16开本　29印张　878千字
版　　次	2015年10月第1版　2015年10月第1次印刷
印　　数	0001—1000册
定　　价	**188.00元**